DR. FRANCESCO SEVERI
PROFESSOR AN DER UNIVERSITÄT PADUA

VORLESUNGEN
ÜBER
ALGEBRAISCHE GEOMETRIE

GEOMETRIE AUF EINER KURVE
RIEMANNSCHE FLÄCHEN
ABELSCHE INTEGRALE

BERECHTIGTE DEUTSCHE ÜBERSETZUNG

VON

DR. EUGEN LÖFFLER
REGIERUNGSRAT IN DER MINISTERIALABTEILUNG
FÜR DIE HÖHEREN SCHULEN IN STUTTGART

MIT EINEM EINFÜHRUNGSWORT
VON A. BRILL
UND 20 FIGUREN

Springer Fachmedien Wiesbaden GmbH 1921

ISBN 978-3-663-15210-1 ISBN 978-3-663-15773-1 (eBook)
DOI 10.1007/978-3-663-15773-1

Ursprünglich erschienen bei B. G. Teubner in Leipzig
Softcover reprint of the hardcover 1st edition 1921

Zur Einführung.

Als um die Mitte des vorigen Jahrhunderts durch das Zusammenwirken von deutscher und fremdländischer Forschung die Geometrie einen mächtigen Aufschwung genommen hatte, dessen Höhepunkt die Verwendung der RIEMANNschen Theorie der ABELschen Funktionen in der Kurventheorie war, setzten Untersuchungen von CLEBSCH selbst, der diesen Weg gewiesen hatte, und Arbeiten jüngerer Mathematiker der Theorie der algebraischen Kurven neue Ziele, die weit über den damals bevorzugten projektiven Standpunkt hinauswiesen. Aus der Deutung des ABELschen Theorems auf der Kurve entwickelte sich der Begriff der Punktgruppe und damit ein neuer Wissenszweig: die Geometrie auf der Kurve.

Dieser Wendung folgend haben italienische Mathematiker — an der Hand gewisser neuer Begriffe und Bezeichnungen, sowie eines förderlichen Rechenverfahrens mit Korrespondenzen — die Punktgruppen zu einem Hilfsmittel ausgebildet, das, in Verbindung mit dem SCHUBERTschen Abzählungskalkül für Gebilde in höheren Räumen, sowohl die Geometrie der algebraischen Kurven als namentlich die der Oberflächen in ungeahntem Maße gefördert hat. Und zwar war an der Ausgestaltung dieser Wissenszweige der Verfasser des vorliegenden Werkes selbst höchst erfolgreich beteiligt.

In seinen autographierten „Lezioni di geometria algebrica“ — zunächst für seine Schüler an der Universität Padua verfaßt — hat Herr SEVERI die in italienischen Zeitschriften und Werken veröffentlichten Forschungsergebnisse mit den bekannten algebraisch-geometrischen Grundlagen in einen Rahmen vereinigt. Er führt damit in die Begriffsbildungen und in die flüssigen, wenn auch an Strenge den algebraischen nachstehenden geometrischen Beweismittel der italienischen Forschung ein, die er durch einen Abriß der Theorie der ABELschen Integrale in der geometrischen Ausdrucksweise des Lehrbuchs ergänzt und mit einem Ausblick auf die für die Flächentheorie wichtigen reduziblen Integrale abschließt.

Auf Grund einer umfassenden Neubearbeitung, die der Verfasser seinen „Lezioni“ zuteil werden ließ[1]), hat die vorliegende Übersetzung, die

1) In einem neuerdings hinzugekommenen umfangreichen Anhang behandelt der Verfasser Existenzfragen von grundlegender Bedeutung für die Theorie, und erwirkt ihre — meist wohl erstmalige — Lösung wiederum mit den Hilfsmitteln der mehrdimensionalen Geometrie.

das Original hinsichtlich der literarischen Nachweise namentlich deutscher Quellen dankenswert ergänzt, von sachkundiger Hand sorgsam ausgeführt, den Geometern das Werk zugänglich gemacht. Sie sichert damit zugleich dem Verlag, der mit der Erwerbung des Werkes einen weiten Blick gezeigt hat, den Dank aller Beteiligten.

Seit dem Niederschreiben der vorstehenden Zeilen hat das deutsche Volk, in jahrelangen Kämpfen mit einer Welt von Feinden und in inneren Wirren begriffen, viel von seiner Produktionskraft eingebüßt. Wenn jetzt dieses lange zurückgestellte Werk an die Öffentlichkeit tritt, so möge, eingedenk der im Krieg oft befolgten Lehre *fas est et ab hoste doceri,* die deutsche Jugend in dem hoffentlich bald wieder einsetzenden friedlichen Wettbewerb um den Kranz treuester Wissenschaftspflege die Mittel verstehen und handhaben lernen, deren sich fremde Nationen in diesem Wettkampf bedient haben, und nunmehr den Ball zurückschlagen, den auf diesem Gebiet Italien uns zugeworfen hat.

Tübingen, im Dezember 1920.

A. Brill.

Vorwort des Verfassers.

Die methodische Behandlung der „Geometrie auf einer algebraischen Kurve", d. h. der Gesamtheit der Eigenschaften einer Kurve, die bei birationalen Transformationen ungeändert bleiben, nahm auf algebraisch-geometrischer Grundlage bekanntlich vor etwa 40 Jahren ihren Ausgang in einer berühmten Abhandlung von A. Brill und M. Noether. Die Theorie wurde in der Folgezeit weiter ausgebaut, und zwar in Deutschland besonders durch die Arbeiten von Brill und Noether selbst, in Italien durch Arbeiten von C. Segre, G. Castelnuovo, E. Bertini, F. Enriques und von anderen Mathematikern, die der algebraischen Richtung besondere Pflege angedeihen ließen.

Diese lang andauernde Bearbeitung des Gebietes erhielt ihren Antrieb einerseits von den Problemen, die im Laufe der Zeit auftauchten und von den Fortschritten, die in der Entwicklung der Geometrie auf einer Fläche und der projektiven Geometrie in mehrdimensionalen Räumen erzielt wurden; andererseits hat sich dabei aber auch der heilsame Einfluß des Hochschulunterrichts geltend gemacht, dessen didaktische Bedürfnisse fortwährende Verbesserungen und Vervollkommnungen der auf dem Felde der Wissenschaft bereits zur Reife gelangten Theorien nötig machten.

Die vorliegenden „Vorlesungen" sind gerade für die Zwecke des Hochschulunterrichts entstanden. Sie erschienen zuerst in italienischer Sprache[1]) als autographierte Wiedergabe einer von mir im Jahre 1907/08 an der Universität Padua gehaltenen Vorlesung. Bei der Vorbereitung für den Druck wurden zahlreiche Abänderungen und Zusätze angebracht, wobei ich mich immer bemühte, die didaktischen Forderungen mit denen der Wissenschaft in Einklang zu bringen. Ich habe, soweit es mir irgend möglich war, versucht, die verschiedenen vereinfachenden Gedanken zur Geltung zu bringen, die in der Theorie zutage getreten sind; trotzdem ist aber das ständige Streben nach Beschränkung und Kürze niemals von dem Wunsche nach Klarheit und Strenge in der Darstellung losgelöst worden.

In einem ersten Teil behandeln diese „Vorlesungen", wie schon ge-

---

1) Lezioni di geometria algebrica, Padova, Draghi, 1908.

sagt wurde, die Geometrie auf einer Kurve nach der algebraisch-geometrischen Methode. Im zweiten Teil dagegen wird die Theorie der algebraischen Funktionen einer Veränderlichen vom transzendenten Standpunkt aus behandelt. Diese Betrachtungsweise entstammt bekanntlich den unsterblichen Untersuchungen ABELS und RIEMANNS und den genialen Ideen eines K. WEIERSTRASS, F. KLEIN, H. POINCARÉ, E. PICARD und vieler anderer hervorragender Gelehrten.

Trotz der großen Zahl ausgezeichneter Werke, die sich mit der Theorie von diesem letzteren Gesichtspunkt aus beschäftigen, hoffe ich, daß es nicht unzeitgemäß erscheint, wenn sie auch in diesem Werk, das einen vorwiegend geometrischen und synthetischen Charakter trägt, noch einmal behandelt wird. Die Herstellung einer Verbindung zwischen verschiedenen Richtungen der Forschung ist immer fruchtbar, nicht nur weil sich dabei Vereinfachungen ergeben, wofür der Leser mehrfache Beispiele finden wird, sondern vor allem deshalb, weil dabei die Begriffe auf einen höheren Standpunkt gehoben und erweitert werden, und weil dadurch jeder der Methoden größere Kraft und Tiefe der Forschung verliehen wird.

Von diesem Gesichtspunkt aus bedaure ich es sogar, daß das Streben, das Werk nicht allzusehr in die Breite wachsen zu lassen, mich veranlaßte, die arithmetische Theorie von L. KRONECKER, R. DEDEKIND und H. WEBER beiseite zu lassen, die heute in Deutschland mit Erfolg von K. HENSEL, G. LANDSBERG und ihren Schülern gepflegt wird.

Ich hoffe, daß diese „Vorlesungen" auch eine nützliche Einführung in das Studium der Geometrie auf einer algebraischen Fläche und der algebraischen Funktionen von zwei Veränderlichen bilden können; viele Eigenschaften sind gerade zu diesem Zweck in die Darstellung eingeflochten worden.

Zum Schlusse möchte ich auch öffentlich meinen herzlichen Dank aussprechen dem Herrn Professor E. BERTINI, der mir viele wertvolle und zweckmäßige Bemerkungen über meine autographierte Bearbeitung vom Jahre 1908 mitgeteilt hat, die er bei einer Vorlesung an der Universität Pisa im Jahre 1909 benützte, sowie dem Herrn E. LÖFFLER, der meine „Vorlesungen" genau und mit liebevoller Sorgfalt übersetzt und mir wiederholt nützliche Hinweise gegeben hat.

Padua, den 31. Juli 1914.

Als im Jahre 1919 der durch den Krieg unterbrochene Druck dieses Werkes wieder aufgenommen wurde, habe ich einige Änderungen vorgenommen und Ergänzungen hinzugefügt, um den in der Zwischenzeit veröffentlichten Arbeiten Rechnung zu tragen; auch wurde ein Anhang beigegeben.

Unter den darin behandelten Gegenständen möchte ich besonders auf die Bedingungen aufmerksam machen, unter denen eine zerfallende ebene Kurve als Grenzfall einer irreduziblen Kurve betrachtet werden kann, und auf die Verwendung dieser Bedingungen zu einem algebraisch-geometrischen Beweis des RIEMANNschen Existenztheorems, sowie auf die Klassifikation der Familien algebraischer Kurven im r-dimensionalen Raum ($r \geqq 2$) mit Hilfe von rationalen oder in gerade Linien zerfallenden Kurven, die jenen Familien angehören. Für die ebenen Kurven ist die Klassifikation vollständig; für die Raumkurven und Überraumkurven bezieht sie sich nur auf die Kurvenfamilien mit allgemeinen Moduln. Weitere Ergebnisse dieser Art für Kurven mit beliebigen Moduln werde ich demnächst veröffentlichen.

Indem ich nun, nach dem großen Sturme, der auf der Welt gewütet hat, diese „Vorlesungen" endgültig zum Druck gebe, schließe ich mich von ganzem Herzen dem Wunsche an, mit dem der Herausgeber sein Vorwort beschließt. Der Geist des Friedens und der Gerechtigkeit möge bald überall siegen und die letzten Spuren des Argwohns und des Grolls zerstreuen. Die Zukunft der Zivilisation liegt in der internationalen Gemeinschaft der Völker und im friedlichen Wettbewerb der Wissenschaft, der Kunst und der wirtschaftlichen Leistung.

Die Hände, die wir, Herr LÖFFLER und ich, als zwei ehemalige Kämpfer in den beiden einander entgegenstehenden Lagern, uns reichen, mögen ein Vorzeichen besserer Zeiten für alle sein!

Padua, im Dezember 1920.

Francesco Severi.

Vorwort des Herausgebers.

Bei der vorliegenden deutschen Ausgabe habe ich mich bemüht, eine im wesentlichen wörtlich gehaltene Übersetzung zu liefern, soweit dies die Verschiedenheit von Geist und Form der beiden Sprachen zuließ. Außerdem habe ich versucht, durch einige Zusätze das Verständnis zu erleichtern; bei den bibliographischen Hinweisen wurde keine Vollständigkeit angestrebt, da hierfür auf die einschlägigen Artikel der Encyklopädie der mathematischen Wissenschaften verwiesen werden kann.

Anfangs August 1914 war das ganze Werk auf Fahnen gesetzt, ein großer Teil auf Bogen umbrochen; die Bogen 1—5 waren schon gedruckt, und wir hofften, das Buch im September 1914 herauszubringen. Der Krieg rief mich an die Front und verhinderte so die Fertigstellung. Erst anfangs 1919 konnte die Arbeit wieder aufgenommen werden, und unter Überwindung zahlreicher Schwierigkeiten wurde sie vollendet. Durch das Entgegenkommen des Verlags, dem auch an dieser Stelle für die Bereitwilligkeit gedankt sei, mit der er auf unsere Wünsche einging, wurde die Einfügung der Änderungen und Zusätze in den Text sowie die Beigabe des wertvollen Anhangs ermöglicht. Die lange Zeitdauer, über die sich die Arbeit an dem Werke erstreckte, ist auf den Stil der deutschen Übersetzung nicht ohne Einfluß geblieben.

Für Mithilfe bei der Korrektur bin ich dem Herrn Verfasser und den Herren F. Meyer in Königsberg, H. Wieleitner in Augsburg und (für den Anhang) G. Fano in Turin zu Dank verpflichtet. Ganz besonderen Dank schulde ich meinem Lehrer, Herrn A. Brill in Tübingen, der mich einst auf dieses Werk hinwies, mich bei der Übersetzung mit seinem Rat unterstützte, und nun die Freundlichkeit hatte, ein Einführungswort zu schreiben.

Mögen diese Vorlesungen als eines der ersten nach dem Kriege in deutscher Sprache erscheinenden Werke eines Angehörigen des Landes, das früher mit Deutschland verbündet war und dann mit uns im Kriege lag, dazu beitragen, daß der friedliche Gedankenaustausch zwischen den Gelehrten aller Länder zum Segen der Wissenschaft und zur Förderung menschlicher Erkenntnis bald wieder aufgenommen wird!

Stuttgart, im Dezember 1920.

E. Löffler.

Inhaltsverzeichnis.

Sechstes Kapitel.

Korrespondenzen zwischen den Punkten einer oder zweier algebraischer Kurven. Moduln einer Kurve vom Geschlecht p.

§ 1. Birationale Transformationen einer Kurve in sich.

§ 2. Moduln eines einfach unendlichen algebraischen Gebildes.

§ 3. Algebraische Korrespondenzen zwischen zwei verschiedenen Kurven oder auf einer Kurve.

Siebentes Kapitel.

Die algebraischen Funktionen als analytische Funktionen. Riemannsche Flächen.

Seite

Achtes Kapitel.

ABELsche Integrale.

§ 1. Klassifikation und Eigenschaften der ABELschen Integrale.

Neuntes Kapitel.

Das ABELsche Theorem und seine Folgerungen.

Zehntes Kapitel.

Reduzible ABELsche Integrale.

Anhang.

Verzeichnis der hauptsächlichsten Abkürzungen,

die bei den Literaturnachweisen verwendet wurden.

Acta Math.	Acta Mathematica.
Amer. J.	American Journal of Mathematics.
Ann. di Mat.	Annali di Matematica pura ed applicata.
Ann. éc. norm.	Annales scientifiques de l'école normale supérieure (Paris).
Berl. Sitzungsber. (Abh.)	Sitzungsberichte (Abhandlungen) der Kgl. preußischen Akademie der Wissenschaften in Berlin.
Bibl. Math.	Bibliotheca Mathematica.
Bologna Rend. (Mem.)	Rendiconti (Memorie) della Reale Accademia delle scienze di Bologna.
Bull. Soc. Math.	Bulletin de la Société Mathématique de France.
C. R.	Comptes rendus hebdomadaires des séances de l'Académie des Sciences de Paris.
Giorn. di Mat.	Giornale di Matematiche di Battaglini (Napoli).
Ist. Lomb. Rend.	Rendiconti del Reale Istituto Lombardo di Scienze e Lettere (Milano).
Journ. de Math.	Journal de Mathématiques pures et appliquées.
Journ. éc. polyt.	Journal de l'école polytechnique.
Journ. f. Math.	Journal für die reine und angewandte Mathematik (gegründet von A. L. Crelle).
Lond. Proc. Math. Soc.	Proceedings of the London Mathematical Society.
Math. Ann.	Mathematische Annalen.
Napoli Atti	Atti della Reale Accademia di Scienze Fisiche e Matematiche di Napoli.
Padova Atti (Mem.)	Atti (Memorie) della Reale Accademia di scienze, lettere ed arti di Padova.
Palermo Rend.	Rendiconti del Circolo Matematico di Palermo.
Paris Sav. étr.	Académie des Sciences de Paris, Mémoires présentés par divers Savants.
Phil. Trans.	Philosophical Transactions of the Royal Society of London.
Quart. J.	The Quarterly Journal of pure and applied Mathematics (London).
Rom. Acc. L. Rend. (Mem.)	Atti della R. Accademia dei Lincei. Rendiconti (Memorie) Roma.
Torino Atti (Mem.)	Atti (Memorie) della R. Accademia delle scienze di Torino.
Ven. Ist. Atti	Atti del Reale Istituto Veneto di Scienze, Lettere ed Arti.

Einleitung.

I. Die algebraischen Operationen zerfallen in *rationale* und *irrationale Operationen.* Die Addition, die Subtraktion, die Multiplikation und die Division sind rationale Operationen; das Radizieren (mit beliebigen Wurzelexponenten) und, allgemeiner, alle diejenigen Operationen, welche man zum Zweck der Lösung einer algebraischen Gleichung vom Grad $n > 1$ mit deren Koeffizienten vornehmen muß, sind irrationale Operationen.

Eine veränderliche Größe y heißt eine *algebraische Funktion einer* (unabhängigen) Veränderlichen x, wenn man zu einem gegebenen Wert von x die zugehörigen Werte von y mit Hilfe von algebraischen Operationen erhalten kann.

Die Funktion y heißt *monodrom* oder *einwertig* (*eindeutig*), wenn zu einem allgemein gewählten Werte von x ein einziger Wert von y gehört; sie heißt dagegen *polydrom* oder *mehrwertig* (*mehrdeutig*), wenn einem allgemein gewählten Werte von x mehrere Werte von y entsprechen. Aus dieser Definition folgt, daß zu einem allgemein gewählten Werte von x notwendig eine *endliche Anzahl* von Werten der Funktion y gehören.

Die Beziehung zwischen der Veränderlichen x und der Veränderlichen y, die eine algebraische Funktion von x ist, kann stets mittels einer in bezug auf y algebraischen Gleichung ausgedrückt werden, deren Koeffizienten rationale Funktionen (oder auch Polynome) von x sind.

Geht man nämlich von x über zu den Veränderlichen $x_1, x_2, \ldots, x_s, y$ mittels einer Reihe von algebraischen Operationen, so sind diese letzteren darstellbar durch Gleichungen von der Form

$$\varphi_1(x, x_1) = 0, \quad \varphi_2(x_1, x_2) = 0, \ldots, \quad \varphi_s(x_{s-1}, x_s) = 0, \quad \varphi(x_s, y) = 0,$$

wo die φ_i Polynome bedeuten. Eliminiert man aber die Hilfsvariablen $x_1, x_2, \ldots, x_s$ aus diesen Gleichungen, so erhält man als Ergebnis dieser Elimination eine Gleichung von der Form

$$f(x, y) = 0,$$

wo f ein Polynom in x, y bedeutet.

Daraus folgt nun leicht der Satz:

Eine eindeutige algebraische Funktion y einer unabhängigen Veränderlichen x ist notwendig eine rationale Funktion von x.

Es sei

(1) $$a_0(x)y^n + a_1(x)y^{n-1} + \cdots + a_n(x) = 0$$

die algebraische Gleichung, durch welche die Abhängigkeit zwischen x und y ausgedrückt wird, wobei die a_i Polynome in x bedeuten. Wenn einem beliebigen, aber allgemein gewählten Werte von x ein einziger Wert von y entspricht, so sind zwei Fälle denkbar:

1. Die Gleichung, welche x mit y verbindet, ist vom Grad $n = 1$, d. h. man hat

$$a_0(x)y + a_1(x) = 0,$$

woraus sich ergibt

$$y = -\frac{a_1(x)}{a_0(x)},$$

d. h. y ist eine rationale Funktion von x.

2. Die Gleichung $f(x, y) = 0$, welche y mit x verbindet, ist vom n^{ten} Grad, aber ihre n Wurzeln fallen zusammen. In diesem Fall besitzen die $n - 1$ Gleichungen

$$\frac{\partial f}{\partial y} = 0, \quad \frac{\partial^2 f}{\partial y^2} = 0, \cdots, \quad \frac{\partial^{n-1} f}{\partial y^{n-1}} = 0,$$

welche bezüglich vom Grad $n - 1$, $n - 2$, ..., 1 sind, für einen allgemein gewählten Wert von x eine einzige Wurzel y, die gleich der Wurzel der Gleichung $f(x, y) = 0$ ist. Da nun

$$\frac{\partial^{n-1} f}{\partial y^{n-1}} = n!\, a_0(x)y + (n-1)!\, a_1(x)$$

ist, so haben wir wieder

$$y = -\frac{a_1(x)}{n a_0(x)},$$

d. h. y ist eine rationale Funktion von x.

II. Der Begriff der algebraischen Funktion läßt sich auch auf Funktionen von mehreren Veränderlichen ausdehnen.

Man nennt y eine *algebraische Funktion der unabhängigen Veränderlichen* $x_1, x_2, \ldots, x_m$, wenn man von einer beliebig gewählten Gruppe von Werten der Veränderlichen x_i zu den entsprechenden Werten von y mit Hilfe von algebraischen Operationen gelangen kann.

Mit anderen Worten: y ist eine algebraische Funktion der Veränderlichen x_i, wenn die Verknüpfung zwischen y und den x_i durch eine gewisse Anzahl von algebraischen Gleichungen ausgedrückt wird, in denen noch Hilfsvariablen vorkommen. Eliminiert man diese letzteren, so erhält man für die Beziehung zwischen y und den x_i einen Ausdruck von der Form:

$$a_0(x_1, x_2, \cdots, x_m)\, y^n + a_1(x_1, x_2, \cdots, x_m)\, y^{n-1} + \cdots + a_n(x_1, x_2, \cdots, x_m) = 0.$$

Wie bei den Funktionen einer Veränderlichen erkennt man leicht die Richtigkeit des Satzes:

Eine eindeutige algebraische Funktion y der Veränderlichen $x_1, x_2, \ldots, x_m$ ist eine rationale Funktion dieser Veränderlichen.

III. Man kann den Begriff der algebraischen Funktion noch weiter ausdehnen. Es sei

$$f(x, y) = 0 \tag{2}$$

die Gleichung einer ebenen algebraischen Kurve von der Ordnung n. *Eine veränderliche Größe z heißt dann eine algebraische Funktion des Paares (x, y), das der Gleichung $f = 0$ genügt,* oder kürzer *eine algebraische Funktion des auf der Kurve $f = 0$ beweglichen Punktes,* wenn der Übergang von dem Paar (x, y) zu den entsprechenden Werten von z mit Hilfe von algebraischen Operationen bewerkstelligt werden kann. Aus dem Vorhergehenden folgt, daß die Abhängigkeit zwischen z und dem auf der Kurve beweglichen Punkte dadurch ausgedrückt werden kann, daß man ein geeignetes Polynom in z und in den durch $f = 0$ verbundenen Veränderlichen x, y gleich Null setzt, nämlich:

$$\varphi(z; x, y) = 0. \tag{3}$$

Daraus ergibt sich wieder, daß *eine eindeutige algebraische Funktion eines auf einer algebraischen Kurve beweglichen Punktes eine rationale Funktion dieses Punktes (d. h. seiner Koordinaten) ist.*

IV. Man kann noch allgemeiner von algebraischen Funktionen eines auf einer algebraischen Fläche beweglichen Punktes sprechen, oder, wenn man (bei mehr als drei Veränderlichen) die Darstellung im mehrdimensionalen Raum zu Hilfe nimmt, von algebraischen Funktionen eines Punktes, der auf einer beliebigen algebraischen Mannigfaltigkeit beweglich ist.

V. Es ist ebenfalls leicht zu beweisen, daß *eine algebraische Funktion eines auf einer Kurve oder Fläche oder algebraischen Mannigfaltigkeit beweglichen Punktes, die nirgends unendlich (oder Null) wird, sich auf eine Konstante reduziert.*

Wir betrachten zunächst eine algebraische Funktion y der Veränderlichen x, die durch die Gleichung (1) definiert sei; wir können annehmen, daß die Polynome a_i keinen gemeinsamen Teiler haben. Wenn nun a_0 von x abhinge, so müßte zu jeder Wurzel der Gleichung $a_0(x) = 0$ ein Wert oder mehrere Werte von y gehören, die unendlich würden. Wenn daher y nirgends unendlich wird, so muß a_0 unabhängig von x sein. Daraus folgt aber auch, daß alle anderen Funktionen a_i von x unabhängig sein müssen, denn sonst müßte y für $x = \infty$ ebenfalls unendlich werden, da ja a_0 eine von Null verschiedene Konstante ist. In ähnlicher Weise ergibt sich aus der Annahme, daß y nirgends Null wird, zunächst der Schluß, daß a_n eine von Null verschiedene Konstante ist und hieraus die Folgerung, daß alle anderen Funktionen a_i sich auf eine Konstante reduzieren müssen. Daher ist sowohl im einen als im anderen Falle y eine Konstante.

Endlich betrachten wir eine Funktion z eines veränderlichen Punktes, der z. B. auf einer algebraischen Kurve (2) liege; diese Funktion sei durch die Gleichung (3) definiert. Eliminiert man y aus (2) und (3), so erhält man z als eine algebraische Funktion der einzigen Veränderlichen x, die überall endlich (oder von Null verschieden) ist; folglich muß wiederum z gleich einer Konstanten sein.

Wir beschränken uns vorläufig auf diese wenigen Bemerkungen, die für unsere nächsten Zwecke genügen, und behalten uns vor, später auf die angeführten Sätze und auf einige andere derselben Art zurückzukommen, und sie unter dem allgemeineren und fruchtbareren Gesichtspunkt der Theorie der analytischen Funktionen zu betrachten. (Vgl. Kapitel VII, Nr. 85 ff.)

Erstes Kapitel.

Lineare Systeme ebener Kurven.

§ 1. Allgemeines über die linearen Systeme ebener Kurven.

1. Definitionen und einfachste Eigenschaften. Verbindungssystem und Schnittsystem zweier Systeme. Wir betrachten eine Gleichung von der Form

$$(1)\qquad \lambda_0 f_0(x_1, x_2, x_3) + \lambda_1 f_1(x_1, x_2, x_3) + \cdots + \lambda_r f_r(x_1, x_2, x_3) = 0,$$

in der die f_i homogene Polynome (Formen) in x_1, x_2, x_3 von derselben Ordnung n sind, und in der die λ_i Parameter bedeuten, die nicht alle verschwinden. In der Ebene, in welcher x_1, x_2, x_3 als homogene Punktkoordinaten gedeutet werden, stellt diese Gleichung bei gegebenen Werten der λ_i eine algebraische Kurve von der Ordnung n vor. Läßt man also die λ_i alle möglichen komplexen Werte durchlaufen, aber so, daß niemals alle λ_i gleichzeitig verschwinden, so erhält man eine Familie von algebraischen Kurven, welche man ein *lineares System* (*Linearsystem*) nennt, weil die Parameter, welche die Lage einer Kurve innerhalb des Systems bestimmen, in der Gleichung (1) linear auftreten.

Es sei f diejenige Systemkurve, die den Werten $(\lambda_0', \lambda_1', \ldots, \lambda_r')$ der Parameter λ_i entspricht; dann ist es einleuchtend, daß den Werten $(\varrho\lambda_0', \varrho\lambda_1', \ldots, \varrho\lambda_r')$ $(\varrho \neq 0)$ dieselbe Kurve f entspricht. Daher ist die Bestimmung der Kurve f im wesentlichen von den Werten der Verhältnisse von r beliebigen unter den Parametern λ_i zum $(r+1)^{\text{ten}}$ abhängig. Es fragt sich nun, ob man auch umgekehrt sagen kann, daß durch eine gegebene Systemkurve die Werte dieser Verhältnisse bestimmt werden.

Nehmen wir an, daß eine Kurve des linearen Systems zwei verschiedenen Wertegruppen der Parameter λ_i entspreche, nämlich den Gruppen $(\lambda_0', \lambda_1', \ldots, \lambda_r')$ und $(\lambda_0'', \lambda_1'', \ldots, \lambda_r'')$. Dann besitzen die beiden Gleichungen

$$\lambda_0' f_0 + \lambda_1' f_1 + \cdots + \lambda_r' f_r = 0, \quad \lambda_0'' f_0 + \lambda_1'' f_1 + \cdots + \lambda_r'' f_r = 0.$$

dieselben Lösungen, und ihre linken Seiten können sich daher nur durch einen konstanten Faktor ϱ unterscheiden; folglich hat man in bezug auf die Veränderlichen x_i identisch:

$$\lambda'_0 f_0 + \lambda'_1 f_1 + \cdots + \lambda'_r f_r \equiv \varrho \lambda''_0 f_0 + \varrho \lambda''_1 f_1 + \cdots + \varrho \lambda''_r f_r$$

oder

(2) $$\alpha_0 f_0 + \alpha_1 f_1 + \cdots + \alpha_r f_r \equiv 0,$$

wobei $\alpha_i = \lambda'_i - \varrho \lambda''_i$ gesetzt ist. Nun sind zwei Fälle denkbar: entweder sind die α_i alle Null, und dann hat man $\lambda'_i = \varrho \lambda''_i$, oder es verschwinden nicht alle α_i. Wenn z. B. $\alpha_0 \neq 0$ ist, so folgt

$$f_0 \equiv -\frac{\alpha_1}{\alpha_0} f_1 - \cdots - \frac{\alpha_r}{\alpha_0} f_r,$$

d. h. eine der Formen läßt sich als lineare Kombination der andern ausdrücken. In diesem Falle nennt man die gegebenen Formen *linear abhängig,* oder man sagt auch, die Kurven $f_0 = 0, \ldots, f_r = 0$ seien linear abhängig.

Die Kurven heißen dagegen *linear unabhängig,* wenn es keine lineare Kombination der linken Seiten ihrer Gleichungen gibt, die identisch Null wird, ohne daß sämtliche Koeffizienten der Kombination verschwinden. Man hat daher den Satz: *Wenn die gegebenen Kurven $f_0 = 0, \ldots, f_r = 0$ linear unabhängig sind, so bestimmt jede Kurve des Systems (1) in eindeutiger Weise die Verhältnisse von r beliebigen unter den Parametern λ_i zum $(r+1)$-ten.*

In diesem Fall gehört also zu jeder Gruppe von r beliebigen Zahlenwerten eine ganz bestimmte Kurve des Systems (1), und umgekehrt bestimmt eine solche Kurve die Werte dieser r Zahlen. Das lineare System heißt deshalb r-fach unendlich (ein ∞^r-System), oder man sagt, es sei von der *Dimension (Mannigfaltigkeitsstufe) r.*

Eine einzelne Kurve kann als ein *lineares System von der Dimension* 0 angesehen werden.

Faßt man $\lambda_0, \lambda_1, \ldots, \lambda_r$ als homogene Koordinaten eines Punktes auf, der in einem linearen Raum S_r von r Dimensionen beweglich ist[1]), so hat man in diesem Falle eine eineindeutige, stetige Korrespondenz zwischen den Kurven des linearen Systems und den Punkten des S_r.

Wir wollen jedoch den allgemeinen Fall untersuchen, daß zwischen den Polynomen f_i Beziehungen von der Form (2) bestehen, ohne daß die Koeffizienten α_i alle gleich Null sind. Wir wählen zunächst aus der Gruppe $f_0, f_1, \ldots, f_r$ eine beliebige Form aus, etwa f_0. Nun sind zwei Fälle denkbar: entweder es sind alle anderen Formen f_i abhängig von f_0,

---

1) Mit dem Symbol S_r bezeichnen wir einen r-dimensionalen Raum (Überraum, falls $r > 3$ ist). Ein Raum wird linear genannt, wenn ihm die Eigenschaft zukommt, die durch irgend zwei seiner Punkte bestimmte Gerade ganz zu enthalten. Vgl. E. Bertini, Introduzione alla geometria proiettiva degli iperspazi (Pisa, Spoerri, 1907). [A. d. Übers.]

d. h. sie unterscheiden sich von f_0 nur durch einen konstanten Faktor, oder es ist möglich, in der Gruppe $f_1, f_2, \ldots, f_r$ eine Form, etwa f_1, zu finden, die von f_0 linear unabhängig ist. Alsdann aber können sich wiederum zwei Fälle darbieten: entweder sind die $r-1$ übrigen Formen linear abhängig von f_0 und f_1, oder man kann in der Gruppe $f_2, \ldots, f_r$ eine Form, etwa f_2, finden, die von f_0 und f_1 linear unabhängig ist; usw. Fährt man in dieser Weise fort, so wird man schließlich in der Gruppe $f_0, f_1, \ldots, f_r$ eine gewisse Anzahl $h+1$ von Formen finden, etwa $f_0, f_1, \ldots, f_h$, die linear unabhängig sind, während die $r-h$ übrigen Formen sich als lineare Kombinationen von diesen darstellen lassen.

Wir erhalten also die folgenden Identitäten:

$$(3)\qquad \begin{cases} f_{h+1} \equiv \varepsilon_0' f_0 + \varepsilon_1' f_1 + \cdots + \varepsilon_h' f_h, \\ f_{h+2} \equiv \varepsilon_0'' f_0 + \varepsilon_1'' f_1 + \cdots + \varepsilon_h'' f_h, \\ \cdots\cdots\cdots\cdots\cdots \\ f_r \equiv \varepsilon_0^{(r-h)} f_0 + \varepsilon_1^{(r-h)} f_1 + \cdots + \varepsilon_h^{(r-h)} f_h, \end{cases}$$

wo die ε konstante Zahlen bedeuten.

Wenn man nun diese Ausdrücke für $f_{h+1}, \ldots, f_r$ in die Gleichung (1) einsetzt, so erhält man eine Gleichung von der Form:

$$(4)\qquad \mu_0 f_0 + \mu_1 f_1 + \cdots + \mu_h f_h = 0,$$

d. h. jede Kurve des linearen Systems (1) gehört zu dem linearen System (4). Umgekehrt ist es klar, daß jede Kurve des Systems (4) zu dem linearen System (1) gehört, da ja die Gleichung (1) in die Form (4) übergeht, wenn man $\lambda_{h+1} = 0, \lambda_{h+2} = 0, \ldots, \lambda_r = 0$ setzt.

Die Gleichungen (1) und (4) stellen daher dieselbe Kurvenfamilie dar, d. h. die beiden linearen Systeme (1) und (4) sind identisch.

In diesem Falle ist also das gegebene lineare System (1) h-fach unendlich (ein ∞^h-System), und seine Elemente (Kurven) lassen sich eineindeutig auf die Punkte des Raumes S_h beziehen, in welchem wir $\mu_0, \mu_1, \ldots, \mu_h$ als homogene Punktkoordinaten betrachten. Wir erhalten daher den Satz:

Die Kurven eines linearen Systems lassen sich in jedem Falle eineindeutig und in stetiger Weise auf die Punkte eines linearen Raumes beziehen, dessen Dimension gleich derjenigen des Systems ist.

Diese Korrespondenz ist derart, daß *linear unabhängige Kurven durch linear unabhängige Punkte dargestellt werden und umgekehrt.*

In der Tat, wenn die Kurven

$$(5)\qquad \sum_{i=0}^{h} \mu_i' f_i = 0, \quad \sum_{i=0}^{h} \mu_i'' f_i = 0, \quad \ldots, \quad \sum_{i=0}^{h} \mu_i^{(s)} f_i = 0$$

des ∞^h-Systems (4) linear unabhängig sind, so kann keine Identität von der Form

$$\eta_1 \sum \mu_i' f_i + \eta_2 \sum \mu_i'' f_i + \cdots + \eta_s \sum \mu_i^{(s)} f_i \equiv 0,$$

d. h. von der Form:

$$f_0 \sum_{j=1}^{s} \mu_0^{(j)} \eta_j + f_1 \sum_{j=1}^{s} \mu_1^{(j)} \eta_j + \cdots + f_h \sum_{j=1}^{s} \mu_h^{(j)} \eta_j \equiv 0$$

bestehen, in der nicht alle η_j gleich Null sind.

Da aber die Kurven $f_0, f_1, \ldots, f_h$ linear unabbhängig sind, so sind auch, falls nicht alle η_j verschwinden, die folgenden Beziehungen unmöglich:

$$\begin{gathered}
\mu_0' \eta_1 + \mu_0'' \eta_2 + \cdots + \mu_0^{(s)} \eta_s = 0, \\
\mu_1' \eta_1 + \mu_1'' \eta_2 + \cdots + \mu_1^{(s)} \eta_s = 0, \\
\cdots\cdots\cdots\cdots \\
\mu_h' \eta_1 + \mu_h'' \eta_2 + \cdots + \mu_h^{(s)} \eta_s = 0.
\end{gathered}$$

Damit ist aber gezeigt, daß die Punkte mit den Koordinaten $(\mu_0', \mu_1', \ldots, \mu_h')$, $(\mu_0'', \mu_1'', \ldots, \mu_h'')$, $\ldots$, $(\mu_0^{(s)}, \mu_1^{(s)}, \ldots, \mu_h^{(s)})$ linear unabhängig sind. Sind umgekehrt diese Punkte unabhängig, so erkennt man durch Umkehrung dieser Schlußweise, daß auch die Kurven (5) unabhängig sind.

Dieser Satz ermöglicht es, viele Eigenschaften der linearen Räume auf die linearen Systeme ebener Kurven zu übertragen. So führt z. B. die Tatsache, daß ein Raum S_k, der durch $k+1$ unabhängige Punkte eines Raumes S_h $(k \leqq h)$ bestimmt wird, vollständig in dem Raume S_h enthalten ist, zu dem Satze:

Ein lineares System, das durch eine gewisse Anzahl von linear unabhängigen Kurven eines linearen Systems Σ bestimmt wird, gehört ganz dem System Σ an.

Im besonderen leiten wir daraus den Satz ab, *daß in einem linearen ∞^h-System nicht mehr als $h+1$ linear unabhängige Kurven enthalten sein können, und daß ein lineares ∞^h-System durch $h+1$ beliebige unter seinen Kurven bestimmt wird, vorausgesetzt, daß diese Kurven linear unabhängig sind.*

Diese Eigenschaften lassen sich übrigens auch direkt beweisen.

Ein anderer Satz läßt sich ableiten aus der Betrachtung des *Schnittraums* und des *Verbindungsraums* zweier Räume S_k und $S_{k'}$, d. h. des (linearen) Raums von größter Dimension, der in beiden enthalten ist, und des (linearen) Raums von kleinster Dimension, der sie beide umfaßt. Es ist der folgende:

Ist c die Dimension des kleinsten linearen Systems, das zwei Linearsysteme Σ und Σ' von den Dimensionen k und k' enthält (Verbindungssystem) und ist i die Dimension des größten linearen Systems (Schnittsystem), das in beiden enthalten ist, so gilt die Gleichung

$$k + k' = c + i,$$

wobei man $i = -1$ zu setzen hat, wenn kein Schnittsystem vorhanden ist.[1])

Sind z. B. zwei Kegelschnittbüschel

$$\lambda_0 f_0 + \lambda_1 f_1 = 0 \quad \text{und} \quad \mu_0 \varphi_0 + \mu_1 \varphi_1 = 0$$

in allgemeiner Lage gegeben, so ist kein Schnittsystem vorhanden ($i = -1$) und ihr Verbindungssystem ist das dreifach unendliche System

$$\lambda_0 f_0 + \lambda_1 f_1 + \mu_0 \varphi_0 + \mu_1 \varphi_1 = 0.$$

Wenn dagegen die 8 Basispunkte der beiden Büschel auf einem und demselben Kegelschnitt liegen, so reduziert sich das Schnittsystem auf eben diesen Kegelschnitt und ist daher ein ∞^0-System, während das Verbindungssystem ein ∞^2-System wird (die Funktionen f_0, f_1, φ_0, φ_1 sind nicht mehr linear unabhängig).

2. Algebraische Bedingungen. Lineare Bedingungen. Eine *Bedingung*, die einer Kurve von gegebener Ordnung n auferlegt wird, heißt *algebraisch*, wenn sie sich durch ein System algebraischer Gleichungen ausdrücken läßt, in die die Koeffizienten der Kurvengleichung eingehen, und in denen auch einige Parameter rational auftreten können. Stellt man alle ebenen Kurven von der Ordnung n (die ein lineares $\infty^{\frac{n(n+3)}{2}}$-System bilden) durch die Punkte eines Raumes $S_{\frac{n(n+3)}{2}}$ dar, so wird die Gesamtheit der Kurven n^{ter} Ordnung, die einer gegebenen algebraischen Bedingung genügen, durch eine *algebraische Mannigfaltigkeit* dargestellt.[2]) Es läßt sich beweisen, daß man in einem Überraum eine algebraische Mannigfaltigkeit auch durch solche algebraische Gleichungen darstellen kann, die nur noch die Koordinaten eines Punktes und keine Parameter mehr enthalten[3]). Das Gebiet der betrachteten Bedingungen wird also nicht

---

1) Ein direkter Beweis dieses Satzes (den man C. Segre verdankt), findet sich in der Abhandlung von Bertini, La geometria delle serie lineari sopra una curva piana secondo il metodo algebrico. Ann. di Mat. (2) **22** (1894) in der Fußnote zu S. 8.

2) Über die Theorie der algebraischen Mannigfaltigkeiten vgl. z. B. Bertini, Introduzione alla geometria usw. S. 189.

3) Bertini, Introduzione usw. S. 197.

beschränkt, wenn wir eine Bedingung dann als algebraisch definieren, falls sie darstellbar ist mittels eines Systems von algebraischen Gleichungen, die nur die Koeffizienten der Gleichung derjenigen Kurve enthalten, der jene Bedingung auferlegt ist.

Die Bedingung heißt von der *Dimension d*, wenn es $\infty^{\frac{n(n+3)}{2}-d}$ Kurven von der Ordnung n gibt, die ihr genügen, d. h. wenn die Gesamtheit dieser Kurven mittels einer stetigen Korrespondenz von endlichen Indizes[1]) auf die Werte von $\frac{n(n+3)}{2} - d$ willkürlichen Parametern bezogen werden kann. Die Gesamtheit zweier Bedingungen von den Dimensionen d und d' ist eine Bedingung, deren Dimension kleiner als die Summe $d + d'$ oder ihr gleich ist.

Da wir im folgenden keine Gelegenheit mehr dazu haben, wollen wir hier im Vorbeigehen bemerken, daß man aus den Sätzen über die Bedingungen der funktionalen Abhängigkeit mehrerer Funktionen voneinander den folgenden Satz ableiten kann:

Damit eine gegebene algebraische Bedingung, die mittels der Gleichungen

$$\varphi_1\left(a_0, a_1, \ldots, a_{\frac{n(n+3)}{2}}\right) = 0, \quad \ldots, \quad \varphi_s\left(a_0, a_1, \ldots, a_{\frac{n(n+3)}{2}}\right) = 0$$

ausgedrückt wird, von der Dimension d sei, ist es notwendig und hinreichend, daß die Funktionalmatrix der Funktionen φ_i *bezüglich der Veränderlichen* a_j *für eine allgemein gewählte Lösung der Gleichungen* $\varphi_i = 0$ *den Rang d (aber keinen größeren) besitzt.*[2])

Die Gesamtheit der Kurven, welche einer gegebenen algebraischen Bedingung genügen, heißt ein *algebraisches System.*

So ist z. B. das System aller Kurven von gegebener Ordnung, die eine gegebene algebraische Kurve einmal oder mehrere Male berühren, algebraisch; ebenso ist das System aller Kurven von gegebener Ordnung, die einen oder mehrere Doppelpunkte besitzen, algebraisch usw.

Ein algebraisches System von Kurven n^{ter} Ordnung kann *irreduzibel* oder *reduzibel* sein[3].) Es wird *irreduzibel* genannt, wenn diese Eigenschaft der algebraischen Mannigfaltigkeit zukommt, deren Punkte die

---

1) Werden mit jedem Element der ersten (zweiten) Mannigfaltigkeit β (α) Elemente der zweiten (ersten) in Korrespondenz gesetzt, so nennt man α, β die Indizes der Korrespondenz; vgl. Nr. 59. [A. d. Übers.]

2) Eine Matrix heißt bekanntlich vom *Rang r*, wenn sie *wenigstens eine* nicht verschwindende r-reihige Determinante besitzt und alle in ihr etwa enthaltenen Determinanten höherer Ordnung verschwinden. [A. d. Übers.]

3) Vgl. auch Nr. 11, S. 27. [A. d. Übers.]

Kurven des Systems in demjenigen linearen Raum $S_{\frac{n(n+3)}{2}}$ darstellen, mit dessen Hilfe sich das lineare System aller Kurven von der Ordnung n abbilden läßt; im entgegengesetzten Falle heißt es *reduzibel.* So ist z. B. das ∞^8-System aller ebenen Kurven dritter Ordnung mit einem Doppelpunkt irreduzibel, während das ∞^{11}-System aller ebenen Kurven vierter Ordnung mit drei Doppelpunkten reduzibel ist. Dieses letztere System spaltet sich nämlich in das ∞^{11}-System aller rationalen ebenen Kurven vierter Ordnung und in das ∞^{11}-System derjenigen Kurven vierter Ordnung, die alle in eine Gerade und in eine ebene Kurve dritter Ordnung zerfallen.

Unter den algebraischen Bedingungen sind die *linearen Bedingungen* besonders wichtig, d. h. diejenigen, welche sich durch Systeme von linearen Gleichungen darstellen lassen. Die Kurven, welche einer linearen Bedingung genügen, bilden ein *lineares System.*

Eine algebraische Bedingung von der Dimension $\frac{n(n+3)}{2}$ wird durch eine Gruppe mit einer endlichen Anzahl von Kurven befriedigt.

Es sei Σ ein algebraisches ∞^r-System. Man wähle einen Punkt P_1 der Ebene, durch welchen nicht alle Kurven von Σ gehen; schreibt man nun den Kurven des Systems vor, durch den Punkt P_1 zu gehen, so erlegt man ihnen damit eine lineare Bedingung auf, und diese ist *unabhängig* von der algebraischen Bedingung, die das System definiert. Die Kurven von Σ, die durch P_1 gehen, werden also ein neues algebraisches System Σ_1 von der Dimension $r-1$ bilden. Man nehme ferner einen Punkt P_2 an durch welchen nicht alle Kurven von Σ_1 gehen. Die durch P_2 gehenden Kurven von Σ_1 bilden dann ein algebraisches System Σ_2 von der Dimension $r-2$. Fährt man in dieser Weise fort und läßt man die Kurven durch r Punkte gehen, wodurch man r *unabhängige* Bedingungen erhält, so gelangt man schließlich zu einem algebraischen ∞^0-System Σ_r, d. h. zu einer Gruppe mit einer endlichen Anzahl von Kurven. Daher ergibt sich der Satz:

Wenn ein algebraisches System die Dimension r hat, so läßt sich durch r in allgemeiner Lage befindliche Punkte der Ebene nur eine endliche Anzahl von Systemkurven legen.

Diese Zahl heißt der *Index* des Systems.[1])

Es ist einleuchtend, daß die Anzahl der Kurven eines *irreduziblen* algebraischen ∞^r-Systems, die durch r veränderliche Punkte der Ebene

---

1) Diese Bezeichnung stammt von E. de Jonquières, Journ. de Math. (2) **6**, **113** (1861). [A. d. Übers.]

gehen, konstant bleibt (falls sie nicht unendlich wird), vorausgesetzt, daß jede Kurve mit der nötigen Vielfachheit gezählt wird.

Wenn wir es im besonderen mit einem linearen ∞^r-System Σ zu tun haben, so können wir auf die oben angegebene Weise r Punkte wählen, welche den Kurven von Σ jeweils unabhängige lineare Bedingungen von der Dimension 1 auferlegen. Da nun aber diese Kurven dadurch erhalten wurden, daß man den Kurven von der Ordnung n eine lineare Bedingung von der Dimension $\frac{n(n+3)}{2} - r$ auferlegte, so erhält man durch Hinzufügen der neuen Bedingungen, die unter sich und von den vorhergehenden unabhängig sind, eine lineare Bedingung von der Dimension $\frac{n(n+3)}{2}$. Diese wird durch eine einzige Kurve der Ebene befriedigt. Man hat daher den Satz:

Durch r allgemein gewählte Punkte der Ebene geht eine einzige Kurve eines gegebenen ∞^r Linearsystems.

Wir fassen noch einige andere Beispiele von linearen Bedingungen ins Auge außer dem schon betrachteten, bei dem es sich um den Durchgang der Kurven durch gegebene Punkte handelte.

Wenn im besonderen einige der gegebenen Punkte auf einer festen Kurve beweglich sind, und wenn sie dabei in einen einzigen Punkt dieser Kurve zusammenrücken, so bleibt während der stetigen Bewegung die Bedingung, welche den Durchgang durch jene Punkte ausdrückt, linear. Beim Übergang zur Grenze werden wir die Bedingung dafür erhalten, daß eine Kurve von gegebener Ordnung mit einer festen Kurve eine t-punktige Berührung hat. *Die Bedingungen für eine mehr oder weniger innige Berührung mit gegebenen Kurven in gegebenen Punkten sind daher lineare Bedingungen.*

Dies ergibt sich übrigens auch aus folgender Bemerkung. Wenn eine Kurve $f(x, y) = 0$ mit einer festen Kurve Γ in einem gegebenen Punkt P eine Berührung von der Ordnung $t - 1$ haben soll, so hat man die Koeffizienten von f gewissen Beziehungen zu unterwerfen. Diese erhält man, wenn man die Bedingungen dafür anschreibt, daß das Polynom f in P verschwindet, und daß die Ableitungen $\frac{dy}{dx}, \frac{d^2y}{dx^2}, \ldots, \frac{d^{t-1}y}{dx^{t-1}}$ vorgeschriebene Werte annehmen. Alle diese Beziehungen sind linear in den Koeffizienten von f.

Auch die Forderung, daß ein gegebener Punkt der Ebene ein s-facher Punkt der Kurve werde, ist eine lineare Bedingung; denn sie drückt sich analytisch dadurch aus, daß man die Ableitungen $(s-1)^{\text{ter}}$ Ordnung der Form f, nachdem in sie die (homogenen) Koordinaten des gegebenen Punktes eingesetzt worden sind, gleich Null setzt.

Schließlich bemerken wir noch, daß *die den Kurven eines linearen Systems Σ auferlegte Forderung, eine gegebene Kurve Γ als Bestandteil zu enthalten, ebenfalls eine lineare Bedingung darstellt.*

Zum Beweis legen wir zunächst den Kurven des linearen Systems Σ die Forderung auf, durch einen beliebigen, aber nicht speziell gelegenen Punkt P_1 von Γ hindurchzugehen. Es sei Σ' das so erhaltene lineare System. Wenn die Kurven von Σ' die Kurve Γ als Teil enthalten, so ist der Satz bewiesen; im anderen Falle wird man auf Γ einen Punkt P_2 wählen können, durch den nicht alle Kurven von Σ' hindurchgehen. Die Kurven von Σ' durch P_2 bilden ein System Σ'', und auch hier können sich zwei Fälle ergeben: entweder enthalten sämtliche Kurven von Σ'' die Kurve Γ als Teil, oder es läßt sich auf Γ ein Punkt P_3 wählen, durch den nicht alle Kurven von Σ'' hindurchgehen; in dieser Weise schließt man weiter.

Da nun jeder Durchgang durch einen neuen Punkt P die Dimension des linearen Systems, das wir betrachten, um eine Einheit vermindert, so wird man schließlich entweder zu einem *linearen* System gelangen, dessen Kurven Γ als Teil enthalten, oder aber zu *einer einzigen* Kurve von Σ, die durch r Punkte $P_1, P_2, \ldots, P_r$ von Γ geht, aber Γ nicht als Teil enthält. In diesem Falle wird es keine Kurve von Σ geben, welche Γ als Bestandteil enthält.

3. Basispunkte eines linearen Systems. Ein Punkt, der *allen* Kurven eines linearen Systems Σ gemeinsam ist, heißt ein *Basispunkt* von Σ. Wenn z. B. Σ durch die Gleichung (1) (S. 5) dargestellt ist, und wenn die Kurven $f_0 = 0, f_1 = 0, \ldots, f_r = 0$ den Punkt P gemeinsam haben, so ist es einleuchtend, daß dieser Punkt jeder Kurve von (1) angehört, d. h. ein Basispunkt für Σ sein wird.

Wenn das System Σ ein *Büschel* ist ($r = 1$), so wird es sicher Basispunkte besitzen; ihre Anzahl ist n^2, falls die zwei Kurven $f_0 = 0$ und $f_1 = 0$, die das Büschel bestimmen, von der Ordnung n sind und keine gemeinsamen Teile haben.

Ein *Netz* ($r = 2$) wird aber *im allgemeinen* keine Basispunkte besitzen und um so weniger ein System, dessen Dimension größer als 2 ist, da drei oder mehr Kurven im allgemeinen keine gemeinsamen Punkte haben.

Es kann auch der Fall eintreten, daß ein lineares System unendlich viele Basispunkte besitzt; diese Punkte bilden eine oder mehrere irreduzible algebraische Kurven, die allen Systemkurven als Bestandteile angehören. So hat z. B. das lineare System

$$\lambda_0 \varphi f_0 + \lambda_1 \varphi f_1 + \cdots + \lambda_r \varphi f_r = 0$$

unendlich viele Basispunkte, die längs der Kurve $\varphi = 0$ verteilt sind. *Wenn ein Punkt P gleichzeitig auf $r+1$ linear unabhängigen Kurven eines linearen ∞^r-Systems liegt, so ist er ein Basispunkt des Systems;* denn es ist klar, daß die Gleichung einer beliebigen Kurve des Systems aus einer linearen Kombination der Gleichungen jener $r+1$ unabhängigen Kurven besteht.

§ 2. Sätze von LÜROTH und von BERTINI.

4. Hilfssatz über die Scharen von Punktgruppen auf einer Geraden. Der Lehrsatz, welcher aussagt, daß durch r allgemeine Punkte der Ebene *eine* Kurve eines linearen ∞^r-Systems hindurchgeht, ist auf folgende Weise umkehrbar:

Wenn ein algebraisches ∞^r-System von ebenen Kurven der Ordnung n die Eigenschaft besitzt, daß durch r allgemeine Punkte der Ebene eine einzige Kurve des Systems hindurchgeht, so ist es linear.

Um diesen Satz zu beweisen, ist es zweckmäßig, den folgenden *Hilfssatz* vorauszuschicken:

Wenn auf einer Geraden eine algebraische Schar Σ von Gruppen zu je n Punkten vorhanden ist, so daß ein beliebiger Punkt der Geraden einer einzigen Gruppe angehört, so ist die Schar Σ linear, d. h. ihre Gruppen lassen sich durch eine Gleichung von der Form

$$f(x) + \lambda g(x) = 0$$

darstellen, wo f und g gegebene Polynome vom Grad n sind und λ einen veränderlichen Parameter bedeutet.

Unter einer algebraischen Schar von Punktgruppen verstehen wir eine solche, deren allgemeine Gruppe in den Koordinaten x durch eine Gleichung von der Form

$$\varphi(x) = 0$$

dargestellt ist; dabei bedeutet φ ein Polynom vom Grad n, dessen Koeffizienten durch eine Anzahl algebraischer Gleichungen verbunden sind, die wir in ihrer Gesamtheit mit A bezeichnen wollen. Die Voraussetzung, von der wir ausgehen, ist die, daß ein allgemeiner Punkt der Geraden einer einzigen Gruppe $\varphi = 0$ angehört.

Gegeben sei ein Punkt x_0; um die Gruppe zu bestimmen, der er angehört, hat man die veränderlichen Koeffizienten von φ aus den Gleichungen A und den Gleichungen

$$\varphi(x) = 0, \quad \varphi(x_0) = 0$$

zu eliminieren. Aus der Algebra ist bekannt, daß diese Elimination sich in rationaler Weise ausführen läßt. Daher sind die Koeffizienten der entstehenden Gleichung rationale Funktionen von x_0; außerdem ist sie vom Grad n und wird durch die n Punkte der gesuchten Gruppe (unter denen sich der Punkt x_0 befindet) befriedigt. Die gesuchte Gleichung wird also folgende Form haben:

$$F(x_0, x) \equiv a_0(x_0)x^n + a_1(x_0)x^{n-1} + \cdots + a_n(x_0) = 0, \tag{1}$$

wo die a_i Polynome in x_0 sind.

Lassen wir nun x_0 variieren, so haben wir damit eine algebraische Beziehung zwischen x_0 und den übrigen $n-1$ Punkten der durch x_0 bestimmten Gruppe. Ist aber x gegeben, so wird die Gleichung (1) befriedigt werden durch alle diejenigen Lagen von x_0, welche der den Punkt x enthaltenden Gruppe angehören. Mit anderen Worten: wenn x gegeben ist, so wird die Gleichung (1) durch alle diejenigen Punkte x_0 befriedigt werden, die der durch x bestimmten Gruppe angehören.

Die Gleichung (1) ist daher symmetrisch in bezug auf x und x_0.[1])

Wir können nun die folgenden Bemerkungen machen:

1. Das Polynom $a_0(x_0)$ kann nicht identisch Null sein, wenn, wie wir es voraussetzen, die n Punkte der durch x_0 bestimmten Gruppe alle mit x_0 beweglich sind. Wenn nämlich $a_0 \equiv 0$ wäre, so würde dies bedeuten, daß durch jeden Punkt x_0 eine Gruppe ginge, welcher der Punkt $x = \infty$ angehörte. Die Gruppen von Σ hätten daher einen festen Punkt. Nun ist es aber klar, daß wir für unseren Zweck von den festen Punkten, die allen Gruppen der Schar gemeinsam sind, absehen können.

2. Die rationalen Funktionen $\frac{a_1}{a_0}, \frac{a_2}{a_0}, \ldots, \frac{a_n}{a_0}$ können sich nicht *alle* auf Konstante reduzieren, denn sonst hätten wir die Gleichung

$$F(x_0, x) \equiv a_0(x_0)\,\{x^n + k_1 x^{n-1} + \cdots + k_n\},$$

in der die k_i Konstante bedeuten. Wenn man nun einen Punkt x_0 der Geraden wählte, für den das Polynom a_0 nicht verschwindet, so würden die Punkte der durch x_0 bestimmten Gruppe der folgenden Gleichung genügen:

$$x^n + k_1 x^{n-1} + \cdots + k_n = 0,$$

d. h. sie würden alle fest bleiben, während x_0 sich auf der Geraden bewegt; dies ist aber unmöglich, da ja der Punkt x_0 sich selbst unter diesen Punkten befindet.

Nach diesen Vorbemerkungen betrachten wir nun eine der genannten

---

1) Die *Funktion* $F(x_0, x)$ kann natürlich in bezug auf x_0 und x auch alternierend sein. [A. d. Übers.]

rationalen Funktionen, z. B. $\frac{a_1(x_0)}{a_0(x_0)}$, die tatsächlich von x_0 *abhängt*. Wir setzen

$$\frac{a_1(x_0)}{a_0(x_0)} = t.$$

Aus der Algebra ist bekannt, daß jede dieser rationalen Funktionen eine symmetrische Funktion der Wurzeln der Gleichung (1) ist. Diese Wurzeln sind die Koordinaten $x_0, x_1, \ldots, x_{n-1}$ der Punkte der durch x_0 bestimmten Gruppe. In dem von uns gewählten Beispiel ist:

$$\frac{a_1(x_0)}{a_0(x_0)} = -(x_0 + x_1 + \cdots + x_{n-1}).$$

Da die rechte Seite dieser Gleichung sich nicht ändert, wenn man die x_i unter sich vertauscht, so erhalten wir

$$\frac{a_1(x_0)}{a_0(x_0)} = \frac{a_1(x_1)}{a_0(x_1)} = \cdots = \frac{a_1(x_{n-1})}{a_0(x_{n-1})}.$$

Folglich wird die Gleichung

$$\frac{a_1(x)}{a_0(x)} = t \qquad \text{oder} \qquad a_1(x) - t\,a_0(x) = 0$$

durch die n Punkte $x_0, x_1, \ldots, x_{n-1}$ einer Gruppe von Σ befriedigt. Andererseits kann der Grad von a_0 und a_1 nicht größer als n sein, weil sonst das Polynom F in bezug auf x vom Grade n, in bezug auf x_0 von einem höheren Grade wäre; dies widerspricht aber dem oben erhaltenen Ergebnis, daß die Gleichung $F(x_0, x) = 0$ in x und x_0 symmetrisch ist. Es folgt also, daß die Gleichung

$$a_1(x) - t a_0(x) = 0$$

alle Gruppen von Σ darstellt, wenn man t als veränderlichen Parameter betrachtet. Damit ist aber bewiesen, daß Σ eine lineare Schar ist.

Bemerkung. Da die Gleichung (1) von allen Punkten der durch x_0 gehenden Gruppe $(x_0, x_1, \ldots, x_{n-1})$ befriedigt wird, und da sich unter diesen der Punkt x_0 selbst befindet, so erhält man für jedes x_0

$$F(x_0, x_0) = 0,$$

d. h. das Polynom $F(x_0, x_0)$ wird identisch Null.

5. **Der Satz von Lüroth.** Ehe wir dazu übergehen, diesen Hilfssatz auf den Beweis des am Anfang der vorigen Nummer ausgesprochenen Lehrsatzes anzuwenden, wollen wir den Hilfssatz selbst in eine andere Form bringen, die sich im folgenden als nützlich erweisen wird. Wir wollen annehmen, daß die Koordinaten (x, y) der Punkte einer ebenen algebraischen Kurve C rationale Funktionen eines Parameters t seien; die Kurve sei also dargestellt durch die Gleichungen

(2) $$x = \varphi(t), \quad y = \psi(t),$$

wo φ und ψ rationale Funktionen bedeuten. Die Gleichung $f(x, y) = 0$ der Kurve wird erhalten, wenn man t aus den Gleichungen (2) eliminiert. Jedem Wert von t entspricht mittels der Gleichungen (2) *ein Punkt* von C; kann man aber auch umgekehrt sagen, daß zu jedem Punkt von C nur ein einziger Wert von t gehört? Es ist leicht, sich an einem Beispiel zu überzeugen, daß einem Punkt von C nicht immer ein einziger Wert von t entspricht. Betrachten wir z. B. die Kurve

$$x = t^2, \quad y = 1 + t^4 \text{ (Parabel in cartesischen Koordinaten).}$$

Zu jedem Punkt der Kurve gehören offenbar *zwei* Werte von t, die sich nur durch das Vorzeichen voneinander unterscheiden; nimmt man aber als Parameter $\tau = t^2$, so erscheinen die Punkte der Kurve eineindeutig auf die Werte des neuen Parameters bezogen.

Im allgemeinen Falle wird man sagen können, daß, wenn ein allgemeiner Punkt von C, d. h. eine allgemeine Lösung (x, y) der Gleichung $f = 0$ gegeben ist, sich unter den Lösungen der Gleichung $x = \varphi(t)$ eine gewisse Anzahl von Werten $t_1, t_2, \ldots, t_n$ befinden werden, die der Gleichung $y = \psi(t)$ ebenfalls genügen.

Wir wollen nun die Veränderliche t als Koordinate eines Punktes auf einer Geraden u deuten.

Während der bewegliche Punkt (x, y) die Kurve C beschreibt, durchlaufen die Punkte mit den Koordinaten $t_1, t_2, \ldots, t_n$ auf der Geraden u eine algebraische Schar Σ, welche offenbar die Eigenschaft besitzt, daß jeder allgemein gewählte Punkt der Geraden u zu einer einzigen Gruppe von Σ gehört. Dem bewiesenen Hilfssatz zufolge wird man also die Gruppen von Σ mittels einer Gleichung von der Form

$$a(t) - \lambda b(t) = 0$$

darstellen können, wo a und b Polynome vom Grad n bezeichnen, während λ einen Parameter bedeutet, welcher mit der auf Σ beweglichen Gruppe veränderlich ist.

Zwischen den Punkten (x, y) der Kurve C und den Werten des Parameters λ besteht eine algebraische Beziehung derart, daß einem allgemeinen Punkt von C ein einziger Wert von λ entspricht, und daß umgekehrt zu einem allgemeinen Wert von λ ein einziger Punkt (x, y) von C gehört. In der Tat befinden sich ja die Punkte von C und die Werte von λ in eineindeutiger Korrespondenz mit den Gruppen von Σ. Daraus ergibt sich, daß die Koordinaten (x, y) eines auf C beweglichen Punktes *einwertige algebraische Funktionen, d. h. rationale Funktionen* des Parameters λ sind (s. Einleitung I). Daher wird man schreiben können:

(3) $$x = \xi(\lambda), \quad y = \eta(\lambda),$$

wo ξ und η rationale Funktionen bedeuten; ein Punkt (x, y) der Kurve C entstammt also einem einzigen Wert von λ.

Die Kurve C erweist sich also mittels einer *algebraischen Korrespondenz* (d. h. mittels einer durch algebraische Operationen vermittelten Korrespondenz) als *eineindeutig* bezogen auf eine Gerade, über welche der Parameter λ als Koordinate ausgebreitet ist.

Eine *Kurve,* die diese Eigenschaft besitzt, heißt *rational.*

Das gewonnene Resultat können wir in folgender Weise aussprechen:

Wenn sich die Koordinaten der Punkte einer algebraischen Kurve als rationale Funktionen eines Parameters t ausdrücken lassen, so daß ein bestimmter Kurvenpunkt n (> 1) Werten des Parameters entspricht, so lassen sich diese Koordinaten auch mittels rationaler Funktionen eines neuen Parameters λ ausdrücken, der selbst eine rationale Funktion von t ist, derart, daß ein Kurvenpunkt einem einzigen Wert von λ entspricht.

In geometrischer Form lautet der Satz:

Wenn man zwischen den Punkten einer algebraischen Kurve C und einer Geraden u eine algebraische Korrespondenz herstellen kann, derart, daß einem Punkt von C n Punkte von u entsprechen, während einem Punkt von u ein einziger Punkt von C entspricht, so läßt sich die Kurve C auch mittels einer eineindeutigen Korrespondenz auf u beziehen.

Diesen Satz verdankt man J. Lüroth (Math. Ann. **9**, 163 (1875)). In der Arbeit von Lüroth wird angegeben, wie man tatsächlich den neuen Parameter λ als rationale Funktion von t herstellen kann. Für uns ist dies nicht nötig. Wir verweisen deshalb den Leser auf die Originalarbeit Lüroths oder auf das Werk von Appell und Goursat, Théorie des fonctions algébriques et de leurs intégrales. (Paris, Gauthier-Villars, 1895), S. 288.

6. Algebraische Systeme ebener Kurven vom Index 1. Wir kommen nun endlich zum Beweis des in Nr. 4 ausgesprochenen Satzes, der aussagt, daß ein algebraisches Kurvensystem vom Index 1 linear ist. Wir beginnen mit dem Falle eines einfach unendlichen Systems und gehen aus von der Voraussetzung, das algebraische ∞^1-System Σ von ebenen Kurven der Ordnung n besitze die Eigenschaft, daß durch einen allgemeinen Punkt der Ebene eine einzige Systemkurve hindurchgeht. Wir bringen das System Σ mit einer beliebigen aber allgemein gewählten Geraden zum Schnitt. Wir erhalten dann auf dieser Geraden eine algebraische Schar von Gruppen zu je n Punkten, so daß jeder Punkt der Geraden einer einzigen Gruppe der Schar angehört. Nach Nr. 4 muß daher diese Schar linear sein, d. h. man kann ihre Gruppen in algebraischer Weise eineindeutig den Werten eines Parameters λ zuordnen.

Nun behaupten wir, daß zwischen den Werten von λ und den Kurven von Σ ebenfalls eine eineindeutige algebraische Verwandtschaft besteht. In der Tat, wenn ein Wert von λ gegeben ist, so kann man die diesem Wert entsprechende Gruppe (d. h. die Koordinaten der Punkte dieser Gruppe) algebraisch finden, und von der Gruppe kann man ebenfalls auf algebraischem Wege zu derjenigen Kurve von Σ gelangen, die durch sie hindurchgeht (denn es handelt sich ja darum, einer Kurve eines algebraischen Systems die lineare Bedingung des Durchgangs durch Punkte aufzuerlegen). Wir gelangen also durch algebraische Operationen von einem Wert von λ zu einer wohldefinierten Kurve von Σ. Ist umgekehrt eine solche Kurve gegeben, so bestimmen wir durch Auflösung einer algebraischen Gleichung die Koordinaten der Punkte der durch sie auf der schneidenden Geraden bestimmten Punktgruppe, und von dieser Gruppe gelangen wir auf algebraischem Wege zu einem wohldefinierten Werte von λ.

Man kann auch noch bemerken, daß man nur rationale Operationen auszuführen hat, um von einer Kurve des Systems Σ zu dem entsprechenden Werte von λ zu gelangen, da ja λ eine *rationale* symmetrische Funktion der Punkte derjenigen Gruppe ist, die von der Kurve auf der Geraden ausgeschnitten wird.

Wir haben festgestellt, daß eine Kurve von Σ in der Weise algebraisch von λ abhängt, daß jeder Wert von λ *eine einzige* Kurve von Σ bestimmt; diese Feststellung ist aber gleichbedeutend mit der Behauptung, daß die Koeffizienten der Gleichung einer veränderlichen Kurve des Systems Σ einwertige algebraische Funktionen, d. h. rationale Funktionen des Parameters λ sind. Man wird also die Kurven von Σ darstellen können durch die Gleichung

$$f(x, y; \lambda) = 0,$$

wo f ein Polynom in (x, y) ist, dessen Koeffizienten λ in rationaler Weise enthalten. Multipliziert man diese Gleichung mit einem geeigneten Polynom in λ, so kann man die Brüche wegschaffen, und man erhält die Gleichung in der Form

$$\lambda^k \varphi_0(x, y) + \lambda^{k-1} \varphi_1(x, y) + \cdots + \varphi_k(x, y) = 0,$$

wo die φ_i Polynome vom Grad $\leqq n$ sind. (*Sämtliche* Polynome wären vom Grad n, wenn man homogene Koordinaten einführen würde).

Um die Gleichung derjenigen Kurve von Σ zu erhalten, die durch einen allgemeinen Punkt (x_0, y_0) der Ebene hindurchgeht, hat man für λ einen Wert zu wählen, der der Gleichung

$$\lambda^k \varphi_0(x_0, y_0) + \lambda^{k-1}\varphi_1(x_0, y_0) + \cdots + \varphi_k(x_0, y_0) = 0$$

genügt. Damit durch (x_0, y_0) eine einzige Kurve von Σ hindurchgeht, muß diese Gleichung in λ eine einzige Wurzel besitzen, d. h. sie muß entweder vom ersten Grade sein, oder sie muß sich auf die k^{te} Potenz eines Ausdrucks von der Form

$$\lambda \psi_0(x_0, y_0) + \psi_1(x_0, y_0)$$

reduzieren, wo ψ_0 und ψ_1 vom Grad $\leqq \frac{n}{k}$ sind. (Diese *beiden* Polynome würden in homogenen Koordinaten den Grad $\frac{n}{k}$ besitzen.) Aber in diesem letzteren Falle hätte eine beliebige Kurve von Σ eine Gleichung von der Form

$$[\lambda \psi_0(x, y) + \psi_1(x, y)]^k = 0$$

und würde also unter den Fall der Reduzierbarkeit fallen, den wir ausschließen. Es folgt daher, daß $k = 1$ sein muß, d. h. daß die Gleichung einer beliebigen Kurve des Systems Σ von der Form ist:

$$\lambda \varphi_0(x, y) + \varphi_1(x, y) = 0\,.$$

Damit ist bewiesen, daß das System Σ ein Büschel ist.

Wir dehnen nun den Satz aus auf ein algebraisches System Σ von der Dimension r, indem wir durch Induktion weiterschreiten, d. h. indem wir den Satz für Systeme von der Dimension $r - 1$ als bewiesen annehmen. Die Kurven von Σ, die durch einen allgemein gewählten Punkt P hindurchgehen, bilden ein algebraisches ∞^{r-1}-System Σ', und dieses besitzt nach unserer Voraussetzung die Eigenschaft, daß durch $r - 1$ allgemeine Punkte der Ebene eine einzige seiner Kurven hindurchgeht. Nach dem als richtig angenommenen Satze ist daher Σ' ein lineares System, das durch die Gleichung

$$\lambda_1 f_1(x, y) + \lambda_2 f_2(x, y) + \cdots + \lambda_r f_r(x, y) = 0$$

darstellbar ist, wo die $f_1, f_2, \ldots, f_r$ linear unabhängig sind.

Wir nehmen nun in Σ eine Kurve $f_0(x, y)$ an, die nicht durch P hindurchgeht, die also nicht zu Σ' gehört.

Wenn wir einen allgemeinen Punkt Q der Kurve f_0 ins Auge fassen, so gehen durch ihn ∞^{r-1} Kurven von Σ, welche nach dem vorausgesetzten Theorem ein lineares System Σ'' bilden, und ∞^{r-2} Kurven von Σ', die ebenfalls ein lineares System bilden, und dieses letztere ist im System Σ'' enthalten. Eine Kurve f des ∞^{r-2}-Systems bestimmt zusammen mit f_0 ein Büschel, das vollständig in Σ'' und daher auch in Σ enthalten ist. Dieses Büschel sei mit A bezeichnet. Man bemerke, daß das System Σ' und das Büschel A außer f keine anderen Kurven gemeinsam haben, weil sonst A in Σ' enthalten wäre und daher f_0 durch P hindurchginge.

Durch einen allgemeinen Punkt X der Ebene gehen ∞^{r-2} Kurven von Σ', d. h. $r-1$ linear unabhängige Kurven dieses Systems, und eine Kurve des Büschels A. Diese letztere Kurve muß von den eben genannten $r-1$ Kurven unabhängig sein. Im entgegengesetzten Falle würde sie nämlich dem System Σ' angehören und daher mit f zusammenfallen, weil ja f die einzige Kurve ist, die dem Büschel A und dem System Σ' gemeinsam ist. Dann aber würde X auf f liegen, und dies widerspricht der Voraussetzung, daß X ein allgemein gewählter Punkt sei.

Die $r-1$ oben genannten Kurven geben also zusammen mit der Kurve von A r unabhängige Kurven, die durch X hindurchgehen, und die gleichzeitig sowohl dem linearen ∞^r-System

$$(4) \qquad \lambda_0 f_0(x, y) + \lambda_1 f_1(x, y) + \cdots + \lambda_r f_r(x, y) = 0$$

(welches das Büschel A und das System Σ' *umfaßt*) als auch dem gegebenen algebraischen System Σ angehören. Da nun die durch den Punkt X hindurchgehenden Kurven von Σ ein lineares ∞^{r-1}-System bilden, so schließt man, daß dieses System durch die r unabhängigen Kurven, die wir betrachtet haben, bestimmt wird, d. h. daß es zusammenfällt mit den durch X gehenden Kurven des Systems (4). Daraus folgt, daß die Gesamtheit der Kurven von Σ, die durch einen allgemein gewählten Punkt der Ebene hindurchgehen, mit der Gesamtheit der Kurven (4), die durch denselben Punkt gehen, zusammenfällt.

Macht man nun diesen Punkt X in der Ebene beweglich, so erkennt man, daß Σ mit dem linearen System (4) zusammenfällt.

Anmerkung. Im Laufe dieses Beweises haben wir mehrmals stillschweigend angenommen, daß das gegebene System Σ keine Teile enthalte, deren Dimension kleiner als r ist. *Über die Art des algebraischen Systems, auf welches sich der Satz der Nr. 4 bezieht, müssen wir daher die folgenden Einschränkungen machen:*

a) Seine Kurven dürfen nicht alle vielfach sein, d. h. sie dürfen nicht alle dadurch erhalten werden, daß man die Kurven eines algebraischen Systems (das sich in jedem Falle als linear ergeben würde) in einer gewissen Vielfachheit wiederholt.

b) Das System darf nicht aus einem algebraischen ∞^r-System und einem anderen System von geringerer Dimension zusammengesetzt sein.

Diese Einschränkungen sind offenbar *notwendig*.

7. Eine Differentialeigenschaft ebener Kurven, die in einem stetigen Systeme veränderlich sind und bewegliche mehrfache Punkte besitzen. Wir wenden uns nun zum Beweis einer Differentialeigenschaft der ebenen (auch nicht algebraischen) Kurven, deren wir uns bedienen wollen, um einen Satz von BERTINI über lineare Kurvensysteme abzuleiten.

Wir betrachten ein stetiges Kurvensystem. Es sei

$$f(x, y; t) = 0$$

die Gleichung einer beliebigen Kurve der Familie; dabei bedeutet t einen Parameter, durch den die Lage einer Kurve im System bestimmt wird. Wir werden für die Funktion f alle diejenigen analytischen Eigenschaften voraussetzen, die sich im folgenden als nötig erweisen.

Die Kurve $f = 0$ möge eine Anzahl von Doppelpunkten besitzen, die mit dem Parameter t *veränderlich* sind. Wir fassen eine spezielle Kurve der Familie, etwa $f(x, y; t_0) = 0$, ins Auge und bezeichnen mit $P(x_0, y_0)$ einen der Doppelpunkte der Kurve, die gleichzeitig mit dem Parameter t veränderlich sind. Wir wollen nun beweisen, daß die Kurve

$$f(x, y; t_0 + dt) = 0,$$

die der Kurve $f(x, y; t_0) = 0$ unendlich benachbart ist, durch den Punkt P hindurchgeht, d. h. daß der Wert, den die Funktion $f(x, y; t_0 + dt)$ für $x = x_0$, $y = y_0$ annimmt, eine unendlich kleine Größe höherer Ordnung ist, wenn dt als unendlich klein von der ersten Ordnung angesehen wird.

Die über den Punkt P getroffene Annahme besagt, daß die zu $f(x, y; t_0) = 0$ unendlich benachbarte Kurve *einen* Doppelpunkt $\bar{P}$ besitzt, der dem Punkt P unendlich benachbart ist, oder mit anderen Worten, daß zwei *einwertige*, in der Umgebung von $t = t_0$ definierte, stetige Funktionen $\varphi(t)$ und $\psi(t)$ existieren, derart, daß der Punkt mit den Koordinaten $x = \varphi(t)$, $y = \psi(t)$ ein Doppelpunkt der Kurve $f(x, y; t) = 0$ ist, und $\frac{d\varphi}{dt}$, $\frac{d\psi}{dt}$ in der Umgebung von $t = t_0$ endlich bleiben.

Wenn wir in der Gleichung $f(x, y; t) = 0$ an Stelle von x, y die Funktionen φ, ψ setzen, so erhalten wir also eine Identität in t. Differenziert man diese Identität nach t, so erhält man

$$\frac{\partial f}{\partial x}\frac{dx}{dt} + \frac{\partial f}{\partial y}\frac{dy}{dt} + \frac{\partial f}{\partial t} = 0,$$

wo x und y die Funktionen φ und ψ darstellen sollen. Da aber nach der Voraussetzung der Punkt mit den Koordinaten x, y ein Doppelpunkt von f ist, so muß $\frac{\partial f}{\partial x} = \frac{\partial f}{\partial y} = 0$ sein. Es ergibt sich also, daß im Punkt mit den Koordinaten $x = \varphi(t)$, $y = \psi(t)$ der Differentialquotient $\frac{\partial f}{\partial t}$ für jeden beliebigen Wert von t innerhalb des betrachteten Bereiches verschwindet.

Im besonderen haben wir für $t = t_0$ die Relationen

$$f(x_0, y_0; t_0) = 0 \quad \text{und} \quad f'_t(x_0, y_0; t_0) = 0.$$

Entwickeln wir nun die Funktion $f(x_0, y_0; t_0 + dt)$ nach dem TAYLORschen Satz und berücksichtigen wir die eben gemachten Bemerkungen, so erhalten wir:

$$f(x_0, y_0; t_0 + dt) = f(x_0, y_0; t_0) + f'_t(x_0, y_0; t_0)\,dt + \tfrac{1}{2} f''_{t^2}(x_0, y_0; t_0)\,dt^2 + \cdots$$
$$= \tfrac{1}{2} f''_{t^2}(x_0, y_0; t_0)\,dt^2 + \tfrac{1}{6} f'''_{t^3}(x_0, y_0; t_0)\,dt^3 + \cdots.$$

Damit ist aber bewiesen, daß $f(x_0, y_0; t_0 + dt)$ von höherer Ordnung unendlich klein ist als dt.

Man kann daher den folgenden Satz aufstellen:

Wenn eine in einem stetigen System veränderliche Kurve C einen veränderlichen Doppelpunkt P besitzt, so geht jede Systemkurve, die zu C unendlich benachbart ist, mindestens einfach durch den Punkt P.

Bei dem Beweis haben wir den Fall einer Kurve betrachtet, die in einem einfach unendlichen System veränderlich ist (d. h. die von einem einzigen Parameter abhängt); aber das Ergebnis läßt sich sofort auf mehrfach unendliche Systeme übertragen, wenn wir die Kurve innerhalb solcher einfach unendlicher Systeme variieren lassen, die in dem gegebenen enthalten sind.

Man beachte, daß der Satz auch richtig bleibt, wenn P ein k-facher Punkt der Kurve C ist ($k > 2$); denn das, was für den Beweis notwendig ist, ist das Verschwinden der partiellen Differentialquotienten $\frac{\partial f}{\partial x}$ und $\frac{\partial f}{\partial y}$ im Punkt (x, y).

Wie kann man nun das erhaltene Resultat in endlicher Form aussprechen?

Wenn eine Kurve C vorliegt, die in einem stetigen ∞^1-System veränderlich ist, und wenn man eine gewisse Lage C_0 der Kurve C festhält, so versteht man unter der *charakteristischen Gruppe* von C diejenige Gruppe von Punkten (in endlicher oder unendlicher Anzahl), der sich das gesamte Schnittsystem von C mit C_0 nähert, wenn die Kurve C der Kurve C_0 immer näher rückt. Die Gesamtheit der charakteristischen Gruppen der Systemkurven erfüllt eine Kurve, die man die *Umhüllungskurve* des Systems nennt. Betrachtet man ein mehrfach unendliches System, so kann man die charakteristischen Gruppen ebenfalls definieren; nur wird es deren auf einer festen Kurve unendlich viele geben. Jedes ∞^1-System, das im gegebenen enthalten ist, wird eine Umhüllungskurve erzeugen.

Den oben bewiesenen Satz können wir nun in folgender Form aussprechen:

Wenn eine ebene Kurve C, die in einem stetigen System veränderlich ist, einen beweglichen Doppelpunkt hat, so gehört dieser Punkt jeder charakteristischen Gruppe von C an.

8. Das bewiesene Theorem kann auch auf Punkte ausgedehnt werden, deren Vielfachheit größer als 2 ist, und man gelangt dann zu dem folgenden Satz:

Wenn eine ebene Kurve C, die stetig veränderlich ist, einen beweglichen s-fachen Punkt P besitzt, so ist dieser Punkt P für jede zu C unendlich benachbarte Kurve mindestens $(s-1)$*-fach.*

Wir beweisen dies für den Fall $s = 3$.

Es handelt sich darum, zu zeigen, daß, wenn in einer gewissen Umgebung von $t = t_0$ der Punkt mit den Koordinaten $x = \varphi(t)$, $y = \psi(t)$ für die Kurve $f(x, y; t) = 0$ dreifach ist, die Kurve $f(x, y; t_0 + dt) = 0$, die zu $f(x, y; t_0) = 0$ unendlich benachbart ist, den für $f(x, y; t_0) = 0$ dreifachen Punkt $x_0 = \varphi(t_0)$, $y_0 = \psi(t_0)$ zum mindesten als Doppelpunkt besitzt.

Die Annahme, daß der Punkt (x, y) für $f(x, y; t) = 0$ dreifach sei, wird analytisch dadurch ausgedrückt, daß in (x, y) die Funktion f, ihre ersten Ableitungen nach x, y und ihre zweiten Ableitungen nach denselben Veränderlichen verschwinden. Daraus folgt, daß der Punkt (x, y) für jede der Kurven

$$f'_x(x, y; t) = 0 \quad \text{und} \quad f'_y(x, y; t) = 0$$

ein Doppelpunkt ist. Wenden wir nun den Satz der vorhergehenden Nummer an, so ergibt sich, daß die Kurven

$$f'_x(x, y; t_0 + dt) = 0 \quad \text{und} \quad f'_y(x, y; t_0 + dt) = 0,$$

die zu den Kurven

$$f'_x(x, y; t_0) = 0 \quad \text{und} \quad f'_y(x, y; t_0) = 0$$

unendlich benachbart sind, durch den Punkt $P(x_0, y_0)$ gehen. Durch denselben Punkt geht aber auch die Kurve $f(x, y; t_0 + dt) = 0$, folglich erweist sich P als Doppelpunkt der letzteren Kurve.

Dieses Beweisverfahren läßt sich unmittelbar auf ein beliebiges s ausdehnen.

9. Der Satz von Bertini über die mehrfachen Punkte der Kurven eines linearen Systems. Die vorhergehenden Betrachtungen erweisen sich besonders in der Geometrie auf einer algebraischen Fläche als äußerst fruchtbar. Wir wollen zunächst nur zeigen, wie man daraus den folgenden Satz von BERTINI[1]) ableiten kann:

Die allgemeine Kurve eines linearen Systems von ebenen algebraischen Kurven hat außer den Basispunkten des Systems keine (beweglichen) mehrfachen Punkte.

Es sei Σ das gegebene lineare System und C eine *allgemeine* Kurve desselben. Wenn P ein vielfacher Punkt von C ist, so wird jede Kurve $\bar{C}$ von Σ, die zu C unendlich benachbart ist, einen vielfachen Punkt $\bar{P}$ besitzen, der dem Punkt P unendlich nahe liegt oder mit ihm zusammenfällt. In beiden Fällen wird nach dem Satz der Nr. 8 die Kurve $\bar{C}$ durch den Punkt P hindurchgehen. Dies vorausgeschickt, betrachten wir in Σ eine beliebige Kurve C_0, die von C verschieden ist, sowie das Büschel H, das durch die Kurven C_0 und C bestimmt wird. Eine bewegliche Kurve dieses Büschels schneidet C nur in den Basispunkten des Büschels, d. h. in den gemeinsamen Punkten der Kurven C und C_0. Aber die zu C unendlich benachbarte Kurve des Büschels H geht durch P hindurch, daher ist P ein Basispunkt des Büschels, d. h. die Kurve C_0 geht ebenfalls durch P hindurch. Da nun C_0 eine beliebige Kurve von Σ ist, so muß also P ein Basispunkt des Systems sein.[2])

10. Abschweifung über die erste PLÜCKERsche Formel. Wir wollen auch eine andere elegante Anwendung des in Nr. 7 aufgestellten Satzes nicht verschweigen. Es handelt sich dabei um einen Beweis der *Plückerschen Formel*,[3]) welche die *Klasse* einer ebenen Kurve liefert, die mit einer endlichen Anzahl δ von Doppelpunkten (mit getrennten Tangenten) und mit einer endlichen Anzahl k von Rückkehrpunkten (Doppelpunkten mit zwei zusammenfallenden Tangenten) behaftet ist.

Unter der *Klasse* einer algebraischen Kurve C von der Ordnung n versteht man die Anzahl von Tangenten, die man von einem allgemein gewählten Punkt P der Ebene an die Kurve legen kann. Projiziert man die gegebene Kurve von einem Punkt aus in eine passend gewählte Ebene, so kann man als Definition der Klasse auch die Anzahl derjenigen Tangenten wählen, die einer gegebenen Richtung parallel sind (der Punkt P_∞ liegt dann im Unendlichen).

Wir unterwerfen nun unsere so transformierte Kurve — die wiederum C genannt werde — einer unendlich kleinen Parallelverschiebung in der

---

1) E. BERTINI, Sui sistemi lineari. Ist. Lomb. Rend. (2) **15**, 24 (1880).

2) Dieser synthetische Beweis des BERTINIschen Satzes findet sich als Nebenresultat unter weit allgemeineren Voraussetzungen in einer Note des Verfassers (Torino Atti, Dezember 1905).

3) J. PLÜCKER, Theorie der algebraischen Curven. (Bonn, 1839.) S. 200 ff.

Richtung P_∞ und bezeichnen die durch diese Verschiebung erhaltene Kurve mit $\overline{C}$. Wenn A und B die beiden unendlich benachbarten Punkte sind, die der Kurve C und einer Tangente mit der Richtung P_∞ gemeinsam angehören, so ist es einleuchtend, daß durch die infinitesimale Verschiebung A in B übergeführt wird, so daß die Berührungspunkte der fraglichen Tangenten sich unter den Schnittpunkten der Kurven C und $\overline{C}$ befinden.

Die übrigen Schnittpunkte fallen:

a) In die n unendlich fernen Punkte von C, da die Verschiebung jeden der Punkte im Unendlichen ungeändert läßt.

b) In die δ Doppelpunkte von C. In der Tat geht nach dem Satz der Nr. 7 die Kurve $\overline{C}$ durch jeden dieser Doppelpunkte mindestens einfach hindurch. Überdies ist jeder dieser Punkte unter den Schnittpunkten von C und $\overline{C}$ doppelt zu zählen, weil er ein Doppelpunkt von C ist. Man kann dies übrigens in der beistehenden Figur in anschaulicher Weise erkennen. Wenn man nämlich die Kurve C einer endlichen Parallelverschiebung unterwirft, die sie in die Lage C_0 überführt, so werden *zwei* von den Schnittpunkten von C und C_0 (in Fig. 1 mit 1 und 2 bezeichnet) bei der Rückwärtsbewegung der Kurve C_0 nach C mit Hilfe der umgekehrten Verschiebung in den Doppelpunkt D zusammenrücken.

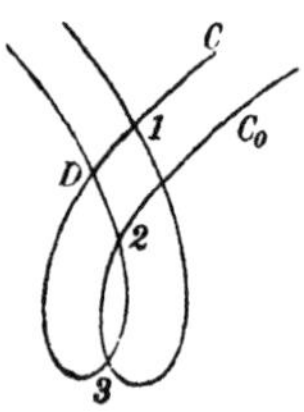

Fig. 1.

c) In die k Rückkehrpunkte von C, da ja nach dem Satz der Nr. 7 die Kurve $\overline{C}$ durch jeden von diesen hindurchgeht. Man kann auch hier in anschaulicher Weise erkennen, daß jeder von diesen Rückkehrpunkten *drei* Schnittpunkte absorbiert. Man darf nur den Rückkehrpunkt als einen Doppelpunkt betrachten, der immer mehr zusammengeschnürt wird. Nähert sich nun die Kurve C_0 der Kurve C, so rücken drei von den Schnittpunkten der beiden Kurven in den Rückkehrpunkt hinein (es sind die drei in der Figur mit 1, 2, 3 bezeichneten Punkte).

Diese Tatsache besagt, daß *die zu C unendlich benachbarte Kurve $\overline{C}$ nicht nur durch die Spitze D hindurchgeht, sondern daß sie in diesem Punkt dieselbe Tangente wie C besitzt.*

Bezeichnet man die Klasse von C mit m, so hat man also:

$$m + n + 2\delta + 3k = n^2,$$

d. h.

$$m = n(n-1) - 2\delta - 3k.$$

Dies ist die erste Formel von PLÜCKER.[1])

1) Der hier gegebene Beweis, welcher der PLÜCKERschen Formel eine anschauliche Bedeutung verleiht, stammt von BECK (Zur allgemeinen Theorie der

11. Reduzible lineare Systeme. Wenn die allgemeine Kurve eines linearen Systems von algebraischen Kurven reduzibel ist (d. h. wenn sie in mehrere Teile zerfällt), so nennt man das Linearsystem *reduzibel.*[1])

Ein erstes Beispiel für ein reduzibles Linearsystem erhält man, wenn man zu jeder Kurve eines irreduziblen Kurvensystems eine feste Teilkurve hinzufügt. Wenn

$$\lambda_0 f_0 + \lambda_1 f_1 + \cdots + \lambda_r f_r = 0$$

die Gleichung des gegebenen Systems und $\varphi = 0$ die Gleichung der festen Kurve ist, so erhalten wir das reduzible Linearsystem

$$\lambda_0 \varphi f_0 + \lambda_1 \varphi f_1 + \cdots + \lambda_r \varphi f_r = 0.$$

Ein anderes Beispiel erhält man in folgender Weise: Es sei

$$\lambda u(x, y) - \mu v(x, y) = 0$$

ein Büschel von algebraischen Kurven von der Ordnung n. Die Kurven des Büschels kann man eineindeutig auf die Punkte einer Geraden beziehen, wenn man λ, μ als homogene Koordinaten eines veränderlichen Punktes auf dieser Geraden wählt. Nun wollen wir auf dieser Geraden eine *lineare ∞^r-Schar von Gruppen zu je k Punkten* betrachten, d. h. ein System von Punktgruppen, das durch eine Gleichung von der Form

$$\nu_0 \varphi_0(\lambda, \mu) + \nu_1 \varphi_1(\lambda, \mu) + \cdots + \nu_r \varphi_r(\lambda, \mu) = 0$$

dargestellt wird, wo die $\varphi_0, \varphi_1, \ldots, \varphi_r$ linear unabhängige Formen von der Ordnung k sind.

Den Gruppen der Schar entsprechen im Büschel Gruppen von je k Kurven, die in einer linearen ∞^r-Schar veränderlich sind. Die Kurven dieser letzteren Schar sind durch die Gleichung

$$\nu_0 \varphi_0(v, u) + \nu_1 \varphi_1(v, u) + \cdots + \nu_r \varphi_r(v, u) = 0$$

gegeben und bilden ein lineares ∞^r-System, dessen sämtliche Kurven in k veränderliche Teile zerfallen sind, und diese gehören einem Büschel an. Nun sagt aber ein anderer Satz von Bertini aus, daß die beiden angeführten Beispiele die einzigen Fälle der Reduzierbarkeit eines Linearsystems darstellen. Es gilt mit anderen Worten der Satz:

Wenn jede Kurve eines Linearsystems in mehrere Teile zerfällt, so haben entweder sämtliche Kurven des Systems einen gemeinsamen Bestandteil oder sie setzen sich aus k Kurven zusammen, die einem und demselben

---

Kurven und Flächen, Math. Ann. **14**, 207 (1878), sowie Zürich. Vierteljahrsschr. **30**, 173 (1889)).

1) Der Ausdruck ist nicht gut gewählt. Es wäre besser zu sagen „Linearsystem von reduziblen Kurven". Die übliche Redensart gibt bei Linearsystemen zu keinem Mißverständnis Anlaß, dagegen ist sie zweideutig, wenn man sie auf ein beliebiges algebraisches System anwendet.

Büschel angehören.[1]) (Natürlich können diese beiden Möglichkeiten auch zusammen auftreten.)

Wir schließen den Fall aus, daß sämtliche Kurven unseres Linearsystems Σ einen gemeinsamen Bestandteil besitzen und bezeichnen mit $C_1, C_2, \ldots, C_k$ die k veränderlichen Kurven, in welche die allgemeine Kurve C von Σ zerfällt.

Wir wollen vor allem feststellen, daß die Komponenten $C_1, C_2, \ldots, C_k$ der allgemeinen Kurve C voneinander verschieden sind; denn bei der entgegengesetzten Annahme würde die Kurve C außer den Basispunkten noch weitere mehrfache Punkte besitzen, was nach Nr. 9 unmöglich ist. Wir bezeichnen ferner die Komponenten einer anderen Kurve C' von Σ mit $C'_1, C'_2, \ldots, C'_k$ und bemerken, daß der Satz bewiesen ist, sobald wir gezeigt haben, daß die Kurven $C_1, C_2, \ldots, C_k, C'_1, C'_2, \ldots, C'_k$ alle einem und demselben Büschel angehören. Wenn man dann nämlich die Kurve C fest hält, so wird auch dieses Büschel fest bleiben, weil es durch zwei der Komponenten von C (z. B. C_1 und C_2) bestimmt ist, und die Komponenten der veränderlichen Kurve C' erweisen sich dann als Kurven des festen Büschels. Nun bestimmen die Kurven C und C' innerhalb Σ ein Büschel, das wir H nennen wollen. Wir bezeichnen mit $H_1, H_2, \ldots, H_k$ die algebraischen Systeme, welche von den Komponenten $C_1, C_2, \ldots, C_k$ beschrieben werden, wenn C das Büschel H durchläuft. Es handelt sich dann darum, zu beweisen, daß diese algebraischen Systeme in ein einziges Büschel zusammenfallen. In der Tat, wenn das System H_1 von dem System H_2 verschieden wäre, so könnten eine Kurve von H_1 und eine Kurve von H_2, die durch einen und denselben allgemeinen Punkt P der Ebene gehen, nicht Bestandteile von zwei verschiedenen Kurven des Büschels H sein, weil durch P nur eine einzige Kurve von H hindurchgeht; sie könnten auch nicht Bestandteile einer und derselben Kurve C sein, weil diese sonst in P, d. h. außerhalb der Basispunkte, einen Doppelpunkt hätte. Die Annahme, daß zwei beliebige unter den Systemen $H_1, H_2, \ldots, H_k$ voneinander verschieden seien, ist daher unmöglich, und daraus folgt unser Satz.

12. Einfache und zusammengesetzte lineare Systeme. Wir führen noch den Begriff des *einfachen* und des *zusammengesetzten Linearsystems* ein.

Ein lineares ∞^r-System Σ heißt *einfach*, wenn alle Kurven von Σ, die durch einen allgemeinen Punkt P der Ebene gehen, nicht notwendig

---

1) Bertini, Ist. Lomb. Rend. (2) **15**, 28 (1880). Siehe auch Lüroth, Math. Ann. **42**, 457 (1892) und **44**, 539 (1894).

auch durch einen anderen, mit P veränderlichen, d. h. von den etwa vorhandenen Basispunkten verschiedenen, Punkt hindurchgehen; im entgegengesetzten Falle jedoch heißt das System *zusammengesetzt.*

Das System aller Geraden der Ebene und das System aller Kegelschnitte sind einfache Systeme; das Netz aller ebenen Kurven dritter Ordnung, die durch sieben allgemeine Punkte hindurchgehen, ist ein zusammengesetztes System.

Wir betrachten ein zusammengesetztes System Σ, in welchem je zwei Kurven außer den Basispunkten noch D weitere (veränderliche) Punkte gemeinsam haben, oder wie man kurz sagt, das den *Grad* D hat. Wenn alle Kurven von Σ, die durch einen allgemeinen Punkt P gehen, sich außer in P noch in anderen, von den Basispunkten verschiedenen Punkten schneiden, so ist klar, daß die Zahl $i-1$ dieser Schnittpunkte sich nicht ändern kann, wenn man P stetig variieren läßt; daraus folgt, daß die D Schnittpunkte, welche je zwei Kurven außer den Basispunkten gemeinsam haben, sich in $\frac{D}{i}$ Gruppen von je i Punkten derart verteilen, daß jede Systemkurve, die durch einen beliebigen Punkt einer dieser Gruppen hindurchgeht, auch durch die anderen $i-1$ Punkte geht.

Einem zusammengesetzten Linearsystem ist also ein algebraisches System von ∞^2 Gruppen zu je i Punkten zugeordnet, bei dem jeder Punkt der Ebene zu einer einzigen dieser Gruppen gehört. Ein so beschaffenes System nennt man eine *ebene Involution von der Ordnung* i.

Es ist einleuchtend, daß jedes Netz vom Grad $D>1$ ein zusammengesetztes System ist, das eine Involution von der Ordnung D erzeugt. Ein Netz vom Grad $D=1$ heißt ein *homaloidisches Netz.* Homaloidische Netze sind z. B. das System aller Geraden, das System der Kegelschnitte, die durch drei Punkte gehen, das System der Kurven vierter Ordnung, die durch drei allgemeine Punkte doppelt und durch drei andere einfach hindurchgehen, usw.

Zweites Kapitel.

Rationale und birationale Transformationen.

§ 1. Rationale und CREMONAsche Transformationen zwischen Ebenen.

13. Rationale Transformationen einer Ebene in eine andere. Wir betrachten die Formeln

$$(1)\qquad \begin{cases} \varrho x_1' = f_1(x_1, x_2, x_3), \\ \varrho x_2' = f_2(x_1, x_2, x_3), \\ \varrho x_3' = f_3(x_1, x_2, x_3), \end{cases}$$

in denen f_1, f_2, f_3 drei algebraische Formen derselben Ordnung in den Veränderlichen x_1, x_2, x_3 bedeuten. Wenn man x_1, x_2, x_3 als homogene Koordinaten eines veränderlichen Punktes x in einer Ebene X und x_1', x_2', x_3' als homogene Koordinaten eines veränderlichen Punktes x' in einer anderen Ebene X' auffaßt, so wird durch die Formeln (1) einem beliebig aber allgemein gewählten Punkt x von X ein einziger Punkt x' in X' zugeordnet.

Man kann die Frage aufwerfen, wie sich der Punkt x' bewegen wird, wenn x die Ebene X durchläuft. Wir stellen uns insbesondere die Aufgabe, zu untersuchen, unter welchen Bedingungen der Punkt x' die ganze Ebene X' durchläuft.

Dabei schließen wir von vornherein den Fall aus, daß die Formen f_1, f_2, f_3 sich nur durch konstante Faktoren unterscheiden, weil in diesem Falle einem beliebigen Punkt der Ebene X ein fester Punkt x' entspricht. Man erkennt auch, daß dies der einzige Fall ist, in dem bei einer Bewegung des Punktes x der Punkt x' fest bleibt; denn wenn für willkürliche Werte der Veränderlichen x_1, x_2, x_3 die Verhältnisse $\frac{f_1}{f_3}, \frac{f_2}{f_3}$ einen konstanten Wert behalten sollen, so folgt daraus, daß

$$f_1 = af_3, \quad f_2 = bf_3$$

ist, wo a und b konstante Faktoren bedeuten.

Man kann ferner den Fall ausschließen, daß die Formen f_1, f_2, f_3 gemeinsame Faktoren haben; denn wenn solche Faktoren vorhanden sind, so können sie weggelassen werden, ohne daß dadurch die gegenseitigen Verhältnisse der f_i, von denen die Lage des Punktes x' abhängt, verändert werden.

Wir untersuchen nun die Frage, unter welchen Bedingungen zwei Punkte $\alpha(\alpha_1, \alpha_2, \alpha_3)$ und $\beta(\beta_1, \beta_2, \beta_3)$ der Ebene X denselben Punkt x' ergeben. Damit dieser Fall eintritt, ist es notwendig und hinreichend, daß

$$f_i(\alpha_1, \alpha_2, \alpha_3) = \sigma f_i(\beta_1, \beta_2, \beta_3) \qquad (i = 1, 2, 3)$$

ist, wo σ einen Proportionalitätsfaktor darstellt. Bezeichnen wir mit Σ das (mindestens einfach unendliche) Linearsystem

$$\lambda_1 f_1(x) + \lambda_2 f_2(x) + \lambda_3 f_3(x) = 0,$$

so wird jede Kurve von Σ, die durch α hindurchgeht, solchen Werten der Parameter λ_i entsprechen, die der Gleichung

$$\lambda_1 f_1(\alpha) + \lambda_2 f_2(\alpha) + \lambda_3 f_3(\alpha) = 0,$$

d. h. also auch der Gleichung

$$\lambda_1 f_1(\beta) + \lambda_2 f_2(\beta) + \lambda_3 f_3(\beta) = 0$$

genügen, und sie wird daher auch durch β hindurchgehen.

Wir haben dabei stillschweigend die Voraussetzung gemacht, daß in den Punkten α, β nicht alle drei Formen f_i gleichzeitig verschwinden, d. h. daß α und β nicht mit den Basispunkten von Σ zusammenfallen. Der einem Basispunkt entsprechende Punkt x' erweist sich in der Tat als unbestimmt, da seine drei homogenen Koordinaten Null sind.

Wenn umgekehrt zwei (von den Basispunkten des Systems Σ verschiedene) Punkte α und β der Ebene X die Eigenschaft haben, daß alle Kurven von Σ, die den einen enthalten, auch durch den anderen gehen, so entspricht ihnen ein und derselbe Punkt x'. In diesem Falle muß nämlich die lineare Gleichung

$$\lambda_1 f_1(\alpha) + \lambda_2 f_2(\alpha) + \lambda_3 f_3(\alpha) = 0$$

zwischen den λ_i dieselbe Beziehung ergeben wie die Gleichung

$$\lambda_1 f_1(\beta) + \lambda_2 f_2(\beta) + \lambda_3 f_3(\beta) = 0,$$

d. h. diese beiden Gleichungen müssen äquivalent, mit anderen Worten, ihre Koeffizienten müssen proportional sein.

Wir können nun zwei Annahmen unterscheiden:

1. Die Kurven von Σ, die durch einen allgemeinen Punkt α gehen, haben außerdem noch unendlich viele Punkte gemeinsam, die zusammen eine algebraische Kurve erfüllen.

2. Die Kurven von Σ, die durch α gehen, haben im ganzen (einschließlich des Punktes α) t Punkte gemein ($t \geqq 1$), die nicht mit den Basispunkten zusammenfallen.

Bei der *ersten* Annahme reduziert sich das System Σ entweder von vornherein auf ein Büschel — weil *nur zwei* von den Formen f_1, f_2, f_3 linear unabhängig sein können — oder aber es müssen sämtliche Kurven von Σ zerfallen. Da nun aber das Zerfallen nicht zur Folge haben kann, daß alle Kurven von Σ einen gemeinsamen festen Bestandteil besitzen, (weil sonst die Formen f_i einen gemeinsamen Faktor hätten), so schließen wir aus dem in Nr. 11 (S. 27) bewiesenen Satz von Bertini, daß jede Kurve von Σ in l veränderliche Kurven zerfällt, die alle einem und demselben Büschel H angehören. Nach der Voraussetzung haben alle Kurven von Σ, die durch α gehen, eine algebraische Kurve gemeinsam: diese wird offenbar aus h $(1 \leqq h \leqq l)$ Kurven von H zusammengesetzt sein, unter denen sich eine befinden muß, die durch α geht.

Wenn

$$u(x_1, x_2, x_3) = 0, \quad v(x_1, x_2, x_3) = 0$$

die Gleichungen von zwei verschiedenen Kurven des Büschels H sind, so erhält man die Gleichung einer aus l Kurven von H zusammengesetzten Kurve dadurch, daß man eine Binärform l^{ter} Ordnung der Veränderlichen u, v gleich Null setzt; im vorliegenden Falle erhalten wir also

$$f_1(x) = \varphi_1(u, v), \quad f_2(x) = \varphi_2(u, v), \quad f_3(x) = \varphi_3(u, v),$$

wo $\varphi_1, \varphi_2, \varphi_3$ Binärformen von der Ordnung l sind.

Es sei nun ein Punkt x von X gegeben, und der entsprechende Punkt von X' sei mit x' bezeichnet. Zu demselben x' gehört noch eine Anzahl anderer Punkte von X, und zwar sind es diejenigen Punkte, die allen durch x gehenden Kurven von Σ gemeinsam sind; sie verteilen sich also auf h Kurven des Büschels H, und deren Gleichungen sind

$$v = \lambda_1 u, \quad v = \lambda_2 u, \ldots, \quad v = \lambda_h u.$$

Diese Gruppe von h Kurven hat die Eigenschaft, daß durch eine von ihnen die $h-1$ zugehörigen bestimmt sind; denn wenn man die Kurve das Büschel H durchlaufen läßt, so erhält man eine einfach unendliche Mannigfaltigkeit von Gruppen mit je h Kurven, und jede Kurve von H gehört zu einer einzigen Gruppe.

Jeder dieser Gruppen von h Kurven entspricht ein einziger Punkt x'; daher ist der Ort des Punktes x' in der Ebene X' eine Kurve C', deren Punkte den genannten Gruppen eineindeutig zugeordnet sind.

Die Kurve C' besitzt die folgende Parameterdarstellung:

$$\varrho x_1' = \varphi_1(u, v), \quad \varrho x_2' = \varphi_2(u, v), \quad \varrho x_3' = \varphi_3(u, v).$$

Verzichtet man auf die Homogenität in den Parametern, so wird sie durch folgende Gleichungen dargestellt:

$$\varrho x_1' = \varphi_1(1, \lambda), \quad \varrho x_2' = \varphi_2(1, \lambda), \quad \varrho x_3' = \varphi_3(1, \lambda).$$

Jedem Wert von λ wird ein und nur ein Punkt von C' entsprechen, aber einem Punkt von C' sind h Werte von λ zugeordnet. Die Kurve C' ist rational (s. Nr. 5, S. 18).

In dem besonderen Falle, wo das System Σ sich von vornherein auf ein Büschel reduziert, erweisen sich die Formen $\varphi_1, \varphi_2, \varphi_3$ als linear, und die Kurve C' ist daher eine Gerade.

Wir wenden uns nun zur Untersuchung der *zweiten* Annahme (S. 31). Es ist leicht einzusehen, daß der Punkt x' in diesem Falle eine beliebige Lage in der Ebene X' einnehmen kann. Während nämlich ein Punkt x sich in der Ebene X bewegt und dabei die Kurve C des Systems Σ beschreibt, deren Gleichung

$$(2) \qquad \lambda_1 f_1(x) + \lambda_2 f_2(x) + \lambda_3 f_3(x) = 0$$

ist, kann der entsprechende Punkt x' nicht fest bleiben; denn wenn man auf der Kurve C den Punkt x beliebig wählt, so gibt es außer diesem *nur* noch $t-1$ Punkte von C, die demselben Punkt x' entsprechen. Daher wird sich der Punkt x' so bewegen, daß er die Gerade

$$(3) \qquad \lambda_1 x_1' + \lambda_2 x_2' + \lambda_3 x_3' = 0$$

durchläuft. Wenn die Kurve C das System Σ durchläuft, das notwendigerweise ein Netz sein muß, so verändert sich die Gerade (3) derart, daß sie die ganze Ebene X' beschreibt; folglich kann der einem veränderlichen Punkt x zugeordnete Punkt x' jede beliebige Lage in X' einnehmen. Fassen wir also zusammen, so erhalten wir das Ergebnis: Zwischen den Ebenen X und X' besteht eine algebraische (d. h. durch algebraische Gleichungen vermittelte) Verwandtschaft oder Korrespondenz mit den Indizes t, 1, die dadurch gekennzeichnet ist, daß einem allgemeinen Punkt von X *ein und nur ein* Punkt von X' zugeordnet ist, während einem allgemeinen Punkt von X' t *Punkte* von X entsprechen; durchläuft der Punkt x' die Ebene X', so beschreiben die entsprechenden Punkte in der Ebene X eine Involution von der Ordnung t.

Man hat daher den folgenden Satz:

Es seien x_1, x_2, x_3 die homogenen Koordinaten eines Punktes x der Ebene X und x_1', x_2', x_3' die homogenen Koordinaten eines Punktes x' der Ebene X'. Zwischen den Punkten der beiden Ebenen setzen wir eine durch die Gleichungen

$$\varrho x_i' = f_i(x_1, x_2, x_3) \qquad (i = 1, 2, 3)$$

ausgedrückte Korrespondenz fest, wo die f_i Formen von derselben Ordnung sind, die von etwaigen gemeinsamen Faktoren befreit werden. Wenn sich nun die Formen f_i als Binärformen einer und derselben Ordnung zweier anderer Formen $u(x_1, x_2, x_3)$ und $v(x_1, x_2, x_3)$ darstellen lassen, so beschreibt bei der Bewegung des Punktes x in der Ebene X der Punkt x'

eine rationale Kurve in der Ebene X'; wenn dagegen die f_i die genannte spezielle Gestalt nicht besitzen, so entspricht einem allgemeinen Punkt x ein und nur ein Punkt x', während einem allgemeinen Punkt x' eine endliche Anzahl t ($t \geqq 1$) von Punkten der Ebene X zugeordnet wird.

Im letzteren Falle sagt man, daß zwischen den beiden Ebenen X und X' eine *rationale Transformation* bestehe, da die nicht homogenen Koordinaten x', y' der Punkte von X' sich als rationale Funktionen der nicht homogenen Koordinaten x, y der Punkte von X ausdrücken lassen. Man hat nämlich

$$x' = \frac{f_1(x, y, 1)}{f_3(x, y, 1)}, \quad y' = \frac{f_2(x, y, 1)}{f_3(x, y, 1)}. \tag{4}$$

Umgekehrt sieht man leicht ein, daß jede Korrespondenz zwischen den beiden Ebenen X und X', die durch Gleichungen von der Form (4) dargestellt ist, auch durch Formeln von der Gestalt (1) ausgedrückt werden kann, wenn man homogene Koordinaten einführt. Es ist kaum nötig, darauf hinzuweisen, daß bei Anwendung von nicht homogenen Koordinaten die Polynome f_1, f_2, f_3 nicht notwendig von derselben Ordnung zu sein brauchen.

Wie kann man nun in nicht homogenen Koordinaten die Bedingung dafür ausdrücken, daß der Punkt x' die ganze Ebene X' durchläuft?

Es seien

$$x' = \varphi(x, y), \quad y' = \psi(x, y) \tag{5}$$

die Transformationsformeln, wobei φ und ψ zwei rationale (von einer Konstanten verschiedene) Funktionen bedeuten. Man hat nun die Bedingung dafür auszudrücken, daß, wenn x und y variiert werden, zwischen den Koordinaten x' und y' keine Beziehung besteht, d. h. daß die beiden Funktionen φ und ψ keine funktionale Abhängigkeit zeigen. Es darf also mit anderen Worten ihre Funktionaldeterminante

$$\begin{vmatrix} \frac{\partial \varphi}{\partial x} & \frac{\partial \varphi}{\partial y} \\ \frac{\partial \psi}{\partial x} & \frac{\partial \psi}{\partial y} \end{vmatrix}$$

nicht identisch verschwinden. Demnach *definieren die Formeln* (5), *wenn φ und ψ zwei unabhängige rationale Funktionen bedeuten, eine rationale Transformation der Ebene (x, y) in die Ebene (x', y').*

Die eben aufgestellte Bedingung ist mit der früher gefundenen gleichbedeutend. Denn wenn die beiden Funktionen φ und ψ voneinander abhängig sind, so ist jede Kurve

$$\varphi = \text{const.}$$

zugleich eine Kurve

$$\psi = \text{const.}$$

Nun stellt aber $\varphi = \text{const.}$ wegen (4) ein Büschel von algebraischen Kurven dar; somit müssen die Kurven des Linearsystems Σ aus den Kurven eben dieses Büschels zusammengesetzt sein.

14. Fundamentalpunkte und Fundamentalkurven. Wir gehen von der Annahme aus, daß der veränderliche Punkt x' die ganze Ebene X' durchläuft. Bis jetzt haben wir den Fall ausgeschlossen, daß die Punkte, die wir in der Ebene X betrachtet haben, mit einem der etwa vorhandenen Basispunkte des Netzes Σ zusammenfallen; wir haben uns darauf beschränkt, zu bemerken, daß die den Basispunkten entsprechenden Punkte unbestimmt bleiben. Wir wollen nun die Natur dieser Ausnahmepunkte etwas genauer studieren; sie sind für die Kenntnis der Transformation von größter Wichtigkeit, ebenso wie beim Studium der Funktionen die Kenntnis ihres Verhaltens in der Umgebung der singulären Punkte von Bedeutung ist.

Wir denken uns einen veränderlichen Punkt x in der Ebene X, der eine durch einen Basispunkt O gehende Gerade oder Kurve beschreibt. Für jede von O verschiedene Lage von x ist in dem System Σ ein Büschel von Kurven bestimmt, die durch den Punkt x gehen; und diesem Büschel ist in der Ebene X' ein Büschel von Geraden zugeordnet, die durch den dem Punkt x entsprechenden Punkt x' gehen. Während sich x dem Punkt O in einer bestimmten Richtung stetig nähert, nähert sich x' einer gewissen Grenzlage, nämlich dem Scheitelpunkt des Strahlenbüschels, das dem Büschel derjenigen Kurven zugeordnet ist, die in O eine durch jene Richtung bestimmte Tangente besitzen. Man kann daher sagen, daß jedem Punkt x, der dem Punkt O unendlich benachbart ist, ein Punkt x' der Ebene X' entspricht; die Gesamtheit dieser Punkte x' erfüllt im allgemeinen eine Kurve Ω'. Aber man erkennt weiter, daß diese Kurve rational ist; denn ihre Punkte entsprechen eindeutig den von einem Punkt ausgehenden Richtungen und können deshalb auch eindeutig den Punkten einer Geraden zugeordnet werden. (Nr. 5, S. 18). Der Punkt O heißt ein *Fundamentalpunkt* und die Kurve Ω' heißt eine *Fundamentalkurve* der Korrespondenz.

Dies alles kann man auch leicht mit Hilfe der Formeln bestätigen. Wir benutzen homogene Koordinaten und legen den Punkt ($x_1 = 0$, $x_2 = 0$, $x_3 = 1$) in den Fundamentalpunkt O. Wenn dieser Punkt für die Kurven des Netzes Σ ein s-facher Basispunkt ist, so haben die Gleichungen $f_1 = 0$, $f_2 = 0$, $f_3 = 0$, die ja allgemeine Kurven des Netzes darstellen, die Gestalt:

$$f_j(x_1, x_2, x_3) = x_3^{n-s}\,\Theta_s^{(j)}(x_1, x_2) + x_3^{n-s-1}\,\Theta_{s+1}^{(j)}(x_1, x_2) + \cdots = 0; \qquad (j = 1, 2, 3)$$

dabei ist n die Ordnung der Formen f_j, und die Θ bedeuten Binärformen von der durch den unteren Index angegebenen Ordnung.

Die Koordinaten des veränderlichen Punktes x, der auf einer durch O gehenden Geraden liegt, sind von der Form

$$x_1 = \lambda \xi_1, \quad x_2 = \lambda \xi_2, \quad x_3 = 1,$$

wo ξ_1, ξ_2 gegebene Konstanten sind und λ einen veränderlichen Parameter bedeutet. Für $\lambda = 0$ erhält man den Punkt O.

Setzen wir diese Werte in die Formeln (1) ein, welche die rationale Transformation darstellen, so erhalten wir:

$$\varrho x_j' = \lambda^s \Theta_s^{(j)}(\xi_1, \xi_2) + \lambda^{s+1} \Theta_{s+1}^{(j)}(\xi_1, \xi_2) + \cdots. \qquad (j=1,2,3)$$

Die rechten Seiten dieser drei Gleichungen enthalten den gemeinsamen Faktor λ^s; unterdrückt man diesen, so kann man die Gleichungen auch in folgender Form schreiben:

$$\tau x_j' = \Theta_s^{(j)}(\xi_1, \xi_2) + \lambda\, \Theta_{s+1}^{(j)}(\xi_1, \xi_2) + \cdots, \qquad (j=1,2,3)$$

wo τ ein Proportionalitätsfaktor ist.

Nähert sich nun λ stetig dem Wert 0, so nähert sich der Punkt x' dem Punkt mit den Koordinaten

$$(6) \qquad \tau x_j' = \Theta_s^{(j)}(\xi_1, \xi_2). \qquad (j=1,2,3)$$

Dreht sich die Gerade um den Punkt O, d. h. verändert sich das Verhältnis ξ_1/ξ_2, so erhält man den Ort der Punkte x', welche den in der unmittelbaren Umgebung von O liegenden Punkten x zugeordnet sind. Dieser Ort ist eine Kurve, welche in Parameterform durch die Gleichungen (6) dargestellt wird, d. h. also eine rationale Kurve (s. Nr. 5, S. 18). Aus den Formeln (6) erkennt man auch, unter welcher Bedingung die dem Punkt O entsprechende Fundamentalkurve nicht existiert, so daß also die Punkte, welche der unmittelbaren Umgebung von O zugeordnet sind, sich nicht auf einer Kurve verteilen, sondern in der Umgebung eines Punktes O' liegen. Dies tritt ein, wenn $\Theta_s^{(1)}(\xi_1, \xi_2)$, $\Theta_s^{(2)}(\xi_1, \xi_2)$, $\Theta_s^{(3)}(\xi_1, \xi_2)$ konstante (d. h. von ξ_1/ξ_2 unabhängige) Verhältnisse haben, wenn sich also die Formen $\Theta_s^{(1)}$, $\Theta_s^{(2)}$, $\Theta_s^{(3)}$ nur durch konstante Faktoren unterscheiden. Nun stellt aber die Gleichung

$$\Theta_s^{(j)}(x_1, x_2) = 0$$

die s Tangenten der Kurve f_j im Punkt O dar; folglich müssen in diesem Falle die drei Kurven die nämlichen s Tangenten haben: daraus folgt aber, daß für *sämtliche* Kurven des Netzes Σ die s Tangenten im Punkt O fest sind.

Wir erhalten also den Satz:

Mittels der rationalen Transformation

$$\varrho x'_j = f_j(x_1, x_2, x_3) \qquad (j = 1, 2, 3)$$

werden den Punkten, die einem Fundamentalpunkt der Ebene (x_1, x_2, x_3) *unendlich benachbart sind, in der Ebene* (x'_1, x'_2, x'_3) *die Punkte einer rationalen Kurve zugeordnet; eine Ausnahme bildet nur der Fall, daß die Kurven* $f_j = 0$ *im Fundamentalpunkt dieselben Tangenten besitzen: dann entspricht einem allgemeinen Punkt in der unmittelbaren Umgebung des Fundamentalpunktes ein fester Punkt der Ebene* (x'_1, x'_2, x'_3).

Wir könnten nun die Untersuchung weiter führen und den Fall betrachten, daß die Kurven f_1, f_2, f_3 im Punkt O einige oder alle Tangenten gemeinsam haben. Für einen Punkt x, der sich längs einer dieser Tangenten dem Punkt O nähern würde, müßte a priori der entsprechende Punkt unbestimmt bleiben, da die Formen $\Theta_s^{(j)}$ gleichzeitig verschwinden würden; aber eine nähere Prüfung würde auch in diesem Falle Genaueres ergeben. Wir wollen uns jedoch dabei nicht aufhalten, weil man jetzt die Natur dieser weiteren Ergebnisse voraussehen kann.

Wir wollen lieber noch bemerken, daß man die *Ordnung der Kurve* Ω' leicht in folgender Weise berechnen kann. Einer beliebig gegebenen Geraden der Ebene X' entspricht in der Ebene X eine Kurve f des Systems Σ, und einem gemeinsamen Punkt der Geraden und der Kurve Ω' entspricht ein Punkt auf der Kurve f in der unmittelbaren Umgebung von O. Da nun bei der Veränderung der Geraden auch alle ihre Schnittpunkte mit Ω' sich ändern, so müssen die Punkte, welche zu O unendlich benachbart sind und jenen Schnittpunkten entsprechen, bei der Bewegung der Kurve f ebenfalls alle veränderlich sein. Daraus ergibt sich, daß die Anzahl der gesuchten Schnittpunkte ebenso groß ist wie die Anzahl der veränderlichen Tangenten, welche eine allgemeine Kurve des Netzes Σ in O besitzt. Wir erhalten also den Satz:

Die Ordnung einer Fundamentalkurve ist gegeben durch die Anzahl der veränderlichen Tangenten, welche eine Kurve des Netzes Σ *im entsprechenden Fundamentalpunkt besitzt.*

15. CREMONAsche Transformationen zwischen zwei Ebenen. Wir nehmen an, daß das Netz Σ, von dem wir bis jetzt gesprochen haben, homaloidisch sei ($t = 1$; s. S. 29). Dann entspricht nicht nur einem allgemeinen Punkt x der Ebene X ein einziger Punkt x' der Ebene X', sondern einem beliebig aber allgemein gewählten Punkt dieser letzteren Ebene entspricht auch nur ein einziger Punkt der ersteren, d. h. *die in*

Rede stehende Korrespondenz erweist sich als eineindeutige Verwandtschaft zwischen den allgemeinen Punkten der beiden Ebenen.

Es seien

$$x' = \varphi(x, y), \quad y' = \psi(x, y) \tag{7}$$

die Formeln, welche die Transformation in nicht homogenen Koordinaten definieren, wobei φ und ψ zwei rationale, voneinander unabhängige Funktionen bedeuten.

Gibt man den Koordinaten x', y' beliebige, aber allgemeine Werte, so haben nach der eben gemachten Voraussetzung die beiden Gleichungen (7) eine und nur eine Lösung gemeinsam, die gleichzeitig mit x', y' veränderlich ist. Folglich ergeben sich x und y als algebraische einwertige und somit rationale Funktionen der Veränderlichen x' und y', d. h. wir haben die Formeln

$$x = \lambda(x', y'), \quad y = \mu(x', y'), \tag{8}$$

wo λ und μ voneinander unabhängige rationale Funktionen bedeuten. Die Gleichungen (8) gestatten den Übergang von den Punkten der Ebene X' zu den Punkten der Ebene X; sie stellen also die *Umkehrung* der durch die Gleichungen (7) vermittelten Operation dar.

Die Korrespondenz zwischen den beiden Ebenen nennt man in diesem Falle *birational*, weil die Koordinaten der Punkte *jeder* der beiden Ebenen sich als rationale Funktionen der Koordinaten der entsprechenden Punkte in der anderen Ebene ausdrücken lassen. Diese Korrespondenzen werden auch nach L. Cremona benannt, weil Cremona sie zuerst von allgemeineren Gesichtspunkten aus betrachtet und ihre Wichtigkeit für die Entwicklung der algebraischen Geometrie betont hat.[1])

Wenn die Formeln (7) gegeben sind, so erhält man die explizite Darstellung der Funktionen λ und μ in einfachster Weise mit Hilfe von rationalen Operationen der Elimination. Wenn man nämlich y aus den Gleichungen (7) eliminiert, so erhält man als Ergebnis der Elimination eine Gleichung in x, deren Koeffizienten in bezug auf x' und y' rational sind; und da diese Gleichung eine und nur eine Wurzel besitzen soll, die mit x', y' veränderlich ist, so gibt sie unmittelbar x als rationale Funktion von x' und y'. In analoger Weise berechnet man y als rationale Funktion von x' und y'.

Im Falle der Cremonaschen Transformation können wir alles das, was über die Ebene X gesagt wurde, für die Ebene X' wiederholen; es ist also in der letzteren Ebene ein homaloidisches Netz Σ' vorhanden

---

1) Vgl. Bologna Mem. (2) **2**, 621 (1863); **5**, 3 (1864) und Giorn. di Mat. **1**, 305 (1863); **3**, 269, 363 (1865).

(d. h. ein Netz von Kurven, die sich zu je zweien außer den Basispunkten nur in einem einzigen veränderlichen Punkte schneiden). Dieses Netz Σ' entspricht den Geraden der Ebene X, und seine Basispunkte bilden die Fundamentalpunkte der Transformation in der Ebene X'.

Man bemerke, daß die Korrespondenz zwischen den Kurven

$$\lambda_1 f_1(x) + \lambda_2 f_2(x) + \lambda_3 f_3(x) = 0$$

des Systems Σ und den Geraden

$$\lambda_1 x_1' + \lambda_2 x_2' + \lambda_3 x_3' = 0$$

der Ebene X' aufrecht erhalten bleibt, falls man eine Kurve von Σ und eine Gerade der Ebene X' dann als zugeordnet betrachtet, wenn sie zu denselben Werten der Parameter λ_i gehören. Faßt man also diese Parameter λ_i als homogene Koordinaten einer Kurve innerhalb des Netzes Σ und als homogene Koordinaten einer Geraden der Ebene X' auf, so läßt sich die Korrespondenz auch durch die Forderung ausdrücken, daß die Koordinaten mit demselben Index gleich sein sollen. Wir haben somit einen besonderen Typus der linearen Transformation, die den Übergang von den Koordinaten einer Kurve des Netzes Σ zu den Koordinaten der entsprechenden Geraden in der Ebene X' vermittelt. Die Verwandtschaft zwischen den Kurven von Σ und den Geraden der Ebene X' nennt man deshalb eine *Projektivität.*

Da wir übrigens schon in Nr. 1 bemerkt haben, daß ein lineares Kurvensystem eineindeutig auf die Punkte eines linearen Raumes bezogen werden kann, so ist ohne weiteres verständlich, was unter einer projektiven Verwandtschaft zwischen einem linearen System und einem Raum von derselben Dimension zu verstehen ist.

So handelt es sich z. B. in dem hier vorliegenden Fall eines Netzes Σ und des Geradensystems in der Ebene X' um eine algebraische Korrespondenz, bei der man von *jeder* Kurve von Σ zu *einer* Geraden von X' und von *jeder* Geraden von X' zu *einer* Kurve von Σ gelangt, mit der weiteren Bedingung, daß, während eine Gerade in der Ebene X' ein beliebiges Strahlenbüschel beschreibt, die entsprechende Kurve in Σ ein Kurvenbüschel durchläuft.[1])

Wir können diese verschiedenen Betrachtungen in den folgenden Satz zusammenfassen:

Eine birationale Transformation zwischen zwei Ebenen wird erhalten, wenn man die Geraden der einen Ebene projektiv auf die Kurven eines homaloidischen Netzes der anderen Ebene bezieht. Dann entspricht einem

1) Über den allgemeinen Begriff der Projektivität zwischen zwei linearen Mannigfaltigkeiten vgl. z. B. Bertini, Introduzione usw. S. 46.

beliebigen Strahlenbüschel der ersten Ebene ein Kurvenbüschel in der zweiten Ebene, das außer den Basispunkten des Netzes noch einen weiteren Basispunkt hat. Die Korrespondenz zwischen den Punkten der beiden Ebenen wird dadurch definiert, daß man den Scheitelpunkt des Strahlenbüschels und jenen weiteren Basispunkt als entsprechende Punkte annimmt.

Den Geraden der zweiten Ebene entsprechen in der ersten Ebene die Kurven eines anderen homaloidischen Netzes.

Eine CREMONAsche Transformation ist *im allgemeinen* eineindeutig; eine Ausnahme bilden nur die Fundamentalpunkte der Korrespondenz, d. h. die Basispunkte der homaloidischen Netze, die in den beiden Ebenen vorhanden sind.

Unter den CREMONAschen Transformationen gibt es jedoch auch solche, die ohne jede Ausnahme eineindeutig sind, nämlich die *homographischen Transformationen* oder *Kollineationen.*

Umgekehrt kann man den Satz beweisen:

Eine CREMONAsche Transformation, die für alle Punkte ohne Ausnahme eineindeutig ist, ist notwendig eine Kollineation.

Wenn nämlich die beiden Kurven f und g des Netzes Σ, die den beiden beliebig gegebenen Geraden f' und g' der Ebene X' entsprechen, außer dem Punkt, der dem Schnittpunkt von f' und g' zugeordnet ist, noch andere Basispunkte gemeinsam haben, so muß sich in der Ebene X ein Punkt befinden, der gleichzeitig einem Punkt auf f' und einem anderen auf g' entspricht; folglich befinden sich in der Ebene X gewisse Punkte, für welche die Korrespondenz nicht eineindeutig ist. Soll aber die Korrespondenz für alle Punkte ohne Ausnahme eineindeutig sein, so darf das Netz Σ keine Basispunkte besitzen, d. h. zwei beliebige Kurven des Netzes dürfen sich nur in einem einzigen Punkt schneiden. Daraus folgt, daß das Netz Σ aus dem System aller Geraden der Ebene X besteht. Die gegebene Korrespondenz erweist sich also als eine Kollineation.

Eine letzte Bemerkung möge die folgende sein: *Die Kurven, die den Geraden der beiden birational aufeinander bezogenen Ebenen entsprechen, sind von derselben Ordnung.* Es seien g und f' zwei beliebig gegebene Geraden, die den Ebenen X bzw. X' angehören, g' und f seien die beiden entsprechenden Kurven in den Ebenen X' bzw. X. Wenn die Kurve g' von der Ordnung n ist, so wird sie von f' in n Punkten geschnitten, die alle mit f' veränderlich sind. Diesen Punkten entsprechen ebenso viele Schnittpunkte der Geraden g und der Kurve f, und diese Schnittpunkte sind mit f veränderlich. Daraus folgt, daß f von derselben Ordnung ist wie g'.

Die den Kurven g' und f gemeinsame Ordnung nennt man *die Ordnung der Transformation.*

16. Quadratische Transformationen. Nach den homographischen Transformationen oder Transformationen erster Ordnung, die eine Gerade der einen Ebene in eine Gerade der anderen Ebene überführen, sind die nächst einfachen CREMONAschen Transformationen diejenigen, welche eine beliebig gegebene Gerade der einen Ebene in einen Kegelschnitt der anderen Ebene überführen, d. h. die Transformationen zweiter Ordnung oder die *quadratischen Transformationen.* Wir wollen nun im folgenden die quadratischen Transformationen eingehender untersuchen.

Den Geraden der Ebene X' wollen wir dabei die Kegelschnitte eines homaloidischen Netzes Σ der Ebene X entsprechen lassen. Da zwei beliebige Kegelschnitte einer Ebene sich in vier Punkten schneiden, so müssen drei von diesen Schnittpunkten fest sein, d. h. das Netz Σ besteht aus allen Kegelschnitten, die durch drei vorgeschriebene Punkte gehen.

Selbstverständlich ist es auch möglich, daß diese Basispunkte von Σ nicht alle verschieden sind; das Netz Σ besteht dann entweder aus der Gesamtheit der Kegelschnitte, die durch zwei gegebene Punkte gehen und in einem von ihnen eine vorgeschriebene Tangente haben, oder aus der Gesamtheit aller Kegelschnitte, die einen festen Kegelschnitt in einem vorgeschriebenen Punkte dreipunktig berühren.

In analoger Weise haben wir in der Ebene X' ein Netz von Kegelschnitten Σ', das dem System der Geraden in X entspricht.

Es fragt sich nun, wie die Formeln lauten, die diese Transformation darstellen.

Wir betrachten den allgemeinen Fall, in welchem das Netz Σ drei voneinander verschiedene Basispunkte A_1, A_2, A_3 hat. Um die Formeln in der einfachsten Gestalt zu erhalten, ist es zweckmäßig, die Punkte A_1, A_2, A_3 in der Ebene X als Grundpunkte eines Systems von homogenen projektiven Dreieckskoordinaten x_1, x_2, x_3 anzunehmen.

Die Gleichung eines beliebigen Kegelschnitts, der dem Dreieck $A_1\,A_2\,A_3$ umbeschrieben ist, der also dem Netz Σ angehört, ist dann von der Form

$$\lambda_1 x_2 x_3 + \lambda_2 x_3 x_1 + \lambda_3 x_1 x_2 = 0,$$

so daß die drei Funktionen f_1, f_2, f_3, die wir im Falle einer beliebigen rationalen Transformation betrachtet haben, bzw. durch $x_2 x_3$, $x_3 x_1$, $x_1 x_2$ zu ersetzen sind. Die Korrespondenz wird also dargestellt durch die Formeln

$$(9) \qquad \varrho x_1' = x_2 x_3, \quad \varrho x_2' = x_3 x_1, \quad \varrho x_3' = x_1 x_2,$$

und diese sind gleichbedeutend mit den folgenden:

$$x'_1 : x'_2 : x'_3 = \frac{1}{x_1} : \frac{1}{x_2} : \frac{1}{x_3}.$$

Aus (9) folgen die Umkehrungen

$$(10) \qquad \sigma x_1 = x'_2 x'_3, \quad \sigma x_2 = x'_3 x'_1, \quad \sigma x_3 = x'_1 x'_2,$$

oder

$$x_1 : x_2 : x_3 = \frac{1}{x'_1} : \frac{1}{x'_2} : \frac{1}{x'_3}.$$

Die Gleichungen (10) zeigen, daß einer Geraden

$$\mu_1 x_1 + \mu_2 x_2 + \mu_3 x_3 = 0$$

der Ebene X in der Ebene X' ein Kegelschnitt

$$\mu_1 x'_2 x'_3 + \mu_2 x'_3 x'_1 + \mu_3 x'_1 x'_2 = 0$$

entspricht, der dem Dreieck $A'_1 A'_2 A'_3$ umbeschrieben ist; dieses Dreieck wird gebildet von den Punkten $(x'_1 = 1, x'_2 = x'_3 = 0)$, $(x'_2 = 1, x'_3 = x'_1 = 0)$, $(x'_3 = 1, x'_1 = x'_2 = 0)$.

Wenn daher für das Netz Σ in der Ebene X die drei Basispunkte voneinander verschieden sind, so gilt dasselbe für das Netz Σ', das in der Ebene X' vorhanden ist.

Im Fundamentalpunkt A_1 haben die Kegelschnitte von Σ eine veränderliche Tangente; folglich sind die Punkte, die den unendlich benachbarten Punkten von A_1 zugeordnet sind, auf einer *Fundamentalgeraden* ausgebreitet (vgl. Nr. 14, S. 37). Es ist leicht einzusehen, daß diese Fundamentalgerade mit der Geraden $A'_2 A'_3$ zusammenfällt. In der Tat sind die Koordinaten eines veränderlichen Punktes auf einer durch A_1 gehenden Geraden von der Form

$$(11) \qquad x_1 = 1, \quad x_2 = \varepsilon \xi_2, \quad x_3 = \varepsilon \xi_3$$

mit veränderlichem ε. Diesem Punkt entspricht daher in der Ebene X' ein Punkt mit den Koordinaten x'_1, x'_2, x'_3, die durch die Formeln

$$\varrho x'_1 = \varepsilon^2 \xi_2 \xi_3, \quad \varrho x'_2 = \varepsilon \xi_3, \quad \varrho x'_3 = \varepsilon \xi_2,$$

oder

$$(12) \qquad \tau x'_1 = \varepsilon \xi_2 \xi_3, \quad \tau x'_2 = \xi_3, \quad \tau x'_3 = \xi_2$$

gegeben sind.

Für $\varepsilon = 0$ erhalten wir somit den Punkt $(0, \xi_3, \xi_2)$, der auf der Geraden $x'_1 = 0$, d. h. auf $A'_2 A'_3$ liegt.

Man erkennt, daß *einer Geraden, die durch den Fundamentalpunkt A_1 geht und in Parameterform durch die Gleichungen (11) dargestellt ist, eine Gerade entspricht, die durch den Fundamentalpunkt A'_1 geht und in Parameterform durch die Gleichungen (12) dargestellt wird.*

Man beachte ferner, daß *die Korrespondenz zwischen den durch* A_1 *gehenden Richtungen (Linienelementen) und den Punkten der Geraden* $A'_2 A'_3$ *projektiv ist;* denn eine beliebige Richtung durch A_1 ist bestimmt durch das Verhältnis ξ_2/ξ_3, und der zugeordnete Punkt auf $A'_2 A'_3$ wird erhalten, wenn man $x'_2/x'_3 = \xi_3/\xi_2$ macht.

Diejenigen unter den Punkten in der unmittelbaren Umgebung von A_1, die auf den Seiten $A_1 A_2$, $A_1 A_3$ des Koordinatendreiecks liegen, werden erhalten, wenn man ξ_3 bzw. ξ_2 gleich Null setzt. *Demjenigen Punkt in der unmittelbaren Umgebung von* A_1, *der in der Richtung* $A_1 A_2$ *liegt, ist also der Punkt* $(0, 0, \xi_2)$ *d. h.* A'_3 *zugeordnet, während dem zu* A_1 *unendlich benachbarten Punkt, der in der Richtung* $A_1 A_3$ *liegt, der Punkt* A'_2 *entspricht.*

Für die Punkte A_2 und A_3 lassen sich ganz dieselben Überlegungen wiederholen; man hat nur die Indizes zyklisch zu vertauschen. Ersetzt man die gestrichenen Buchstaben durch die ungestrichenen und umgekehrt, so erhält man die Eigenschaften der Fundamentalpunkte A'_1, A'_2, A'_3 der Ebene X'.

Wir betrachten nun in der Ebene X eine algebraische Kurve C von der Ordnung n und stellen uns die Aufgabe, die Ordnung der entsprechenden Kurve C' zu bestimmen.

Der größeren Allgemeinheit wegen wollen wir annehmen, daß die Kurve C durch die Fundamentalpunkte A_1, A_2, A_3 geht und in ihnen die Multiplizitäten[1]) s_1, s_2, s_3 besitzt. (Wenn C durch einen der drei Punkte nicht hindurchgeht, so hat man nur das entsprechende s gleich Null zu setzen.)

Die Anzahl der Schnittpunkte der Kurve C' mit einer veränderlichen Geraden g' der Ebene X' ist ebenso groß wie die Anzahl der veränderlichen Schnittpunkte der ihr entsprechenden Kurve C mit dem der Geraden g' zugeordneten Kegelschnitt g; diese Anzahl ist aber gleich $2n - s_1 - s_2 - s_3$. Wir erhalten also den Satz:

Der Kurve C der Ebene X, die von der Ordnung n ist und durch den Fundamentalpunkt A_i s_i*-fach hindurchgeht* $(i = 1, 2, 3)$, *entspricht in der Ebene* X' *eine Kurve* C' *von der Ordnung* $2n - s_1 - s_2 - s_3$.

Man sieht auch leicht ein, daß *die Kurve* C' *durch die Fundamentalpunkte* A'_1, A'_2, A'_3 *mit den Multiplizitäten* $n - s_2 - s_3$, $n - s_3 - s_1$, $n - s_1 - s_2$ *hindurchgeht.*

Eine beliebige Gerade g' durch A'_1 schneidet nämlich die Kurve C' außer in A'_1 noch in $2n - s_1 - s_2 - s_3 - x$ Punkten, wenn x die Multi-

1) Wenn eine Kurve C in einem Punkt P einen s-fachen Punkt besitzt, so wollen wir sagen, daß sie in C die *Multiplizität* (oder *Vielfachheit*) s habe.

plizität des Punktes A_1' für die Kurve C' ist. Der Geraden g' entspricht eine durch A_1 gehende Gerade g, und jedem von A_1' verschiedenen gemeinsamen Punkt von g' und C' entspricht einer der $n - s_1$ Punkte, in welchen die Kurve C außer in A_1 von g noch geschnitten wird; dasselbe gilt auch umgekehrt. Also ist

$$2n - s_1 - s_2 - s_3 - x = n - s_1,$$

und daraus folgt

$$x = n - s_2 - s_3.$$

Ebenso wird der Beweis für die Punkte A_2' und A_3' geführt.

Zu demselben Ergebnis gelangt man, wenn man berücksichtigt, daß jedem gemeinsamen Punkt der Kurve C und der Fundamentalgeraden A_2A_3, abgesehen von den s_2 bzw. s_3 Schnittpunkten, die in A_2 bzw. A_3 zusammenfallen, ein dem Punkt A_1' unendlich benachbarter Punkt entspricht, der auf der Kurve C' liegt. Somit hat die Kurve C' in A_1' einen $(n - s_2 - s_3)$-fachen Punkt. Seine Tangenten stehen in projektiver Zuordnung zu denjenigen Schnittpunkten der Kurve C und der Geraden A_2A_3, die von den s_2- bzw. s_3-fach zu rechnenden Punkten A_2 und A_3 verschieden sind. Jene $n - s_2 - s_3$ Schnittpunkte auf A_2A_3 müssen natürlich nicht alle voneinander verschieden sein, sondern können auch alle oder zum Teil zusammenfallen. Wir erhalten daher den Satz:

Zwischen den Tangenten im Punkt A_1' an die Kurve C' bestehen dieselben Koinzidenzen wie zwischen den $n - s_2 - s_3$ Schnittpunkten, in denen die Gerade A_2A_3 außerhalb der Fundamentalpunkte von der Kurve C geschnitten wird.

Wenn insbesondere die Gerade A_2A_3 und die Kurve C in A_2 die Schnittpunktsmultiplizität[1]) $s_2 + h$ haben, d. h. wenn die Gerade A_2A_3 eine Tangente der Kurve C im Punkt A_2 ist, so wird die Kurve C' von der Fundamentalgeraden $A_1'A_3'$ berührt, und diese letztere ist unter den Tangenten von C' im Punkt A_1' h-mal zu zählen.

Wir fügen noch einige weitere Bemerkungen bei.

a) *Jedem Punkt P, der nicht den Fundamentalgeraden angehört, und der für die Kurve C ein s-facher Punkt ist, entspricht ein nicht auf den Fundamentalgeraden liegender Punkt P', der für die Kurve C' s-fach ist.*

Den Geraden durch P sind nämlich die durch P' gehenden Kegelschnitte des Netzes Σ' derart zugeordnet, daß, wenn eine beliebige durch P gehende Gerade g die Kurve C außer in P noch in $n - s$ an-

1) Ein *Schnittpunkt* zweier Kurven hat die *Multiplizität* s, wenn er unter der Gesamtzahl ihrer Schnittpunkte s-mal zu zählen ist. Vgl. z. B. C. Segre, La molteplicità nelle intersezioni delle curve piane algebriche etc. Giorn. di Mat. **36**, 1 (1898).

deren Punkten schneidet, der ihr entsprechende Kegelschnitt g' die Kurve C' in $n-s$ Punkten trifft, die von P' und von den drei Fundamentalpunkten verschieden sind. Da der Kegelschnitt g' keine spezielle Lage hat, so ist die Anzahl der Schnittpunkte, die in die Fundamentalpunkte fallen, gleich

$$(n-s_2-s_3)+(n-s_3-s_1)+(n-s_1-s_2)=3n-2s_1-2s_2-2s_3;$$

und folglich ist die Anzahl der durch P' absorbierten Schnittpunkte gleich

$$2(2n-s_1-s_2-s_3)-(3n-2s_1-2s_2-2s_3)-(n-s)=s.$$

P' ist also ein s-facher Punkt der Kurve C'.

b) *Wenn der oben genannte Punkt P ein gewöhnlicher s-facher Punkt*[1]) *der Kurve C ist, so ist der Punkt P' ebenfalls ein gewöhnlicher s-facher Punkt auf der Kurve C'.*

In der Tat, zwei voneinander verschiedenen Geraden durch P entsprechen zwei einander nicht berührende Kegelschnitte durch P'. Die Zahl der Kegelschnitte, die C' in P' berühren, ist also ebenso groß wie die Zahl der voneinander verschiedenen Tangenten der Kurve C im Punkt P. Daraus folgt, daß die Kurve C' mit s Zweigen durch P' hindurchgeht, die einander nicht berühren.

Nach diesen Feststellungen betrachten wir nun einen beliebigen s-fachen Punkt O einer algebraischen Kurve C von der Ordnung n, die in der Ebene π liege. Wir ziehen durch O zwei Geraden, so daß jede von ihnen die Kurve C außer in O noch in $n-s$ voneinander verschiedenen Punkten schneidet. Auf der einen dieser Geraden nehmen wir den Punkt P, auf der anderen den Punkt Q an, so daß die Kurve C von der Geraden PQ in n Punkten getroffen wird, die alle voneinander verschieden sind, und von denen keiner mit P oder Q zusammenfällt.

Setzen wir nun zwischen den durch O, P und Q gehenden Kegelschnitten der Ebene π und den Geraden einer anderen Ebene π' eine projektive Verwandtschaft fest, so haben wir damit zwischen den beiden Ebenen eine quadratische Transformation definiert, für welche O, P und Q die Fundamentalpunkte in der einen Ebene sind. Es seien O', P' und Q' die Fundamentalpunkte in der Ebene π'. Da wir die Punkte P und Q ganz allgemein gewählt haben, so folgt aus den vorhergehenden Bemerkungen, daß die der Kurve C entsprechende Kurve C' in P' und Q' je einen gewöhnlichen $(n-s)$-fachen Punkt und in O' einen gewöhnlichen

1) Es sei daran erinnert, daß man unter einem *gewöhnlichen s-fachen* Punkt einer Kurve einen solchen versteht, dessen s Tangenten alle voneinander verschieden sind.

n-fachen Punkt besitzt. Außerdem entspricht jedem vielfachen Punkt M von C, der nicht auf den Fundamentalgeraden liegt, ein Punkt M' von C', der ebenfalls nicht auf den Fundamentalgeraden liegt, und der dieselbe Vielfachheit und dieselbe Anzahl von untereinander verschiedenen Tangenten besitzt wie M.

Wir behalten uns vor, die Wirkung der Transformation auf den vielfachen Punkt O, den wir als Fundamentalpunkt angenommen haben, nachher zu untersuchen. Das Vorhergehende können wir in folgender Weise zusammenfassen:

Beim Übergang von der Kurve C zu der Kurve C' bleiben die Multiplizitäten der nicht auf den Fundamentalgeraden liegenden Punkte erhalten; für die auf den Fundamentalgeraden liegenden Punkte von C (abgesehen von O) werden drei gewöhnliche vielfache Punkte auf C' eingeführt.

Eine quadratische Transformation wie diejenige, die wir eben zwischen den Ebenen π und π' betrachtet haben, werden wir im folgenden bezeichnen als „eine *allgemeine* quadratische Transformation, die in einem vielfachen Punkt O von C einen Fundamentalpunkt besitzt".

§ 2. Auflösung der Singularitäten einer ebenen algebraischen Kurve.

17. Auflösung der Singularitäten einer ebenen algebraischen Kurve mit Hilfe einer Reihe von aufeinander folgenden quadratischen Transformationen. Unendlich benachbarte Singularitäten.

Wir fassen noch einmal die in der Ebene π gelegene algebraische Kurve C von der Ordnung n ins Auge und untersuchen, welche Wirkung eine allgemeine quadratische Transformation, die in dem s-fachen Punkt O der Kurve C einen Fundamentalpunkt hat, auf eben diesen Punkt ausübt. Wie in der vorhergehenden Nummer bezeichnen wir mit P und Q die beiden anderen Fundamentalpunkte der Transformation, die der Ebene π angehören, und mit O', P', Q' die Fundamentalpunkte, die in der Ebene π' der transformierten Kurve C' liegen; den Punkten der unmittelbaren Umgebung von O entsprechen also die Punkte der Fundamentalgeraden $P'Q'$, den Punkten in der Umgebung von P entsprechen diejenigen der Fundamentalgeraden $Q'O'$ usw.

Es seien $o_1, o_2, \ldots, o_l$ $(l \leqq s)$ die voneinander verschiedenen Tangenten der Kurve C im Punkt O. Diesen Geraden entsprechen l Punkte $O'_1, O'_2, \ldots, O'_l$ auf der Geraden $P'Q'$, die unter sich und von P' und Q' verschieden sind; und ebenso wie die Tangenten o_i den von den beiden Fundamentalgeraden OP und OQ verschiedenen Richtungen entsprechen, in denen die Kurve C durch O hindurchgeht, so ergeben die Punkte O_i' die von Q' und P' verschiedenen Schnittpunkte der Kurve C' mit der Fundamentalgeraden $P'Q'$.

Fassen wir dies etwas genauer! Wenn die Tangente o_i in der Gesamtheit der s Tangenten der Kurve C im Punkt O τ_i-mal zu zählen ist, d. h. wenn in der Gleichung vom Grad s, welche die Tangenten der Kurve C im Punkt O liefert, die jener Tangente entsprechende Wurzel τ_i-fach zu rechnen ist, so daß $\sum_{i=1}^{l} \tau_i = s$ ist, so zählt der Punkt O_i' τ_i-mal unter den Schnittpunkten der Kurve C' mit der Geraden $P'Q'$. Bezeichnen wir die Vielfachheit des Punktes O_i' für die Kurve C' mit s_i, so haben wir jedenfalls

$$s_i \leqq \tau_i ,$$

und also auch

$$\sum_{i=1}^{l} s_i \leqq s .$$

Diese Ungleichung ist schon von einer gewissen Bedeutung, denn sie lehrt uns folgendes: *Wenn $l > 1$ ist, d. h. wenn die Kurve C in O mindestens zwei voneinander getrennte Tangenten hat, so löst die vorliegende quadratische Transformation den s-fachen Punkt O in mehrere Punkte auf, deren Multiplizitäten für die transformierte Kurve C' kleiner sind als s.*

Man erkennt, daß unter allen Umständen die vorliegende *allgemeine* quadratische Transformation die Kurve C derart in die Kurve C' überführt, daß die Multiplizitäten der nicht auf den Fundamentalgeraden liegenden Punkte ungeändert bleiben, daß drei *gewöhnliche* mehrfache Punkte eingeführt werden, und daß der Punkt O durch einen Punkt von derselben Multiplizität oder durch mehrere Punkte von geringerer Multiplizität ersetzt wird.

Man wendet nun auf die Kurve C' dasselbe Verfahren an wie auf die Kurve C, indem man in den Punkt O_i' einen Fundamentalpunkt einer allgemeinen quadratischen Transformation legt. Der Punkt O_i' wird dann durch einen oder mehrere Punkte $O_{i,1}''$, $O_{i,2}''$, ... der transformierten Kurve C'' ersetzt, und außerdem besitzt jeder dieser Punkte O'', falls mindestens zwei davon vorhanden sind, für die Kurve C'' eine Multiplizität, die kleiner ist als s_i. Wir bezeichnen die Multiplizitäten dieser Punkte $O_{i,1}''$, $O_{i,2}''$, ... für die Kurve C'' mit $s_{i,1}$, $s_{i,2}$, ... und fahren in dieser Weise fort.

Nach einer Reihe von quadratischen Transformationen werden jedenfalls die ursprüngliche Kurve C und die zuletzt erhaltene Kurve einander zugeordnet sein durch eine birationale Transformation zwischen ihren beiden Ebenen, die das *Produkt* der aufeinander folgenden quadratischen Transformationen ist. Diese Transformation kann zwar einen vielfachen Punkt von C in *mehrere* Punkte von geringerer Multiplizität auflösen, sie führt aber an *neuen* vielfachen Punkten nur solche ein, deren Tangenten alle voneinander verschieden sind.

An die vorhergehenden Untersuchungen schließt sich der Begriff der *Zusammensetzung* eines mehrfachen Punktes einer algebraischen Kurve aus Zweigen mit *unendlich benachbarten Singularitäten;* diesen wichtigen und fruchtbaren Begriff verdankt man M. NOETHER.[1])

Kehren wir zu der ersten quadratischen Transformation zurück, welche die Kurve C in C' und den Punkt O in die Punkte $O'_1, O'_2, \ldots, O'_l$ überführte. Wir unterwerfen die Kurve C' einer kleinen Drehung um den Punkt O' und bezeichnen mit $\overline{C}$ diejenige Kurve der Ebene π, welche der Kurve C' in der neuen Lage entspricht. Die Kurve $\overline{C}$ wird von der Ordnung $2(2n-s)-n=3n-2s$ sein und wird im Punkt O einen *gewöhnlichen* $(2n-s)$-fachen Punkt besitzen, weil C' in der neuen Lage von der Geraden $P'Q'$ in $2n-s$ einfachen, voneinander verschiedenen Punkten getroffen wird. Außerdem besitzt die Kurve C' nach der Drehung zwei gewöhnliche $(n-s)$-fache Punkte, die von denjenigen Punkten herrühren, die ursprünglich mit P' und Q' zusammenfielen, und l Punkte mit den Multiplizitäten $s_1, s_2, \ldots, s_l$, welche von denjenigen herrühren, die ursprünglich in $O'_1, O'_2, \ldots, O'_l$ lagen. Diesen letzteren entsprechen Punkte, welche in bezug auf die Kurve $\overline{C}$ die gleiche Vielfachheit haben wie sie selbst in bezug auf C'. Wenn nun C' wieder in ihre alte Lage zurückkehrt, so zerfällt $\overline{C}$ in die Geraden OP und OQ, deren jede $(n-s)$-mal zu zählen ist, und in die ursprüngliche Kurve C. Diese erhält wiederum den s-fachen Punkt O, dem sich l Punkte mit den Multiplizitäten $s_1, s_2, \ldots, s_l$ unbegrenzt genähert haben. Dieselbe Überlegung läßt sich für die Kurve C' in bezug auf einen der vielfachen Punkte O'_i wiederholen und man sieht leicht, wie das Verfahren fortzusetzen ist.

Diese Tatsachen lassen sich in folgender Form ausdrücken, durch welche die Zusammensetzung des vielfachen Punktes klar veranschaulicht wird: *Der vielfache Punkt O setzt sich zusammen aus einem s-fachen Punkt, dem in der Umgebung erster Ordnung die s_i-fachen Punkte O_i $(i=1,2,\ldots,l)$, in der Umgebung zweiter Ordnung die $s_{i,k}$-fachen Punkte $O_{i,k}$ $(i,k=1,2,\ldots)$, usw. unendlich benachbart sind.*

Die aufeinander folgenden quadratischen Transformationen haben im wesentlichen keinen anderen Zweck als den, die Umgebung erster Ordnung des Punktes O durch die Punkte einer Fundamentalgeraden, die

1) Siehe Math. Ann. **9**, **166** (1876) und besonders Math. Ann. **23**, 311 (1884).

Umgebung zweiter Ordnung durch die Umgebungen erster Ordnung der Punkte dieser Geraden zu ersetzen; eine endliche Anzahl dieser letzteren Umgebungen erster Ordnung wird nacheinander durch ebenso viele Geraden ersetzt usw. Auf diese Weise erscheint die Singularität, die sich aus der Gesamtheit der verschiedenen unendlich benachbarten Singularitäten ergibt, *zerlegt* oder *aufgelöst*.

Aus der geometrischen Bedeutung, die den unendlich benachbarten Singularitäten beigelegt wurde, ergibt sich ohne weiteres, daß *die Zusammensetzung eines vielfachen Punktes durchaus nicht abhängt von der Wahl der aufeinander folgenden quadratischen Transformationen, durch welche der Punkt aufgelöst wird,* d. h. daß die Zahlen $s, s_i, s_{i,k}, \ldots$ für den betrachteten vielfachen Punkt charakteristisch sind.

Die quadratischen Transformationen spielen deshalb mehr die Rolle eines analytischen Werkzeugs als diejenige eines wesentlichen Elements bei der Bildung des Begriffs der Zusammensetzung einer Singularität.

18. CREMONAsche Transformation einer ebenen Kurve in eine andere, die nur gewöhnliche vielfache Punkte besitzt.

Wir setzen voraus, daß die bis jetzt betrachtete Kurve C von *mehrfachen Bestandteilen frei* sei.

Es fragt sich nun, ob das in der vorigen Nummer angegebene Verfahren zur Bestimmung der Zusammensetzung des vielfachen Punktes O nach einer endlichen Anzahl von Operationen ein Ende findet in dem Sinne, daß man schließlich zu einer Umgebung von genügend hoher (aber endlicher) Ordnung gelangt, in der nur noch einfache Punkte von C existieren, oder ob man das Verfahren unbeschränkt fortsetzen kann und immer wieder auf vielfache Punkte stößt.

Da ein vielfacher Punkt mit mindestens zwei Tangenten sich in zwei oder mehr Punkte von geringerer Multiplizität auflösen läßt, so bleibt nur der Fall zweifelhaft, wo ein Punkt mit einer einzigen Tangente zu untersuchen ist. Aber wir wollen beweisen, daß man in jedem Falle nach einer endlichen Anzahl von Operationen stets zu einfachen Punkten gelangt. Zu diesem Zweck müssen wir die *Berechnung der Multiplizität des Schnittes zweier ebener algebraischer Kurven in einem ihrer gemeinsamen Punkte* vorausschicken.

Es seien C und D die beiden Kurven und O ein ihnen gemeinsamer Punkt; er sei für C s-fach und für D t-fach. Aus der elementaren Theorie der ebenen algebraischen Kurven ist bekannt, daß der Punkt O entweder genau st Schnittpunkte der beiden Kurven oder eine größere Anzahl absorbiert. Der erste Fall tritt ein, wenn diese Kurven in O keine gemeinsamen Tangenten haben; besitzen sie jedoch gemeinsame Tangenten in O, so haben wir den zweiten Fall.[1])

Wir bezeichnen mit J die unbekannte Multiplizität des Schnittes, so daß

$$J = st + J_1 \quad (J_1 \geqq 0)$$

ist, und wenden nun eine allgemeine quadratische Transformation an mit einem Fundamentalpunkt in O. Es seien ferner O'_1, O'_2, ... die Punkte der Fundamentalgeraden $P'Q'$, die den gemeinsamen Tangenten in O entsprechen, und J'_1, J'_2, ... die Schnittpunktsmultiplizitäten der transformierten Kurven C' und D' in den Punkten O'_1, O'_2, ...

Ersetzt man die Kurve C durch eine hinlänglich benachbarte Kurve $\bar{C}$, die zwar in O einen s-fachen Punkt hat, die aber die Kurve D nicht berührt, so wird der Punkt O genau st Schnittpunkte der beiden Kurven $\bar{C}$ und D absorbieren, und außerdem sind J_1 gemeinsame Punkte von $\bar{C}$ und D vorhanden, die nach O hineinrücken, wenn sich $\bar{C}$ in die Lage C zurückbewegt.

Die durch die Transformation aus $\bar{C}$ hervorgehende Kurve $\bar{C}'$ wird, da sie C' äußerst nahe kommt, bei derselben Bedeutung des Ausdrucks „Multiplizität des Schnittes" die Kurve D' in J'_1 Punkten schneiden, die dem Punkt O'_1 äußerst nahe liegen, außerdem in J'_2 weiteren Punkten, die dem Punkt O'_2 äußerst nahe liegen usw., d. h. sie schneidet D' in $J'_1 + J'_2 + \cdots$ Punkten, die sehr nahe an der Fundamentalgeraden $P'Q'$ liegen, von den Fundamentalpunkten P', Q' jedoch eine endliche Entfernung haben. Da diesen Schnittpunkten von $\bar{C}'$ mit D' die J_1 Schnittpunkte von $\bar{C}$ und D entsprechen, die in nächster Umgebung des Punktes O liegen, so erhalten wir

$$J_1 = J'_1 + J'_2 + \cdots.$$

Unterwirft man jeden der Punkte O'_i, die den Kurven C' und D' gemeinsam sind, einer ähnlichen Untersuchung, so erhält man die Gleichung

$$J'_i = s_i t_i + \sum_k J''_{i,k},$$

wo s_i bzw. t_i die Vielfachheit des Punktes O'_i für die Kurve C' bzw. D' bedeutet, während $J''_{i,k}$ die Multiplizität des Schnittes der Kurven C'' und D'' im Punkt $O''_{i,k}$ bezeichnet; unter C'' und D'' sind dabei diejenigen beiden Kurven verstanden, die aus C' und D' vermöge einer allgemeinen quadratischen Transformation mit dem Fundamentalpunkt O'_i hervorgehen.

Fährt man in dieser Weise fort, so erhält man schließlich die von NOETHER *angegebene fundamentale Formel*

---

1) Vgl. z. B. die auf S. 44 angeführte Abhandlung von SEGRE.

$$J = st + \sum_i s_i t_i + \sum_{i,k} s_{i,k} t_{i,k} + \cdots;$$

dabei ist die erste Summation über alle mehrfachen Punkte zu erstrecken, die den beiden Kurven C und D in der Umgebung erster Ordnung des Punktes O gemeinsam sind; die zweite Summation umfaßt alle gemeinsamen mehrfachen Punkte, die in der Umgebung zweiter Ordnung liegen, usw.

Nachdem dies festgestellt ist, kehren wir zu der am Anfang dieser Nummer gestellten Frage zurück.

Wir betrachten einen allgemein gewählten Punkt P der Ebene π, in der die Kurve C liegt, und die erste Polare Γ des Punktes P in bezug auf die Kurve C. Wir wollen das Verhalten von Γ in dem vielfachen Punkt O von C untersuchen. Zu diesem Zwecke nehmen wir einen anderen allgemeinen Punkt Q in π an und transformieren die Ebene π in die Ebene π' mittels einer quadratischen Transformation mit den Fundamentalpunkten O, P, Q in π und O', P', Q' in π'. Den durch P gehenden Strahlen der Ebene π entsprechen in π' Strahlen, die durch P' gehen, und die Punktreihen auf zwei derartigen homologen Geraden sind (da die Verwandtschaft birational ist) projektiv aufeinander bezogen. Daraus folgt, daß die bei der Transformation aus Γ hervorgehende Kurve Γ' die erste Polare von P' ist in bezug auf die Kurve C', die der gegebenen Kurve C entspricht. Für die Kurve Γ besitzt der Punkt O die Multiplizität $s-1$, und die Kurve Γ' geht *mindestens* mit den Multiplizitäten $s_1 - 1, s_2 - 1, \ldots$ durch die Punkte $O'_1, O'_2, \ldots$ hindurch, die den in der Umgebung erster Ordnung des Punktes O liegenden mehrfachen Punkten von C entsprechen. Diese Tatsache läßt sich auch in folgender Weise ausdrücken: Die Kurve Γ geht durch O mit der Multiplizität $s-1$ und durch die s_i-fachen Punkte O_i, die dem Punkt O unendlich benachbart sind, mindestens mit den Multiplizitäten $s_i - 1$ hindurch.

Wir vollziehen nun eine zweite allgemeine quadratische Transformation, die in O'_i einen Fundamentalpunkt hat und in P' einen andern. Γ' verwandelt sich dabei in eine Kurve Γ'', welche die erste Polare der aus C' hervorgehenden Kurve C'' ist in bezug auf einen Fundamentalpunkt P''; somit geht Γ'' mindestens mit den Multiplizitäten $s_{i,k} - 1$ durch die Punkte $O''_{i,k}$ hindurch, welche den in der Umgebung erster Ordnung von O'_i gelegenen mehrfachen Punkten der Kurve C' entsprechen. Fährt man in dieser Weise fort, so erhält man den Satz:

Die erste Polare eines allgemeinen Punktes in bezug auf die Kurve C geht durch den s-fachen Punkt O mit der Multiplizität $s-1$ *und durch die aufeinander folgenden vielfachen Punkte* $O_i, O_{i,k} \ldots$ *mindestens mit den Multiplizitäten* $s_i - 1$, $s_{i,k} - 1 \ldots$ *hindurch.*

Berücksichtigt man nun die Tatsache, daß die beiden Kurven C und Γ sicherlich keine gemeinsamen Bestandteile haben, da ja C von mehrfachen Bestandteilen befreit wurde, so ergibt sich, daß der den Kurven C und Γ gemeinsame Punkt O unter den $n(n-1)$ Schnittpunkten dieser beiden Kurven mindestens

$$s(s-1) + \sum s_i(s_i - 1) + \sum s_{i,k}(s_{i,k} - 1) + \cdots$$

Punkte absorbiert.

Da nun die vorstehende Summe notwendig endlich sein muß, so muß man nach einer endlichen Anzahl von Summanden zu solchen Gliedern gelangen, die Null werden, d. h. *es muß eine Umgebung von genügend hoher, aber endlicher Ordnung des vielfachen Punktes O geben, in der sich nur noch einfache Punkte ($s_{i,k,l,\ldots} = 1$) der von mehrfachen Bestandteilen freien Kurve C befinden.*

Daraus ergibt sich, daß es möglich ist, mit Hilfe einer *endlichen* Anzahl von quadratischen Transformationen, d. h. mit Hilfe einer Cremonaschen Transformation, die das Produkt von ihnen ist, einen ganz beliebigen vielfachen Punkt der von mehrfachen Bestandteilen freien Kurve C in einfache Punkte aufzulösen.

Wenn man sich daran erinnert, daß durch keine der quadratischen Transformationen, die man ausführen muß, um eine gegebene Singularität aufzulösen, neue, nicht gewöhnliche Singularitäten in die transformierte Kurve eingeführt werden, sondern daß nur gewöhnliche mehrfache Punkte auftreten, so erkennt man, daß es möglich ist, mit einer endlichen Anzahl von quadratischen Transformationen sämtliche höheren Singularitäten eine um die andere aufzulösen, bis man schließlich zu einer Kurve gelangt, die nur noch vielfache Punkte mit getrennten Tangenten besitzt.

Man erhält also den grundlegenden Satz von Noether:

Jede ebene Kurve mit beliebigen Singularitäten läßt sich mit Hilfe einer passenden Cremonaschen Transformation auf eine andere ebene Kurve zurückführen, die nur gewöhnliche mehrfache Punkte (mit getrennten Tangenten) besitzt.

§ 3. Zweige einer algebraischen Kurve.

19. Zweige oder Zyklen einer ebenen algebraischen Kurve. Es sei O ein beliebiger vielfacher Punkt einer ebenen Kurve C, die von mehrfachen Bestandteilen befreit ist. Wir wenden auf die Kurve C eine Cremonasche Transformation an, durch welche diese Kurve in eine andere Kurve Γ von der Ordnung m transformiert wird; dabei wird gleichzeitig der vielfache Punkt O in eine gewisse endliche Anzahl l von einfachen

Punkten $P, Q, \ldots$ der transformierten Kurve aufgelöst. Der Gesamtheit der Punkte von C, die in unmittelbarer Umgebung von O liegen (d. h. für welche der absolute Betrag der Entfernung von O unterhalb einer vorgegebenen Grenze bleibt), entsprechen die Umgebungen der einfachen Punkte $P, Q, \ldots$ auf der Kurve Γ. Die Punkte jedes dieser Bereiche bilden, wie man sagt, einen *Zweig* (nach CAYLEY)[1]) oder einen *Zyklus* (nach HALPHEN)[2]) der betrachteten Kurve; jeden der Punkte $P, Q, \ldots$ wollen wir *Ursprung* des zugehörigen Zweiges nennen. Um daran zu erinnern, daß die Umgebung des Punktes O auf C sich auflösen läßt in l Bereiche von einfachen Punkten auf einer passend gewählten, mit C birational äquivalenten Kurve, sagt man auch, daß *der Punkt O auf der Kurve C der Ursprung von l Zweigen sei.*

Jeder dieser Zweige der Kurve C ist wohl definiert: die Gesamtheit seiner Punkte entspricht nämlich denjenigen Punkten von Γ, die in einer der Umgebungen der einfachen Punkte $P, Q, \ldots$ liegen.

Die Vorstellung des Zweiges erscheint demnach als ein Begriff, der gegenüber den birationalen Transformationen invariant bleibt, d. h.

Bei einer birationalen Transformation geht ein Zweig immer wieder in einen Zweig über.

Die Definition des Zweiges wird durch die folgenden analytischen Betrachtungen näher bestimmt.

Es seien t, u die rechtwinkligen Koordinaten eines Punktes der Kurve Γ, so daß

$$f(t, u) = 0$$

die Gleichung dieser Kurve ist.

Wir können die Achsen des Koordinatensystems so wählen, daß der Anfangspunkt $t = u = 0$ mit dem oben genannten einfachen Punkt P zusammenfällt, und daß außerdem die Achse $t = 0$ nicht Tangente von Γ ist, sondern diese Kurve in m Punkten schneidet, die im Endlichen liegen und voneinander verschieden sind. Dann ist die Gleichung

$$f(0, u) = 0,$$

die nach Voraussetzung schon die Wurzel $u = 0$ hat, vom Grad m, und sie besitzt im ganzen *m voneinander verschiedene* Wurzeln.

Wir denken uns die komplexe Veränderliche t in einer Ebene ausgebreitet und markieren in dieser Ebene (die wir kurz die Ebene t nennen wollen) den Punkt $t = 0$. Ebenso stellen wir die Werte von u dar

1) Quart. J. 7, 212 (1866) und Papers 5, 520; ein Auszug findet sich im Journ. f. Math. 64, 369 (1865).

2) Paris Sav. étr. (2) 26 (1877); ein Auszug findet sich in den C. R. 78, 1105 (1874).

durch die Punkte einer anderen Ebene (die wir die Ebene u nennen) und markieren in dieser den Punkt $u = 0$. Durch die Gleichung $f(t, u) = 0$ wird dann zwischen den beiden Ebenen eine derartige Verwandtschaft festgelegt, daß jedem Punkt t m Punkte u entsprechen (die voneinander verschieden sein oder zusammenfallen können). Dem Punkt $t = 0$ entsprechen *m voneinander verschiedene* Punkte u, unter denen sich der Punkt $u = 0$ befindet. Wir markieren ferner in der Ebene t die *kritischen Punkte* der durch die Gleichung $f = 0$ definierten impliziten Funktion u von t, d. h. diejenigen Werte von t, denen zwei oder mehr zusammenfallende Werte von u entsprechen. Da wir vorausgesetzt haben, daß die Kurve C und damit auch Γ von mehrfachen Bestandteilen frei sei, so müssen diese Punkte offenbar in endlicher Anzahl vorhanden sein, denn sie entsprechen denjenigen Werten von t, für welche die Kurve Γ einen mehrfachen Punkt oder eine Tangente parallel zur u-Achse besitzt (oder mit anderen Worten denjenigen Werten von t, welche gleichzeitig den Gleichungen $f(t,u) = 0$ und $f'_u(t,u) = 0$ genügen). Wir zeichnen endlich in der Ebene t die Punkte aus, denen unendlich große Werte der Funktion u entsprechen (die *Pole* der Funktion u); auch diese Punkte sind in endlicher Anzahl vorhanden.

Alle diese Punkte sind von dem Punkt $t = 0$ verschieden, da zu $t = 0$ nach der Voraussetzung m endliche und voneinander verschiedene Werte von u gehören; man kann also in der Ebene t einen Kreis A von hinreichend kleinem Halbmesser ziehen, der alle oben ausgezeichneten singulären Punkte ausschließt. Es seien nun

$$u_0 = 0, \quad u_1, u_2, u_3, \ldots, u_{m-1}$$

die m Werte von u, die zu $t = 0$ gehören. Während ein Punkt der Ebene t sich im Innern des genannten Kreises bewegt, bewegen sich die m entsprechenden Punkte in der Ebene u derart, daß sie gewisse endliche Flächenstücke $A_0, A_1, \ldots, A_{m-1}$ beschreiben, welche die Punkte $u_0, u_1, \ldots, u_{m-1}$ umschließen. Wenn der Radius des Kreises A abnimmt, so werden auch die Flächen $A_0, A_1, \ldots, A_{m-1}$ kleiner, und sie ziehen sich bzw. auf die Punkte $u_0, u_1, \ldots, u_{m-1}$ zusammen, wenn der Radius von A sich der Null nähert; infolgedessen kann man A so klein — wenn auch endlich — annehmen, daß die Flächen $A_0, A_1, \ldots, A_{m-1}$ keine gemeinsamen Flächenteile haben; demnach stehen die Punkte von A in *eineindeutiger* Korrespondenz mit denjenigen von $A_i (i = 0, 1, \ldots, m-1)$.

Faßt man nun diejenige Bestimmung von u ins Auge, die in $t = 0$ den Wert $u_0 = 0$ annimmt, und läßt man die Veränderliche t das Innere des Kreises A durchlaufen, so ist eine Funktion $u(t)$ definiert, die für jeden Punkt dieses Kreises *einen einzigen Wert* besitzt. Diese eindeutige und endliche Funktion erfüllt nun die Bedingungen, durch welche eine (*monogene*) *analytische Funktion* charakterisiert ist.[1])

Setzt man nämlich in der Gleichung $f = 0$ an die Stelle von u die eben definierte Funktion $u(t)$ und beachtet man, daß die Funktion f Ableitungen nach t und nach u besitzt, und daß $\frac{\partial f}{\partial u}$ für die dem Innern des Kreises A entsprechenden Punkte niemals Null wird, so ergibt sich nach den Regeln für die Ableitung der impliziten Funktionen, daß $\frac{du}{dt}$ existiert und gegeben ist durch die Gleichung

$$\frac{du}{dt} = -\frac{\frac{\partial f}{\partial t}}{\frac{\partial f}{\partial u}}.$$

Dieser Ausdruck für $\frac{du}{dt}$ zeigt, daß diese Ableitung eine stetige Funktion ist, die in jedem Punkt innerhalb des Kreises A einen von der Fortschreitungsrichtung, nach der sie berechnet ist, unabhängigen Wert besitzt, daß also $u(t)$ eine (monogene) analytische Funktion ist. Man kann daher die Funktion $u(t)$ nach der Formel von TAYLOR-CAUCHY in eine Potenzreihe von der Form[2])

$$u = a_1 t + a_2 t^2 + a_3 t^3 + \cdots$$

entwickeln, die im Innern des Kreises A konvergiert.

Ordnet man jedem Wert von t im Innern des Kreises A den entsprechenden Wert von u zu, der sich aus dieser Reihe ergibt, so erhält man eine Folge von Punkten (u, t) der Kurve Γ, die in ihrer Gesamtheit den *Zweig* bilden, dessen Ursprung der einfache Punkt P ist.

Es seien nun x, y die Koordinaten eines veränderlichen Punktes der ursprünglich gegebenen Kurve C. Wir erhalten dann folgende Darstellungen:

$$\begin{cases} x = \text{rat. Funktion von } (t, u), \\ y = \text{rat. Funktion von } (t, u), \end{cases} \qquad \begin{cases} t = \text{rat. Funktion von } (x, y), \\ u = \text{rat. Funktion von } (x, y); \end{cases}$$

dabei bedeuten (x, y) und (t, u) die Koordinaten zweier Punkte, die durch die birationale Transformation zwischen den beiden Kurven C und Γ einander

1) Vgl. z. B. APPELL et GOURSAT, a. a. O, S. 168, oder L. BIANCHI, Lezioni sulla teoria delle funzioni di variabile complessa e delle funzioni ellittiche (Pisa 1901), § 2. Oder auch F. W. OSGOOD, Lehrbuch der Funktionentheorie. Bd. I, S. 376 (Leipzig 1907).

2) Vgl. BIANCHI a. a. O. § 43 oder H. BURKHARDT, Einführung in die Theorie der analytischen Funktionen einer komplexen Veränderlichen (Leipzig 1903), S. 116, sowie OSGOOD a. a. O. S. 287.

zugeordnet sind. Ersetzt man u durch die Potenzreihe und führt man die verschiedenen Operationen aus, die in den für x und y angeschriebenen rationalen Funktionen vorkommen, so erhält man schließlich die Entwicklungen:

$$\begin{cases} x = p_0 + p_1 t + p_2 t^2 + \cdots, \\ y = q_0 + q_1 t + q_2 t^2 + \cdots; \end{cases}$$

sie stellen einen *Zweig* von C dar, dessen Ursprung der mehrfache Punkt O ist; er entspricht demjenigen Zweig, der auf der Kurve Γ den einfachen Punkt P als Ursprung hat.

Man erhält also den Satz:

Die Punkte einer algebraischen Kurve, die der Umgebung eines ihrer Punkte O angehören, verteilen sich auf eine endliche Anzahl von Zweigen, deren Ursprung O ist. Die Koordinaten der Punkte eines Zweiges lassen sich durch Reihen von ganzen positiven Potenzen eines Parameters t darstellen, der seinerseits eine rationale Funktion der Koordinaten selbst ist. Man erhält alle Punkte des Zweiges, wenn man t innerhalb des Konvergenzkreises jener Potenzreihen sich bewegen läßt.

Wir definieren nun zwei projektive Merkmale, die für einen Zweig einer ebenen algebraischen Kurve C charakteristisch sind, nämlich die *Ordnung* und die *Klasse.*

Der Ursprung O des Zweiges werde als Ursprung ($x = y = 0$) des Koordinatensystems angenommen, so daß in den Reihenentwicklungen, durch welche sich die Koordinaten der Punkte des Zweiges darstellen lassen, die Absolutglieder fehlen. Es wird also

$$x = a_\alpha t^\alpha + a_{\alpha+1} t^{\alpha+1} + \cdots,$$
$$y = b_\alpha t^\alpha + b_{\alpha+1} t^{\alpha+1} + \cdots,$$

wo mindestens eine der Konstanten a_α und b_α von Null verschieden ist.

Es sei $\lambda x + \mu y = 0$ eine durch den Ursprung O gehende Gerade. Setzt man in die Gleichung dieser Geraden die Potenzreihen ein, welche den Zweig darstellen, so erhält man:

$$\varphi(t) = (\lambda a_\alpha + \mu b_\alpha) t^\alpha + (\lambda a_{\alpha+1} + \mu b_{\alpha+1}) t^{\alpha+1} + \cdots = 0.$$

Wenn $J\ (\geqq \alpha)$ der Exponent der niedrigsten in dieser Gleichung vorkommenden Potenz von t ist, so sagt man, *der Zweig und die Gerade haben im Ursprung die Schnittpunktsmultiplizität J.*

Wenn die Gerade nicht in spezieller Weise durch O geht, d. h. wenn

$$\lambda a_\alpha + \mu b_\alpha \neq 0$$

ist, so ist selbstverständlich $J = \alpha$; dagegen gibt es *eine* bestimmte Gerade mit der Gleichung

$$b_\alpha x - a_\alpha y = 0,$$

für welche J größer als α wird. Diese Gerade heißt *die Tangente an den Zweig im Ursprung.*

Wenn die Multiplizität des Schnitts der Tangente und der Kurve gleich $\alpha + \alpha_1$ ist ($\alpha_1 \geqq 1$), so nennt man α *die Ordnung* und α_1 *die Klasse des Zweiges.*

Diese beiden Zahlen haben eine klare geometrische Bedeutung, die zugleich von ihrem projektiven Charakter Rechenschaft gibt.

Wir suchen jedoch zunächst die geometrische Bedeutung der „Multiplizität des Schnitts" eines Zweigs mit einer beliebigen durch den Ursprung gehenden Geraden. Wir betrachten die Gerade

$$\lambda x + \mu y + \varepsilon = 0,$$

die bei hinreichend kleinem Wert von ε der Geraden

$$\lambda x + \mu y = 0$$

beliebig nahe verläuft.

Setzt man in die Gleichung der neuen Geraden die Reihenentwicklungen für x und y ein, so erhält man

$$\varphi(t, \varepsilon) = \varepsilon + \varphi(t) = 0.$$

Da nun die Gleichung $\varphi(t, \varepsilon) = 0$ für $\varepsilon = 0$ J Wurzeln hat, die gleich Null sind (oder genauer, da $\varphi(t, 0)$ in bezug auf t unendlich klein von der Ordnung J ist), so muß die Gleichung $\varphi(t, \varepsilon) = 0$, bei hinreichend kleinem Wert von ε, J voneinander verschiedene Wurzeln in der Nähe von Null besitzen.[1]) Geometrisch ausgedrückt heißt das: *Die Gerade* $\lambda x + \mu y + \varepsilon = 0$ *schneidet den Zweig in* J *voneinander verschiedenen Punkten,* die dem Ursprung unendlich nahe liegen, d. h. so nahe, daß bei unbegrenzt abnehmendem ε alle diese Punkte sich dem Ursprung stetig nähern.

Unter der Ordnung verstehen wir also die Anzahl der voneinander verschiedenen Punkte, in denen der Zweig von einer Geraden geschnitten wird, deren Abstand vom Ursprung unterhalb einer sehr kleinen Grenze bleibt und deren Richtung von der Richtung der Tangente verschieden ist; bestimmt man dagegen die Anzahl der voneinander verschiedenen Schnittpunkte des Zweiges mit einer Geraden, deren Winkel mit der Tangente unterhalb einer gewissen sehr kleinen Grenze bleibt und deren Abstand vom Ursprung ebenfalls kleiner ist als eine beliebig klein gegebene Größe, und berechnet man den Überschuß dieser Zahl über die Ordnung, so erhält man die Klasse des Zweigs.

---

1) Vgl. Bianchi, a. a. O. § 73.

Es läßt sich beweisen, *daß die Klasse auch als die der Ordnung dual entsprechende Zahl definiert werden kann.* Betrachtet man den Zweig nicht als Gesamtheit seiner Punkte, sondern als Umhüllungsgebilde der Tangenten an die Kurve in den Punkten des Zweiges, so ergibt sich also die Klasse als gleichbedeutend mit der Anzahl der voneinander verschiedenen Tangenten, die von einem sehr nahe bei der Ursprungstangente (aber nicht beim Ursprung) des Zweiges gelegenen Punkt aus an den Zweig gezogen werden können.[1])

20. Anwendung der im vorhergehenden aufgestellten Begriffe auf die Klassifikation der Doppelpunkte einer ebenen Kurve. Wir geben nun ein Beispiel für die allgemeinen Sätze, die wir im vorhergehenden über den Begriff der unendlich benachbarten vielfachen Punkte und über den Begriff des Zweiges abgeleitet haben, und betrachten im besonderen die Doppelpunkte einer algebraischen Kurve.

Ein Doppelpunkt O einer algebraischen Kurve C kann zwei verschiedene oder zusammenfallende Tangenten besitzen. Im ersteren Fall wird der Punkt O durch eine allgemeine quadratische Transformation, für die O ein Fundamentalpunkt ist, in *zwei einfache Punkte* der transformierten Kurve aufgelöst, und man nennt O einen *gewöhnlichen Doppelpunkt* oder einen *Knotenpunkt.* Ein Knotenpunkt besitzt daher zwei unendlich benachbarte einfache Punkte in der Umgebung erster Ordnung.

Im zweiten Fall kann durch eine allgemeine quadratische Transformation mit dem Fundamentalpunkt O diesem Punkt ein einfacher Punkt oder ein Doppelpunkt zugeordnet werden. Wenn O auf einen einfachen Punkt der transformierten Kurve führt, so daß also im ganzen in der Umgebung erster Ordnung von O nur ein einziger einfacher Punkt vorhanden ist, so nennt man den in Rede stehenden Doppelpunkt *eine Spitze erster Art* (auch *gewöhnliche Spitze*) oder einen *Rückkehrpunkt.* Wenn dagegen die transformierte Kurve einen dem Punkt O entsprechenden Doppelpunkt O_1' besitzt, und wenn dieser Punkt O_1' ein Knotenpunkt ist, so nennt man den Doppelpunkt O einen *Selbstberührungspunkt* oder einen *Knotenpunkt zweiter Art.* Ein Selbstberührungspunkt ist also zusammengesetzt aus einem Doppelpunkt, in dessen Umgebung erster Ordnung ein anderer Doppelpunkt liegt, während sich in der Umgebung zweiter Ordnung zwei einfache Punkte befinden.

1) Siehe z. B. den Anhang über die algebraischen Kurven und ihre Singularitäten in dem Werke von Bertini, Introduzione alla geometria proiettiva degli iperspazi (Pisa 1907), S. 365. Die obige Bemerkung stammt von A. Cayley, Journ. f. Math. 64, 369 (1865); bewiesen wurde der Satz von G. Halphen, Paris Sav. étr. (2) 26 (1877) und O. Stolz, Math. Ann. 8, 441 (1875).

Ist dagegen O_1' eine Spitze erster Art, so nennt man den Punkt O eine *Spitze zweiter Art* oder eine *Schnabelspitze.* In der Umgebung erster Ordnung einer Schnabelspitze liegt also eine Spitze erster Art, und daher befindet sich in ihrer Umgebung zweiter Ordnung ein einfacher Punkt.

Die Fig. 2—5 zeigen die Gestalt einer algebraischen Kurve in der Nähe eines Knotenpunktes, einer gewöhnlichen Spitze, eines Selbstberührungspunktes und einer Schnabelspitze unter der Voraussetzung, daß jeder dieser Punkte der Ursprung von reellen Zweigen ist.

Fig. 2.

Fig 4.

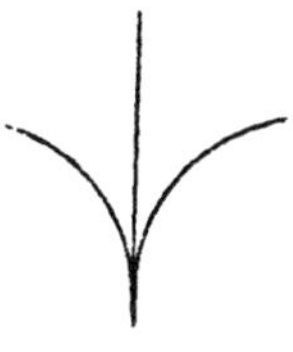

Fig. 3.

Fig. 5.

Im allgemeinen versteht man unter einem *Knotenpunkt* k^{ter} *Art* einen Doppelpunkt, dem in seiner Umgebung erster Ordnung ein Doppelpunkt, in seiner Umgebung zweiter Ordnung ein weiterer Doppelpunkt, ..., in seiner Umgebung von der Ordnung $k-1$ ebenfalls ein Doppelpunkt und in der Umgebung k^{ter} Ordnung *zwei einfache Punkte* unendlich benachbart sind.

Unter einer *Spitze* k^{ter} *Art* versteht man einen Doppelpunkt, der als unendlich benachbarte Punkte die folgenden besitzt: in der Umgebung erster Ordnung einen Doppelpunkt, in der Umgebung zweiter Ordnung einen weiteren Doppelpunkt, ..., in der Umgebung von der Ordnung $k-1$ eine gewöhnliche Spitze und daher in der Umgebung von der Ordnung k *einen einfachen Punkt.*

Wenden wir uns nun zu den *Zyklen,* so zeigt sich, daß ein Knotenpunkt (beliebiger Art) der Ursprung von zwei Zweigen ist, während eine Spitze (beliebiger Art) als Ursprung eines einzigen Zweiges anzusehen ist; um also die Gesamtheit der Punkte, die der Umgebung eines Knotenpunktes angehören, vollständig darzustellen, sind zwei verschiedene Paare von Potenzreihen nötig, während im Fall einer Spitze ein einziges Paar von Reihenentwicklungen genügt.

Was die Werte für die Ordnung und die Klasse der Zweige anbelangt[1]), aus denen sich die verschiedenen Arten der Doppelpunkte zusammensetzen, so kann man sofort erkennen, daß *ein Knotenpunkt beliebiger Art der Ursprung von zwei Zweigen erster Ordnung ist,* da ja eine Gerade, die

1) Vgl. z. B. Plücker, Theorie der algebraischen Curven (Bonn 1839), S. 200; Stolz, Math. Ann 8, 433 (1875); St. Smith, London Proc. Math. Soc. 6, 153 (1873 bis 1876).

dem Doppelpunkt hinreichend nahe kommt, jeden der beiden Zweige treffen muß, und da sie im ganzen die Kurve in *zwei* dem Doppelpunkt sehr nahe liegenden Punkten schneiden muß. Die Klasse jedes der beiden Zweige kann beliebig sein, aber auch sie hat im allgemeinen den Wert 1.

Bei einer *Spitze beliebiger Art* kann man sagen, daß sie *der Ursprung eines Zweiges zweiter Ordnung ist*; denn die beiden der Spitze unendlich nahe liegenden Schnittpunkte, in welchen eine Gerade, die der Spitze selbst genügend nahe kommt, die Kurve trifft, müssen auf einem und demselben Zweig liegen. — Die Klasse ist gleich 1, wenn es sich um einen *gewöhnlichen Rückkehrpunkt* handelt.

Drittes Kapitel.

Die linearen Scharen auf einer algebraischen Kurve.

§ 1. Definitionen und grundlegende Eigenschaften.

21. Einfach unendliche lineare Scharen. In einer Ebene sei die irreduzible algebraische Kurve

(1) $$f(x, y) = 0$$

und ein Büschel von algebraischen Kurven mit der Gleichung

(2) $$\varphi(x, y) - \lambda \psi(x, y) = 0$$

gegeben.

Wenn eine im Büschel veränderliche Kurve C die Kurve f in veränderlichen Punkten schneidet, d. h. wenn die Schnittpunkte von f und C nicht alle mit den Basispunkten des Büschels zusammenfallen, so sagt man, daß die Gruppe der Schnittpunkte dieser beiden Kurven auf f *eine einfach unendliche lineare Schar beschreibe oder auch eine Schar von der Dimension* 1. Es ist in der Tat gerechtfertigt, die Gesamtheit der genannten Gruppen als eine Mannigfaltigkeit von der ersten Dimension anzusehen, da diese Gruppen in einer stetigen eineindeutigen Korrespondenz stehen mit den Kurven des Büschels, d. h. mit den Werten des Parameters λ.

Wenn sich unter den Schnittpunkten der veränderlichen Kurve C mit der Kurve f einige feste Punkte befinden, so steht es uns frei, diese Punkte zu den Gruppen der linearen Schar zu zählen oder sie davon auszuschließen, denn sie haben auf die Untersuchung, die wir im folgenden anstellen werden, keinen Einfluß, wenn wir von einigen ganz speziellen Eigenschaften absehen. In diesen Fällen werden wir jedes Mal genau angeben, ob es sich um eine lineare Schar mit festen Punkten handelt oder um eine solche, deren Punkte alle veränderlich sind.

Die Anzahl der Punkte einer Gruppe nennt man die *Ordnung* der linearen Schar. Wenn n die Ordnung ist, so bezeichnet man die Schar nach dem Vorgang von Brill und Noether durch das Symbol g_n^1, indem man die Ordnung n als unteren und die Dimension 1 als oberen Index hinzufügt.

Eine lineare Schar g_n^1 besitzt die folgenden Eigenschaften:

a) *Ihre Gruppen bilden eine rationale Mannigfaltigkeit,* weil sie birational auf die Werte eines Parameters bezogen sind (nämlich des Parameters, der die einzelnen Kurven innerhalb des Büschels definiert, das die Schar ausschneidet).

b) *Durch einen allgemeinen Punkt der Kurve f geht eine einzige Gruppe der Schar.*

Ist nämlich der Punkt (x_0, y_0) auf f gegeben, so muß eine Gruppe der g_n^1, die durch diesen Punkt hindurchgehen soll, von derjenigen Kurve C ausgeschnitten werden, die der Lösung λ der Gleichung

$$\varphi(x_0, y_0) - \lambda\psi(x_0, y_0) = 0$$

entspricht; die Kurve C ist daher vollkommen bestimmt, wenn nicht gleichzeitig

$$\varphi(x_0, y_0) = \psi(x_0, y_0) = 0$$

ist, wenn also (x_0, y_0) nicht mit einem Basispunkte des Büschels, oder mit einem festen Punkte der Schar g_n^1 zusammenfällt.

Von Wichtigkeit ist die Bemerkung, daß die beiden Eigenschaften a) und b) für eine g_n^1 charakteristisch sind; d. h. *auf einer algebraischen Kurve ist eine einfach unendliche Schar von Gruppen zu je n Punkten, die den Bedingungen a) und b) genügt, notwendigerweise eine lineare Schar.*

Die Bedingung a) bewirkt nämlich, daß man die einzelnen Gruppen der gegebenen Schar mit Hilfe der Werte eines Parameters λ derart bestimmen kann, daß zwischen den Gruppen der Schar und den Werten von λ eine birationale Korrespondenz besteht. Die Bedingung b) sagt aus, daß einem allgemein gewählten Punkt der Kurve f eine einzige Gruppe der Schar und damit ein einziger Wert von λ entspricht; es erweist sich also λ als einwertige algebraische, d. h. aber als rationale Funktion des auf der Kurve f veränderlichen Punktes (s. Einleitung III, S. 3). Wir erhalten demnach

$$\lambda = \frac{\varphi(x, y)}{\psi(x, y)},$$

und die rationale Funktion $\frac{\varphi}{\psi}$ wird in allen Punkten einer Gruppe der gegebenen Schar denselben Wert λ annehmen. Daraus folgt, daß, außer den etwa vorhandenen festen Punkten, die betrachtete Gruppe auf f von der Kurve

$$\varphi(x, y) - \lambda\psi(x, y) = 0$$

ausgeschnitten wird. Wenn λ seinen Wert ändert, so erhält man alle Gruppen der Schar, und diese erweist sich demnach als linear.

Für die etwa vorhandenen festen Punkte der linearen Schar wird der Wert der rationalen Funktion φ/ψ unbestimmt, da für sie sowohl der Zähler als auch der Nenner dieser Funktion verschwindet. Sieht man also von diesen festen Punkten ab, so erkennt man, daß die Punkte einer Gruppe der g_n^1 diejenigen sind, in denen eine gegebene rationale Funktion, nämlich φ/ψ, denselben Wert annimmt. *Die Gruppen einer einfach unendlichen linearen Schar sind,* wie man auch kurz sagt, *Gruppen konstanten Niveaus für eine rationale Funktion eines Punktes, der auf der Kurve f, der Trägerin jener Schar, veränderlich ist.*

Daraus folgt, daß *der Begriff der linearen Schar von Punktgruppen invariant ist in bezug auf die birationalen Transformationen der Kurve*; d. h. wenn man von der Kurve $f(x, y) = 0$ zu der Kurve $F(X, Y) = 0$ übergeht mittels einer Transformation, in der die Koordinaten eines veränderlichen Punktes auf f rationale Funktionen der Koordinaten des entsprechenden Punktes auf F sind und umgekehrt, so verwandelt sich eine *lineare* Schar g_n^1 von Punktgruppen, die der Kurve f angehört, in eine *lineare* Schar g_n^1 *von derselben Ordnung,* die der Kurve F angehört.

Ist nämlich die Schar g_n^1 auf f durch die Gruppen konstanten Niveaus der rationalen Funktion $R(x, y)$ gegeben, und ersetzt man in dieser letzteren die Veränderlichen x, y durch die rationalen Funktionen von X, Y, durch welche die birationale Transformation definiert ist, so geht $R(x, y)$ in eine rationale Funktion $S(X, Y)$ über. Wenn (x, y) und (X, Y) die Koordinaten zweier entsprechender Punkte der Kurven f und F sind, so hat man

$$R(x, y) = S(X, Y),$$

und folglich entsprechen den Punkten eines gegebenen Niveaus einer dieser Funktionen eineindeutig die Punkte gleichen Niveaus der anderen Funktion. Die lineare Schar, die zu der einen Funktion gehört, geht also in diejenige lineare Schar über, die zu der anderen gehört, so daß die Punkte entsprechender Gruppen einander eineindeutig zugeordnet sind. Daraus folgt aber, daß die beiden Scharen dieselbe Ordnung haben.

Die Invarianz der linearen Scharen in bezug auf die birationalen Transformationen ergibt sich auch daraus, daß beim Übergang von f zu F eine Schar von Gruppen zu je n Punkten, die den Bedingungen a) und b) genügt, sich in eine Schar von Gruppen zu je n Punkten verwandelt, die denselben Bedingungen genügt.

22. Lineare Scharen von beliebiger Dimension. Wir verallgemeinern nun unsere Untersuchung und betrachten die Gesamtheit der Punktgruppen, die auf der Kurve (1) von den Kurven des linearen Systems Σ

$$\lambda_0 \varphi_0(x, y) + \lambda_1 \varphi_1(x, y) + \cdots + \lambda_R \varphi_R(x, y) = 0$$

erzeugt werden. Wir setzen natürlich voraus, daß nicht alle Kurven von Σ die Kurve f als Bestandteil enthalten, und daß unter den Schnittpunkten von f mit einer veränderlichen Kurve C des Systems Σ mehrere veränderlich sind. Die etwa vorhandenen festen Schnittpunkte kann man nach Belieben als Bestandteile der zu untersuchenden Gruppen betrachten oder auch nicht. Die Gesamtheit dieser Punktgruppen bezeichnet man als eine *lineare Schar von der Ordnung* n, wenn n die Anzahl der Punkte irgend einer nicht speziell gewählten Gruppe (oder wie wir sagen werden „einer allgemeinen Gruppe“) ist.

Ist r die *Dimension* der Schar, d. h. kann die Bestimmung der ihr angehörenden Punktgruppen von den Werten von r unabhängigen Parametern abhängig gemacht werden, so bezeichnen wir die Schar durch das Symbol g_n^r.

Es ist einleuchtend, daß r nicht größer sein kann als die Dimension R des Systems Σ, mit dessen Hilfe die Schar erzeugt wird; aber man darf auch nicht ohne weiteres behaupten, daß r genau gleich R sein müsse.

Die Gleichung $r = R$ gilt dann, wenn jede Gruppe der Schar von *einer und nur einer* Kurve des Systems Σ ausgeschnitten wird, weil dann zwischen den Gruppen der Schar g_n^r und den Kurven des Systems Σ eine eineindeutige stetige Korrespondenz besteht.

Es fragt sich nun, was eintritt, wenn eine Gruppe der g_n^r auf f von zwei oder mehr Kurven des linearen Systems erzeugt wird. Wenn z. B. die Gruppe G_n auf f (außer den festen Punkten, von denen wir absehen wollen) von den beiden verschiedenen Kurven

$$\varphi = 0 \quad \text{und} \quad \varphi' = 0$$

des Systems Σ ausgeschnitten wird, so gehört G_n zu der Gruppe der Basispunkte des Büschels

$$\varphi + \lambda\varphi' = 0,$$

und folglich wird die Kurve f von allen Kurven dieses Büschels (die ja dem System Σ angehören) nach derselben Gruppe G_n geschnitten. Man bemerke, daß sich unter diesen Kurven *eine* befindet, welche die Kurve f als Bestandteil enthält. Eine allgemeine Kurve des Büschels schneidet nämlich die Kurve f in den Basispunkten von Σ, die wir von den Gruppen der g_n^r ausgeschlossen haben, und außerdem noch in den Punkten von G_n. Da nun diese Punkte das gesamte Schnittsystem der Kurve f mit der veränderlichen Kurve $\varphi + \lambda\varphi' = 0$ erschöpfen, so wird eine Kurve des Büschels, die durch einen anderen Punkt von f geht, mit f mehr Schnittpunkte gemeinsam haben, als nach dem Theorem von

BÉZOUT möglich ist; sie muß also die irreduzible Kurve f als Bestandteil enthalten.

Umgekehrt, wenn sich im System Σ eine Kurve $\varphi = 0$ befindet, welche f als Bestandteil enthält, so kann eine Gruppe G_n der Schar durch unendlich viele Kurven von Σ ausgeschnitten werden.

Ist nämlich $\varphi' = 0$ eine Kurve von Σ, die auf f die Gruppe G_n ausschneidet, so schneidet jede Kurve des Büschels $\varphi + \lambda\varphi' = 0$ auf f dieselbe Gruppe aus, und diese wird von den Basispunkten dieses Büschels gebildet. Man bemerke, daß sich in dem betrachteten Büschel keine anderen von φ verschiedenen Kurven befinden, die f als Bestandteil enthalten; denn wenn es eine andere gäbe, so wäre f für alle Kurven des Büschels als Bestandteil zu zählen, und φ' könnte daher nicht die Gruppe G_n *ausschneiden*. Wir erhalten somit den Satz:

Die Dimension der Schar g_n^r ist nur dann kleiner als die Dimension des linearen Systems Σ, mit dessen Hilfe sie erzeugt wird, wenn sich unter den Kurven von Σ solche befinden, die f als Teil enthalten.

Wir bezeichnen nun mit h die Dimension des *linearen* Systems H, das aus allen denjenigen Kurven C von Σ gebildet wird, die f als Bestandteil enthalten (vgl. S. 13). Durch eine Gruppe G_n der Schar g_n^r gehen dann mindestens ∞^{h+1} Kurven von Σ; sie bilden ein lineares System, und dieses *verbindet* H mit einer Kurve von Σ, die G_n ausschneidet. Durch G_n können aber auch nicht mehr als ∞^{h+1} Kurven C hindurchgehen; denn eine allgemeine Kurve des linearen Systems, das aus *allen* durch G_n gehenden Kurven C besteht, hat mit f keine *veränderlichen* Schnittpunkte; daher müssen alle Kurven dieses Systems, die der einfachen Bedingung unterworfen werden, durch einen allgemeinen Punkt auf f zu gehen, diese Kurve f als Bestandteil enthalten, d. h. sie müssen das System H bilden.

Nach dieser Feststellung wählen wir innerhalb des Systems Σ $R + 1$ linear unabhängige Kurven, von denen $h + 1$ unter sich linear unabhängige dem System H angehören. Die übrigen $R - h$ Kurven bestimmen ein lineares System K von der Dimension $R - h - 1$; dieses kann mit H keine gemeinsamen Kurven haben, denn sonst müßten vermöge der Beziehung, welche die Dimensionen zweier Systeme mit den Dimensionen ihres Schnitt- und ihres Verbindungssystems verknüpft (s. S. 9), die beiden Systeme H und K in einem linearen System enthalten sein, dessen Dimension kleiner als R wäre; dann aber wären die gewählten $R + 1$ Kurven nicht linear unabhängig voneinander.

Die Kurven des Systems K, unter denen sich keine befindet, die f als Teil enthält, schneiden auf f Gruppen der gegebenen g_n^r aus; überdies ist leicht einzusehen, daß jede Gruppe G_n von g_n^r durch eine Kurve von

K ausgeschnitten werden kann. Die durch G_n gehenden Kurven von Σ bilden nämlich ein lineares ∞^{h+1}-System, und dieses hat mit K *eine* Kurve gemeinsam, die G_n ausschneidet.

Die lineare Schar, die auf f außer den festen Punkten durch die Kurven des Systems K ausgeschnitten wird, fällt also mit g_n^r zusammen; da nun durch eine Gruppe der ausgeschnittenen Schar eine und nur eine Kurve von K hindurchgeht, so schließen wir, daß

$$r = R - h - 1$$

ist. Wir können also den folgenden Satz aussprechen:

Zwischen der Dimension r einer linearen Schar, die auf einer Kurve f durch ein lineares ∞^R-System Σ ausgeschnitten wird, und der Dimension h des linearen Systems aller derjenigen Kurven von Σ, die f als Teil enthalten, besteht die Beziehung

$$r = R - h - 1.$$

Man kann die lineare Schar g_n^r auf f immer durch ein lineares System von ∞^r Kurven erzeugt denken, das in dem gegebenen System Σ enthalten ist.

Aus diesem Satz ergeben sich verschiedene Zusätze.

a) *Die durch einen allgemeinen Punkt P auf f gehenden Gruppen der g_n^r bilden eine lineare Schar von der Dimension $r - 1$, für welche jener Punkt P ein fester Punkt ist.*

In der Tat, diejenigen Kurven von K, die durch einen von den Basispunkten des Systems K verschiedenen Punkt P auf f gehen, bilden ein lineares ∞^{r-1}-System, dessen Kurven f nicht als Teil enthalten. Dieses System erzeugt also auf f eine Schar von der Dimension $r - 1$.

Sollte der Punkt P mit irgendeinem der festen Punkte der Schar g_n^r zusammenfallen, so würden die durch P gehenden Gruppen der g_n^r eben diese lineare Schar ergeben. Es ist daher unter allen Umständen richtig, daß die Gruppen einer linearen Schar, die durch einen *beliebigen* Punkt der Kurve f gehen, wiederum eine lineare Schar bilden.

Die wiederholte Anwendung dieses Satzes führt zu dem folgenden:

Die Gruppen einer linearen Schar g_n^r, die durch s beliebige Punkte der Kurve f gehen ($s \leq n$), bilden wieder eine lineare Schar. Die Dimension dieser Schar ist jedoch *nur dann* gleich $r - s$, wenn die s Punkte allgemein gewählt sind.

Für $s = r$ erhalten wir also:

b) *Durch r allgemein gewählte Punkte der Kurve f geht eine und nur eine Gruppe einer g_n^r.*

Eine mehrfach unendliche Schar läßt sich auch auffassen als die Gesamtheit der Gruppen konstanten Niveaus für eine rationale Funktion des auf der Kurve f veränderlichen Punktes; es muß jedoch, falls es sich um eine Schar von der Dimension r handelt, eine rationale Funktion betrachtet werden, in der $r-1$ wesentliche Parameter linear vorkommen. Sind nämlich die Gruppen der g_n^r durch die Kurven des ∞^r-Systems

$$\varphi_0(x, y) + \lambda_1 \varphi_1(x, y) + \cdots + \lambda_r \varphi_r(x, y) = 0$$

gegeben, so kann man diese Gruppen auffassen als Gruppen konstanten Niveaus für die rationale Funktion

$$\frac{\varphi_0}{\varphi_r} + \lambda_1 \frac{\varphi_1}{\varphi_r} + \cdots + \lambda_{r-1} \frac{\varphi_{r-1}}{\varphi_r},$$

welche von den Parametern $\lambda_1, \lambda_2, \ldots, \lambda_{r-1}$ abhängt; diese letzteren können sich nicht auf eine geringere Anzahl von wesentlich verschiedenen Parametern reduzieren, weil sonst die Dimension der Schar kleiner als r sein müßte.

§ 2. Äquivalenzbeziehungen. Lineare Vollscharen.

23. Äquivalenz zweier Punktgruppen auf einer Kurve. Begriff der Vollschar. Zwei auf einer algebraischen Kurve f liegende Gruppen A und B, die beide gleich viele Punkte, etwa n, enthalten, nennt man *äquivalent*, wenn sie einer und derselben linearen Schar g_n^r angehören. Die Äquivalenz zweier Gruppen drückt man symbolisch dadurch aus, daß man schreibt

$$A \equiv B.$$

Von zwei äquivalenten Gruppen läßt sich die eine stets als die Gesamtheit der Nullstellen, die andere als die Gesamtheit der Pole einer rationalen Funktion des auf f beweglichen Punktes (x, y) auffassen.

Wenn nämlich die Schar g_n^r, der die Gruppen A und B angehören, auf f außer den etwa vorhandenen Fixpunkten durch die Kurven eines linearen ∞^r-Systems Σ ausgeschnitten wird, und wenn $\varphi = 0$ und $\varphi' = 0$ diejenigen beiden Kurven dieses Systems sind, die die beiden genannten Gruppen ergeben, so wird die rationale Funktion φ/φ' nur Null in den Punkten von $A(\varphi = 0)$ und nur unendlich in den Punkten von $B(\varphi' = 0)$. Wenn A und B gemeinsame Punkte besitzen, so wird in diesen die rationale Funktion natürlich unbestimmt, so daß wir, wenn wir wollen, sie gleichzeitig zu der Gruppe der Pole und zu derjenigen der Nullpunkte rechnen können.

Wir beweisen nun den wichtigen Satz:

Sind zwei Gruppen einer dritten äquivalent, so sind sie einander selbst äquivalent. Oder, symbolisch geschrieben, *wenn $A \equiv B$ und $B \equiv C$ ist, so ist auch $A \equiv C$.*

Dieser Satz ist offenbar in dem folgenden enthalten:

Wenn zwei lineare Scharen g_n^r und g_n^s eine Gruppe gemeinsam haben, so gibt es eine lineare Schar, die sie beide enthält.

Die erste Schar werde auf f, außer der Gruppe K, durch das System

(1) $$\lambda_0\varphi_0 + \lambda_1\varphi_1 + \cdots + \lambda_r\varphi_r = 0$$

und die zweite, außer der Gruppe L, durch das System

(2) $$\mu_0\psi_0 + \mu_1\psi_1 + \cdots + \mu_s\psi_s = 0$$

ausgeschnitten. Die den beiden Scharen gemeinsame Gruppe A werde durch $\varphi_0 = 0$ ausgeschnitten, wenn man sie als eine Gruppe der Schar g_n^r betrachtet, und durch $\psi_0 = 0$, wenn man sie als eine Gruppe der Schar g_n^s ansieht.

Wir betrachten nun das lineare System

(3) $$\varepsilon\varphi_0\psi_0 + \lambda_1\psi_0\varphi_1 + \cdots + \lambda_r\psi_0\varphi_r + \mu_1\varphi_0\psi_1 + \cdots + \mu_s\varphi_0\psi_s = 0.$$

Jede allgemeine Kurve dieses Systems schneidet f nach der Gruppe K, da für die Punkte dieser Gruppe die Funktionen $\varphi_0, \varphi_1, \ldots, \varphi_r$ verschwinden; ferner schneidet sie f nach der Gruppe L, da für die Punkte dieser Gruppe die Funktionen $\psi_0, \psi_1, \ldots, \psi_s$ verschwinden. Außerdem schneidet sie die Kurve f auch in den Punkten der Gruppe A; denn da für diese Punkte $\varphi_0 = 0$ und $\psi_0 = 0$ ist, so verschwinden alle Glieder der Summe auf der linken Seite von (3).

Es ist zu beachten, daß die Punkte der Gruppe A unter den Schnittpunkten der Kurve f mit der speziellen Kurve $\varphi_0\psi_0 = 0$ zweimal gezählt werden müssen, während sie unter den Schnittpunkten von f mit einer allgemeinen Kurve des Systems (3) nur einmal zu zählen sind.

Dies vorausgeschickt, sehen wir nun bei der Betrachtung der durch das System (3) auf f ausgeschnittenen linearen Schar von den festen Punkten der Gruppen K, L und A ab; außer diesen Gruppen schneidet das System (3) auf f eine g_n aus, die sowohl g_n^r als auch g_n^s enthält. Die Kurven des Systems (3), die den Werten $\mu_1 = 0$, $\mu_2 = 0, \ldots, \mu_s = 0$ entsprechen und also die Gleichung

$$\psi_0(\varepsilon\varphi_0 + \lambda_1\varphi_1 + \cdots + \lambda_r\varphi_r) = 0$$

haben, schneiden in der Tat die Kurve f in den Punkten der Gruppen K, L, A und treffen sie überdies in den Gruppen der g_n^r. Ebenso erhält man die Gruppen der g_n^s, wenn man die Werte der Parameter $\lambda_1, \lambda_2, \ldots, \lambda_r$ gleich Null setzt.

Bemerkung. Die vorstehende Schlußweise kann auch in folgende Form gebracht werden. Die Schar g_n^r werde gebildet von den Gruppen konstanten Niveaus der rationalen Funktion

$$\Phi = \lambda_1 \frac{\varphi_1}{\varphi_0} + \lambda_2 \frac{\varphi_2}{\varphi_0} + \cdots + \lambda_r \frac{\varphi_r}{\varphi_0},$$

und die Schar g_n^s von den Gruppen konstanten Niveaus der rationalen Funktion

$$\Psi = \mu_1 \frac{\psi_1}{\psi_0} + \mu_2 \frac{\psi_2}{\psi_0} + \cdots + \mu_s \frac{\psi_s}{\psi_0};$$

beide Funktionen haben dieselbe Gruppe A von Unendlichkeitspunkten. Die Gruppen gleichen Niveaus der rationalen Funktion $\Phi + \Psi$, welche dieselben Pole hat wie Φ und Ψ, und welche von den Parametern λ und μ abhängt, umfassen die Gruppen gleichen Niveaus der Funktionen Φ und Ψ einzeln genommen; daraus folgt, daß die beiden linearen Scharen, die eine Gruppe gemeinsam haben, in einer und derselben linearen Schar von größerer Dimension aber von derselben Ordnung enthalten sind.

Aus dem eben bewiesenen Satz ergibt sich nun eine äußerst wichtige Folgerung.

Eine lineare Schar g_n^r heißt eine *Vollschar*, wenn es keine lineare Schar von derselben Ordnung, aber von größerer Dimension gibt, die sie (d. h. alle Gruppen der g_n^r) enthält; im entgegengesetzten Falle heißt sie eine *Teilschar*.

Zunächst ist es klar, daß man, wenn man die Dimension einer linearen Schar fortwährend vergrößert, schließlich zu einer Vollschar gelangen muß; denn *die Dimension r der Schar*, die ja gleich der Anzahl der willkürlich wählbaren Punkte einer Gruppe ist, *kann die Ordnung n sicherlich nicht überschreiten.*

Aber was nicht von vornherein einleuchtet, ist die Tatsache, daß eine gegebene Schar in einer und nur einer linearen Vollschar enthalten ist. Der oben bewiesene Satz setzt uns nun in den Stand, zu behaupten:

Die lineare Vollschar, in welcher eine gegebene Schar g_n^r enthalten ist, ist eindeutig bestimmt.

Wäre nämlich die Schar g_n^r in zwei verschiedenen Vollscharen g_n^R und g_n^S enthalten, so würden diese beiden Scharen, da sie sämtliche Gruppen von g_n^r gemeinsam haben, einer und derselben Schar von größerer Dimension angehören; sie wären also keine Vollscharen, was der Voraussetzung widerspricht.

Insbesondere wird durch eine Punktgruppe A auf f eine lineare Vollschar definiert; man bezeichnet sie häufig durch das Symbol $|A|$. Sollte es keine unendliche lineare Schar geben, der die Gruppe A angehört, so sagt man, A bestimme eine *lineare Vollschar von der Dimension Null* und bezeichnet diese ebenfalls durch das Symbol $|A|$.

Die durch die Gruppe A bestimmte lineare Vollschar $|A|$ *läßt sich auch als die Gesamtheit aller Gruppen definieren, die zu A äquivalent sind;* denn wenn es eine nicht zu $|A|$ gehörige Gruppe $B \equiv A$ gäbe, so würde eine von $|A|$ verschiedene Vollschar existieren, welche die beiden Gruppen A und B enthielte.

Bei der birationalen Transformation einer algebraischen Kurve gehen äquivalente Gruppen in äquivalente Gruppen über; folglich verwandelt sich die Gesamtheit der zu einer gegebenen Gruppe äquivalenten Gruppen in die Gesamtheit der zu der transformierten Gruppe äquivalenten Gruppen, d. h. aber: *Bei der birationalen Transformation entspricht einer linearen Vollschar wiederum eine lineare Vollschar.*

Der Satz von der Eindeutigkeit der linearen Vollschar, die eine gegebene Schar enthält, wurde auf algebraischem Wege bewiesen in der klassischen Abhandlung von Brill und Noether, Über die algebraischen Functionen und ihre Anwendung in der Geometrie, Math. Ann. **7**, 269—310 (1874); den Ausgangspunkt bildete dabei ein Satz, den wir erst später aufstellen werden. Wir haben hier den Beweis des Satzes sehr früh bringen können, indem wir einen Weg beschritten haben, den F. Enriques[1]) angegeben hat. Es handelt sich dabei im wesentlichen um einen Gedankengang, der, wenn auch in anderer Form, schon in der Riemannschen Theorie der algebraischen Funktionen vorkommt.

24. Rechenoperationen mit linearen Scharen. Es sei g_n^r eine Vollschar von Punktgruppen auf der Kurve f, und es sei B eine Gruppe von m Punkten, die irgend einer Gruppe der Schar angehört (oder auch allen Gruppen, wenn die Punkte der Gruppe B feste Punkte der Schar sind).

Die Gruppen der g_n^r, welche die Gruppe B enthalten, bilden nach Nr. 22 (S. 66) eine lineare Schar; sieht man von den Punkten dieser Gruppe ab, so erhält man eine g_{n-m}^{r-s}, wobei s die Anzahl der Bedingungen bedeutet, die den Gruppen der gegebenen Schar durch die Punkte von B auferlegt werden $(0 \leqq s \leqq m)$. Wir behaupten nun, daß die g_{n-m}^{r-s} ebenfalls eine Vollschar ist. Um dies einzusehen, nehmen wir an, die g_{n-m}^{r-s} sei in einer Schar von derselben Ordnung aber von größerer Dimension enthalten; würde man nun die Punkte von B zu den Gruppen dieser Schar hinzufügen, so hätte man eine Schar von der Ordnung n, die mit g_n^r unendlich viele Gruppen gemeinsam hätte, aber nicht in ihr enthalten wäre; dies würde aber der Voraussetzung, daß g_n^r eine Vollschar ist, widersprechen. Wir folgern daraus den Satz:

---

1) Intorno ai fondamenti della geometria sopra le superficie algebriche, Torino Atti **37**, 9 (1901).

Diejenige Schar, welche von den durch gegebene Punkte gehenden Gruppen einer Vollschar gebildet wird, erweist sich wiederum als Vollschar, wenn man die gegebenen Punkte außer Betracht läßt.

Die Vollschar g_{n-m}^{r-s} nennt man die *Residualschar der Gruppe B in bezug auf g_n^r*. Man sagt auch, daß die g_{n-m} *teilweise in der g_n enthalten* sei; dieser Ausdruck soll die Tatsache andeuten, daß die Gruppen der ersten Schar Teile der Gruppen der zweiten Schar bilden. Man sagt dagegen, daß eine g_n *vollständig in einer linearen Schar enthalten* sei, wenn die erstere in der letzteren enthalten ist, aber beide von derselben Ordnung sind.

Sind zwei lineare Scharen $|A|$ und $|B|$ von den Ordnungen n und m gegeben, so erkennt man leicht, daß alle Gruppen von $n+m$ Punkten, die entstehen, wenn man eine Gruppe der ersten Schar mit einer Gruppe der zweiten vereinigt, unter sich äquivalent sind.

Um dies einzusehen, betrachten wir zwei beliebige andere Gruppen A' und B' der durch die Gruppen A und B definierten Scharen. Bezeichnen wir mit $A+B$, $A+B'$ usw. die Gruppen, welche durch die Vereinigung der Gruppen A, B oder A, B' usw. entstehen, so haben wir die Relationen

$$A+B \equiv A+B', \quad A+B' \equiv A'+B'.$$

Die erstere drückt aus, daß die Gruppen $A+B$ und $A+B'$ der Schar angehören, die man erhält, wenn man zu allen Gruppen von $|B|$ die Punkte von A hinzufügt, während die letztere besagt, daß die Gruppen $A+B'$, $A'+B'$ der Schar angehören, die entsteht, wenn man alle Gruppen von $|A|$ durch Beifügung von B' erweitert. Durch Vergleich der beiden Relationen erhalten wir

$$A+B \equiv A'+B' \qquad \text{w. z. b. w.}$$

Diese Bemerkung führt uns von selbst zu dem Begriff der *Summe zweier gegebener linearer Scharen $|A|$ und $|B|$*. Unter der Summe der Scharen $|A|$ und $|B|$ versteht man die lineare Vollschar, welche die Gruppen von $n+m$ Punkten der Form $A+B$ enthält, d. h. mit anderen Worten, die Schar $|A+B|$, welche durch die Gruppe $A+B$ definiert ist.

Aus dem Begriff der Summe ergibt sich dann sofort der Begriff der *Differenz zweier Scharen $|C|$ und $|A|$*.

Wir setzen voraus, daß es gewisse Gruppen von $|C|$ gibt, die A als Teil enthalten, d. h. daß die Residualschar von A in bezug auf $|C|$ wirklich existiert. Bezeichnet man diese Schar mit $|B|$, so hat man:

$$|C| = |A+B|;$$

wir werden die Schar $|B|$ die *Residualschar von $|A|$ in bezug auf $|C|$* oder auch die *Differenz $|C-A|$ der beiden gegebenen Scharen* nennen.

Man beachte, daß die Schar $|B|$ auch unabhängig von der Gruppe A bestimmt ist, von der wir bei der Definition dieser Schar ausgegangen sind. Die Schar $|C|$ enthält nämlich alle Gruppen, die aus der Vereinigung einer Gruppe von $|A|$ und einer Gruppe von $|B|$ hervorgehen, und folglich enthält die Residualschar einer *beliebigen* Gruppe von $|A|$ in bezug auf $|C|$ alle Gruppen von $|B|$, d. h. sie fällt mit dieser Schar, die ja eine Vollschar ist, zusammen.

Nennt man die Gruppen der Schar $|B|$ die *Reste* der Gruppe A in bezug auf die Schar $|C|$, so kann man also sagen:

Die Reste einer gegebenen Gruppe bezüglich einer linearen Vollschar sind in bezug auf dieselbe Schar auch Reste einer beliebigen anderen Gruppe, die zu der gegebenen äquivalent ist.

Dieser Satz bildet einen Teil des sogenannten *Restsatzes* von Brill und Noether. Wir werden dieses Theorem später in seiner vollständigen Gestalt aufstellen (s. Nr. 42).

Die Definition der Summe läßt sich auf mehrere Scharen $|A_1|$, $|A_2|$, $|A_3|$, ... ausdehnen; denn auch in diesem allgemeineren Fall gehören die Gruppen vom Typus $A_1 + A_2 + A_3 + \cdots$ einer und derselben linearen Schar $|A_1 + A_2 + A_3 + \cdots|$ an, wie man auf dem Wege der Induktion sofort einsieht.

Wenn im besonderen die Scharen $|A_1|$, $|A_2|$, ... zusammenfallen, so nennt man ihre Summe ein *Vielfaches der Schar* $|A|$; genauer spricht man von einer *k-fachen Schar*, wenn die Anzahl der gegebenen Scharen gleich k ist.

Es ist klar, daß *die Begriffe der Summenschar, der Differenzenschar und der mehrfachen Schar in bezug auf die birationalen Transformationen der Kurve invariant sind.*

§ 3. Algebraische Raumkurven und Überraumkurven.

25. Definitionen und einfachste Eigenschaften. Eine Kurve C, die einem linearen Raum $S_r (r \geqq 3)$ angehört, heißt *algebraisch*, wenn die nicht homogenen Koordinaten ihrer Punkte rationale Funktionen des auf einer ebenen algebraischen Kurve f beweglichen Punktes sind, oder kürzer, wenn *der Punkt auf C eine rationale Funktion des Punktes auf f ist.* Die Kurve C soll *irreduzibel* oder *reduzibel* genannt werden, je nachdem die Kurve f irreduzibel oder reduzibel ist. Falls f reduzibel ist, so bildet die Mannigfaltigkeit der Punkte von C, die den Punkten eines Bestandteils von f entsprechen, nach den gegebenen Definitionen eine irreduzible algebraische Kurve, die wir einen *Teil* von C nennen.

Wir beweisen zunächst den folgenden Satz:

Wenn zwischen den Punkten einer Raumkurve oder einer Überraumkurve C und den Punkten einer ebenen algebraischen irreduziblen Kurve f

eine algebraische Korrespondenz (μ, 1) *besteht, d. h. eine Verwandtschaft, durch welche mittels algebraischer Operationen einem Punkt von C ein Punkt von f und einem Punkt von f μ Punkte von C zugeordnet werden, so ist die Kurve C selbst ebenfalls algebraisch.*

Als Beispiel nehmen wir an, daß C einem Raum S_3 angehöre, während f in der Ebene γ liege. Wählt man auf C einen *einfachen* Punkt P (d. h. einen Punkt mit der Eigenschaft, daß eine nur wenig von ihm entfernte allgemeine Ebene die Kurve C in einem einzigen, sehr nahe bei P liegenden Punkt trifft), so bilden die Verbindungslinien von P mit den übrigen Punkten von C einen Kegel, dem auch die Tangente in P angehört; eine beliebig gewählte Gerade u durch P wird also im allgemeinen die Kurve C in keinem weiteren Punkte treffen.

Projiziert man die Kurve C von einem beliebigen Punkt O der Geraden u aus auf eine Ebene π, so erhält man in dieser eine Kurve φ derart, daß sich der Übergang von den Punkten der Kurve f zu den Punkten der Kurve φ und umgekehrt mittels algebraischer Operationen bewerkstelligen läßt; denn um von f zu φ zu gelangen, hat man nur die Projektion von O aus nach der Ebene π zu den algebraischen Operationen hinzuzufügen, die den Übergang von f zu C vermitteln; diese Projektion läßt sich aber ebenfalls durch eine algebraische Operation ausdrücken. Wir schließen daraus, daß φ eine algebraische Kurve ist.

Es sei nun P' die Projektion von P auf die Ebene π. Da dem Punkt P' auf φ nur der *eine* Punkt P von C entspricht, so wird, falls φ irreduzibel ist, jedem Punkt von φ ein und nur ein Punkt von C zugeordnet sein; folglich ist der Punkt auf C eine rationale Funktion des Punktes auf φ, d. h. C ist eine algebraische Kurve. Wenn dagegen φ reduzibel ist, so gibt es einen Teil ψ von φ, der durch P' geht und die Eigenschaft hat, daß jedem Punkt von ψ ein einziger Punkt von C entspricht, während sich für die übrigen Teile von φ zunächst nichts ähnliches behaupten läßt. Aber in diesem Fall entspricht der Kurve ψ ein *Teil* Γ von C, der algebraisch ist, und beim Übergang von C zu f muß dem Teil Γ die Kurve f, die ja irreduzibel ist, in ihrer ganzen Ausdehnung entsprechen. Bezeichnen wir mit D das, was von der Kurve C übrig bleibt, wenn man Γ von ihr abspaltet, so entsprechen also jedem Punkt von f μ Punkte von C, von denen $\nu \geq 1$ der Kurve Γ angehören, während die $\mu - \nu$ übrigen auf D liegen. Da sich nun die Gruppe der ν auf Γ liegenden Punkte in rationaler Weise abtrennen läßt von den übrigen $\mu - \nu$ Punkten, die mit ihr zusammen die Gruppe der einem gegebenen Punkt von f entsprechenden Punkte bilden, so erhalten wir zwischen f und D eine algebraische Korrespondenz (1, $\mu - \nu$).

Man kann nun auf D dieselbe Überlegung anwenden, die wir soeben für C durchgeführt haben, und man gelangt dabei zu dem Schluß, daß D algebraisch ist, oder daß diese Kurve aus einem algebraischen Teil besteht, der mit f in einer Korrespondenz $(\varrho, 1)$ steht $(\varrho \geqq 1)$, und aus einem übrig bleibenden Teil E, der mit f in einer Korrespondenz $(\mu - \nu - \varrho, 1)$ steht. Setzt man diese Schlußweise fort, so gelangt man schließlich zu der Erkenntnis, daß C eine (möglicherweise reduzible) algebraische Kurve ist.

Als Anwendung dieses Satzes beweisen wir den folgenden:

Sind

$$\alpha(x, y, z) = 0, \quad \beta(x, y, z) = 0$$

zwei algebraische Flächen, die keine gemeinsamen Bestandteile haben, so ist ihre Schnittkurve C ebenfalls algebraisch.

Es sei $f(x, y) = 0$ die algebraische Gleichung, die man erhält, wenn man z aus den Gleichungen der beiden Flächen eliminiert; wir wollen annehmen, daß die Koordinatenachsen allgemein gewählt seien, so daß, selbst wenn C eine Gerade als Bestandteil enthielte, diese Gerade nicht zur z-Achse parallel wäre. Dann entspricht jeder Lösung (x, y) von $f = 0$ eine *endliche Anzahl* von Lösungen (x, y, z), die die Gleichungen $\alpha = 0$ und $\beta = 0$ befriedigen, und diese Lösungen lassen sich auf algebraischem Wege ermitteln. Es entspricht also jedem Teil φ von f, falls diese Kurve reduzibel ist, ein Teil Γ von C, der mit φ durch eine algebraische Korrespondenz $(\mu, 1)$ verbunden ist. Nach dem bewiesenen Satz ist Γ algebraisch, und da C aus einer endlichen Anzahl von algebraischen Teilen zusammengesetzt ist, so ist diese Kurve ebenfalls algebraisch.

Eine andere einfache Folgerung aus dem zuerst bewiesenen Satz ist die nachstehende:

Wenn zwischen den Punkten einer Raumkurve oder Überraumkurve C und den Punkten einer ebenen algebraischen Kurve f eine algebraische Korrespondenz (μ, ν) besteht, so ist die Kurve C ebenfalls algebraisch.

Um die Richtigkeit dieses Satzes einzusehen, betrachten wir das einfach unendliche Gebilde Γ, dessen Elemente aus denjenigen Paaren von Punkten bestehen, die in der Korrespondenz zwischen C und f einander zugeordnet sind; diese Korrespondenz führt nach der Voraussetzung *auf algebraischem Wege* von einem Punkt der Kurve C zu ν Punkten von f und von einem Punkt der Kurve f zu μ Punkten von C. Wir haben dann zwischen der Kurve C und dem Gebilde Γ eine *algebraische* Korrespondenz $(1, \nu)$, in welcher ein Punkt von C und ein Element (Punktepaar) von Γ dann als zugeordnet bezeichnet werden sollen, wenn jener Punkt zu diesem Paar gehört. In ähnlicher Weise erhalten wir eine algebraische Korrespondenz $(\mu, 1)$ zwischen dem Gebilde Γ und der Kurve f. Auf Grund des vorigen Satzes schließen wir daraus, daß das Gebilde Γ algebraisch ist, d. h. daß ein in Γ veränderliches Element eine rationale Funktion eines auf einer ebenen algebraischen Kurve φ beweglichen Punktes ist, mit anderen Worten, daß jenes Element in rationaler Weise von einem solchen Punkt abhängt. Da aber der auf C bewegliche Punkt seinerseits eine rationale Funktion des in Γ veränderlichen Elements ist, so erweist sich schließlich der auf C bewegliche Punkt als eine rationale Funktion des Punktes der Kurve φ; nach unserer Definition ist daher C eine algebraische Kurve.

26. Zusammenhang zwischen der Theorie der linearen Scharen auf einer ebenen Kurve und dem Begriff der algebraischen Raumkurven oder Überraumkurven. Auf der ebenen Kurve

$$f(x_0, x_1, x_2) = 0$$

(wo x_0, x_1, x_2 homogene Koordinaten bedeuten) betrachten wir nun die lineare Schar g_n^r, die außer einigen etwa vorhandenen festen Punkten von dem System

$$(1) \qquad \lambda_0 \varphi_0(x_0, x_1, x_2) + \lambda_1 \varphi_1(x_0, x_1, x_2) + \cdots + \lambda_r \varphi_r(x_0, x_1, x_2) = 0$$

erzeugt wird.

Wir wollen überdies von den festen Punkten gänzlich absehen, so daß sämtliche Punkte einer allgemeinen Gruppe von g_n^r als beweglich anzusehen sind.

Wir denken uns in einem Raum S_r ein System von homogenen Koordinaten $y_0, y_1, \ldots, y_r$ und setzen

$$\varrho y_i = \varphi_i(x_0, x_1, x_2). \qquad (i = 0, 1, 2, \ldots, r)$$

Während der Punkt $x(x_0, x_1, x_2)$ die Kurve f durchläuft, kann der Punkt $y(y_0, y_1, \ldots, y_r)$ nicht fest bleiben; denn bei einer solchen Annahme könnten sich die Funktionen φ_i des Punktes x nur durch konstante Faktoren voneinander unterscheiden, und die Schar g_n^r hätte die Dimension Null, was wir ausschließen wollen. Der Punkt y beschreibt demnach eine Kurve C mit der Eigenschaft, daß jedem Punkt von f in rationaler Weise ein und nur ein Punkt von C entspricht. Die Kurve C ist also algebraisch. Es fragt sich nun, wie viele Punkte von f umgekehrt einem Punkt von C entsprechen.

Damit zwei Punkte x und x' der Kurve f denselben zugeordneten Punkt y auf C ergeben, ist es notwendig und hinreichend, daß

$$\varphi_i(x) = \sigma \varphi_i(x')$$

ist, daß also eine beliebige Kurve des Systems (1), die durch den Punkt x geht, notwendig auch durch den Punkt x' geht und umgekehrt[1]). Mit

1) Man vergleiche diese Betrachtungen mit den ausführlichen Erörterungen in Nr. 18 (S. 31 ff.)

anderen Worten: es ist notwendig und hinreichend, daß alle Gruppen der Schar g_n^r, die den Punkt x enthalten, damit von selbst auch den Punkt x' gemein haben.

Wenn die durch einen beliebig gegebenen Punkt x der Kurve f gehenden Gruppen der g_n^r nicht von selbst noch andere Punkte gemeinsam haben, so wird die lineare Schar als eine *einfache* bezeichnet; wenn dagegen die durch einen beweglichen Punkt x gehenden Gruppen stets auch noch weitere $\mu - 1$ mit x bewegliche Punkte gemein haben, so sagt man, die *lineare Schar sei mit einer Involution von der Ordnung* μ *zusammengesetzt*.

Die lineare Schar, die auf einer ebenen Kurve durch das System aller Kurven von gegebener Ordnung ausgeschnitten wird, ist z. B. immer *einfach*; wenn man dagegen eine Kurve f von der n^{ten} Ordnung, die einen $(n - 2)$-fachen Punkt P besitzt, durch diejenigen Kurven von der Ordnung $n - 3$ schneidet, für welche P ein $(n - 3)$-facher Punkt ist, so erhält man eine *zusammengesetzte* Schar. Diese Kurven zerfallen nämlich in $n - 3$ durch P gehende Geraden, und daher enthalten diejenigen unter ihnen, die durch einen beliebigen Punkt Q auf f hindurchgehen, die ganze Gerade PQ; die Punktgruppen, die außer P von jenen Kurven auf f ausgeschnitten werden, enthalten somit außer Q noch den letzten Schnittpunkt der Kurve f mit der Geraden PQ.

Der oben eingeführte Ausdruck, daß die lineare Schar mit einer Involution von der Ordnung μ zusammengesetzt sei, rechtfertigt sich durch die folgenden Betrachtungen.

Wenn ein Punkt x gegeben ist, so gehören zu ihm $\mu - 1$ weitere Punkte $x', x'', \ldots, x^{(\mu-1)}$ derart, daß die Gruppe von μ Punkten $x, x', \ldots, x^{(\mu-1)}$ durch irgend einen unter ihnen bestimmt ist; denn die Gruppen von g_n^r, die einen beliebigen Punkt jener Gruppe enthalten, haben auch ihre sämtlichen anderen Punkte gemein.

Läßt man den Punkt x auf der Kurve f wandern, so beschreibt die Gruppe von μ Punkten ein einfach unendliches System γ_μ^1, das man eine *Involution von der Ordnung* μ (und der Dimension 1) nennt, weil die μ Punkte einer Gruppe gleichwertig sind und weil durch jeden Punkt von f eine und nur eine Gruppe von γ_μ hindurchgeht. Man bemerkt ohne weiteres, daß eine Gruppe der Schar g_n^r aus $\frac{n}{\mu}$ Gruppen der Involution γ_μ zusammengesetzt ist.

Wir wollen nun den Fall näher untersuchen, daß die g_n^r *einfach* ist. Dann sind die Punkte der beiden Kurven f und C eineindeutig aufeinander bezogen derart, daß die nicht homogenen Koordinaten $\left(\frac{y_1}{y_0}, \cdots, \frac{y_r}{y_0}\right)$ des auf C veränderlichen Punktes y rationale Funktionen der nicht homogenen Koordinaten $\left(\frac{x_1}{x_0}, \frac{x_2}{x_0}\right)$ des entsprechenden Punktes x auf f sind. Umgekehrt sind die Koordinaten des Punktes x rationale Funktionen der Koordinaten des auf C veränderlichen Punktes y, da sie sich ja als einwertige algebraische Funktionen dieser letzteren Veränderlichen darstellen lassen müssen.

In diesem Falle *sind also die beiden Kurven f und C mittels einer birationalen Korrespondenz aufeinander bezogen*; aber es besteht ein Unterschied zwischen der vorliegenden Verwandtschaft und derjenigen, durch welche zwei entsprechende Kurven in einer *Cremonaschen* Transformation zwischen zwei Ebenen miteinander verknüpft sind. Im vorliegenden Fall *ist nämlich die Verwandtschaft birational zwischen den Punkten der beiden Kurven, aber sie erstreckt sich nicht notwendig auf die Räume, in denen diese Kurven enthalten sind.* Eine solche Ausdehnung der Verwandtschaft auf die Räume ist natürlich von vornherein unmöglich, wenn diese Räume verschiedene Dimensionen haben; aber auch wenn C eine ebene Kurve ist ($r = 2$), können die Formeln

$$\varrho y_i = \varphi_i(x_0, x_1, x_2) \qquad (i = 0, 1, 2) \tag{2}$$

sehr wohl eine birationale Korrespondenz zwischen den Punkten der Kurven f und C definieren, ohne daß diese auch für die anderen Punkte der beiden Ebenen (x_0, x_1, x_2) und (y_0, y_1, y_2) gilt.

Setzen wir nämlich voraus, daß die Formeln (2) eine Korrespondenz $(1, \nu)$ zwischen den Punkten der Ebene (y_0, y_1, y_2) und den Punkten der Ebene (x_0, x_1, x_2) definieren, d. h. eine Korrespondenz, in welcher einem Punkt y ν Punkte x entsprechen, während einem Punkt x ein einziger Punkt y zugeordnet ist, so erhalten wir in der Ebene (x_0, x_1, x_2) eine doppelt unendliche Involution J_ν; sie wird von dem Netz der Kurven erzeugt, die den Geraden der Ebene (y_0, y_1, y_2) entsprechen (s. S. 33). Nimmt man in der Ebene (x_0, x_1, x_2) eine Kurve f an, *welche der Involution J_ν nicht angehört,* d. h. eine solche Kurve, daß die $\nu - 1$ Punkte, die zu irgendeinem ihrer Punkte in bezug auf die Involution J_ν konjugiert sind, nicht auf ihr liegen[1]), so beschreibt bei der Bewegung des Punktes auf f der Punkt y eine ebene Kurve C, die birational auf f bezogen ist; denn von den ν Punkten x, die einem Punkt y von C entsprechen, befindet sich nur *ein einziger* auf der Kurve f. Die Formeln (2) definieren also eine birationale Korrespondenz zwischen den Punkten der

1) Eine solche Kurve erhält man offenbar, wenn man *eine* Gruppe $x, x', x'', \ldots, x^{(\nu-1)}$ der Involution J_ν festhält und eine Kurve betrachtet, die durch x geht, aber durch keinen der konjugierten Punkte.

Kurven f und C, während sie gleichzeitig zwischen den Punkten der beiden Ebenen, in denen f und C liegen, eine Korrespondenz festlegen, die nur in einem Sinne rational ist.

Es kann hier noch die Bemerkung beigefügt werden, daß die Formeln (2) auch eine Korrespondenz $(1, \nu')$ zwischen den Punkten der beiden Kurven definieren könnten, wobei $\nu' \leqq \nu$ wäre; dieser Fall würde eintreten, wenn einem auf der Kurve C veränderlichen Punkt y ν Punkte x entsprächen, von denen ν' auf f und die übrigen $\nu - \nu'$ außerhalb von f veränderlich wären.

Wir kehren nunmehr zu dem Fall zurück, daß r beliebig ist und die beiden Kurven f und C birational aufeinander bezogen sind.

Man sieht leicht ein, daß die Kurve C tatsächlich in dem Raum S_r und nicht etwa in einem Raum von geringerer Dimension enthalten ist. Wäre sie nämlich in einem Raum von der Dimension $\leqq r - 1$ enthalten, so müßte es mindestens eine Überebene[1])

$$\xi_0 y_0 + \xi_1 y_1 + \cdots + \xi_r y_r = 0$$

geben, die die Kurve C enthielte, d. h. man hätte die identische Gleichung

$$(3) \qquad \xi_0 \varphi_0(x_0, x_1, x_2) + \cdots + \xi_r \varphi_r(x_0, x_1, x_2) = 0,$$

wo x_0, x_1, x_2 die Koordinaten eines veränderlichen Punktes der Kurve f bedeuten. Wenn die Gleichung (3) identisch erfüllt wäre, ohne daß die Faktoren ξ_i alle verschwänden, und zwar nicht nur für einen veränderlichen Punkt der Kurve f, sondern auch für einen willkürlich gewählten Punkt der Ebene, so wären die Formen φ_i linear abhängig voneinander; das lineare System (1) könnte also nicht r-fach unendlich sein. Wenn aber die Gleichung (3) nur für die Punkte von f eine Identität darstellte, so müßte die Gleichung

$$\xi_0 \varphi_0 + \xi_1 \varphi_1 + \cdots + \xi_r \varphi_r = \varphi(x_0, x_1, x_2) \cdot f(x_0, x_1, x_2)$$

identisch erfüllt sein, d. h. es gäbe eine Kurve des linearen Systems (1), die f als Bestandteil enthielte, und die Schar g_n wäre nicht von der Dimension r (vgl. Nr. 22). Diese Schlüsse würden beide der Voraussetzung, von der wir ausgegangen sind, widersprechen; wir müssen also die Folgerung ziehen, daß es keine Überebene gibt, die die Kurve C enthält.

Wir beweisen nun den Satz, daß durch die birationale Korrespondenz zwischen den Kurven f und C den Punkten einer Gruppe der Schar g_n^r, deren Trägerin die Kurve f ist, die Schnittpunkte von C mit einer ganz bestimmten Überebene zugeordnet werden und daß diese gleichzeitig mit der betrachteten Gruppe veränderlich ist.

1) Unter einer „Überebene" (*iperpiano*) verstehen wir einen linearen Raum von der Dimension $r - 1$, der im S_r enthalten ist. [A. d. Übers.]

In der Tat erfüllen die Koordinaten der Punkte einer Gruppe aus der Schar g_n^r die Gleichung (1) für passend gewählte, aber nicht sämtlich verschwindende Werte der Parameter λ_i, und daher befriedigen die Koordinaten der entsprechenden Punkte y die Gleichung

$$\lambda_0 y_0 + \lambda_1 y_1 + \cdots + \lambda_r y_r = 0,$$

d. h. diese Punkte gehören einer bestimmten Überebene an.

Umgekehrt entsprechen den Punkten von C, deren Koordinaten diese Gleichung befriedigen, die Punkte derjenigen Gruppe, die außer den festen Punkten durch die Kurve (1) auf f erzeugt wird. Wir erhalten daher den Satz:

Die Kurve C wird von einer beliebigen Überebene ihres Raumes in n Punkten geschnitten.

Diese konstante Zahl nennt man die *Ordnung* der algebraischen Überraumkurve C.

Wir fügen noch die Bemerkung bei, daß die Korrespondenz zwischen den Gruppen der Schar g_n^r und den durch eine Überebene erzeugten Schnittpunkten auf der Kurve C *projektiv* ist, weil eine Gruppe und eine Überebene, die einander entsprechen, durch dieselben Werte der Parameter λ_i charakterisiert sind. Fassen wir nun das vorhergehende zusammen, so können wir den folgenden Satz aussprechen:

Hat man auf einer ebenen algebraischen Kurve f eine einfache lineare Schar g_n^r, so kann man stets in einem r-dimensionalen Raum S_r eine algebraische Kurve C von der Ordnung n konstruieren, welche birational auf f bezogen ist, derart, daß den Gruppen der Schar g_n^r die Schnittpunkte der Kurve C mit einer Überebene entsprechen. — Die Kurve C wird dadurch konstruiert, daß man die Gruppen der g_n^r projektiv auf die Überebenen eines Raumes S_r bezieht: den Gruppen der Schar g_n^r, die einen Punkt x von f enthalten, entsprechen die Überebenen, die durch einen Punkt y des Raumes S_r gehen; während x die Kurve f durchläuft, beschreibt y die Kurve C.

Wenn die lineare Schar g_n^r mit einer Involution γ_μ zusammengesetzt ist, so sind die Punkte von C nicht etwa auf die Punkte von f, sondern vielmehr auf die Gruppen der γ_μ eineindeutig bezogen. Man erkennt wie oben, daß die Kurve C nicht in einem Raum enthalten sein kann, dessen Dimension kleiner ist als r. Wiederholt man die Betrachtung, die im vorhergehenden Fall zu dem Begriff der Ordnung geführt hat, so erkennt man, daß im vorliegenden Falle die Kurve C von einer beliebigen Überebene in $\frac{n}{\mu}$ Punkten geschnitten wird, da jedem Schnittpunkt der Kurve C mit einer Überebene μ Punkte einer ganz bestimmten Gruppe der Schar g_n^r zugeordnet sind. In diesem Fall wird man also die Kurve C eine algebraische Überraumkurve von der Ordnung $\frac{n}{\mu}$ nennen. Man erhält somit den Satz:

Hat man auf einer ebenen algebraischen Kurve f eine lineare Schar g_n^r, die mit einer Involution von der Ordnung μ zusammengesetzt ist, so kann man stets in einem r-dimensionalen Raum S_r eine algebraische Kurve C von der Ordnung $\frac{n}{\mu}$ konstruieren, welche mittels einer algebraischen Korrespondenz $(1, \mu)$ auf f bezogen ist. Die Kurve C wird dadurch konstruiert, daß man die Gruppen der g_n^r projektiv auf die Überebenen des Raumes S_r bezieht; die Überebenen, welche den durch x gehenden Gruppen der g_n^r entsprechen, haben einen Punkt y gemein, und dieser wird dem Punkt x zugeordnet. Während dann x die Kurve f durchläuft, beschreibt y die Kurve C.

Die Betrachtung der Ordnung einer Überraumkurve gibt Anlaß zu einem Satze, der dem Theorem von Bézout in der Ebene entspricht; dieses liefert bekanntlich ein Mittel, die Zahl der Schnittpunkte zweier Kurven von gegebener Ordnung zu berechnen.

Es handelt sich um die *Anzahl der Punkte, die einer algebraischen Kurve C von der Ordnung n und einer algebraischen Form*[1]) *von der Ordnung m gemeinsam sind.*

Um diese Zahl zu berechnen, wollen wir zuerst feststellen, was wir unter dem Begriff der „Schnittpunktsmultiplizität" (oder Multiplizität des Schnitts) einer Kurve und einer Form in einem gemeinsamen Punkt zu verstehen haben. Wenn die Kurve C und die Form F in einem gemeinsamen Punkt O die Schnittpunktsmultiplizität J haben, so bedeutet dies, daß eine Form F', die der Form F hinlänglich nahe kommt[2]), mit C genau J voneinander verschiedene Schnittpunkte besitzt, die alle nach dem Punkt O hinstreben, während sich die Form F' stetig der Form F nähert.

Nachdem diese geometrische Bedeutung der Schnittpunktsmultiplizität einmal festgestellt ist, ergibt sich daraus unmittelbar, daß die Summe der Schnittpunktsmultiplizitäten in den gemeinschaftlichen Punkten der Form F und der Kurve C unverändert bleibt, wenn man die Form F stetig verändert, vorausgesetzt natürlich, daß diese stetige Veränderung nicht etwa so vorgenommen wird, daß die Kurve C oder einer ihrer Teile in der Form F enthalten ist. Verändert man insbesondere die Werte der Koeffizienten in der Gleichung von F derartig, daß die linke Seite

1) Wir erinnern daran, daß mit dem Ausdruck „Form" oder „algebraische Überfläche" die Mannigfaltigkeit der ∞^{r-1} Punkte bezeichnet wird, deren homogene Koordinaten eine gegebene algebraische Form (ein homogenes Polynom) zu Null machen. Die Ordnung der Form ist der Grad dieses Polynoms. S. z. B. Bertini, Introduzione alla geometria usw. S. 164.

2) D. h. die Koeffizienten der Gleichung von F' dürfen sich nur um sehr wenig von den Koeffizienten der Gleichung von F unterscheiden.

dieser Gleichung sich in m lineare Faktoren zerspalten läßt (wobei m die Ordnung von F bedeutet), so stellt jeder von diesen, gleich Null gesetzt, eine Überebene dar, die weder die Kurve C noch einen ihrer Teile enthält, und wir erhalten also im ganzen mn Schnittpunkte. Wir haben somit den Satz:

Eine algebraische Kurve von der Ordnung n und eine Form von der Ordnung m haben mn Punkte gemeinsam, wenn man jeden von ihnen mit der ihm zustehenden Multiplizität in Rechnung bringt, oder aber es ist die Kurve oder einer ihrer Teile in der Form enthalten[1]).

27. Lineare Scharen auf einer Überraumkurve. Es sei C eine irreduzible Kurve, die einem Raum S_r angehört, und f eine ebene Kurve, die durch eine birationale Korrespondenz mit C verbunden ist. Einer beliebig gewählten linearen Schar g_m^s der Kurve f entspricht auf C ein s-fach unendliches System; es wird von Gruppen zu je m Punkten gebildet, und durch s beliebige, aber allgemein gewählte Punkte von C geht eine und nur eine dieser Gruppen hindurch. Ein solches System werden wir *eine lineare Schar von der Ordnung m und der Dimension s auf der Überraumkurve C* nennen; wir wollen es ebenfalls durch das Symbol g_m^s bezeichnen.

Es ist leicht zu erkennen, daß *auf der Kurve C durch ein lineares Formensystem*[2])

$$\lambda_0 \alpha_0(y_0, y_1, \ldots, y_r) + \cdots + \lambda_s \alpha_s(y_0, y_1, \ldots, y_r) = 0, \tag{4}$$

außer den möglicherweise vorhandenen festen Punkten, die lineare Schar g_m^s ausgeschnitten wird.

Um dies nachzuweisen, nehmen wir an, daß die Schar g_m^s auf der Kurve f durch das lineare ∞^s-System

$$\mu_0 \beta_0(x_0, x_1, x_2) + \cdots + \mu_s \beta_s(x_0, x_1, x_2) = 0 \tag{5}$$

ausgeschnitten werde (außer einer gewissen festen Gruppe). Die Koordinaten zweier entsprechender Punkte der Kurven f und C sind durch die Formeln

$$\varrho y_i = \varphi_i(x_0, x_1, x_2) \qquad (i = 0, 1, \ldots, r)$$

verbunden; da es sich aber um eine birationale Transformation handelt, so lassen sich diese Formeln umkehren, und man kann die x_j als Formen der y_i darstellen:

$$\sigma x_j = \psi_j(y_0, y_1, y_2, \ldots, y_r). \qquad (j = 0, 1, 2)$$

---

1) Wegen weiterer Einzelheiten sei auf das angeführte Werk von Bertini (S. 358) verwiesen.

2) Wenn in der Gleichung einer veränderlichen Form eine Anzahl Parameter linear vorkommt, so sagt man, die Form durchlaufe ein lineares System.

Es wird somit der Gruppe der *m veränderlichen* Punkte, die auf f von der Kurve (5) ausgeschnitten wird, eine Gruppe von ebenso vielen veränderlichen Punkten entsprechen, die auf C von der Form

$$\mu_0\beta_0(\psi_0, \psi_1, \psi_2) + \cdots + \mu_s\beta_s(\psi_0, \psi_1, \psi_2) = 0$$

ausgeschnitten wird; diese Gleichung ist aber vom Typus (4).

Die Behauptung ist also als richtig erwiesen, wenn die auf f gegebene Schar g_m^s keine festen Punkte hat. Hätte sie etwa h solche Punkte, so würde man die Schar g_{m-h}^s betrachten, die entsteht, wenn man von den festen Punkten absieht, und würde auf sie dieselben Schlüsse anwenden.

Umgekehrt erkennt man in ähnlicher Weise, daß dem System der Punktgruppen, das auf C von einem linearen Formensystem ausgeschnitten wird, auf der Kurve f eine lineare Schar entspricht; daher bilden nach unserer Definition auch jene Punktgruppen auf C eine lineare Schar.

Wiederholt man nun die Überlegungen der Nr. 22 (S. 65), so erkennt man sofort, daß *die Dimension s der linearen Schar, die wir auf der Kurve C betrachten, nur dann gleich der Dimension d des sie ausschneidenden linearen Systems ist, wenn in diesem System keine Form vorhanden ist, die C enthält; wenn dagegen in dem System* ∞^t *Formen vorkommen, die die Kurve C enthalten, so gilt die Beziehung*

$$s = d - t - 1.$$

Da nämlich durch s allgemeine Punkte von C eine und nur eine Gruppe der g_m^s hindurchgehen soll, so können diejenigen Formen des schneidenden linearen Systems, die durch jene s Punkte hindurchgehen, die Kurve C nicht in veränderlichen Punkten treffen. Eine dieser Formen, die durch einen anderen, von den festen Schnittpunkten verschiedenen Punkt von C hindurchgeschickt wird, wird also mit C mehr Schnittpunkte gemein haben als das oben bewiesene erweiterte Theorem von Bézout angibt (s. die vorhergehende Nr.); somit muß die Kurve C, die ja irreduzibel ist, in eben dieser Form enthalten sein. Wenn man also den ∞^d Formen des schneidenden linearen Systems $s+1$ einfache Bedingungen auferlegt, so erhält man ∞^t Formen, die C enthalten, und es besteht somit die Beziehung

$$d - s - 1 = t \quad \text{oder} \quad s = d - t - 1.$$

Wenn insbesondere die Kurve C von der Ordnung n einem Raum S_r und nicht einem Raum von geringerer Dimension angehört, so schneiden die Überebenen des Raumes S_r auf C eine g_n^r aus, und diese entspricht mittels der birationalen Substitution

$$\varrho y_i = \varphi_i(x_0, x_1, x_2), \qquad (i = 0, 1, \ldots, r)$$

$$\sigma x_j = \psi_j(y_0, \ldots, y_r), \qquad (j = 0, 1, 2)$$

welche die Koordinaten der Punkte der Kurven f und C verbindet, der Schar g_n^r, die auf f außer den möglicherweise vorhandenen festen Schnittpunkten von dem linearen System

$$\lambda_0 \varphi_0 + \lambda_1 \varphi_1 + \cdots + \lambda_r \varphi_r = 0$$

ausgeschnitten wird[1]).

Aus dem vorhergehenden ergibt sich ohne weiteres der folgende Satz: *Eine Schar g_m^s auf einer Überraumkurve C läßt sich, außer den festen Punkten, stets durch ein lineares System von algebraischen Formen ausschneiden, das von derselben Dimension s ist.*

28. Rationale Korrespondenzen zwischen zwei Überraumkurven. Es sei C eine irreduzible algebraische Kurve des Raumes S_h, in welchem die homogenen Punktkoordinaten mit $x_0, x_1, \ldots, x_h$ bezeichnet werden. Wir betrachten auf C eine g_n^r, die (außer festen Punkten) durch das lineare System

$$\lambda_0 \varphi_0(x_0, x_1, \ldots, x_h) + \cdots + \lambda_r \varphi_r(x_0, x_1, \ldots, x_h) = 0$$

erzeugt wird, und wir setzen

$$\varrho y_i = \varphi_i(x_0, x_1, \ldots, x_h). \qquad (i = 0, \ldots, r) \tag{6}$$

Während der Punkt $x(x_0, x_1, \ldots, x_h)$ die Kurve C durchläuft, bewegt sich der Punkt $y(y_0, y_1, \ldots, y_r)$ in einem Raum S_r und beschreibt bei dieser Bewegung eine Kurve D. Man erkennt sofort, daß diese Kurve algebraisch und irreduzibel ist. Da nämlich die Kurve C algebraisch ist, so kann man sie auf eine passend gewählte irreduzible ebene algebraische Kurve $f(\xi_0, \xi_1, \xi_2) = 0$ abbilden, indem man die Koordinaten eines ihrer Punkte mit $h + 1$ algebraischen Formen der Veränderlichen ξ_0, ξ_1, ξ_2 proportional setzt; vermöge der Formeln (6) sind dann aber die Koordinaten y_i eines auf D veränderlichen Punktes ebenfalls proportional mit gewissen algebraischen Formen der Koordinaten ξ_0, ξ_1, ξ_2 des auf f beweglichen Punktes.

Wie in Nr. 26 (S. 78) sieht man nun die folgenden Tatsachen ein:

a) Da das System

$$\lambda_0 \varphi_0 + \lambda_1 \varphi_1 + \cdots + \lambda_r \varphi_r = 0$$

keine Form enthält, die durch C geht (weil sonst die Dimension der ausgeschnittenen Schar kleiner als r wäre), so kann es im Raum S_r keine

---

1) In ähnlicher Weise entspricht der linearen Schar g_h^2, die auf der Kurve f von der Ordnung h durch die Geraden ihrer Ebene erzeugt wird, die lineare Schar, die, außer den festen Schnittpunkten, auf der Kurve C durch das lineare Formensystem

$$\nu_0 \psi_0 + \nu_1 \psi_1 + \nu_2 \psi_2 = 0$$

erzeugt wird.

Überebene geben, die die Kurve D enthält; diese Kurve *gehört* also dem Raum S_r *an* und nicht etwa einem Raum von geringerer Dimension.

b) Die Formeln (6) sind nur dann umkehrbar, d. h. es lassen sich mit ihrer Hilfe die x_j nur dann als Formen der y_i darstellen, wenn die auf C gegebene Schar g_n^r *nicht mit einer Involution zusammengesetzt ist*, mit anderen Worten, wenn die durch einen allgemeinen Punkt von C gehenden Gruppen der g_n^r nicht notwendig auch noch andere mit jenem veränderliche Punkte gemein haben. Ist diese Bedingung erfüllt und besitzt die lineare Schar g_n^r keine festen Punkte, so wird die Kurve D von der n^{ten} Ordnung.

c) Wenn die von festen Punkten befreite Schar g_n^r mit einer Involution von der Ordnung μ zusammengesetzt ist, d. h. wenn diejenigen ihrer Gruppen, die einen bestimmten Punkt von C enthalten, auch notwendig noch $\mu - 1$ andere veränderliche Punkte gemein haben, so daß eine Gruppe von g_n^r aus $\frac{n}{\mu}$ Gruppen der Involution zusammengesetzt erscheint, so wird die Ordnung der Kurve D gleich $\frac{n}{\mu}\cdot$

Im Falle b) sind die nicht homogenen Koordinaten eines Punktes von D rationale Funktionen der nicht homogenen Koordinaten des entsprechenden Punktes von C und umgekehrt; man hat also zwischen den Überraumkurven C und D *eine birationale Korrespondenz.*

Im Falle c) dagegen hat man zwischen den Kurven C und D *eine Korrespondenz, die nur in einem Sinne rational ist*, d. h. eine Korrespondenz, die von einem Punkt der Kurve C zu einem Punkt von D führt, aber von einem Punkt der Kurve D zu μ Punkten von C. In diesem letzteren Fall erweist sich die Kurve D birational bezogen auf die Gruppen der Involution, mittels der die g_n^r zusammengesetzt ist.

Wir machen für den Augenblick keine Annahme darüber, ob die Formeln (6) umkehrbar sind oder nicht.

Wie transformiert man nun eine auf D gegebene lineare Schar g_m^s mittels der rationalen Substitution (6)?

Wenn die g_m^s auf D, außer festen Punkten, durch das System

$$\nu_0 \psi_0 (y_0, y_1, \ldots, y_r) + \cdots + \nu_s \psi_s (y_0, y_1 \ldots, y_r) = 0$$

ausgeschnitten wird, so werden die Gruppen von $m\mu$ Punkten ($\mu \geqq 1$), die den Gruppen von m Punkten der Schar g_m^s entsprechen, auf der Kurve C außer den möglicherweise vorhandenen festen Punkten durch das linea System

$$\nu_0 \psi_0 (\varphi_0, \varphi_1, \ldots, \varphi_r) + \cdots + \nu_s \psi_s (\varphi_0, \varphi_1, \ldots, \varphi_r) = 0$$

ausgeschnitten, und die Gesamtheit dieser Gruppen von $m\mu$ Punkten bildet daher auf C eine $g_{m\mu}^s$. Man erhält also den Satz:

Wenn zwischen den Punkten der algebraischen Überraumkurven D und C eine algebraische Korrespondenz $(1, \mu)$ *besteht, so entspricht einer linearen Schar* g_m^s *auf der Kurve D eine lineare Schar* $g_{m\mu}^s$ *auf der Kurve C.*

Man beachte noch, daß, wenn $\mu > 1$ ist, diese letztere lineare Schar mit derjenigen Involution von der Ordnung μ zusammengesetzt ist, mit der auch die gegebene Schar g_n^r zusammengesetzt ist.

29. Projektionen einer Überraumkurve. Es sei C eine irreduzible Kurve von der Ordnung n, die dem Raum S_r angehört, und O ein beliebiger Punkt dieses Raumes. Die Gerade, welche den Punkt O mit einem allgemeinen Punkt der Kurve C verbindet, schneidet diese Kurve in einem oder mehreren Punkten; jedenfalls aber ist die Anzahl dieser Punkte endlich, weil auch die Zahl der Schnittpunkte, in welchen die Kurve von einer durch jene Gerade gelegten Überebene getroffen wird, endlich, nämlich gleich n ist.

Wenn überdies der Punkt O ganz allgemein in dem Raume angenommen wird, so wird eine durch O gehende Gerade, die sich in einem veränderlichen Punkt auf die Kurve C stützt, mit C keine weiteren Punkte gemein haben (abgesehen von etwaigen ganz speziellen Lagen der Geraden); nimmt man den Punkt O in allgemeiner Lage auf der Kurve C an, so wird der Strahl, der von O aus einen allgemein gewählten Punkt P der Kurve projiziert, diese Kurve C außer in O und P ebenfalls nicht mehr treffen.

Alles dies läßt sich leicht mittels elementarer Betrachtungen einsehen[1]).

---

1) Ganz allgemein gilt der Satz: *Ein linearer Raum* S_{i-1}, *der durch* $i \leqq r-1$ *allgemeine Punkte einer Kurve C des Raumes* S_r *bestimmt ist, trifft die Kurve in keinen weiteren Punkten.* Nimmt man an, daß dieser Satz für $i < k$ und für ein beliebiges r bewiesen sei, so läßt er sich sofort für $i = k$ beweisen, indem man die Projektion der Kurve C von einem beliebigen ihrer Punkte auf eine Überebene betrachtet. Es wird also genügen, die Eigenschaft für $i = 2$ zu beweisen, d. h. zu zeigen, daß für $r > 2$ nicht jede Sehne der Kurve C eine Trisekante sein kann. In der Tat, wenn AB eine beliebig gewählte Sehne von C ist und P ein weiterer Punkt wäre, in dem diese Gerade die Kurve C träfe, so wäre die Kurve C von P aus mindestens doppelt projiziert; da nun aber AB keine mehrfache Erzeugende des projizierenden Kegels sein könnte, so müßten sich die Tangenten in den Punkten A und B an die Kurve C schneiden, weil sie in der Ebene lägen, die den Kegel längs AB berührt. Dann würden aber die Tangenten der Kurve C sich zu je zweien schneiden, und da sie nicht alle durch einen Punkt gehen können, so müßten sie in einer und derselben Ebene liegen, d. h. C wäre eine ebene Kurve, während wir doch vorausgesetzt haben, daß r größer als 2 sei. Dieses Beweisverfahren rührt von G. Castelnuovo her.

Schneidet man den Kegel, der die Kurve C vom Punkt O aus projiziert, mit einer Überebene ω, die nicht durch O geht, so erhält man in ω eine Kurve C', welche die *Projektion der Kurve C vom Projektionszentrum O auf die Überebene ω* genannt wird. Wenn der Strahl, der einen allgemeinen Punkt der Kurve C von O aus projiziert, i von O verschiedene Punkte der Kurve enthält, so erhält man zwischen den Kurven C und C' eine Korrespondenz $(i, 1)$, die von einem allgemeinen Punkt der Kurve C zu einem Punkt von C' und von einem allgemeinen Punkt der Kurve C' zu i Punkten von C führt.

Es ist nicht schwer zu beweisen, daß diese Korrespondenz *algebraisch* ist. Um diesen Beweis zu führen, genügt es zu zeigen, daß die Koordinaten eines veränderlichen Punktes auf C' rationale Funktionen der Koordinaten des entsprechenden Punktes auf C sind.

Ist auf der Kurve C der Punkt P mit den Koordinaten $(x_0, x_1, \ldots, x_r)$ gegeben, so lassen sich die Koordinaten eines veränderlichen Punktes auf der Geraden OP durch die Formeln

$$\lambda x_j + \mu a_j \qquad (j = 0, 1, \ldots, r)$$

ausdrücken, wo $(a_0, a_1, \ldots, a_r)$ die Koordinaten des Projektionszentrums O sind und λ, μ Parameter bedeuten. Die Gleichung der Überebene ω sei nun

$$\alpha_0 y_0 + \alpha_1 y_1 + \cdots + \alpha_r y_r = 0;$$

dabei sind $\alpha_0, \alpha_1, \ldots, \alpha_r$ gegebene Koeffizienten, während $(y_0, y_1, \ldots, y_r)$ die Koordinaten eines in ω veränderlichen Punktes bedeuten. Den Schnittpunkt P' der Geraden OP und der Überebene ω erhält man, wenn man das Verhältnis λ/μ so bestimmt, daß

$$\lambda(\alpha_0 x_0 + \alpha_1 x_1 + \cdots + \alpha_r x_r) + \mu(\alpha_0 a_0 + \alpha_1 a_1 + \cdots + \alpha_r a_r) = 0$$

ist. Wir haben also für die Koordinaten des Punktes P', der der Geraden OP und der Ebene ω gemeinsam ist, die folgenden Ausdrücke:

$$x_j(\alpha_0 a_0 + \cdots + \alpha_r a_r) - a_j(\alpha_0 x_0 + \cdots + \alpha_r x_r). \qquad (j = 0, 1, \ldots, r)$$

Wie man sieht, enthalten diese Ausdrücke die Koordinaten des Punktes P in rationaler (linearer) Weise. Daraus ergibt sich also, daß die Koordinaten des Punktes P', der die Kurve C' beschreibt, rationale Funktionen der Koordinaten des Punktes P sind, der die gegebene Kurve C durchläuft.

Da nun aber die Kurve C nach unserer Annahme algebraisch ist, so lassen sich die Koordinaten eines veränderlichen Punktes auf ihr ausdrücken durch rationale Funktionen der Koordinaten eines veränderlichen Punktes auf einer passend gewählten ebenen algebraischen Kurve Γ; folglich ergeben sich auch die Koordinaten eines veränderlichen Punktes auf C' als rationale Funktionen des veränderlichen Punktes auf Γ.

Daraus folgt aber nach der Definition der algebraischen Überraumkurve der Satz:

Die Projektion einer algebraischen Kurve ist wiederum eine algebraische Kurve.

Es läßt sich noch die Bemerkung hinzufügen, daß, *wenn die gegebene Kurve irreduzibel ist, dasselbe auch für ihre Projektion gilt,* weil die Kurve Γ sich als irreduzibel erweist.

Diese Sätze behalten ihre Gültigkeit auch in dem Falle, wo die Projektionen, um die es sich handelt, nicht von einem Punkt aus, sondern von einer Geraden, von einer Ebene oder von einem Raum höherer Dimension aus vorgenommen werden.

Ist das Zentrum der Projektion ein Raum O von der Dimension $d (\leqq r-2)$, der die gegebene Kurve C in einem oder in mehreren Punkten treffen kann, so versteht man unter der Projektion der Kurve C diejenige Kurve C', die man in einem von O unabhängigen Raum ω von der Dimension $r-d-1$ erhält, wenn man diesen letzteren mit den Räumen von der Dimension $d+1$ schneidet, die den Raum O mit einem veränderlichen Punkt der Kurve C verbinden.

Dehnt man den oben auseinander gesetzten einfachen Gedankengang auf diesen Fall aus, so erkennt man, daß die Koordinaten eines veränderlichen Punktes der Kurve C' rationale Funktionen der Koordinaten des entsprechenden Punktes auf C sind.

Übrigens läßt sich diese Behauptung auch durch die Bemerkung erweisen, daß die Projektion von einem Zentrum beliebiger Dimension aus sich ersetzen läßt durch eine Folge von Projektionen, die ihr Zentrum in Punkten haben. Dies ist ein sehr bekannter Satz der mehrdimensionalen Geometrie.

Um z. B. die Kurve C von einer Geraden O aus auf einen Raum ω von $r-2$ Dimensionen zu projizieren, kann man zwei beliebige Punkte O_1 und O_2 auf der Geraden O wählen, die Projektion C_1 der Kurve C vom Punkt O_1 aus auf die Überebene $O_2\omega$ herstellen und endlich die Kurve C_1 vom Punkt O_2 aus auf den Raum ω von $r-2$ Dimensionen projizieren. Die dadurch erhaltene Kurve C' ist dieselbe, wie die, welche man erhalten würde, wenn man C unmittelbar von der Geraden O aus auf den Raum ω projizierte.

Wenn im besonderen das Projektionszentrum O von der Dimension $r-3$ ist, so ist der Raum ω, auf den man projiziert, von der Dimension 2, und daher wird C' eine ebene algebraische Kurve.

Nimmt man überdies den Raum O mit bezug auf die Kurve C in allgemeiner Lage an, d. h. so, daß ein allgemeiner S_{r-2}, der O mit einem Punkt P von C verbindet, die Kurve außer in P nicht mehr trifft, so steht die ebene Kurve C' in einer eineindeutigen (birationalen) Korrespondenz mit der Kurve C.

Man erkennt auf diese Weise, *wie man durch eine einfache Projektion eine ebene algebraische Kurve konstruieren kann, die birational auf eine gegebene algebraische Überraumkurve bezogen ist.*

In der birationalen Korrespondenz zwischen der Überraumkurve C und ihrer ebenen Projektion C' entspricht jedem Zweig von C' (s. Nr. 19, S. 53) auf C eine Gesamtheit von Punkten, die ebenfalls ein *Zweig* genannt wird. Es ergibt sich sofort, daß die (nicht homogenen) Koordinaten der Punkte eines Zweiges von C dargestellt werden können mit Hilfe von Potenzreihen eines Parameters t, die in einem bestimmten Kreise konvergent sind. Man gelangt so z. B. auch für einen Zweig von C zu dem Begriff der *Ordnung.* Darunter versteht man die Anzahl der Punkte, in denen der Zweig von einer seinem Ursprung hinlänglich benachbarten, im übrigen aber allgemein gelegenen Überebene geschnitten wird.[1]) Ein Punkt von C, der der Ursprung eines einzigen Zweiges erster Ordnung ist, heißt ein *einfacher Punkt;* der Punkt wird dagegen *mehrfach* (s-fach) genannt, wenn die Summe der Ordnungen der in ihm ihren Ursprung nehmenden Zweige größer als die Einheit (nämlich gleich s) ist.

Wir ziehen zunächst aus dem oben ausgesprochenen Satze einige Schlüsse, deren wir uns im folgenden bedienen werden.

Der Raum O von der Dimension d möge in bezug auf C eine ganz beliebige Lage haben; wir behaupten, daß eine allgemeine Überebene durch O die irreduzible Kurve C in *veränderlichen* und voneinander verschiedenen Punkten schneidet, d. h. daß sie außer in den möglicherweise vorhandenen Schnittpunkten von O mit C diese Kurve in solchen Punkten trifft, die voneinander verschieden sind.

Wir können nämlich die folgenden Bemerkungen machen:

a) Die Überebenen, welche die Kurve C berühren, sind diejenigen, welche die geradlinigen Tangenten an diese Kurve enthalten.

b) Die geradlinigen Tangenten von C können sich nicht alle auf den Raum O stützen (falls $d \leq r-2$ ist). Wäre dies nämlich der Fall, so erhielte man durch Projektion der Kurve C auf einen S_{r-d} von einem in O enthaltenen S_{d-1} aus eine Kurve, deren Tangenten alle in einem Punkt zusammenliefen, und wenn man diese Kurve von einem S_{r-d-3} ihres Raumes aus auf eine Ebene projizieren würde, so erhielte man eine ebene Kurve, der die analoge Eigenschaft zukäme. Dies ist aber unmöglich, wie man mittels der dualen Betrachtung erkennt.

c) Durch eine allgemeine Tangente von C, die den Raum O nicht

1) S. z. B. Bertini, Introduzione usw. S. 359.

schneidet, gehen ∞^{r-d-3} Überebenen, die auch O enthalten, und folglich gehen durch O nur ∞^{r-d-2} Überebenen, die die Kurve C berühren.

d) Da die mehrfachen Punkte von C in endlicher Anzahl vorhanden sind, so gibt es nur ∞^{r-d-2} Überebenen, die durch O und durch irgendeinen der genannten mehrfachen Punkte gehen.

Wir erhalten also den Satz:

Eine Kurve C, die dem Raum S_r angehört, wird von einer in einem linearen System veränderlichen Überebene in veränderlichen Punkten geschnitten, die voneinander verschieden sind.

30. Beziehung zwischen der Ordnung einer Überraumkurve und der Ordnung ihrer Projektion. Welche Beziehung besteht nun zwischen der Ordnung n der Kurve C und der Ordnung n' der Kurve C', die man als Projektion von C aus dem Raum O von d Dimensionen auf den Raum ω von $r-d-1$ Dimensionen erhält? Der Leser wird ohne Schwierigkeit die Richtigkeit des folgenden Satzes bestätigen: Wenn der Raum O die Kurve C in h Punkten schneidet, und wenn ein S_{d+1}, der einen allgemeinen Punkt der Kurve C von O aus projiziert, gleichzeitig auch noch $i-1$ weitere Punkte der Kurve projiziert, so ist die Ordnung von C'

$$n' = \frac{n-h}{i}.$$

31. Birationale Transformationen zwischen zwei Überraumkurven, die den Punkten jedes überebenen Schnittes der einen die Punkte eines überebenen Schnittes der anderen zuordnen. Wir wenden uns nun zu der Untersuchung des Zusammenhangs, der mit bezug auf die Theorie der linearen Scharen zwischen zwei Kurven besteht, von denen die eine die Projektion der anderen ist. Wir nehmen an, daß die Kurven C und C' birational aufeinander bezogen seien, d. h. daß ein S_{d+1}, der einen allgemeinen Punkt der Kurve C von O aus projiziert, nicht notwendig auch noch andere Punkte dieser Kurve projiziere. Wir machen außerdem die Annahme, daß die Kurven C und C' von derselben Ordnung n seien, daß also der Raum O die Kurve C nicht treffe. Vermöge der birationalen Korrespondenz, die zwischen den Kurven C und C' besteht, entspricht der linearen Schar g_n^{r-d-1}, die auf der Kurve C' von den Überebenen ihres eigenen Raumes (d. h. von den in ω enthaltenen Räumen S_{r-d-2}) erzeugt wird, die lineare Schar g_n^{r-d-1}, die auf C von den durch O gehenden Überebenen ausgeschnitten wird; diese letztere Schar ist aber in der umfassenderen Schar g_n^r enthalten, die auf C von *allen* Überebenen des Raumes S_r erzeugt wird. Wir erhalten daher den Satz:

Wenn eine Kurve C' die Projektion von C ist, so entspricht vermöge der birationalen Korrespondenz zwischen C' und C der linearen Schar der überebenen Schnitte von C' eine andere Schar, die in der linearen Schar der überebenen Schnitte von C enthalten ist.

Sind die Kurven C und C' von derselben Ordnung, so ergibt sich daraus, daß die lineare Schar auf C, welche der Schar der durch die Überebenen auf C' erzeugten Schnitte entspricht, *vollständig enthalten* ist in der Schar der durch die Überebenen auf C entstehenden Schnittpunkte; im anderen Fall, d. h. wenn das Projektionszentrum einen oder mehrere Punkte mit C gemeinsam hat, ist jene Schar in dieser nur *teilweise enthalten.*

Die eben betrachtete Eigenschaft läßt sich in gewissem Sinne umkehren; und zwar geschieht dies in folgender Weise:

Wir setzen zunächst voraus, daß die beiden Kurven C und C', die zwei (verschiedenen oder zusammenfallenden) Räumen von derselben Dimension r angehören, derart birational aufeinander bezogen seien, daß den auf der Kurve C durch die Überebenen ihres eigenen Raumes ausgeschnittenen Gruppen die analogen Gruppen auf der Kurve C' entsprechen.

Wir werden dann beweisen, daß die beiden Kurven projektiv sind, d. h. daß sich die birationale Korrespondenz, die zwischen ihnen besteht, einer homographischen Verwandtschaft (Kollineation) zwischen den beiden Räumen unterordnen läßt, denen die Kurven angehören.

Bezeichnet man die Räume, denen die Kurven C und C' angehören, mit Σ bzw. Σ', so wird jeder Überebene von Σ eine und nur eine Überebene von Σ' zugeordnet, nämlich diejenige, welche auf C' die Gruppe erzeugt, die dem Schnitt von C mit der in Σ gegebenen Überebene entspricht; diese Bemerkung gilt auch umgekehrt. Durch die Korrespondenz zwischen den Punkten der beiden Kurven wird also eine ein-eindeutige Korrespondenz zwischen den Überebenen ihrer Räume festgelegt.

Wir betrachten in Σ ein $(r-h-1)$-fach unendliches lineares System von Überebenen, d. h. das System aller Überebenen, die durch einen gegebenen Raum S_h $(h \geqq 0)$ gehen; dieses System sei mit H bezeichnet. Es schneidet auf C eine lineare Schar aus, der eine durch überebene Schnitte von C' gebildete lineare Schar von der Dimension $r-h-1$ entspricht. Dem linearen System H entspricht daher im Raum Σ' ein algebraisches System H' von Überebenen mit der Eigenschaft, daß durch $r-h-1$ allgemein gewählte Punkte der Kurve C' *eine einzige* Überebene des Systems hindurchgeht. Daraus folgt aber, daß H' ebenfalls ein lineares System ist. Um dies einzusehen, hat man nur zu beweisen, daß durch $r-h-1$ allgemein gewählte Punkte des Raumes Σ' eine einzige Überebene von H' hindurchgeht.[1])

Wir wählen auf C' $r-h-2$ allgemeine Punkte und betrachten das ∞^1-System, das aus allen durch die festgelegten Punkte gehenden Überebenen von H' gebildet wird. Durch einen weiteren allgemein gewählten Punkt auf C' geht eine einzige Überebene dieses ∞^1-Systems, und es sind daher zwei Annahmen möglich: entweder geht durch einen allgemein gewählten Punkt des Raumes Σ' eine einzige Überebene des ∞^1-Systems, und dieses ist daher ein Büschel; oder es gehen durch einen allgemeinen Punkt von Σ' mehrere Überebenen dieses Systems, und dann bildet C' notwendig einen Teil des *Umhüllungsgebildes* von H'. Die letztere Annahme führt vermöge einer bekannten Differentialeigenschaft zu dem Schluß, daß eine in H' veränderliche Überebene die Kurve C' in veränderlichen Punkten berührt, und daraus ergibt sich infolge der Korrespondenz zwischen C' und C, daß eine in H veränderliche Überebene in bezug auf C die analoge Eigenschaft besitzt. Dies widerspricht aber dem am Ende der Nr. 29 (S. 89) bewiesenen Satze. Die erstere Annahme ist also die allein mögliche

Wir wählen nun auf C' $r-h-3$ allgemeine Punkte und einen weiteren Punkt in allgemeiner Lage außerhalb der Kurve C'. Vermöge der Folgerung, zu der wir soeben gelangt sind, besitzt das ∞^1-System, das von allen durch die festgelegten Punkte gehenden Überebenen von H' gebildet wird, die Eigenschaft, daß durch einen weiteren auf C' allgemein gewählten Punkt eine einzige Überebene des Systems hindurchgeht. Mit Hilfe des oben auseinander gesetzten Gedankenganges folgern wir daraus, daß das betrachtete System ein Büschel ist. Setzt man diese Schlußweise fort, so gelangt man schließlich zu dem Ergebnis, daß das System derjenigen Überebenen von H', die durch $r-h-2$ allgemein gewählte Punkte des Raumes Σ' gehen, ein Büschel ist, und daß also das System H' linear sein muß.

Aus den vorhergehenden Betrachtungen folgt, daß die ein-eindeutige Korrespondenz zwischen den Überebenen von Σ und Σ' den Übergang vermittelt von einem linearen System von Überebenen, das in dem einen Raum enthalten ist, zu einem linearen System von Überebenen, das dem andern angehört. Sie führt also auch von einem Punkt, den man als Träger eines linearen ∞^{r-1}-Systems betrachten kann, zu einem Punkt, von einer Geraden — als Trägerin eines ∞^{r-2}-Systems — zu einer Geraden, von einer Ebene zu einer Ebene, von einem S_3 zu einem S_3, usw.

1) Wir machen hier Gebrauch von der Erweiterung des in Nr. 6 (S. 18) für algebraische Kurvensysteme bewiesenen Satzes auf die algebraischen Systeme von Formen (im besonderen auf Systeme von linearen Formen, d. h. Überebenen), siehe z. B. Bertini, Introduzione usw., S. 222.

Daraus ergibt sich aber, daß die ein-eindeutige *algebraische* Korrespondenz, die zwischen den Punkten der beiden Räume entsteht, *kollinear (homographisch)* ist.[1])

Wir wenden uns nun zur Betrachtung eines allgemeineren Falles. Es mögen zwei Kurven C und C' gegeben sein, die bzw. den Räumen S_r und $S_{r'}$ angehören (wo $r' < r$), und die in solcher Weise birational aufeinander bezogen sind, daß den Gruppen, die auf C' durch die Überebenen des $S_{r'}$ bestimmt werden, auf der Kurve C andere Gruppen entsprechen, die (teilweise oder vollständig) in der Schar der überebenen Schnitte dieser Kurve enthalten sind. Um die Vorstellungen zu fixieren, wollen wir annehmen, die Kurve C sei von der Ordnung n und die Kurve C' sei von der Ordnung $n - i$.

Die $g_{n-i}^{r'}$ auf C, welche der Schar der durch die Überebenen auf C' erzeugten Schnittpunkte entspricht, wird so beschaffen sein, daß die Überebenen des S_r, die durch eine beliebige ihrer Gruppen hindurchgehen, h-fach unendlich sind ($h \geqq 0$). Greifen wir aus dem Raum S_r einen allgemein gewählten Raum S_{h-1} heraus, so werden r' Punkte von C *eine* Gruppe der $g_{n-i}^{r'}$ festlegen, und durch diese geht *eine einzige* auch den S_{h-1} enthaltende Überebene S_{r-1}. Die Überebenen S_{r-1} des Systems (oder Überbündels)[2]) (S_{h-1}), welche durch die Gruppen der Schar $g_{n-i}^{r'}$ gehen, bilden also ein System mit der Eigenschaft, daß durch r' allgemeine Punkte von C eine und nur eine dieser Überebenen hindurchgeht. Mit Hilfe einer Überlegung, die der vorhin durchgeführten ganz analog ist, gelangt man zu dem Schluß, daß das erwähnte r'-fach unendliche System von Räumen S_{r-1} linear ist, d. h. daß es aus den Überebenen besteht, die durch einen gewissen Raum $S_{r-r'-1}$ gehen (dieser letztere enthält natürlich den oben herausgegriffenen S_{h-1}). Dieser $S_{r-r'-1}$ wird von C in i Punkten durchsetzt, da jede durch ihn gehende Überebene die Kurve C nur in $n - i$ veränderlichen Punkten schneiden darf.

Hiezu kommt nun, daß die Schar $g_{n-i}^{r'}$, die außer den festen Punkten von den Überebenen des $\infty^{r'}$-Systems auf der Kurve C ausgeschnitten wird, ebensowenig mit einer Involution zusammengesetzt sein kann wie die auf der Kurve C' durch die Überebenen ihres Raumes erzeugte Schar. Es muß also möglich sein, die Kurve C von dem Raum $S_{r-r'-1}$ aus eineindeutig auf einen im S_r enthaltenen Raum $S_{r'}$ zu projizieren. Auf diese Weise erhalten wir eine Kurve C_1, die birational auf C und damit auch

1) Bertini, Introduzione usw. S. 45, Nr. 4.

2) In einigen deutschen Werken wird das Wort *„stella"*, mit dem ein solches Bündel im Italienischen bezeichnet wird, durch *„Stern"* wiedergegeben, vgl. z. B. G. Veronese, Grundzüge der Geometrie, deutsch von A. Schepp (Leipzig 1894), S. 424 und 507. [A. d. Übers.]

auf C' bezogen ist, derart, daß die durch Überebenen erzeugten Schnittpunkte der Kurven C_1 und C' einander entsprechen. Diese beiden Kurven sind also kollinear (homographisch).

Fassen wir zusammen, so erhalten wir den folgenden Satz:

Wenn zwischen zwei Kurven C und C' eine birationale Korrespondenz besteht, derart, daß den überebenen Schnitten der Kurve C' solche Gruppen entsprechen, die (teilweise oder vollständig) in der auf der Kurve C durch die Schnitte mit den Überebenen gebildeten Schar enthalten sind, so läßt sich die Kurve C' stets kollinear auf eine Projektion von C beziehen. Falls jene Gruppen vollständig in dieser Schar enthalten sind, so geschieht die Projektion von einem Zentrum aus, das die Kurve C nicht trifft, im andern Fall dagegen wird sie von einem Zentrum aus vollzogen, das die Kurve C in einem oder in mehreren festen Punkten durchsetzt.

32. Normalkurven. Wir betrachten wiederum eine irreduzible algebraische Kurve C von der Ordnung n, die dem Raum S_r angehört. Wenn die Schar g_n^r, die auf C durch die Überebenen des Raumes ausgeschnitten wird, eine Vollschar ist, so ist es nicht möglich, die Kurve C mittels Projektion einer Kurve *derselben Ordnung* zu erhalten, die einem Raum von höherer Dimension angehört. In diesem Falle nennt man die Kurve C eine *Normalkurve.* So ist z. B. die Raumkurve dritter Ordnung eine Normalkurve, ebenso die Raumkurve vierter Ordnung erster Art (der Schnitt zweier Flächen zweiter Ordnung im Raum S_3); dagegen ist die Raumkurve vierter Ordnung zweiter Art keine Normalkurve, da sie die Projektion einer (rationalen) Quartik des vierdimensionalen Raumes S_4 ist.

Wenn die durch die Überebenen des Raumes S_r auf C erzeugte Schar g_n^r keine Vollschar ist, so behaupten wir, daß man stets eine Kurve C_0 von der Ordnung n konstruieren kann, deren Projektion die Kurve C ist. Der Deutlichkeit wegen wollen wir schrittweise vorgehen und zunächst eine Schar g_n^{r+1} betrachten, welche die erwähnte g_n^r enthält (und möglicherweise eine Vollschar ist). Wir nehmen außerhalb des Raumes S_r einen Punkt O an und beziehen nun die Gruppen der Schar g_n^{r+1} projektiv auf die Überebenen des Raumes S_{r+1}, der den Punkt O mit dem Raum S_r verbindet, derart, daß den Gruppen der g_n^r, d. h. den Überebenen des S_r, diejenigen Räume S_r zugeordnet werden, die sie von O aus projizieren. Dies ist stets möglich; denn unter zwei $(r+1)$-fach unendlichen linearen Mannigfaltigkeiten gibt es unendlich viele Kollineationen, die eine gegebene Projektivität in zwei r-fach unendliche lineare Mannigfaltigkeiten einordnen, die in jenen enthalten sind.

Durch einen Punkt P der Kurve C gehen ∞^r Gruppen der g_n^{r+1}, die eine lineare Schar bilden; ihm entspricht ein Punkt P_0 des Raumes S_{r+1} als Träger der entsprechenden Überebenen. Da die g_n^{r+1} einfach ist (denn sonst würde dies auch für die g_n^r nicht zutreffen), so beschreibt bei der Bewegung des Punktes P der Punkt P_0 eine algebraische Kurve C_0, die von der Ordnung n sein muß, weil sie von einer Überebene ihres Raumes in ebenso vielen veränderlichen Punkten geschnitten wird, als eine Gruppe der g_n^{r+1} veränderliche Punkte enthält (vgl. Nr. 27, S. 82). Berücksichtigt man nun, daß den Gruppen der g_n^r die Räume S_r entsprechen, die sie von O aus projizieren, so erkennt man sofort, daß die Kurve C die Projektion der Kurve C_0 vom Zentrum O aus ist.

Ist nun aber C_0 keine Normalkurve, d. h. ist die Schar g_n^{r+1} keine Vollschar, so konstruiert man auf ganz ähnliche Weise in einem Raum S_{r+2} eine Kurve C_1 von der Ordnung n, welche durch Projektion von einem Punkt O_1 aus die Kurve C_0 ergibt. Projiziert man die Kurve C_1 von der Geraden OO_1 aus in den ursprünglichen Raum S_r, so erhält man die Kurve C.

Setzt man diese Schlußweise fort, so erkennt man folgendes: Wenn die Vollschar, die g_n^r enthält, die Dimension $r + d$ hat, so kann die Kurve C aufgefaßt werden als Projektion einer Kurve derselben Ordnung n von einem Raum S_{d-1} aus in den ursprünglichen Raum S_r.

Da man eine algebraische Kurve dann als *Normalkurve* bezeichnet, wenn sie sich nicht auffassen läßt als Projektion einer Kurve von derselben Ordnung, die aber einem Raum von höherer Dimension angehört, so erhält man den Satz:

Die notwendige und hinreichende Bedingung dafür, daß eine Kurve eine Normalkurve ist, besteht darin, daß die Gruppen der durch die Überebenen auf ihr erzeugten Schnittpunkte eine Vollschar bilden.

33. Anwendung auf die rationalen Kurven. Wir wenden nun die im vorhergehenden abgeleiteten Sätze an auf die rationalen Kurven, d. h. auf die einer Ebene oder einem höheren Raum angehörigen Kurven, die man birational auf eine Gerade beziehen kann.

Wir bemerken zunächst, daß auf einer Geraden die Gesamtheit aller Gruppen von n Punkten eine g_n^n bildet; diese läßt sich z. B. durch das lineare System aller Kurven von der Ordnung n ausschneiden, welche in einer durch die gegebene Gerade gelegten Ebene gezeichnet werden können.

Daraus folgt, daß eine auf der Geraden existierende g_n^r keine Vollschar sein kann, solange $r < n$ ist, da sie ja in der g_n^n aller Gruppen von n Punkten enthalten ist.

Was soeben für die linearen Scharen auf der Geraden gesagt wurde, gilt auch für die linearen Scharen, die auf irgendeiner rationalen Kurve vorhanden sind, weil bei einer birationalen Transformation die linearen Scharen in lineare Scharen und die linearen Vollscharen in lineare Vollscharen übergehen.

Es läßt sich aber auch umgekehrt der Satz beweisen, daß eine Kurve C rational sein muß, wenn auf ihr eine lineare Schar g_n^n existiert.

Man bemerke zunächst, daß die g_n^n keine festen Punkte haben kann; denn wenn man von diesen absehen würde, so erhielte man eine Schar, deren Dimension größer wäre als die Ordnung; dies ist aber unmöglich, wie wir an anderer Stelle sahen (S. 69). Die Schar g_n^n kann auch nicht zusammengesetzt sein; denn in diesem Fall würden die Gruppen der Schar, die durch einen Punkt P von C gehen, auch noch durch andere Punkte $Q, R, \ldots$ gehen; nähme man nun von den Gruppen, die die Punkte $P, Q, R, \ldots$ enthalten, eben diese Punkte weg, so erhielte man eine Schar, deren Dimension $n-1$ die Ordnung übersteigen würde.

Man kann daher in einem Raum S_n eine Kurve C' von der Ordnung n konstruieren, die birational auf C bezogen ist, so daß der gegebenen g_n^n die Schar der überebenen Schnitte von C' entspricht. Die Kurve C' läßt sich ihrerseits wieder birational auf eine Gerade u beziehen, wenn man sie von dem Raum S_{n-2} aus, der $n-1$ allgemein gewählte Punkte von C' verbindet, auf diese Gerade projiziert. In der Tat schneidet nämlich jeder durch den betrachteten Raum S_{n-2} gelegte Raum S_{n-1} die Kurve C' weiterhin in einem Punkt A und die Gerade u in einem Punkt A', der dem Punkt A zugeordnet ist. Wenn umgekehrt auf u eine Lage des Punktes A' gegeben ist, so schneidet der Raum S_{n-1}, der A' mit dem Projektionszentrum verbindet, die Kurve C außer in den festen Punkten noch im Punkt A. Wir gelangen also zu dem Ergebnis:

Auf einer algebraischen Kurve kann die Dimension r einer linearen Schar g_n^r nicht größer sein als die Ordnung n; Dimension und Ordnung sind nur dann einander gleich, wenn die gegebene Kurve rational ist.

Und ferner:

Wenn eine Kurve C von der Ordnung n einem r-dimensionalen Raum S_r angehört, so ist $r \leq n$, und das Gleichheitszeichen gilt nur dann, wenn die Kurve C rational ist. Eine rationale Kurve von der Ordnung n, die einem Raum S_r angehört, wobei $r < n$ ist, ist stets die Projektion einer Normalkurve derselben Ordnung, die einem Raum S_n angehört.

Viertes Kapitel.

Das Geschlecht einer Kurve.

34. Doppelpunkte und mehrfache Punkte einer g_n^1. Jacobische Gruppe einer g_n^1, die nur Doppelpunkte besitzt. Auf einer algebraischen Kurve C betrachten wir eine lineare Schar g_n^1, die keine festen Punkte besitzt. Man sieht leicht ein, daß eine allgemein gewählte Gruppe der g_n^1 aus n voneinander verschiedenen Punkten besteht. Man kann nämlich die g_n^1 auf unendlich viele Weisen ansehen als teilweise enthalten in einer einfachen Schar g_{n+m}^r. Um eine solche Schar zu erhalten, braucht man nur die Summe der g_n mit einer einfachen g_m zu bilden.

Nach dieser Vorbemerkung betrachten wir eine Kurve C', die birational auf C bezogen ist, so daß der g_{n+m}^r die Schar der durch die Überebenen auf C' erzeugten Schnittpunktgruppen entspricht. Dann wird die der g_n^1 entsprechende Schar auf C', außer m festen, voneinander verschiedenen oder zusammenfallenden Punkten, durch ein Büschel von Überebenen ausgeschnitten, und folglich müssen die Punkte einer allgemeinen Gruppe der g_n^1 voneinander verschieden sein (s. Nr. 29, S. 89).

Es gibt daher eine endliche Anzahl von Gruppen der g_n^1, die zwei oder mehr zusammenfallende Punkte enthalten.

Ein Punkt, in welchem zwei einer Gruppe der g_n^1 angehörige Punkte zusammenfallen, heißt ein *Doppelpunkt* dieser Schar; wenn drei Punkte in ihm zusammenfallen, so heißt er ein *dreifacher Punkt*; im allgemeinen Fall wird er ein *mehrfacher Punkt* der Schar genannt.

In ähnlicher Weise kann man Doppelpunkte, dreifache Punkte usw. einer mehrfach unendlichen linearen Schar betrachten.

Was die mehrfachen Punkte einer linearen Schar anbetrifft, so möge hier ausdrücklich hervorgehoben werden, daß zwei oder mehr Punkte, die einer Gruppe der gegebenen Schar angehören und in einen und denselben Punkt P der die Schar tragenden Kurve C fallen, nur dann als die Komponenten eines mehrfachen Punktes angesehen werden dürfen, wenn sie einem und demselben Zweig angehören, der seinen Ursprung in P hat; d. h. nur dann, wenn die Gruppe, zu der sie gehören, sich als Grenzlage einer innerhalb der Schar beweglichen Gruppe auffassen läßt, unter deren Punkten sich zwei oder mehrere befinden, die in den Punkt P hineinzurücken bestrebt sind und sich dabei auf dem nämlichen Zweig bewegen.

In der Tat, wenn man die Vielfachheit eines Punktes P für eine Gruppe der gegebenen Schar einfach dadurch berechnen wollte, daß man untersuchte, wie viele Punkte der Gruppe in den Punkt P fallen, ohne auf die verschiedenen Zweige Rücksicht zu nehmen, deren Ursprung P sein kann, und wenn man dann durch eine birationale Transformation die gegebene Kurve in eine andere verwandelte, in welcher zwar jedem der durch P gehenden Zweige ebenfalls ein Zweig entspräche, aber so, daß jeder dieser Zweige einen besonderen Ursprung hätte, so könnte dadurch die betrachtete Vielfachheit in bezug auf die transformierte lineare Schar geändert werden. Die Vielfachheit eines Punktes für eine Gruppe einer Schar wäre also gegenüber den birationalen Transformationen nicht invariant. Beachtet man dagegen die oben angegebene Vorsichtsmaßregel, so ergibt sich, daß *bei einer birationalen Transformation ein mehrfacher Punkt einer linearen Schar in einen Punkt von derselben Vielfachheit übergeht.*

Nehmen wir ein Beispiel! Wenn man eine ebene Kurve von der Ordnung n, die im Punkt P einen gewöhnlichen Doppelpunkt besitzt, mit einer Geraden schneidet, die durch P geht, im übrigen aber ganz allgemein gewählt ist, so entsteht eine Punktgruppe, in welcher zwei Punkte mit P zusammenfallen (sie gehört der Schar g_n^2 an, die auf der Kurve durch die Geraden der Ebene erzeugt wird); aber diese Punkte müssen von unserem Standpunkt aus als verschieden betrachtet werden. Wenn man dagegen eine der beiden Tangenten im Punkt P betrachtet, so erhält man eine Gruppe mit einem Doppelpunkt (oder mit einem Punkt von größerer Vielfachheit, wenn die Tangente eine Berührung höherer Ordnung hat) und mit einem einfachen Punkt, der mit dem Doppelpunkt zusammenfällt.

Wenn P ein Rückkehrpunkt wäre, so würde eine allgemein gewählte Gerade durch P eine Gruppe liefern, die in diesem Punkt einen Doppelpunkt hätte, usw.

Im allgemeinen besitzt eine g_n^1 nur Doppelpunkte und keine Punkte von größerer Vielfachheit. Auf einer ebenen Kurve von der Ordnung n, die mit gewöhnlichen Singularitäten versehen ist, hat z. B. die Schar g_n^1, die durch ein Strahlenbüschel ausgeschnitten wird, dessen Scheitelpunkt ein allgemein gewählter Punkt O der Ebene ist, nur Doppelpunkte in den Berührungspunkten der von O an die Kurve gezogenen Tangenten.

Die Gruppe der Doppelpunkte einer g_n^1 nennt man die *Jacobische Gruppe* der Schar.

Diese JACOBIsche Gruppe besitzt eine äußerst wichtige Eigenschaft, mit der wir uns jetzt beschäftigen wollen.

Wir fügen zu den Gruppen der gegebenen g_n^1, die nicht mit festen Punkten versehen sei, die m voneinander verschiedenen Punkte einer Gruppe K hinzu. Dabei setzen wir zunächst voraus,

a) daß die Schar $g_n^1 + K$ in einer einfachen Schar g_{n+m}^2 enthalten sei, die keine festen Punkte besitzt,

b) daß die Punkte der Gruppe K verschieden seien von den Doppelpunkten der g_n^1.

Als projektives Modell unserer Kurve kann man nun eine ebene Kurve C von der Ordnung $n + m$ betrachten, auf welcher die als Bild der gegebenen g_{n+m}^2 entstehende Schar durch die Geraden der Ebene ausgeschnitten erscheint.[1]) Die Schar, welche als Bild der $g_n^1 + K$ auftritt, wird dann ausgeschnitten werden durch die Geraden eines Büschels, das einen m-fachen Punkt O der Kurve C zum Scheitelpunkt hat. Da nun aber auf der ursprünglich gegebenen Kurve die Punkte der Gruppe K voneinander verschieden waren, so muß der Punkt O der Ursprung von m (linearen) Zweigen der Kurve C sein. Da überdies die Gruppen der Schar, die das Bild der g_n^1 ist, durch die von O verschiedenen Schnittpunkte der Geraden des genannten Büschels mit der Kurve C gebildet werden, und da sich nach der Voraussetzung b) unter diesen Gruppen keine befindet, die in O einen Doppelpunkt hat, so müssen die Tangenten im Punkt O an die einzelnen Zweige mit den entsprechenden Zweigen eine zweipunktige Berührung aufweisen; die Zweige sind daher von der ersten Ordnung und von der ersten Klasse (s. Nr. 19, S. 57).

Man denke sich nun die Schar, die das Bild der $g_n^1 + K$ ist, als Grenzlage einer von festen Punkten freien Schar g_{n+m}^1, die auf C durch ein Geradenbüschel mit einem Scheitelpunkt Q ausgeschnitten wird, der außerhalb der Kurve C liegt und sich dem Punkt O unbegrenzt nähert. Wenn Q dem Punkt O hinreichend nahe gekommen ist, so werden auf jedem der von O ausgehenden Zweige *zwei* Doppelpunkte der veränderlichen Schar g_{n+m}^1 dem Punkt O sehr nahe gekommen sein, weil von einem Punkt, der dem Ursprung eines linearen Zweigs erster Klasse hinlänglich nahe kommt, zwei Tangenten an diesen Zweig gezogen werden können. Daraus folgt der Satz:

---

1) Diese abgekürzte Ausdrucksweise soll besagen, daß man eine ebene Kurve betrachtet, die auf die gegebene birational bezogen ist, derart, daß der Schar g_{n+m}^2 die Schar der auf der ebenen Kurve durch die geraden Linien erzeugten Schnittpunktgruppen entspricht.

Wenn man die Schar $g_n^1 + K$ als Grenze einer von festen Punkten freien Schar ansieht, so erhält man die JACOBIsche Gruppe der $g_n^1 + K$ dadurch, daß man zu der JACOBIschen Gruppe der Schar g_n^1 die doppelt gezählte Gruppe K hinzufügt.

Bemerkung. Man erkennt leicht, daß die Voraussetzungen a) und b) für die Gültigkeit dieses Ergebnisses nicht notwendig sind. Wenn nämlich von vornherein die Voraussetzung a) nicht zutrifft, während b) noch gilt, so bleiben zwei Annahmen möglich:

1a) Die $g_n^1 + K$ ist in einer einfachen g_{n+m}^r enthalten, die keine festen Punkte besitzt, und für die $r > 2$ ist.

2a) Die $g_n^1 + K$ ist in keiner einfachen Schar enthalten, deren Dimension $\geqq 2$ ist.

Im ersten Fall kommen wir sofort auf die Voraussetzung a) zurück. Wenn man nämlich die g_{n+m}^r mit Hilfe derjenigen Schar darstellt, die auf einer dem Raum S_r angehörigen Kurve C_1 von der Ordnung $n + m$ durch die Überebenen erzeugt wird, so wird die Schar, die das Bild der $g_n^1 + K$ ist, auf C_1 durch ein Büschel von Überebenen bestimmt; der Träger dieses Büschels — ein Raum S_{r-2} — geht durch diejenige Gruppe hindurch, die das Bild von K ist. Betrachtet man nun die g_{n+m}^2, welche durch die Überebenen bestimmt wird, die durch einen allgemein gewählten, in jenem S_{r-2} enthaltenen Raum S_{r-3} gehen, so genügt diese den gewünschten Bedingungen, weil der gewählte S_{r-3} mit C_1 keine Punkte gemeinsam hat und weil überdies die Kurve C_1 ein-eindeutig aus dem Raum S_{r-3} projiziert ist. Wenn nämlich jeder S'_{r-2}, der durch einen festen Punkt X von C_1 geht und den S_{r-2} längs eines S_{r-3} durchdringt, die Kurve C_1 noch in weiteren Punkten treffen würde, so müßte diese Kurve in der Überebene liegen, die den S_{r-2} mit X verbindet.

Um für den zweiten Fall zu zeigen, daß das erhaltene Ergebnis bestehen bleibt, füge man zu der $g_n^1 + K$ eine andere Gruppe H von μ Punkten hinzu, so daß die entstehende Schar $g_n^1 + K + H$ mindestens in einer einfachen $g_{n+m+\mu}^2$ enthalten ist, die keine festen Punkte besitzt. Bezeichnet man dann die JACOBIschen Gruppen der Scharen g_n^1, $g_n^1 + K$, $g_n^1 + K + H$ bzw. mit Ω, I und T, so erhält man

$$T = \Omega + 2K + 2H,$$

und außerdem

$$I = \Omega + xK, \quad T = I + yH,$$

wo x und y positive ganze Zahlen (oder Null) bedeuten. Daraus folgt

$$2K + 2H = xK + yH,$$

d. h. $x = y = 2$.

Nachdem wir so gezeigt haben, daß die Annahme a) für die Gültigkeit des oben erhaltenen Ergebnisses nicht wesentlich ist, wollen wir sehen, wie wir uns auch von der Annahme b) frei machen können. Wir nehmen an, daß ein Punkt von K mit einem Doppelpunkt der g_n^1 zusammenfalle. Denken wir uns die Gruppe K als die Grenzlage einer veränderlichen Gruppe $\overline{K}$, die mit der JACOBIschen Gruppe Ω der Schar g_n^1 keine Punkte gemeinsam hat, so ist die JACOBIsche Gruppe $\overline{I}$ der (veränderlichen) Schar $g_n^1 + \overline{K}$ nach dem vorhergehenden gegeben durch

$$\overline{I} = \Omega + 2\overline{K};$$

daher hat die Grenzschar $g_n^1 + K$ die JACOBIsche Gruppe

$$I = \Omega + 2K,$$

wie in dem Fall, wo Ω und K keine gemeinsamen Punkte haben. Der einzige Unterschied besteht darin, daß der den Gruppen Ω und K gemeinsame Punkt bei der Berechnung von I dreimal zu zählen ist, während im ersten Fall jeder Punkt von Ω nur einmal zählte.

35. JACOBIsche Gruppe einer g_n^1, die mit beliebigen vielfachen Punkten ausgestattet ist. Bisher haben wir vorausgesetzt, daß die betrachtete Schar nur Doppelpunkte habe. Wir wenden uns nun der allgemeineren Annahme zu, daß die auf der Kurve C vorhandene Schar g_n^1, die von festen Punkten frei sei, mehrfache Punkte von beliebiger Vielfachheit besitze. Es erhebt sich zunächst die Frage, wieviel Mal ein ν-facher Punkt der Schar g_n^1 in der JACOBIschen Gruppe der Schar zu zählen ist, d. h. mit wievielen Doppelpunkten er *äquivalent* ist.

Wir fassen auf der Kurve C eine andere lineare Schar g_m^1 ins Auge, die keine festen Punkte besitzt, und die *nur mit Doppelpunkten versehen ist.* Wir nehmen an, zwischen den Scharen g_n^1 und g_m^1 bestehe keine besondere Beziehung, so daß die Gruppen der g_n^1 und der g_m^1, die durch einen allgemein gewählten Punkt der Kurve C gehen, nicht notwendig auch noch andere Punkte gemeinsam haben.

Da die eben genannten linearen Scharen zwei einfach unendliche rationale Mannigfaltigkeiten von Elementen darstellen, so lassen sie sich birational auf zwei Strahlenbüschel (P) und (Q) einer und derselben Ebene π beziehen, derart, daß jede Gruppe der Schar g_m^1 einem Strahl durch den Punkt P und jede Gruppe der Schar g_n^1 einem Strahl durch den Punkt Q entspricht.

Dem veränderlichen Punkt M der Kurve C ist in der Ebene π der Schnittpunkt R derjenigen beiden Strahlen zugeordnet, die die Bilder der durch M gehenden Gruppen der Scharen g_n^1 und g_m^1 sind; und der veränderliche Punkt R beschreibt eine ebene algebraische Kurve f, die birational auf C bezogen ist. Einer bestimmten Lage des Punktes M entspricht in der Tat *eine* Lage von R und umgekehrt (vermöge der Annahme, daß die beiden durch M gehenden Gruppen keine weiteren Punkte gemeinsam haben).

Man bemerke, daß durch die angegebene Konstruktion eine algebraische Korrespondenz zwischen den Büscheln (P) und (Q) entsteht, deren Indizes (n, m) sind; in dieser Korrespondenz wollen wir zwei Strahlen homolog nennen, wenn sie zwei Gruppen mit gemeinsamem Punkt M darstellen. Ein allgemein gewählter Strahl durch P schneidet f außer in P in so vielen Punkten, als Schnittpunkte dieses Strahles mit den zu ihm homologen Strahlen des Büschels (Q) vorhanden sind; ist also P ein s-facher Punkt von f und bezeichnet man die Ordnung der Kurve f mit x, so erhält man

$$x = m + s.$$

Ebenso ergibt sich

$$x = n + s',$$

wenn Q ein s'-facher Punkt der Kurve f ist.

Falls, wie wir annehmen dürfen, die Gerade PQ in der Korrespondenz kein Koinzidenzelement ist, so entsprechen ihr, wenn sie als ein Strahl des Büschels (P) oder (Q) betrachtet wird, im anderen Büschel m (bzw. n) voneinander verschiedene Strahlen; während ein Strahl sich um P (oder Q) dreht und sich dabei der Grenzlage PQ (bzw. QP) immer mehr nähert, nähern sich die m (oder n) Punkte, in welchen dieser Strahl außer in dem festen Punkt die Kurve f schneidet, dem Punkt Q (oder P) längs m (bzw. n) Richtungen, die sowohl unter sich, als auch von PQ verschieden sind. Daraus folgt, daß die Gerade PQ die Kurve f außer in den Punkten P und Q nicht mehr trifft, und daß sie in diesen Punkten nicht Tangente an diese Kurve ist.

Es ergibt sich also, daß $x = s + s'$ ist, und mit Rücksicht auf die vorhergehenden Beziehungen folgt

$$s' = m, \quad s = n, \quad x = m + n.$$

Wir schließen also, daß der Punkt P ein gewöhnlicher n-facher Punkt der Kurve f ist, da ja als Tangenten in diesem Punkt die n voneinander verschiedenen Geraden erscheinen, die der Geraden PQ entsprechen, wenn sie als Strahl des Büschels (Q) betrachtet wird. In derselben Weise ergibt sich, daß Q ein gewöhnlicher m-facher Punkt ist.

Was die Schnittpunktsmultiplizität der Kurve f mit einer Tangente t im Punkt P anbetrifft, so ist es klar, daß sie gleich n sein wird, vermehrt um die Anzahl der Strahlen, die der Tangente t entsprechen und mit der Geraden PQ zusammenfallen. Da wir aber ohne Beschränkung der Allgemeinheit annehmen können, daß ein einziger dieser Strahlen mit PQ zusammenfällt (dies trifft in der Tat zu, wenn man die Scheitelpunkte der beiden Strahlenbüschel so wählt, daß sie eine ganz allgemeine Lage zueinander haben), so erkennt man, daß die Tangente t und die Kurve f $n+1$ Punkte gemeinsam haben. Eine ganz ähnliche Behauptung gilt für die übrigen Tangenten in P und in Q. Man gelangt also zu dem Ergebnis, *daß f eine Kurve von der Ordnung $n+m$ ist, die in P einen n-fachen und in Q einen m-fachen Punkt besitzt. Diese beiden sind gewöhnliche vielfache Punkte, und ihre Tangenten besitzen keine besonderen Berührungseigenschaften.*

Den Scharen g_m^1 und g_n^1 der Kurve C entsprechen auf f die Scharen, die außer den bezügl. Scheitelpunkten durch die Büschel (P) und (Q) ausgeschnitten werden. Die mit Doppelpunkten versehenen Gruppen der Schar g_m^1 werden also erhalten, wenn man die durch P gehenden Geraden sucht, die überdies mit einem und demselben Zweig von f die Schnittpunktsmultiplizität 2 haben; in ähnlicher Weise erhält man die mit mehrfachen Punkten versehenen Gruppen der Schar g_n^1 mit Hilfe der durch Q gehenden Geraden, die mit einem und demselben Zweig der Kurve f eine Schnittpunktsmultiplizität > 1 haben.

Es ist zu bemerken, daß *die Kurve f keine Zweige besitzen kann, deren Ordnung größer als zwei ist,* weil sonst die Schar g_m^1, die von den Geraden durch P ausgeschnitten wird, Punkte mit einer Vielfachheit > 2 hätte. Die Schar g_{n+m}^1, die auf f von den durch einen allgemein gewählten Punkt O gehenden Strahlen ausgeschnitten wird, besitzt also nur Doppelpunkte.

Nun läßt man O dem Punkt Q längs einer allgemein gewählten Richtung immer näher rücken. Man bemerkt dann, daß die Jacobische Gruppe der genannten Schar g_{n+m}^1 bei dieser Bewegung schließlich zusammengesetzt erscheint aus dem Doppelten der Gruppe, die aus den m festen (sämtlich mit Q zusammenfallenden) Punkten der Grenzschar g_{n+m}^1 besteht, und aus der Jacobischen Gruppe T der Schar g_n^1, die außerdem von den durch Q gehenden Geraden auf f ausgeschnitten wird. In dieser Jacobischen Gruppe muß jeder Punkt R so viele Male gezählt werden, als in der veränderlichen Schar g_{n+m}^1 Doppelpunkte vorhanden sind, die bei der Bewegung von O nach Q in den Punkt R hineinrücken.

Wir nehmen an, der Punkt R sei für die Schar g_n^1 ν-fach $(\nu > 1)$, so daß die Gerade QR mit *einem Zweig* von f, dessen Ursprung in R liegt, die Schnittpunktsmultiplizität ν hat.

Dann ergeben sich zwei Möglichkeiten:

a) Der Zweig, um den es sich handelt, ist linear, d. h. von der ersten Ordnung.

b) Dieser Zweig ist von der zweiten Ordnung.

Im ersten Falle wird die Gerade QR den Zweig berühren, und dieser ist demnach von der $(\nu - 1)^{\text{ten}}$ Klasse (s. Nr. 19, S. 57); folglich stellt die Gerade QR die Grenzlage von $\nu - 1$ Tangenten dar, die durch den veränderlichen Punkt O gehen, d. h. der Punkt R ist in der Gruppe T $(\nu - 1)$-mal zu zählen.

Im zweiten Falle wird R ein Doppelpunkt, wenn $\nu = 2$ ist, und zählt in der Gruppe T einmal; wenn aber $\nu > 2$ ist, so wird QR Tangente an den Zweig sein, und dieser ist demnach von der $(\nu - 2)^{\text{ten}}$ Klasse; die Gerade QR absorbiert also $\nu - 2$ durch O gehende Tangenten. Der Punkt R erscheint daher als die Grenzlage von $\nu - 2$ veränderlichen Doppelpunkten der auf O bezüglichen Schar g_{n+m}^1 und von einem festen Doppelpunkt derselben Schar. Er ist also auch in diesem Falle $(\nu - 1)$-mal in der Gruppe T zu zählen.

Wir gelangen somit zu dem Ergebnis: *Ein Punkt, der für eine beliebige Schar g_n^1 ν-fach ist, zählt in der Jacobischen Gruppe dieser Schar für $\nu - 1$ Doppelpunkte.*

Bemerkung. Wenn die Schar feste Punkte hat, so ist nun leicht einzusehen, wie deren Vielfachheit innerhalb der Jacobischen Gruppe zu bewerten ist. Aus einer Grenzbetrachtung, wie wir sie schon in Nr. 34 (S. 100) angestellt haben, folgt sofort:

Ein (fester) Punkt, der für alle Gruppen der Schar g_n^1 ν-fach und für eine spezielle Gruppe dieser Schar $(\nu + \mu)$-fach ist, zählt für $2\nu + \mu - 1$ Doppelpunkte.

36. Die Jacobische Schar einer gegebenen g_n^r. Fundamentalsatz. Wir wenden uns nun zum Beweis des folgenden Satzes:

Die Jacobischen Gruppen der Scharen g_n^1, die einer und derselben Schar g_n^r entnommen sind, sind untereinander äquivalent.

Wir setzen zunächst voraus, daß die g_n^r einfach sei und keine festen Punkte besitze, und beginnen mit dem Fall $r = 2$. Ohne die Allgemeinheit zu beschränken, können wir dann annehmen, daß die g_n^2 auf einer ebenen Kurve C von der Ordnung n durch die Geraden der Ebene erzeugt werde. Fassen wir einen allgemeinen Punkt O der Ebene ins Auge, so wird die Jacobische Gruppe der auf C durch das Büschel (O) erzeugten Schar g_n^1, außer den mehrfachen Punkten, durch die erste Polare des Punktes O in bezug auf C ausgeschnitten.

Diese erste Polare schneidet in der Tat die Kurve C in den Berührungspunkten der von O an C gelegten Tangenten, geht durch jeden s-fachen Punkt der Kurve C (einschließlich der unendlich benachbarten mehrfachen Punkte) $(s-1)$-fach hindurch und hat auf jedem Zweig von der Ordnung α, der von einem vielfachen Punkt ausgeht, $\alpha - 1$ aufeinander folgende einfache Punkte (*Verzweigungspunkte*).[1] Wenn man also die $\sum s(s-1)$ Schnittpunkte ausschließt, die von den mehrfachen Punkten absorbiert werden, so deckt sich die Gruppe der übrigen Schnittpunkte der Kurve C und der genannten Polaren mit der JACOBIschen Gruppe der Schar g_n^1, die von dem Büschel (O) ausgeschnitten wird, da sie jeden α-fachen Punkt dieser Schar $(\alpha - 1)$-fach enthält (s. Nr. 35, S. 103). Die JACOBIschen Gruppen der Scharen g_n^1, die man erhält, wenn man den Punkt O variiert, gehören also der linearen Schar an, die außer den mehrfachen Punkten durch das Netz der ersten Polaren aller Punkte der Ebene auf der Kurve C ausgeschnitten wird.

Wir wenden uns nun zu dem Falle $r > 2$, immer noch unter der Voraussetzung, daß die Schar g_n^r einfach sei; die g_n^r auf der dem Raum S_r angehörenden Kurve C von der Ordnung n kann also durch die Überebenen dieses Raumes erzeugt gedacht werden. Die $(r-2)$-dimensionalen Räume Σ_1 und Σ_2 seien die Träger zweier Büschel von Überebenen, die auf der Kurve C zwei Scharen g_n^1 ausschneiden. Diese beiden Räume haben im allgemeinen einen S_{r-4} gemeinsam[2]); aber es ist jedenfalls leicht, einen dritten Raum Σ_3 von der Dimension $r-2$ zu konstruieren, der mit Σ_1 und Σ_2 je einen Raum von der Dimension $r-3$ gemeinsam hat. Man braucht nur außerhalb des den Räumen Σ_1 und Σ_2 gemeinsamen Raumes S_{r-4} einen Punkt P_1 von Σ_1 und ebenso einen Punkt P_2 von Σ_2 anzunehmen und hat dann als Raum Σ_3 denjenigen zu betrachten, der den genannten S_{r-4} mit den Punkten P_1 und P_2 verbindet.

Die Scharen g_n^1, die von den Überebenen durch Σ_1 und Σ_3 ausgeschnitten werden, sind also in derjenigen Schar g_n^2 enthalten, die von den Überebenen des den Räumen Σ_1 und Σ_3 gemeinsamen Raumes H ausgeschnitten werden. Da nun aber die Räume Σ_1 und Σ_3, und daher auch H, allgemein gewählt wurden, so ist die Schar g_n^2 einfach, und folglich sind nach dem vorhergehenden die JACOBIschen Gruppen der genannten Scharen g_n^1 äquivalent. Ganz Ähnliches läßt sich über die JACOBIschen Gruppen der beiden Scharen g_n^1 aussagen, die von den Büscheln (Σ_2) und (Σ_3) ausgeschnitten werden. Da nun aber zwei Gruppen, die einer

1) Vgl. NOETHER, Rationale Ausführung der Operationen usw. Math. Ann. 23, 329 (1884).

2) Vgl. z. B. BERTINI, Introduzione usw., S. 9.

dritten äquivalent sind, auch untereinander äquivalent sind, so ist damit die Äquivalenz der JACOBIschen Gruppen der von den Büscheln (Σ_1) und (Σ_2) erzeugten Scharen g_n^1 erwiesen, und wir können sie nunmehr als zwei beliebige der g_n^r entnommene Scharen g_n^1 ansehen.

Wir betrachten ferner den Fall, daß die g_n^r mittels einer Involution γ_μ^1 von der Ordnung μ zusammengesetzt sei. Wir nehmen eine Kurve Γ an, deren Punkte birational den Gruppen der γ_μ entsprechen und betrachten die lineare Schar g_m^r $\left(m = \frac{n}{\mu}\right)$ auf Γ, die der gegebenen Schar g_n^r auf der Kurve C entspricht. Einer Schar g_m^1, die in g_m^r enthalten ist, entspricht eine Schar g_n^1, die in g_n^r enthalten ist, und der JACOBIschen Gruppe der g_m^1 entspricht offenbar ein Teil der JACOBIschen Gruppe der g_n^1, der noch dadurch vervollständigt werden muß, daß man die Gruppe der Doppelpunkte der Involution γ_μ hinzufügt.

Nachdem dies festgestellt ist, beachten wir, daß die JACOBIschen Gruppen der in g_m^r enthaltenen Scharen g_m^1 äquivalent sind, da diese Schar selbst einfach ist, und daß vermöge der Korrespondenz $(1, \mu)$, die zwischen den algebraischen Kurven Γ und C besteht, den äquivalenten Gruppen wiederum äquivalente Gruppen entsprechen. Daraus folgt, daß die JACOBIschen Gruppen der in g_n^r enthaltenen Scharen g_n^1 ebenfalls einer und derselben linearen Schar angehören.

Endlich nehmen wir an, die gegebene g_n^r sei mit einigen festen Punkten versehen, deren Gruppe mit K bezeichnet werde; dabei muß jeder dieser Punkte mit der ihm zukommenden Vielfachheit gezählt werden. Sieht man von dieser Gruppe K ab, so bleibt eine Schar g_m^r übrig, die keine festen Punkte besitzt, und die JACOBIschen Gruppen der in ihr enthaltenen Scharen g_m^1 sind also untereinander äquivalent. Nun erhält man aber die JACOBIschen Gruppen der in g_n^r enthaltenen Scharen g_n^1 aus den JACOBIschen Gruppen der in g_m^r enthaltenen Scharen g_m^1 dadurch, daß man die feste Gruppe $2K$ hinzufügt; folglich müssen auch die JACOBIschen Gruppen der Scharen g_n^1 untereinander äquivalent sein.

Die lineare Vollschar, welche die JACOBIschen Gruppen der aus einer und derselben g_n^r entnommenen Scharen g_n^1 enthält, wird die *JACOBIsche Schar* der gegebenen g_n^r genannt. Wenn G eine Gruppe der g_n^r ist, so daß diese durch das Symbol $|G|$ bezeichnet werden kann (S. 69), so wollen wir die JACOBIsche Schar durch das Symbol $|G_j|$ bezeichnen.

Aus den vorhergehenden Ausführungen folgt ohne weiteres der folgende *fundamentale Satz über die JACOBIschen Scharen:*

Wenn $|A|$ und $|B|$ zwei lineare Scharen sind, die sich auf einer algebraischen Kurve C befinden, so ist die JACOBIsche Schar der Summe

$|A+B|$ *gleich der Summe aus der* Jacobi*schen Schar der einen der gegebenen Scharen und dem Doppelten der anderen. Symbolisch läßt sich dieser Satz in folgender Weise ausdrücken:*

$$|(A+B)_j| = |A_j + 2B| = |2A + B_j|.$$

37. Das Geschlecht einer Kurve. Aus dem vorhergehenden Satz ergibt sich zunächst ein erster bemerkenswerter Zusatz.

Es sei n die Ordnung der Schar $|A|$, m die Ordnung der Schar $|B|$, x die Ordnung von $|A_j|$ und y die Ordnung von $|B_j|$. Die durch den Fundamentalsatz ausgedrückte Eigenschaft zieht die folgende zahlenmäßige Beziehung nach sich:

$$x + 2 \cdot m = y + 2n,$$

d. h.

$$x - 2n = y - 2m.$$

Setzt man

$$x - 2n = 2p - 2,$$

so daß

$$p = \tfrac{1}{2}x - n + 1$$

ist, *so erkennt man, daß die Zahl p von der linearen Schar unabhängig ist, mit deren Hilfe sie definiert wurde;* denn wenn man von einer anderen Schar ausgeht, deren Ordnung m ist und deren Jacobische Schar die Ordnung y hat, so erhält man ebenfalls

$$p = \tfrac{1}{2}y - m + 1.$$

Die Zahl p wird *das Geschlecht der* betrachteten *Kurve* genannt.

Das Geschlecht besitzt die folgenden Eigenschaften:

a) *Es ist invariant gegenüber allen birationalen Transformationen der Kurve.*

b) *Es ist eine ganze Zahl* $\geqq 0$.

Der Beweis der Eigenschaft a) ergibt sich unmittelbar. Wenn man nämlich zwei algebraische Kurven C und C' hat, die birational aufeinander bezogen sind, so entspricht einer linearen Schar g_n^1 auf C eine g_n^1 auf C', und der Jacobischen Gruppe der ersten Schar entspricht die Jacobische Gruppe der zweiten; folglich sind die Geschlechtszahlen der Kurven C und C', die mit Hilfe der einander entsprechenden Scharen g_n^1 berechnet werden, einander gleich.

Um also das Geschlecht einer gegebenen algebraischen Kurve zu berechnen, können wir eine spezielle Kurve zugrunde legen; sie muß nur zu der Klasse derjenigen Kurven gehören, die durch birationale Transformation aus der gegebenen hervorgehen; wir können somit eine ebene Kurve f benutzen.

Es sei nun n die Ordnung der Kurve f, von der wir annehmen, daß sie eine Anzahl (voneinander verschiedener oder unendlich benachbarter) mehrfacher Punkte besitze; deren Vielfachheit werde allgemein mit s bezeichnet. Aus den Betrachtungen am Anfang der Nr. 36 (S. 104) ergibt sich, daß die Ordnung x der JACOBIschen Gruppe der Schar g_n^1, die von einem allgemein gewählten Strahlenbüschel auf der Kurve f ausgeschnitten wird, durch den Ausdruck

$$x = n(n-1) - \sum s(s-1)$$

gegeben ist; da nun aber

$$p = \tfrac{1}{2}x - n + 1$$

ist, so erhält man

$$p = \frac{(n-1)(n-2)}{2} - \sum \frac{s(s-1)}{2},$$

und aus dieser Formel erkennt man gleichzeitig, daß p eine ganze Zahl ist.

Weiterhin sieht man leicht, daß $p \geqq 0$ ist. Da nämlich x seiner Natur nach eine positive Zahl oder Null ist (Null nur dann, wenn die Kurve f sich auf eine Gerade reduziert), so erhalten wir

$$n(n-1) - \sum s(s-1) \geqq 0,$$

und somit

$$\frac{(n-1)(n+2)}{2} - \sum \frac{s(s-1)}{2} \geqq n - 1 \geqq 0.$$

Wenn daher $n > 1$ ist, so kann man die $\frac{(n-1)(n+2)}{2}$ Parameter, von denen eine Kurve der Ordnung $n-1$ abhängt, dazu benutzen, um eine Kurve D dieser Ordnung zu konstruieren, die durch jeden s-fachen Punkt von f $(s-1)$-fach und außerdem noch durch

$$\frac{(n-1)(n+2)}{2} - \sum \frac{s(s-1)}{2}$$

einfache Punkte von f hindurchgeht. Da die Kurve f irreduzibel ist, so schneidet sie D in $n(n-1)$ Punkten, so daß man erhält

$$n(n-1) \geqq \sum s(s-1) + \frac{(n-1)(n+2)}{2} - \sum \frac{s(s-1)}{2},$$

d. h. aber es ist

$$\frac{(n-1)(n-2)}{2} \geqq \sum \frac{s(s-1)}{2}$$

und somit $p \geqq 0$.

1. Bemerkung. Wenn $p = 0$ ist, so kann man ∞^h $(h \geqq 1)$ Kurven D von der Ordnung $n-1$ konstruieren, die durch die s-fachen Punkte von f mit der Vielfachheit $s-1$ hindurchgehen und außerdem noch

$$\frac{(n-1)(n+2)}{2} - \sum \frac{s(s-1)}{2} - 1 = 2n - 3$$

einfache Punkte von f enthalten. Jede dieser Kurven D schneidet f außer in den gewählten festen Punkten noch in einem Punkt, da

$$n(n-1)-\sum s(s-1)-(2n-3)=1$$

ist; es ist daher auch h gleich 1. Die Punkte von f lassen sich also ein-eindeutig, und daher birational, auf die Kurven des konstruierten Büschels, d. h. also auf die Werte eines Parameters beziehen. Die Kurve f ist mithin rational. Nimmt man umgekehrt als Bild einer rationalen Kurve eine Gerade, so findet man mittels der gegebenen Formel sofort, daß $p=0$ ist.

Daraus folgt, daß *unter den irreduziblen algebraischen Kurven die rationalen Kurven dadurch charakterisiert sind, daß sie das Geschlecht Null haben.*

2. Bemerkung. Will man die Vielfachheit ν der mehrfachen Punkte einer linearen Schar g_n^1 auch in der Formel zum Ausdruck bringen, so ergibt sich für das Geschlecht der Ausdruck

$$p=\tfrac{1}{2}\sum(\nu-1)-n+1,$$

wobei die Summation über alle mehrfachen Punkte der g_n^1 zu erstrecken ist.

Die im vorstehenden gegebene Einführung des Geschlechts einer Kurve und des Begriffs der Jacobischen Schar stammt in ihren wesentlichen Zügen von Enriques, s. Boll. di bibl. e storia delle matematiche **2**, 76 (1899) und Torino Atti **37**, 19 (1901), wo sich auch die analoge Behandlung der algebraischen Flächen findet. Vgl. auch Severi, Palermo Rend. **17**, 82 (1902).

Fünftes Kapitel.

Der Noethersche Fundamentalsatz und seine Anwendungen in der Theorie der linearen Scharen.

§ 1. Der Satz über $Af + B\varphi$.

38. **Der Satz über $Af + B\varphi$ für den einfachen Fall.** In einer Ebene seien zwei Kurven

$$f(x_0, x_1, x_2) = 0 \quad \text{und} \quad \varphi(x_0, x_1, x_2) = 0$$

von den Ordnungen m bzw. n gegeben. Es sei P ein gemeinsamer Punkt der beiden Kurven, der für die erste r-fach und für die zweite s-fach ist. Wenn die Tangenten der Kurve f in diesem Punkt alle verschieden sind von den Tangenten der Kurve φ im selben Punkt, so werden wir sagen, daß die Kurven in diesem Punkt *den einfachen Fall* darbieten. Der Satz[1]), den wir beweisen wollen, und den wir im folgenden zuweilen auch kurz als den „Satz über $Af + B\varphi$" zitieren werden, läßt sich nun in folgender Weise aussprechen:

Wenn die Kurven $f = 0$ und $\varphi = 0$ in jedem ihrer gemeinsamen Punkte den einfachen Fall darbieten, so hat die Gleichung einer algebraischen Kurve von der Ordnung l, die durch jeden Punkt P, der für die Kurve f ein r-facher und für φ ein s-facher Punkt ist, mindestens $(r + s - 1)$-fach hindurchgeht, notwendig die Form

$$Af + B\varphi = 0,$$

wo A und B algebraische Formen der Veränderlichen x_0, x_1, x_2 von der Ordnung $l - m$ bzw. $l - n$ sind. Überdies kann man die Formen A und B so wählen, daß die Kurven $A = 0$ und $B = 0$ durch jeden Punkt P mindestens mit der Multiplizität $s - 1$ bzw. $r - 1$ hindurchgehen.

Man beachte in erster Linie, daß die beiden Kurven f und φ nur eine endliche Anzahl von Punkten gemeinsam haben können; denn wenn sie eine Kurve gemeinsam hätten, so würden sie in jedem Punkt der

1) Für einfache Schnittpunkte von $f = 0$ und $\varphi = 0$ hat Noether diesen Satz Math. Ann. **2**, 314 (1870) aufgestellt; einen für alle Fälle gültigen Beweis gab er Math. Ann. **6**, 351 (1873).

letzteren eine und dieselbe Tangente besitzen und würden also nicht den einfachen Fall darbieten.

Nach dieser Vorbemerkung betrachten wir eine Kurve $g=0$, die durch jeden Punkt P, der für f ein r-facher und für φ ein s-facher Punkt ist, mit der Multiplizität $r+s-1$ hindurchgeht, und beweisen nun den Satz für den Fall, daß die Ordnung l der Kurve $g=0$ genügend hoch ist.

Wenn in der Gleichung

$$Af+B\varphi=0$$

mit $A=0$ und $B=0$ zwei veränderliche Kurven bezeichnet werden, die der einzigen Bedingung genügen, daß sie in jedem Punkt P, der für f ein r-facher und für φ ein s-facher Punkt ist, die Multiplizität $s-1$ bzw. $r-1$ besitzen, so bilden die durch jene Gleichung dargestellten Kurven offenbar ein lineares System Σ; denn die veränderlichen Parameter in der Gleichung $Af+B\varphi=0$ sind die Koeffizienten von A und B, und diese sind durch eine gewisse Anzahl von *linearen* Gleichungen miteinander verbunden, die das Verhalten der Kurven A und B in den gemeinsamen Punkten der Kurven f und φ ausdrücken.

Wir fragen zunächst nach der Dimension des Systems Σ. Auf den ersten Anblick könnte es scheinen, als ob es zur Bestimmung der gesuchten Dimension genügte, einfach die Koeffizienten zu zählen, die in der Gleichung $Af+B\varphi=0$ willkürlich bleiben, und ihre Anzahl um eine Einheit zu vermindern. Aber ein solches Verfahren würde sich auf die Annahme gründen, daß jede Kurve von Σ *einer einzigen* Gleichung von der betrachteten Form entspreche (abgesehen von einem konstanten Faktor). Wenn jedoch jede Kurve von Σ auf ∞^i verschiedene Arten in der Form $Af+B\varphi=0$ darstellbar ist, so wird man, um die gesuchte Dimension zu erhalten, die Anzahl der willkürlichen Koeffizienten in der Gleichung $Af+B\varphi=0$ um $i+1$ Einheiten vermindern müssen.

Wir untersuchen daher zuerst, ob einer Kurve von Σ mehrere Gleichungen von der betrachteten Form entsprechen können, die sich nicht bloß durch einen konstanten Faktor unterscheiden.

Es seien

$$Af+B\varphi=0 \quad \text{und} \quad A'f+B'\varphi=0$$

zwei Darstellungen einer und derselben Kurve $g=0$, so daß, abgesehen von einem konstanten Faktor, die in bezug auf die Veränderlichen x_0, x_1, x_2 identische Gleichung

$$Af+B\varphi\equiv A'f+B'\varphi$$

besteht. Daraus folgt:

$$(A-A')f\equiv(B'-B)\varphi;$$

da aber die Polynome φ und f relativ prim sind, weil sonst die Kurven

$f = 0$ und $\varphi = 0$ einen gemeinsamen Bestandteil hätten, so muß $A - A'$ notwendig durch φ teilbar sein, d. h. es ist

$$A - A' \equiv X\varphi,$$

wobei X eine Form von der Ordnung $l - m - n$ bedeutet. (Es ist also $X \equiv 0$, wenn $l < m + n$ ist.) Setzt man diesen Wert in die vorhergehende identische Gleichung ein, so erhält man

$$B' - B \equiv Xf.$$

Es ist also

$$A' \equiv A - X\varphi \quad \text{und} \quad B' \equiv B + Xf.$$

Da nun aber für jede beliebige Form X die Kurven $A - X\varphi = 0$ und $B + Xf = 0$ durch jeden Punkt P, der für f ein r-facher und für φ ein s-facher Punkt ist, mindestens mit der Multiplizität $s - 1$ bzw. $r - 1$ hindurchgehen, so ergibt sich, daß man aus einer Darstellung $Af + B\varphi = 0$ alle Darstellungen ableiten kann, die einer und derselben Kurve $g = 0$ entsprechen, wenn man die Gleichung

$$(A - X\varphi)f + (B + Xf)\varphi = 0$$

anschreibt und die Koeffizienten der Form X von der Ordnung $l - m - n$ variieren läßt. Wenn daher $l \geqq m + n$ ist, so läßt sich jede Kurve des Systems Σ auf $\infty^{\binom{l-m-n+2}{2}}$ verschiedene Arten in der Form $Af + B\varphi = 0$ darstellen, d. h. die oben genannte Zahl i wird gleich $\binom{l-m-n+2}{2}$.

Was die willkürlichen Koeffizienten von $Af + B\varphi = 0$ anbelangt, so ist es leicht, ihre Anzahl zu finden; denn wenn l, und daher auch $l - m$ und $l - n$, genügend groß sind, so sind die Bedingungen, die man den Kurven $A = 0$ und $B = 0$ auferlegt, wenn man verlangt, sie sollen durch jeden Punkt P mit der Multiplizität $s - 1$ bzw. $r - 1$ hindurchgehen, voneinander unabhängig[1]). Die Zahl der willkürlichen Koeffizienten in A ist daher gleich $\binom{l-m+2}{2} - \sum\limits_P \binom{s}{2}$, und für B ist sie gleich $\binom{l-n+2}{2} - \sum\limits_P \binom{r}{2}$, so daß wir im ganzen

$$\binom{l-m+2}{2} + \binom{l-n+2}{2} - \sum_P \left[\binom{r}{2} + \binom{s}{2}\right]$$

veränderliche Koeffizienten in $Af + B\varphi$ haben. Daraus folgt für die Dimension von Σ die Zahl

---

1) Es wird hier eine Eigenschaft benützt, die in Nr. 39 (S. 114) bewiesen werden soll.

$$\binom{l-m+2}{2}+\binom{l-n+2}{2}-\binom{l-m-n+2}{2}-\sum_P\left[\binom{r}{2}+\binom{s}{2}\right]-1.$$

Berücksichtigt man nun die Identitäten

$$\binom{l+2}{2}-\binom{l-m+2}{2}-\binom{l-n+2}{2}+\binom{l-m-n+2}{2}=nm$$

und

$$\binom{r+s}{2}=\binom{r}{2}+\binom{s}{2}+rs,$$

so läßt sich die Dimension von Σ in folgender Form schreiben:

$$\binom{l+2}{2}-1-nm-\sum_P\binom{r+s}{2}+\sum_P rs,$$

oder endlich, da $\sum_P rs = nm$ ist (weil nach der Annahme in jedem Punkt P der einfache Fall vorliegt) in der Form

$$\binom{l+2}{2}-1-\sum_P\binom{r+s}{2}.$$

Denkt man sich nun aus den Kurven von genügend hoher Ordnung l, die durch jeden für $f=0$ r-fachen und für $\varphi=0$ s-fachen Punkt P mit der Multiplizität $r+s-1$ hindurchgehen, ein lineares System Σ' gebildet, so ist dessen Dimension gerade gleich der eben berechneten Zahl, und da Σ für jeden Wert von l offenbar in Σ' enthalten ist, so schließt man, daß für ein genügend hohes l die Systeme Σ und Σ' zusammenfallen. Der NOETHERsche Satz ist also bewiesen für die Kurven $g=0$ von genügend hoher Ordnung.

Um den Satz für jeden Wert der Ordnung l zu beweisen, hat man nur noch zu zeigen, daß, wenn die Eigenschaft für die Kurven von der Ordnung l zutrifft, sie auch für die Kurven von der Ordnung $l-1$ gilt. Man kann annehmen, daß die Gerade $x_0=0$ gegenüber den Kurven $f=0$ und $\varphi=0$ eine allgemeine Lage besitze, d. h. daß keiner der Punkte P auf $x_0=0$ liege; ist diese Voraussetzung nicht erfüllt, so läßt sie sich stets durch eine Koordinatentransformation erreichen, durch welche die Bedingungen des zu beweisenden Satzes in keiner Weise geändert werden. In dieser Voraussetzung ist auch die andere enthalten, daß weder die Form f noch die Form φ durch x_0 teilbar sei.

Es sei $g(x_0, x_1, x_2)=0$ eine Kurve von der Ordnung $l-1$, die in jedem der oben definierten Punkte P einen $(r+s-1)$-fachen Punkt besitzt. Die Kurve $x_0 g=0$ ist dann von der Ordnung l und besitzt in den Punkten P vielfache Punkte von derselben Multiplizität wie $g=0$. Da nun der Satz für die Kurven von der Ordnung l bewiesen ist, so besteht die folgende Identität:

(1) $x_0 g(x_0, x_1, x_2) \equiv A(x_0, x_1, x_2) f(x_0, x_1, x_2) + B(x_0, x_1, x_2) \varphi(x_0, x_1, x_2)$, wo $A = 0$ und $B = 0$ durch jeden Punkt P, der für $f = 0$ r-fach und für $\varphi = 0$ s-fach ist, mit der Multiplizität $s - 1$ bzw. $r - 1$ hindurchgehen. Setzt man in der Gleichung (1) $x_0 = 0$, so erhält man

(2) $$A(0, x_1, x_2) f(0, x_1, x_2) + B(0, x_1, x_2) \varphi(0, x_1, x_2) \equiv 0,$$

und daraus folgt, daß die nicht identisch verschwindende Binärform $\varphi(0, x_1, x_2)$ ein Teiler des Produkts $A(0, x_1, x_2) f(0, x_1, x_2)$ ist. Da nun $\varphi(0, x_1, x_2)$ und $f(0, x_1, x_2)$ keinen gemeinsamen Teiler haben, weil sonst die Gerade $x_0 = 0$ einen der Punkte P enthalten müßte, so ergibt sich, daß

(3) $$A(0, x_1, x_2) \equiv A_0(x_1, x_2) \varphi(0, x_1, x_2)$$

ist, d. h. daß

(4) $$A(x_0, x_1, x_2) \equiv A_0(x_1, x_2) \varphi(x_0, x_1, x_2) + x_0 A_1(x_0, x_1, x_2)$$

ist, wo A_1 eine Form von der Ordnung $l - m - 1$ bedeutet.

Vergleicht man (2) mit (3), so folgt

$$B(0, x_1, x_2) + A_0(x_1, x_2) f(0, x_1, x_2) \equiv 0,$$

und somit

(5) $$B(x_0, x_1, x_2) + A_0(x_1, x_2) f(x_0, x_1, x_2) \equiv x_0 B_1(x_0, x_1, x_2),$$

wo B_1 eine Form von der Ordnung $l - n - 1$ ist. Mit Hilfe von (4) und (5) ergibt sich aus (1)

$$x_0 g \equiv x_0 A_1 f + x_0 B_1 \varphi$$

oder

$$g \equiv A_1 f + B_1 \varphi.$$

Die Form g von der Ordnung $l - 1$ läßt sich also als lineare Kombination von f und φ darstellen. Was die Kurven $A_1 = 0$ und $B_1 = 0$ anbelangt, so zeigen uns die Identitäten (4) und (5), daß sie durch jeden Punkt P, der für $f = 0$ r-fach und für $\varphi = 0$ s-fach ist, mindestens mit der Multiplizität $s - 1$ bzw. $r - 1$ hindurchgehen.

Der NOETHERsche Satz ist damit vollständig bewiesen.

Die Literatur über den soeben bewiesenen Satz, der in der algebraischen Behandlung der Theorie der linearen Scharen von BRILL und NOETHER eine fundamentale Rolle spielt, ist sehr umfangreich. Man findet viele Literaturangaben in der Encyklopädie der math. Wissenschaften[1]) sowie in einer Note von BERTINI[2]). Der NOETHERsche Satz ist auch auf eine beliebige Anzahl von Formen mit beliebig vielen Veränderlichen ausgedehnt worden[3]).

---

1) Bd. III C 4. Allgemeine Theorie der höheren ebenen algebraischen Kurven (L. BERZOLARI), S. 406.

2) Rappresentazione di una forma ternaria per combinazione lineare di due altre. Ist. Lomb. Rend. (2) **24**, 1095 (1891).

3) Siehe die Noten von F. SEVERI in Rom. Acc. L. Rend. (5) **11**[1], 105 (1902) und Torino Atti **41**, 205 (1905); ebd. (S. 224) findet sich auch eine Note von R. TORELLI

Der Grundgedanke des oben gegebenen Beweises stammt aus den soeben angeführten allgemeinen Beweisen des Verfassers sowie aus einer Note von CH. A. SCOTT[1]), wo jedoch der Beweis in der Entwicklung weniger einfach ist. In Nr. 40 (S. 116) werden wir sehen, wie derselbe Gedankengang auch dazu dient, den Satz über $Af + B\varphi$ unter weit allgemeineren Voraussetzungen zu beweisen.

39. Beweis einer Eigenschaft, die in den vorhergehenden Ausführungen benutzt wurde. Im Verlauf des Beweises haben wir von der folgenden Eigenschaft Gebrauch gemacht:

Sind in einer Ebene die voneinander verschiedenen Punkte $P_1, P_2, \ldots, P_k$ gegeben, so sind die $\sum_i \binom{t_i+1}{2}$ linearen Bedingungen, die einer algebraischen Kurve von der Ordnung l auferlegt werden müssen, wenn man verlangt, daß sie im Punkte P_i einen t_i-fachen Punkt besitze, voneinander unabhängig, falls $l \geqq t_1 + t_2 + \cdots + t_k - 1$ ist.

Ist zunächst $k = 1$ und $l \geqq t_1 - 1$, so ist die Eigenschaft wohl bekannt und läßt sich sofort bestätigen, wenn man den Anfangspunkt des Koordinatensystems nach P_1 legt; dann drückt sich nämlich die Bedingung, daß P_1 ein t_1-facher Punkt sei, dadurch aus, daß man die Koeffizienten der Glieder bis zum Grad $t_1 - 1$ einschließlich gleich Null setzt. Diese Bedingungen sind aber offenbar unabhängig voneinander.

Wenn $k = 2$ und $l \geqq t_1 + t_2 - 1$ ist, so zieht der t_1-fache Punkt P_1 für die Kurven von der Ordnung $l - t_2$, die nicht durch P_2 gehen, $\binom{t_1+1}{2}$ voneinander unabhängige Bedingungen nach sich. Da ein t_2-facher Punkt P_2 den Kurven von der Ordnung t_2 nach dem obigen $\binom{t_2+1}{2}$ voneinander unabhängige Bedingungen auferlegt, so kann man eine Kurve von der Ordnung t_2 konstruieren, die im Punkt P_2 $\binom{t_2+1}{2} - 1$ von diesen auf P_2 bezüglichen Bedingungen befriedigt, aber der letzten nicht genügt. Nimmt man nun diese Kurve mit einer der zuvor betrachteten Kurven von der Ordnung $l - t_2$ zusammen, so hat man eine Kurve von der Ordnung l konstruiert, die $\binom{t_1+1}{2} + \binom{t_2+1}{2} - 1$ auf die Punkte P_1 und P_2 bezügliche Bedingungen befriedigt, aber der letzten nicht genügt. Damit ist aber bewiesen, daß für die Kurven dieser oder einer höheren Ordnung

über denselben Gegenstand. Man vergleiche auch J. KÖNIG, Einleitung in die allgemeine Theorie der algebraischen Größen, Leipzig 1903, S. 385 ff.

1) A proof of NOETHER's fundamental Theorem. Math. Ann. 52, 593 (1899).

die auf die Punkte P_1 und P_2 bezüglichen Bedingungen voneinander unabhängig sind. Diese Schlußweise läßt sich fortsetzen für $k = 3, 4$ usw.

Bemerkung. Der Satz gilt auch noch, *wenn einige der Punkte P Gruppen von unendlich benachbarten Punkten bilden.* Es genügt, dies für den Fall zu beweisen, daß die Punkte P eine einzige Gruppe von unendlich benachbarten Punkten bilden[1]); denn der Fall, daß zwei solche Gruppen gegeben sind, läßt sich behandeln, wenn man die soeben für $k = 2$ auseinandergesetzte Betrachtung wiederholt.

Wir beschränken uns überdies darauf, die Behauptung für den Fall zu beweisen, daß die gegebene Basisgruppe aus dem t-fachen Punkt P und den Punkten $P_1, P_2, \ldots$ mit den Vielfachheiten $t_1, t_2, \ldots$ besteht, die in der Umgebung erster Ordnung von P liegen, ohne daß in den Umgebungen höherer Ordnung andere Punkte der Gruppe vorhanden sind. Wenn der Satz für diesen Fall bewiesen ist, so läßt sich seine allgemeine Richtigkeit durch ein einfaches Rekursionsverfahren nachweisen.

Zu dem Zweck vollziehe man eine allgemeine quadratische Transformation, die in P einen Fundamentalpunkt besitzt (die anderen Fundamentalpunkte seien mit Q und R bezeichnet); π sei die Ebene, in der die Singularitäten gegeben sind, und P', Q', R' seien die Fundamentalpunkte in der Ebene π', die der Ebene π entspricht.

Eine veränderliche Kurve von der Ordnung $l \geqq t + \Sigma t_i - 1$, die in P einen t-fachen Punkt besitzt (und die also $\binom{t+1}{2}$ voneinander verschiedene Bedingungen erfüllt), wird in eine Kurve von der Ordnung $2l - t$ transformiert, die in den Fundamentalpunkten Q', R' zwei $(l-t)$-fache Punkte und in P' einen l-fachen Punkt hat, und die außerdem die Gerade $Q'R'$ in t veränderlichen Punkten schneidet (s. Nr. 16, S. 45). Den Punkten $P_1, P_2, \ldots$ entsprechen die Punkte $P_1', P_2', \ldots$ der Geraden $Q'R'$. Nun behaupten wir, immer unter der Annahme $l \geqq t + \Sigma t_i - 1$, daß die *voneinander verschiedenen* Punkte $P_1', P_2', \ldots$ mit den Vielfachheiten $t_1, t_2, \ldots$ einer Kurve von der Ordnung $2l - t$, welche im Punkt P' einen l-fachen, in den Punkten Q' und R' je einen $(l - t)$-fachen Punkt hat, im ganzen $\sum \binom{t_i+1}{2}$ voneinander unabhängige Bedingungen auferlegen. In der Tat, wenn $l \geqq t + \Sigma t_i$ ist, und wenn wir berücksichtigen, daß $t \geqq \Sigma t_i$ ist (s. Nr. 17, S. 47), so können wir eine Kurve von der Ordnung $2l - t$, die den genannten Bedingungen genügt, auf folgende Weise bilden:

$$(l-t)P'Q' + \Sigma t_i P'R' + (t - \Sigma t_i)a + (l - t - \Sigma t_i)b + \varphi.$$

---

1) Um diese Singularitäten zu erhalten, genügt es, eine algebraische Kurve zu geben, welche sie besitzt.

Dabei bedeutet der Ausdruck $(l-t)P'Q'$ die $(l-t)$-fach gezählte Gerade $P'Q'$, und die übrigen analogen Bezeichnungen haben eine entsprechende Bedeutung; a und b sind zwei allgemein gewählte Geraden, die durch die Punkte P' bzw. R' gehen, und φ ist eine ganz beliebige Kurve von der Ordnung Σt_i. Wenn dagegen $l = t + \Sigma t_i - 1$ ist, so kann man eine den gewünschten Bedingungen genügende Kurve von der Ordnung $2l-t$ in folgender Weise bilden:

$$(l-t)P'Q' + (\Sigma t_i - 1)P'R' + (t - \Sigma t_i + 1)a + \varphi,$$

wo a eine beliebige, aber allgemein gewählte Gerade durch P' und φ eine ganz beliebige Kurve von der Ordnung $\Sigma t_i - 1$ ist. Da demnach die Ordnung von φ in beiden Fällen größer als oder gleich $\Sigma t_i - 1$ ist, so stellen die Punkte P_1', P_2', ... mit den Vielfachheiten t_1, t_2, ... für die Kurve φ im ganzen $\sum \binom{t_i+1}{2}$ voneinander unabhängige Bedingungen dar, und daraus folgt die Behauptung.

Wenn sich unter den Basispunkten, die um P herum zusammengeballt sind, außer den Punkten P_1, P_2, ... noch ein Punkt P_{12} in der Umgebung erster Ordnung von P_1 befände, so würde uns eine allgemeine quadratische Transformation mit einem Fundamentalpunkt in P auf den vorhergehenden Fall zurückführen, und in dieser Weise läßt sich das Schlußverfahren fortsetzen.

40. Der Satz über $Af + B\varphi$ im allgemeinen Fall. Die vorstehende Bemerkung gestattet, den in Nr. 38 bewiesenen Satz ganz bedeutend auszudehnen. Wir haben nämlich nur an zwei Stellen des Beweises von der Voraussetzung Gebrauch gemacht, daß in jedem Schnittpunkt der Kurven $f=0$ und $\varphi=0$ der einfache Fall vorliege, und zwar geschah dies bei der Berechnung der Mannigfaltigkeit der Kurven $A=0$, oder $B=0$ oder $g=0$, die in den Punkten P gegebene Singularitäten haben, und bei der Verwendung der Relation $\sum\limits_P rs = nm$. Vermöge der vorhergehenden Bemerkung stellen die Zahlen

$$\binom{l-m+2}{2} + \binom{l-n+2}{2} - \binom{l-m-n+2}{2} - \sum\left[\binom{r}{2} + \binom{s}{2}\right] - 1$$

und

$$\binom{l+2}{2} - 1 - \sum\binom{r+s}{2}$$

immer noch die Dimensionen der in Nr. 38 definierten Systeme Σ und Σ' dar, vorausgesetzt daß die Kurven $f=0$ und $\varphi=0$ eine endliche Anzahl von Punkten gemein haben und daß die Summation auf sämtliche (voneinander verschiedene oder unendlich benachbarte) Punkte ausgedehnt wird, die diesen Kurven gemeinsam sind. Was die Dimension von Σ anbetrifft, so läßt sie sich auch in der Form $\binom{l+2}{2} - 1 - \sum \binom{r+s}{2}$ schreiben, da auch in diesem Fall die Relation $\sum rs = nm$ gilt, wenn nur die Summation in der angegebenen Weise vollzogen wird (s. Nr. 18, S. 51). Daraus folgt, daß die Systeme Σ und Σ' zusammenfallen, und somit gelten auch alle weiteren hieran geknüpften Schlußfolgerungen.

Es ergibt sich also, daß *der* NOETHER*sche Satz auch dann gilt, wenn die beiden Kurven $f = 0$, $\varphi = 0$, die keine gemeinsamen Bestandteile haben, in jedem ihrer Schnittpunkte ein ganz beliebiges Verhalten zeigen, vorausgesetzt daß man eine algebraische Kurve betrachtet, welche mindestens mit der Multiplizität $r + s - 1$ durch sämtliche voneinander verschiedene oder unendlich benachbarte Punkte hindurchgeht, die für $f = 0$ r-fach und für $\varphi = 0$ s-fach sind*[1].

Bemerkung. Im folgenden wollen wir noch eine weitere Ergänzung zu diesem Satz anfügen.

Es sei P einer der voneinander verschiedenen Punkte, welche den Kurven $f = 0$ und $\varphi = 0$ gemeinsam angehören, und es mögen, unendlich benachbart zu ihm, in den Umgebungen der verschiedenen Ordnungen noch weitere Punkte $P_1, P_2, \ldots$ vorhanden sein, die ebenfalls den Kurven $f = 0$ und $\varphi = 0$ gemeinsam sind. Wir bezeichnen mit $r, r_1, r_2, \ldots$ die Vielfachheiten von $f = 0$ in $P, P_1, P_2, \ldots$, mit $s, s_1, s_2, \ldots$ die Vielfachheiten von $\varphi = 0$ in eben diesen Punkten. Dann wird $i = rs + r_1 s_1 + r_2 s_2 + \ldots$ die Schnittpunktsmultiplizität von $f = 0$ und $\varphi = 0$ im Punkte P darstellen. Die Kurven n-ter Ordnung, welche durch die erwähnten Punkte mit denselben Vielfachheiten hindurchgehen, wie sie die Kurve $\varphi = 0$ daselbst besitzt, bilden ein lineares System. Eine Kurve $\varphi_0 = 0$ dieses Systems, welche mit $f = 0$ in P die Schnittpunktsmultiplizität i haben möge, kann durch die betrachteten Punkte mit *tatsächlichen Vielfachheiten* hindurchgehen, die verschieden sind von denen, welche die Kurve $\varphi = 0$ in ihnen besitzt. Wenn sich z. B. die Kurven $f = 0$ und $\varphi = 0$ in dem für beide einfachen Punkt P berührten — und also den dem Punkt P unendlich benachbarten Punkt P_1 gemeinsam hätten —, so würde eine Kurve n-ter Ordnung, welche zweifach durch P hindurchginge, den oben für $\varphi_0 = 0$ angegebenen Bedingungen genügen, und sie hätte in P und P_1 die tatsächlichen Vielfachheiten 2 und 0, welche von denen der Kurve $\varphi = 0$ verschieden sind. Von einer Kurve wie $\varphi_0 = 0$ werden wir sagen, sie gehe durch $P, P_1, P_2, \ldots$ mit den *scheinbaren Vielfachheiten* $s, s_1, s_2 \ldots$ hindurch, weil sie in bezug auf ihre Schnittpunktsmultiplizität mit $f = 0$

---

1) Der Verf. gab diese Ausdehnung des NOETHERschen Satzes in einer Note in Padova Atti, **24**, 137ff. (1908).

sich verhält, wie wenn sie tatsächlich mit den Vielfachheiten $s, s_1, s_2, \ldots$ durch die Punkte $P, P_1, P_2, \ldots$ hindurchginge.[1]) Wenn die Schnittpunktsmultiplizität von $f = 0$ und $\varphi_0 = 0$ im Punkte P größer als i wäre, so würde man sagen, daß $\varphi_0 = 0$ durch die gegebenen Punkte mit scheinbaren Vielfachheiten hindurchgehe, die mindestens gleich $s, s_1, s_2, \ldots$ sind.

Dies vorausgeschickt, bezeichnen wir nun mit G die Gruppe der etwa vorhandenen *einfachen* Schnittpunkte von $f = 0$ und $\varphi = 0$, d. h. die Gesamtheit der k Punkte, die für jede der Kurven $f = 0$ und $\varphi = 0$ einfach sind, ohne daß die beiden Kurven sich in ihnen berühren. Mit P bezeichnen wir im folgenden ganz allgemein einen beliebigen, nicht zu G gehörigen Schnittpunkt von $f = 0$ und $\varphi = 0$; dabei kann es sich sowohl um voneinander verschiedene als um unendlich benachbarte Punkte handeln; die Vielfachheiten von $f = 0$ und $\varphi = 0$ in einem solchen Punkt P sollen mit r bzw. s bezeichnet werden.

Wir betrachten das lineare System S der Kurven n-ter Ordnung $\bar{\varphi} = 0$, welche in den Punkten P dieselben Vielfachheiten wie $\varphi = 0$ besitzen. Es sei $\varphi_0 = 0$ eine beliebige Kurve des Systems S, die die Kurve $f = 0$, außer in den Punkten P, in einer Gruppe G_0 von einfachen Schnittpunkten trifft; die Anzahl der Punkte von G_0 sei k, d. h. ebenso groß wie bei der Gruppe G. Die Kurve $\varphi_0 = 0$ kann auch *speziell* gewählt sein, nur darf sie keinen Teil mit $f = 0$ gemeinsam haben. Die Kurven $\varphi = 0$ und $\varphi_0 = 0$ werden in jedem der *voneinander verschiedenen* Punkte P dieselbe Schnittpunktsmultiplizität mit $f = 0$ haben, d. h. aber $\varphi_0 = 0$ *wird durch die Punkte P mit den scheinbaren (oder tatsächlichen) Vielfachheiten s hindurchgehen.*

Nun wollen wir den folgenden Satz beweisen: *Jede Kurve l-ter Ordnung $g = 0$, welche durch die voneinander verschiedenen und unendlich benachbarten Punkte P mindestens mit den tatsächlichen Vielfachheiten $r + s - 1$ und durch die Punkte der Gruppe $G_0 = 0$ einfach hindurchgeht, hat eine Gleichung von der Form $Af + B\varphi_0 = 0$, wo $A = 0$ und $B = 0$ Kurven von den Ordnungen $l - m$ bzw. $l - n$ bedeuten, die durch die Punkte P mindestens mit den tatsächlichen Vielfachheiten $s - 1$, $r - 1$ hindurchgehen und hinsichtlich der Gruppe $G_0 = 0$ keiner Bedingung unterworfen sind.*

Um diesen Satz zu beweisen, beachten wir in erster Linie, daß, wenn man die Kurven $A = 0$ und $B = 0$ festhält und die Kurve $\bar{\varphi} = 0$ im System S sich verändern läßt, die Kurve $Af + B\bar{\varphi} = 0$ ein lineares System beschreibt, dessen allgemeine Kurve mit den Vielfachheiten $r + s - 1$ durch

1) Der hier eingeführte Begriff der scheinbaren Vielfachheiten einer Kurve ist verschieden von dem Begriff der *virtuellen Vielfachheiten*, mit dem wir uns in diesen Vorlesungen nicht zu beschäftigen haben.

die Punkte P geht. Somit gehört *jede* Kurve $Af + B\overline{\varphi} = 0$, und insbesondere also auch die Kurve $Af + B\varphi_0 = 0$ dem linearen System T aller Kurven l^{ter} Ordnung an, die mit den Vielfachheiten $r + s - 1$ durch die Punkte P hindurchgehen. Dies gilt, wie auch immer die Kurven $A = 0$ und $B = 0$ gestaltet sein mögen, wenn sie nur den Bedingungen des Satzes genügen.

Daraus geht hervor, daß die Kurven des linearen Systems $Af + B\varphi_0 = 0$ (in welchem man sich jetzt die Koeffizienten von φ_0 fest, die von A und B veränderlich denken muß) dem System Σ_0' derjenigen Kurven von T angehören, die durch G_0 gehen, d. h. dem linearen System der Kurven l^{ter} Ordnung, die durch die Punkte P mit den Vielfachheiten $r + s - 1$ und durch die Punkte der Gruppe G_0 einfach hindurchgehen.

Wenn nun l genügend groß ist, so hat das System Σ_0' dieselbe Dimension $d = \binom{l+2}{2} - 1 - \sum\limits_P \binom{r+s}{2} - k$ wie das System Σ' der Kurven l^{ter} Ordnung, die durch die Punkte P mit den Vielfachheiten $r + s - 1$ und durch die Punkte der Gruppe G einfach hindurchgehen; und das System $Af + B\varphi_0 = 0$ hat, da die Polynome f und φ_0 relativ prim sind, die Dimension[1]):

$$d' = \binom{l-m+2}{2} + \binom{l-n+2}{2} - \binom{l-m-n+2}{2} - \sum_P \left[\binom{r}{2} + \binom{s}{2}\right] - 1$$

$$= \binom{l+2}{2} - 1 - \sum_P \binom{r+s}{2} + \sum_P rs - mn.$$

Da aber $mn = \sum\limits_P rs + k$ ist, so folgt hieraus, daß $d = d'$ ist; somit ist für ein hinreichend großes l jede Kurve von Σ_0' von der Form $Af + B\varphi_0 = 0$, und hieraus schließt man dann, wie in Nr. 38, daß dies für jeden beliebigen Wert von l gilt.

---

1) Bei der Berechnung dieser Dimension muß man sich gegenwärtig halten, daß jede Kurve $A' = A - X\varphi_0 = 0$, wo $X = 0$ eine allgemein gewählte Kurve von der Ordnung $l - m - n$ sein möge, durch die Punkte P mit tatsächlichen Vielfachheiten $s - 1$ hindurchgeht, wie dies auch für die Kurve $A = 0$ der Fall ist. In der Tat, wenn man die Kurven $A = 0$ und $\varphi = 0$ festhält und die Kurve $X = 0$ verändert, so sieht man sofort, daß bei allgemeiner Wahl von $X = 0$ die Kurve $A - X\varphi = 0$ in den Punkten P die tatsächlichen Vielfachheiten $s - 1$ hat. Außerdem wird, wenn man die Kurve $A = 0$ und die allgemeine Kurve $X = 0$ festhält, die Kurve $A' = 0$ in den Punkten P scheinbare Vielfachheiten $s - 1$ haben, da sie in dem linearen System $A - X\overline{\varphi} = 0$ speziell gewählt ist. Da man aber durch Variation der Koeffizienten von X in $A' = A - X\varphi_0 = 0$ eine spezielle Kurve, nämlich $A = 0$, erhalten kann, die in den Punkten P tatsächliche Vielfachheiten $s - 1$ hat, so schließt man, daß auch $A' = 0$ in den Punkten P tatsächlich diese Vielfachheiten besitzt.

§ 2. Der Restsatz und die Konstruktion der linearen Vollscharen mit Hilfe der adjungierten Kurven.

41. Lineare Scharen, die auf einer ebenen Kurve von allen Adjungierten einer gegebenen Ordnung ausgeschnitten werden. Aus dem NOETHERschen Satz ergibt sich eine äußerst wichtige Folgerung in bezug auf die *adjungierten Kurven* der mit beliebigen Singularitäten versehenen Kurve $f(x_0, x_1, x_2) = 0$. Eine Kurve heißt zu f adjungiert, wenn sie in jedem s-fachen Punkt von f mindestens die Multiplizität $s-1$ besitzt; hierbei sind selbstverständlich nicht nur die voneinander verschiedenen, sondern auch die unendlich benachbarten mehrfachen Punkte zu berücksichtigen. Es gilt zunächst der Satz:

Die adjungierten Kurven einer gegebenen Ordnung l schneiden auf f außer den festen Schnittpunkten, die in die mehrfachen Punkte fallen, eine lineare Vollschar aus.

Um diesen Satz zu beweisen, bezeichnen wir mit g_n^r die lineare Schar, die von den adjungierten Kurven der Ordnung l auf f ausgeschnitten wird, und mit $g_n^{r'}$ die Vollschar, in der g_n^r enthalten ist oder die mit g_n zusammenfällt. Wir werden nun zeigen, daß die beiden genannten Scharen zusammenfallen, daß also $r = r'$ ist. Es sei

$$(1) \qquad \alpha_0\psi_0 + \cdots + \alpha_{r'}\psi_{r'} = 0$$

ein lineares System, das auf f die Schar $g_n^{r'}$ ausschneidet. Man kann sofort annehmen, daß dieses System aus adjungierten Kurven bestehe; denn wenn dies nicht der Fall wäre, so könnte man zu sämtlichen Kurven des Systems eine zu f adjungierte feste Kurve hinzufügen.

Wir bezeichnen eine allgemeine Gruppe der Schar g_n^r mit G und zeigen zunächst, daß sie die beiden folgenden Bedingungen erfüllt:

a) Sie besitzt keine mehrfachen Punkte.

b) Sie enthält keine Basispunkte des Systems (1).

Diese Eigenschaften ergeben sich alle beide aus der Tatsache, daß g_n^r keine festen Punkte hat; die Eigenschaft b) folgt nämlich ohne weiteres hieraus, und die Richtigkeit von a) sieht man ein, wenn man sich an das erinnert, was am Anfang der Nr. 34 (S. 96) ausgeführt wurde.

Wir bezeichnen ferner mit G' eine allgemeine Gruppe der Schar $g_n^{r'}$ und

mit $\psi = 0$ *diejenige* Kurve des Systems (1), die G ausschneidet,

mit $\varphi = 0$ *eine* adjungierte Kurve von der Ordnung l, die durch G hindurchgeht[1]),

mit $\psi' = 0$ *diejenige* Kurve von (1), die G' ausschneidet.

---

1) Wenn l nicht kleiner ist als die Ordnung von f, so gehen durch jede Gruppe G unendlich viele adjungierte Kurven von der Ordnung l.

Vermöge der Bedingungen a) und b) hat die Kurve $\psi = 0$, obwohl sie in dem System (1) *speziell* gewählt wurde, in jedem ihrer Schnittpunkte mit f die *gleiche* Schnittpunktsmultiplizität wie die Kurven f und ψ' in den entsprechenden gemeinsamen Punkten. Die Kurve ψ geht daher durch die Basispunkte des Systems (1) mit scheinbaren Vielfachheiten hindurch, die den tatsächlichen Vielfachheiten gleich sind, welche ψ' in ihnen besitzt. Es läßt sich also der in der Bemerkung zur vorhergehenden Nummer bewiesene Satz auf jede Kurve anwenden, welche durch jeden Basispunkt, der für $f = 0$ s-fach und für $\psi' = 0$ t-fach ist, mit der Vielfachheit $s + t - 1$ hindurchgeht und welche außerdem die Gruppe G enthält. Da die zusammengesetzte Kurve $\psi'\varphi = 0$ den eben genannten Bedingungen genügt, so kann man also die Gleichung anschreiben:

$$\psi'\varphi \equiv \varphi'\psi + \Theta f; \tag{2}$$

dabei geht die Kurve l^{ter} Ordnung $\varphi' = 0$ mindestens mit der Multiplizität $s - 1$ durch jeden Punkt, der für f ein s-facher und für ψ' ein t-facher Punkt ist ($t \geqq 1$). Da aber ψ' zu f adjungiert ist, so befinden sich unter diesen s-fachen Punkten von f, die für ψ' mindestens einfach sind, *sämtliche* mehrfachen Punkte von f, und daher ist die Kurve φ' ebenfalls zu f adjungiert. Wir behaupten aber weiter, daß φ' durch die Gruppe G' geht. Da nämlich die Koordinaten eines Punktes von G' die Gleichungen $\psi'\varphi = 0$ und $\Theta f = 0$ befriedigen, so müssen sie auch die Funktion $\varphi'\psi$ zu Null machen. Ein solcher Punkt kann aber nicht auf der Kurve ψ liegen, weil sonst die Gruppen G und G' gemeinsame Punkte hätten, was der Tatsache widerspräche, daß die Schar $g_n^{r'}$ keine festen Punkte besitzt; daher liegt jeder Punkt von G' auf der Kurve φ'.

Stellt man die Identität (2) für $r' + 1$ voneinander unabhängige Lagen der Kurve $\psi' = 0$ auf, nämlich für

$$\psi_0 = 0, \quad \psi_1 = 0, \quad \ldots, \quad \psi_{r'} = 0,$$

und bezeichnet man mit

$$\varphi_0 = 0, \quad \varphi_1 = 0, \quad \ldots, \quad \varphi_{r'} = 0$$

die entsprechenden Lagen der Kurve $\varphi' = 0$, so ergibt sich

$$\varphi(\lambda_0\psi_0 + \cdots + \lambda_{r'}\psi_{r'}) \equiv \psi(\lambda_0\varphi_0 + \cdots + \lambda_{r'}\varphi_{r'}) + \eta f;$$

dabei gehen die veränderlichen Kurven

$$\lambda_0\psi_0 + \cdots + \lambda_{r'}\psi_{r'} = 0, \quad \lambda_0\varphi_0 + \cdots + \lambda_{r'}\varphi_{r'} = 0$$

durch dieselbe veränderliche Gruppe $\bar{G}$ der Schar $g_n^{r'}$. Da nun aber die Kurve $\lambda_0\varphi_0 + \cdots + \lambda_{r'}\varphi_{r'} = 0$, weil sie von der Ordnung l ist, außer $\bar{G}$ keine veränderlichen Schnittpunkte mit f haben kann, so folgt, daß das lineare System von adjungierten Kurven l^{ter} Ordnung

$$\lambda_0\varphi_0 + \cdots + \lambda_{r'}\varphi_{r'} = 0$$

auf f außer den mehrfachen Punkten die Vollschar $g_n^{r'}$ erzeugt. Hieraus ergibt sich, daß $r' = r$ und mithin g_n^r eine Vollschar ist.

1. Bemerkung. Bei dem vorhergehenden Beweisverfahren kommt es nicht darauf an, daß die g_n^r keine festen Punkte hat, sondern wesentlich ist nur, daß die Bedingungen a) und b) für diejenigen Punkte von G erfüllt sind, die bei der Veränderung der Gruppe *sich bewegen würden*. Der Satz behält deshalb seine Gültigkeit auch dann, wenn die $g_n^r(r \geqq 1)$ in einfachen Punkten der Kurve feste Punkte hat.

2. Bemerkung. Die vorstehenden Ausführungen verlieren ihre Gültigkeit, wenn die von den adjungierten Kurven l^{ter} Ordnung ausgeschnittene Schar g_n^r die Dimension $r = 0$ hat. In der Tat können in diesem Fall die Bedingungen a) und b), die für den Beweis wesentlich waren, nicht mehr erfüllt werden.

Es ist leicht einzusehen, daß in diesem Fall die Ordnung l nicht größer sein kann als $m - 2$, wenn m die Ordnung der Kurve f bedeutet. Für $l = m - 1$ $(m > 1)$ hat nämlich die Schar g_n^r sicherlich die Dimension $r \geqq 2$, weil sie die ∞^2 Berührungsgruppen der Tangenten enthält, die von den verschiedenen Punkten der Ebene an die Kurve f gelegt werden können. Wenn aber $l > m - 1$ ist, so hat sie *umso mehr* die Dimension $r > 2$, weil sie die von den adjungierten Kurven $(m - 1)^{\text{ter}}$ Ordnung ausgeschnittene Schar teilweise enthält.

Nehmen wir also an, daß $l < m - 1$ sei, z. B. $l = m - 2$. Vermöge des vorhergehenden Satzes ist die Schar, welche von den adjungierten Kurven $(m - 1)^{\text{ter}}$ Ordnung auf f ausgeschnitten wird, eine Vollschar, und daher (nach Nr. 24, S. 71) gilt dasselbe auch für diejenige Schar, die außer den festen Punkten erzeugt wird von den adjungierten Kurven $(m - 1)^{\text{ter}}$ Ordnung, die durch m in gerader Linie liegende Punkte von f hindurchgehen. Diese adjungierten Kurven zerfallen aber in die Gerade, welche diese m Punkte enthält, und in adjungierte Kurven von der Ordnung $m - 2$; daraus folgt also, daß diese letzteren Kurven auf f eine Vollschar ausschneiden. In derselben Weise schließt man weiter für $l = m - 3$, $m - 4$, usw.

42. Der Restsatz. Aus dem vorhergehenden Satze folgt auf Grund des in Nr. 24 enthaltenen Ergebnisses ohne weiteres der Satz:

Die adjungierten Kurven einer bestimmten Ordnung l, die durch eine Gruppe von festen Punkten der Kurve f hindurchgelegt werden, schneiden die Kurve f außer in den mehrfachen Punkten und den festen Punkten noch nach einer linearen Vollschar.

Um also mittels der adjungierten Kurven die Vollschar zu konstruieren, die durch eine gegebene Punktgruppe G auf f festgelegt wird, hat man in folgender Weise zu verfahren: Man wähle eine positive ganze Zahl l von solcher Größe, daß adjungierte Kurven von der Ordnung l vorhanden sind, die durch G gehen, und bezeichne mit H die Gruppe, in der die Kurve f von einer durch G gehenden adjungierten Kurve l^{ter} Ordnung außer den Punkten von G und den mehrfachen Punkten geschnitten wird. Diese Gruppe H wird ein *Rest* oder ein *Residuum* von G in bezug auf die adjungierten Kurven l^{ter} Ordnung genannt. Die adjungierten Kurven l^{ter} Ordnung, die durch H gehen, schneiden dann auf f außer den festen Punkten die Schar $|G|$ aus.

Daraus leiten wir ferner den Satz ab:

Jeder mit bezug auf die adjungierten Kurven einer bestimmten Ordnung gebildete Rest einer Gruppe, die einer gegebenen linearen Schar angehört, ist auch Rest jeder anderen Gruppe dieser Schar mit bezug auf die nämlichen adjungierten Kurven.

Dies ist der *Restsatz* von Brill und Noether. Dieser Satz erscheint in projektiver Form, weil er an die Betrachtung eines besonderen Modells der Kurve f gebunden ist; in invarianter Form erhalten wir den weniger umfassenden Satz, der in Nr. 24 (S. 72) ausgesprochen wurde.

1. Bemerkung. Man beachte, daß die gegebene Konstruktion der linearen Vollscharen mittels der linearen Systeme adjungierter Kurven auch für diejenigen Scharen gilt, die mit festen Punkten versehen sind.

Wenn die Gruppe G, von der man ausgeht, um die Schar zu konstruieren, einer Vollschar mit teilweise oder lauter festen Punkten angehört, welche etwa die in G enthaltene Gruppe K bilden mögen, so besitzen die adjungierten Kurven l^{ter} Ordnung, die durch den mit bezug auf eine adjungierte Kurve derselben Ordnung gebildeten Rest H von G gehen, von selbst die Punkte der Gruppe K als feste Punkte, weil sonst die Punkte dieser Gruppe für die Schar $|G|$ nicht fest sein könnten.

2. Bemerkung. Eine Vollschar auf der Kurve f erhält man auch durch die Festsetzung, daß die adjungierten Kurven einer gegebenen Ordnung in jedem s-fachen Punkt A von f die Vielfachheit s haben sollen; denn da sie in A schon die Vielfachheit $s-1$ haben, so erhalten sie dort die Vielfachheit s, wenn man ihnen einfach die Bedingungen dafür auferlegt, daß sie durch passend gewählte Punkte von f gehen. Wenn es sich im besonderen um die Kurven von der Ordnung m handelt, die mit f ein lineares System bilden, und wenn man unter der *charakteristischen Schar* diejenige versteht, die außer den Basispunkten auf einer Kurve des Systems durch die übrigen Systemkurven ausgeschnitten wird, so erhält man den Satz:

Die charakteristische Schar eines vollständigen linearen Systems ist eine Vollschar.

43. Dimension einer Vollschar. Kanonische Schar. Wir suchen zunächst die Dimension r der linearen Schar, die von den adjungierten Kurven l^{ter} Ordnung auf der Kurve f ausgeschnitten wird; die Kurve f möge von der Ordnung m sein, und außerdem können wir annehmen, daß sie auch mit anderen als den gewöhnlichen Singularitäten versehen sei. Es ist zweckmäßig, zwei Annahmen zu unterscheiden.

1. Die Ordnung l ist nicht kleiner als m, so daß adjungierte Kurven vorhanden sind, die in die Kurve f und in eine Restkurve von der Ordnung $l-m$ zerfallen; die letztere ist keiner weiteren Bedingung unterworfen.

2. Die Ordnung l ist kleiner als m, und es gibt daher in dem linearen System keine adjungierten Kurven von der Ordnung l, die f als Bestandteil enthalten.

Bei der ersten Annahme wird man die Dimension r der Schar, die auf f von den adjungierten Kurven l^{ter} Ordnung ausgeschnitten wird, dadurch erhalten, daß man die Mannigfaltigkeit der adjungierten Kurven vermindert um die Anzahl der linear unabhängigen Kurven, die f als Bestandteil enthalten. Bezeichnet man also mit s die Multiplizität eines beliebigen mehrfachen Punktes von f, so erhält man

$$r \geqq \frac{l(l+3)}{2} - \sum \frac{s(s-1)}{2} - \frac{(l-m)(l-m+3)}{2} - 1, \tag{3}$$

wobei das Gleichheitszeichen nur dann gilt, wenn die mehrfachen Punkte von f den adjungierten Kurven l^{ter} Ordnung unabhängige Bedingungen auferlegen; dies trifft nach Nr. 39 (S. 114) jedenfalls zu, wenn l hinreichend groß ist.

Bei der zweiten Annahme wird die Dimension der betrachteten linearen Schar gleich der Dimension des schneidenden Kurvensystems sein, d. h. es wird

$$r \geqq \frac{l(l+3)}{2} - \sum \frac{s(s-1)}{2}. \tag{4}$$

Man wird bemerken, daß die rechte Seite der Gleichung (3) mit der rechten Seite der Gleichung (4) auch dann übereinstimmt, wenn l gleich $m-1$ oder gleich $m-2$ ist; die Gleichung (3) gilt also für $l \geqq m-2$, während die Gleichung (4) für $l \leqq m-3$ gilt.

Die Ordnung n der Schar, die auf der Kurve f von den adjungierten Kurven l^{ter} Ordnung ausgeschnitten wird (außer den in ihre mehrfachen Punkte fallenden Schnittpunkten, deren Anzahl $\sum s(s-1)$ ist), ist in beiden Fällen gegeben durch

$$n = ml - \sum s(s-1).$$

Führt man das Geschlecht p der Kurve f ein, das nach Nr. 37 (S. 107) durch die Formel

$$p = \frac{(m-1)(m-2)}{2} - \sum \frac{s(s-1)}{2}$$

gegeben ist, so erhält man für $l \geqq m - 2$ den Wert

$$r \geqq p - 2 + m(l - m + 3), \tag{3'}$$

und für $l = m - 3 - \alpha (\alpha \geqq 0)$ den Wert

$$r \geqq p - 1 - m\alpha + \frac{\alpha(\alpha+3)}{2}, \tag{4'}$$

während in beiden Fällen

$$n = 2p - 2 + m(l - m + 3) \tag{5}$$

ist. Vergleicht man die Gleichungen (3′) und (4′) mit (5), so erhält man für $l \geqq m - 2$

$$r \geqq n - p,$$

und für $l = m - 3 - \alpha$ wird

$$r \geqq n - p + 1 + \frac{\alpha(\alpha+3)}{2}.$$

In jedem Fall besteht also zwischen der Dimension r, der Ordnung n der linearen Vollschar, die von den adjungierten Kurven beliebiger Ordnung auf der Kurve f ausgeschnitten wird, und dem Geschlecht p dieser Kurve die Ungleichung $r \geqq n - p$.

Daraus leitet man leicht den Satz ab, *daß auf einer beliebigen algebraischen Kurve vom Geschlecht p zwischen der Dimension r und der Ordnung n jeder linearen Vollschar die Ungleichung $r \geqq n - p$ besteht.*

In der Tat wird auf der Kurve f, auf die wir unsere Betrachtungen beziehen können, eine beliebige g_n^r von den adjungierten Kurven einer gewissen Ordnung l ausgeschnitten, die durch den Rest H einer Gruppe der Schar gehen. Ist nun n' die Zahl der Punkte, aus denen die Gruppe H besteht, so daß $n + n'$ die Ordnung der auf f von den adjungierten Kurven l^{ter} Ordnung ausgeschnittenen Schar ist, so genügt die Dimension R dieser letzteren Schar der Ungleichung

$$R \geqq n + n' - p.$$

Da nun die Gruppen der g_n^r aus den Gruppen der $g_{n+n'}^R$ dadurch erhalten werden, daß man diesen letzteren die Forderung auferlegt, die Gruppe H zu enthalten, und da dies *höchstens* n' Bedingungen darstellen kann (nämlich ebenso viele Bedingungen als Punkte in der Gruppe enthalten sind), so erhalten wir $r \geqq R - n'$, und daher $r \geqq n - p$.

Die lineare Vollschar, welche auf f außer den mehrfachen Punkten durch die adjungierten Kurven $(m-3)^{\text{ter}}$ Ordnung ausgeschnitten wird, heißt die *kanonische Schar* von f; die genannten Kurven werden kurz als *die φ-Kurven* bezeichnet. Für den Augenblick können wir sagen, daß die Ordnung dieser Schar gleich $2p - 2$ und ihre Dimension $\geqq p - 1$ ist. Später werden wir zeigen, daß ihre Dimension genau gleich $p - 1$ ist (s. die folgende Nummer).

Da die JACOBIsche *Vollschar* derjenigen Schar, die auf der Kurve f von den Geraden ihrer Ebene erzeugt wird, von allen adjungierten Kurven der Ordnung $m - 1$ ausgeschnitten wird (s. Nr. 36, S. 107), so müssen die adjungierten Kurven $(m - 3)^{\text{ter}}$ Ordnung, wenn es überhaupt solche gibt, die Differenz (s. Nr. 24, S. 71) zwischen der genannten JACOBIschen Schar und dem Doppelten der von den Geraden ausgeschnittenen Schar erzeugen. Vermöge des in Nr. 36 bewiesenen Satzes ist diese Differenz gleich der Differenz zwischen der JACOBIschen Schar einer anderen beliebigen Schar und dem Doppelten dieser Schar ($A_j - 2A \equiv B_j - 2B$); daher hat man den Satz:

Die kanonische Schar einer Kurve ist die Differenz zwischen der JACOBIschen Schar einer beliebigen auf der Kurve gegebenen linearen Schar und dem Doppelten dieser letzteren.

Daraus folgt, daß die kanonische Schar gegenüber allen birationalen Transformationen der Kurve f invariant ist; wir werden dies jedoch später auch noch auf andere Weise einsehen (S. 129).

44. Speziale und nicht-speziale Scharen. Reduktionssatz. Riemann-Rochscher Satz. Wir können zwischen den linearen Scharen auf einer Kurve f von der Ordnung m eine wichtige Unterscheidung treffen. Eine lineare Schar wird *spezial* genannt, wenn sie sich mit Hilfe eines linearen Systems von adjungierten Kurven $(m - 3)^{\text{ter}}$ (oder geringerer) Ordnung ausschneiden läßt; ist dies nicht der Fall, so nennen wir sie *nicht-spezial.* Die Spezialscharen können daher definiert werden als diejenigen Scharen, die (ganz oder teilweise) in der kanonischen Schar enthalten sind; die nicht-spezialen Scharen sind solche, denen diese Eigenschaft nicht zukommt. Aus der Invarianz der kanonischen Schar wird sich also der Schluß ziehen lassen, daß die genannte Unterscheidung invarianten Charakter trägt, d. h. *daß eine Spezialschar mittels einer birationalen Transformation der Kurve, auf der sie sich befindet, wieder in eine Spezialschar übergeht, während eine nicht-speziale Schar sich in eine nicht-speziale Schar verwandelt.*

Man beachte, daß die Ordnung einer Spezialschar sicherlich $\leqq 2p - 2$ ist (aber nicht umgekehrt); eine Schar, deren Ordnung die Zahl $2p - 2$ übersteigt, ist also nicht-spezial.

Wir beweisen nun weiter den Reduktionssatz (NOETHER)[1]):

1) Journ. f. Math. **97**, 224 (1884); Math. Ann. **37**, 424 (1890); vgl. jedoch auch BRILL und NOETHER, Math. Ann. **7**, 279 (1873).

Ist g_n^r eine speziale Vollschar auf der Kurve f und P ein Kurvenpunkt, der nicht *auf* allen *φ-Kurven liegt, welche durch eine Gruppe G der gegebenen Schar gehen, so besitzt die durch die Gruppe G + P bestimmte Vollschar den* festen *Punkt P.*

Zum Beweise ziehen wir durch P eine beliebige Gerade a und bezeichnen mit A die Gruppe, welche von den übrigen $m-1$ Schnittpunkten dieser Geraden mit der Kurve f gebildet wird; es sei ferner H ein Rest der Gruppen der Schar g_n^r mit bezug auf die adjungierten Kurven $(m-3)^{\text{ter}}$ Ordnung. Nach der Voraussetzung gibt es eine φ-Kurve, die durch $G+H$, aber nicht durch P, geht. Diese φ-Kurve gibt zusammen mit a eine adjungierte Kurve $(m-2)^{\text{ter}}$ Ordnung, welche durch $P+G+H+A$ geht; es läßt sich also die Vollschar $|\,G+P\,|$ mittels des Systems aller durch die Gruppe $H+A$ gehenden adjungierten Kurven der Ordnung $m-2$ ausschneiden. Andererseits schneiden diese Kurven $(m-2)^{\text{ter}}$ Ordnung die Gerade a in den $m-1$ Punkten der Gruppe A und enthalten demnach diese Gerade als Bestandteil; daraus folgt, daß der Punkt P für die Schar $|\,G+P\,|$ ein fester Punkt ist.

Wir bemerken noch, daß die Voraussetzung des Reduktionssatzes sich immer erfüllen läßt, wenn P allgemein gewählt wird.

Die Zahl der linear unabhängigen φ-Kurven, die durch eine Gruppe G einer auf der Kurve f liegenden linearen Schar gehen, heißt der *Spezialitätsindex* dieser Schar (bzw. der Gruppe G); wir werden ihn mit i bezeichnen. Mit anderen Worten: unter dem Spezialitätsindex i der Schar verstehen wir die Zahl der linear unabhängigen kanonischen Gruppen[1]), die G enthalten (so daß also die mit bezug auf die kanonische Schar konstruierte Residualschar der gegebenen g_n^r die Dimension $i-1$ hat). Die nicht-spezialen Scharen erhält man, wenn man $i=0$ setzt. Es gilt nun der folgende sogenannte

RIEMANN-ROCHsche Satz[2]): *Eine lineare Vollschar mit der Ordnung n und dem Spezialitätsindex i, die auf einer Kurve vom Geschlecht p liegt, hat die Dimension* $r=n-p+i$.

Wir beweisen den Satz zunächst für $i=0$, d. h. für nicht-speziale Scharen. Wenn wir uns daran erinnern, daß für eine beliebige Vollschar stets $r \geqq n-p$ ist (s. Nr. 43, S. 125), so genügt es zu beweisen, daß für $r > n-p$ die Schar g_n^r sicherlich spezial ist, d. h. daß durch eine ihrer Gruppen irgendeine φ-Kurve geht. Wenn $r=0$ und also $n \leqq p-1$ ist, so ist die Richtigkeit dieser Behauptung ohne weiteres einzusehen; denn da

1) D. h. Gruppen der kanonischen Schar.

2) B. RIEMANN, Ges. math. Werke, 1. Aufl. (Leipzig 1857), S. 101, 109, 111 G. ROCH, Journal f. Math. **64**, 372 ff. (1864).

die Dimension der kanonischen Schar mindestens gleich $p-1$ ist, so kann man sicherlich n Punkte einer kanonischen Gruppe willkürlich vorschreiben. Man kann somit zum Beweis die vollständige Induktion benutzen, indem man den Satz für die Scharen g_{n-1}^{r-1}, für die $r-1>n-1-p$ ist, als erwiesen annimmt, und ihn dann für die Scharen g_n^r beweist. Wir betrachten zu dem Zweck die Residualschar g_{n-1}^{r-1} der gegebenen Schar g_n^r mit bezug auf einen Punkt P, der für g_n^r nicht fest ist. Da nach der Voraussetzung $r>n-p$ ist, so ist auch $r-1>n-1-p$; somit ist g_{n-1}^{r-1} eine Spezialschar, und alle φ-Kurven, die durch eine Gruppe von g_{n-1}^{r-1} gehen, müssen auch den Punkt P (d. h. eine Gruppe von g_n^r) enthalten; denn im entgegengesetzten Fall hätte die Schar g_n^r nach dem Reduktionssatz in P einen festen Punkt. Es gibt also eine φ-Kurve, die durch eine Gruppe der g_n^r geht, d. h. g_n^r ist eine Spezialschar.

Wir wenden uns nun zu dem Fall $i>0$ (Spezialscharen). Da die Dimension der mit bezug auf die kanonische Schar konstruierten Residualschar einer Gruppe G der gegebenen g_n^r gleich $i-1$ ist, so geht durch $i-1$, *aber nicht durch i allgemein gewählte* Punkte von f *eine* φ-Kurve, die G enthält. Wenn $i=1$ ist, so kann also, falls P einen allgemein gewählten Punkt von f bedeutet, die Vollschar $|G+P|$ keine Spezialschar sein; da nun diese Schar vermöge des Reduktionssatzes den festen Punkt P besitzt, so wird ihre Dimension $(n+1-p)$ gleich der Dimension der Schar $|G|=g_n^r$ sein, d. h. man hat $r=n-p+1$. Wir nehmen daher den Satz als erwiesen an für Scharen vom Spezialitätsindex $i-1$, und zeigen, daß er dann auch für diejenigen vom Spezialitätsindex i richtig ist.

Wenn P ein allgemein gewählter Punkt der Kurve f und G eine Gruppe der Schar g_n^r vom Spezialitätsindex i ist, so hat die Schar $|G+P|$ den Spezialitätsindex $i-1$, so daß ihre Dimension durch den Ausdruck $(n+1)-p+(i-1)$ gegeben ist. Andererseits ist P nach dem Reduktionssatz ein fester Punkt für diese Schar; folglich ist die Dimension von $g_n^r=|G|$ gleich der Dimension der Schar $|G+P|$, d. h. wir erhalten

$$r=(n+1)-p+(i-1)=n-p+i,$$

womit der Satz bewiesen ist.[1])

Eine erste Folgerung aus dem Riemann-Rochschen Satze ist die, daß *die kanonische Schar die Dimension* $p-1$ *hat,* weil für sie $n=2p-2$ und $i=1$ ist. *Die kanonische Schar ist daher eine* g_{2p-2}^{p-1}.

1) Die Ungleichung $r\geqq n-p$ sowie die Beziehung $r=n-p$ für die nichtspezialen Vollscharen stammen von Riemann. Die Riemannsche Methode, die sich auf die Verwendung der zu der Kurve f gehörigen Abelschen Integrale stützt, liefert auch die Mittel, die Dimension der Spezialscharen zu berechnen ($i>0$) (vgl. Nr. 102). Dies geschah durch Roch (a. a. O.), und deshalb wurde dieser Satz von Brill und Noether als der Riemann-Rochsche Satz bezeichnet. Der Beweis, den wir oben gegeben haben, stammt von Noether.

Es ist leicht zu beweisen, daß *die kanonische Schar die einzige Schar mit dieser Ordnung und Dimension ist, die es auf der Kurve gibt.* In der Tat ist eine g_{2p-2}^{p-1}, bei der die Dimension größer ist als die Differenz zwischen ihrer Ordnung und dem Geschlecht der Kurve f, sicherlich eine Spezialschar und daher (vollständig) in der kanonischen Schar enthalten, d. h. sie fällt mit ihr zusammen. Weiterhin erkennt man, daß *die kanonische Schar keine festen Punkte besitzt.* Hätte nämlich die kanonische Schar einen festen Punkt P, und ließe man diesen außer Betracht, so würde man eine g_{2p-3}^{p-1} erhalten; fügte man nun zu den Punkten dieser letzteren einen von P verschiedenen Punkt Q hinzu, so würde man zu einer von der kanonischen Schar verschiedenen g_{2p-2}^{p-1} gelangen.

Man kann ferner bemerken, daß sich aus den vorhergehenden Ausführungen *ein neuer Beweis für die Invarianz des Geschlechts gegenüber den birationalen Transformationen der Kurve* herleiten läßt. Das Geschlecht p erscheint nämlich als die (bei den nicht-spezialen Scharen erreichte) untere Grenze der Differenz zwischen der Ordnung n und der Dimension r der linearen Scharen g_n^r, die der Kurve angehören; eine derartige Definition des Geschlechts trägt offenbar invarianten Charakter.

Wenn aber die Invarianz des Geschlechts p feststeht, so folgt aus der Tatsache, daß *die kanonische Schar* die einzige g_{2p-2}^{p-1} auf f ist, sofort die andere, daß sie *mit bezug auf die birationalen Transformationen der Kurve invariant ist* (vgl. den Schluß der Nr. 43, S. 126).

Wir fügen noch einige weitere Bemerkungen hinzu.

a) Die Riemann-Rochsche Beziehung $r = n - p + i$ oder $i = p - (n - r)$ oder endlich $i - 1 = p - 1 - (n - r)$ läßt sich auch in der Weise deuten, daß man sagt, *eine Gruppe einer Vollschar g_n^r legt einer beliebigen kanonischen Gruppe, die sie enthalten soll, genau $n - r$ Bedingungen auf.* Natürlich hat diese Deutung nur dann einen anschaulichen Sinn, wenn es sich um eine Spezialschar handelt ($n - r < p$).

b) Wenn man sich den Riemann-Rochschen Satz gegenwärtig hält, so verwandelt sich die Ungleichung (3) der Nr. 43 (S. 124) in eine Gleichheit, und die Ungleichung (4) gibt ebenfalls eine Gleichung, so lange $l \geqq m - 3$ ist. Dies läßt sich in dem folgenden Satz aussprechen: *Die mehrfachen Punkte der Kurve f von der Ordnung m legen den adjungierten Kurven von der Ordnung $l \geqq m - 3$, die durch sie gehen sollen, unabhängige Bedingungen auf.* Bisher wußten wir nur, daß dieser Satz für genügend große Werte von l richtig ist (Nr. 39, S. 114).

c) Es läßt sich ohne Schwierigkeit die *Umkehrung des Reduktionssatzes* beweisen. Es sei $g_n^r + P$ eine Vollschar mit dem festen Punkt P. Die Residualschar g_n^r der gegebenen Schar mit bezug auf P ist dann eine Vollschar, und da nach Nr. 43 $r \geqq (n + 1) - p$ ist, so muß die g_n^r eine

Spezialschar sein, weil ihre Dimension $r > n - p$ ist. Wenn nun alle φ-Kurven, die durch eine Gruppe der g_n^r gehen, den Punkt P enthielten, so müßte auch $g_n^r + P$ eine Spezialschar sein, und die Gruppen der beiden Scharen würden den kanonischen Gruppen, in denen sie enthalten sein sollen, die gleiche Anzahl von Bedingungen auferlegen; dies steht aber im Widerspruch zu der Bemerkung a). Es folgt also der Satz:

Wenn eine Vollschar $g_n^r + P$ mit dem festen Punkt P gegeben ist, so ist g_n^r eine speziale Vollschar, und die φ-Kurven durch eine Gruppe dieser letzteren Schar gehen nicht alle durch P hindurch. Soll daher $g_n^r + P$ eine Vollschar mit dem festen Punkt P sein, so ist es notwendig und hinreichend, daß g_n^r eine Spezialschar ist, und daß die durch eine Gruppe der g_n^r gehenden φ-Kurven nicht alle den Punkt P enthalten.

45. Die zusammengesetzte kanonische Schar. Elliptische und hyperelliptische Kurven. Satz von Clifford. Kann die kanonische Schar einer Kurve f mit einer Involution γ_μ^1 zusammengesetzt sein? Mit anderen Worten: kann es vorkommen, daß alle kanonischen Gruppen, die durch einen allgemein gewählten Punkt der Kurve f gehen, notwendig noch durch $\mu - 1$ andere Punkte gehen, die mit dem ersteren veränderlich sind?

Wir untersuchen zunächst die allgemeine Frage, was eintritt, wenn eine g_n^r mit einer γ_μ^1 zusammengesetzt ist. Stellt man die Gruppen der γ_μ^1 durch die Punkte einer algebraischen Kurve Γ dar, so entspricht der g_n^r eine $g_{n/\mu}^r$ auf Γ, und daher muß $\frac{n}{\mu} \geqq r$ sein; dabei gilt das Gleichheitszeichen nur dann, wenn die Kurve Γ rational ist (s. S. 95), d. h. wenn die γ_μ^1 eine lineare Schar g_μ^1 ist (s. Nr. 21, S. 62).

Es sei nun $n = 2r$, wie es im besonderen für die kanonische Schar zutrifft. Da $\frac{n}{\mu} \geqq r$, also $\frac{n}{\mu} \geqq \frac{n}{2}$ ist, so ergibt sich $\mu = 1$ oder $\mu = 2$; und wenn $\mu = 2$ ist, so folgt $\frac{n}{\mu} = r$, d. h. die γ_2^1 muß eine g_2^1 sein. Es gilt daher der Satz:

Auf einer Kurve f kann eine beliebige Schar g_{2r}^r (im besonderen die kanonische Schar) nur mit einer linearen Schar g_2^1 zusammengesetzt sein.

Umgekehrt, wenn auf einer Kurve f vom Geschlecht $p > 1$ eine g_2^1 vorhanden ist, so ist diese sicherlich eine Spezialschar ($r > n - p$), und daher legen ihre Gruppen den kanonischen Gruppen, die sie enthalten sollen, $2 - 1 = 1$ Bedingung auf (s. Nr. 44, Bemerkung a), S. 129), d. h. alle kanonischen Gruppen durch einen allgemein gewählten Punkt von f gehen notwendig auch durch den zu diesem konjugierten Punkt der Schar g_2^1. *Die notwendige und hinreichende Bedingung dafür, daß die kanonische*

Schar einer Kurve f vom Geschlecht $p > 1$ zusammengesetzt sei, ist somit die, daß die Kurve f eine g_2^1 enthält.

Wenn $p > 1$ ist und die Kurve f eine g_2^1 besitzt, so muß diese g_2^1 die einzige Schar dieser Ordnung und Dimension sein, die es auf f gibt, da die kanonische Schar g_{2p-2}^{p-1} offenbar nicht mit zwei verschiedenen Scharen g_2^1 zusammengesetzt sein kann. Es folgt daher der Satz:

Eine Kurve f, die mehr als eine g_2^1 enthält, muß das Geschlecht $p = 0$ oder das Geschlecht $p = 1$ haben.

In der Tat, wenn $p = 0$ ist, d. h. *wenn die Kurve rational ist, so sind ∞^2 Scharen g_2^1 vorhanden;* sie sind alle enthalten in der g_2^2, die von den Punktepaaren der Kurve gebildet wird.

Wenn $p = 1$ ist, so gibt es ∞^1 Scharen g_2^1. Auf einer Kurve f vom Geschlecht 1 ist nämlich jede lineare Schar g_n^r $(n > 0)$ nicht-spezial, da $2p - 2 = 0$ und also $n > 2p - 2$ ist; folglich wird im besonderen durch ein Punktepaar der Kurve f eine Vollschar g_2^1 definiert. Hält man einen Punkt A auf f fest und macht man den Punkt B beweglich, so muß die veränderliche Schar $|A + B|$ bei ihrer Bewegung offenbar der Reihe nach mit jeder g_2^1 auf der Kurve f zusammenfallen. Daher entsprechen die Scharen g_2^1 ein-eindeutig den verschiedenen Lagen des Punktes B.

Eine Kurve vom Geschlecht 1 heißt *elliptisch*; eine Kurve vom Geschlecht > 1, die *eine* g_2^1 enthält, wird *hyperelliptisch* genannt. Die Kurven vom Geschlecht 2 sind sämtlich hyperelliptisch, weil ihre kanonische Schar eine g_2^1 ist. Man kann also den Satz aufstellen:

Mit Ausnahme des Falles der hyperelliptischen Kurven ist die kanonische Schar eine einfache Schar.

Wir beweisen nun den folgenden

Satz von CLIFFORD[1]*: Wenn g_n^r eine Spezialschar ist, so gilt die Ungleichung $n \geqq 2r$.*

Es sei H ein Rest der Vollschar g_n^r mit bezug auf die kanonische Schar; den kanonischen Gruppen, die durch H gehen, legt eine Gruppe der g_n^r genau r Bedingungen auf, während sie dagegen für eine beliebige kanonische Gruppe $n - r$ Bedingungen darstellt (s. Nr. 44, Bemerk. a), S. 129). Andererseits ist es klar, daß die Zahl der Bedingungen, die durch eine Gruppe der g_n^r den Gruppen der kanonischen Schar auferlegt werden, nicht zunehmen kann, wenn wir die Gruppen einer untergeordneten Schar betrachten, weil nämlich die Bedingungen, die in bezug auf die gesamte kanonische Schar unabhängig waren, dies in bezug auf die Schar von geringerer Dimension nicht mehr zu sein brauchen. Daraus folgt $n - r \geqq r$, d. h. $n \geqq 2r$.

---

1) Phil. Trans. **169**, 681 (1878) und Papers, S. 331.

Bemerkung. Es ist einleuchtend, daß der Satz auch dann richtig ist, wenn g_n^r eine Teilschar ist, *aber das Gleichheitszeichen kann nur gelten, wenn g_n^r eine Vollschar ist.* In der Tat, wenn die g_n^r in einer $g_n^{r'}$ enthalten ist, wobei $r' > r$ sein muß, so wird $n \geqq 2r' > 2r$. Wir werden später (Nr. 47) genauer feststellen, in welchem Falle das Gleichheitszeichen gilt.

46. Die kanonische Kurve des Geschlechts p. Da auf einer nicht hyperelliptischen Kurve $f(p > 1)$ die kanonische Schar eine einfache g_{2p-2}^{p-1} ohne feste Punkte ist (s. Nr. 44 und 45), so kann man stets in einem Raum von $p - 1$ Dimensionen eine Kurve C konstruieren, die mit f birational äquivalent ist, und auf der die kanonische Schar durch die Überebenen ausgeschnitten wird (s. S. 79). Die Kurve C ist daher von der Ordnung $2p - 2$. Umgekehrt ist es klar, daß bei einer Kurve C vom Geschlecht p und von der Ordnung $2p - 2$, die einem Raum S_{p-1} angehört, die Schar der überebenen Schnitte mit der kanonischen Schar zusammenfällt. Aus diesem Grund wollen wir die Kurve C eine *kanonische Kurve* nennen.

Hat man den Raum S_{p-1} festgelegt, in welchem man die Kurve C konstruieren will, so bleibt noch die Wahl einer Projektivität zwischen den Gruppen der kanonischen Schar und den Überebenen des S_{p-1} willkürlich (s. Nr. 26, S. 79), so daß wir im S_{p-1} unendlich viele Kurven erhalten können, die mit der Kurve C birational äquivalent sind. Aber es ist leicht einzusehen, daß zwei beliebige dieser Kurven kollinear verwandt sind, d. h. *daß eine zwischen zwei kanonischen Kurven von demselben Geschlecht bestehende birationale Verwandtschaft stets eine Kollineation ist.* Da nämlich die kanonische Schar gegenüber den birationalen Transformationen invariant ist, so muß die Verwandtschaft zwischen den beiden Kurven derartig sein, daß sie die Schar der überebenen Schnitte der einen in die entsprechende Schar der andern verwandelt, d. h. sie muß eine Kollineation sein (s. Nr. 31, S. 93).

Nachdem also der Raum S_{p-1} gewählt ist, in welchem man eine mit f birational äquivalente kanonische Kurve C konstruieren will, ist diese Kurve C bis auf eine Kollineation des Raumes bestimmt; anstatt von *einer* kanonischen Kurve zu sprechen, werden wir daher häufig von *der kanonischen Kurve* sprechen, die mit f birational äquivalent ist.

Die kanonische Kurve ist eine Normalkurve, d. h. sie läßt sich nicht als eine Projektion einer andern Kurve von derselben Ordnung erhalten, die einem Raum S_p angehört (s. Nr. 32, S. 93).

Wir wenden uns zu der Frage, wie die Spezialgruppen[1]) auf der ka-

1) D. h. die Gruppen einer Spezialschar.

nonischen Kurve C dargestellt sind. Wenn G_n eine Gruppe von n Punkten der Kurve C ist, die eine Spezialschar g_n^r definiert, so wird G_n den kanonischen Gruppen, d. h. den Überebenen des S_{p-1}, die sie enthalten sollen, genau $n-r$ Bedingungen auferlegen; somit wird durch G_n ein lineares System von Überebenen mit der Dimension $p-1-n+r$ gehen, oder mit anderen Worten, G_n wird dem Raum S_{n-r-1} angehören, der jenen Überebenen gemeinsam ist. Wenn umgekehrt G_n einem solchen Raume angehört, so ist der Spezialitätsindex der Gruppe gleich $p-n+r$, und daher hat die durch G_n definierte Schar die Dimension r. Es gilt also der Satz:

Die Gruppen einer spezialen Vollschar g_n^r werden auf C durch lineare Räume von der Dimension $n-r-1$ ausgeschnitten.

47. Ergänzung des Satzes von Clifford. Es ist nun leicht festzustellen, in welchem Falle in der durch den Satz von Clifford (Nr. 45) gegebenen Beziehung das Gleichheitszeichen gilt. Wenn für eine auf der Kurve C befindliche Spezialschar g_n^r $n=2r$ ist (damit ist zugleich ausgedrückt, daß g_n^r eine Vollschar ist), so müssen alle Überebenen, die durch $r=n-r$ allgemein gewählte Punkte von C gehen, notwendig auch die r Punkte enthalten, welche die durch jene r allgemeinen Punkte definierte Gruppe von g_n^r vervollständigen.

Der Raum S_{r-1}, der durch r allgemein gewählte Punkte bestimmt ist, muß also die Kurve C in r weiteren Punkten treffen. Für $r<p-1$ ist dies aber unmöglich[1]). Andererseits kann r als Dimension einer Spezialschar auch nicht größer sein als $p-1$; folglich muß $r=p-1$ und $n=2p-2$ sein, d. h. wir haben es mit der kanonischen Schar zu tun. Hieraus ergibt sich der Satz:

Für eine nicht kanonische Spezialschar g_n^r auf einer nicht hyperelliptischen Kurve ist stets $n>2r$.

Die Voraussetzung, daß die Kurve nicht hyperelliptisch sei, tritt dann auf, wenn man die kanonische Kurve C konstruiert. In der Tat *gilt auf einer hyperelliptischen Kurve für jede speziale Vollschar, die mit der g_2^1 zusammengesetzt ist und keine festen Punkte besitzt, die Relation $n=2r$.*

Um dies einzusehen, braucht man nur die Scharen $g_{\frac{1}{2}n}^{\frac{1}{2}n}$ $(n \leqq 2p-2)$ zu betrachten, die auf der rationalen Kurve Γ liegen, welche das Bild der g_2^1 ist. Ihnen entsprechen auf der gegebenen hyperelliptischen Kurve f Spezialscharen $g_n^r\left(r=\frac{n}{2}\right)$, welche Vollscharen sind, weil $n=2r$ ist (s. Nr. 45, S. 130).

---

1) S. die Fußnote auf S. 85 (Nr. 29).

Eine bemerkenswerte Folgerung aus dem in der angegebenen Weise vervollständigten Satz von CLIFFORD ist der Satz:

Die kanonische Kurve besitzt keine mehrfachen Punkte.

Wenn nämlich ein Punkt P der kanonischen Kurve C des Raumes S_{p-1} für die Kurve s-fach ist, so muß die Vollschar, welche außerdem auf der Kurve C von den durch P gehenden Überebenen ausgeschnitten wird, eine nicht kanonische speziale Schar g^{p-2}_{2p-2-s} sein, und daher gilt nach dem oben ausgesprochenen Satz die Ungleichung $2p-2-s>2(p-2)$, d. h. $s<2$ oder $s=1$.

48. Birationale Transformation einer algebraischen Kurve in eine Überraumkurve ohne mehrfache Punkte oder in eine ebene Kurve, die nur einzelne gewöhnliche Doppelpunkte besitzt. Wenn die ebene Kurve nicht hyperelliptisch ist ($p>1$), so erhält man eine durch birationale Transformation aus ihr hervorgehende Kurve ohne mehrfache Punkte dadurch, daß man die entsprechende kanonische Kurve betrachtet. Aber auf jeden Fall erhält man eine Transformation, die auch für die hyperelliptischen Kurven gilt, vermöge des folgenden Satzes:

Auf einer beliebigen algebraischen Kurve f vom Geschlecht p ist eine nicht-speziale Vollschar g^r_n von der Ordnung $n>2p$ einfach und ohne feste Punkte; mit ihrer Hilfe läßt sich die Kurve f birational in eine von mehrfachen Punkten freie Normalkurve C n^{ter} Ordnung im Raume S_r transformieren.

Wir erinnern daran, daß, wenn eine g^r_n mit einer Involution γ^1_μ zusammengesetzt ist, die Beziehung $n\geqq r\mu$ gilt (s. den Anfang von Nr. 45, S. 130). Wenn die g^r_n eine nicht-speziale Vollschar ist, so ergibt sich $r=n-p$, und daher $n\geqq(n-p)\mu$; da aber $\mu\geqq 2$ ist, so folgt hieraus, daß $n\geqq 2(n-p)$ oder $2p\geqq n$ ist. Daraus erkennt man, daß für $n>2p$ die Schar sicherlich einfach sein muß. Wir zeigen außerdem, daß sie keine festen Punkte besitzt. Zu dem Zweck nehmen wir zunächst an, die g^r_n habe i feste Punkte. Da $n>2p$, d. h. $n<2(n-p)$ oder auch $n<2r$ ist, so folgt, daß um so mehr $n-i<2r$ sein muß; nach dem Satze von CLIFFORD ist daher die Vollschar g^r_{n-i}, die man erhält, wenn man von den festen Punkten absieht, nicht spezial. Daraus ergibt sich aber, daß $n-i-p=r$ und daher $i=0$ ist.

Man kann demnach f birational in eine Kurve C von der Ordnung n im Raume S_r transformieren, auf welcher die der gegebenen Schar entsprechende g^r_n durch die Überebenen ausgeschnitten wird. Es bleibt uns also noch übrig zu beweisen, daß *eine Normalkurve C vom Geschlecht p, die dem Raum S_r angehört und die Ordnung $n>2p$ hat, keine mehrfachen Punkte besitzt.*

Wir nehmen zu dem Zweck an, es sei P ein s-facher Punkt von C ($s \geqq 2$), so daß die durch P gehenden Überebenen außerdem auf C eine Vollschar g_{n-s}^{r-1} ausschneiden würden. Da $n > 2p$ ist, so ist auch, wie wir gesehen haben, $n < 2r$, und daher muß um so mehr, oder auch aus dem gleichen Grunde, $n - s < 2(r-1)$ sein; nach dem Satz von CLIFFORD ergibt sich somit, daß die g_{n-s}^{r-1} nicht spezial ist. Daraus folgt, daß $r - 1 = n - s - p$ ist; andererseits ist aber $r = n - p$, also muß $s = 1$ sein. Die Annahme, daß C einen mindestens zweifachen Punkt habe, ist somit unhaltbar.

Projiziert man die Kurve C von einem Raum S_i aus, der die von ihren Sehnen gebildete dreidimensionale Mannigfaltigkeit nicht trifft ($i \leqq r - 4$), auf einen Raum S_{r-i-1}, so erhält man eine (nicht normale) Kurve, die ebenfalls keine mehrfachen Punkte besitzt, und die mit der gegebenen birational äquivalent ist. Wählt man insbesondere $i = r - 4$ so *kann man die gegebene Kurve birational in eine von mehrfachen Punkten freie Raumkurve transformieren.*

Es sei Γ diese von mehrfachen Punkten freie Raumkurve. Nimmt man in dem Raum S_3 einen Punkt O an, der weder auf der von den Tangenten der Kurve gebildeten abwickelbaren Fläche, noch auf der von ihren dreifach schneidenden Sekanten gebildeten Regelfläche liegt (s. die Fußnote auf S. 85), so wird von O nur eine *endliche Anzahl* h von solchen Sehnen der Kurve Γ ausgehen, die sich in *zwei* voneinander verschiedenen Punkten auf die Kurve stützen. Die Projektion der Kurve Γ vom Punkt O aus auf eine allgemein gewählte Ebene besitzt also h gewöhnliche Doppelpunkte, aber keine weiteren mehrfachen Punkte.

Auf diese Weise gelingt es daher, *die gegebene Kurve birational in eine ebene Kurve zu transformieren, die nur mit gewöhnlichen Doppelpunkten behaftet ist.*[1])

Es sei f eine ebene Kurve vom Geschlecht p, die beliebige singuläre Punkte besitze. Man kann offenbar ein lineares System adjungierter Kurven von so hoher Ordnung l betrachten, daß es auf f außer den mehrfachen Punkten eine nicht-speziale Schar g_n^r ausschneidet, deren Ordnung $n > 2p$ ist, und die die Schar der Schnittpunkte von f mit den Geraden der Ebene teilweise enthält. Man kann ferner innerhalb des Systems aller

1) Dieses Ergebnis, das implizite schon in den von BRILL und NOETHER gegebenen Eigenschaften der linearen Scharen enthalten war, findet sich in expliziter Form bei L. KRONECKER, Journ. f. Math. **91**, 301 (1881) und bei VERONESE, Math. Ann. **19**, 214 (1881). Ein Beweis des Satzes mittels ebener ein-zweideutiger Transformationen einer Kurve, die mit gewöhnlichen Singularitäten versehen ist, wurde von BERTINI gegeben, Rivista di matematica **1**, 22 (1891) und Math. Ann. **44**, 158, (1894).

adjungierter Kurven l^{ter} Ordnung ein System Σ von der Dimension r absondern, das keine Kurve enthält, die in f und einen restlichen Teil zerfällt, dergestalt daß jede Gruppe von g_n^r durch eine einzige Kurve von Σ ausgeschnitten wird. Es sei

$$\lambda_0 \varphi_0 (x_0, x_1, x_2) + \cdots + \lambda_r \varphi_r (x_0, x_1, x_2) = 0$$

die Gleichung von Σ. Eine Kurve C werde durch die Gleichungen

$$\varrho y_i = \varphi_i (x_0, x_1, x_2), \qquad (i = 0, \cdots, r)$$
$$f(x_0, x_1, x_2) = 0$$

dargestellt; dabei bedeuten $(y_0, y_1, \cdots, y_r)$ die homogenen Koordinaten eines veränderlichen Punktes, der in einem Raum S_r liegt, in welchem sich auch die Ebene π der Kurve f befindet. Nach dem vorhergehenden ist diese Kurve C birational äquivalent mit f und besitzt keine mehrfachen Punkte. Wir behaupten aber weiter, daß f als Projektion der Kurve C aufgefaßt werden kann.

Um dies einzusehen, betrachten wir eine adjungierte Kurve $(l-1)^{\text{ter}}$ Ordnung, $\psi(x_0, x_1, x_2) = 0$, die f nicht als einen Bestandteil enthält. Dann kann man setzen

$$\varphi_0 \equiv \psi x_0, \quad \varphi_1 \equiv \psi x_1, \quad \varphi_2 \equiv \psi x_2,$$

und außerdem kann man die Punkte (1,0,0), (0,1,0), (0,0,1) der Ebene π als Grundpunkte $(y_0 = 1, y_1 = y_2 = \cdots = y_r = 0)$, $(y_1 = 1, y_0 = y_2 = \cdots = y_r = 0)$, $(y_2 = 1, y_0 = y_1 = y_3 = \cdots = y_r = 0)$ des Koordinatensystems im S_r wählen. Die Kurve C wird dann durch die Gleichungen

$$\varrho y_0 = \psi x_0, \quad \varrho y_1 = \psi x_1, \quad \varrho y_2 = \psi x_2,$$
$$\varrho y_i = \varphi_i, \qquad (i = 3, 4, \cdots, r)$$
$$f(x_0, x_1, x_2) = 0$$

dargestellt, d. h. die Koordinaten y_0, y_1, y_2 eines auf C veränderlichen Punktes sind proportional den Koordinaten x_0, x_1, x_2 eines auf f veränderlichen Punktes und genügen daher der Gleichung $f(y_0, y_1, y_2) = 0$. Daraus folgt, daß als Projektion der Kurve C von dem Raum S_{r-3} $(y_0 = y_1 = y_2 = 0)$ aus auf die Ebene $(y_3 = y_4 = \cdots = y_r = 0)$, d. h. auf π, die Kurve f entsteht. Wir gelangen also zu dem Satz:

Eine ebene algebraische Kurve, die mit beliebigen singulären Punkten versehen ist, kann immer als Projektion einer algebraischen Überraumkurve aufgefaßt werden, die keine mehrfachen Punkte besitzt.[1])

Jede Singularität einer ebenen Kurve läßt sich daher durch Projektionen erzeugen.

1) Vgl. Veronese, Math. Ann. **19**, 163 ff. (1881).

49. Das Geschlecht einer Kurve nach Weierstrass. Der Lückensatz. Aus dem Riemann-Rochschen Satze folgt, daß eine Gruppe von p allgemein gewählten Punkten einer Kurve f vom Geschlecht p eine Vollschar g_p^0 definiert, weil der Spezialitätsindex i der Gruppe gleich Null ist (denn $p-1$ ist die Dimension der kanonischen Schar). Eine Gruppe von $p+1$ allgemein gewählten Punkten dagegen definiert eine (nicht-speziale) Vollschar g_{p+1}^1 ohne feste Punkte, d. h. sie erscheint als eine Gruppe konstanten Niveaus einer bestimmten rationalen Funktion des veränderlichen Punktes, der die Kurve f durchläuft (s. Nr. 21, S. 63). Wir haben daher den Satz:

Auf einer Kurve vom Geschlecht p ist die kleinste Ordnung einer rationalen Funktion, von der man eine Niveaugruppe willkürlich annehmen kann, gleich $p+1$.

Die Betrachtung dieser Minimalordnung ist bei Weiersrass der Ausgangspunkt für seine Theorie der algebraischen Funktionen einer unabhängigen Veränderlichen[1]). Dieselbe Zahl p, die Riemann das *Geschlecht* genannt hatte, wurde von Weierstrass als *Rang* des algebraischen Gebildes f bezeichnet. An die Betrachtung der Ordnungen der rationalen Funktionen, die auf einer algebraischen Kurve f vorhanden sind (d. h. der linearen Scharen, die keine festen Punkte besitzen), knüpft sich ein anderer Satz, den man ebenfalls Weierstrass verdankt, und der nach der Bezeichnung dieses großen Mathematikers unter dem Namen des *Lückensatzes* bekannt ist. Um diesen Satz, sowie einen noch allgemeineren abzuleiten, befolgen wir ein von Noether angegebenes Verfahren.[2])

Wir betrachten auf unserer Kurve f n beliebige Punkte $P_1, P_2, \cdots, P_n$, die eine nicht-speziale Gruppe bilden, und wir bezeichnen in allgemeiner Weise mit G_i eine Gruppe von der Form $(P_1, P_2, \cdots, P_i)$ für $i = 1, 2, \cdots, n$. Wir beginnen damit, daß wir unter den gegebenen Punkten soviele Punkte $P_1, P_2, \cdots, P_{\mu+1}$ auswählen, daß die Vollschar $|G_{\mu+1}|$ einfach unendlich ist und keine festen Punkte besitzt. Die Schar $|G_i|$ $(i=1,2,\cdots,\mu)$ wird also ∞^0-fach, und nach dem Riemann-Rochschen Satze (s. Nr. 44, S. 129, Bemerkung a)) müssen die Punkte $P_1, P_2, \cdots, P_\mu$ den kanonischen Gruppen, die durch sie hindurchgehen sollen, μ voneinander verschiedene Bedingungen auferlegen; diese Gruppen werden alle den Punkt $P_{\mu+1}$ enthalten. Wir wollen annehmen, daß die kanonischen Gruppen, die durch $G_{\mu+1}$ gehen, infolgedessen auch die Punkte $P_{\mu+2}$, $P_{\mu+3}, \cdots, P_{\mu_1-1}$ aus der Reihe der gegebenen enthalten, so daß den kanonischen Gruppen, die durch G_{μ_1-1} gehen sollen, durch diese

1) K. Weierstrass, Math. Werke IV, 69 (Berlin 1903).

2) Journ. f. Math. **97**, 224 ff. (1884).

Gruppe im ganzen μ Bedingungen auferlegt werden. Dann wird die Vollschar $|G_i|$ $(i=\mu+2, \mu+3, \ldots, \mu_1-1)$ von der Dimension $i-\mu$ sein. Wir behaupten, daß eine solche Schar keine festen Punkte haben kann. Es ist in der Tat ausgeschlossen, daß feste Punkte der $|G_i|$ in der Gruppe G_μ liegen, weil sonst auch die Schar $|G_{\mu+1}|$, die in $|G_i|$ enthalten ist, feste Punkte hätte. Es ist ferner ausgeschlossen, daß unter den Punkten $P_{\mu+1}, P_{\mu+2}, \ldots, P_{\mu_1-1}$ sich feste Punkte befinden können; denn wenn dies der Fall wäre, so könnte man dadurch, daß man sie außer Betracht ließe, eine Schar von der Dimension $i-\mu$ und von der Ordnung $< i$ erhalten, und die Gruppen einer solchen Schar würden den kanonischen Gruppen, die sie enthalten sollen, weniger als μ Bedingungen auferlegen: dies ist aber unmöglich, weil sich unter diesen Gruppen eine befindet, die G_μ enthält. Es sei nun P_{μ_1} ein *neuer* Punkt, der aus der Reihe der gegebenen gewählt wird. Da es kanonische Gruppen gibt, die durch die Gruppe G_{μ_1-1}, aber nicht durch den Punkt P_{μ_1} gehen, so schließen wir aus dem Reduktionssatz, daß der Punkt P_{μ_1} für die Schar $|G_{\mu_1}|$ ein fester Punkt ist. Die Gruppe G_{μ_1} muß also den kanonischen Gruppen, die sie enthalten sollen, $\mu+1$ verschiedene Bedingungen auferlegen. Wir nehmen nun an, daß alle kanonischen Gruppen, die durch G_{μ_1} gehen, notwendig auch die Punkte $P_{\mu_1+1}, P_{\mu_1+2}, \ldots, P_{\mu_2-1}$ enthalten. Man beweist dann wie vorher, daß die Schar $|G_i|$ $(i=\mu_1+1, \ldots, \mu_2-1)$ keine festen Punkte haben kann; ist dagegen P_{μ_2} ein neuer, aus der Reihe der gegebenen gewählter Punkt, so wird dieser für die Schar $|G_{\mu_2}|$ ein fester Punkt sein, und die Gruppe G_{μ_2} wird den kanonischen Gruppen, die sie enthalten sollen, $\mu+2$ Bedingungen auferlegen. Da die vorhergehende Konstruktion uns der Reihe nach die Gruppen G_μ, G_{μ_1}, G_{μ_2} liefert, die den kanonischen Gruppen, welche sie enthalten sollen, μ, $\mu+1$, $\mu+2$ Bedingungen auferlegen (und die je eine Schar mit einem festen Punkt definieren), so wird bei der Fortsetzung des Verfahrens die Mannigfaltigkeit der kanonischen Gruppen, die durch die analog konstruierten Gruppen G_{μ_3}, G_{μ_4}, ... gehen, jedesmal um eine Einheit vermindert, und man gelangt schließlich zu einer Gruppe G_{μ_l}, die *einer einzigen* kanonischen Gruppe angehört, so daß die Zahl $\mu+l$ (d. h. die Zahl der Bedingungen, welche G_{μ_l} für die kanonischen Gruppen darstellt) gleich $p-1$ wird. Wir bezeichnen mit $P_{\mu_l+1}, \ldots, P_{\mu_{l+1}-1}$ die neuen, aus der Reihe der gegebenen gewählten Punkte, die der durch G_{μ_l} gehenden kanonischen Gruppe angehören, und mit $P_{\mu_{l+1}}, \ldots, P_n$ die noch übrig bleibenden Punkte jener Reihe. Alsdann wird die Schar $|G_i|$ $(i=\mu_l+1, \ldots, \mu_{l+1}-1)$ keine festen Punkte haben, während die Schar $|G_{\mu_{l+1}}|$ den festen Punkt $P_{\mu_{l+1}}$ besitzt und *nicht spezial* ist. Daraus folgt, daß auch die Schar $|G_i|$ $(i=\mu_{l+1}+1, \ldots, n)$ nicht spezial und von festen Punkten frei ist.

Zum Schlusse erkennt man also, daß diejenigen Gruppen G_i, die Vollscharen mit festen Punkten bestimmen, den folgenden p Werten von i entsprechen:
$$1, 2, \ldots \mu, \mu_1, \mu_2, \ldots, \mu_l, \mu_{l+1}.$$
Dies läßt sich in folgendem Satz aussprechen:

Durchläuft ein veränderlicher Punkt die Kurve f vom Geschlecht p, so fehlen unter den verschiedenen rationalen Funktionen dieses Punktes, für welche die Gruppen der Pole mit den verschiedenen Gruppen G_i $(i=1,2,\ldots,n)$ zusammenfallen, nur diejenigen, die zu gewissen p Werten von i gehören.

Der *WEIERSTRASSsche Lückensatz* geht hieraus hervor, wenn man die n gegebenen Punkte in einen Punkt zusammenfallen läßt; man kann ihn in folgender Form aussprechen:

Unter den rationalen Funktionen, deren i Pole in einen einzigen Punkt von f zusammenfallen (und also einen Pol von der Ordnung i bilden), fehlen nur diejenigen, die zu gewissen p Werten von i gehören.

Man erkennt leicht, daß ein Punkt P, zu welchem eine rationale Funktion von der Ordnung $i \leqq p$ mit einem i-fachen Pol in P gehört, für die kanonische Schar mindestens ein Punkt von der Vielfachheit p ist. Es wird nämlich in diesem Fall eine g_p^1 vorhanden sein, die den p-fachen Punkt P besitzt, und folglich wird ein solcher p-facher Punkt den kanonischen Gruppen, die ihn enthalten sollen, $p-1$ Bedingungen auferlegen (oder weniger als $p-1$ Bedingungen, falls die g_p^1 keine Vollschar sein sollte); daraus ergibt sich aber, daß P für irgend eine kanonische Gruppe mindestens p-fach sein muß.

Da die p-fachen Punkte der kanonischen Schar — man nennt sie WEIERSTRASSsche Punkte — in endlicher Zahl vorhanden sind[1]), so können wir den Satz aufstellen:

In einem allgemeinen Punkt P der Kurve wird die Reihenfolge der fehlenden Ordnungen durch die ersten p ganzen Zahlen der natürlichen Zahlenreihe gebildet; eine Abweichung hiervon tritt nur ein, wenn P einer der WEIERSTRASSschen Punkte ist.

---

1) Wenn die Kurve nicht hyperelliptisch ist, und wenn man also als Repräsentanten für sie die kanonische Kurve des Raumes S_{p-1} annehmen kann, so ergibt sich dies aus der Bemerkung, daß eine allgemein gewählte oskulierende Überebene mit der Kurve nur eine $(p-1)$ -punktige Berührung haben kann. (Dies ist eine Differentialeigenschaft, die man leicht auch für nicht algebraische Kurven beweist; so kann z. B. ein allgemeiner Punkt einer ebenen Kurve kein Wendepunkt sein, usw.). Wenn die Kurve hyperelliptisch ist, so sind die WEIERSTRASSschen Punkte die Doppelpunkte der g_2^1. Außer der angeführten Arbeit von NOETHER vergleiche man zum Lückensatze noch: NOETHER, Journ. f. Math, **92**, 301 (1881); A. HURWITZ, Math. Ann. **41**, 409 (1893); H. F. BAKER, Abels Theorem and the allied Theory of Theta Functions. S. 32—46, Cambridge 1897; J. C. FIELDS, Theory of the algebraic Functions of a complex variable. Berlin 1906.

Sechstes Kapitel.

Korrespondenzen zwischen den Punkten einer oder zweier algebraischer Kurven. Moduln einer Kurve vom Geschlecht p.

§ 1. Birationale Transformationen einer Kurve in sich.

50. Birationale Transformationen, welche eine rationale oder elliptische Kurve in sich überführen. Bei der Untersuchung der algebraischen Kurven, die birationale Transformationen in sich zulassen, beginnen wir mit dem Fall der rationalen und elliptischen Kurven ($p = 0$ und $p = 1$).

Eine *rationale Kurve* gestattet ∞^3 birationale Transformationen in sich, welche die Bilder der ∞^3 Projektivitäten sind, die sich zwischen den Punkten der geraden Linie aufstellen lassen; und zwar sind dies die einzigen, weil, wie man leicht beweist, jede birationale Transformation der Geraden in sich eine Projektivität ist. Diese ∞^3 Transformationen bilden eine kontinuierliche Gruppe im Sinne von Lie.

Wir wenden uns zu den *elliptischen Kurven.* Es sei C eine elliptische Kurve. Auf ihr existieren unendlich viele involutorische Transformationen; sie sind durch die ∞^1 Scharen g_2^1, die der Kurve C angehören, gegeben (s. Nr. 45, S. 131). Sie werden *Transformationen erster Art* genannt. Die Produkte dieser Transformationen zu je zweien heißen *Transformationen zweiter Art.* Unter den Transformationen zweiter Art befindet sich auch die Identität; sie entsteht, wenn man das Produkt einer Transformation erster Art mit sich selbst bildet.

Es sei nun ω eine Transformation erster Art. Bezeichnet man mit A, A' und B, B' zwei homologe Punktepaare in ihr, so hat man nach Definition

$$(1) \qquad A + A' \equiv B + B'.$$

Bezeichnen wir ferner mit τ eine andere Transformation erster Art und mit A_1 und B_1 die zu A' und B' homologen Punkte in τ, so erhalten wir ebenso

$$(2) \qquad B' + B_1 \equiv A' + A_1.$$

Addiert man die beiden Äquivalenzen (1) und (2), so erhält man

$$(3) \qquad A + B_1 \equiv B + A_1,$$

und dies ist die *Äquivalenzbeziehung, die zwei homologe Punktepaare einer Korrespondenz zweiter Art miteinander verbindet.*

Diese Beziehung beweist zugleich, daß die Korrespondenzen zweiter Art von denen der ersten Art *verschieden* sind, und außerdem daß sie im allgemeinen nicht involutorisch sind.

Außer der Korrespondenz zweiter Art $\varrho \equiv \omega\tau$ betrachten wir noch eine andere σ, welche die Punkte A, A_1 und B, B_1 bzw. in $\bar{A}, \bar{A}_1$ und $\bar{B}, \bar{B}_1$ überführt. Wir erhalten

$$(4) \qquad A + \bar{A}_1 \equiv \bar{A} + A_1,$$

$$(5) \qquad \bar{B} + B_1 \equiv B + \bar{B}_1,$$

und durch Addition dieser Äquivalenzen ergibt sich mit Rücksicht auf (3)

$$\bar{A}_1 + \bar{B} \equiv \bar{A} + \bar{B}_1,$$

d. h. das Produkt $\varrho\sigma$ ist ebenfalls eine Transformation zweiter Art.

Vermöge der grundlegenden Beziehung (3), welche die in der Transformation ϱ einander entsprechenden Punktepaare B, B_1 definiert, ergibt sich aus der Äquivalenz (4), daß $\bar{A}, \bar{A}_1$ gerade ein solches Paar ist. Daraus folgt aber, daß zwei beliebige Transformationen zweiter Art wie z. B. ϱ und σ, vertauschbar sind.

Es erhebt sich nun die Frage, ob das Produkt einer Transformation erster Art mit einer solchen zweiter Art (oder einer Transformation zweiter Art mit einer solchen erster Art) zu neuen Transformationen der Kurve C in sich Anlaß gibt. Es ist leicht, diese Frage in verneinendem Sinne zu beantworten. Man hat nur zu zeigen, daß das Produkt einer ungeraden Anzahl von Transformationen erster Art wieder eine Transformation erster Art liefert. Nehmen wir z. B. drei Korrespondenzen erster Art $\omega_1, \omega_2, \omega_3$, in denen (A, A'), (B, B'); (A', A''), (B', B''); (A'', A'''), (B'', B''') drei konjugierte Punktepaare sind, so erhalten wir:

$$A + A' \equiv B + B'$$
$$B' + B'' \equiv A' + A''$$
$$A'' + A''' \equiv B'' + B''';$$

und wenn man diese Äquivalenzen addiert, so ergibt sich

$$A + A''' \equiv B + B''',$$

womit bewiesen ist, daß das Produkt $\omega_1\,\omega_2\,\omega_3$ eine Transformation erster Art ist.

Daraus folgt, daß die Transformationen zweiter Art alle dadurch erhalten werden können, daß man das Produkt einer beliebig gewählten festen Korrespondenz erster Art ω mit den verschiedenen Korrespondenzen erster Art bildet. Wird nämlich eine beliebige Korrespondenz zweiter Art mit σ bezeichnet, so ergibt sich, da

$$\omega\sigma \equiv \alpha$$

eine solche erster Art ist,

$$\sigma \equiv \omega\alpha,$$

d. h. σ ist das Produkt aus der fest gewählten Korrespondenz ω und der Korrespondenz erster Art α.

Als eine Folgerung aus der Tatsache, daß das Produkt von mehreren Korrespondenzen erster Art eine Transformation erster oder zweiter Art ist, je nachdem die Anzahl der Faktoren dieses Produkts ungerade oder gerade ist, führen wir an, daß eine Korrespondenz von gegebener Art eine zweite Korrespondenz von gegebener Art in eine andere verwandelt, die von derselben Art ist wie diese letztere.

Endlich sei noch daran erinnert, daß die ∞^1 Scharen g_2^1 eine kontinuierliche Schar (nicht eine Gruppe) von Elementen bilden, die birational auf die Punkte von C bezogen sind (s. Nr. 45, S. 131), und daß nach dem, was wir oben gesehen haben, die ∞^1 Transformationen zweiter Art eine einfach unendliche Mannigfaltigkeit bilden, deren Elemente birational auf die Scharen g_2^1 bezogen erscheinen. Man kann daher behaupten, daß die Transformationen zweiter Art eine *kontinuierliche* vertauschbare Gruppe bilden.

Wir fassen unsere Ergebnisse in folgender Weise zusammen:

Jede rationale Kurve besitzt eine kontinuierliche Gruppe von ∞^3 birationalen Transformationen in sich.

Jede elliptische Kurve besitzt eine einfach unendliche kontinuierliche Schar von involutorischen Transformationen (erster Art) und eine einfach unendliche kontinuierliche vertauschbare Gruppe von Transformationen zweiter Art. Die Elemente (Transformationen) der Schar oder der Gruppe lassen sich birational darstellen durch die Punkte der Kurve, auf der sie liegen.

Daraus folgt: *Wenn man zwei beliebige Transformationen erster Art einer elliptischen Kurve festgelegt hat, so gibt es stets eine Transformation zweiter Art, welche die eine in die andere überführt;* denn da die mit Hilfe der Korrespondenzen zweiter Art aus einer festen g_2^1 entstehenden Transformierten eine (irreduzible) einfach unendliche elliptische Mannigfaltigkeit bilden, so umfassen sie das ganze System der Scharen g_2^1, die der elliptischen Kurve angehören.

Wir werden später sehen, daß es *im allgemeinen* auf einer elliptischen Kurve außer den angeführten keine weiteren birationalen Korrespondenzen gibt (Nr. 55, S. 152).

51. Der Schwarz-Kleinsche Satz über die birationalen Transformationen, welche eine Kurve vom Geschlecht $p > 1$ in sich überführen. Wir wenden uns nun zu den Kurven vom Geschlecht $p > 1$.

Wir wollen den Satz beweisen: *Wenn das Geschlecht der Kurve größer als eins ist, so kann es nur eine endliche Anzahl von birationalen Transformationen geben, welche die Kurve in sich selbst überführen.*

Es sei P ein Weierstrassscher Punkt der Kurve C vom Geschlecht $p > 1$, und es sei m die kleinste Ordnung der rationalen Funktionen, deren Pole in P zusammenfallen; es gibt also eine *einzige* Vollschar g_m^1, die keine festen Punkte besitzt, und für die P ein m-facher Punkt ist. Da die mehrfachen Punkte der g_m^1 die Vielfachheit $i \leqq m$ haben, so zählt jeder von ihnen höchstens $(m-1)$-mal in der Jacobischen Gruppe dieser Schar (s. Nr. 35, S. 103). Wenn man beachtet, daß $m \leqq p$ ist, so ergibt sich daraus

$$2(m+p-1) > 4(m-1),$$

und daher wird die Zahl der *voneinander verschiedenen* mehrfachen Punkte der g_m^1 größer als 4 sein (S. 108).

Wenn es nun auf der Kurve C eine birationale Transformation ω gibt, so muß dem Punkt P mittels ω ein Weierstrassscher Punkt P' entsprechen (der unter Umständen mit P zusammenfällt), und daher wird die auf P bezügliche Schar g_m^1 sich in eine andere Schar g_m^1 verwandeln, die in bezug auf den Punkt P' mit völlig entsprechenden Eigenschaften ausgestattet ist. Den mit mehrfachen Punkten versehenen Gruppen der ersten g_m^1 müssen solche Gruppen der zweiten g_m^1 entsprechen, denen dieselbe Eigenschaft zukommt; wir erhalten also zwischen den beiden Scharen g_m^1 eine birationale und daher projektive Korrespondenz derart, daß mehr als vier bestimmten Elementen (Gruppen) der einen gewisse bestimmte Elemente der andern entsprechen. Wenn es also birationale Transformationen von C gibt, die P in P' überführen, so müssen die projektiven Korrespondenzen, welche durch diese Transformationen den beiden genannten Scharen g_m^1 untergeordnet werden, notwendig in endlicher Anzahl vorhanden sein.

Es fragt sich nun aber, ob man daraus schließen darf, daß die birationalen Korrespondenzen von C, die P in P' überführen, ebenfalls in endlicher Anzahl vorhanden sind. Dies wäre dann richtig, wenn durch zwei verschiedene Korrespondenzen ω, τ auch stets verschiedene projektive Korrespondenzen unter die Scharen g_m^1 eingeordnet werden müßten; nun können aber zwei verschiedene Korrespondenzen ω, τ auch dieselbe Projektivität unter die Scharen g_m^1 einordnen, vorausgesetzt, daß die nicht identische Korrespondenz $\omega\tau^{-1}$ jede Gruppe der auf P bezüglichen Schar g_m^1 in sich selbst überführt (d. h. die Identität unter die Elemente dieser g_m^1 einordnet). Wenn wir daher beweisen, *daß die birationalen Transformationen, die jede Gruppe einer g_m^1 in sich selbst überführen, notwendig in endlicher Anzahl vorhanden sind*, so ist damit auch gezeigt, daß die birationalen Korrespondenzen von C, die P in P' überführen, in endlicher Anzahl vorhanden sind.

Um diesen Beweis zu führen, wollen wir mit α, β zwei Transformationen bezeichnen, die jede Gruppe der g_m^1 in sich überführen, und die dem Punkt A der Kurve C einen und denselben Punkt A' zuordnen; wir behaupten, daß die beiden Transformationen zusammenfallen.

Wir bezeichnen mit G die Gruppe der Schar g_m^1, der nach der Annahme die Punkte A und A' angehören, und wir lassen den Punkt A stetig wandern, bis er beispielsweise in die Lage B gelangt. Der Punkt A' wird sich dann ebenfalls stetig bewegen, bis er in die Lage B' gelangt, und dieser Punkt B' gehört der durch den Punkt B bestimmten Gruppe von g_m^1 an. Jeder Lage von A in der durchlaufenen Bahn muß durch die Transformation α oder β derjenige wohldefinierte Punkt der veränderlichen Gruppe G zugeordnet werden, der in stetiger Weise aus der Anfangslage von A' hervorgeht.[1]) Jedem Punkt der von A durchlaufenen Bahn wird also durch die Transformationen α und β derselbe Punkt der von A' durchlaufenen Bahn zugeordnet, d. h. die Korrespondenz $\alpha\beta^{-1}$ läßt jeden Punkt der von A durchlaufenen Bahn unverändert. Da man die von A durchlaufene Bahn in einem beliebigen Punkt der Kurve C endigen lassen kann (weil die Kurve C irreduzibel ist), so folgt daraus, daß $\alpha \equiv \beta$ ist.

Wir schließen also, daß es höchstens $m - 1$ verschiedene, nicht identische Transformationen geben kann, die jede Gruppe der g_m^1 in sich überführen, und daß daher die Anzahl der Transformationen der Kurve C in sich, die P in P' verwandeln, endlich ist ($\geqq 0$). Berücksichtigt man schließlich, daß auch die Anzahl der WEIERSTRASSschen Punkte der Kurve C endlich ist, so gelangt man zu dem Satze, der am Anfang dieser Nummer ausgesprochen wurde.

Man bemerke, daß aus dem bewiesenen Satze sich folgender Zusatz ergibt: *Jede birationale Transformation auf einer Kurve vom Geschlecht*

---

1) Um bei der Bewegung von A nach B jede Zweideutigkeit zu vermeiden, wird man eine allgemein gewählte Bahn einschlagen, so daß der bewegliche Punkt niemals mit dem ihm entsprechenden zusammenfällt. Dies ist stets möglich, weil die Koinzidenzpunkte von α (oder von β) in endlicher Anzahl vorhanden sind. Die entgegengesetzte Annahme würde nämlich in Anbetracht der algebraischen Natur der Frage und der Irreduzibilität der Kurve C zu der Folgerung führen, daß alle Punkte von C Koinzidenzpunkte sind. (Vgl. auch Nr. 52).

$p > 1$ *ist zyklisch*, und allgemeiner: *Die Gesamtheit aller birationalen Transformationen, die auf einer Kurve vom Geschlecht $p > 1$ vorhanden sind, bildet eine endliche Gruppe.*

Den ersten Schritt zum Beweis des abgeleiteten Satzes tat H. A. Schwarz, der zeigte, daß eine Kurve vom Geschlecht $p > 1$ keine *kontinuierliche* Schar von birationalen Transformationen zulassen kann (Journ. f. Math. **87**, 139 (1875)). Daß dasselbe auch für eine *diskontinuierliche* unendliche Mannigfaltigkeit[1]) gilt, daß also auf einer Kurve vom Geschlecht > 1 nur eine endliche Anzahl von birationalen Transformationen vorhanden sein kann, wurde von F. Klein in einem Briefe an H. Poincaré aus dem Jahre 1882 bewiesen (Acta Math. **7**, 12 (1885); vgl. auch Klein, „Über Riemanns Theorie der algebr. Funktionen" (Leipzig 1882, S. 67)). Der hier gegebene Beweis stammt von C. Segre (Introduzione usw. Ann. di Mat. (2) **22**, Nr. 88 (1893)); wir haben jedoch einen Einwand, den man gegen den dort entwickelten Beweis möglicherweise geltend machen könnte, durch die Feststellung vermieden, daß die Gruppen einer g_m^1 nur gegenüber einer endlichen Anzahl von birationalen Transformationen invariant bleiben können. Einen anderen einfachen Beweis des Schwarzschen Satzes findet man bei M. De Franchis, Rom. Acc. L. Rend. (5) **12**, 307 (1903). In einer Abhandlung des Verfassers (Math. Ann. **74**, 515 bis 544 (1913)) wird beiläufig (Nr. 4, S. 521) der Satz bewiesen, daß *auf einer algebraischen Kurve die algebraischen Korrespondenzen von gegebenen Indizes (α, β) sich auf eine endliche Anzahl von kontinuierlichen Systemen verteilen.* Dies gilt insbesondere für $\alpha = \beta = 1$, und hieraus ergibt sich also mit Hilfe des Satzes von Schwarz ein neuer Beweis des Satzes von Klein.

52. Obere Grenze für die Anzahl der Koinzidenzpunkte bei einer birationalen Transformation einer Kurve in sich. Hinsichtlich der birationalen Transformationen, die eine Kurve in sich überführen, wollen wir noch die Bemerkung zufügen, daß *eine nicht identische birationale Korrespondenz ω auf einer Kurve vom Geschlecht p nicht mehr als $2p + 2$ Koinzidenzpunkte*[2]) *haben kann.* Betrachtet man nämlich auf der Kurve eine g_{p+1}^1, welche durch ω nicht in sich selbst übergeführt wird[3]), so kann man zwischen den Elementen (Gruppen) dieses rationalen einfach unendlichen Gebildes eine algebraische Korrespondenz dadurch festsetzen, daß man zwei Gruppen homolog nennt, falls sie Punkte enthalten, die in der gegebenen Transformation einander entsprechen. Auf diese

1) Unter einer *diskontinuierlichen* Mannigfaltigkeit (Schar) versteht man eine unendlich große Zahl von Transformationen, die jedoch nicht von einem willkürlichen Parameter abhängen. [A. d. Übers.]

2) D. h. Punkte, die sich in der Korrespondenz selbst entsprechen.

3) Wenn die Korrespondenz ω einen Koinzidenzpunkt P besitzt (und dieser Fall ist für unsern Zweck von Interesse), so wird eine derartige g_{p+1}^1 z. B. bestimmt durch die Gruppe $H + P$, wo H eine allgemeine Gruppe von p Punkten bedeutet, die durch ω nicht in sich selbst übergeführt wird.

Weise erhält man zwischen diesen Elementen eine nicht identische Korrespondenz $(p+1, p+1)$, welche also in beiderlei Sinn von einer Gruppe zu $p+1$ homologen Gruppen führt, und folglich gibt es für diese Korrespondenz $2p+2$ vereinigt liegende Gruppen.[1]) Da jeder Koinzidenzpunkt U uns eine Koinzidenzgruppe liefert (nämlich diejenige, welcher der Punkt U angehört), so folgt, daß die Zahl der Koinzidenzpunkte von ω gleich oder kleiner als $2p+2$ ist.

Die obere Grenze $2p+2$ wird erreicht, wenn $p=0$ und wenn $p=1$ ist (für die Korrespondenzen, die durch die Scharen g_2^1 des elliptischen Gebildes erzeugt werden); *wenn $p>1$ ist, so kann man die niedrigere Grenze $2p$ an ihre Stelle setzen*, da es genügt, die vorstehende Überlegung auf eine (speziale) Schar g_p^1 anzuwenden, die durch die gegebene Korrespondenz nicht in sich selbst übergeführt wird.[2]) Diese Bemerkung über die Zahl der Koinzidenzpunkte einer zwischen den Punkten einer Kurve bestehenden birationalen Korrespondenz ist der Ausgangspunkt für den Beweis, den A. Hurwitz für den in der vorhergehenden Nummer aufgestellten Satz gegeben hat.[3])

Hurwitz bewies nämlich, daß die Zahl der voneinander verschiedenen Weierstrassschen Punkte auf der Kurve vom Geschlecht p entweder gleich oder größer als $2p+2$ ist[4]) (wobei die Gleichheit nur im hyperelliptischen Fall eintritt); und daraus leitete er den Satz ab mit Hilfe eines Verfahrens, das wir nun für den hyperelliptischen Fall entwickeln wollen. Wir benutzen dabei die Tatsache, daß uns in diesem Fall die Anzahl der voneinander verschiedenen Weierstrassschen Punkte bekannt ist (es sind die $2p+2$ Doppelpunkte der g_2^1).

Jede birationale Korrespondenz zwischen den Punkten einer hyperelliptischen Kurve C muß die einzige g_2^1 der Kurve in sich selbst überführen und muß also die Gruppe der $2p+2$ Doppelpunkte der g_2^1 unverändert lassen. Sind daher ω und τ zwei Transformationen, welche von der durch die g_2^1 erzeugten Transformation π verschieden sind und welche zwischen den genannten $2p+2$ Punkten die nämliche Substitution er-

---

1) Hier machen wir Gebrauch von dem Chaslesschen Korrespondenzprinzip, von dem wir im folgenden noch zu handeln haben (s. Nr. 67, S. 174).

2) Eine Ausnahme bildet nur die Korrespondenz ω, die auf einer hyperelliptischen Kurve vom Geschlecht p durch die g_2^1 der Kurve erzeugt wird, weil in diesem Falle jede Spezialschar g_p^1 durch die g_2^1 in sich übergeführt wird; diese aber hat, wie wir wissen, in diesem Fall genau $2p+2$ Doppelpunkte.

3) Math. Ann. **41**, 403 (1893).

4) Höhere untere Grenzen für die Anzahl der verschiedenen Weierstrassschen Punkte auf einer nicht hyperelliptischen Kurve sind von Segre (Rom. Acc. L. Rend. (5) **8**², 89 (1899)) und Fräulein Cipolla (Rom. Acc. L. Rend. **14**¹, 210 (1905)) aufgestellt worden.

zeugen, so läßt die Transformation $\omega\tau^{-1}$ diese Punkte ungeändert, und muß folglich, da sie mehr als $2p$ Koinzidenzpunkte hat, identisch sein oder mit π zusammenfallen. Daraus folgt, daß $\omega = \tau$ oder $\omega \equiv \pi\tau$ ist.

Die Anzahl der verschiedenen birationalen Korrespondenzen, die auf der Kurve C vorhanden sind, kann daher nicht größer sein als das doppelte der Anzahl von Permutationen zwischen den $2p + 2$ Doppelpunkten der g_2^1.

§ 2. Moduln eines einfach unendlichen algebraischen Gebildes.

53. Definition der Moduln. Eine sehr bemerkenswerte Anwendung der Theorie der birationalen Transformationen einer algebraischen Kurve in sich bildet die Bestimmung der Anzahl der *Moduln* einer algebraischen Kurve von gegebenem Geschlecht p, d. h. der Anzahl der willkürlichen Parameter, von denen eine solche Kurve abhängt, falls man zwei birational ineinander transformierbare Kurven nicht als verschieden ansieht. Die Gleichheit dieser Parameter (Moduln), deren Anzahl wir bestimmen wollen, muß im wesentlichen die Bedingung dafür darstellen, daß zwei Kurven von demselben Geschlecht birational aufeinander bezogen werden können. Den Moduln entsprechen auf dem Gebiet der projektiven Transformationen die (projektiven) *Invarianten.*

54. Moduln einer elliptischen oder hyperelliptischen Kurve. Der Fall der rationalen Kurven ist rasch erledigt; denn da diese Kurven birational identisch sind mit der Geraden, so können sie keine Moduln haben

Im Fall der elliptischen Kurven werden wir finden, daß es nur einen einzigen Modul gibt. Wir wollen jedoch gleich den allgemeineren Satz beweisen, daß *eine Kurve vom Geschlecht $p \geq 1$, die eine g_2^1 besitzt (und die daher für $p > 1$ hyperelliptisch ist), von $2p - 1$ Moduln abhängt.*

Zu diesem Zweck können wir annehmen, ohne die Allgemeinheit irgendwie zu beschränken, daß die fragliche Kurve eben sei, und daß die g_2^1 auf ihr von den zu der y-Achse parallelen Geraden ausgeschnitten werde (man braucht nämlich nur auf der Kurve eine einfache g_n^2 anzunehmen, welche die g_2^1 teilweise enthält, und sie mit deren Hilfe birational in eine ebene Kurve zu transformieren). Die Gleichung der Kurve läßt sich also im wesentlichen in der Form

$$(1) \qquad y^2 = f(x),$$

darstellen, wo $f(x)$ ein Polynom vom Grad n bedeutet.[1]) Man wird sofort

---

1) In der Tat wird nach den gemachten Voraussetzungen die Gleichung der Kurve *von vornherein* die Gestalt $\eta^2\varphi(\xi) + 2\eta\varphi_1(\xi) + \varphi_2(\xi) = 0$ annehmen, und von dieser gelangt man zu der Gleichung (1) mittels der birationalen Transformation

$$\eta = \frac{y - \varphi_1(x)}{\varphi(x)}, \quad \xi = x.$$

bemerken, daß, wenn $x = a$ eine $(2k + h)$-fache Wurzel des Polynoms $f(x) = 0$ ist ($h = 0$ oder 1), die Kurve (1) birational in die Kurve

$$(2) \qquad y^2 = \varphi(x) \qquad \left(\varphi(x) = \frac{f(x)}{(x-a)^{2k}}\right)$$

transformiert werden kann. Man braucht dabei nur die durch die Formeln

$$\begin{cases} x' = x, \\ y' = y(x-a)^k \end{cases}$$

gegebene birationale Transformation zu verwenden. Nachdem also eine passende birationale Transformation vollzogen ist, dürfen wir annehmen, daß das Polynom f nur noch einfache Wurzeln hat.

Wir wollen hier eine Ausdrucksweise einführen, die äußerst nützlich ist, und von der eine starke suggestive Wirkung ausgeht. Wenn auf einer Kurve C eine (rationale oder irrationale) Involution vom Grade μ gegeben ist, und wenn mit Γ eine Kurve bezeichnet wird, deren Punkte die Gruppen der Involution abbilden, so wollen wir sagen, daß *die Kurve C auf der μ-fach überdeckten Kurve Γ abgebildet sei*, weil jeder Punkt von Γ μ Punkte von C darstellt. Die Gruppe derjenigen Punkte von Γ, welche die mit mehrfachen Punkten (im allgemeinen mit Doppelpunkten) versehenen Gruppen der Involution darstellen, nennen wir die *Verzweigungsgruppe*.

In unserem Fall kann man sagen, daß die Kurve (1) auf der Doppelgeraden $y = 0$ abgebildet sei, da den Punkten dieser Geraden die Gruppen der g_2^1 entsprechen, die (außer dem unendlich fernen Punkt der y-Achse) von den Geraden $x =$ const. ausgeschnitten wird. Die Verzweigungsgruppe wird auf der x-Achse durch die Wurzeln der Gleichung $f(x) = 0$ bestimmt. Da das Polynom f nur noch einfache Wurzeln besitzt, so ist jeder Punkt, der einer Wurzel von $f = 0$ entspricht, ein wirklicher Verzweigungspunkt; d. h. ein solcher Punkt ist nicht das Bild einer Gruppe der g_2^1, die aus zwei Punkten besteht, welche zufällig auf dem betrachteten speziellen projektiven Modell zusammenfallen, sondern er ist das Bild einer Gruppe, die aus zwei zusammenfallenden und auf demselben Zweig liegenden Punkten besteht.

Wenn nämlich $x = a$ eine einfache Wurzel des Polynoms f vom Grade n ist, so ist der Punkt ($x = a$, $y = 0$) der Kurve (1) ein einfacher Punkt (und daher der Ursprung eines einzigen Zweiges), weil die Gerade $y = 0$ die Kurve n^{ter} Ordnung (1) in $n - 1$ weiteren Punkten schneidet, die von dem betrachteten Punkt verschieden sind.

Diese Betrachtung gibt uns überdies die Gewißheit, daß die durch die Gleichung (1) dargestellte Kurve *irreduzibel* ist, falls f ein Polynom ohne mehrfache Wurzeln bedeutet; wäre sie nämlich in zwei (rationale) Teile zerlegbar, so müßten sich diese in den Punkten $f(x) = 0$ der x-Achse treffen, und diese Punkte wären daher für die zusammengesetzte Kurve als Doppelpunkte zu rechnen.

Ehe wir uns zur Berechnung der Moduln wenden, möge noch eine letzte Bemerkung beigefügt werden. Der Grad n des Polynoms f scheint auf den ersten Anblick gleich der Zahl der Doppelpunkte der g_2^1 zu sein, d. h. gleich $2p + 2$, wo p das Geschlecht der Kurve (1) bedeutet. Diese Auffassung steht aber offenbar im Widerspruch zu der Tatsache, daß das Polynom f ganz willkürlich gewählt werden kann, und daß wir es auch von ungeradem Grade annehmen können. Dies hängt mit dem Umstand zusammen, daß für ein ungerades n (aber nur dann) auch der unendlich ferne Punkt der x-Achse ein Verzweigungspunkt wird, d. h. daß dann die beiden Punkte, in denen die Kurve von der unendlich fernen Geraden außer dem $(n-2)$-fach gezählten unendlich fernen Punkt der y-Achse geschnitten wird, auf einem und demselben Zweig zusammenfallen. Wenn also die Kurve vom Geschlecht p ist, so hat man entweder $n = 2p + 2$ oder $n = 2p + 1$.

Daß der unendlich ferne Punkt der x-Achse für $n = 2p + 1$ ein Verzweigungspunkt wird, erkennt man sofort, wenn man die Gleichung (1) der birationalen (involutorischen) Transformation

$$y = \frac{y'}{x'^{p+1}}, \quad x = \frac{1}{x'}$$

unterwirft.

Wendet man die eben angeschriebene Transformation auf den Fall an, in welchem der Grad n von f gleich $2p + 2$ ist, so wird durch sie die Singularität aufgelöst, die die betrachtete hyperelliptische Kurve im unendlich fernen Punkt der y-Achse besitzt. Ist nämlich $f(x) = (x - x_1)(x - x_2) \ldots (x - x_{2p+2})$, wo $x_1, x_2, \ldots, x_{2p+2}$ die $2p + 2$ Verzweigungspunkte bedeuten, so wird die Kurve (1) durch die vorstehende Transformation in die hyperelliptische Kurve

$$(3) \qquad y'^2 = (1 - x_1 x')(1 - x_2 x') \ldots (1 - x_{2p+2} x')$$

übergeführt, die auf der Doppelgeraden $y' = 0$ abgebildet ist und die Verzweigungspunkte $\frac{1}{x_1}, \frac{1}{x_2}, \ldots$ besitzt. Dem singulären Punkt, den die Kurve (1) im Unendlichen besitzt, werden dann die beiden Punkte $(x' = 0, y' = 1)$, $(x' = 0, y' = -1)$ entsprechen; diese sind *einfach*, weil die y'-Achse, auf der sie liegen, die Kurve (3), deren Ordnung ebenfalls $2p + 2$ ist, im Unendlichen bereits in $2p$ zusammenfallenden Punkten trifft. Daraus folgt (Nr. 19, S. 57), daß die Kurve (1) durch den unendlich fernen Punkt der y-Achse mit zwei Zweigen hindurchgeht, von denen jeder notwendig die *Ordnung* p hat, da sie in ihrer Gesamtheit einen $2p$-fachen Punkt geben müssen. Die beiden Zweige sind zueinander konjugiert in der Schar g_2^1, die auf der Kurve (1) existiert, ebenso wie die beiden Punkte ($x' = 0$, $y' = 1$), ($x' = 0$, $y' = -1$) in der auf der Kurve (3) vorhandenen Schar g_2^1 einander zugeordnet sind. Beide Zweige haben außerdem die unendlich ferne Gerade der Ebene (x, y) zur gemeinsamen Tangente, und diese hat mit jedem von ihnen die Schnittpunktsmultiplizität $p + 1$ (die *Klasse* jedes dieser Zweige ist also gleich 1). Es ergibt sich daher der Satz:

Die hyperelliptische Kurve $y^2 = f(x)$ vom Geschlecht p, in der f ein Polynom von der Ordnung $2p + 2$ bedeutet, das nur einfache Wurzeln hat, geht durch den unendlich fernen Punkt der y-Achse mit zwei Zweigen von der Ordnung p und der Klasse 1 hindurch, und diese sind einander zugeordnet in der g_2^1 der Kurve; sie besitzt keine mehrfachen Punkte, die von dem genannten unendlich fernen Punkt verschieden sind.

Die Berechnung der Moduln des hyperelliptischen (oder elliptischen) Gebildes vom Geschlecht $p (\geqq 1)$ und überdies die tatsächliche Bestimmung dieser Moduln ergibt sich sofort aus folgender Bemerkung: *Die notwendige und hinreichende Bedingung für die birationale Identität zweier auf der Doppelgeraden $y = 0$ abgebildeter Kurven besteht darin, daß ihre Verzweigungsgruppen projektiv sind.* Wenn nämlich die beiden Kurven

$$y^2 = f(x) \quad \text{und} \quad Y^2 = F(X)$$

gegeben sind, und wenn es eine (nicht ausgeartete) Projektivität

$$x = \frac{aX + b}{cX + d} \qquad (ad - bc \neq 0)$$

gibt, durch welche die Gruppe $f(x) = 0$ in die Gruppe $F(X) = 0$ transformiert wird, so verwandelt irgendeine der beiden birationalen Transformationen

$$y = \frac{\pm k\,Y}{(cX + d)^{p+1}}, \quad x = \frac{aX + b}{cX + d}$$

die eine Kurve in die andere (k bedeutet eine passend gewählte Konstante).

Die Eigenschaft läßt sich sofort umkehren, falls die beiden gegebenen Kurven vom Geschlecht $p > 1$ sind und daher eine einzige g_2^1 besitzen; denn wenn es eine birationale Transformation gibt, welche die eine Kurve in die andere überführt, so werden durch diese Transformation die Gruppen der beiden Scharen g_2^1 einander *projektiv* zugeordnet; hieraus folgt, daß die Verzweigungsgruppen zweier Doppelgeraden, auf denen die beiden Kurven abgebildet erscheinen, projektiv sind.

Wir wollen nun aber annehmen, daß die beiden Kurven C und C' elliptisch seien ($p = 1$). Denkt man sich zwei Scharen g_2^1 auf den beiden

Kurven gegeben (z. B. die Scharen g_2^1, die die Bilder zweier Doppelgeraden sind, auf denen die Kurven C und C' abgebildet erscheinen), so führt eine Transformation π von C in C' nicht notwendig die eine dieser beiden Scharen in die andere über. Die auf C' fest gegebene g_2^1 werde mit h bezeichnet, und es sei h' diejenige Schar g_2^1 auf C', welche der auf C gegebenen entspricht. Nach Nr. 50 (S. 141) gibt es dann auf C' eine Korrespondenz zweiter Art — sie sei mit τ bezeichnet —, welche h' in h überführt; wir erhalten also zwischen den Kurven C und C' die birationale Korrespondenz $\pi\tau$, und diese führt die zwei auf den beiden Kurven festgelegten Scharen g_2^1 ineinander über. Es müssen daher auch in diesem Falle die Verzweigungsgruppen der beiden zu C und C' gehörigen Doppelgeraden projektiv sein.

Die Anzahl der birational verschiedenen hyperelliptischen oder elliptischen Kurven vom Geschlecht p ist somit ebenso groß wie die Anzahl der projektiv verschiedenen Gruppen von $2p + 2$ Punkten auf einer Geraden. Da nun die Bedingung für die projektive Verwandtschaft zwischen zwei derartigen Gruppen durch die Gleichheit der Doppelverhältnisse ausgedrückt wird, die von jeder Gruppe gebildet werden, wenn man drei ihrer Punkte festhält und sie mit den $2p - 1$ übrigen kombiniert, *so kann man diese $2p - 1$ Doppelverhältnisse als die Moduln ansehen.*

Der elliptische Fall ist besonders bemerkenswert.

Da man auf einer elliptischen Kurve stets eine einfache durch drei Kurvenpunkte festgelegte g_3^2 betrachten kann, so läßt sich die Kurve birational in eine ebene Kurve dritter Ordnung ohne Doppelpunkte transformieren ($p = 1$). Auf einer solchen Kurve dritter Ordnung wird eine g_2^1 durch das Geradenbüschel ausgeschnitten, dessen Scheitel ein beliebiger Punkt P der Kurve ist. Die JACOBIsche Gruppe der g_2^1 wird von den Berührungspunkten der vier Tangenten gebildet, die von P an die Kurve gezogen werden können. Die vorhergehenden Betrachtungen führen uns nun zu dem Ergebnis, *daß das Quadrupel dieser Tangenten zu sich selbst projektiv bleibt, wenn P auf der Kurve wandert* (Satz von G. SALMON)[1]; das Doppelverhältnis dieses Quadrupels ist also der einzige Modul der Kurve.

55. Weiteres über die birationalen Korrespondenzen, die eine elliptische Kurve in sich überführen. Wir können nun den Satz der Nr. 50 über die birationalen Korrespondenzen zwischen den Punkten einer elliptischen Kurve C vervollständigen.

Wir betrachten zunächst auf C eine birationale Korrespondenz α, die

1) Journ. f. Math. **42**, 274 (1851).

irgend einen Koinzidenzpunkt besitzt. Es sei M ein sich selbst entsprechender Punkt von α. Die wohldefinierte Schar g_2^1, welche in M einen Doppelpunkt hat, wird durch α in sich übergeführt; bilden wir also die Kurve C mittels der genannten g_2^1 auf die Doppelgerade r ab, so werden wir auf r als Bild von α eine birationale Transformation α', d. h. eine Projektivität erhalten, und diese führt die Gruppe der Verzweigungspunkte M', N', P', Q', unter denen sich der zu M homologe Punkt M' befindet, in sich selbst über. Da nun M für α ein Koinzidenzpunkt ist, so wird M' für α' ebenfalls ein solcher sein. Wenn aber die Gruppe M', N', P', Q' weder harmonisch, noch äquianharmonisch ist, so ist eine Projektivität, welche sie in sich überführt und dabei einen ihrer Punkte, nämlich M', fest läßt, notwendig die Identität. Falls also die Verzweigungsgruppe allgemein gewählt ist, so wird $\alpha' = 1$, und demnach muß die Korrespondenz α, wenn sie nicht identisch ist, mit der Transformation erster Art zusammenfallen (Nr. 50), die in M einen Doppelpunkt hat.

Nun wollen wir annehmen, daß α keine sich selbst entsprechenden Punkte habe, und daß C den allgemeinen Modul besitze. Es seien A und A' zwei Punkte von C, die einander in der Korrespondenz α entsprechen, und es sei ϱ die eindeutig bestimmte Transformation zweiter Art, die A in A' überführt. Dann hat die Transformation $\alpha\varrho^{-1}$ den Koinzidenzpunkt A, und nach dem vorhergehenden fällt sie also, wenn sie nicht identisch ist, mit der Transformation β erster Art zusammen, die in A einen Doppelpunkt hat. Daraus folgt, daß $\alpha = \beta\varrho$ ist, d. h. (Nr. 50) α ist eine Transformation erster Art; dies widerspricht aber der Voraussetzung, daß sie keine sich selbst entsprechende Punkte besitze. Die Annahme, daß die Korrespondenz $\alpha\varrho^{-1}$ nicht identisch sei, muß also falsch sein. Man hat demnach $\alpha\varrho^{-1} = 1$ oder $\alpha = \varrho$. Es ergibt sich demnach der Satz:

Falls der Modul (das Doppelverhältnis) einer elliptischen Kurve C allgemein gewählt ist (d. h. weder harmonisch noch äquianharmonisch ist), so sind die einzigen birationalen Transformationen, die es auf C gibt, die Transformationen erster und zweiter Art.

Nun wollen wir den Fall einer elliptischen Kurve C mit singulärem Modul betrachten, und es sei α eine *singuläre Korrespondenz* (d. h. verschieden von den Transformationen erster und zweiter Art). Das Produkt von α mit einer Transformation ϱ zweiter Art wird eine gewisse Anzahl k ($\geqq 0$) von Koinzidenzpunkten haben, und diese Anzahl wird unverändert bleiben, wenn sich ϱ in der einfach unendlichen stetigen Gruppe verändert, der diese Transformation angehört. Da sich also ϱ stetig verändern kann, bis es in die identische Korrespondenz übergeht, so schließt man, daß die Korrespondenzen von der Form $\alpha\varrho$ alle dieselbe Anzahl von Koinzidenzpunkten haben wie α. Wenn daher $k = 0$ wäre, so gäbe es, was auch ϱ wäre, kein Punktepaar, das den Korrespondenzen α und ϱ^{-1} gemeinsam wäre (denn ein derartiges Paar würde zu einem sich selbst entsprechenden Punkt von $\alpha\varrho$ Anlaß geben). Dies ist aber unmöglich; denn sind A, A' zwei Punkte, die einander in der Korrespondenz α entsprechen, so gibt es stets eine Korrespondenz zweiter Art, die mit α das Paar A, A' gemeinsam hat. Es muß demnach $k > 0$ sein, und man gelangt zu dem Ergebnis:

Auch auf den singulären elliptischen Kurven gibt es außer den Transformationen zweiter Art keine anderen Transformationen ohne Koinzidenzpunkte.

Nun wollen wir den Fall der harmonischen elliptischen Kurven von dem der äquianharmonischen unterscheiden.

Es sei C eine harmonische elliptische Kurve und α eine singuläre Korrespondenz auf ihr, die notwendig mindestens einen sich selbst entsprechenden Punkt M besitzt. Bildet man wie oben mittels der Schar g_2^1, die den Doppelpunkt M hat, die Kurve C auf die Doppelgerade r ab, so wird die Korrespondenz α als Bild eine Projektivität α' mit dem Koinzidenzpunkt M' liefern, welche die Verzweigungsgruppe M', N', P', Q' in sich selbst überführt. Da nun α' nicht identisch ist (denn sonst wäre α identisch oder fiele mit der durch die Schar g_2^1 erzeugten Transformation erster Art zusammen), so folgt daraus, daß α' nichts anderes ist als die Involution, die den Punkt M' und den zu ihm in bezug auf P', Q' harmonisch zugeordneten Punkt N' zu Doppelpunkten hat.

Wählt man auf r eine projektive Koordinate x, derart, daß die Punkte M', N', P', Q' durch die Werte $0, \infty, 1, -1$ von x bestimmt sind, so erweist sich die Kurve C birational äquivalent mit der ebenen Kurve dritter Ordnung

(4) $$y^2 = x(x^2 - 1),$$

und die Transformation α' wird dargestellt werden durch die Gleichung

$$x' = -x.$$

Die Korrespondenz α auf der Kurve C, welch letztere wir ohne weiteres mit der ebenen Kurve dritter Ordnung (4) zusammenfallen lassen können, wird durch die Formeln

(5) $$y' = \pm iy, \quad x' = -x$$

dargestellt sein. Dies bedeutet, daß auf C der Korrespondenz α' zwei verschiedene singuläre Korrespondenzen ($y' = iy$, $x' = -x$ und $y' = -iy$, $x' = -x$) entsprechen; die eine von diesen kann aus der andern erhalten werden, wenn man multipliziert mit der Transformation γ erster Art ($y' = -y$, $x' = x$), die von der Schar g_2^1 mit dem Doppelpunkt M erzeugt wird (die Koordinaten dieses letzteren sind $x = 0$, $y = 0$). Die genannten Korrespondenzen sind zyklisch von der vierten Ordnung, wie man aus den Gleichungen (5) erkennt; ihr Quadrat ist γ. Sie haben die beiden Koinzidenzpunkte M, N und vertauschen die Punkte P und Q untereinander.

In ähnlicher Weise kann man zwei andere singuläre Korrespondenzen erhalten, die die Koinzidenzpunkte P, Q haben und die Punkte M, N untereinander vertauschen; es entsprechen also jeder g_2^1 von C vier singuläre Korrespondenzen, die als Quadrat jene g_2^1 ergeben.

Aus dem vorhergehenden ergibt sich auch, daß die auf der Kurve C vorhandenen singulären Korrespondenzen sich auf zwei einfach unendliche Scharen verteilen, die aus einer vorgegebenen singulären Korrespondenz α dadurch erhalten werden können, daß man sie mit den Transformationen σ erster Art und mit den Transformationen ϱ zweiter Art multipliziert. Da nun offenbar jede der beiden genannten Scharen durch die Transformationen erster (oder zweiter) Art in sich übergeführt wird, so daß man schließlich dieselbe Schar erhält, gleichgültig ob man α mit den Korrespondenzen σ (bzw. ϱ) in der einen oder anderen Reihenfolge multipliziert, so ergibt sich, daß das Produkt zweier singulärer Transformationen einer und derselben Schar eine Transformation erster Art ist. Fassen wir also zusammen, so erhalten wir den Satz:

Die singulären Korrespondenzen, die auf einer harmonischen elliptischen Kurve vorhanden sind, verteilen sich auf zwei einfach unendliche stetige Scharen. Jede singuläre Korrespondenz ist zyklisch von der vierten Ordnung, hat zwei sich selbst entsprechende Punkte und ein involutorisches Paar. Zwei Korrespondenzen derselben Schar geben als Produkt eine Transformation erster Art.

Nun wollen wir noch kurz den Fall der äquianharmonischen elliptischen Kurven behandeln. Wie vorhin bezeichnen wir mit α eine singuläre Korrespondenz mit dem Koinzidenzpunkt M auf der äquianharmonischen Kurve C; bildet man mittels der g_2^1, die den Doppelpunkt M hat, die Kurve C auf die Doppelgerade r ab, so erhält man auf r eine Projektivität α' mit dem Koinzidenzpunkt M', die M', N', P', Q' in sich überführt. Es wird also α' zyklisch von der dritten Ordnung, und die Punkte N', P', Q' bilden einen ihrer Zyklen. Wählt man auf r eine projektive Koordinate x, so daß den Punkten M', N', P', Q' die Werte ∞, 1, ε, ε^2 entsprechen (wobei ε eine komplexe dritte Einheitswurzel bedeutet), so kann man C identisch setzen mit der ebenen Kurve dritter Ordnung

$$y^2 = x^3 - 1;$$

die Transformation α' wird durch die Gleichung $x' = \varepsilon x$ und α durch $y' = \pm y$, $x' = \varepsilon x$ dargestellt.

Wählt man das Zeichen +, so erhält man eine zyklische Korrespondenz von der dritten Ordnung mit drei Koinzidenzpunkten, nämlich dem Punkt M und den beiden Punkten $(0, i)$, $(0, -i)$, die auf C dem weiteren Koinzidenzpunkt von α' entsprechen. Wählt man dagegen das Zeichen −, so erhält man eine zyklische Korrespondenz von der sechsten Ordnung mit dem einzigen Koinzidenzpunkt M und dem involutorischen Paar $(0, i)$, $(0, -i)$. Die eine Korrespondenz erhält man aus der andern, wenn man sie mit der Transformation erster Art $(y' = -y,\ x' = x)$ multipliziert. Das Quadrat der genannten Korrespondenzen ist eine und dieselbe zyklische Korrespondenz dritter Ordnung. Bezeichnet man mit α_1 die Korrespondenz $(y' = y,\ x' = \varepsilon x)$, so erhält man alle singulären Korrespondenzen von C, wenn man α_1 und α_1^2 mit den Transformationen erster und zweiter Art multipliziert. Fassen wir zusammen, so erhalten wir den Satz:

Die singulären Korrespondenzen, die auf einer äquianharmonischen elliptischen Kurve vorhanden sind, verteilen sich auf vier einfach unendliche stetige Scharen, von denen zwei aus zyklischen Korrespondenzen dritter Ordnung, die zwei anderen aus zyklischen Korrespondenzen sechster Ordnung zusammengesetzt sind. Jede zyklische Korrespondenz dritter Ordnung hat drei Koinzidenzpunkte, und jede zyklische Korrespondenz sechster Ordnung hat einen Koinzidenzpunkt und ein involutorisches Paar. Zwei Korrespondenzen derselben Schar geben als Produkt eine singuläre Korrespondenz, die einer andern Schar angehört.[1])

56. Moduln einer beliebigen Kurve vom Geschlecht p. Wir schicken zunächst eine Berechnung der Anzahl von Konstanten voraus, von denen die *nicht-spezialen* Scharen g_n^r auf einer gegebenen Kurve Γ vom Geschlecht p abhängen. Beginnen wir mit der Abzählung der Vollscharen g_n^r $(r = n - p)$! Wird eine Gruppe von r allgemeinen Punkten der Kurve Γ ins Auge gefaßt, so gibt es *eine* Gruppe einer (allgemein gewählten) unter den Scharen g_n^r, die durch jene r Punkte geht; es bleibt also außerdem zur Vervollständigung der Gruppe dieser g_n^r eine Gruppe von p Punkten übrig. Ist umgekehrt eine allgemeine Gruppe von p Punkten gegeben, so definiert sie zusammen mit den r vorgegebenen Punkten eine nichtspeziale Vollschar g_n^r. Die Mannigfaltigkeit der Vollscharen g_n^r kann also birational auf die Mannigfaltigkeit der Gruppen von je p Punkten auf

1) Die Theorie der birationalen Korrespondenzen auf einer elliptischen Kurve ist auf geometrischem Wege vollständig behandelt worden von Segre in seiner Abhandlung: Le corrispondenze univoche sulle curve ellittiche. Torino Atti, **24**, 734 (1889). Vgl. auch S. Kantor, Napoli Atti (2) **1** (1888) und Torino Atti **29**, 9 (1894).

der Kurve Γ bezogen werden, so daß jedem Element (Schar g_n^r) der ersten Mannigfaltigkeit ein Element (Gruppe von p Punkten) der zweiten entspricht. Die nicht-spezialen Vollscharen g_n^r bilden demnach eine p-fach unendliche Mannigfaltigkeit.

Wenn wir uns zu den nicht-spezialen Teilscharen g_n^r wenden ($r < n - p$), so wird man bemerken, daß jede von ihnen in einer Vollschar g_n^{n-p} enthalten ist; eine solche enthält im ganzen $\infty^{(r+1)(n-p-r)}$ Teilscharen g_n^r; deren Anzahl ist nämlich ebenso groß wie die Anzahl der im Raum S_{n-p} enthaltenen r-dimensionalen Räume. Da es ∞^p Vollscharen g_n^{n-p} gibt, und da zwei beliebige unter ihnen keine Teilschar gemeinsam haben, so wird die Anzahl der Teilscharen g_n^r gleich $\infty^{(r+1)(n-r)-rp}$ sein. Wenn man beachtet, daß für $r = n - p$ die Zahl $(r+1)(n-r) - rp$ gleich p wird, so kann man den Satz aussprechen:

Auf einer gegebenen Kurve vom Geschlecht p hängen die nicht-spezialen linearen Scharen g_n^r (Teilscharen und Vollscharen) von $(r+1)(n-r)-rp$ Konstanten ab.

In Nr. 57 wird dieses Ergebnis auch auf die Spezialscharen ausgedehnt werden.

Nun wenden wir uns zu der Feststellung der Anzahl der Moduln einer Kurve Γ vom Geschlecht $p > 1$. Wir wollen auf Γ die Gesamtheit der Scharen g_n^2 betrachten, für welche $n > 2p - 2$ ist (und die also sicherlich nicht-spezial sind). Mit Hilfe von einer dieser Scharen läßt sich die Kurve Γ birational in eine ebene Kurve C von der Ordnung n transformieren, auf welcher die der vorgegebenen Schar g_n^2 entsprechende Schar von den Geraden der Ebene ausgeschnitten wird (Nr. 26, S. 79). Die Kurve C ist bis auf eine Kollineation der Ebene definiert; denn um C zu konstruieren, hat man eine Projektivität zwischen den Gruppen der auf Γ gegebenen Schar g_n^2 und den Geraden der Ebene festzusetzen. Es entsprechen also jeder Schar g_n^2 von Γ ∞^8 Kurven C, welche die angegebene Eigenschaft besitzen.

Es fragt sich nun, ob der Fall eintreten kann, daß zwei *verschiedenen* Scharen g_n^2 von Γ *dasselbe* achtfach unendliche System von Kurven C entspricht, oder mit anderen Worten, ob es möglich ist, daß zwei verschiedenen Scharen g_n^2 von Γ dieselbe Kurve C entspricht. Es seien g und $\bar{g}$ zwei verschiedene Scharen g_n^2 von Γ, denen dieselbe Kurve C entspricht. Es wird dann zwischen Γ und C eine birationale Transformation ω geben, welche g in die Schar der von den geraden Linien auf C erzeugten Schnittpunkte verwandelt, und *eine andere* birationale Transformation ω', welche $\bar{g}$ in die Schar der von den geraden Linien auf C erzeugten Schnittpunkte überführt. Dann aber muß auf Γ die nicht identische birationale Transformation $\omega\omega'^{-1}$ existieren, welche g in $\bar{g}$ überführt. Wenn daher zwei verschiedenen Scharen g_n^2 von Γ dasselbe achtfach unendliche System von Kurven C entspricht, so lassen sich die beiden Scharen ineinander überführen mittels einer birationalen Transformation der Kurve Γ in sich. Da die Kurve Γ, die ja vom Geschlecht $p > 1$ ist, nur eine endliche Anzahl von birationalen Transformationen in sich zuläßt, so können die Scharen g_n^2, welche etwa zu einem und demselben achtfach unendlichen System von Kurven C Anlaß geben, auch nur in endlicher Anzahl vorhanden sein. Daraus folgt, daß die ebenen Kurven C von der Ordnung n und vom Geschlecht p, die sich mit Hilfe der erwähnten Konstruktion aus Γ ergeben, von

$$3(n-2) - 2p + 8 = 3n - 2p + 2$$

Konstanten abhängen, da es ja auf der Kurve Γ gerade $\infty^{3(n-2)-2p}$ (nicht-spezielle) Scharen g_n^2 gibt.

Nun wollen wir mit M die algebraische Mannigfaltigkeit von der Dimension $3n - 2p + 2$ bezeichnen, die aus den so erhaltenen mit Γ birational identischen Kurven C besteht. Wir wollen ferner bemerken, daß M *alle* mit Γ birational identischen Kurven von der Ordnung n umfaßt. Denn auf einer Kurve D von der Ordnung n, die mit Γ birational identisch ist, schneiden die Geraden der Ebene eine nicht-speziale Schar g_n^2 aus, der eine g_n^2 von Γ entspricht. Konstruiert man nun, von dieser g_n^2 ausgehend, eine der ∞^8 entsprechenden Kurven C, so erhält man zwischen D und der konstruierten Kurve C eine birationale Transformation, und diese muß eine Kollineation sein, da sie die Schar der von den geraden Linien auf D erzeugten Schnittpunkte in die Schar der von den geraden Linien auf C erzeugten Schnittpunkte überführt. Daraus ergibt sich, daß D der Mannigfaltigkeit M angehört.

Wenn wir demnach von der Anzahl der Parameter, von denen die ebenen Kurven der Ordnung n und des Geschlechts p abhängen, die Anzahl der Parameter abziehen, von denen eine Kurve der Familie M abhängt, so werden wir genau die Anzahl der Moduln erhalten, von denen Γ abhängt.

Da nun eine ebene Kurve von der Ordnung n und dem Geschlecht p im allgemeinen nur Doppelpunkte besitzt, und da deren Anzahl

$$\frac{(n-1)(n-2)}{2} - p$$

ist, so ist die Anzahl der Parameter, von denen eine solche Kurve abhängt, gleich

$$\frac{n(n+3)}{2} - \frac{(n-1)(n-2)}{2} + p = 3n + p - 1.$$

Die Anzahl der Moduln von Γ ist also

$$3n + p - 1 - (3n - 2p + 2) = 3p - 3,$$

und es ergibt sich der Satz:

Eine algebraische Kurve vom Geschlecht $p > 1$ hängt von $3p - 3$ Moduln ab. (RIEMANN)[1]).

Beachtet man, daß eine Kurve vom Geschlecht 0 oder 1 von 0 bzw. 1 Modul abhängt, und daß sie ∞^{ϱ} birationale Transformationen in sich zuläßt (wo ϱ gleich 3 bzw. 1 ist), so kann man auch sagen:

Eine algebraische Kurve vom Geschlecht $p \geqq 0$, die ∞^{ϱ} birationale Transformationen in sich besitzt ($\varrho \geqq 0$), hängt von $3p - 3 + \varrho$ Moduln ab.

Bemerkung. Man kann von vornherein die Möglichkeit nicht von der Hand weisen, daß die Mannigfaltigkeit der irreduziblen Kurven C von der Ordnung n mit $\frac{(n-1)(n-2)}{2} - p$ Doppelpunkten *reduzibel* sei (als algebraische Mannigfaltigkeit, deren Elemente die Kurven C sind). Wie dem aber auch sei, es findet sich in ihr stets ein irreduzibler Teil von der Dimension $3n + p - 1$, und dies genügt für die Durchführung des vorstehenden Beweises.

Tatsächlich *ist aber die Mannigfaltigkeit der irreduziblen ebenen Kurven von gegebener Ordnung mit einer gegebenen Anzahl von Doppelpunkten irreduzibel*[2]), so daß *auch die Mannigfaltigkeit aller Kurven von gegebenem Geschlecht irreduzibel wird*[3]) (falls zwei birational äquivalente Kurven als identisch betrachtet werden); aber der Beweis dieser bemerkenswerten Eigenschaft würde uns zu weit von unserem Gegenstand ablenken.

57. Anzahl der Parameter, von denen die linearen Scharen von gegebener Ordnung und gegebener Dimension auf einer Kurve abhängen. In der vorhergehenden Nummer haben wir schon die Mannigfaltigkeitsstufe der *nicht-spezialen* Scharen g_n^r berechnet, die einer gegebenen Kurve angehören. Wir suchen nun die Zahl der Konstanten, von denen die *Spezialscharen* abhängen. Zu dem Zweck müssen wir die Voraussetzung machen, daß das betrachtete algebraische Gebilde allgemeine Moduln besitze. Wir denken uns als Bild des einfach unendlichen algebraischen Gebildes die kanonische Kurve C vom Geschlecht p. Die Zahl der Gruppen, die zu spezialen Vollscharen g_n^r gehören, ist ebenso groß wie die Zahl der Räume S_{n-r-1}, welche die Kurve C n-fach schneiden (Nr.

1) Journ. f. Math. **54**, 115 (1857) Art. 12 oder Math. Werke, 2. Aufl. S. 100.

2) Vgl. ENRIQUES, Torino Atti, Januar 1912, sowie SEVERI, Rom. Acc. L. Rend. 1916.

3) Vgl. KLEIN, Über RIEMANNS Theorie der algebraischen Funktionen (Leipzig 1882) § 19, und RIEMANNsche Flächen (Autogr. Vorlesungen, Göttingen 1894) 1, S. 117.

46, S. 133). Da die Forderung, daß ein im S_{p-1} enthaltener S_{n-r-1} die Kurve C trifft, gleichbedeutend ist mit $p-1-n+r$ einfachen Bedingungen, so wird die Zahl der Parameter, von denen die genannten n-fach schneidenden Räume S_{n-r-1} abhängen, gleich

$$(n-r)(p-n+r)-n(p-1-n+r)=(r+1)(n-r)-rp+r$$

sein, *falls es sich nicht ereignet, daß jeder m-fach schneidende S_{n-r-1} $(m<n)$ von selbst die Kurve n-mal trifft;* in diesem Fall wäre die Zahl der Parameter größer. Stellen wir nun das *Postulat* auf, daß dies im allgemeinen nicht zutreffe, d. h. daß die allgemeinste kanonische Kurve vom Geschlecht p nicht eine unendliche Mannigfaltigkeit von mehrfach schneidenden Räumen einer gegebenen Dimension habe, die größer ist als die aus der Abzählung der Konstanten sich ergebende, so folgt, daß die Zahl der spezialen Vollscharen g_n^r gleich $\infty^{(r+1)(n-r)-rp}$ ist; denn die Zahl ihrer Parameter ist offenbar um r Einheiten kleiner als die Zahl der Parameter, von denen die Spezialgruppen abhängen.

Wir kommen endlich zur Abzählung der spezialen Teilscharen g_n^r. Wir beschränken uns darauf, diejenigen zu zählen, die einen bestimmten Spezialitätsindex i haben. Sie sind in den Vollscharen g_n^{n-p+i} enthalten, und von diesen enthält jede ihrerseits $\infty^{(r+1)(n-p+i-r)}$ Teilscharen. Da nun die Mannigfaltigkeitsstufe des Systems der spezialen Vollscharen g_n^{n-p+i} gleich $(n-p+i+1)(p-i)-p(n-p+i)$ ist, so erhält man für die gesuchte Mannigfaltigkeitsstufe die Zahl

$$\begin{aligned}(n-p+i+1)(p-i)-p(n-p+i)+(r+1)(n-p+i-r)\\ =(r+1)(n-r)-rp-i(n-p+i-r).\end{aligned}$$

Weil $r<n-p+i$ ist (wie groß auch i sein möge), so wird diese Dimensionszahl selbst kleiner als $(r+1)(n-r)-rp$, und folglich kann die Hinzufügung der Teilscharen g_n^r die Dimension der Mannigfaltigkeit der Vollscharen g_n^r nicht ändern.

Fassen wir also die Ergebnisse unserer Untersuchung zusammen, so erhalten wir den Satz:

Auf einer Kurve vom Geschlecht p mit allgemeinen Moduln ist die Mannigfaltigkeitsstufe der linearen Scharen g_n^r (gleichgültig ob es sich um speziale oder nicht-speziale, Voll- oder Teilscharen handelt) gleich $(r+1)(n-r)-rp$.[1]

58. Anzahl der Konstanten, von denen die Raumkurven und Überraumkurven einer gegebenen Ordnung und eines gegebenen Geschlechts abhängen. Algebraische Kurven mit unendlich vielen Kollineationen

---

1) Siehe Brill und Nöther, Math. Ann. 7, 292 (1874)

in sich. Die in der vorhergehenden Nummer gelöste Frage gestattet uns nun, die Anzahl der Parameter zu bestimmen, von denen eine einem Raum S_r angehörige Kurve C von der Ordnung n und dem Geschlecht p abhängt, d. h. die Dimension der (möglicherweise reduziblen) algebraischen Mannigfaltigkeit, die von allen Kurven dieser Ordnung und dieses Geschlechts gebildet wird. Es wird natürlich vorausgesetzt, daß die Kurve C allgemeine Moduln besitze, und daß daher die Zahl der Parameter, von denen die auf C vorhandenen Scharen g_n^r abhängen, ausgedrückt wird durch

$$(r+1)(n-r)-rp,$$

wobei n die Ordnung der Kurve und r die Dimension des sie enthaltenden Raumes bedeutet. Da nun auf C irgend eine g_n^r vorhanden ist — zum mindesten die Schar der von den Überebenen erzeugten Schnittpunkte — so ergibt sich also

$$(r+1)(n-r)-rp \geqq 0,$$

oder

$$n \geqq r + \frac{rp}{r+1}.$$

Geht man von einer gegebenen Kurve C aus, so kann man in demselben Raum S_r Kurven von der Ordnung n konstruieren, die mit C birational identisch sind, derart, daß in der Korrespondenz zwischen C und einer dieser Kurven, die mit Γ bezeichnet werden möge, der Schar der überebenen Schnitte von Γ eine der Scharen g_n^r von C entspricht. Wenn aber eine der Scharen g_n^r von C gegeben ist, so ist die entsprechende Kurve Γ noch nicht festgelegt, weil diese Kurve durch Vermittlung einer kollinearen Verwandtschaft zwischen den Gruppen der g_n^r und den Überebenen des S_r konstruiert wird; geht man also von einer gegebenen g_n^r aus, so ist die Kurve Γ bis auf eine Kollineation bestimmt. Jeder Schar g_n^r entsprechen somit ebenso viele Kurven Γ als es Kollineationen des Raumes S_r gibt, nämlich $\infty^{r(r+2)}$. Mit Hilfe eines Beweisverfahrens, das dem in Nr. 56 (S. 156) für $r \geqq 2$ entwickelten ganz analog ist, erkennt man folgendes: Wenn die Kurve ∞^ϱ ($\varrho \geqq 0$) birationale Transformationen in sich besitzt, so gibt es ∞^ϱ Scharen g_n^r, denen die nämliche Mannigfaltigkeit von untereinander kollinear verwandten Kurven Γ entspricht. Daraus folgt, daß die Kurven Γ von

$$(r+1)(n-r)-rp+r(r+2)-\varrho = n(r+1)-r(p-1)-\varrho$$

Konstanten abhängen. Läßt man noch die Moduln von C variieren, so werden $3p-3+\varrho$ weitere Parameter eingeführt, so daß man den Satz erhält:

Im Raum S_r hängen die Kurven von der Ordnung n und dem Geschlecht p, für die

$$n \geqq r + \frac{rp}{r+1}$$

ist, von

$$n(r+1) - (p-1)(r-3)$$

Konstanten ab.

Im besonderen erhält man:

Die Raumkurven von der Ordnung n und dem Geschlecht p, für die $n \geqq 3 + \frac{3}{4}p$ ist, hängen von 4n Konstanten ab.[1])

Bei der vorstehenden Überlegung wurde stillschweigend vorausgesetzt, daß eine allgemeine Kurve des Raumes S_r von der Ordnung n und dem Geschlecht p nicht durch unendlich viele Kollineationen in sich selbst übergeführt wird; denn wenn es ∞^ϱ Kollineationen gäbe, die jene Kurve in sich selbst überführen, so wäre die Anzahl der aus einer gegebenen g_n^r entstehenden Kurven Γ nicht $\infty^{r(r+2)}$, sondern $\infty^{r(r+2)-\varrho}$.

Wir werden nun aber zeigen, daß trotz dieses Umstandes das eben erhaltene Ergebnis seine Gültigkeit behält, auch wenn die Kurve C unendlich viele Kollineationen in sich zuläßt.

Wir beginnen mit dem Beweis des folgenden Satzes:

Eine algebraische Kurve des Raumes S_r mit unendlich vielen Kollineationen in sich ist notwendig rational.

Für die Kurve C des Raumes S_r mit ∞^ϱ Kollineationen muß $p = 0$ oder $p = 1$ sein (Nr. 51, S. 143), und folglich wird die von den Überebenen erzeugte Schar g_n^r, wie wir in Nr. 73 (S. 188) sehen werden,

$$(r+1)(n-r) \text{ oder } (r+1)n$$

$(r+1)$-fache Punkte besitzen; ebenso groß wird also auch die Zahl der stationären Überebenen sein, von denen jede mit C eine $(r+1)$-punktige Berührung eingeht. Die ∞^ϱ Kollineationen, die C in sich selbst überführen, bilden eine stetige (algebraische) Gruppe, deren Transformationen die Gesamtheit der stationären Überebenen in sich überführen, und gerade infolge der Stetigkeit der Gruppe ist jede stationäre Überebene für alle ∞^ϱ Transformationen invariant. Es sind daher auch die Oskulationspunkte dieser Überebenen invariant. Dies ist aber nicht vereinbar mit der Annahme $p = 1$, weil (Nr. 50, S. 142 und Nr. 55, S. 153) die einzige (einfach unendliche) stetige Gruppe von Transformationen in sich, die es auf einer elliptischen Kurve gibt, die Gruppe der Transformationen zweiter Art ist, die ja sämtlich keine Koinzidenzpunkte besitzen. Es bleibt also nur der Fall der rationalen Kurven zu untersuchen übrig.

---

1) Vgl. Brill und Noether, Math. Ann. 7, § 17 (1873), sowie Noether, Zur Grundlegung der Theorie der algebraischen Raumkurven. Abhandl. der Akad. der Wiss. Berlin 1882, S. 18 und Journ. f. Math. 93, 281 (1882).

In diesem Falle gibt es auf C ∞^ϱ Projektivitäten (sie werden von den ∞^ϱ Raumkollineationen umfaßt), die höchstens zwei Koinzidenzpunkte besitzen. Die Zahl der voneinander *verschiedenen* stationären Überebenen muß sich also auf höchstens zwei reduzieren, d. h. die Kurve C muß projektiv *spezialisiert* werden, weil sie mit *singulären* stationären Überebenen ausgestattet sein soll (diese zählen in der Gesamtgruppe der stationären Überebenen mehrfach).

Es ergibt sich also, daß *die allgemeinste rationale Kurve von der Ordnung n ($> r$) nicht durch unendlich viele Kollineationen in sich übergeführt werden kann.*

Eine Ausnahme bildet der Fall $n = r$, weil es da überhaupt keine stationäre Überebene gibt. Aber in diesem Fall handelt es sich um die rationale Normalkurve des S_r, und die Zahl der Konstanten, von denen diese Kurve abhängt, läßt sich mit der größten Leichtigkeit unmittelbar abzählen. Zwei rationale Normalkurven des S_r sind nämlich, da sie die Bilder einer und derselben g_r^r auf der Geraden sind, kollinear verwandt. Da jede rationale Normalkurve ∞^3 Kollineationen in sich besitzt, so hat die Gesamtheit der rationalen Normalkurven die Dimension $r(r+2) - 3$. Es gilt also auch in diesem Fall die oben aufgestellte allgemeine Formel (es ist in ihr $n = r$ und $p = 0$ zu setzen).

Bemerkung. Der hier gegebene Beweis, daß eine Kurve C des Raumes S_r mit unendlich vielen kollinearen Transformationen in sich rational ist, gilt nur, wenn diese Transformationen eine *stetige* unendliche Mannigfaltigkeit bilden. Wenn man annimmt, C besitze eine (von vornherein auch *diskontinuierliche*) Gesamtheit von Kollineationen in sich, und diese seien durch Gleichungen von der Form

$$\varrho x_i' = \sum a_{i,k} x_k$$

dargestellt, in denen die x_k, x_i' die homogenen Koordinaten zweier entsprechender Punkte bedeuten, so drückt sich die Bedingung, daß C jene Transformationen zulasse, durch ein System von *algebraischen* Gleichungen zwischen den $a_{i,k}$ aus. Infolgedessen sind jene Kollineationen entweder in endlicher Anzahl vorhanden, oder sie bilden eine stetige unendliche Mannigfaltigkeit.

§ 3. Algebraische Korrespondenzen zwischen zwei verschiedenen Kurven oder auf einer Kurve.

59. Algebraische Korrespondenzen zwischen zwei Kurven. Korrespondenzen mit der Wertigkeit Null. Es seien C und C' zwei irreduzible algebraische Kurven, und es werde angenommen, daß der auf der

Kurve C veränderliche Punkt x eine α-wertige algebraische Funktion des auf der Kurve C' veränderlichen Punktes x' sei. Damit soll gesagt sein, daß die Koordinaten des Punktes x durch ein gewisses System algebraischer Gleichungen mit den Koordinaten des Punktes x' verbunden sind, derart, daß diese Gleichungen für bestimmte Werte der Koordinaten von x' α verschiedene Wertegruppen der Koordinaten von x liefern. Wenn aber der Punkt x gegeben ist, so wird das System der Gleichungen, die dann zwischen den Koordinaten von x' bestehen, auf C' eine Gruppe mit einer gewissen Anzahl α' von Punkten ausschneiden, wofern dieses Gleichungssystem nicht für jede Lage von x' auf C' identisch erfüllt ist; im letzteren Fall besteht zwischen C und C' eine *ausgeartete Korrespondenz*. Schließen wir diesen Fall aus, so ergibt sich x' als eine α'-wertige algebraische Funktion des auf C veränderlichen Punktes.

Man sagt dann, zwischen C und C' bestehe eine *algebraische Korrespondenz* (α, α'), und man nennt α und α' die *Indizes* der Korrespondenz.

Wenn man zwischen C und C' eine Korrespondenz festlegt mittels eines gewissen Komplexes von geometrischen Operationen, die von den Punkten der einen Kurve zu den Punkten der andern führen, und wenn jede dieser Operationen sich durch algebraische Gleichungen zwischen den Koordinaten ausdrücken läßt, so ist sofort klar, daß diese Korrespondenz algebraisch sein muß.

Ein sehr bemerkenswerter Fall, der bei einer algebraischen Korrespondenz (α, α') zwischen zwei Kurven C und C' eintreten kann, ist der, daß die einfach unendliche Schar der Gruppen von je α' Punkten auf C', die den einzelnen Punkten von C entsprechen, aus äquivalenten Gruppen besteht. In diesem Falle sagt man, zwischen C und C' bestehe eine *Korrespondenz mit der Wertigkeit Null.* So besitzt z. B. die Korrespondenz, die zwischen zwei Kurven C und C' derselben Ebene entsteht, wenn man jedem Punkt von C die Schnittpunkte der Tangente in diesem Punkt mit der andern Kurve C' zuordnet, die Wertigkeit Null; denn die Punktgruppen von C', die den einzelnen Punkten von C entsprechen, gehören der linearen Schar an, die von den Geraden der Ebene auf C' ausgeschnitten wird. Besteht dagegen zwischen zwei nicht rationalen Kurven C, C' eine Korrespondenz $(1, \alpha')$, so besitzt diese Korrespondenz nicht die Wertigkeit Null.

Eine sehr wichtige Eigenschaft der Korrespondenzen mit der Wertigkeit Null wird durch den folgenden Satz ausgedrückt:

Hat man zwischen zwei Kurven C und C' eine Korrespondenz (α, α'), die in dem einen Sinne die Wertigkeit Null besitzt (d. h., die den Punkten von C äquivalente Gruppen auf C' zuordnet), so besitzt sie auch im entgegen-

gesetzten Sinne die Wertigkeit Null (d. h. sie ordnet den Punkten von C' ebenfalls äquivalente Gruppen auf C zu) [1]).

Da es sich um eine Eigenschaft handelt, die bei den birationalen Transformationen der beiden Kurven ungeändert bleibt, so können wir ohne wesentliche Beschränkung der Allgemeinheit voraussetzen, daß die beiden Kurven C und C' eben seien und nur gewöhnliche Doppelpunkte besitzen.

Wir wollen mit x_1, x_2, x_3 die homogenen Koordinaten eines Punktes der Ebene π von C bezeichnen und mit y_1, y_2, y_3 die Koordinaten eines Punktes der Ebene π' von C'. Den Punkten der Kurve C entsprechen nach Voraussetzung auf C' äquivalente Gruppen G' von je α' Punkten. Die lineare Vollschar, der diese äquivalenten Gruppen angehören, werde auf C' durch ein lineares System Σ von Kurven $\varphi(y_1, y_2, y_3) = 0$ ausgeschnitten. Es ist denkbar, daß diese Kurven, die eine gewisse Ordnung m' haben, durch eine Gruppe Q von festen Punkten gehen, von denen einige oder alle auf C' liegen können. Wir dürfen annehmen, daß Σ dieselbe Dimension habe wie die ausgeschnittene Schar, d. h. daß durch jede Gruppe der Schar eine einzige Kurve von Σ hindurchgehe.

Nach diesen Festsetzungen werden die Gruppen G' auf C' durch ein gewisses einfach unendliches algebraisches System von Kurven φ ausgeschnitten werden, und da jedem Punkt von C eine einzige Kurve φ dieses Systems entspricht, so werden die Koeffizienten der veränderlichen Kurve φ rationale Funktionen des auf C beweglichen Punktes sein. Die Gleichung einer Kurve φ des einfach unendlichen Systems wird sich also in folgender Form schreiben lassen

$$\Phi\,(x_1, x_2, x_3 \,/\, y_1, y_2, y_3) = 0\,;$$

dabei bedeutet Φ ein Polynom, das in den x_i homogen und vom Grade m, in den y_i homogen und vom Grade m' ist. Daraus ergibt sich, daß die Punkte der Kurve C, die einem gegebenen Punkt y^0 von C' entsprechen, durch die Kurve

$$\psi^0 \equiv \Phi\,(x_1, x_2, x_3 \,/\, y_1^0, y_2^0, y_3^0) = 0$$

ausgeschnitten werden; außerdem kann diese Kurve, während y^0 sich auf C' bewegt, noch durch eine gewisse Gruppe R von festen Punkten gehen, welche allen zu ihr analogen Kurven ψ von der Ordnung m gemeinsam ist. Hieraus folgt aber, daß die Kurven ψ einem linearen System *ange-*

---

1) Vgl. die Nr. 6 der Abhandlung des Verfassers „Sulle corrispondenze fra i punti di una curva algebrica e sopra certe classi di superficie". Torino Mem. (2) 54, 1, (1903), sowie die Nr. 2 einer andern Arbeit des Verf.: „Il teorema d'Abel sulle superficie algebriche". Ann. di Mat. (3) **12**, (1905).

hören, und daß also auch die aus je α Punkten bestehenden Gruppen G, die den Punkten von C' entsprechen, untereinander äquivalent sind.

Ein bemerkenswerter Zusatz zu dem eben bewiesenen Satze läßt sich in folgender Weise aussprechen:

Auf einer algebraischen Kurve C ist jede rationale Schar von Punktgruppen vollständig in einer linearen Schar enthalten.[1])

Dieser Satz gilt auch, wenn die Schar, um die es sich handelt, die Dimension $r > 1$ hat; in diesem Fall hat man unter einer „rationalen“ Schar eine solche zu verstehen, deren „Elemente“ (Gruppen) birational auf die Punkte eines linearen Raumes S_r abgebildet werden können.

Es sei zunächst $r = 1$. Da die Schar rational ist, so lassen sich ihre Gruppen auf die Punkte einer Geraden Γ beziehen; bezeichnet man also einen Punkt P von Γ und einen Punkt Q von C dann als entsprechend, wenn P eine durch Q gehende Gruppe darstellt, so erhält man zwischen Γ und C eine algebraische Korrespondenz. Da außerdem auf einer Geraden alle Gruppen mit gleichvielen Punkten äquivalent sind, so muß die Korrespondenz zwischen C und Γ beim Übergang von C zu Γ und also auch beim entgegengesetzten Übergang die Wertigkeit Null besitzen; die Gruppen unserer Schar müssen also unter sich äquivalent sein.

Betrachten wir nun den Fall $r > 1$. Da der Raum S_r dadurch erzeugt werden kann, daß man eine Gerade sich um einen festen Punkt drehen läßt, so kann man unsere Schar dadurch entstehen lassen, daß man eine einfach unendliche rationale Schar, die eine feste Gruppe besitzt, variieren läßt; die Lagen, die eine solche veränderliche Schar einnimmt, werden von Gruppen gebildet, die äquivalent sind (weil sie eine Gruppe gemeinsam haben), und folglich wird auch die ganze gegebene Schar aus äquivalenten Gruppen bestehen.

Ein anderer bemerkenswerter Zusatz ist der folgende:

Wenn zwischen zwei Kurven C und C' eine algebraische Korrespondenz mit beliebigen Indizes besteht, so entsprechen äquivalenten Punktgruppen der einen Kurve wiederum äquivalente Punktgruppen der anderen.[2])

Wir wollen zunächst annehmen, daß zwischen C und C' eine Korrespondenz $(1, \alpha')$ bestehe. Wir wissen alsdann, daß einer linearen Schar

---

1) Diese Eigenschaft, die implizit (in der Form der Umkehrung) im Abelschen Theorem enthalten ist (vgl. Nr. 102, S. 271), ist in expliziter Form von Enriques ausgesprochen worden (Palermo Rend. **10**, 30 (1895)); er hat einen von dem obigen verschiedenen geometrischen Beweis dafür gegeben; der hier gegebene Beweis ist in der erwähnten Abhandlung des Verf. (Il teorema d Abel usw.) enthalten.

2) Severi, Torino Atti **38**, 185 (1903).

von C auf C' wiederum eine lineare Schar entspricht (Nr. 28, S. 85). Nehmen wir dagegen auf C' eine lineare Schar g_m an, so möge die algebraische Schar, die auf C als Transformierte von g_m erscheint, mit γ_m bezeichnet werden. Zwei beliebige Gruppen Γ_1 und Γ_2 von γ_m, die von zwei Gruppen G_1 und G_2 der g_m herrühren, gehören einer einfach unendlichen Schar Σ an; die Gruppen, von denen diese gebildet wird, entsprechen denjenigen der linearen Schar g_m^1, die G_1 und G_2 *verbindet*. Da nun jeder Gruppe einer solchen g_m^1 ein *einziges* Element (Gruppe) der Schar Σ entspricht, so muß diese Schar nach dem Satze von LÜROTH (Nr. 5, S. 18) rational und folglich nach dem vorhergehenden Zusatz vollständig in einer linearen Schar enthalten sein. Daraus ergibt sich, daß zwei beliebige Gruppen von γ_m untereinander äquivalent sind.

Wir wenden uns nun zu dem allgemeinen Fall einer Korrespondenz (α, α') mit beliebigen Indizes.

Man kann dann das einfach unendliche algebraische Gebilde H betrachten, das von den in der gegebenen Korrespondenz einander entsprechenden Punktepaaren gebildet wird; man erhält so zwischen C und H eine Korrespondenz $(1, \alpha')$, wenn man jedem Punkt von C diejenigen Elemente (Paare) von H zuordnet, zu denen jener Punkt gehört; und in ähnlicher Weise ergibt sich zwischen den Elementen von H und den Punkten von C' eine Korrespondenz $(\alpha, 1)$. Will man sich ein anschauliches Bild von dem Gebilde H und von den Korrespondenzen verschaffen, die den Zusammenhang zwischen H und den Kurven C, C' vermitteln, so kann man annehmen, daß diese Kurven in einem Raum S_r liegen; denkt man sich dann die Punkte, die in der zwischen C und C' gegebenen Korrespondenz einander entsprechen, durch gerade Linien verbunden und schneidet man die dadurch entstehende Regelfläche mit einer allgemein gewählten Überebene, so erhält man eine Kurve, die als Bild von H angesehen werden kann.

Nach dieser Vorbemerkung wollen wir nun auf C eine lineare Schar g_m betrachten: ihr entspricht auf H mittels der Korrespondenz $(1, \alpha')$ eine lineare Schar $g_{m\alpha'}$; auf Grund der vorhergehenden Betrachtungen entspricht dieser linearen Schar von H vermöge der Korrespondenz $(\alpha, 1)$ zwischen H und C' eine algebraische Schar $\gamma_{m\alpha'}$ auf C', die von äquivalenten Gruppen gebildet wird. Da die Korrespondenz (α, α') zwischen C und C' als *Produkt* der beiden Korrespondenzen $(1, \alpha')$ und $(\alpha, 1)$ erzeugt werden kann, so ist die Schar $\gamma_{m\alpha'}$ nichts anderes als diejenige algebraische Schar auf C', die mittels der gegebenen Korrespondenz der linearen Schar g_m auf C entspricht. Der Satz ist demnach auch bewiesen, wenn die Indizes (α, α') beide größer als 1 sind.

60. Die ZEUTHENsche Formel und ihre geometrisch-funktionale Deutung. Wir wollen nun eine beliebige Korrespondenz (α, α') zwischen zwei Kurven betrachten. Die ZEUTHENsche Formel, mit der wir uns jetzt beschäftigen wollen, stellt einen Zusammenhang her zwischen den Geschlechtern p, p' der beiden Kurven, den Indizes der Korrespondenz und den Zahlen η und η', die angeben, wieviele Verzweigungspunkte der Korrespondenz sich auf C bzw. C' befinden. Unter einem *Verzweigungspunkt* auf C (bzw. C') versteht man einen Punkt, für den wenigstens zwei von den entsprechenden α' (bzw. α) Punkten auf C' (bzw. C) in einen mehrfachen Punkt der Korrespondenz zusammenfallen.

Wir werden zunächst voraussetzen, daß die gegebene Korrespondenz nur Doppelpunkte besitze, d. h. daß jedem Verzweigungspunkt nur *zwei* zusammenfallende Punkte entsprechen. Dann bedeuten η und η die Anzahlen der Doppelpunkte, die auf C' und C vorhanden sind.

Wir betrachten in erster Linie den Fall, daß $\alpha = 1$ und α' beliebig ist. Eine nur mit Doppelpunkten behaftete lineare Schar g_n^1 auf der Kurve C wird mittels der Korrespondenz in eine $g_{\alpha' n}^1$ von C' transformiert, und ein Doppelpunkt einer solchen $g_{\alpha' n}^1$ rührt entweder von einem Doppelpunkt der g_n^1 her, oder er ist ein Doppelpunkt für die Involution $\gamma_{\alpha'}^1$, deren Gruppen den Punkten von C entsprechen. Wir bezeichnen mit G eine Gruppe von g_n^1, mit J die JACOBIsche Gruppe der Schar g_n^1 (Nr. 34, S. 97), mit K eine kanonische Gruppe von C, mit D (bzw. D') die Gruppe der Verzweigungspunkte (bzw. der Doppelpunkte) der Korrespondenz (solche Punkte kann es offenbar nur auf C (bzw. C') geben), mit G', J', K' diejenigen Gruppen, in welche die Gruppen G, J, K durch die Korrespondenz übergeführt werden, und mit K^* endlich eine kanonische Gruppe von C'.

Auf Grund des am Schlusse der Nr. 43 (S. 126) ausgesprochenen Satzes erhalten wir:

$$J \equiv K + 2\,G, \quad J' + D' \equiv K^* + 2\,G'.$$

Da den Gruppen einer linearen Schar von C auf C' wieder Gruppen einer linearen Schar entsprechen, so gilt auch

$$J' \equiv K' + 2\,G',$$

und dies liefert, verglichen mit den vorhergehenden Äquivalenzen, die Beziehung:

$$K^* \equiv K' + D'.$$

Man hat daher den Satz:

Wenn zwischen zwei Kurven C, C' eine Korrespondenz $(1, \alpha')$ *besteht, so ist eine kanonische Gruppe von C' äquivalent mit der Transformierten* *einer kanonischen Gruppe von C, vermehrt um die Gruppe der Doppelpunkte der Korrespondenz.*

Nun wollen wir umgekehrt untersuchen, in welchem Zusammenhang die Transformierte der kanonischen Schar von C' mit der kanonischen Schar von C steht.

Wenn man die kanonische Schar von C' mittels der Korrespondenz $(\alpha', 1)$, die zwischen C' und C besteht, transformiert, so ergibt sich auf C eine algebraische Schar von der Ordnung $2p' - 2$, die vollständig in einer linearen Schar enthalten ist (vgl. den letzten Satz der vorhergehenden Nummer).

Um diese lineare Schar zu charakterisieren, können wir untersuchen, wie eine spezielle kanonische Gruppe von C' transformiert wird, z. B. eine solche, die von einer Gruppe K' zusammen mit der Gruppe D' gebildet wird. Da die Gruppe K' aus $2p - 2$ Gruppen der Involution $\gamma^1_{\alpha'}$ zusammengesetzt ist, die eine kanonische Gruppe eben dieser Schar γ bilden, so wird sie beim Übergang von C' zu C in eine α'-mal zu zählende kanonische Gruppe von C verwandelt; die Gruppe D' ihrerseits verwandelt sich in die Verzweigungsgruppe D. Wir erhalten daher den Satz:

Wenn zwischen zwei Kurven C' und C eine Korrespondenz $(\alpha', 1)$ besteht, so ist die Transformierte einer kanonischen Gruppe von C' äquivalent mit einer α'-fach gezählten kanonischen Gruppe von C, vermehrt um die Verzweigungsgruppe der Korrespondenz.

Um zu dem allgemeinen Fall einer Korrespondenz mit den beliebigen Indizes (α, α') zu gelangen, ist es wieder zweckmäßig, das einfach unendliche algebraische Hilfsgebilde H zu betrachten, das von den in der gegebenen Korrespondenz einander entsprechenden Punktepaaren gebildet wird. Man erhält dann eine Korrespondenz $(1, \alpha')$ zwischen den Punkten von C und den Elementen von H und eine Korrespondenz $(\alpha, 1)$ zwischen den Elementen von H und den Punkten von C'. Wendet man auf diese beiden Korrespondenzen die beiden soeben bewiesenen Sätze an, so gelangt man unmittelbar zu dem folgenden Satze:

Wenn zwischen zwei Kurven C, C' eine Korrespondenz (α, α') besteht, so liefert die Transformierte einer kanonischen Gruppe von C, vermehrt um die auf C' vorhandenen Doppelpunkte der Korrespondenz, eine Gruppe, die äquivalent ist mit einer α-fach gezählten kanonischen Gruppe von C', vermehrt um die auf C' vorhandenen Verzweigungspunkte der Korrespondenz.

Deutet man die durch diesen Satz ausgedrückte Beziehung zahlenmäßig, so erhält man die Gleichung

$$2\alpha'(p - 1) + \eta = 2\alpha(p' - 1) + \eta'$$

oder

$$\eta - \eta' = 2\alpha(p' - 1) - 2\alpha'(p - 1),$$

welche die *ZEUTHENsche Formel* genannt wird.[1])

Die geometrisch-funktionale Deutung der ZEUTHENschen Formel gab für den Fall einer Korrespondenz $(1, \alpha')$ CASTELNUOVO[2]), der jedoch durch andere als die hier auseinander gesetzten Betrachtungen zu diesem Ergebnis gelangte. P. PAINLEVÉ[3]) und G. HUMBERT[4]) gaben, ebenfalls für den Fall $(1, \alpha')$, Beweise mittels der ABELschen Integrale. Die allgemeine Behandlung nach der oben befolgten Methode findet sich in einer Note des Verfassers.[5])

61. Eine Bemerkung von WEBER. Eine unmittelbare Folge aus der ZEUTHENschen Formel ist die folgende, von H. WEBER[6]) gemachte Bemerkung:

Eine Korrespondenz zwischen zwei Kurven von demselben Geschlecht $p > 1$, die in dem einen Sinne (einseitig) rational ist, ist es auch im entgegengesetzten Sinne (wechselseitig), d. h. sie ist birational.

Wenn es nämlich auf einer Kurve C vom Geschlecht p eine Involution γ^1_α vom Geschlecht π gibt, die mit $\eta (\geqq 0)$ Doppelpunkten behaftet ist, so gilt die Beziehung

$$\eta = 2(p - 1) - 2\alpha(\pi - 1);$$

aus dieser erhält man

$$p - 1 \geqq \alpha(\pi - 1);$$

wenn also $p > 1$ und $\alpha > 1$ ist, so müßte $\pi < p$ sein.

62. Die Formel von ZEUTHEN-HALPHEN. Wir wollen untersuchen, welche Änderungen an der ZEUTHENschen Formel anzubringen sind, wenn die Korrespondenz (α, α') zwischen C und C' mit beliebigen mehrfachen Punkten ausgestattet ist.

Zu diesem Zweck braucht man nur das Beweisverfahren zu befolgen, das im Falle einer Korrespondenz $(1, \alpha')$ zwischen C und C' angewandt wurde. Wir wollen die Bezeichnungen beibehalten, die am Anfang der Nr. 60 in bezug auf eine derartige Korrespondenz eingeführt worden sind. Ein ν-facher Punkt der auf C' vorhandenen Involution $\gamma^1_{\alpha'}$ ist auch ein ν-facher Punkt der Schar $g^1_{\alpha' n}$; er zählt daher (Nr. 35, S. 103) $(\nu - 1)$-fach in der JACOBIschen Gruppe dieser Schar, und zwar genauer in demjenigen Teil dieser Gruppe, den wir mit D' bezeichneten. Infolgedessen

1) Math. Ann. **3**, 150 (1871).

2) Rom. Acc. L. Rend. (4) **7**², 294 (1891).

3) Ann. éc. norm. 1891 und Journ. de Math. **10**, 203 (1894).

4) Journ. de Math. **10**, 169 (1894).

5) Ist. Lomb. Rend. (2) **36**, 495 (1903).

6) Journ. f. Math. **76**, 345 (1873).

müssen wir in der zum Schluß gefundenen Beziehung $K^* \equiv K' + D'$ beachten, daß die Gruppe D' die Gesamtheit der vielfachen Punkte der Involution $\gamma^1_{\alpha'}$ umfaßt, von denen jeder $(\nu - 1)$-mal zu zählen ist, wenn ν den Grad seiner Vielfachheit bedeutet. Man erhält daher die Formel:

$$\sum(\nu - 1) + 2\alpha'(p - 1) = 2(p' - 1),$$

in der die Summation über die vielfachen Punkte von $\gamma^1_{\alpha'}$ zu erstrecken ist. Aus dieser gewinnt man wie in Nr. 60 *die Formel*

$$\sum(\nu - 1) - \sum(\nu' - 1) = 2\alpha(p' - 1) - 2\alpha'(p - 1),$$

die sich auf den Fall einer Korrespondenz (α, α') *zwischen* C *und* C' *bezieht, und in der die Summationen auf die mehrfachen Punkte der Korrespondenz auszudehnen sind, die sich auf* C' *bzw.* C *befinden.*[1])

63. Algebraische Korrespondenzen auf einer Kurve. Produkt und Summe zweier Korrespondenzen. Hat man eine algebraische Korrespondenz zwischen den Punkten zweier vereinigt liegender Kurven, so können wir eine derartige Korrespondenz stets als Ergebnis von zwei zueinander inversen Operationen T und T^{-1} ansehen, die auf eine und dieselbe Mannigfaltigkeit von Punkten angewandt sind. Diese Mannigfaltigkeit wird von den Punkten der Kurve C gebildet, die als gemeinsame Trägerin der beiden vereinigt liegenden Scharen erscheint.

Wir werden im folgenden einen veränderlichen Punkt auf der Kurve C gewöhnlich mit a bezeichnen; die Gruppen der dem Punkt a entsprechenden Punkte, die man erhält, wenn man die Operationen T und T^{-1} anwendet, mögen mit Y bzw. X bezeichnet werden.

Neben dem bekannten Begriff des *Produktes* zweier Korrespondenzen S und T, zu dem man durch die Betrachtung der Operation ST gelangt, die entsteht, wenn man die Operationen S und T hintereinander auf die Punkte a anwendet, führen wir noch den Begriff der *Summe* zweier Korrespondenzen ein. Unter der Summe der Operationen S und T, die wir mit dem Symbol $S + T$ bezeichnen werden, verstehen wir die Korrespondenz, die entsteht, wenn man dem veränderlichen Punkt a diejenigen Punkte zuordnet, die ihm in der Korrespondenz S und in der Korrespondenz T entsprechen. Es leuchtet sofort ein, daß die so erzeugte Korrespondenz algebraisch ist, wenn dies für die Komponenten zutrifft. Die Definitionen der Summe und des Produktes lassen sich unmittelbar auf mehrere Korrespondenzen ausdehnen. Die Summe von k Korrespondenzen, die mit T identisch sind, führt zu der Korrespondenz kT; wir nennen sie *das k-fache von T*.

---

1) Vgl. G. Halphen, Bull. Soc. Math. 5, 7 (1876).

Die Summe ist kommutativ, während das Produkt im allgemeinen diese Eigenschaft nicht besitzt.

Die folgenden Beziehungen, die wir später zu benutzen haben, leuchten ohne weiteres ein:

$$(ST)^{-1} = T^{-1}S^{-1}; \quad (S+T)^{-1} = S^{-1} + T^{-1} \tag{1}$$
$$(kT)^{-1} = kT^{-1}.$$

64. Einführung einiger Bezeichnungen. Wir wollen hier einige Bezeichnungen einführen, die uns von Nutzen sein werden.

Wenn $A_1, A_2, \ldots; B_1, B_2, \ldots$ Punktgruppen auf einer Kurve C sind, so ist die Bedeutung der Äquivalenz

$$\lambda_1 A_1 + \lambda_2 A_2 + \cdots \equiv \mu_1 B_1 + \mu_2 B_2 + \cdots, \tag{2}$$

in der λ_i und μ_i positive oder negative ganze Zahlen bedeuten, dann ohne weiteres klar, wenn λ_i und μ_i positiv sind, oder wenn, falls einige unter ihnen negativ wären, die auf jeder der beiden Seiten dieser Äquivalenz angedeuteten Subtraktionen ausführbar sind. Aber wir können der Gleichung (2) in jedem Falle einen vernünftigen Sinn beilegen, wenn wir festsetzen, daß sie nur eine andere Schreibweise für die Beziehung bedeuten soll, die man aus eben dieser Äquivalenz (2) erhält, wenn man die negativen Glieder von der einen Seite auf die andere stellt und ihnen gleichzeitig das entgegengesetzte Zeichen gibt.

Der Inhalt der Äquivalenz (2) wird zuweilen dadurch in Worten ausgedrückt, daß man sagt, die Gruppen

$$\lambda_1 A_1 + \lambda_2 A_2 + \cdots, \quad \mu_1 B_1 + \mu_2 B_2 + \cdots$$

seien „äquivalent" oder sie „gehören derselben linearen Schar an"; nach dem vorhergehenden gibt es, wenn λ_i und μ_i nicht alle positiv sind, nicht immer wirkliche Gruppen, die jenen Symbolen entsprechen. In diesem Falle werden wir von *virtuellen Punktgruppen* reden.

Es ist sofort klar, daß es zulässig ist, die beiden Seiten der Äquivalenz (2) mit einer ganzen Zahl zu multiplizieren, und daß zwei Beziehungen von der Form (2) Glied für Glied addiert oder subtrahiert werden dürfen.

65. Wertigkeitskorrespondenzen; ihre Definition. Es sei T eine Korrespondenz zwischen den Punkten einer Kurve C, und es sei Y die Gruppe der β Punkte y, die in der Korrespondenz T dem Punkt a entsprechen. Wenn a auf C wandert, so wird sich die Gruppe Y im allgemeinen nicht in einer linearen Schar von der Ordnung β bewegen; immerhin kann aber der Fall eintreten, daß die Gruppe $Y + \gamma a$, wo γ eine positive oder negative ganze Zahl oder auch Null ist, sich in einer linearen Schar von der Ordnung $\beta + \gamma$ bewegt. In diesem Falle sagt man, die Korrespondenz habe die *Wertigkeit* γ.

Falls γ negativ wäre, könnte es sich ereignen, daß das Symbol $Y + \gamma a$ keine wirkliche Punktgruppe darstellte; aber jedenfalls wissen wir auch in diesem Falle, welchen Sinn wir der vorstehenden Definition beizulegen haben (Nr. 64).

Die Aussage, daß T die Wertigkeit γ habe, wo γ eine positive oder negative ganze Zahl oder Null bedeutet, läßt sich auch in folgender Weise erklären. Bezeichnet man mit Y und Y' die Punktgruppen, die in der Transformation T zwei beliebig gewählten Punkten a und a' auf C entsprechen, so muß stets die Äquivalenz

$$Y + \gamma a \equiv Y' + \gamma a'$$

bestehen.

Wenn die Kurve C nicht rational ist, so kann die Korrespondenz T keine zweite (von γ verschiedene) Wertigkeit besitzen. Nimmt man nämlich an, die Korrespondenz T besitze noch eine andere Wertigkeit $\gamma' (\neq \gamma)$, so erhält man

$$Y + \gamma' a \equiv Y' + \gamma' a';$$

hieraus ergibt sich durch Subtraktion von der vorigen Beziehung

$$(\gamma - \gamma')a \equiv (\gamma - \gamma')a',$$

oder

$$ka \equiv ka',$$

wo k eine positive ganze Zahl (> 0) ist, und wo a einen *beliebigen* Punkt von C bedeutet.

Die lineare Schar $g_k^r (k \geq r)$, die alle Gruppen ka enthält, kann nun sicher nicht mit einer Involution zusammengesetzt sein; man kann sie deshalb auf einer Kurve Γ von der Ordnung k durch die Überebenen ihres Raumes S_r ausgeschnitten denken. Da aber eine Überebene, welche die Kurve Γ in einem allgemein gewählten ihrer Punkte oskuliert, mit der Kurve eine r-punktige Berührung hat, so ergibt sich $k = r$, und folglich muß Γ eine rationale Normalkurve sein.

Damit ist also erwiesen, daß *auf einer Kurve, deren Geschlecht größer als Null ist, eine Korrespondenz nicht zwei verschiedene Wertigkeiten haben kann.*

66. Operationen mit Wertigkeitskorrespondenzen. Wir beweisen den Satz:

Die Summe zweier Korrespondenzen mit den Wertigkeiten γ_1 und γ_2 hat die Wertigkeit $\gamma_1 + \gamma_2$.

Es seien T_1 und T_2 die beiden Korrespondenzen, Y_1 und Y_1' die Punktgruppen, welche den Punkten a und a' in der Korrespondenz T_1 entsprechen, und Y_2, Y_2' diejenigen Punktgruppen, welche den Punkten a und a' in der Korrespondenz T_2 zugeordnet sind. Auf Grund der Definition erhalten wir:

$$Y_1 + \gamma_1 a \equiv Y_1' + \gamma_1 a',$$
$$Y_2 + \gamma_2 a \equiv Y_2' + \gamma_2 a';$$

hieraus ergibt sich durch Addition

$$(Y_1 + Y_2) + (\gamma_1 + \gamma_2)a \equiv (Y_1' + Y_2') + (\gamma_1 + \gamma_2)a',$$

womit der Satz bewiesen ist.

Ferner gilt der Satz:

Das Produkt zweier Korrespondenzen mit den Wertigkeiten γ_1 und γ_2 hat die Wertigkeit $-\gamma_1\gamma_2$.

Benutzt man auch hier die vorhin eingeführten Bezeichnungen, und bezeichnet man ferner mit $y_1, \ldots, y_\beta$ die Punkte der Gruppe Y_1, mit $y_1', \ldots, y_\beta'$ diejenigen der Gruppe Y_1' und mit $Y_{2,i}$, $Y_{2,i}'$ die Gruppen derjenigen Punkte, die in der Transformation T_2 den Punkten y_i, y_i' zugeordnet sind, so erhält man

$$Y_1 \; + \gamma_1 a \equiv Y_1' \; + \gamma_1 a',$$
$$Y_{2,i} + \gamma_2 y_i \equiv Y_{2,i}' + \gamma_2 y_i'. \qquad (i = 1 \ldots, \beta$$

Hieraus ergeben sich die Äquivalenzen

$$\gamma_2 Y_1 + \gamma_1 \gamma_2 a \equiv \gamma_2 Y_1' + \gamma_1 \gamma_2 a',$$
$$\sum_{i=1}^{\beta} Y_{2,i} + \gamma_2 Y_1 \equiv \sum_{i=1}^{\beta} Y_{2,i}' + \gamma_2 Y_1'.$$

Subtrahiert man die erste dieser Äquivalenzen von der zweiten, so erhält man die zu beweisende Beziehung:

$$\sum Y_{2,i} - \gamma_1\gamma_2 a \equiv \sum Y_{2,i}' - \gamma_1\gamma_2 a'.$$

67. Bestimmung der Gruppe der Koinzidenzpunkte in den Korrespondenzen mit der Wertigkeit Null. Es sei T eine Korrespondenz mit der Wertigkeit Null; wenn a auf C wandert, so bewegt sich in diesem Fall die Gruppe Y der β Punkte y, die dem Punkt a zugeordnet sind, in einer linearen Schar von der Ordnung β.

Wir wollen annehmen, daß die nur mit gewöhnlichen Doppelpunkten behaftete Kurve C eben sei, und daß die lineare Vollschar g_β^r, welche die Gruppen Y enthält, durch ein lineares System Σ ausgeschnitten werde; dieses möge aus den Kurven $\varphi(y_1, y_2, y_3) = 0$ von einer gewissen Ordnung m' bestehen; die Kurven φ gehen möglicherweise durch eine Gruppe

Q von festen Punkten, von denen einige oder alle auf C liegen können. Ohne die Allgemeinheit zu beschränken, kann man annehmen, daß Σ r-fach ausgedehnt sei, d. h. daß durch eine Gruppe der Schar g_β^r nur eine einzige Kurve φ hindurchgehe. Wie wir in Nr. 59 (S. 164) gesehen haben, kann die Gleichung einer Kurve φ des einfach unendlichen Systems, das von den Gruppen Y gebildet wird, in der Form

$$\Phi(x_1, x_2, x_3 \,/\, y_1, y_2, y_3) = 0$$

geschrieben werden; dabei ist Φ das Symbol für ein Polynom, das in den x_i homogen und vom Grad m, in den y_i homogen und vom Grad m' ist.

Die in der Transformation T^{-1} einem gegebenen Punkt y^0 entsprechenden Punkte werden auf C von der nicht durch y^0 gehenden Kurve

$$\psi^0 \equiv \Phi(x_1, x_2, x_3 \,/\, y_1^0, y_2^0, y_3^0) = 0$$

ausgeschnitten; diese Kurve kann außerdem noch durch eine gewisse Gruppe R von festen Punkten gehen, die allen zu ihr analogen Kurven ψ von der Ordnung m gemeinsam ist.

Die Kurve $\Phi(x_1, x_2, x_3 \,/\, x_1, x_2, x_3) = 0$ von der Ordnung $m + m'$ geht offenbar durch die Punkte der beiden Gruppen Q und R hindurch und gehört somit dem linearen System an, das als die *Summe* der beiden die Kurven φ und ψ enthaltenden Systeme aufzufassen ist.[1]) Daraus folgt, daß sie außer den festen Punkten, die möglicherweise den Kurven φ und den Kurven ψ gemeinsam sind, auf C eine Punktgruppe ausschneidet, und daß diese Gruppe der Summe derjenigen beiden Scharen angehört, welche die in den Korrespondenzen T und T^{-1} den Punkten von C zugeordneten Gruppen enthalten.

Nun sind aber die Punkte, welche außer den genannten festen Punkten der Kurve $\Phi(x_1, x_2, x_3 \,/\, x_1, x_2, x_3) = 0$ und der Kurve C gemeinsam angehören, Koinzidenzpunkte für die Korrespondenz T; daher ist die Gruppe U dieser Punkte äquivalent mit der Summe der Gruppen X und Y, welche die in den Korrespondenzen T^{-1} und T dem Punkt a zugeordneten Punkte enthalten. Symbolisch geschrieben erhält man

$$U \equiv X + Y.$$

68. Existenz von Korrespondenzen mit gegebener Wertigkeit auf jeder Kurve. Die zu einer Wertigkeitskorrespondenz inverse Korrespondenz. Wenn man auf der Kurve C eine Schar g_n^1 betrachtet, und wenn man einem auf C beweglichen Punkt a diejenigen Punkte zuordnet, die mit ihm zusammen eine Gruppe der g_n^1 liefern, so erhält man nach den festgesetzten Definitionen eine involutorische Korrespondenz mit der

1) D. h. dem linearen System, das jede Kurve φ zusammengenommen mit einer Kurve ψ enthält.

Wertigkeit 1, die wir der Kürze halber eine *Elementarkorrespondenz* (elementare Wertigkeitskorrespondenz) nennen wollen.

Bildet man die Summe von γ (> 0) Elementarkorrespondenzen, so erhält man eine Korrespondenz mit der Wertigkeit γ; und bildet man das Produkt einer solchen Korrespondenz mit einer Elementarkorrespondenz, so erhält man eine Korrespondenz mit der Wertigkeit $-\gamma$ (Nr. 66, S. 173). Bildet man schließlich die Summe einer Korrespondenz mit der Wertigkeit γ und einer solchen mit der Wertigkeit $-\gamma$, so erhält man eine Korrespondenz mit der Wertigkeit Null. Wir gelangen also zu dem Satz:

Auf einer Kurve gibt es Korrespondenzen mit beliebiger positiver, negativer oder verschwindender Wertigkeit.

Wir wollen ferner den Satz beweisen:

Die zu einer Wertigkeitskorrespondenz inverse Korrespondenz ist von derselben Wertigkeit wie die gegebene.

Zunächst ist es klar, daß die Reziproke der Korrespondenz S, die als die Summe von k (> 0) Elementarkorrespondenzen erscheint, die Wertigkeit k hat, und daß die Reziproke des Produkts von S mit einer Elementarkorrespondenz die Wertigkeit $-k$ besitzt (s. die Gleichungen (1) in Nr. 63, S. 171). Nach dieser Feststellung sei nun T eine beliebige Korrespondenz mit der (positiven oder negativen) Wertigkeit γ; ferner seien X und X' die Gruppen der Punkte, welche in der Korrespondenz T^{-1} den Punkten a und a' zugeordnet sind.

Wir wollen mit Hilfe von Elementarkorrespondenzen eine Korrespondenz T_1 mit der Wertigkeit $-\gamma$ zusammensetzen und die Gruppen der Punkte, die in der Korrespondenz T_1^{-1} den Punkten a und a' zugeordnet sind, mit X_1 und X_1' bezeichnen. Da die Summe $T + T_1$ die Wertigkeit Null hat, so muß auch die Korrespondenz $(T + T_1)^{-1} = T^{-1} + T_1^{-1}$ die Wertigkeit Null besitzen (Nr. 59, S. 163). Es besteht daher neben der Beziehung

$$X_1 - \gamma a \equiv X_1' - \gamma a'$$

die andere

$$X + X_1 \equiv X' + X_1'.$$

Subtrahiert man die erste von der zweiten, so ergibt sich

$$X + \gamma a \equiv X' + \gamma a',$$

womit die Behauptung erwiesen ist.

69. Bestimmung der Gruppe der Koinzidenzpunkte in einer Korrespondenz mit beliebiger Wertigkeit. Anzahl der Koinzidenzen.

Wenden wir uns für einen Augenblick zu einer Elementarkorrespondenz T, die man erhält, wenn man von einer Schar g_n^1 ausgeht; es sei Y die Gruppe der $n-1$ Punkte, welche in T dem Punkt a zugeordnet sind, und X die Gruppe derjenigen Punkte, welche in der Korrespondenz T^{-1} dem Punkt a entsprechen. Da $T = T^{-1}$ ist, muß die Gruppe X mit der Gruppe Y zusammenfallen.

Die Gruppe U der Koinzidenzpunkte von T ist nichts anderes als die JACOBIsche Gruppe der g_n^1, und wie wir gesehen haben, ist diese Gruppe äquivalent mit einer um eine Gruppe der Schar $2g_n$ vermehrten kanonischen Gruppe. Bezeichnen wir also mit K eine kanonische Gruppe von C, so erhalten wir die Beziehung:

$$U \equiv X + Y + 2a + K.$$

Mit Hilfe dieser Beziehung wollen wir nun einen allgemeineren Satz beweisen, der sich so aussprechen läßt:

Hat man zwischen den Punkten einer Kurve eine Korrespondenz T mit der (positiven, negativen oder verschwindenden) Wertigkeit γ, so ist die Gruppe U der Koinzidenzpunkte äquivalent mit der Summe der Gruppen Y und X, welche die einem Punkt a in der gegebenen und in der inversen Korrespondenz entsprechenden Punkte enthalten, zusammen mit γ kanonischen Gruppen und dem 2γ-mal gezählten Punkt a. Symbolisch geschrieben lautet der Satz:

$$U \equiv X + Y + \gamma K + 2\gamma a, \tag{3}$$

wobei K eine kanonische Gruppe bedeutet.

Gibt man der geometrischen Beziehung, die durch diesen Satz geliefert wird, eine zahlenmäßige Deutung, so erhält man die Gleichung

$$u = \alpha + \beta + \gamma(2p-2) + 2\gamma,$$

in der u die Anzahl der Koinzidenzen, α, β die Indizes von T und p das Geschlecht der Kurve bedeuten. Man kann also auch sagen:

Die Anzahl u der Koinzidenzpunkte einer Korrespondenz T, die zwischen den Punkten einer Kurve vom Geschlecht p gegeben ist, und die die Indizes α, β und die Wertigkeit γ besitzt, wird durch die folgende Formel bestimmt:

$$u = \alpha + \beta + 2\gamma p. \tag{4}$$

Wir wollen die Äquivalenz (3) zunächst für eine Korrespondenz S beweisen, die als Summe von h (>0) Elementarkorrespondenzen T_1, $T_2, \ldots, T_h$ darstellbar ist.

Bezeichnet man mit $Y_1, Y_2, \ldots, Y_h$ die Gruppen der dem Punkt a in den Korrespondenzen $T_1, T_2, \ldots, T_h$ entsprechenden Punkte, und mit $X_1, X_2, \ldots, X_h$ die (mit jenen zusammenfallenden) Gruppen derjenigen Punkte, welche dem Punkt a in der inversen Korrespondenz zugeordnet sind, so erkennt man, daß in der Transformation S dem Punkt a die Gruppe $Y_0 = Y_1 + \cdots + Y_h$ entspricht, und daß die inverse Korrespondenz S^{-1} diesem selben Punkt a die Gruppe $X_0 = X_1 + X_2 + \cdots + X_h$ zuordnet. Außerdem muß die Gruppe V der Koinzidenzpunkte von S die Summe der Gruppen $U_1, \ldots, U_h$ der Koinzidenzpunkte von $T_1, \ldots, T_h$ sein. Addiert man die Beziehungen

$$\begin{aligned} U_1 &\equiv X_1 + Y_1 + K + 2a, \\ U_2 &\equiv X_2 + Y_2 + K + 2a, \\ &\ldots\ldots\ldots\ldots \\ U_h &\equiv X_h + Y_h + K + 2a, \end{aligned}$$

so erhält man

$$V \equiv X_0 + Y_0 + hK + 2ha,$$

und durch diese Äquivalenz ist der ausgesprochene Satz für die Korrespondenz S bewiesen.

Es sei nun T eine beliebige Korrespondenz mit negativer Wertigkeit γ, und es mögen in bezug auf sie die Bezeichnungen des oben ausgesprochenen Satzes beibehalten werden. Ist h der absolute Wert von γ, so konstruiere man wie oben eine Korrespondenz S, welche als Summe von h Elementarkorrespondenzen darstellbar ist.

Die Summe der beiden Korrespondenzen S und T hat die Wertigkeit Null und ordnet dem Punkt a die Gruppe $Y + Y_0$ zu, während die zu ihr inverse Korrespondenz dem Punkt a die Gruppe $X + X_0$ zuordnet; überdies ist $U + V$ die Gruppe der Koinzidenzpunkte der Korrespondenz $S + T$. Nach Nr. 67 (S. 174) erhalten wir also

$$U + V \equiv (X + X_0) + (Y + Y_0).$$

Subtrahiert man hiervon die zuvor erhaltene Beziehung, so ergibt sich

$$U \equiv X + Y + \gamma K + 2\gamma a.$$

Damit ist also der ausgesprochene Satz für die Korrespondenzen mit negativer Wertigkeit bewiesen.

Hat man eine Korrespondenz T mit der positiven Wertigkeit γ, so konstruiere man eine Korrespondenz T' mit der negativen Wertigkeit γ (was stets möglich ist), und bezeichne mit Y', X' die Punktgruppen, welche dem Punkt a in den Korrespondenzen T' bzw. T'^{-1} entsprechen, ferner mit U' die Gruppe der Koinzidenzpunkte von T'. Behält man wiederum für T die in dem oben ausgesprochenen Satz benutzten Bezeichnungen bei, so erhält man, da die Summe $T + T'$ die Wertigkeit Null besitzt, die Beziehung:

$$U + U' \equiv (X + X') + (Y + Y');$$

da aber T' von negativer Wertigkeit ist, so ergibt sich nach dem, was wir soeben bewiesen haben,

$$U' \equiv X' + Y' - \gamma K - 2\gamma a.$$

Aus dieser und der vorhergehenden Beziehung erhält man durch Subtraktion

$$U \equiv X + Y + \gamma K + 2\gamma a,$$

womit der Satz für alle Korrespondenzen mit positiver Wertigkeit bewiesen ist.

Bemerkung. Wenn man den zweiten Satz der Nr. 66 (S. 173) berücksichtigt, so folgt aus dem schon ausgesprochenen Korrespondenzprinzip mit Leichtigkeit der folgende Satz:

Die Zahl der Koinzidenzpunkte einer Korrespondenz, die das Produkt der Korrespondenzen $(\alpha_1, \beta_1, \gamma_1), \ldots, (\alpha_k, \beta_k, \gamma_k)$ *ist, wo* $\alpha_i; \beta_i, \gamma_i$ *die Indizes bzw. die (positiven oder negativen) Wertigkeiten der betrachteten Korrespondenzen bedeuten, läßt sich berechnen nach der Formel*

$$u = \alpha_1 \alpha_2 \ldots \alpha_k + \beta_1 \beta_2 \ldots \beta_k + (-1)^{k+1} 2 \gamma_1 \gamma_2 \ldots \gamma_k p.$$

70. Ausdehnung des Begriffs der Wertigkeit. Abhängigkeit zwischen mehreren Korrespondenzen. Es sei T_1 eine Korrespondenz mit der Wertigkeit γ_1 auf der Kurve C, und es seien Y_1, Y_1' die Punktgruppen, welche den Punkten a und a' in der Korrespondenz T_1 entsprechen. Es gilt dann die Beziehung

$$Y_1 + \gamma_1 a \equiv Y_1' + \gamma_1 a',$$

und diese Beziehung läßt sich in folgender Weise deuten: Wenn der Punkt a auf C wandert, so bewegt sich die Punktgruppe, die ihm in der Korrespondenz T_1 entspricht, zusammen mit dem γ_1-fach gezählten, in der identischen Korrespondenz T dem Punkt a entsprechenden Punkt in einer linearen Schar.[1]) Wir werden diese Tatsache auch dadurch ausdrücken, daß wir sagen, die Korrespondenzen T_1 und T seien gemäß den Zahlen $(1, \gamma_1)$ voneinander abhängig.

Es sei ferner T_2 eine andere Korrespondenz mit der Wertigkeit γ_2. Wir erhalten in ähnlicher Weise

$$Y_2 + \gamma_2 a \equiv Y_2' + \gamma_2 a';$$

kombiniert man diese Äquivalenz in passender Weise mit der vorhergehenden, so erhält man

$$\gamma_2 Y_1 - \gamma_1 Y_2 \equiv \gamma_2 Y_1' - \gamma_1 Y_2'.$$

Wandert also der Punkt a auf der Kurve C, so bewegt sich die γ_2-fach gezählte Gruppe der diesem Punkt in T_1 entsprechenden Punkte zusammen mit der $-\gamma_1$-fach gezählten Gruppe derjenigen Punkte, die dem Punkt a in der Transformation T_2 zugeordnet sind, in einer linearen

1) Über den Sinn dieses Ausdrucks siehe Nr. 64 (S. 171).

Schar. Wir werden daher sagen, die Korrespondenzen T_1, T_2 seien gemäß den Zahlen $(\gamma_2, -\gamma_1)$ voneinander abhängig.

Es drängt sich nun von selbst der Gedanke auf, daß der Begriff der Abhängigkeit vielleicht für mehr als zwei Korrespondenzen aufgestellt werden könnte, auch abgesehen von der Annahme, daß diese Korrespondenzen mit Wertigkeit behaftet sind.

Wir werden in der Tat *die Korrespondenzen* $T_1, \ldots, T_k$, *die auf einer Kurve C gegeben sind, voneinander abhängig nennen, wenn es k ganze (positive oder negative) nicht sämtlich verschwindende Zahlen* $\lambda_1, \lambda_2, \ldots, \lambda_k$ *von der Eigenschaft gibt, daß, falls man mit* Y_i *die Gruppe der einem beliebigen Punkt a in der Korrespondenz* T_i *entsprechenden Punkte bezeichnet, bei der Wanderung von a auf C die (virtuelle) Gruppe* $\lambda_1 Y_1 + \lambda_2 Y_2 + \cdots + \lambda_k Y_k$ *sich in einer linearen Schar bewegt.*

Mit anderen Worten: wenn Y_i' die Gruppe derjenigen Punkte ist, die dem Punkt a' in der Korrespondenz T_i entsprechen, so wird die Bedingung für die Abhängigkeit durch die folgende Beziehung ausgedrückt:

$$\lambda_1 Y_1 + \ldots + \lambda_k Y_k \equiv \lambda_1 Y_1' + \ldots + \lambda_k Y_k'. \tag{5}$$

Falls eine derartige Beziehung nicht möglich ist, ohne daß sämtliche Werte der Zahlen λ_i verschwinden, werden wir die k Korrespondenzen *unabhängig* nennen.

Wenn mehrere Korrespondenzen voneinander abhängig sind, so werden wir zuweilen auch sagen, irgendeine unter ihnen sei *von den übrigen abhängig.* Wenn es nötig ist, die ganzen Zahlen ins Auge zu fassen, für welche die Äquivalenz (5) erfüllt ist, so werden wir auch sagen, die Korrespondenzen $T_1, \ldots, T_k$ seien gemäß den Zahlen $(\lambda_1, \ldots, \lambda_k)$ voneinander abhängig.

Sind die Korrespondenzen $T_1, \ldots, T_k$ gemäß $(\lambda_1, \ldots, \lambda_k)$ voneinander abhängig, so sind sie es selbstverständlich auch gemäß $(\mu\lambda_1, \ldots, \mu\lambda_k)$, wo μ eine beliebige positive oder negative ganze Zahl bedeutet.

Die beiden Bemerkungen, die am Anfang dieser Nummer gemacht worden sind, lassen sich nun in folgender Weise aussprechen:

Jede Wertigkeitskorrespondenz ist von der Identität abhängig.

Zwei Wertigkeitskorrespondenzen sind immer voneinander abhängig.

Als Erweiterung eines Satzes der Nr. 68 (S. 175) wollen wir nun den folgenden Satz beweisen:

Wenn die Korrespondenzen $T_1, \ldots, T_k$ *gemäß den Zahlen* $(\lambda_1, \ldots, \lambda_k)$ *voneinander abhängig sind, so sind auch ihre inversen Korrespondenzen gemäß denselben Zahlen voneinander abhängig.*

Um diesen Satz zu beweisen, wollen wir zunächst annehmen, die Zahlen $\lambda_1, \lambda_2, \ldots, \lambda_k$ seien alle positiv. Dann hat die Korrespondenz

$S = \lambda_1 T_1 + \lambda_2 T_2 + \ldots + \lambda_k T_k$ die Wertigkeit Null, und folglich hat nach Nr. 59 (S. 163) die inverse Korrespondenz $S^{-1} = \lambda_1 T_1^{-1} + \lambda_2 T_2^{-1} + \ldots + \lambda_k T_k^{-1}$ ebenfalls die Wertigkeit Null; damit ist aber gezeigt, daß die Korrespondenzen $T_1^{-1}, T_2^{-1}, \ldots, T_k^{-1}$ gemäß $(\lambda_1, \lambda_2, \ldots, \lambda_k)$ voneinander abhängig sind.

Wir behandeln ferner den Fall zweier Korrespondenzen T_1 und T_2, die gemäß den Zahlen $(1, -1)$ voneinander abhängig sind. Es sei Y_2 eine beliebig aber allgemein gewählte Gruppe, welche von den Punkten gebildet wird, die in der Transformation T_2 dem Punkt a entsprechen. Wir fassen nun eine Schar g_n^r von genügend hoher Dimension ins Auge, so daß in ihr eine einzige Gruppe vorhanden ist, die durch Y_2 geht. (Man wähle z. B. p allgemeine Punkte der Kurve vom Geschlecht p und betrachte die nicht-speziale Vollschar g_n^r, die durch jene p Punkte zusammen mit einer gegebenen Gruppe Y_2 eindeutig bestimmt ist.) Es kann der Fall eintreten, daß durch irgend eine spezielle Gruppe Y_2 unendlich viele Gruppen der Schar g_n^r gehen; aber unter allen Umständen wird diejenige Gruppe von g_n^r stets wohl definiert sein, die durch jene spezielle Gruppe Y_2 geht, und die als Grenzlage einer gewissen Gruppe der g_n^r erscheint; diese ist ihrerseits durch eine allgemeine, nach der betrachteten speziellen Lage hinstrebende Gruppe Y_2 definiert. Auf diese Weise ist also *jeder* Gruppe Y_2 *eine* ganz bestimmte Gruppe Y_3 derart zugeordnet, daß $Y_2 + Y_3$ eine Gruppe der g_n^r bildet.

Behalten wir für die Korrespondenzen T_1, T_2 die schon öfters benutzten Bezeichnungen bei, so erhalten wir aus der Gleichung

$$Y_1 - Y_2 \equiv Y_1' - Y_2'$$

mit Rücksicht auf die Beziehung

$$Y_2 + Y_3 \equiv Y_2' + Y_3'$$

die neue Relation

$$Y_1 + Y_3 \equiv Y_1' + Y_3'.$$

Bezeichnet man also mit S diejenige Korrespondenz, welche entsteht, wenn man einem veränderlichen Punkt a der Kurve die Punkte der auf ihn bezüglichen Gruppe Y_3 zuordnet, so kann man sagen, daß die Korrespondenzen $T_1 + S$ und $T_2 + S$, und somit auch ihre inversen $T_1^{-1} + S^{-1}$ und $T_2^{-1} + S^{-1}$ die Wertigkeit Null besitzen.

Mit anderen Worten: Sind X_3 und X_3' die Punktgruppen, welche in der Korrespondenz S^{-1} den Punkten a und a' entsprechen, so erhalten wir die Beziehungen

$$(6) \qquad \begin{aligned} X_1 + X_3 &\equiv X_1' + X_3', \\ X_2 + X_3 &\equiv X_2' + X_3'; \end{aligned}$$

dabei bedeuten X_1 und X_1' die Punktgruppen, welche den Punkten a und a' in der Korrespondenz T_1^{-1} zugeordnet sind, während X_2 und X_2' die analoge Bedeutung für T_2^{-1} haben.

Subtrahiert man die beiden vorstehenden Beziehungen, so ergibt sich

$$X_1 - X_2 \equiv X_1' - X_2',$$

und damit ist bewiesen, daß die Korrespondenzen T_1^{-1} und T_2^{-1} gemäß den ganzen Zahlen $(1, -1)$ voneinander abhängig sind.

Bei diesem Beweis wurde eigentlich stillschweigend die Voraussetzung gemacht, daß die Gruppe Y_3 gleichzeitig mit Y_2, d. h. mit a, beweglich sei; denn im entgegengesetzten Fall würde sich an Stelle der oben definierten Korrespondenz S eine ausgeartete Korrespondenz ergeben.

Aber auch wenn wir die Annahme machen, daß Y_3 fest bleibe, während a die Kurve durchläuft, gelangen wir zu demselben Schluß. In diesem Fall sind nämlich die Gruppen Y_2 untereinander äquivalent, und folglich besitzt die Korrespondenz T_2 die Wertigkeit Null. Auf Grund der Beziehung

$$Y_1 - Y_2 \equiv Y_1' - Y_2',$$

die den Zusammenhang zwischen T_1 und T_2 ausdrückt, folgt hieraus, daß auch T_1 die Wertigkeit Null besitzt. Es haben daher auch die inversen Korrespondenzen T_1^{-1} und T_2^{-1} die Wertigkeit Null. Diese Erkenntnis genügt aber zum Beweis der Behauptung, daß T_1^{-1} und T_2^{-1} gemäß den Zahlen $(1, -1)$ — oder auch gemäß zwei beliebig gewählten Zahlen — voneinander abhängig sind.

Das eingeschlagene Beweisverfahren würde nicht mehr zum Ziel führen, wenn eine der beiden Korrespondenzen T_1, T_2 aus der Identität bestünde, wie es in Nr. 68 (S. 175) der Fall war; aber der Satz würde trotzdem auch in diesem Fall seine Gültigkeit behalten, wie eben aus Nr. 68 hervorgeht.

Endlich untersuchen wir den Fall, daß k Korrespondenzen vorliegen, die gemäß den ganzen Zahlen $(\lambda_1, \lambda_2, \ldots, \lambda_k)$, von denen mindestens eine negativ sei, voneinander abhängig sind.

Es mögen $\lambda_1, \lambda_2, \ldots, \lambda_i$ positiv und die übrigen Zahlen $\lambda_{i+1} = -\mu_{i+1}, \ldots, \lambda_k = -\mu_k$ negativ sein. Benützt man wieder die eingeführten Bezeichnungen, so ergibt sich

$$(7) \quad \begin{aligned} \lambda_1 Y_1 + \cdots + \lambda_i Y_i - \mu_{i+1} Y_{i+1} - \cdots - \mu_k Y_k \equiv \lambda_1 Y_1' + \cdots + \lambda_i' Y_i' \\ - \mu_{i+1} Y_{i+1}' - \cdots - \mu_k Y_k'. \end{aligned}$$

Die beiden Korrespondenzen $S_1 = \lambda_1 T_1 + \cdots + \lambda_i T_i$ und $S_2 = \mu_{i+1} T_{i+1} + \cdots + \mu_k T_k$ sind dann gemäß den Zahlen $(1, -1)$ voneinander abhängig, und folglich gilt dies auch für die inversen Korrespondenzen. Diese Aussage deckt sich aber mit der Behauptung, daß die Korrespondenzen

$T_1^{-1}, \ldots, T_i^{-1}, T_{i+1}^{-1}, \ldots, T_k^{-1}$ gemäß $(\lambda_1, \lambda_2, \ldots, \lambda_k)$ voneinander abhängig sind.

71. Geometrische Beziehung zwischen den Gruppen der Koinzidenzpunkte in mehreren abhängigen Korrespondenzen. Das allgemeine Korrespondenzprinzip.

Wir wollen den folgenden Satz beweisen:

Wenn in den Korrespondenzen $T_1, \ldots, T_k$, die gemäß $(\lambda_1, \ldots, \lambda_k)$ voneinander abhängig sind, dem Punkt a die Punktgruppen $Y_1, \ldots, Y_k$ entsprechen, während in den inversen Korrespondenzen demselben Punkt die Gruppen $X_1, \ldots, X_k$ zugeordnet sind, so erhält man, falls die Gruppen der Koinzidenzpunkte der Korrespondenzen $T_1, \ldots, T_k$ mit $U_1, \ldots, U_k$ bezeichnet werden, die Beziehung

$$(8)\quad \lambda_1 U_1 + \lambda_2 U_2 + \cdots + \lambda_k U_k \equiv \lambda_1 (X_1 + Y_1) + \cdots + \lambda_k (X_k + Y_k).$$

Wie bei dem Beweis in der vorhergehenden Nummer ist es auch hier zweckmäßig, drei Fälle zu unterscheiden:

1. Die Zahlen $\lambda_1, \lambda_2, \ldots, \lambda_k$ seien alle positiv. Da in diesem Fall die Korrespondenz $\lambda_1 T_1 + \cdots + \lambda_k T_k$ die Wertigkeit Null besitzt, so reduziert sich der Satz auf denjenigen der Nummer 67 (S. 174).

2. Es sei $k = 2$, und die Korrespondenzen T_1, T_2 hängen gemäß $(1, -1)$ voneinander ab. Wir stellen wie in der vorhergehenden Nummer eine Korrespondenz S her, derart, daß $T_2 + S$ und damit auch $T_1 + S$ die Wertigkeit Null haben. Versteht man unter V die Gruppe der Koinzidenzpunkte von S und behalten X_3 und Y_3 dieselbe Bedeutung wie in Nr. 70, so ergibt sich nach Nr. 67:

$$U_1 + V \equiv (X_1 + Y_1) + (X_3 + Y_3),$$
$$U_2 + V \equiv (X_2 + Y_2) + (X_3 + Y_3).$$

Subtrahiert man diese Äquivalenzen voneinander, so erhält man

$$U_1 - U_2 \equiv (X_1 + Y_1) - (X_2 + Y_2),$$

womit der Satz für diesen Fall bewiesen ist.

3. Es seien die Zahlen $\lambda_1, \lambda_2, \ldots, \lambda_i$ positiv und die Zahlen $\lambda_{i+1} = -\mu_{i+1}, \ldots, \lambda_k = -\mu_k$ negativ. In diesem Fall sind die Korrespondenzen $S_1 = \lambda_1 T_1 + \cdots + \lambda_i T_i$ und $S_2 = \mu_{i+1} T_{i+1} + \cdots + \mu_k T_k$ voneinander abhängig gemäß $(1, -1)$, und damit ist dieser dritte Fall auf den zweiten zurückgeführt. Es folgt daraus, daß

$$\begin{aligned}(\lambda_1 U_1 + \cdots + \lambda_i U_i) &- (\mu_{i+1} U_{i+1} + \cdots + \mu_k U_k)\\ &\equiv (\lambda_1 X_1 + \cdots + \lambda_i X_i + \lambda_1 Y_1 + \cdots + \lambda_i Y_i)\\ &\quad - (\mu_{i+1} X_{i+1} + \cdots + \mu_k X_k + \mu_{i+1} Y_{i+1} + \cdots + \mu_k Y_k)\end{aligned}$$

ist; diese Beziehung ist aber nichts anderes als die Äquivalenz (8), nur in anderer Form geschrieben.

Gibt man dem eben bewiesenen geometrischen Satze eine zahlenmäßige Deutung, so erhält man eine sehr wichtige Korrespondenzformel.

Es sei u_i die Anzahl der Punkte von U_i, α_i die Anzahl der Punkte von X_i und β_i die Anzahl der Punkte von Y_i; wir erhalten dann aus der Äquivalenz (8) die Gleichung

$$\lambda_1 u_1 + \cdots + \lambda_k u_k = \lambda_1(\alpha_1 + \beta_1) + \cdots + \lambda_k(\alpha_k + \beta_k).$$

Es gilt also der Satz:

Wenn auf einer Kurve k Korrespondenzen mit den Indizes $\alpha_1, \beta_1, \ldots, \alpha_k, \beta_k$ *vorhanden sind, die gemäß den positiven oder negativen Zahlen* $\lambda_1, \ldots, \lambda_k$ *voneinander abhängen, und die* $u_1, \ldots, u_k$ *Koinzidenzen besitzen mögen, so besteht die Gleichung*

$$\lambda_1 u_1 + \cdots + \lambda_k u_k = \lambda_1(\alpha_1 + \beta_1) + \cdots \lambda_k(\alpha_k + \beta_k)\,. \tag{9}$$

Die bekannte Korrespondenzformel von Cayley[1]), die bei der Lösung von Berührungsproblemen so nützliche Dienste leistet, erhält man aus dieser Gleichung als besonderen Fall, wenn man alle Zahlen λ_i als positiv voraussetzt.

Bemerkung. Wenn sich unter den gegebenen, gemäß $\lambda_1, \lambda_2, \ldots, \lambda_k$ voneinander abhängigen Korrespondenzen die Identität befindet, und wenn etwa T_1 diese identische Transformation ist, so hat die Korrespondenz $\lambda_2 T_2 + \cdots + \lambda_k T_k$ die Wertigkeit λ_1, und folglich gilt nach Nr. 69 (S. 176) die Beziehung

$$\lambda_2 U_2 + \cdots + \lambda_k U_k \equiv \lambda_2(X_2 + Y_2) + \cdots + \lambda_k(X_k + Y_k) + \lambda_1 K + 2\lambda_1 a;$$

hieraus ergibt sich die Gleichung

$$\lambda_2 u_2 + \cdots + \lambda_k u_k = \lambda_2(\alpha_2 + \beta_2) + \cdots + \lambda_k(\alpha_k + \beta_k) + 2\lambda_1 p.$$

Die Theorie der Korrespondenzen auf einer algebraischen Kurve hat ihren Ausgangspunkt in dem Korrespondenzprinzip auf einer Geraden, das im Jahre 1864 von Chasles[2]) ausdrücklich formuliert wurde. Zwei Jahre nachher gab Chasles selbst einige Anwendungen des Prinzips auf die Theorie der rationalen Kurven[3]), und Cayley sprach die in Nr. 69 abgeleitete Korrespondenzformel aus[4]); dabei beschränkte er sich jedoch auf den Fall, daß γ positiv oder Null ist, und lieferte den Beweis des Prinzips nur für einen besonderen Fall. Den ersten vollständigen Beweis für die Cayleysche Formel ($\gamma \geqq 0$) hat A. Brill

1) Phil. Trans. **158**, 149 (1868). Man vgl. auch Segre, Introduzione usw., Nr. 49.
2) C. R. **58**, 1175 (1864).
3) Ibid. **62**, 579 (1866).
4) Ibid. **62**, 586 (1866) oder auch London Proc. Math. Soc. **1**, 1 (1866).

gegeben[1]); er gelangte auf algebraischem Wege zu der Anzahl der Koinzidenzen einer Korrespondenz von positiver und verschwindender *Wertigkeit.* BRILL war es auch, der den Begriff und die Definition der positiven Wertigkeit aufstellte. Das Korrespondenzprinzip für die Korrespondenzen mit beliebiger (auch negativer) Wertigkeit wurde dann mit Hilfe der ABELschen Integrale und der Thetafunktionen von A. HURWITZ gefunden und in einer Abhandlung vom Jahre 1887 veröffentlicht[2]). *Die Wertigkeitskorrespondenzen sind die einzigen, die auf einer Kurve mit allgemeinen Moduln möglich sind.* Der Beweis dieser Tatsache ist eine sehr heikle Angelegenheit. Er findet sich in einer Abhandlung des Verfassers[3]), wo er sich aus dem Beweis des anderen Satzes ergibt, daß jede ebene algebraische Kurve, die in einem einfachen, linearen, mindestens 3-fach unendlichen System *veränderlich* ist, nur Wertigkeitskorrespondenzen besitzt. Es gelang HURWITZ auch, mittels einer einzigen (transzendenten) Gleichung, welche die Koordinaten zweier entsprechender Punkte verbindet, eine auf einer beliebigen Kurve gegebene Korrespondenz darzustellen und zu beweisen, daß man die Gleichung irgend einer Korrespondenz aus den Gleichungen einer gewissen endlichen Anzahl von geeignet gewählten Korrespondenzen durch Multiplikation zusammensetzen kann.

Die in diesen Vorlesungen gegebene Darstellung der Theorie der Korrespondenzen ist einer Abhandlung des Verfassers vom Jahre 1903 entnommen[4]); sie ist nicht nur wesentlich einfacher als die von anderen Mathematikern benutzte algebraische Behandlung (man vergleiche die weiteren bibliographischen Bemerkungen in der Einleitung zu der erwähnten Abhandlung), sondern sie hat auch noch den Vorteil, daß sie dem CAYLEY-BRILL-HURWITZschen Korrespondenzprinzip eine geometrisch-funktionale Bedeutung unterlegt. Der Begriff der voneinander abhängigen Korrespondenzen, der ebenfalls in jener Abhandlung aufgestellt wurde, knüpft an den analogen Begriff an, den HURWITZ auf transzendentem Wege eingeführt hat. Das Verbindungsglied zwischen beiden bildet das ABELsche Theorem, wie es in Nr. 11 jener Abhandlung bewiesen wurde. Auf Grund dieses Zusammenhangs konnte auch gezeigt werden, *daß auf einer Kurve die Zahl der (im angegebenen Sinne) unabhängigen Korrespondenzen eine endliche obere Grenze besitzt.* Diese geometrische Eigenschaft knüpft sich an die oben erwähnte Konstruktion der Gleichung einer beliebigen Korrespondenz mittels der Gleichungen einer endlichen Anzahl von geeignet gewählten Korrespondenzen[5]).

---

1) Math. Ann. **6**, 33 (1873); **7**, 607 (1874). 2) Ibid. **28**, 561 (1887).

3) F. SEVERI, Le corrispondenze fra i punti di una curva variabile in un sistema lineare sopra una superficie algebrica. Math. Ann. **74**, 515 (1913).

4) F. SEVERI, Sulle corrispondenze fra i punti di una curva algebrica e sopra certe classi di superficie. Torino Mem. (2) **54**, 1 (1903).

5) Weitere Einzelheiten über die Geschichte des Korrespondenzprinzips sowie über die hierauf bezügliche Literatur findet man in dem Bericht von BRILL und NOETHER über die Entwicklung der Theorie der algebraischen Funktionen (Jahresber. d. dtsch. Math. Ver. **3**, 530, (1894), in Bd. III_2 Heft 3 der Encyklopädie der math. Wissenschaften (Artikel von ZEUTHEN) S. 278ff., sowie in E. PASCALS Repertorium der höheren Mathematik Bd. II., 1. Hälfte, S. 343ff. (Artikel von L. BERZOLARI), und endlich bei L. SEGRE, Bibl. Math. (2) **6**, 33 (1892).

§ 4. Anwendungen der entwickelten Theorie.

72. Zwei Beispiele von Korrespondenzen ohne Wertigkeit. Als einfache Anwendungen der in den vorhergehenden Nummern angestellten allgemeinen Betrachtungen über die Korrespondenzen wollen wir nun zwei Sätze beweisen, die uns zugleich einfache Beispiele für Korrespondenzen ohne Wertigkeit liefern werden.

Auf einer Kurve C vom Geschlecht $p > 1$ ist eine ein-eindeutige Korrespondenz T, falls sie nicht von einer g_2^1 erzeugt wird, sicherlich ohne Wertigkeit.[1])

Hat nämlich T die Wertigkeit γ, so ist die Zahl ihrer Koinzidenzpunkte gleich $2 + 2\gamma p$, und da diese Zahl notwendig größer als oder gleich Null ist, so folgt daraus sofort, daß γ positiv ($\geqq 1$) sein muß. Die Korrespondenz T muß außerdem periodisch sein (Nr. 51, S. 144); es sei ϱ ihre Periode; deren Zyklen bilden eine Involution γ_ϱ^1. Wenn

$$(a_1, a_2, \ldots, a_\varrho), (b_1, b_2, \ldots, b_\varrho)$$

zwei solche Zyklen sind, so hat man

$$\gamma a_1 + a_2 \equiv \gamma b_1 + b_2; \quad \gamma a_2 + a_3 \equiv \gamma b_2 + b_3; \ldots; \quad \gamma a_\varrho + a_1 \equiv \gamma b_\varrho + b_1.$$

Daraus folgt

$$(\gamma + 1)(a_1 + a_2 + \cdots + a_\varrho) \equiv (\gamma + 1)(b_1 + b_2 + \cdots + b_\varrho).$$

Wir bilden nun die Gruppen von γ_ϱ^1 durch die Punkte einer Kurve Γ ab und bezeichnen mit a und b die Punkte von Γ, welche als Bilder der Gruppen $(a_1, a_2, \ldots, a_\varrho)$ und $(b_1, b_2, \ldots, b_\varrho)$ erscheinen. Da nun in der Korrespondenz $(\varrho, 1)$, die auf diese Weise zwischen den Kurven C und Γ hergestellt ist, einer Gruppe von C ihr Bildpunkt, ϱ-mal gezählt, entspricht, so erhalten wir auf Grund der am Schluß der Nr. 59 (S. 165) bewiesenen Eigenschaft die Beziehung

$$\varrho(\gamma + 1)a \equiv \varrho(\gamma + 1)b;$$

damit ist aber gezeigt, daß die Kurve Γ rational ist (Nr. 65, S. 172), d. h. daß die Involution γ_ϱ^1 einfach eine lineare Schar g_ϱ^1 ist. Diese lineare Schar gibt Anlaß zu einer symmetrischen Korrespondenz $(\varrho - 1, \varrho - 1)$ von der Wertigkeit 1, welche identisch ist mit der Korrespondenz

$$T + T^2 + T^3 + \cdots + T^{\varrho - 1},$$

und deren Wertigkeit sich infolgedessen auch durch den nachstehenden Ausdruck darstellen läßt:

$$\gamma - \gamma^2 + \gamma^3 - \cdots + (-1)^\varrho \gamma^{\varrho - 1} = \gamma(1 - \gamma + \gamma^2 - \cdots).$$

1) Einen transzendenten Beweis siehe bei A. Hurwitz, Math. Ann. **28**, 585 (1887).

Da nun aber dieser Ausdruck gleich 1 sein soll, so muß notwendig auch $\gamma = 1$ sein, d. h. es muß ein Punkt, zusammen mit dem ihm in T entsprechenden Punkt, eine Gruppe einer linearen Schar geben, und diese lineare Schar kann, da $p > 1$ ist, nichts anderes als eine g_2^1 sein.

Ein anderes Beispiel einer Korrespondenz ohne Wertigkeit wird durch folgenden Satz gegeben:

Auf einer Kurve vom Geschlecht $p > 1$ wird durch eine irrationale Involution γ_ν^1 vom Geschlecht π eine symmetrische Korrespondenz $(\nu - 1, \nu - 1)$ *ohne Wertigkeit bestimmt.*

Hätte nämlich die Korrespondenz $(\nu - 1, \nu - 1)$ die Wertigkeit γ, und wäre $a_1, a_2, \ldots, a_\nu$ eine Gruppe der Involution, so erhielte man

$$a_2 + \cdots + a_\nu + \gamma a_1 \equiv a_1 + a_3 + \cdots + a_\nu + \gamma a_2,$$

oder

$$a_2 + \gamma a_1 \equiv a_1 + \gamma a_2, \quad (1 - \gamma)\, a_1 \equiv (1 - \gamma)\, a_2 .$$

In ähnlicher Weise erhielte man, wenn man $1 - \gamma = k$ setzt:

$$k a_1 \equiv k a_2 \equiv \cdots \equiv k a_\nu .$$

Für eine andere Gruppe $b_1, b_2, \ldots, b_\nu$ würde sich ebenso ergeben:

$$k b_1 \equiv k b_2 \equiv \cdots \equiv k b_\nu .$$

Nun ist aber

$$a_2 + \cdots + a_\nu + \gamma a_1 \equiv b_2 + \cdots + b_\nu + \gamma b_1;$$

multipliziert man beiderseits mit k, und berücksichtigt man die vorhergehenden Beziehungen, so erhält man

$$k\,(\nu + \gamma - 1)\, a_1 \equiv k\,(\nu + \gamma - 1)\, b_1 .$$

Die Zahl γ kann aber nicht gleich 1 sein, weil sich sonst die Involution γ_ν^1 auf eine lineare Schar reduzieren würde; es ist daher $k \neq 0$. Falls also auch $\nu + \gamma - 1 \neq 0$ ist, so gibt es eine ganze Zahl $h > 0$ derart, daß

$$h a_1 \equiv h b_1$$

ist, wobei a_1 und b_1 zwei beliebige Punkte der Kurve bedeuten; diese müßte demnach rational sein (Nr. 65), was der Voraussetzung widerspricht.

Falls aber $\nu + \gamma - 1 = 0$ wäre, so ließe sich die Zahl y der Koinzidenzpunkte der Korrespondenz $(\nu - 1, \nu - 1)$, nämlich

$$y = 2\,(\nu - 1) + 2\gamma p$$

auch in der Form

$$y = 2(\nu - 1)\,(1 - p)$$

schreiben. Da $p > 1$ ist, so wäre diese Zahl negativ, während doch y

seiner Definition gemäß positiv oder Null sein muß. Die Annahme $\nu + \gamma - 1 = 0$ ist also unmöglich ebenso wie die andere, die wir gemacht hatten.

73. Gruppe der $(r+1)$-fachen Punkte einer linearen Schar g_n^r. Wir haben schon früher für den besonderen Fall der kanonischen Schar bemerkt (s. die Fußnote auf S. 139), daß eine Schar g_n^r nur eine endliche Anzahl von Punkten besitzen kann, deren Vielfachheit größer als r (im allgemeinen gleich $r+1$) ist.

Wir wollen nun die Gruppe $M_{n,r}$ dieser $(r+1)$-fachen Punkte zu kennzeichnen versuchen in bezug auf eine Gruppe G der g_n^r und auf eine kanonische Gruppe K der Kurve C, auf welcher die g_n^r gegeben ist.

Es sei ein allgemein gewählter Punkt a von C gegeben; wir betrachten die Gruppe G, welche in a einen r-fachen Punkt besitzt (diese Gruppe ist wohl definiert, denn sonst wäre a für die Schar mindestens $(r+1)$-fach); die $n-r$ Punkte, welche zusammen mit a die Gruppe G bilden, sollen die Punkte y genannt werden. Die in bezug auf den Übergang von a zu den Punkten y inverse Operation besteht darin, daß man dem Punkt a die Punkte x zuordnet, welche für eine gewisse Schar g_{n-1}^{r-1} r-fach sind; diese Schar g_{n-1}^{r-1} wird aus g_n^r dadurch erhalten, daß man in der letzteren nur die durch a gehenden Gruppen betrachtet. Wir wollen eine Gruppe dieser Schar g_{n-1}^{r-1} mit H und die Gruppe ihrer r-fachen Punkte mit $M_{n-1,r-1}$ bezeichnen.

Die so definierte Korrespondenz hat die Wertigkeit r, denn wenn man die Gruppe der Punkte y mit Y bezeichnet, so bewegt sich die Gruppe $Y + ra$ in der gegebenen Schar g_n^r. Es ergibt sich also:

$$M_{n,r} \equiv Y + M_{n-1,r-1} + 2ra + rK,$$

oder

(1) $$M_{n,r} \equiv G + M_{n-1,r-1} + ra + rK.$$

Diese Rekursionsformel gestattet, die Frage, die wir uns vorgelegt haben, zu lösen. Wir wissen nämlich (S. 126), daß

$$M_{n-1,1} \equiv 2H + K$$

ist; wir erhalten daher

$$M_{n,2} \equiv G + (2H + K) + 2a + 2K.$$

und hieraus folgt, da $H + a \equiv G$ ist,

$$M_{n,2} \equiv 3G + 3K.$$

Für $r = 3$ ergibt sich

$$M_{n,3} \equiv G + M_{n-1,2} + 3a + 3K \equiv G + (3H + 3K) + 3a + 3K \equiv 4G + 6K.$$

Setzt man dieses Verfahren fort, so gelangt man durch Induktion zu der *allgemeinen Formel*

$$M_{n,r} \equiv (r+1)\,G + \binom{r+1}{2} K,$$

welche sich durch vollständige Induktion beweisen läßt, wenn man die Formel (1) für kleinere Werte von r als richtig voraussetzt.

Gibt man der soeben erhaltenen allgemeinen Formel eine zahlenmäßige Deutung, so erhält man für *die Anzahl der* $(r+1)$*-fachen Punkte der* g_n^r *den Ausdruck* $(r+1)\,(n+rp-r)$.

In diesem Ausdruck ist jeder Punkt, der für die g_n^r eine größere Multiplizität als $r+1$ hat, mit der nötigen Vielfachheit zu zählen. Ist ein Punkt P i_1-fach für die ∞^{r-1} Gruppen der g_n^r, die ihn enthalten, ferner i_2-fach für ∞^{r-2} Gruppen derselben Schar, ..., i_{r-1}-fach für ∞^1 Gruppen und i_r-fach für eine Gruppe der Schar ($i_r \geqq r+1$), so läßt sich nämlich beweisen[1]), daß die erwähnte Vielfachheit, mit der er in der Gruppe der $(r+1)$-fachen Punkte gezählt werden muß, gleich

$$i_1 + i_2 + \cdots + i_r - \frac{r(r+1)}{2}$$

ist.

Es wäre nicht schwierig, den Beweis mit Hilfe des oben entwickelten Rekursionsverfahrens zu führen; wir wollen uns jedoch nicht dabei aufhalten.

Bemerkung. Das letztere Ergebnis deckt sich mit dem der Nr. 35 (S. 103), aus dem es sich durch Induktion ableiten läßt. Deutet man den Satz in bezug auf die Schar g_n^1, welche auf einer ebenen Kurve f von der Ordnung n und dem Geschlecht p durch die Geraden eines allgemein gewählten Strahlenbüschels (O) ausgeschnitten wird, so ergibt sich die *Klasse* m der Kurve aus der Formel

$$m = 2(n+p-1) - \Sigma(\alpha - 1); \tag{2}$$

dabei ist die Summation über alle Ursprünge der Zweige von der Ordnung $\alpha > 1$ zu erstrecken. Die Klasse dieser Zweige werden wir im folgenden mit α_1 bezeichnen. Ersetzt man in (2) die Zahl p durch den Ausdruck, den wir dafür in Nr. 37 (S. 107) gefunden haben, so ergibt sich *die erste* PLÜCKER*sche Formel* (s. Nr. 10, S. 26), *ausgedehnt auf beliebige Singularitäten:*

$$m = n(n-1) - \Sigma s(s-1) - \Sigma(\alpha - 1).$$

Der Formel (2) entspricht dual die folgende:

$$n = 2(m+p-1) - \Sigma(\alpha_1 - 1); \tag{3}$$

man kann sie auffassen als einen Ausdruck für *die zweite verallgemeinerte*

1) SEGRE, Introduzione usw., S. 40.

PLÜCKERsche Formel. Eliminiert man m aus den Gleichungen (2) und (3), so ergibt sich

$$\Sigma(2\alpha + \alpha_1 - 3) = 3(n + 2p - 2), \tag{4}$$

und diese Gleichung zeigt, daß in der Gruppe der dreifachen Punkte der Schar g_n^2, die auf f von den Geraden der Ebene ausgeschnitten wird, jeder Punkt, welcher der Ursprung eines Zweiges (α, α_1) ist, für $2\alpha + \alpha_1 - 3$ Einheiten zählt, wie es nach dem oben angeführten allgemeinen Ergebnis auch sein muß.

Für $\alpha = 1$, $\alpha_1 = 2$ ergeben sich die gewöhnlichen Wendepunkte der Kurve f. Bezeichnet man mit i die Gesamtzahl der (gewöhnlichen und singulären) Wendepunkte, und führt man in (4) den üblichen Ausdruck für p ein, so erhält man *die dritte verallgemeinerte PLÜCKERsche Formel*

$$i = 3n(n-2) - 3\Sigma s(s-1),$$

wobei in der Zahl i der Wendepunkte jeder Punkt, welcher der Ursprung eines Zweiges (α, α_1) ist, für $2\alpha + \alpha_1 - 3$ Einheiten zu zählen ist. Die gewöhnliche dritte Formel von PLÜCKER bezieht sich auf den Fall, daß die Kurve δ gewöhnliche Doppelpunkte und k gewöhnliche Rückkehrpunkte hat. Dann ist für die Doppel- und Rückkehrpunkte $s = 2$, und für die Rückkehrpunkte hat man außerdem $\alpha = 2$, $\alpha_1 = 1$; hieraus ergibt sich, wenn i die Anzahl der gewöhnlichen Wendepunkte ist,

$$i + 2k = 3n(n-2) - 6(\delta + k)$$

oder

$$i = 3n(n-2) - 6\delta - 8k.$$

Durch duale Übertragung erhält man sofort *die vierte PLÜCKERsche Formel.*[1])

Die Formel, welche die Anzahl der $(r+1)$-fachen Punkte einer g_n^r angibt, ist ein besonderer Fall der *Formel von de JONQUIÈRES*; diese liefert die Anzahl der Gruppen einer g_n^r, die einen ν_1-fachen, einen ν_2-fachen, ..., einen ν_t-fachen Punkt besitzen, wobei $\sum(\nu_i - 1) = r$ ist. De JONQUIÈRES bewies diese Formel[2]), indem er sie zuerst für die (ebenen) rationalen Kurven — d. h. für Kurven, die mit der Maximalzahl von Doppelpunkten behaftet sind — und für solche Kurven aufstellte, die in gerade Linien zerfallen; hierauf dehnte er sie auf Kurven von beliebigem Geschlecht aus, indem er den Einfluß bestimmte, den die Hinzunahme von Doppelpunkten auf die *uneigentlichen Lösungen* des Problems ausübt.

---

1) Wegen der Ableitung der verallgemeinerten Formeln von CAYLEY und von VERONESE, die eine Beziehung zwischen den projektiven Zahlen einer Raumkurve oder Überraumkurve herstellen, vergleiche man BERTINI, Introduzione usw S. 401 ff.

2) Journ. f. Math. **66**, 289 (1866).

Von BRILL[1]) stammt ein algebraischer Beweis der Formel von JONQUIÈRES mit Hilfe des CAYLEYschen Korrespondenzprinzips. Die geometrische Kennzeichnung der Gruppe von Punkten, welche ν_i-fach sind für die Gruppen der g_n^r und die angegebenen Vielfachheiten besitzen, findet sich in einer Note von R. TORELLI.[2])

Ein noch allgemeineres Problem, welches dasjenige von JONQUIÈRES umfaßt, bezieht sich auf *die Anzahl der neutralen Gruppen mit mehrfachen Elementen in einer* g_n^r.

Es handelt sich dabei darum, die Anzahl der Gruppen zu berechnen, von denen jede aus einem ν_1-fachen, einem ν_2-fachen, ..., einem ν_t-fachen Punkt $(\nu_i \geqq 1)$ besteht, und welche für die Gruppen der g_n^r *neutral von der Gattung* q sind, d. h. welche den Gruppen der g_n^r, die sie mit jenen Vielfachheiten enthalten sollen, $\sum \nu_i - q$ Bedingungen auferlegen. Setzt man $\sum \nu_i - q - 1 = k$, so ist es, damit das Problem eine endliche Anzahl von Lösungen zuläßt, im allgemeinen notwendig und hinreichend, daß die beiden folgenden Bedingungen erfüllt sind:

$$(r-k)\sum \nu_i - t = (k+1)(r-k),$$
$$n \geqq \sum \nu_i + r - k - 1.$$

Für den Fall der rationalen Kurven findet sich die allgemeine Lösung dieses Problems in einer Note des Verfassers.[3]) Ebenfalls für die rationalen Kurven wurde die Formel, die sich auf den Fall bezieht, daß alle ν_i gleich 1 sind, induktiv gewonnen von Fr. MEYER, Apolarität und rationale Kurven, Tübingen 1883, S. 363 und von TANTURRI (Ann. di Mat. (3) **4**, 67 (1900)); bewiesen wurde sie von SEVERI (Rom. Acc. L. Rend. (5) **11**^{1}, 52 (1902)). Für den Fall der Kurven von beliebigem Geschlecht ist die allgemeine Formel noch nicht aufgestellt. Man möge zu dem Gegenstand die Abhandlung des Verfassers „Sopra alcune singolarità delle curve in un iperspazio" (Torino Mem. (2) **51**, 97 (1902)) vergleichen; dort wird das Problem vollständig gelöst für $r = 4$, 5, und es wird eine allgemeine Methode angegeben, die für jeden beliebigen Wert von r zur Lösung führt.

Für den Fall der neutralen Gruppen ohne mehrfache Elemente (die BRILL *ausgezeichnete Punktgruppen* genannt hat) wurde die dargelegte allgemeine Lösung des Problems von G. GIAMBELLI gegeben (Torino Mem. (2) **59**, 433 (1909)). Schon früher waren außer von dem Verfasser (in der angeführten Arbeit) mit verschiedenen Methoden spezielle Ergebnisse erzielt worden von BRILL und NOETHER, Math. Ann. **7**, § 11 (1873), BRILL (Math. Ann. **36**, 321 (1890)), CASTELNUOVO (Rom. Acc. L. Rend. (4) **5**^{2}, 130 (1889) und Palermo

1) Math. Ann. **6**, 46 (1873). Vgl. auch H. G. ZEUTHEN, Lehrbuch der abzählenden Methoden der Geometrie. Leipzig, Teubner, 1914, S. 246.

2) Palermo Rend. **21**, 58 (1905).

3) Rom Acc. L. Rend. (5) **9**^{1}, 379 (1900).

Rend. **3**, 27 (1888)), ZEUTHEN (Math. Ann. **40**, 118 (1892)) und TANTURRI (Ann. di Mat. (3) **4**, 67 (1900) und Torino Atti **39**, 483 (1904)).[1])

74. Anzahl der Gruppen von $r+1$ Punkten, die einer g_n^r und einer (rationalen oder irrationalen) Schar γ_m^1 vom Index[2]) $\nu \geqq 1$ gemeinsam sind. Die Formel von SCHUBERT. Wir wollen die in der Überschrift genannte Zahl mit $Z_{r,n}$ bezeichnen. Es sei ein allgemeiner Punkt P der Kurve C gegeben, auf der die beiden betrachteten Scharen liegen sollen; diejenigen Punkte, welche den durch P gehenden ν Gruppen der Schar γ_m^1 außerdem noch angehören, wollen wir die Punkte Q heißen, während die $n-r$ weiteren Punkte derjenigen Gruppen der Schar g_n^r, welche durch r aus einer und derselben Gruppe der γ_m^1 entnommene Punkte Q gehen, als die Punkte R bezeichnet werden sollen. Die Indizes der involutorischen Korrespondenz S, in welcher die Punkte P, Q einander entsprechen, sind gleich $\nu(m-1)$; die Korrespondenz T dagegen, in welcher die Punkte P, R einander entsprechen, hat die Indizes

$$Z_{r-1,n-1}(m-r) \quad \text{und} \quad \nu\binom{m-1}{r}(n-r).$$

Ist nämlich ein Punkt P gegeben, so gibt es ν Gruppen von $m-1$ Punkten Q, die mit P zusammen Gruppen der γ_m^1 liefern. Jede dieser Gruppen von $m-1$ Punkten hat mit $\binom{m-1}{r}$ Gruppen der g_n^r je r Punkte gemeinsam, und jede dieser letzteren Gruppen enthält außerdem noch $n-r$ Punkte, welche als die dem gegebenen Punkt P entsprechenden Punkte R anzusehen sind.

Ist umgekehrt ein Punkt R gegeben, so gibt es $Z_{r-1,n-1}$ Gruppen von r Punkten, welche unserer γ_m^1 und derjenigen g_{n-1}^{r-1} gemeinsam angehören, die von den durch R gehenden Gruppen der g_n^r gebildet wird; ebenso groß ist also die Zahl der Gruppen der γ_m^1, die die soeben genannten Gruppen von r Punkten enthalten. Jede der so bestimmten Gruppen der γ_m^1 enthält außerdem noch $m-r$ Punkte, und diese müssen als die dem Punkt R entsprechenden Punkte P angesehen werden.

1) Die Zahl der gemeinsamen Lösungen, die r Korrespondenzen zwischen r Punkten einer algebraischen Kurve zugleich genügen, hat A. BRILL (Math. Ann. **36**, 321) bestimmt. Mit derselben Frage haben sich von anderem Standpunkt aus A. COMESSATTI, (Ven. Ist. Atti **69**, 871 (1910) und **72**, 1133 (1913)) sowie O. GÖHNER in seiner Tübinger Dissertation „Über Systeme algebraischer Korrespondenzen“ (1913) beschäftigt und sie auf stationäre Berührungen in höheren Räumen angewandt. [A. d. Übers.]

2) Unter dem *Index* einer algebraischen Schar γ_m^1 von Punktgruppen auf einer Kurve versteht man die Anzahl ihrer (aus m Punkten bestehenden) Punktgruppen, die einen allgemein auf der Kurve gegebenen Punkt enthalten. [A. d. Übers.]

Nun ist noch folgende Tatsache zu beachten. Wenn man bei gegebenem Punkt P alle Punkte der oben definierten $\nu\binom{m-1}{r}$ Gruppen der Schar g_n^r betrachtet, so erhält man außer den Punkten R, die dem Punkt P entsprechen, noch die Punkte Q, von denen jeder $\binom{m-2}{r-1}$-mal gezählt ist. Diese Tatsache läßt sich dadurch ausdrücken, daß man sagt, *die Korrespondenz* $T + \binom{m-2}{r-1} S$ *hat die Wertigkeit Null.*

Die Koinzidenzpunkte dieser Korrespondenz sind gegeben durch die Koinzidenzpunkte von T und durch die jeweils $\binom{m-2}{r-1}$-fach gezählten Koinzidenzpunkte von S. In jeden der Punkte, welche die den Scharen g_n^r und γ_m^1 gemeinsamen Gruppen von $r+1$ Punkten bilden, fällt einer der Koinzidenzpunkte der Korrespondenz T, so daß die Zahl dieser letzteren gleich $Z_{r,n}\,(r+1)$ ist. Die Koinzidenzpunkte von S sind die d Doppelpunkte der Schar γ_m^1. Wir erhalten also die Gleichung

$$Z_{r-1,n-1}(m-r) + \nu\binom{m-1}{r}(n-r) + 2\nu(m-1)\binom{m-2}{r-1} = Z_{r,n}(r+1) + \binom{m-2}{r-1}d, \tag{5}$$

oder

$$Z_{r-1,n-1}(m-r)+\nu\binom{m-1}{r}n+\nu(m-1)\binom{m-2}{r-1}=Z_{r,n}(r+1)+\binom{m-2}{r-1}d.$$

Für $r=1$ hat man $Z_{0,n-1}=\nu(n-1)$, und es ergibt sich daher

$$Z_{1,n}=n\nu(m-1)-\tfrac{1}{2}d.$$

Für $r=2$ erhält man, wenn man den Wert von $Z_{1,n-1}$ berücksichtigt,

$$\nu(n-1)(m-1)(m-2)-\tfrac{1}{2}(m-2)d+\nu n\binom{m-1}{2}+\nu(m-1)(m-2) = 3Z_{2,n}+(m-2)d,$$

und hieraus folgt

$$Z_{2,n}=n\nu\binom{m-1}{2}-\tfrac{1}{2}(m-2)d.$$

Bei Fortsetzung dieses Schlußverfahrens erhält man durch Induktion die allgemeine Formel

$$Z_{r,n}=n\nu\binom{m-1}{r}-\tfrac{1}{2}\binom{m-2}{r-1}d, \tag{6}$$

deren Beweis sich aus der Formel (5) ergibt, wenn man die Formel (6) für kleinere Werte von r als richtig voraussetzt.

Die Formel (6) verdankt man SCHUBERT; aber der Beweis von SCHUBERT, der in § 13 der "Introduzione" von SEGRE wiederholt wurde,[1])

1) Siehe auch Rom. Acc. L. Rend. (4) 3^2, 3, 149 (1887).

ist weniger einfach als der hier gegebene, der sich in einer Note des Verfassers findet.[1]) Die SCHUBERTsche Formel bezieht sich eigentlich auf einen etwas allgemeineren Fall, nämlich auf den Fall, daß die Gruppen der γ_m^1 für die Schar g_n^r neutral sind. Wenn eine allgemein gewählte unter diesen Gruppen den Punktgruppen der Schar g_n^r nur $k+1$ unabhängige Bedingungen auferlegt ($k+1 \leqq r$), so daß also jede dieser Gruppen mindestens in einer Gruppe der g_n^r enthalten ist, so handelt es sich darum, die Anzahl derjenigen Gruppen der γ_m^1 aufzusuchen, welche $k+1$ Punkte mit der Eigenschaft enthalten, daß sie den Gruppen der Schar g_n^r nur k Bedingungen auferlegen. Dieses Problem wird durch die erwähnte allgemeine Formel von SCHUBERT gelöst.

Die Ableitung dieser allgemeinen Formel aus der Gleichung (6) *ergibt sich unmittelbar.* Man greife zu diesem Zweck aus der gegebenen Schar g_n^r eine in ihr enthaltene Schar g_n^k heraus, die nicht alle Gruppen der γ_m^1 als einen Teil in sich schließt. Dies ist immer möglich, weil die Gruppen der g_n^r, die durch eine allgemein gewählte Gruppe der γ_m^1 gehen, eine g_n^{r-k-1} bilden; man kann also innerhalb der Schar g_n^r eine g_n^k wählen, die mit dieser g_n^{r-k-1} keine Gruppe gemeinsam hat. Die so konstruierte Schar g_n^k kann dann nur eine endliche Anzahl von Gruppen der γ_m^1 enthalten. Es sei μ diese Anzahl, und es werde mit Z die Zahl derjenigen Gruppen von γ_m^1 bezeichnet, in welchen sich $k+1$ Punkte mit der Eigenschaft befinden, daß sie den sie enthaltenden Gruppen der g_n^r nur k Bedingungen auferlegen. Diese Gruppierungen von $k+1$ Punkten sind offenbar enthalten in den durch die Formel (6) gegebenen $Z_{k,n}$ Gruppen von je $k+1$ Punkten, die den Scharen γ_m^1 und g_n^k gemeinsam sind. Einen weiteren Beitrag zu dieser Zahl $Z_{k,n}$ liefern aber die μ Gruppen von m Punkten, die der γ_m^1 und der g_n^k gemeinsam sind; denn jede von ihnen liefert $\binom{m}{k+1}$ Gruppen mit je $k+1$ Punkten, die der γ_m^1 und der g_n^k gemeinsam angehören. Man erhält daher

$$Z_{k,n} = \binom{m}{k+1}\mu + Z, \tag{7}$$

d. h. es wird

$$\binom{m}{k+1}\mu + Z = n\nu\binom{m-1}{k} - \tfrac{1}{2}\binom{m-2}{k-1}d, \tag{8}$$

und dies ist die *Formel von* SCHUBERT.

Der Fall, daß $k = m-1$ ist, erfordert eine besondere Betrachtung. In diesem Fall befinden sich nämlich unter den den Scharen g_n^k und γ_m^1 gemeinsamen Gruppen, deren Anzahl wir mit μ bezeichneten, diejenigen

1) F. SEVERI, Padova Atti 24, 137 (1908).

Z Gruppen Γ der Schar γ_m^1, deren $k+1(=m)$ Punkte den Gruppen der g_n^r $k(=m-1)$ Bedingungen auferlegen. In der Tat bilden die Gruppen der g_n^r, welche eine der Gruppen Γ enthalten, eine g_n^{r-m+1}, und diese hat mit der ins Auge gefaßten Schar g_n^{m-1} eine Gruppe gemeinsam.

Im Fall $k=m-1$ müßte man also an Stelle der Gleichung (7) schreiben $Z_{m-1,n}=\mu$. Nur dann kann man auch hier noch schreiben $Z_{m-1,n}=\mu+Z$, wenn man unter μ die Anzahl der den Scharen γ_m^1 und g_n^{m-1} gemeinsamen Gruppen H von m Punkten versteht, die den Gruppen der g_n^r m (und nicht weniger) Bedingungen auferlegen. Man wird bemerken, daß diese Gruppen H in der Schar γ_m^1 variieren, wenn die Schar g_n^{m-1} sich verändert, während die Gruppen Γ fest bleiben.

Zusammenfassend geben wir noch einmal *die Bedeutung der Buchstaben* an, *die in der Gleichung (8) vorkommen*. Es bedeutet:

n die Ordnung einer g_n^r auf C.
m die Ordnung einer γ_m^1 auf C.
ν den Index der γ_m^1.
d die Anzahl der Doppelpunkte der γ_m^1.
$k+1(\leqq r)$ die Anzahl der Bedingungen, die eine allgemein gewählte Gruppe der γ_m^1 den Gruppen der g_n^r, die sie enthalten sollen, auferlegt.
μ die Anzahl der Gruppen von m Punkten, die der γ_m^1 und einer aus g_n^r allgemein gewählten g_n^k gemeinsam sind (oder, für den Fall $k=m-1$, die Anzahl der den Scharen γ_m^1 und g_n^k gemeinsamen Gruppen, die den Gruppen der g_n^r m, aber nicht weniger, Bedingungen auferlegen).
Z die Anzahl der Gruppen von γ_m^1, von denen jede $k+1$ Punkte enthält, die für die Gruppen der g_n^r nur k Bedingungen darstellen.

Die Formel (8) ist, besonders in dem speziellen Fall $k=m-1$, grundlegend für die Behandlung der Geometrie auf einer Kurve nach der Methode der Überräume von Castelnuovo und Segre. Im Grunde genommen kann man sagen, daß sie bei den Entwicklungen jener Theorie den Noetherschen Fundamentalsatz über $Af+B\varphi$ zu ersetzen vermag. Wenn man nämlich die Methode der Überräume anwendet, so kann man mit Hilfe dieser Formel beweisen, daß die adjungierten Kurven einer ebenen Kurve auf dieser eine lineare Vollschar ausschneiden (Segre, Introduzione Nr. 77), und es läßt sich aus ihr auch der Riemann-Rochsche Satz ableiten (ebd. § 19). Man erhält weiter mittels derselben Formel einen Satz, den man als die Erweiterung des Riemann-Rochschen Satzes auf irrationale Involutionen auffassen kann.[1]) Einen anderen Beweis der Schubertschen Formel für den Fall, daß die γ_m^1 sich auf eine g_m^1 reduziert, hat Castelnuovo gegeben.[2])

1) Castelnuovo, Rom. Acc. L. Rend. (4), 7^2, 294 (1891).
2) Torino Atti **24**, 346 (1889).

75. Ein Satz von Castelnuovo über die Scharen γ_m^1 vom Index $\nu > 1$ nebst seinen Folgerungen. Eine weitere sehr bemerkenswerte Anwendung der Formel von Schubert ist ebenfalls von Castelnuovo gemacht worden.[1]) Es handelt sich darum, ein Kennzeichen dafür zu finden, ob eine einfach unendliche algebraische *irreduzible* Schar γ_m^1 von Gruppen mit je m Punkten aus äquivalenten Gruppen besteht.

Man konstruiere auf der Kurve C vom Geschlecht p, auf die wir uns beziehen, eine nicht-speziale Schar g_{m-1+p}^{m-1}, welche die γ_m^1 nicht als einen Teil in sich schließt. Dies ist immer möglich, denn man braucht nur die Schar g_{m-1+p}^{m-1} mittels einer Gruppe von $m-1+p$ Punkten zu definieren, die dadurch gebildet wird, daß man zu $m-1$ aus einer Gruppe Γ von γ_m^1 entnommenen Punkten noch p beliebig gewählte Punkte hinzufügt. Wir sind dann sicher, daß durch Γ (und also auch durch eine allgemein gewählte Gruppe der Schar γ_m^1) keine Gruppe der linearen Schar g_{m-1+p}^{m-1} geht, weil der auf diese letztere Schar bezügliche Rest der $m-1$ gewählten Punkte aus *einer* (nicht-spezialen) Gruppe von p Punkten besteht, unter denen sich der m^{te} Punkt von Γ nicht befindet.

Man kann also zur Bestimmung der Anzahl Z der Gruppen der γ_m^1, die der linearen Schar (teilweise) angehören, die Formel (6) verwenden. Zu dem Zweck hat man nur $n = m - 1 + p$, $r = m - 1$ zu setzen und erhält dann

$$Z = \nu(m + p - 1) - \tfrac{1}{2}d,$$

d. h.

$$d = 2\nu(m + p - 1) - 2Z.$^{2})$$

Da Z seiner Natur nach eine positive Zahl oder Null sein muß, so ergibt sich

$$d \leqq 2\nu(m + p - 1).$$

Wir behaupten nun, daß das Gleichheitszeichen dann und nur dann gilt, wenn die γ_m^1 von äquivalenten Gruppen gebildet wird.

Wenn nämlich das Gleichheitszeichen gilt, so ist $Z = 0$, und folglich enthält eine allgemein gewählte Schar g_{m-1+p}^{m-1} keine Gruppe der γ_m^1; eine spezielle g_{m-1+p}^{m-1} also, welche eine der Gruppen von γ_m^1 enthält, enthält sie alle.

Nach dieser Feststellung betrachten wir nun auf C eine Gruppe Γ der algebraischen Schar, sowie eine Gruppe G von p allgemein gewählten Punkten $a_1, a_2, \ldots, a_p$. Der Schar $g_{m+p}^m \mid G + \Gamma \mid$ kommt die Eigenschaft zu, daß die Residualschar g_{m-1+p}^{m-1} von a_i die Gruppe Γ und also auch

1) Rom. Acc. L. Rend. (5) **15**¹, 337 (1906).

2) Diese Formel ist von R. Torelli auf mehrfach unendliche Scharen ausgedehnt worden (Torino Atti **42**, 86 (1907)).

jede andere Gruppe von γ_m^1 enthält; die Restgruppen *der Gruppen Γ* in bezug auf die Schar g_{m+p}^m gehen somit alle durch a_i. Dies gilt aber für $i = 1, 2, \ldots, p$; da nun jene Restgruppen aus p Punkten bestehen, so schließt man, daß die Gruppen Γ in bezug auf die Schar g_{m+p}^m dasselbe Residuum G liefern, d. h. daß die Gruppen Γ in der Residualschar g_m von G mit bezug auf die g_{m+p}^m enthalten sind.

Wird umgekehrt die γ_m^1 von äquivalenten Gruppen gebildet, so muß nach dem Restsatz eine g_{m-1+p}^{m-1}, welche eine der Gruppen Γ enthält, sie alle enthalten; es darf also eine g_{m-1+p}^{m-1}, die so konstruiert ist, daß eine allgemein gewählte Gruppe von γ_m^1 keiner Gruppe der Schar angehört, keine Gruppe Γ enthalten. Mithin muß $Z = 0$ sein.

Wir erhalten somit den Satz:

Auf einer Kurve vom Geschlecht p besitzt eine algebraische (irreduzible) einfach unendliche Schar von der Ordnung m und dem Index ν höchstens $2\nu(m + p - 1)$ Doppelpunkte; das Maximum wird dann und nur dann erreicht, wenn die Schar aus äquivalenten Gruppen besteht (d. h. wenn sie in einer linearen Schar von der Ordnung m enthalten ist).

76. Aus dem soeben bewiesenen Satze leitet man leicht den folgenden ab:

Wenn eine algebraische irreduzible einfach unendliche Schar γ_m^1, die auf einer Kurve liegt, so beschaffen ist, daß die Gesamtheit der ν Punktgruppen von γ_m^1, die einen Punkt P der Kurve enthalten (mit Einschluß des ν-mal gezählten Punktes P) beim Verändern von P sich in einer linearen Schar von der Ordnung $m\nu$ bewegt, dann sind die Punktgruppen der γ_m^1 selbst untereinander äquivalent.

Unter der angegebenen Voraussetzung hat nämlich die involutorische Korrespondenz S, die wir in Nr. 74 (S. 191) betrachtet haben, die Wertigkeit ν und deshalb ist die Anzahl ihrer Doppelpunkte gegeben durch

$$d = 2\nu(m - 1) + 2\nu p = 2\nu(m + p - 1).$$

Daraus folgt aber, daß die Gruppen von γ_m^1 untereinander äquivalent sind.

Dieser Satz, der eine wesentliche Rolle spielt bei gewissen grundlegenden Untersuchungen über die Geometrie auf einer algebraischen Fläche, wurde vom Verfasser auf transzendentem Wege mit Hilfe der Abelschen Integrale gefunden.[1]) Der hier gegebene Beweis stammt von Castelnuovo.[2])

1) Ann. di Mat. (3) **12**, 55 (1906). (Il teorema d'Abel sulle superficie algebriche).

2) Rom. Acc. L. Rend. (5) **15**¹, 337 (1906).

Siebentes Kapitel.

Die algebraischen Funktionen als analytische Funktionen. RIEMANNsche Flächen.

§ 1. RIEMANNsche Flächen.

77. Der Satz von PUISEUX über die zyklischen Systeme. Algebraische kritische Punkte. Es sei

$$(1) \qquad f(u, z) = 0$$

ein irreduzibles algebraisches Polynom in u, z, das in der Veränderlichen u vom Grad m ist, und es möge z als unabhängige (komplexe) Veränderliche angesehen werden. Wir haben schon in Nr. 19 (S. 54) erkannt, daß, wenn $z = z_0$ ein Wert von z ist, der für die durch $f = 0$ definierte implizite Funktion u von z nicht *kritisch* ist, die m Bestimmungen[1]) von u, die den in der Umgebung von z_0 liegenden Werten von z entsprechen, mit Hilfe von ebenso vielen Potenzreihen in $z - z_0$ darstellbar sind. Diese Potenzreihen konvergieren in einem gewissen Kreis, der in der Ebene, auf der die komplexe Veränderliche z ausgebreitet ist, um den Mittelpunkt z_0 beschrieben wird[2]).

Daraus folgt: *Wenn z eine beliebige geschlossene Kurve durchläuft (d. h. eine Kurve, die von einem Punkt A ausgeht und in diesen zurückkehrt), welche keinen kritischen Punkt umschließt, so wird keine Permutation unter den m Bestimmungen von u erzeugt.* Es sei σ eine geschlossene Kurve, die der Punkt z von A aus beschreibt (ein Umlauf), und es werde angenommen, daß im Innern der von σ eingeschlossenen Fläche keine kritischen Punkte liegen. Es möge ferner σ unter den m Bestimmungen von u eine nicht identische Substitution hervorrufen. Da nun offenbar beim Durchlaufen von σ dieselbe Substitution erzeugt wird wie beim Durchlaufen des Wegs (Fig. 6)

$$ABDBCDA = ABDA + DBCD,$$

1) Unter einer *Bestimmung (determinazione)* von u im Punkte z versteht man eine der algebraischen Funktionen, die auf S. 54 und 55 definiert worden sind. [A. d. Übers.]

2) In Nr. 19 haben wir allerdings vorausgesetzt, daß $z_0 = 0$ sei (und damit auch $t_0 = 0$, weil dort die unabhängige Veränderliche mit t bezeichnet wurde); aber man erhält den vorliegenden Fall sofort, wenn man z mit $z - z_0$ vertauscht.

so muß einer der beiden letzteren Wege eine nicht identische Substitution herbeiführen. Dann läßt sich aber ein solcher Weg durch zwei andere Wege ersetzen, die kleinere Flächen umschließen, und von denen mindestens einer eine nicht identische Substitution herbeiführt. Setzt man dieses Schlußverfahren fort, so gelangt man schließlich zu einem Weg, der eine beliebig kleine Fläche umschließt, keinen kritischen Punkt umläuft und trotzdem eine nicht identische Permutation unter den m Bestimmungen von u hervorruft. Dies ist aber unmöglich, weil man stets einen Kreis von beliebig kleinem Halbmesser konstruieren kann, der jenen Weg umschließt, und dessen Mittelpunkt in einem regulären (nicht kritischen) Punkt liegt; wir wissen aber, daß im Innern eines solchen Kreises die Bestimmungen von u eindeutige Funktionen sind.

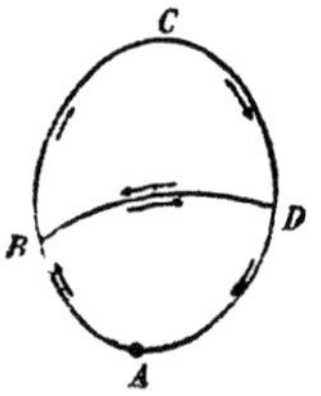

Fig. 6.

Der bewiesene Satz läßt sich auch in folgender Form aussprechen: *Eine geschlossene Kurve in der Ebene der Veränderlichen z, welche durch stetige Umgestaltung auf einen Punkt zusammengezogen werden kann, ohne dabei kritische Punkte zu überschreiten, erzeugt unter den Bestimmungen von u die identische Substitution.*

Daraus folgt auch, daß *zwei geschlossene Wege, die durch stetige Umgestaltung ineinander übergeführt werden können, ohne daß dabei kritische Punkte überschritten werden, in dem Sinne äquivalent sind, daß sie unter den Bestimmungen von u dieselbe Permutation hervorrufen.*

Sind nämlich (Fig. 7) σ und σ' zwei solche Wege und betrachtet man den *geschlossenen* Weg, der von σ und σ' gebildet wird (wobei aber σ' in einem Sinn zu durchlaufen ist, der zu dem aus dem Umlaufssinn von σ stetig sich ergebenden entgegengesetzt ist), so umschließt dieser Weg eine Fläche, welche keine kritischen Punkte enthält; er erzeugt daher unter den Werten von u die identische Substitution. Man kann also auch sagen, daß beim Durchlaufen von σ' in entgegengesetztem Sinne unter den Werten von u eine Substitution erzeugt wird, die zu der beim Durchlaufen von σ entstehenden invers ist, d. h. aber daß σ und σ' die nämliche Substitution herbeiführen.

Fig. 7.

Nun wollen wir aber einen kritischen Punkt $z = \alpha$ betrachten, d. h. einen Punkt, in welchem zwei oder mehrere Bestimmungen von u zusammenfallen; es sei n ($\leq m$) die Anzahl dieser zusammenfallenden Bestimmungen und β ihr gemeinsamer Wert. Nach dem Satz über die Stetigkeit der algebraischen Funktionen[1]) kann man stets in der Um-

1) Vgl. z. B. Appell et Goursat, a. a. O. S. 166.

gebung von α einen Punkt z_1 betrachten, dem m verschiedene Werte von u entsprechen, so daß gerade n unter ihnen dem Wert β äußerst nahe sind; wir bezeichnen sie mit $u_1, u_2, \ldots, u_n$. Wir wollen von z_1 ausgehen und einen kleinen, den Punkt α umschließenden Weg σ beschreiben; ist dieser Umlauf vollendet, so kann die Bestimmung von u, welche am Anfang den Wert u_1 hatte, in sich selbst übergegangen sein; sie kann aber auch mit einer der andern zu β benachbarten Bestimmungen vertauscht sein, z. B. mit u_2. Da im Innern eines kleinen Kreises mit dem Mittelpunkt z_1, der keine kritischen Punkte einschließt, die Bestimmung u_1 in eine Potenzreihe von $z - z_1$ entwickelt werden kann, so führt im ersten Fall die *analytische Fortsetzung* dieser Reihe mittels kleiner Kreise, deren Mittelpunkte längs des Weges σ liegen, zu derselben Reihe zurück, d. h. die Bestimmung u_1 läßt nur eine einzige Reihenentwicklung in der Umgebung von α zu. Wenn sich dagegen u_1 mit u_2 vertauscht, so führt die genannte analytische Fortsetzung die Reihe, welche in der Umgebung von z_1 die Entwicklung der Bestimmung u_1 darstellt, in die entsprechende, auf u_2 bezügliche Reihe über. Die allgemeinere Annahme ist die, daß infolge des Umlaufs σ unter den n Bestimmungen $u_1, u_2, \ldots, u_n$ eine gewisse Substitution

$$S = \begin{pmatrix} u_{i_1} & u_{i_2} & \ldots & u_{i_n} \\ u_1 & u_2 & \ldots & u_n \end{pmatrix}$$

hervorgerufen wird. Wir wollen diese Substitution in ihre zyklischen Substitutionen zerlegen; es sei z. B. $(u_1\, u_2 \ldots u_k)$ eine der so erhaltenen zyklischen Substitutionen. Setzt man dann

$$z - \alpha = z'^k, \tag{2}$$

und betrachtet man u als Funktion von z', so erkennt man, daß in der Umgebung von $z' = 0$ jede der Bestimmungen $u_1, u_2, \ldots, u_k$ von u eine eindeutige Funktion von z' wird; denn während ein Punkt der Ebene z' einen geschlossenen Weg um $z' = 0$ beschreibt, bewegt sich der Punkt der Ebene z, der ihm vermöge der Gleichung (2) entspricht, k-mal um den Punkt $z = \alpha$ herum, und folglich kehrt jede der Bestimmungen u_1, $u_2, \ldots, u_k$ in sich selbst zurück. Da alle diese Bestimmungen mit z' durch die algebraische Gleichung

$$f(u, \alpha + z'^k) = 0 \tag{3}$$

verbunden sind, so läßt sich jede von ihnen, z. B. u_1, in der Umgebung von $z' = 0$ in eine Potenzreihe von der Form

$$u_1 = \beta + Az' + Bz'^2 + \cdots$$

entwickeln.

Wir erhalten also

$$(4) \qquad u_1 = \beta + A(z-\alpha)^{\frac{1}{k}} + B(z-\alpha)^{\frac{2}{k}} + \cdots,$$

wo $(z-\alpha)^{\frac{1}{k}}$ ein bestimmter Wert der k^{ten} Wurzel aus $(z-\alpha)$ ist. Den k Bestimmungen dieser Wurzel entsprechen die k Werte $u_1, u_2, \ldots, u_k$, die sich untereinander zyklisch permutieren, wenn man den Punkt α umkreist. Man erhält also den folgenden Satz von PUISEUX[1]):

Die Wurzeln von $f(u, z) = 0$, die für $z = \alpha$ den Wert $u = \beta$ annehmen, verteilen sich auf eines oder mehrere zyklische Systeme, welche in der Umgebung von α durch Reihenentwicklungen von der Form (4) *darstellbar sind.*

Wir wollen nun die algebraische Korrespondenz $(1, k)$ betrachten, welche durch die Formeln

$$u = u', \qquad z = \alpha + z'^k$$

zwischen den irreduziblen Kurven

$$f(u, z) = 0, \quad F(u', z') = f(u', \alpha + z'^k) = 0$$

festgesetzt wird.

Der Punkt $(\beta, 0)$ von F ist der Ursprung von k verschiedenen *Zweigen* (im Sinne der Nr. 19, S. 55), welche durch die folgenden Reihenentwicklungen nach Potenzen von t dargestellt werden:

$$\begin{cases} u' = \beta + At + Bt^2 + \cdots, \\ z' = t; \end{cases}$$

$$\begin{cases} u' = \beta + A\theta t + B\theta^2 t^2 + \cdots, \\ z' = t; \end{cases}$$

. . . .

$$\begin{cases} u' = \beta + A\theta^{k-1} t + B\theta^{2(k-1)} t^2 + \cdots, \\ z' = t. \end{cases}$$

Dabei ist $\theta = e^{\frac{2\pi i}{k}}$ gesetzt. Diese Zweige sind zueinander *konjugiert* in der Involution γ_k^1, welche man auf F als Bild der Kurve f erhält; d. h. während ein Punkt von F einen von ihnen durchläuft, beschreiben die $k-1$

1) Vgl. V. A. PUISEUX, Recherches sur les fonctions algébriques. Journ. de Math. **15** (1850), deutsch von H. FISCHER, PUISEUXS Untersuchungen über die algebraischen Funktionen. Halle 1861.

übrigen Punkte, die in der Involution zu ihm konjugiert sind, die andern $k-1$ Zweige.

In der Tat lassen sich die vorstehenden Entwicklungen in folgender Form schreiben:

$$u' = \beta + A\tau + B\tau^2 + \cdots, \qquad z' = \theta^l \tau, \qquad (l = 0, 1, \ldots, k-1)$$

und in dieser Form wird es augenfällig, daß es sich um konjugierte Zweige handelt, weil zwei Punkte $(u', \theta^l\tau)$, $(u', \theta^j\tau)$ in der Involution γ_k^1 konjugiert sind.

Nun ist es aber klar, daß, während ein Punkt von F einen beliebigen dieser Zweige beschreibt, der entsprechende Punkt von f *einen einzigen Zweig* durchläuft[1]). Daraus ergibt sich weiterhin, daß *diejenigen Punkte von f, die einen und denselben Zyklus $(u_1, u_2, \ldots, u_k)$ bilden, d. h. die sich bei den Umläufen von z untereinander zyklisch vertauschen, einem und demselben Zweig angehören.* Damit ist auch die Erklärung des Ausdrucks *Zyklus* gegeben, mit welchem Halphen die Zweige der algebraischen Kurven bezeichnete (S. 53).

Bemerkung. Wir haben uns bis jetzt auf die Betrachtung eines Punktes $z = \alpha$ beschränkt, dem n Werte von u entsprechen, die denselben *endlichen Wert* β annehmen.

Für den Fall, daß zu $z = \alpha$ eine oder mehrere unendlich große Wurzeln der Gleichung (1) gehören, setzt man $u = \frac{1}{u'}$ und betrachtet die Gleichung

$$f_1(u', z) = f\left(\frac{1}{u'}, z\right) u'^m = 0.$$

Diese Gleichung wird dann im Punkt $z = \alpha$ ebenso viele Wurzeln vom Wert Null besitzen, und diese verteilen sich auf eine gewisse Anzahl von zyklischen Systemen, die durch Entwicklungen von der Form

$$u' = (z-\alpha)^{\frac{h}{k}} \left[b_h + b_{h+1}(z-\alpha)^{\frac{1}{k}} + \cdots \right]$$

dargestellt werden.

Da die in eckigen Klammern stehende Reihe eine reguläre Funktion von $(z-\alpha)^{\frac{1}{k}}$ ist, die in $z = \alpha$ nicht verschwindet, so muß auch ihr reziproker Wert in der Umgebung von $z = \alpha$ eine reguläre Funktion sein

1) Eine Korrespondenz $(1, k)$ zwischen zwei Kurven f und F kann nämlich einen Zweig von F nicht in mehrere Zweige von f überführen; denn denkt man sich die etwa vorhandenen Singularitäten von f und F aufgelöst, so kann einem einfachen Punkt von F nur ein einziger einfacher Punkt von f entsprechen.

und sich demnach in eine nach Potenzen von $(z-\alpha)^{\frac{1}{k}}$ fortschreitende Reihe entwickeln lassen; man erhält also:

$$\frac{1}{b_h + b_{h+1}(z-\alpha)^{\frac{1}{k}} + \cdots} = a_0 + a_1(z-\alpha)^{\frac{1}{k}} + a_2(z-\alpha)^{\frac{2}{k}} + \cdots.$$

Daraus ergibt sich

$$u = \frac{1}{u'} = (z-\alpha)^{-\frac{h}{k}}\left[a_0 + a_1(z-\alpha)^{\frac{1}{k}} + a_2(z-\alpha)^{\frac{2}{k}} + \cdots\right],$$

und diese Entwicklung zeigt, daß die Singularität, welche die Funktion u in der Umgebung von $z = \alpha$ aufweist, den Charakter eines Poles besitzt (denn in der Entwicklung tritt nur eine endliche Anzahl von negativen Potenzen von $z - \alpha$ auf).

Die Untersuchung der Bestimmungen von u, die dem Punkte $z = \infty$ entsprechen, läßt sich durch die Substitution $z = \frac{1}{z'}$ leicht auf den Fall zurückführen, daß die unabhängige Veränderliche einen endlichen Wert besitzt.

Die gewonnenen Ergebnisse lassen sich in den folgenden Satz zusammenfassen:

In der Umgebung des Punktes $z = \alpha$ werden die Bestimmungen der durch die Gleichung (1) *definierten Funktion u durch eine oder mehrere Entwicklungen von der Form*

$$(5) \qquad u = (z-\alpha)^{\pm\frac{h}{k}}\left[a_0 + a_1(z-\alpha)^{\frac{1}{k}} + \cdots\right]$$

dargestellt; handelt es sich um die Umgebung des Punktes $z = \infty$, so hat man in dieser Entwicklung $\frac{1}{z}$ an Stelle von $z - \alpha$ zu setzen.

Wir schließen hieraus, daß die durch die Gleichung (1) definierte algebraische Funktion $u(z)$ nur eine endliche Anzahl von *Polen* und eine ebenfalls endliche Anzahl von *algebraischen kritischen Punkten* besitzen kann, bei deren Umkreisung eine gewisse Anzahl von Werten der Funktion u sich zyklisch vertauschen.

78. Charakterisierung der algebraischen Funktionen auf Grund ihrer Singularitäten. Die am Schluß der vorigen Nummer ausgesprochene Eigenschaft läßt sich umkehren. Wir beweisen nämlich den folgenden Satz:

Jede analytische Funktion von z mit m Bestimmungen, welche nur Pole und algebraische kritische Punkte besitzt, ist eine algebraische Funktion.

Es seien $u_1, u_2, \ldots, u_m$ die m Bestimmungen der Funktion u. Jede symmetrische Funktion dieser m Größen ist eine einwertige Funktion von z, weil eine von z beschriebene geschlossene Kurve nur eine Permutation zwischen den Werten $u_1, u_2, \ldots, u_m$ hervorruft und also jede symmetrische Funktion dieser Größen unverändert läßt. Wir wollen nun speziell eine ganze symmetrische Funktion der u_i betrachten und sie mit $\varphi(u_1, u_2, \ldots, u_m)$ bezeichnen. Da wir das Verhalten der Funktion φ in der Umgebung von $z = \alpha$ untersuchen wollen, so können wir die u_i durch ihre nach gebrochenen Potenzen von $z - \alpha$ fortschreitenden Reihenentwicklungen ersetzen. Nachdem diese Substitution ausgeführt ist, erhalten wir eine Potenzreihe, in der keine gebrochenen Potenzen mehr vorkommen können, weil wir es sonst nicht mit einer einwertigen Funktion zu tun hätten. Da nun die Entwicklungen der u_i unter allen Umständen nur eine endliche Anzahl von negativen Potenzen enthalten, so kann auch in der Entwicklung der Funktion

$$\varphi(u_1, u_2, \ldots, u_m) = \psi(z)$$

nur eine endliche Anzahl von negativen (ganzen) Potenzen von $z - \alpha$ vorkommen. Man erkennt leicht, daß die Entwicklung von $\varphi(u_1, u_2, \ldots, u_m)$ in der Umgebung von $z = \infty$ eine endliche Anzahl von negativen Potenzen von $\frac{1}{z}$ (d. h. von positiven Potenzen von z) enthält. Die Funktion $\varphi(u_1, u_2, \ldots, u_m)$ ist also eine eindeutige Funktion von z, die in der ganzen Ebene nur reguläre Punkte und Pole besitzt. Daraus folgt, daß sie eine rationale Funktion von z ist[1]). Die Größen $u_1, u_2, \ldots, u_m$ lassen sich also als Wurzeln einer algebraischen Gleichung vom Grad m in u darstellen, deren Koeffizienten rationale Funktionen von z sind. Damit ist aber die Behauptung erwiesen.

79. Irreduzible algebraische Funktionen. Eine sehr wichtige Folgerung aus dem soeben bewiesenen Satze läßt sich so aussprechen:

Damit die Kurve (1) *irreduzibel sei, ist es notwendig, daß bei einem passend gewählten Umlauf von z zwei beliebig vorgegebene unter den m Bestimmungen von u miteinander vertauscht werden können.*

Zum Beweis nehmen wir an, daß es bei einem beliebigen Umlauf von z nicht möglich sei, die Bestimmung u_1 mit einer beliebigen unter den übrigen Bestimmungen $u_2, u_3, \ldots, u_m$ zu vertauschen. Dann wird, falls z geschlossene Wege beschreibt, die von einer gewissen Anfangslage ausgehen und dahin zurückkehren, die Bestimmung u_1 nur mit einigen unter den u_i vertauschbar sein, etwa mit $u_2, u_3, \ldots, u_n$. Bei einem beliebigen dieser Wege

1) Vgl. z. B. H. Burkhardt, Einführung in die Theorie der analytischen Funktionen einer komplexen Veränderlichen (Leipzig 1903) S. 134, und Bianchi, Lezioni sulla teoria delle funzioni di variabile complessa usw. (Pisa, Spoerri, 1901) § 61.

können die Werte $u_1, u_2, u_3, \ldots, u_n$ sich nur untereinander permutieren, weil sonst der Wert u_1 mit irgend einem andern der Werte u_i vertauscht werden könnte. Daraus folgt, daß die Größen $u_1, u_2, \ldots, u_n$ n Bestimmungen einer analytischen Funktion von z sind, welche als singuläre Punkte nur Pole und algebraische kritische Punkte besitzt. Hieraus ergibt sich nach dem vorhergehenden Satz, daß sie die Wurzeln einer Gleichung $\varphi(u, z) = 0$ sind, die in z vom n^{ten} Grade ist. Da aber nach der Voraussetzung die Werte $u_1, u_2, \ldots, u_n$ auch Wurzeln der Gleichung $f(u, z) = 0$ sind, so muß f durch φ teilbar sein, und folglich ist die Kurve $f = 0$ reduzibel.

Die soeben bewiesene Eigenschaft läßt sich umkehren. Die genannte Bedingung ist daher nicht nur eine notwendige, sondern auch eine hinreichende Bedingung dafür, daß die Kurve (1) irreduzibel ist, falls diese Kurve nicht etwa aus einer l-mal gezählten irreduziblen Kurve besteht (in diesem Falle wäre f die l^{te} Potenz eines irreduziblen Polynoms).

Wenn nämlich das Polynom f durch zwei verschiedene irreduzible Polynome φ und ψ teilbar ist, so ist es unmöglich, daß bei einem Umlauf von z ein durch $\varphi = 0$ definierter Wert von u mit einem durch $\psi = 0$ definierten Wert von u vertauscht wird, weil sonst die analytische Fortsetzung der auf den ersten Wert bezüglichen Reihe durch die auf den zweiten Wert bezügliche Reihe gebildet würde, und weil deshalb die beiden Kurven $\varphi = 0$ und $\psi = 0$ unendlich viele Punkte gemeinsam hätten, was ausgeschlossen ist.

Dem bewiesenen Satz kann man die folgende Fassung geben: *Die irreduzible Gleichung* (1) *bestimmt eine einzige analytische Funktion u von z*, in dem Sinne, daß eine Reihenentwicklung von der Form (5), die sich auf eine Bestimmung von u in der Umgebung eines bestimmten Punktes $z = \alpha$ bezieht, die Entwicklung jeder anderen Bestimmung von u in einem willkürlich gewählten Punkt z vollständig festlegt; diese Entwicklung kann nämlich immer als analytische Fortsetzung der ersteren erhalten werden.

80. Riemannsche Flächen. Konstruktion von Lüroth-Clebsch. Im folgenden werden wir voraussetzen, daß die Kurve $f(u, z) = 0$ von der Ordnung m nur gewöhnliche Doppelpunkte besitze, daß die Koordinatenachsen in bezug auf die Kurve eine allgemeine Lage haben, und daß die Kurve von der unendlich fernen Geraden in m verschiedenen Punkten geschnitten werde (d. h. daß der Punkt $z = \infty$ kein kritischer Punkt sei).

Diese Voraussetzungen sind alle zulässig, wenn wir solche Eigenschaften untersuchen wollen, die gegenüber den birationalen Transformationen invariant sind.

Die kritischen Punkte der Funktion u von z werden in den Berührungspunkten der zur u-Achse parallelen Tangenten liegen (bei der allgemeinen Lage der Achsen werden diese Tangenten zweipunktig berühren); bezeichnet man nun das Geschlecht der Kurve mit p und die Anzahl ihrer Doppelpunkte mit d, so ist die Zahl der kritischen Punkte gegeben durch

$$w = m(m-1) - 2d = 2(m+p-1).$$

In bezug auf jeden dieser kritischen Punkte gibt es $m-2$ eindeutige (endliche) Bestimmungen von u und nur zwei (ebenfalls endliche) Bestimmungen, die ein zyklisches System bilden.

Die Werte von z, zu denen Doppelpunkte von f gehören, sind nämlich keine wirklichen kritischen Punkte, weil die beiden Werte von u, die in ihnen zusammenfallen, zu zwei verschiedenen Zweigen gehören und deshalb nicht untereinander permutiert werden können.

Wir nehmen uns nun vor, eine reelle Fläche R zu konstruieren, deren Punkte in einer (stetigen) ein eindeutigen Korrespondenz stehen mit den reellen und komplexen Punkten der Kurve f, d. h. mit den Lösungen der Gleichung (1).

Eine derartige Fläche werden wir die *Riemannsche Fläche* nennen, auf welche die Kurve f abgebildet ist

Wir markieren in der Ebene z die kritischen Punkte der Funktion u und wählen in derselben Ebene einen Punkt O derart, daß ein Strahl, der sich um O in einem bestimmten Sinne dreht, jene Punkte der Reihe nach und jedes Mal nur einen trifft. In dem bezeichneten Sinn, der z. B. von links nach rechts gewählt werden möge, wollen wir die kritischen Punkte von 1 bis w durchnumerieren. Einen (auch krummlinigen) Weg, der von O ausgeht, nach einem kritischen Punkt hinführt, ihn umläuft und nach O zurückkehrt, ohne andere kritische Punkte zu treffen, wollen wir kurz eine *Schleife* nennen (vgl. Fig. 8).

Fig. 8.

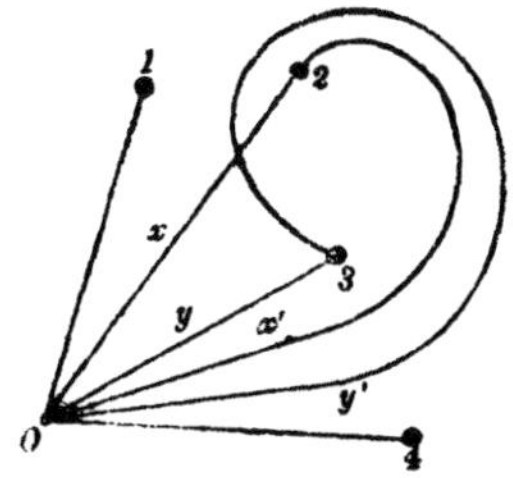

Fig. 9.

Es seien $u_1, u_2, \ldots, u_m$ die m Werte, welche die Funktion $u(z)$ im Punkt O annimmt; ferner bezeichnen wir mit den Buchstaben $a, b, c, d, \ldots$ Zahlen, die in beliebiger Weise aus der Folge $u_1, u_2, \ldots, u_m$ dieser Werte entnommen sind. Wir betrachten nun zunächst (vgl. Fig. 9) die *geradlinigen* Schleifen $O1$, $Ox2$, $Oy3$, $O4, \ldots$, welche um O herum in derselben Reihenfolge aufeinander folgen wie die kritischen Punkte. Wir wollen mit (a, b), (c, d), (e, f), (g, h), ... die Wurzelpaare bezeichnen, welche bezüglich durch die Schleifen $O1$, $Ox2$, $Oy3$, $O4, \ldots$ permutiert werden, und um einen kurzen Ausdruck zu haben, werden wir sagen, zwischen den Verzweigungspunkten und den bezüglichen Wurzelpaaren bestehe die Zuordnung

$$\left\{\begin{matrix} 1 & 2 & 3 & 4 & \ldots \\ (a, b) & (c, d) & (e, f) & (g, h) & \ldots \end{matrix}\right. \tag{6}$$

Es fragt sich nun, was eintritt, wenn man die Schleife $Ox2$ durch die Schleife $Ox'2$ ersetzt. Da die Schleife $Ox'2$ gleichbedeutend ist mit $Oy3 + Ox2 - Oy3$, so erkennt man sofort, daß, wenn die Zahlen c, d beide verschieden von e, f oder ihnen beide gleich sind, die Schleife $Ox'2$ dieselbe Wirkung hervorbringt wie $Ox2$, und daß man daher die folgende Zuordnung hat

$$\left\{\begin{matrix} 1 & 3 & 2 & 4 \\ (a, b) & (e, f) & (c, d) & (g, h) \ldots; \end{matrix}\right.$$

sie entspricht der neuen Gesamtheit von Schleifen, die sich von der vorhergehenden Gesamtheit nur durch die Schleife $Ox'2$ unterscheidet.

Wenn dagegen die Paare (c, d) und (e, f) einen gemeinsamen Wert $d = e$ haben, so gelangt man beim Ersatz der Schleife $Ox2$ durch die Schleife $Ox'2$ von der Zuordnung (6) zu der folgenden:

$$\left\{\begin{matrix} 1 & 3 & 2 & 4 \,. \;. \\ (a, b) & (d, f) & (c, f) & (g, h) \ldots \end{matrix}\right. \tag{7}$$

In diesem Fall wiederholen wir die Operation, indem wir an die Stelle von $Oy3$ die neue Schleife $Oy'3$ setzen. Dann werden wir von (7) zu der Zuordnung

$$\left\{\begin{matrix} 1 & 2 & 3 & 4 \ldots \\ (a, b) & (c, f) & (c, d) & (g, h) \ldots \end{matrix}\right.$$

gelangen. Zusammenfassend können wir also einstweilen folgendes feststellen:

Ein Wurzelpaar kann nach links oder nach rechts um eine Stelle und also auch um eine beliebige Anzahl von Stellen verschoben werden, ohne daß es sich ändert; dabei werden diejenigen Paare, die es überspringt und mit denen es eine einzige Wurzel gemeinsam hat, in gewisser Weise abgeändert: in jedem dieser übersprungenen Paare tritt nämlich an die Stelle der gemeinsamen Wurzel die andere Wurzel des beweglichen Paares.

Daraus ergibt sich unmittelbar, daß *die Folge einer geraden Anzahl von gleichen Paaren an jede beliebige Stelle überführt werden kann, ohne daß die anderen irgend welche Änderungen erleiden.*

Nach dieser Feststellung betrachten wir nun eine beliebige Aufeinanderfolge von Wurzelpaaren, die mit den Verzweigungspunkten durch eine gegebene Wahl der Schleifen verknüpft sind. Es sei (a, b) das erste Paar der Folge. Wir beginnen damit, daß wir nach dem angegebenen Verfahren alle mit (a, b) gleichen Paare, die möglicherweise in der Folge vorhanden sind, neben (a, b) setzen, und wir nehmen an, daß auf diese Weise eine ungerade Anzahl von Paaren (a, b) nebeneinander zu stehen kommen. Ein geschlossener Weg, der alle kritischen Punkte umschließt, erzeugt keine Permutation unter den Wurzeln, weil er durch stetige Deformation auf einen Punkt zusammengezogen werden kann, ohne daß dabei Verzweigungspunkte überschritten werden (wohl aber wird der Punkt $z = \infty$ überschritten).[1] Daraus ergibt sich, daß unter den Wurzeln keine Permutation erzeugt wird, wenn man alle Schleifen, oder wie wir kurz sagen werden, alle Paare durchläuft; da nun beim Durchlaufen der nunmehr vereinigten Paare (a, b), die in ungerader Anzahl vorhanden sind, die Wurzeln a und b vertauscht werden, so folgt, daß die übrigbleibenden Paare ihrerseits ebenfalls die Wurzeln a und b vertauschen müssen. Das erste dieser letzteren Paare, das b enthält, sei (b, c), und es möge unmittelbar hinter die Paare (a, b) gestellt werden. Durchläuft man dann die Paare, die hiernach sich an (b, c) anschließen, so muß man von c zu a gelangen. Es sei (c, d) das erste Paar, das c enthält; es möge so umgestellt werden, daß es auf (b, c) unmittelbar folgt. Wenn die Wurzel d nicht mit a zusammenfällt, so sei (d, e) das erste die Wurzel d enthaltende Paar unter denjenigen, welche nach den vorhergehenden Änderungen auf (c, d) folgen; wir stellen dann (d, e) neben (c, d), und in dieser Weise fahren wir fort. Wir werden schließlich zu einem Paar gelangen, das a enthält, und wir haben dann neben den Paaren (a, b) eine Folge von Paaren (b, c), (c, d), $(d\ e)$, . . ., (l, m), (m, n), (n, a). Schiebt man nun der Reihe nach die Paare (m, n), (l, m), . . ., (d, e), (c, d), (b, c) über das Paar (n, a) hinaus vor, so entsteht aus diesem ein Paar (a, b), das sich an die schon vorher zusammengestellten Paare (a, b) anschließt und unmittelbar hinter ihnen kommt. Man kann demnach stets voraussetzen, daß die Anzahl der Paare (a, b) gerade sei. Wir werden ihre Gruppe mit $G_{a,b}$ bezeichnen.

Nun erinnern wir an eine in Nr. 79 bewiesene Tatsache. Aus der Unzerlegbarkeit der Funktion f ergibt sich nämlich die Folgerung, daß es möglich sein muß; von einer Wurzel zu jeder anderen zu gelangen, wenn man eine passend gewählte Folge von Paaren durchläuft. Daraus erhellt, daß sich unter den Paaren, die von denjenigen der Gruppe $G_{a,b}$ ver-

1) Noch klarer erkennt man diese Verhältnisse, wenn man die Werte von z mittels einer stereographischen Projektion der komplexen z-Ebene auf einer Kugel darstellt (da es dann nicht nötig ist, Punkte im Unendlichen zu überschreiten).

schieden sind, zum mindesten eines befinden muß, das a oder b enthält. Es sei (b, c) ein derartiges Paar. Wir wollen es so umstellen, daß es unmittelbar auf die Gruppe $G_{a,b}$ folgt. Wiederholt man nun die oben durchgeführte Schlußweise und beachtet man, daß das Paar (b, c) und die Paare von $G_{a,b}$, wenn man sie hintereinander durchläuft, b in c überführen, so folgt entweder, daß eines oder mehrere Paare (b, c) vorhanden sind, die unmittelbar auf das folgen, von dem wir ausgegangen sind, oder, wenn dies nicht von vornherein der Fall sein sollte, daß man jedenfalls die fraglichen Paare (b, c) aus den anderen Paaren erhalten kann, wenn man diese letzteren in passender Weise untereinander vertauscht. Wir haben also schließlich eine gerade Anzahl von Paaren (b, c), die auf die Gruppe $G_{a,b}$ folgen. Die Gesamtheit dieser Paare (b, c) werde mit $G_{b,c}$ bezeichnet. Man kann noch eine kleine Abänderung vornehmen, wenn man ein Paar von $G_{a,b}$ bis jenseits der Gruppe $G_{b,c}$ vorrücken läßt. Diese Gruppe verwandelt sich dann in $G_{a,c}$, und sie kann an ihre ursprüngliche Stelle gesetzt werden, ohne daß weitere Änderungen eintreten. Die Folge der Paare beginnt dann mit $G_{a,b}$, $G_{a,c}$. Durch dieselbe Überlegung wie die oben durchgeführte findet man, daß in einem oder in mehreren der folgenden Paare entweder a oder b oder c enthalten sein muß. Wiederholt man den vorstehenden Beweis, so wird man zu einer dritten Gruppe gelangen, die eine gerade Anzahl von Paaren enthält und die von der Form $G_{a,d}$ oder $G_{b,d}$ oder $G_{c,d}$ sein wird. Wenn die neue Gruppe von der Form $G_{b,d}$ oder $G_{c,d}$ ist, so kann man noch eine Änderung vornehmen ähnlich derjenigen, die soeben angegeben wurde, und man erhält daher unter allen Umständen eine Gruppe von der Form $G_{a,d}$. In dieser Weise fährt man fort. Es ist nicht ausgeschlossen, daß man auch gleiche Gruppen erhält, die dann ohne Änderung der anderen unmittelbar hintereinander angeordnet werden können, immer auf Grund der Tatsache, daß die Paare, die jede Gruppe enthält, stets nur in gerader Anzahl vorhanden sein können.

Zum Schluß gelangen wir also zu dem folgenden Ergebnis: *Man kann es stets erreichen, daß die Folge der Paare gebildet wird von* $m - 1$ *Gruppen*

$$G_{a,b},\ G_{a,c},\ G_{a,d},\ \ldots,\ G_{a,r},\ G_{a,s},\ G_{a,t}, \tag{8}$$

wobei jede Gruppe $G_{i,j}$ *eine gerade Anzahl von Paaren* (i, j) *enthält und wobei* $a, b, c, d, \ldots, r, s, t$ *eine bestimmte Anordnung der* m *Wurzeln der Gleichung bedeutet.*

Wenn man nun in der vorstehenden Reihe (8) ein Paar von $G_{a,s}$ über $G_{a,t}$ hinaus verschiebt, so daß diese letztere Gruppe sich in $G_{s,t}$ verwandelt und wieder an ihre erste Stelle zurückversetzt werden kann;

wenn man ferner in ähnlicher Weise ein Paar von $G_{a,r}$ über $G_{a,s}$ hinaus vorrücken läßt, wobei diese letztere Gruppe in $G_{r,s}$ übergeht und dann wieder ohne weitere Änderungen an ihre erste Stelle zurückkehren kann, und wenn man in dieser Weise fortfährt, so *erhält man auch eine Folge von Gruppen von der Form*

(9) $$G_{a,b},\ G_{b,c},\ G_{c,d},\ \ldots,\ G_{r,s},\ G_{s,t}.$$

Es ist wichtig zu bemerken, daß sowohl für die Folge (8) als auch für die Folge (9) die beiden nachstehenden Eigenschaften gelten:

1. *An Stelle von $a, b, c, d, \ldots, r, s, t$ kann man eine beliebige andere Anordnung der m Wurzeln nehmen.* Um dies einzusehen, hat man nur zu beweisen, daß man z. B. in (9) zwei aufeinander folgende Wurzeln b, c vertauschen kann, d. h. daß man die der Anordnung $a, c, b, d, \ldots, r, s, t$ entsprechende Reihe $G_{a,c}, G_{c,b}, G_{b,d}, \ldots, G_{r,s}, G_{s,t}$ erhalten kann. Diese erhält man aber, wenn man in (9) ein Paar von $G_{b,c}$ über die Gruppe $G_{a,b}$ hinwegschiebt und ein anderes Paar von $G_{b,c}$ über $G_{c,d}$ hinaus vorrücken läßt, und wenn man dann die so erhaltenen Gruppen $G_{a,c}$ und $G_{b,d}$ wieder an ihre ursprünglichen Plätze zurückversetzt.

2. *Man kann die Anzahl der Paare jeder Gruppe beliebig verändern, wenn man dabei nur dafür sorgt, daß diese Zahl gerade bleibt und nicht Null wird.* Um diese Eigenschaft einzusehen, genügt es zu beweisen, daß man von zwei aufeinander folgenden Gruppen $G_{a,b}$, $G_{b,c}$ die eine um zwei Paare bereichern kann, die man der anderen entnimmt. Man schiebt zu dem Zweck ein Paar von $G_{b,c}$ über die beiden letzten Paare von $G_{a,b}$ vor; diese beiden Paare verwandeln sich dabei in (a, c), (a, c); diese bewegt man nun, bis sie an das drittletzte Paar von $G_{a,b}$ anstoßen, und hierauf läßt man das drittletzte Paar von $G_{a,b}$ über jene beiden hinausrücken, wobei sie in (b, c), (b, c) übergehen; schließlich bewegt man diese beiden Paare so, daß sie an die übrigen Paare von $G_{b,c}$ anstoßen. Dadurch ist also $G_{a,b}$ um zwei Paare ärmer und $G_{b,c}$ um zwei Paare reicher geworden.

Zusammenfassend können wir also annehmen, *daß die Schleifen, welche vom Punkt O der z-Ebene nach den kritischen Punkten gehen, in folgender Weise angeordnet sind: Dreht man sich in einem bestimmten Sinn um den Punkt O, so trifft man zuerst eine gerade Anzahl $2w_1$ von Schleifen, die die Wurzeln u_1, u_2 permutieren, hierauf eine gerade Anzahl $2w_2$, die u_2 und u_3 permutieren, und so weiter; schließlich gelangt man zu einer geraden Anzahl $2w_{m-1}$ von Schleifen, welche die Wurzeln u_{m-1} und u_m permutieren; dabei sind die positiven ganzen Zahlen $w_1, w_2, w_3, \ldots, w_{m-1}$ willkürlich, wenn sie nur von Null verschieden sind und der Bedingung*

(10) $$w_1 + w_2 + \cdots + w_{m-1} = m + p - 1$$

genügen.

Die Möglichkeit, die Schleifen in der angegebenen Weise anzuordnen, wurde von LÜROTH bewiesen[1]; sie vereinfacht die Konstruktion der RIEMANNschen Fläche sehr wesentlich. Die Willkürlichkeit der Elemente, welche in der LÜROTHschen Konstruktion auftreten, wurde von A. CLEBSCH[2]) und später in sehr einfacher und vollständiger Weise von E. BERTINI[3]) augenfällig gemacht. Gerade die Arbeit von BERTINI ist uns in der vorstehenden Darlegung äußerst wertvoll gewesen.

Die Konstruktionsweise, die wir jetzt im Anschluß an die vorstehende Anordnung der Schleifen angeben werden, ist jedoch dem Wesen nach identisch mit derjenigen, die ursprünglich von RIEMANN gegeben wurde und ließe sich ohne weiteres auf den Fall anwenden, daß die Vielfachheit der kritischen Punkte größer als 2 wäre und die Schleifen beliebig angeordnet wären.[4])

81. Wir denken uns m übereinander liegende z-Ebenen und nennen sie der Reihe nach die Ebenen $u_1, u_2, u_3, \ldots, u_m$, d. h. wir bezeichnen sie mit den Symbolen der Werte, welche die Funktion u im Punkt O annimmt. Es seien $1, 2, 3, \ldots, 2w_1$ die kritischen Punkte, nach denen die Schleifen hinführen, welche die Wurzeln u_1 und u_2 vertauschen; $2w_1+1, \ldots, 2w_1+2w_2$ seien die kritischen Punkte, die sich auf die Schleifen beziehen, durch welche die Wurzeln u_2 und u_3 vertauscht werden, usw. Wir ziehen die Linien $1-2$, $3-4$, $\ldots$, $(2w_1-1)-2w_1$, $(2w_1+1)-(2w_1+2)$, $\ldots$, $(2w_1+2w_2-1)-(2w_1+2w_2)$, $\ldots$, $(2w_1+2w_2+\ldots+2w_{m-1}-1)-(2w_1+2w_2+\ldots+2w_{m-1})$, derart, daß keine von ihnen die andere schneidet. Wir bezeichnen mit U_1 die w_1 Linien, welche sich auf die ersten $2w_1$ kritischen Punkte beziehen, mit U_2 die w_2 Linien, welche sich auf die darauf folgenden $2w_2$ kritischen Punkte beziehen, usw.

Wenn z sich so bewegt, daß die Linien U_1 niemals überschritten werden, so vertauscht sich die Wurzel u_1 mit keiner anderen, d. h. u_1 ist eine eindeutige Funktion der Veränderlichen z. In der Tat, wenn man, von O ausgehend, einen Umlauf ausführt, der die Linien U_1 nicht überschreitet, so wird, auch unter der Annahme, daß dieser Umlauf irgendeine dieser Linien umkreist, die Wurzel u_1 in sich selbst übergehen, weil dabei eine gerade Anzahl von Transpositionen (u_1, u_2) erzeugt wird. Wir denken uns nun die Ebene u_1 längs der Linien U_1 aufgeschnitten und in jedem Punkt z der so zerschnittenen Ebene den *eindeutig bestimmten Wert* angeschrieben, den die soeben definierte einwertige Funktion u_1 in diesem Punkt annimmt. Auf der zweiten Ebene u_2 bringen wir Schnitte längs der Linien U_1, U_2 an; wenn wir dann in dieser Ebene von O aus auf einem beliebigen Weg zu dem Punkt z gehen, ohne die Schnitte U_1, U_2 zu überschreiten, so gelangen wir stets zu einem und demselben Wert,

---

1) Math. Ann. **4**, 181 (1871). 2) Math. Ann. **6**, 216 (1873).
3) Rom. Acc. L. Rend. **3**, 106 (1894).
4) S. z. B. APPELL et GOURSAT a. a. O. Nr. 93, S. 199.

der aus dem Wert ableitbar ist, den u_2 im Punkt O besitzt; denn die Permutationen von u_2 mit den Bestimmungen u_1 und u_3, den einzigen, mit denen u_2 vertauschbar ist, sind dabei ausgeschlossen. Zerschneidet man in ähnlicher Weise die dritte Ebene längs der Linien U_2, U_3, so kann man in jedem Punkt z dieser Ebene einen bestimmten Wert von u_3 anschreiben, usw.

Nun wollen wir untersuchen, wie sich die m so zerschnittenen und übereinander liegenden Blätter ineinander fügen lassen, so daß man eine einzige *zusammenhängende Oberfläche* erhält, d. h. eine Fläche, auf der man von einem beliebigen Punkt zu jedem anderen auf einem stetigen Wege gelangen kann.

Es ist klar, daß die Werte, welche die auf dem Blatt u_1 ausgebreitete eindeutige Funktion in zwei unendlich benachbarten Punkten z_1 und z_2 annimmt, die bezüglich dem linken und dem rechten Ufer eines und desselben Verzweigungsschnitts $1-2$ der Familie U_1 angehören, in eindeutiger Weise gleich den Werten sind, welche die auf dem Blatt u_2 ausgebreitete Funktion in den Punkten z_2 und z_1 annimmt, die bezüglich dem rechten und dem linken Ufer des auf dem zweiten Blatt angebrachten Verzweigungsschnitts angehören. Geht man nämlich von O aus mit dem Wert u_1 und bewegt man sich nach z_2 $(=z_1)$ auf dem in Fig. 10 angedeuteten Weg $O\sigma z_2$, so erhält man denselben Wert, wie wenn man mit dem Wert u_2 von O ausgegangen wäre und sich auf dem Weg $O\sigma' z_1$ nach dem Punkt z_1 $(=z_2)$ begeben hätte.

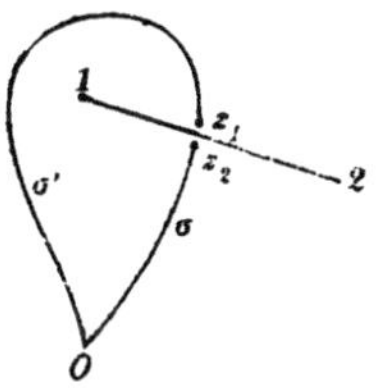

Fig. 10.

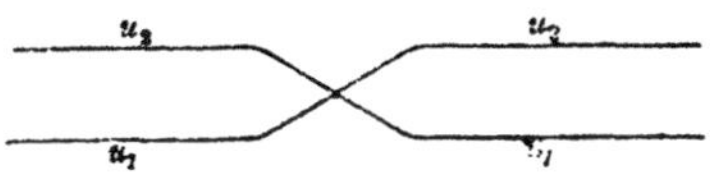

Fig. 11.

Man kann daher die Blätter u_1 und u_2 zusammenfügen, wenn man den linken und rechten Rand des Verzweigungsschnitts auf dem Blatt u_1 an den rechten bzw. linken Rand des Verzweigungsschnitts auf dem Blatt u_2 heftet, wie es die beistehende Skizze (Fig. 11) zeigt; sie stellt einen Durchschnitt der beiden Blätter mit einer zum Verzweigungsschnitt $1-2$ senkrechten Ebene dar. Die Tatsache, daß die Werte welche die Funktion u auf dem ersten Blatt annimmt, durch stetige Veränderung in die Werte übergeführt werden können, welche dieselbe Funktion auf dem zweiten Blatt annimmt, ist somit in konkreter Weise veranschaulicht durch die Möglichkeit, auf einem stetig zusammenhängenden Weg über die zusammengehefteten Ränder der beiden übereinander liegenden Verzweigungsschnitte zu gelangen. In ähnlicher Weise können die Ränder der anderen Schnitte U_1 auf den Blättern u_1 und u_2 zusammengeheftet werden; ebenso die Ränder der Verzweigungsschnitte U_2, welche die Blätter u_2 und u_3 verbinden, usw.

Auf diese Weise erhalten wir schließlich eine *zusammenhängende* Fläche, deren Punkte mittels einer stetigen ein-eindeutigen Korrespondenz auf die Punkte der algebraischen Kurve f bezogen sind. Da man die ganzen Zahlen $w_1, w_2, \ldots, w_{m-1}$, die in der Gleichung (10) der vorhergehenden Nummer vorkommen, nach Belieben wählen kann, so können wir annehmen, daß $w_1 = w_2 = \ldots = w_{m-2} = 1$ und $w_{m-1} = p + 1$ ist, und *wir erhalten auf diese Weise eine m-blättrige Fläche, in welcher das erste Blatt mit dem zweiten über einen einzigen Verzweigungsschnitt hinüber verschmolzen ist (der zwei kritische Punkte verbindet), das zweite mit dem dritten ebenfalls über einen einzigen Schnitt hinüber, usw., das drittletzte mit dem vorletzten abermals über einen einzigen Schnitt hinüber, und schließlich das vorletzte mit dem letzten über $p + 1$ Schnitte.*

Die Abbildung der ∞^2 komplexen Punkte einer algebraischen Kurve durch die Punkte einer reellen Fläche verdankt man dem Genie von B. Riemann (Inauguraldissertation, 1857), der sie mit Hilfe des eben konstruierten Gebildes von m übereinander liegenden Blättern durchführte. Das zuletzt erwähnte einfache Modell, in welchem zwei aufeinander folgende Blätter mit Ausnahme der beiden letzten nur längs eines einzigen Verzweigungsschnittes zusammengeheftet sind, wurde von Clebsch angegeben (a. a. O.).

82. Weiteres über die Riemannschen Flächen vom Geschlecht p; räumliches Modell in Gestalt eines Kringels mit p Löchern oder einer Kugel mit p Henkeln. Das in der vorigen Nummer konstruierte Modell der Riemannschen Fläche kann noch konkreter und anschaulicher gemacht werden, wenn man es in passender Weise stetig deformiert, und wenn man dabei auch Verdehnungen zuläßt; dabei hat man sich vorzustellen, daß es sich um biegsame und elastische Blätter handelt. Derartige Transformationen sind für den Zweck, den wir im Auge haben, durchaus erlaubt, weil man dabei die konstruierte Fläche durch eine andere ersetzt, die mit ihr, und daher auch mit der Gesamtheit der komplexen Punkte der Kurve f, in einer ein-eindeutigen stetigen Korrespondenz steht. Man hat dabei nur zu vermeiden, daß infolge der Deformation zwei Teile der Fläche zusammenfallen, die anfänglich voneinander verschieden waren, weil sonst die Eindeutigkeit der Korrespondenz aufhören würde. Wir knüpfen im folgenden an das einfachere der oben erwähnten Modelle an, nämlich an dasjenige von Clebsch.

Zunächst führen wir eine erste ein-eindeutige stetige Transformation der erhaltenen Fläche aus, indem wir zu einer Fläche übergehen, deren m Blätter (konzentrische) Kugeln sind statt der (übereinander liegenden oder parallelen) Ebenen. Eine derartige Transformation erhält man ohne weiteres mit Hilfe einer stereographischen Projektion.

Wir wollen eine solche sphärische Riemannsche Fläche untersuchen und beginnen mit dem Fall, daß sie nur aus zwei Blättern ($m = 2$) zusammengesetzt sei, die über $p + 1$ Verzweigungsschnitte hinüber zusammenhängen. Wir können zunächst die Schnitte stetig umgestalten, so daß sie auf einen und denselben größten Kreis der beiden übereinander liegenden Blätter zu liegen kommen. Hierauf transformieren wir die Fläche mit Hilfe der *stetigen* ein-eindeutigen Korrespondenz, die entsteht, wenn man die Punkte des äußeren Blattes unverändert läßt, dagegen die Punkte des inneren Blattes mit denjenigen vertauscht, die zu ihnen symmetrisch liegen in bezug auf die Ebene des ebengenannten größten Kreises. Nach dieser Operation wird jeder Rand eines auf dem äußeren Blatt gezogenen Verzweigungsschnittes nicht etwa mit dem entgegengesetzten Rand des entsprechenden Verzweigungsschnittes auf dem inneren Blatt verbunden sein, sondern mit dem unmittelbar unter ihm liegenden Rand. Nach der Transformation können also, kurz gesagt, die $p + 1$ Schnitte ohne weiteres durch eine stetige Deformation in zylindrische Verbindungsröhren zwischen dem äußeren und dem inneren Blatt übergeführt werden.

Denken wir uns nun, daß eine dieser Röhren sich ausdehne und daß die andern sich dieser Umgestaltung anpassen, ohne jedoch zu verschwinden oder sich mit der ersteren zu vereinigen. Man kann dann die Kugel in ein halbkugelförmiges Gewölbe überführen, dessen Außen- und Innenseite die beiden Blätter darstellen; setzt man das Verfahren fort, so kann man die Kugel ohne weiteres in eine Art Kringel (Brezel)[1]) verwandeln, der p Durchgangsröhren von der oberen zur unteren Seite besitzt.

Man kann sich diesen Kringel auch in eine ebene Scheibe mit p Löchern verwandelt denken; dabei hat man sich klarzumachen, daß der Übergang von der Oberseite zur Unterseite der Scheibe frei ist über die Randlinien der p Löcher oder über den Umfang der Scheibe; dieser entspricht gerade der Öffnung, die während der Deformation ausgedehnt wurde. Wenn überdies die beiden sphärischen Blätter, von denen wir ausgegangen sind, unmittelbar übereinander lagern anstatt in endlicher Entfernung konzentrisch zu sein, so erhält man an Stelle des Kringels mit p Öffnungen die ebene Scheibe mit p Löchern. Aber es ist klar, daß die beiden Flächen von unserem Standpunkt aus identisch sind. Denken wir uns die ebene Scheibe aus zwei elastischen Blättern gebildet, die nur längs der Ränder der p Löcher und längs des Umfangs der Scheibe zusammenhängen, so erhält man den Kringel mit p Öffnungen, wenn man die Scheibe wie einen Ballon aufbläst.

Nun untersuchen wir den Fall einer kugelförmigen RIEMANNschen Fläche mit m Blättern $u_1, u_2, \ldots, u_m$, welche in dieser Ord-

1) Ital. *ciambella*; das Wort bedeutet eine Art ringförmiges Gebäck, das eines oder mehrere Löcher haben kann. [A. d. Übers.]

nung aufeinander folgen, wenn man von außen nach innen vordringt. Nach der Konstruktion von CLEBSCH gibt es dann *eine* Übergangslinie von u_1 nach u_2, *eine* von u_2 nach $u_3, \ldots$, *eine* von u_{m-2} nach u_{m-1} und endlich $p+1$ von u_{m-1} nach u_m.

Man kann zunächst annehmen, daß die Übergangslinien auf einen und denselben größten Kreis übertragen worden seien, und daß die Blätter $u_2, u_4, u_6, \ldots$ mittels der Symmetrie in bezug auf die Ebene dieses Kreises transformiert worden seien; man kann sich dann jedes der Blätter $u_2, u_3, \ldots, u_{m-1}$ mit dem vorhergehenden durch eine Röhre verbunden denken, während u_{m-1} mit u_m durch $p+1$ Röhren verbunden ist.

Wir beschäftigen uns vorerst nicht mit den $m-2$ Blättern, welche das Blatt u_2 in seinem Innern enthält, da diese auf die Zusammenheftung der Blätter u_1 und u_2 untereinander keinen Einfluß haben. Wir wollen die Röhre zwischen u_1 und u_2 erweitern, ohne daß sie dabei die Übergangsröhre zwischen u_2 und u_3 trifft, so lange bis man den inneren Kern von der Kugel u_1 ausgehen lassen kann. Wir erhalten so die Kugel u_2 mit $m-2$ inneren sphärischen Blättern und mit einem äußeren Höcker (der von der Kugel u_1 herrührt). Dieser Höcker kann solange zusammengezogen werden, bis er verschwindet, und die Fläche ist demnach zurückgeführt auf eine solche von $m-1$ sphärischen Blättern mit denselben wechselseitigen Bedingungen wie die, von denen wir ausgegangen sind. Wendet man die soeben beschriebene Transformation noch einmal an, so kann man das Blatt u_2 zum Verschwinden bringen, und wenn man in dieser Weise fortfährt, so bleiben schließlich nur die Blätter u_{m-1} und u_m übrig. Dann aber haben wir wieder den zuerst behandelten Fall vor uns.

Wir erhalten somit den Satz:

Eine algebraische Kurve vom Geschlecht p kann abgebildet werden mittels einer RIEMANN*schen Fläche, die aus einer Art Kringel mit p Öffnungen oder auch aus einer ebenen Scheibe mit p Löchern besteht.*

Es ist einleuchtend, daß *der Kringel mit p Öffnungen in stetiger Weise umgeformt werden kann, so daß er in eine Kugel mit p Henkeln übergeht.*

Für $p=0$ erhält man als RIEMANNsche Fläche eine Fläche von der Gestalt einer *Kugel*; *für* $p=1$ bekommt man einen Ring mit einer Öffnung, d. h. eine Fläche von der Gestalt eines *Wulstes.*

Die Transformation der m-blättrigen RIEMANNschen Fläche in eine Scheibe mit p Löchern oder in eine Kugel mit p Henkeln findet sich bei A. TONELLI (Rom. Acc. L. Rend. (2) **2**, 596 (1875) und (5) **4**$_1$, 800 (1895)), bei W. CLIFFORD (London Proc. Math. Soc. **8**, 292 (1877)) und bei G. KLEIN (Über RIEMANNS Theorie der algebraischen Funktionen, Leipzig 1882, sowie Math. Ann. **45**, 142 (1894) und **46**, 77 (1895)).

83. Rückkehrschnitte. Zurückführung einer Fläche vom Geschlecht p auf eine solche vom Geschlecht 0. Die Betrachtung der RIEMANNschen Fläche gestattet uns nun, den Begriff des Geschlechts einer Kurve mit dem Begriff des *Zusammenhangs* einer reellen (zweiseitigen)[1]) Fläche zu verknüpfen.

Wir wollen zunächst einige Definitionen vorausschicken. Eine Fläche heißt *offen* (*ungeschlossen, berandet*), wenn sie *Randlinien* (*Randkurven*) besitzt, d. h. wenn auf ihr solche Linien aufgezeichnet sind, die durch einen *stetigen, ganz* auf der Fläche liegenden Weg nicht *überschritten* werden können. Eine Fläche ohne Randlinien wird *geschlossen* genannt.

Die Kugel ist eine geschlossene Fläche; ein Rechteck ist eine offene Fläche, und die Fläche, die man erhält, wenn man von einer Kugel ein Scheibchen wegnimmt, ist ebenfalls offen.

Eine RIEMANNsche Fläche vom Geschlecht p (ein Kringel mit p Öffnungen oder eine Kugel mit p Henkeln) ist eine geschlossene Fläche.

Eine zusammenhängende geschlossene Fläche, welche durch jeden auf ihr gezogenen Querschnitt in zwei Teile zerlegt werden kann, wird *einfach zusammenhängend* genannt. Dieselbe Definition können wir auch auf die berandeten Flächen übertragen, vorausgesetzt daß die Randkurve eine einzige Linie bildet, die in einem Zug stetig durchlaufen werden kann. Wenn die gesamte Berandung in mehrere stetige Kurven zerfällt, so ist es einleuchtend, daß die Fläche längs einer (offenen) Linie, die zwei Punkte zweier verschiedener Teilrandlinien verbindet, zerschnitten werden kann, ohne daß der Zusammenhang unterbrochen wird.

Nach diesen Vorbemerkungen wollen wir nun wieder als Modell einer RIEMANNschen Fläche R vom Geschlecht p eine Kugel mit p Henkeln S betrachten, von denen jeder ohne weiteres in einen Wulst T umgeformt werden kann, der mittels einer zylindrischen Röhre V an die Kugel angeheftet ist.

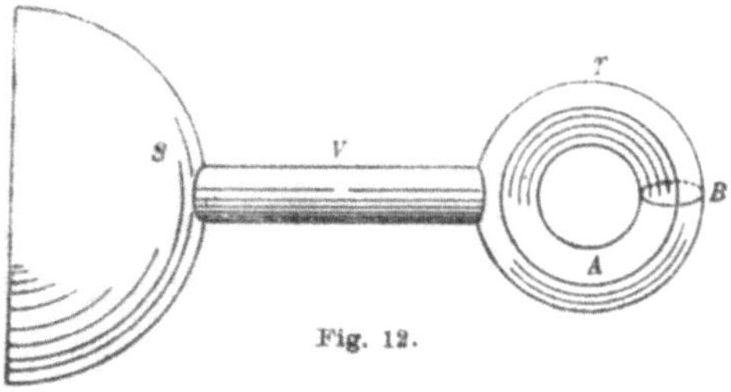

Fig. 12.

Fassen wir einen dieser Henkel ins Auge, so können wir (Fig. 12) einen geschlossenen Weg betrachten, der sich um die Öffnung des Wulstes herumwindet (man kann einen

1) Betrachten wir auf einer Fläche die Umgebung eines beliebigen Punktes, so können wir zwei Seiten der Fläche unterscheiden, eine innere und eine äußere; die Fläche heißt *zweiseitig*, wenn es unmöglich ist, auf einem stetigen, der Fläche angehörigen Weg von der einen Seite auf die andere zu gelangen; ist dies aber möglich, so nennt man die Fläche *einseitig*.

Parallelkreis des betreffenden Wulstes nehmen), und einen geschlossenen Weg, der durch die Öffnung des Wulstes hindurchgeht und den zuerst erwähnten Weg in einem Punkte trifft (man kann dazu einen Meridian des Wulstes verwenden). Wir wollen sagen, der erste Weg gehöre zum Typus A, der zweite zum Typus B. Wir werden dann p Paare von solchen Wegen $(A_1, B_1), (A_2, B_2), \ldots, (A_p, B_p)$ erhalten, die sich auf die p Henkel beziehen.

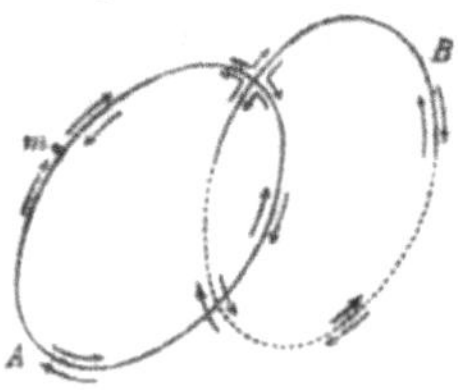

Fig. 13.

Man zerschneide nun die Fläche R längs der Kurven A, B eines bestimmten Henkels. Der Zusammenhang des Henkels und damit derjenige der ganzen Fläche wird dadurch nicht unterbrochen (die Fläche wird nicht zerstückelt); die Randlinien der beiden angebrachten Schnitte können in einem einzigen stetigen Zuge durchlaufen werden, wie es die beistehende schematische Fig. 13 zeigt (man verfolge den Verlauf der Pfeile, die z. B. vom Punkt m ausgehen). Ein derartiges Paar von Schnitten wird ein *Rückkehrschnitt*[1]) genannt.

Man denke sich nun, der Schnitt B werde zuerst ausgeführt; dann kann man den so zerschnittenen Henkel derartig umgestalten, daß man ihn zu einem Zylinder auswachsen läßt, der an beiden Enden offen und mit Hilfe des oben schon erwähnten Zylinders V an die Kugel angeheftet ist. Der Weg A wird dann zu einer Erzeugenden des Zylinders, und wenn man also den Schnitt A ausführt, so erhält man ein Rechteck, das zu einer Art Zylinder zusammengerollt ist, wie es die Fig. 14 zeigt. Auf diese Weise wird unsere Fläche R schließlich in eine andere transformiert werden, welche eine (einzige) Randlinie besitzt. Das zusammengebogene Rechteck kann noch weiter umgestaltet und in stetiger Weise in eine Schale (Haube) übergeführt werden; die Randlinie dieser letzteren kann dann unbegrenzt zusammengezogen werden, so daß endlich die Haube sich schließt und in eine Kugel übergeht. Schließlich kann man noch die zylindrische Röhre, die den Wulst mit der ursprünglichen Kugel verband (und die jetzt an ihrem Ende durch eine kleine Kugel verschlossen ist), so lange zusammenziehen, bis sie vollständig verschwindet.

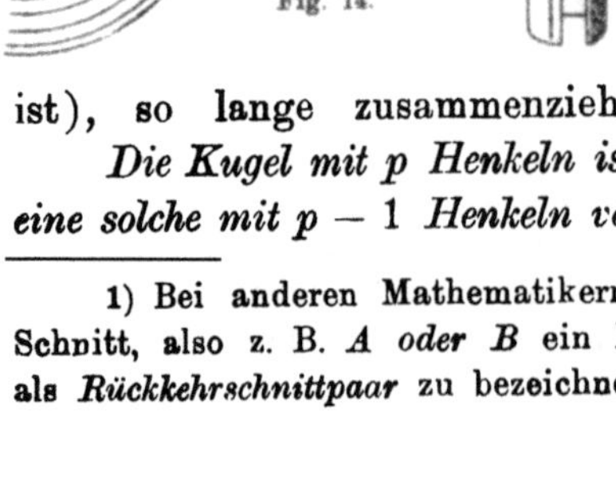
Fig. 14.

Die Kugel mit p Henkeln ist also mit Hilfe eines Rückkehrschnittes in eine solche mit p − 1 Henkeln verwandelt worden.

1) Bei anderen Mathematikern wird häufig jeder in sich zurückkehrende Schnitt, also z. B. A *oder* B ein Rückkehrschnitt genannt; $A + B$ wäre dann als *Rückkehrschnittpaar* zu bezeichnen. [A. d. Übers.]

Vollzieht man an den anderen Henkeln die entsprechenden Operationen, *so sieht man, daß es gelingt, mit Hilfe von p Rückkehrschnitten die Fläche R in eine Kugel ohne Henkel, d. h. in eine Fläche vom Geschlecht* 0 *zu verwandeln.*

Wenn man die p Randkurven beibehält, welche von den p Henkeln herrühren (nachdem man die verschiedenen Wülste in Rechtecke verwandelt hat), so erhält man eine offene Fläche, deren p Randkurven durch $p-1$ Querschnitte verbunden werden können; diese gehen von einem Punkt der zuerst erhaltenen Randlinie zu einem Punkt der zweiten, von einem Punkt der zweiten zu einem Punkt der dritten, usw. Diese $p-1$ Schnitte sollen vom Typus C genannt werden. Man erhält auf diese Weise eine von einer einzigen Randlinie begrenzte Fläche, und diese Randlinie wollen wir mit K bezeichnen.

Die Randlinie K kann durch stetige Deformation der Fläche auf einen Punkt zusammen gezogen werden, weil, wie wir gesehen haben, eine solche Reduktion für jeden der Schnitte $A+B$ vollzogen und folglich K auf *einen* einfachen Schlitz zusammengezogen werden kann, der von den Querschnitten C gebildet wird; ein solcher Schlitz läßt sich seinerseits in einen Punkt zusammenziehen.

Man kann daher die Fläche R, in welcher der Schnitt K geführt worden ist, in eine Fläche vom Typus der Kugel verwandeln (d. h. in eine solche, die durch stetige Deformation in eine Kugel überführbar ist), aus welcher ein durch eine geschlossene Linie begrenzter Teil herausgenommen wurde; der weggenommene Teil wäre in unserem Fall derjenige, der von der geschlossenen Kurve K überstrichen wird, wenn diese sich stetig in einen Punkt zusammenzieht.

Wir erhalten also das folgende Ergebnis: *Ob man nach der Ausführung der p Rückkehrschnitte die Fläche R als eine geschlossene Fläche (vom Typus der Kugel) betrachtet, oder ob man sie als eine offene Fläche mit einer einzigen Randkurve K ansieht, in beiden Fällen läßt sich jede auf der so transformierten Fläche R gezogene geschlossene Kurve durch stetige Transformation auf einen Punkt zusammenziehen, ohne daß K dabei überschritten wird, weil die auf der Kugel gezeichneten geschlossenen Kurven diese Eigenschaft besitzen.*

Man kann auch sagen, *die Fläche R sei in eine einfach zusammenhängende Fläche* verwandelt worden, weil, wie wir schon gesehen haben, die Kugel einfach zusammenhängend ist.

Man bemerke endlich, *daß auf der ursprünglichen Fläche R nur p einander nicht schneidende, in sich zurückkehrende Schnitte ausgeführt werden können, welche die Fläche nicht zerstückeln,* und zwar sind es diejenigen p Schnitte, welche die einzelnen Henkel (Wülste) in die an den beiden Enden offenen Zylinder umwandeln.

Nachdem nämlich die Fläche R in eine Kugel verwandelt worden ist, an welche mit Hilfe von p Röhren ebensoviele an den beiden Enden offene Zylinder angeheftet sind, ist es klar, daß auf einer solchen Fläche kein weiterer in sich zurücklaufender Schnitt geführt werden kann, ohne daß die Fläche in Stücke zerfällt.

84. Zurückführung aller Kreise einer RIEMANNschen Fläche auf das System der Rückkehrschnitte. Homologien und Äquivalenzen zwischen Kreisen. Ein auf einer RIEMANNschen Fläche gezogener geschlossener Weg wird auch ein (*linearer*) „*Kreis*" (*Zyklus, Ringweg*) genannt.[1]) Zuweilen denkt man sich diesen Kreis mit einem ganz bestimmten Umlaufssinn behaftet, den man als positiv oder negativ bezeichnen kann; wird dann der mit positivem Umlaufssinn behaftete Kreis mit M bezeichnet, so bedeutet $-M$ denselben Kreis mit entgegengesetztem Umlaufssinn. Unter dem *k-fachen eines Kreises* M (wobei k eine positive oder negative Zahl bedeutet) versteht man, je nachdem k positiv oder negativ ist, den im Sinn von M oder im entgegengesetzten Sinn k-mal durchlaufenen Kreis. Häufig kann man das Vielfache eines Kreises M auch als eine Schraube von unendlich kleiner Ganghöhe betrachten, die sich dicht bei M k-mal herumwindet und deren beide Enden miteinander verbunden sind. Man denke z. B. an einen Wulst und an ein Vielfaches eines seiner Kreise vom Typus A oder B. Unter der *Summe zweier Kreise* M_1 und M_2 — sie werde mit $M_1 + M_2$ bezeichnet — verstehen wir den geschlossenen Weg, der sich zusammensetzt aus der Gesamtheit der beiden gegebenen Kreise, von denen jeder in dem ihm zugehörigen Sinn durchlaufen wird, und aus einer Linie l, die einen Punkt von M_1 mit einem Punkt von M_2 verbindet und das eine Mal in der einen, das andere Mal in der anderen Richtung durchwandert wird (vgl. Fig. 15).

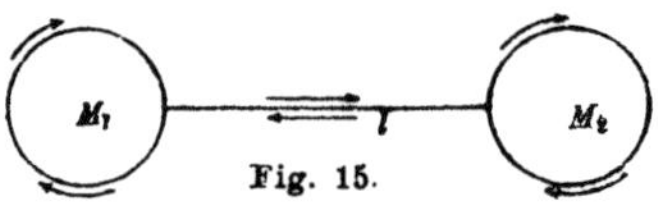

Fig. 15.

Aus diesen Definitionen ergibt sich eine ganz bestimmte Bedeutung für die *lineare Kombination*

$$k_1 M_1 + k_2 M_2 + \cdots + k_r M_r,$$

in der $M_1, M_2, \ldots, M_r$ Kreise und $k_1, k_2, \ldots, k_r$ ganze positive oder negative Zahlen bedeuten.

1) Nach dem Vorgang anderer deutscher Mathematiker (z. B. M. DEHN in PASCALS Repertorium der höheren Mathematik Bd. II_1, S. 178, 2. Aufl., Leipzig 1910) habe ich das Wort *ciclo* (franz. *cycle*), das von POINCARÉ für den Begriff des Ringwegs eingeführt wurde, durch das bequeme Wort *Kreis* übersetzt, da ja kein Mißverständnis zu befürchten ist. [A. d. Übers.]

Wir wollen im Anschluß an POINCARÉ zwei Kreise M, N *homolog* nennen, wenn der eine von ihnen durch eine stetige Deformation in den anderen übergeführt werden kann, ohne daß man bei dieser Umgestaltung aus der gegebenen RIEMANNschen Fläche herausgeht. Die Homologie zwischen zwei Kreisen soll durch das Symbol $\sim$ bezeichnet werden, und wir werden also schreiben

$$M \sim N.$$

Ein Kreis P, der durch stetige Deformation auf einen Punkt zusammengezogen werden kann, heißt *homolog zu Null* und wir schreiben

$$P \sim 0.$$

Mehrere Kreise heißen voneinander *verschieden* (oder *unabhängig*), wenn keine ihrer linearen Kombinationen mit ganzzahligen (nicht sämtlich verschwindenden) Koeffizienten homolog zu Null ist; im entgegengesetzten Falle heißen sie *abhängig*. Wir wollen beweisen, daß *jeder Kreis der RIEMANNschen Fläche R homolog ist zu einer linearen Kombination mit ganzzahligen Koeffizienten zwischen den $2p$ Kreisen, die die Rückkehrschnitte bilden.*

Wir werden die Behauptung zunächst für $p = 1$ beweisen, indem wir als Modell der Fläche R einen Wulst nehmen. Wir wählen als Kreis A den Kehlkreis des Wulstes und als Kreis B einen Meridiankreis. Ein Kreis M, der den Kehlkreis mehrere Male überschreitet, kann immer in stetiger Weise so umgeformt werden, daß die Übergänge über A miteinander zusammenfallen; es wird also schließlich von dem gegebenen Kreis ein positives oder negatives Vielfaches des Kreises B abgelöst. Darnach wird ein Kreis übrig bleiben, der den Kreis B in einer gewissen Anzahl von Punkten trifft, und folglich kann er auf ein positives oder negatives Vielfaches von A reduziert werden. Wir erhalten also

$$M \sim \lambda A + \mu B,$$

wo λ und μ positive oder negative ganze Zahlen bedeuten.

Um die Behauptung des Satzes für einen beliebigen Wert von p zu beweisen, nehmen wir sie als erwiesen an für die RIEMANNsche Fläche vom Geschlecht $p - 1$, und beweisen sie für die RIEMANNsche Fläche vom Geschlecht p.

Wie in Nr. 83 richten wir unsere Aufmerksamkeit auf einen der p Henkel S der Kugel R; er sei wieder in die Gestalt eines Wulstes T übergeführt, welcher mit Hilfe eines Zylinders V an die Kugel angeheftet ist (vgl. Fig. 12 auf S. 215).

Wenn ein linearer Kreis M von R weder den Kreis A noch den Kreis B des Henkels S trifft, so ist klar, daß die Kurve M, falls sie doch etwa in den betrachteten Henkel eintritt, dort nur einfache Ausbuchtungen mit Hin- und Herbewegungen längs der Mantellinien der zylindrischen Röhre V ausführt, ohne sich jemals um die Öffnung des Henkels herumzuwinden oder durch diese Öffnung hindurchzugehen. Der Kreis M läßt sich daher in stetiger Weise längs des Zylinders V zusammenziehen, so daß er aus dem Henkel S vollständig heraustritt; er wird also auf diese Weise zu einem Kreis der RIEMANNschen Fläche R', die man aus R erhält, wenn man von dem Henkel S absieht. Da wir den Satz für die RIEMANNschen Flächen vom Geschlecht $p - 1$ als richtig vorausgesetzt haben, so können wir nun schließen, daß M zu einer Kombination der $2p - 2$ Kreise homolog ist, die die übrigen $p - 1$ Rückkehrschnitte bilden.

Wenn sich dagegen der Kreis M um die Öffnung von T herumwindet oder wenn er durch diese Öffnung hindurchgeht, so wird man ihn in stetiger Weise derart deformieren können, daß er sich in einen Kreis verwandelt, der längs des Zylinders V nur eine zweimal zu durchlaufende Linie besitzt; das eine Mal ist diese Linie in der einen Richtung, das andere Mal in der entgegengesetzten Richtung zu durchwandern. Der Kreis M wird also homolog sein zu der Summe aus einem Kreise der RIEMANNschen Fläche R' und einem Kreise der RIEMANNschen Fläche T, und er läßt sich demnach mit Hilfe einer Kombination der fundamentalen Kreise von R' und der beiden fundamentalen Kreise von T ausdrücken, d. h. aber im ganzen als eine Kombination der $2p$ fundamentalen Kreise von R. Damit ist der Satz bewiesen.

Neben dem *Begriff der Homologie* zwischen zwei Kreisen führte POINCARÉ in seinen Arbeiten über die *Analysis situs (Topologie)* noch den *Begriff der Äquivalenz* ein.

Zwei Kreise M und N, die von demselben Punkt O der RIEMANNschen Fläche ausgehen, heißen äquivalent, wenn der eine sich auf der RIEMANNschen Fläche durch stetige Deformation in den anderen überführen läßt, *wobei der Punkt O festgehalten wird;* man schreibt

$$M \equiv N.$$

Zwei äquivalente Kreise sind homolog, aber die umgekehrte Behauptung ist nicht notwendig richtig.

Für $p = 1$ ist es leicht einzusehen, daß der Begriff der Äquivalenz mit dem der Homologie zusammenfällt; sobald aber $p = 2$ ist, ist es möglich, homologe Kreise zu konstruieren, die nicht äquivalent sind. Wenn man nämlich die schon öfter benutzte Kugel mit zwei Henkeln S_1 und S_2 betrachtet, und wenn man den Henkeln wieder die Form von Wülsten T_1 und T_2 gibt, die mit Hilfe von zylindrischen Röhren V_1 und V_2 an der Kugel befestigt sind, so sind zwei Kreise M, N vom Typus A, die von einem und demselben Punkt O des Wulstes T_1 ausgehen, aber in bezug auf den Zylinder V_1 auf entgegengesetzten Seiten liegen, homolog; aber sie sind nicht äquivalent, weil bei festem Punkt O die Überführung des einen in den anderen nicht vollzogen werden kann, ohne den Zylinder V_1 zu überschreiten; dies wäre aber nur möglich, wenn der andere Henkel S_2 nicht vorhanden wäre und einen derartigen Übergang hindern würde.

Ein wesentlicher Unterschied zwischen der Homologie und der Äquivalenz besteht darin, daß in einer Homologie die einzelnen Glieder miteinander vertauscht werden können, während in einer Äquivalenz eine derartige Umstellung im allgemeinen nicht zulässig ist.

Wenn sich z. B. der Kreis M unter Festhaltung des Punktes O in die Summe der Kreise N_1, N_2, ... überführen läßt, so kann man aus der Äquivalenz

$$M \equiv N_1 + N_2 + \cdots$$

nicht ohne weiteres die Äquivalenz

$$M \equiv N_2 + N_1 + \cdots$$

ableiten, während man schreiben kann:

$$M \sim N_1 + N_2 + \cdots \sim N_2 + N_1 + \cdots.$$

Dies läßt sich für den eben untersuchten Fall $p = 2$ leicht bestätigen. Betrachten wir noch einmal die beiden homologen, aber nicht äquivalenten Kreise M, N, so ist es klar, daß man, unter Festhaltung des Punktes O, den Kreis N so deformieren kann, daß er übergeht in den in beiderlei Sinn durchlaufenen Kreis B mit Hinzufügung des Kreises M (man erinnere sich, daß M und N beide vom Typus A sind). Man kann daher in der Ordnung, in der die Kreise, auf die N reduzierbar ist, sich begegnen, die folgende Äquivalenz anschreiben

$$N \equiv B + M - B.$$

Wenn die Umstellung der Glieder in dieser Äquivalenz gestattet wäre, so erhielte man $N \equiv M$, was eben nicht der Fall ist; man kann jedoch schreiben $N \sim M$.

Mit der Betrachtung der Äquivalenz verbindet Poincaré die Betrachtung der *Fundamentalgruppe der Riemannschen Fläche*, welche eine besondere Bedeutung hat, wenn es sich um eine mehrdimensionale reelle Mannigfaltigkeit handelt.

Die weitere Entwicklung der genialen Gedanken, die von Poincaré in seinen Arbeiten über die *Analysis situs* eingeführt worden sind, würde uns zu weit von dem Ziel unserer Vorlesungen entfernen. Diese wenigen Hinweise mögen genügen, um den Leser zum Studium der wichtigen Abhandlungen anzuregen, die POINCARÉ der *Analysis situs* gewidmet hat (Journ. éc. polyt. (2) **1**, 1 ff. (1895); Palermo Rend. **13**, 1 ff. (1899) und ebd. **18**, 45 (1904); Lond. Proc. Math. Soc. **32**, 281 ff. (1900); Bull. Soc. Math. 1901 und Journ. de Math. (5) **7**, 161 (1901). Siehe auch Encyklopädie der math. Wissenschaften Bd. III_1, Heft 1, S. 153 ff., sowie die neue Darstellung bei H. WEYL, Die Idee der RIEMANNschen Fläche. (Leipzig und Berlin 1913.)

85. Eindeutige Funktionen eines auf einer RIEMANNschen Fläche veränderlichen Punktes. Wir wollen eine Funktion $\varphi(z, u)$ betrachten, die in einem allgemein gewählten Punkte (z, u) der zu der algebraischen Kurve $f(z, u) = 0$ gehörigen RIEMANNschen Fläche R einen einzigen Wert besitzt. Wir nehmen als Modell von R die Fläche, welche von m übereinander liegenden Blättern gebildet wird, und es sei zunächst (a, b) ein Punkt von R, der für die Funktion u nicht kritisch ist. Dann kann man in einem gewissen Bereich des Blattes, dem der betrachtete Punkt angehört, die Funktion φ als eine eindeutige Funktion der einzigen komplexen Veränderlichen z ansehen, weil in diesem Bereich die Lagen des auf R veränderlichen Punktes den Werten von z ein-eindeutig entsprechen.

Wir werden die Funktion φ in (a, b) *regulär* nennen, oder wir werden sagen, sie habe dort einen *Pol*, je nachdem sie, als Funktion von z betrachtet, diese Eigenschaften besitzt. Im ersten Falle läßt sich φ in der Umgebung von (a, b) in eine nach ganzen positiven Potenzen von $(z - a)$ fortschreitende Reihe entwickeln; im zweiten Falle werden in dieser Entwicklung auch einige negative ganze Potenzen von $(z - a)$ (in endlicher Anzahl) auftreten.

In diesem letzteren Falle wird der Koeffizient von $\frac{1}{z-a}$ das *Residuum* der Funktion φ sein, d. h. der Wert des Integrals

$$\frac{1}{2\pi i}\int_s \varphi(z, u)\, dz,$$

wobei s eine kleine geschlossene Kurve bedeutet, die im positiven Sinne um den Punkt (a, b) herumführt; unter dem positiven Umlaufssinne verstehen wir (die übliche Lage der Achsen in der Ebene $z\ (= x + iy)$ vorausgesetzt) denjenigen, bei welchem man während der Durchwanderung der Kurve s die von dieser umschlossene Fläche zur Linken hat.

Die Definitionen für den regulären Punkt und für den Pol haben auch noch Gültigkeit, wenn der betrachtete Punkt einer der m voneinander verschiedenen unendlich fernen Punkte der Fläche R ist, nur hat man in diesem Falle $1/z$ an Stelle von $z - a$ zu setzen. Unter dem Residuum wird man dann den mit *entgegengesetztem Zeichen genommenen* Koeffizienten von $1/z$ verstehen müssen, weil die Umgebung des auf einem der Blätter im Unendlichen liegenden Punktes aus demjenigen Teile dieses Blattes besteht, der außerhalb eines Kreises von genügend großem Halbmesser liegt; ein derartiger Kreis muß aber im negativen Sinne durchlaufen werden, wenn man erreichen will, daß das außerhalb gelegene Gebiet zur Linken des beweglichen Punktes bleiben soll.

Wir wollen nun unsere Aufmerksamkeit auf einen kritischen Punkt (a, b) richten, der bei der gewählten Konstruktionsart der Fläche R der Ursprung eines Zyklus von zwei Blättern sein wird. Unter *der Umgebung* (*dem Bereich*) des Punktes (a, b) müssen wir in diesem Falle die Fläche verstehen, die von einer geschlossenen Kurve umrandet wird, welche sich in der durch Fig. 16 angedeuteten Weise um den Punkt (a, b) herumwindet; dabei soll das *ausgezogene* Stück der Kurve den Teil veranschaulichen, der in dem einen der beiden längs l zusammenhängenden Blätter liegt, während das *punktierte* Stück den im anderen Blatte liegenden Teil darstellt.

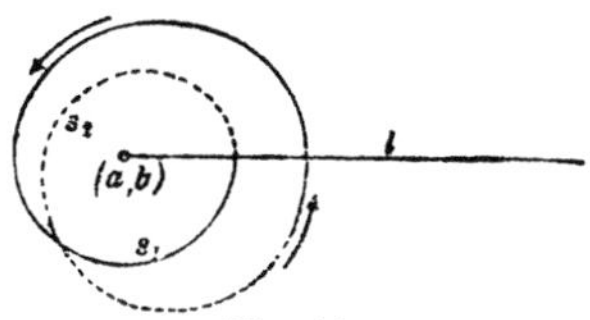

Fig. 16.

Um auch hier auf den Fall einer gewöhnlichen Funktion einer komplexen Veränderlichen zurückzukommen, kann man die definierte Umgebung von (a, b) *ein-eindeutig* abbilden auf die Umgebung des Punktes $z' = 0$ in einer gewöhnlichen komplexen Ebene z', indem man $z'^2 = (z - a)$ setzt,[1]) und man kann daher $\varphi(z, u)$ als Funktion der komplexen Veränderlichen z' ansehen. Wir werden demnach die Funktion φ in (a, b) regulär nennen, oder wir werden sagen, sie habe dort einen Pol, je nachdem sie als Funktion von z' betrachtet, diese Eigenschaften in $z' = 0$ besitzt. Die Ordnung des Poles (a, b) wird überdies durch die Ordnung des Poles $z' = 0$ gegeben sein; wenn (a, b) ein Nullpunkt von φ ist, so ist die Ordnung dieses Nullpunktes ebenfalls durch die Ordnung des Nullpunktes $z' = 0$ gegeben. Da $z' = (z - a)^{1/2}$ ist, so wird die mit Hilfe der Veränderlichen z ausgedrückte Reihenentwicklung der Funktion φ nach ganzen Potenzen von $(z - a)^{1/2}$ fortschreiten. Je nachdem man die eine oder die andere der beiden Bestimmungen von $(z - a)^{1/2}$ wählt, erhält man den Wert, den φ in einem Punkt eines Blattes oder in dem unmittelbar darüber liegenden Punkt des anderen Blattes annimmt.

Als *Residuum* werden wir den Wert des Integrals

$$\frac{1}{2\pi i}\left[\int_{s_1}\varphi(z, u)\,dz + \int_{s_2}\varphi(z, u)\,dz\right]$$

1) Auf diese Weise entsprechen den Punkten z', die dem Halbkreis von genügend kleinem Halbmesser angehören, der von einem um $z' = 0$ von 0 bis π kreisenden Fahrstrahl beschrieben wird, die Punkte z eines Kreises des einen der beiden Blätter, während den Punkten des Halbkreises, der durch den von π bis 2π kreisenden Fahrstrahl überstrichen wird, Punkte des anderen Blattes entsprechen.

definieren; dabei bedeuten s_1 und s_2 die beiden Teile des die Umgebung von (a, b) umschließenden linearen Kreises, die in den beiden Blättern liegen. Diese beiden Teile müssen wir uns hier im positiven Sinne durchlaufen denken. Das erwähnte Integral bezeichnet man kurz mit

$$\frac{1}{2\pi i}\int_s \varphi(z, u)\,dz,$$

wobei s den ganzen linearen Kreis $s_1 + s_2$ bedeutet.

Bei Gelegenheit dieser Definition des Residuums von φ in einem kritischen Punkte wollen wir eine Bemerkung allgemeinen Charakters über die Definition des *Linienintegrals auf einer* RIEMANN*schen Fläche* machen. Wenn man auf der RIEMANNschen Fläche R einen geschlossenen oder offenen Weg σ (mit bestimmtem Durchlaufungssinn) betrachtet, so hat das Integral $\int_\sigma \varphi(z, u)\,dz$ eine ganz bestimmte Bedeutung, falls dieser Weg ganz in einem Blatte liegt; es handelt sich dann um ein Linienintegral einer Funktion der komplexen Veränderlichen z.

Wenn der Weg σ nicht in einem einzigen Blatte gelegen ist, so kann man ihn in die Teile $\sigma_1, \sigma_2, \sigma_3, \ldots$ zerlegen, von denen jeder in einem einzigen Blatte liegt; dann werden wir als Definition annehmen

$$\int_\sigma \varphi(z, u)\,dz = \int_{\sigma_1} \varphi(z, u)\,dz + \int_{\sigma_2} \varphi(z, u)\,dz + \int_{\sigma_3} \varphi(z, u)\,dz + \cdots.$$

Eigentlich ist die Funktion $\varphi\,(z, u)$, deren Integral betrachtet wird, nicht eine Funktion der unabhängigen Veränderlichen z, sondern vielmehr des Punktes $P \equiv (z, u)$, der auf der RIEMANNschen Fläche beweglich ist. Es ist nur dann erlaubt, z als unabhängige Veränderliche zu betrachten, wenn man sich σ in die Teilstücke $\sigma_1, \sigma_2, \sigma_3, \ldots$ zerlegt denkt, weil wir auf jedem dieser Teilstücke eine ein-eindeutige Korrespondenz zwischen den Werten von z und den Lagen von P haben.

Kehren wir nun zu dem Residuum von φ in dem kritischen Punkt (a, b) zurück. Man beweist leicht, daß *dieses Residuum nichts anderes ist als das Doppelte des Koeffizienten von* $\frac{1}{z-a}$ *in der Entwicklung von* φ *nach Potenzen von* $(z-a)^{1/2}$.

Geht man nämlich von der Veränderlichen z zu z' über, so erhält man

$$\int_s \varphi(z, u)\,dz = 2\int_{s_i'} \varphi(a + z'^2, u)\,z'dz', \qquad (i = 1, 2)$$

wo s_1' und s_2' die beiden Halbkreise der Ebene z' sind, denen die Wege s_1 und s_2 entsprechen. Man erhält demnach

$$\int_s \varphi(z, u)\,dz = 2\int_{s'} \varphi(z'^2 + a, u) z'\,dz',$$

wobei s' den Kreis um $z' = 0$ bedeutet. Wenn A der Koeffizient von $\frac{1}{z'^2}$ in der Entwicklung von $\varphi(a + z'^2, u)$ ist, so ist der Koeffizient von $1/z'$ in der Entwicklung von $\varphi(a + z'^2, u)\, z'$ ebenfalls gleich A, und daher wird das Integral der rechten Seite gleich $2\pi i A$ sein; daraus folgt aber der ausgesprochene Satz.

Unter den einwertigen Funktionen eines auf einer RIEMANNschen Fläche veränderlichen Punktes sind die rationalen Funktionen von besonderer Bedeutung. Es ist klar, daß solche Funktionen auf der ganzen RIEMANNschen Fläche nur polare Singularitäten besitzen können; aber es ist wichtig zu bemerken, daß diese Eigenschaft sich umkehren läßt. Es gilt nämlich der Satz:

Jede eindeutige analytische Funktion eines auf der RIEMANNschen Fläche R beweglichen Punktes, die nur polare Singularitäten besitzt, ist eine rationale Funktion.

Wir wollen zunächst beweisen, daß jede eindeutige Funktion $\varphi(z, u)$ eines auf R beweglichen Punktes auf die Form

$$\varphi(z, u) = P_0(z) + u P_1(z) + \dots + u^{m-1} P_{m-1}(z)$$

gebracht werden kann, wobei $P_0, P_1, \dots$ eindeutige Funktionen von z sind. Es seien $u_1, u_2, \dots, u_m$ die m (voneinander verschiedenen) Werte von u, die einem allgemein gewählten Wert von z entsprechen; wir wollen setzen

$$\varphi_i = \varphi(z, u_i) = P_0 + u_i P_1 + \dots + u_i^{m-1} P_{m-1}, \qquad (i = 1, 2, \dots, m)$$

mit noch unbestimmten Koeffizienten $P_0, P_1, \dots$. Da die Determinante der Koeffizienten der P_i die aus den u_i gebildete VANDERMONDEsche Determinante D ist, und da die u_i voneinander verschieden sind, so wird D von Null verschieden sein; daher kann man schreiben

$$P_i = \frac{D_i}{D}; \qquad (i = 1, 2, \dots, m)$$

dabei bedeutet D_i die Determinante, die aus D entsteht, wenn man in der $(i + 1)^{\text{ten}}$ Vertikalreihe die Elemente $u_1^i, u_2^i, \dots, u_m^i$ durch die Größen $\varphi_1, \varphi_2, \dots, \varphi_m$ ersetzt.

Da bei einem Umlauf von z die Werte $u_1, u_2, \dots, u_m$ sich höchstens untereinander permutieren, und da die Größen $\varphi_1, \varphi_2, \dots, \varphi_m$ dieselbe Permutation erleiden, so erzeugt dieser Umlauf in dem Bruch $\frac{D_i}{D}$ höchstens eine Vertauschung von Horizontalreihen im Nenner und dieselbe Vertauschung im Zähler; die Funktion $P_i(z)$ wird also unverändert bleiben, d. h. in bezug auf z eindeutig sein.

Nach dieser Feststellung beachten wir, daß, wenn φ auf der ganzen Fläche R nur einzelne Pole besitzt, die Entwicklungen von $\varphi_1, \varphi_2, \ldots, \varphi_m$ in einem *beliebigen* Punkt der Fläche höchstens eine gewisse (endliche) Anzahl von negativen Potenzen des bezüglichen Arguments enthalten können (oder eine endliche Anzahl von positiven Potenzen, falls es sich um einen unendlich fernen Punkt handelt). Dasselbe gilt für die Entwicklung der Funktionen $u_1, u_2, \ldots, u_m$. Denkt man sich die Reihenentwicklungen eingesetzt, so wird demnach die Funktion $P_i(z)$ in jedem Punkt der Ebene eine Entwicklung besitzen, in der eine endliche Anzahl von Gliedern mit negativen (bzw. positiven) Exponenten vorkommt. Überdies muß es sich dabei um *ganze* Potenzen handeln, weil sonst die Funktion P_i in z nicht eindeutig wäre. Die Funktion P_i besitzt daher in der ganzen einfachen z-Ebene nur polare Singularitäten und ist demnach eine rationale Funktion von z. Die Funktion $\varphi(z, u)$ ist somit eine rationale Funktion von z und von u.

Man kann auch leicht beweisen, daß *jede eindeutige Funktion des auf R veränderlichen Punktes, die allenthalben endlich bleibt, eine Konstante ist.*

In der Tat sind die elementaren symmetrischen Funktionen $\Sigma\varphi_i$, $\Sigma\varphi_i\varphi_k, \ldots$ der Werte $\varphi_1, \varphi_2, \ldots, \varphi_m$, welche die Funktion φ in den Punkten $(z, u_1), (z, u_2), \ldots, (z, u_m)$ annimmt, eindeutige Funktionen von z, die überall endlich und daher Konstante sind. Daraus folgt, daß φ die Wurzel einer Gleichung mit konstanten Koeffizienten ist.

Bemerkung. In der Einleitung zu diesen Vorlesungen haben wir Gelegenheit gehabt, ähnliche Sätze zu betrachten; wir stützten uns jedoch dabei auf die einschränkende Voraussetzung, daß es sich um algebraische Funktionen handle.

86. Ordnung einer rationalen Funktion in einem Punkt der Riemannschen Fläche. Wenn eine rationale Funktion

$$\varphi(z, u) = \frac{A(z, u)}{B(z, u)}$$

gegeben ist, wo A und B Polynome sind, wenn ferner (a, b) ein Pol im Endlichen dieser Funktion und r seine Ordnung ist, so gilt die Beziehung

$$r = i_2 - i_1,$$

wobei i_1, i_2 die Schnittpunktsmultiplizitäten der Kurven $A = 0$ und $B = 0$ mit der Kurve $f(z, u) = 0$ im Punkt (a, b) bedeuten. Es ist selbstverständlich, daß diese Schnittpunktsmultiplizitäten sich auf einen bestimmten Zweig beziehen müssen, dessen Ursprung (a, b) ist (falls von (a, b) mehrere Zweige ausgehen).

Der in Rede stehende Zweig läßt sich nämlich darstellen mittels der Entwicklungen

$$\begin{cases} u = b + b_1 z' + b_2 z'^2 + \dots, \\ z = a + z'^k. \end{cases}$$

(In dem Fall, auf den wir uns stets bezogen haben, ist k gleich 1 oder 2, je nachdem es sich um einen gewöhnlichen oder um einen kritischen Punkt handelt.)

Setzen wir diese Entwicklungen von u und z in A und B ein, so erhalten wir, bei derselben Bedeutung des Wortes „Schnittpunktsmultiplizität",

$$A(z, u) = z'^{i_1}(\alpha_0 + \alpha_1 z' + \dots),$$

$$B(z, u) = z'^{i_2}(\beta_0 + \beta_1 z' + \dots),$$

und daher wird

$$\varphi(z, u) = z'^{i_1 - i_2}(\gamma_0 + \gamma_1 z' + \dots),$$

womit die ausgesprochene Behauptung erwiesen ist.

Diese Überlegung beweist, daß der Punkt (a, b) für φ ein Pol von der Ordnung $i_2 - i_1$ ist, wenn $i_1 < i_2$ ist, daß er ein Nullpunkt von der Ordnung $i_1 - i_2$ ist, wenn $i_1 > i_2$ ist, und daß in ihm die Funktion φ weder Null noch unendlich wird, wenn $i_1 = i_2$ ist.

Nun wollen wir den Fall eines unendlich fernen Punktes P_∞ der Kurve $f(z, u) = 0$ betrachten. Eines der beiden Verhältnisse $\frac{u}{z}$ oder $\frac{z}{u}$ der Koordinaten dieses unendlich fernen Punktes wird sicher endlich sein. (Sie sind es beide, wenn die Richtung nach diesem Punkt keiner der Koordinatenachsen z, u parallel ist.) Es sei z. B. das Verhältnis $\frac{u}{z}$ endlich, so daß der Punkt P_∞ der u-Achse nicht angehört. Dann kann man als homogene Koordinaten eines Punktes, der der Umgebung von P_∞ angehört, die folgenden Ausdrücke ansetzen:

$$\text{(11)} \qquad \begin{cases} z_0 = \frac{u}{z} = a_0 + \frac{a_1}{z} + \frac{a_2}{z^2} + \dots, \\ z_1 = 1, \\ z_2 = 0. \end{cases}$$

Sind nun i_1 und i_2 die Schnittpunktsmultiplizitäten der Kurven $A = 0$ und $B = 0$ mit $f = 0$ im Punkte P_∞ (d. h. selbstverständlich mit dem durch die Gleichungen (11) dargestellten Zweig), so erhält man in dem betrachteten Bereich

$$A = \frac{1}{z^{i_1}}\left(\alpha_0 + \frac{\alpha_1}{z} + \frac{\alpha_2}{z^2} + \dots\right),$$

$$B = \frac{1}{z^{i_2}}\left(\beta_0 + \frac{\beta_1}{z} + \frac{\beta_2}{z^2} + \dots\right),$$

und daher wird
$$\varphi = \frac{1}{z^{i_1 - i_2}}\left(\gamma_0 + \frac{\gamma_1}{z} + \frac{\gamma_2}{z^2} + \cdots\right).$$

Der Punkt P_∞ wird somit auch in diesem Falle für die Funktion φ ein Pol von der Ordnung $i_2 - i_1$ sein, wenn $i_1 < i_2$ ist, er wird ein Nullpunkt von der Ordnung $i_1 - i_2$ sein, wenn $i_1 > i_2$ ist, und er wird, falls $i_1 = i_2$ ist, ein Punkt sein, in welchem die Funktion φ weder Null noch unendlich wird.

Versteht man nun unter der *Ordnung einer rationalen Funktion φ in einem Punkt P der* RIEMANN*schen Fläche R* die Zahl Null, wenn φ an dieser Stelle weder Null noch unendlich wird, die positive Zahl r, wenn die Funktion φ in P einen Nullpunkt r^{ter} Ordnung besitzt, und die negative Zahl $-r$, wenn φ in P einen Pol von der Ordnung r aufweist, so kann man den folgenden Satz aussprechen:

Die Ordnung einer rationalen Funktion $\varphi = \frac{A}{B}$ in einem Punkt P der RIEMANN*schen Fläche R (oder was dasselbe ist, in einem Punkt P der Kurve $f = 0$, der als Ursprung eines der von ihm ausgehenden Zweige aufgefaßt wird), ist gleich der Differenz zwischen den Schnittpunktsmultiplizitäten, welche die Kurven $A = 0$ und $B = 0$ im Punkt P mit demjenigen Zweig der Kurve $f = 0$ haben, für den P als Ursprung zu betrachten ist.*

Die lineare Schar g_n^1 *ohne feste Punkte,* die auf $f = 0$ von den Gruppen konstanten Niveaus der Funktion φ gebildet wird, besitzt in jedem Punkt, in welchem die Funktion φ die Ordnung $\pm r$ hat, einen Punkt mit der Vielfachheit r und umgekehrt. Da mittels einer birationalen Transformation der Kurve $f = 0$ jedem vielfachen Punkt der g_n^1 auf der transformierten Kurve $f' = 0$ ein Punkt entspricht, der in bezug auf die transformierte g_n^1 dieselbe Vielfachheit besitzt, und da andererseits die beiden Funktionen φ und φ', von denen die eine die Transformierte der anderen ist, in zwei entsprechenden Punkten denselben Wert annehmen, so folgt daraus, daß *die Ordnung einer rationalen Funktion in einem Punkt von R gegenüber den birationalen Transformationen invariant ist.*

87. Die Theorie der analytischen Funktionen auf einer RIEMANNschen Fläche. Wir wollen uns noch einmal zu der RIEMANNschen Fläche wenden und für einen Augenblick wieder zu der Transformation zurückkehren, durch welche das ursprüngliche, aus m übereinander liegenden Blättern gebildete Modell in ein anderes Modell übergeführt wurde, das aus einer Kugel mit p Henkeln besteht. Jedes Blatt auf dem ursprünglichen Modell ist eine Fläche vom Typus der Kugel, auf welcher eine oder mehrere Randlinien gegeben sind; diese entsprechen der oder den Übergangslinien von jenem Blatt zu dem folgenden. Folglich wird bei der stetigen Umgestaltung des ursprünglichen Modells in die Kugel mit p Henkeln jedes Blatt durch ein gewisses Gebiet der neuen Fläche dargestellt werden, das von einer oder mehreren Randlinien begrenzt ist.

So können z. B. im Fall $p = 1$, $m = 2$ auf der Kugel mit einem Henkel oder auf dem Wulst, in den diese übergeführt werden kann, die Gebiete, welche die beiden Blätter darstellen, durch den Kehlkreis und durch den Äquatorialkreis des Wulstes gegen einander abgegrenzt werden.

Auf jeder der erwähnten Randlinien wird es *zwei* Punkte geben, welche die Bilder derjenigen kritischen Punkte sind, die vor der Deformation die Stelle der Endpunkte der bezüglichen Übergangslinie einnahmen.

Wenn wir nun, nach diesen Vorbemerkungen, auf der Kugel R mit p Henkeln einen zu Null homologen Kreis betrachten, der in mehrere der erwähnten Gebiete eindringt, so kann dieser stets als eine Summe von mehreren Kreisen angesehen werden, von denen jeder einem einzigen Gebiet (Blatt) angehört, oder höchstens einen einzigen kritischen Punkt umschließt (d. h. teils dem einen Blatt, teils dem darauffolgenden angehört).

Es ist daher jeder zu Null homologe Kreis auch homolog zu einer Summe von sehr kleinen Kreisen, die gewöhnliche Punkte oder kritische Punkte von den in Nr. 85 betrachteten Typen umschließen. Da nun in den von den genannten sehr kleinen Kreisen umschlossenen Bereichen der Satz von CAUCHY angewendet werden kann (d. h. der Satz, daß das über die Randlinie erstreckte Integral einer eindeutigen analytischen Funktion φ gleich dem Residuum der Funktion und also gleich Null ist, wenn die Funktion in dem betrachteten Bereich regulär ist), so ergibt sich, daß *der Satz von CAUCHY sich verallgemeinern läßt und auf die zu Null homologen Kreise der RIEMANNschen Fläche anwendbar ist*, oder wenn man es anders ausdrücken will, daß *er anwendbar ist auf die Kreise der mittels der Randlinie K einfach zusammenhängend gemachten RIEMANNschen Fläche.* Er läßt sich dann in folgender Weise aussprechen: *Das Integral der eindeutigen Funktion φ, das über einen zu Null homologen Kreis erstreckt wird, ist Null, wenn sich jener Kreis auf Null zusammenziehen läßt, ohne daß dabei unendlich ferne Punkte oder solche Punkte überschritten werden, in denen die Funktion φ unendlich wird; in jedem Falle ist es gleich $2\pi i \Sigma A_k$, wenn A_1, A_2, ... die Residuen von φ in den singulären oder unendlich fernen Punkten bedeuten, die dabei überschritten werden müssen.*

Alle Sätze der Theorie der analytischen Funktionen, die für die komplexe Ebene gelten, lassen sich in ähnlicher Weise auf der RIEMANNschen Fläche deuten, vorausgesetzt, daß wir uns dabei auf solche Kreise beziehen, die zu Null homolog sind.

Wenn es sich um *eine Funktion* φ handelt, *die nur in einem gewissen Gebiet* der mittels der Randlinie K einfach zusammenhängend gemachten RIEMANNschen Fläche *eindeutig ist*, so lassen sich die genannten Sätze auf die Kreise dieses Gebietes anwenden.

Insbesondere kann man auf der Fläche R auch den folgenden bekannten Satz von CAUCHY anwenden:

Ist $\varphi(z, u)$ auf dem Rande s eines Bereiches A regulär und von Null verschieden, ferner in dessen Innern eindeutig und bis auf eine endliche Anzahl von Polen regulär, so ist

$$\frac{1}{2\pi i} \int_s d \log \varphi = N_0 - N_\infty ,$$

wo N_0 und N_∞ die Anzahl der Nullstellen bzw. Pole innerhalb A bedeuten, jede Stelle so oft gezählt, als es ihre Ordnung verlangt.

§ 2. Anwendungen der entwickelten Begriffe auf Realitätsfragen bei einer algebraischen Kurve.

88. Die symmetrischen RIEMANNschen Flächen von KLEIN. Ehe wir dieses Kapitel über die RIEMANNschen Flächen abschließen, halten wir es für nötig, einen, wenn auch sehr kurzen, Hinweis zu geben auf die zuerst von F. KLEIN[1]) eingeführten symmetrischen RIEMANNschen Flächen und auf einige andere Begriffe und Ergebnisse, die mit ihnen in Zusammenhang gebracht werden können.

Wir betrachten im reellen Raum S_r $(r \geqq 2)$ eine *reelle* (*irreduzible*) *algebraische Kurve* C, d. h. eine irreduzible Kurve, welche in sich selbst übergeführt wird durch die Korrespondenz (*Paarung*), die zwischen den (komplexen) Punkten des S_r entsteht, wenn man zwei Punkte einander entsprechen läßt, deren gleichnamige Koordinaten paarweise konjugiert komplex sind. Wenn C z. B. eine ebene Kurve ist, so muß sie sich durch eine algebraische Gleichung mit reellen Koeffizienten darstellen lassen. Eine reelle, stetige, einfach unendliche Mannigfaltigkeit von Punkten der Kurve C, die vollständig durchlaufen werden kann von einem (reellen) beweglichen Punkt, der von einer gewissen Lage ausgeht und dahin zurückkehrt, wird ein *(reeller) Zug* der Kurve genannt. Es ist selbstverständlich, daß der Raum S_r ein *projektiver Raum* und nicht ein *metrischer Raum* ist, so daß die unendlich fernen Punkte ebenso behandelt werden dürfen wie die eigentlichen Punkte. Von diesem Standpunkt aus muß man sich z. B. vorstellen, daß die Hyperbel aus einem einzigen Zug besteht (er wird

---

1) Vgl. z. B. F. KLEIN, Über RIEMANNS Theorie der algebraischen Funktionen und ihrer Integrale (Leipzig 1882), S. 72; sowie RIEMANNsche Flächen II (Zweiter Abdruck), S. 131—214. Göttingen 1894.

von zwei *metrischen* Zügen gebildet, welche durch die unendlich fernen Punkte der Kurve hindurch zusammenhängen).

Die Möglichkeit, daß eine reelle (d. h. durch eine Gleichung mit reellen Koeffizienten dargestellte) Kurve keinen reellen Zug besitzt, ist nicht ausgeschlossen.[1]) Ein einfaches Beispiel dafür bildet der Kegelschnitt $x^2 + y^2 + 1 = 0$.

Wir wollen nun die RIEMANNsche Fläche R mit m übereinander liegenden ebenen oder kugelförmigen Blättern konstruieren, die das Bild von C ist; die Paarungstransformation, welche die Kurve in sich verwandelt, bewirkt eine ein-eindeutige involutorische Transformation τ der Fläche R in sich. Man könnte leicht bestätigen, daß τ nichts anderes ist als eine *konforme* und *inverse* Transformation von R in sich, d. h. eine Transformation, bei der die Größe der Winkel ungeändert bleibt, ihr Durchlaufungssinn dagegen in den entgegengesetzten verwandelt wird. (Es erfolgt also eine *Umlegung* der Winkel.) Eine Fläche, die eine derartige Transformation besitzt, wurde von KLEIN *symmetrisch* genannt.

KLEIN bewies auch umgekehrt,[2]) daß sich unter den Kurven, die einer symmetrischen Fläche entsprechen, stets eine reelle befindet, und daß die winkeltreue inverse Transformation, die auf der Fläche vorhanden ist, als das Bild der Paarung auf der Kurve angesehen werden kann. Wir wollen uns hier die Aufgabe stellen, mit Hilfe der RIEMANNschen Fläche R eine obere Grenze zu finden für die Anzahl der reellen Züge, welche die Kurve C besitzen kann. Zu dem Zweck beweisen wir zunächst den folgenden Hilfssatz:

Eine reelle algebraische Kurve C läßt sich stets durch birationale reelle Transformationen (d. h. solche, deren Koeffizienten reell sind) in eine algebraische Raum- oder Überraumkurve verwandeln, die keine reellen mehrfachen Punkte besitzt.

Es sei P ein reeller mehrfacher Punkt der gegebenen Kurve C des Raumes S_r. Mittels der einfachen linearen Schar, die außer P auf der Kurve C von den durch P gehenden Flächen (Überflächen) zweiter Ordnung ausgeschnitten wird (es möge eine $g_{m_1}^{r_1}$ sein), läßt sich C durch eine reelle birationale Transformation in eine reelle Kurve C_1 des Raumes S_{r_1} transformieren (es genügt dabei, mit Hilfe einer reellen Kollineation die Gruppen der $g_{m_1}^{r_1}$ auf die Überebenen des S_{r_1} zu beziehen, vgl. Nr. 31, S. 89). Dem Punkt P werden dann auf C_1 die mehrfachen Punkte P_1',

1) Aus diesem Grund wäre es vielleicht zweckmäßiger zu sagen *selbstkonjugierte Kurve* anstatt *reelle Kurve.*

2) KLEIN, Über RIEMANNS Theorie usw. S. 75. RIEMANNsche Flächen II, S. 133. Siehe auch SEGRE, Le rappresentazioni reali delle forme complesse e gli enti iperalgebrici. Math. Ann. **40**, 441 (1891).

$P'_2, \ldots$ entsprechen, welche bei der Transformation aus den etwa vorhandenen, in der Umgebung erster Ordnung von P liegenden, mehrfachen Punkten entstehen. Wenn sich unter den Punkten P' ein reeller Punkt befindet, so wende man, von jenem Punkte P' ausgehend, auf C_1 eine Transformation an analog derjenigen, welche soeben auf C mit dem Ausgangspunkt P angewandt wurde; in dieser Weise fahre man fort.

Da die mehrfachen Punkte, die zu einem auf einer algebraischen Kurve gegebenen Punkt unendlich benachbart liegen, in endlicher Anzahl vorhanden sind (Nr. 18, S. 52), so muß das Verfahren ein Ende haben, und es wird also gelingen, alle in der Umgebung von P liegenden reellen Singularitäten *aufzulösen*, ohne daß neue eingeführt werden. Hierauf lösen wir auch die Singularitäten auf, die sich um die anderen Punkte herum scharen, und so werden wir schließlich zu einer Kurve gelangen, die gar keine reellen Singularitäten mehr besitzt. Wenn diese Kurve einem Raum S_d angehört ($d > 3$), so erhalten wir, indem wir sie aus einem allgemein gewählten reellen S_{d-4} auf einen reellen S_3 projizieren, in diesem letzteren eine reelle Kurve ohne reelle mehrfache Punkte.

Man wird bemerken, daß die zuletzt erhaltene transformierte Kurve Γ dieselbe Anzahl von reellen Zügen besitzt wie die ursprüngliche Kurve C, weil bei jeder reellen birationalen Transformation ein Zug wieder in einen Zug übergeht. Wollen wir also die reellen Züge der Kurve C abzählen, so brauchen wir nur die Anzahl der reellen Züge der Kurve Γ zu ermitteln.

Jedem der k Züge von Γ entspricht auf R ein linearer Kreis als der Ort der Koinzidenzpunkte der involutorischen Transformation τ, die auf R vorhanden ist. Keiner der linearen Kreise, die wir dadurch auf R erhalten, hat mehrfache Punkte, weil sonst der entsprechende Zug von Γ reelle mehrfache Punkte hätte; auch können sich zwei beliebige dieser Kreise nicht treffen, weil sich sonst die beiden entsprechenden Züge von Γ in reellen mehrfachen Punkten der Kurve schneiden würden.

Wir behaupten nun, daß beim Zerschneiden von R längs $k-1$ von diesen, den reellen Zügen von Γ entsprechenden Kreisen die Fläche nicht in Stücke zerfällt. Um dies einzusehen, wollen wir zuerst den folgenden zweiten Hilfssatz beweisen:

Hat man auf einer zweiseitigen (reellen) Fläche R eine ein-eindeutige stetige involutorische Korrespondenz τ, welche eine Linie l von Koinzidenzpunkten besitzt, so entspricht einem Punkt P von R, der am einen Rand der Linie l liegt, ein Punkt P', der dem anderen Rand angehört.[1])

1) Wenn wir hier bewiesen hätten, daß die Transformation τ auf der symmetrischen Riemannschen Fläche R eine Umlegung der Winkel zur Folge hat, so würde sich der ausgesprochene Satz als unmittelbarer Zusatz daraus ergeben.

In der Tat, da die Korrespondenz in der Umgebung eines allgemein gewählten Punktes A der Linie l stetig ist, so entspricht einer Linie, die durch A geht und dort einen einfachen Punkt haben möge, eine andere Linie, die ebenfalls durch A geht und dort einen einfachen Punkt hat; d. h. zwischen den entsprechenden Richtungen (Linienelementen), die von A ausgehen und die Richtungen eines Strahlenbüschels bilden, besteht eine involutorische, nicht ausgeartete Kollineation. Diese Involution ist hyperbolisch, weil sie als Doppelelement den Strahl t besitzt, der l in A berührt, und weil sie deshalb notwendigerweise noch einen zweiten Doppelstrahl enthält. Einem Strahl des Büschels, der sich in einem bestimmten Sinne der Tangente t nähern möge, entspricht daher ein anderer Strahl, der sich der Tangente t in entgegengesetztem Sinn nähert. Bezeichnet man also mit P und P' zwei in der Umgebung des Punktes A liegende, einander entsprechende Punkte, die äußerst nahe bei l liegen, so folgt aus dem Gesagten, daß die Strahlen AP und AP' mit t zwei Winkel von entgegengesetztem Durchlaufungssinn bilden, und daß daher P und P' nicht auf derselben Seite von l liegen können.

89. Der Satz von HARNACK. Wir wenden uns nun zu dem Beweis des schon angekündigten Satzes, daß nämlich die RIEMANNsche Fläche R, von der wir in der vorigen Nummer sprachen, zusammenhängend bleibt, wenn sie aufgeschnitten wird längs $k-1$ von den Kreisen $l_1, l_2, \ldots, l_k$, die den reellen Zügen von Γ entsprechen.

Wir beginnen damit, daß wir R längs des Kreises l_1 zerschneiden. Wenn nach diesem Schnitt die Fläche R nicht mehr zusammenhängend ist, so wird sie in zwei Teile R' und R'' zerfallen sein, die längs des Schnittes l_1 aneinander grenzen. Auf Grund des bewiesenen zweiten Hilfssatzes kann keiner dieser Teile durch die Transformation τ in sich selbst übergeführt werden, weil sonst einem Punkt, der der Linie l_1 auf der einen Seite benachbart ist, ein Punkt entspräche, der ebenfalls nahe bei dieser Kurve, aber auf derselben Seite läge. Deshalb müssen die Flächen R' und R'' in der Transformation τ einander entsprechen. Daraus folgt, daß jeder der übrig bleibenden Kreise $l_2, l_3, \ldots, l_k$ gleichzeitig sowohl in R' als auch in R'' enthalten ist, daß also die beiden Teile nicht ohne Zusammenhang sind, sondern sich zu einem einzigen zusammenfügen.

Nun wollen wir R auch längs l_2 aufschneiden und annehmen, wenn dies möglich ist, daß durch diese Schnitte R in zwei Teile R' und R'' zerfalle, die längs der Linien l_1 und l_2 aneinander grenzen. Wie vorhin erkennt man, daß R' und R'' einander in der Transformation τ entsprechen müssen, und daß daher die Kreise $l_3, l_4, \ldots, l_k$ sowohl in R' als auch in R'' liegen; die beiden Teile fügen sich also wieder zu einem einzigen zusammen. In dieser Weise kann man fortfahren, bis man schließlich die Fläche R längs der Kreise $l_1, l_2, \ldots, l_{k-1}$ zerschnitten hat, ohne daß sie in Stücke zerfällt; denn wenn man wieder annähme, daß durch diese Schnitte R in zwei vermöge der Transformation τ einander entsprechende Teile R' und R'' zerfiele, so müßten diese Teile über den übrig bleibenden Kreis l_k hinüber wieder miteinander zusammenhängen.

Wenn man sich nun erinnert (Nr. 83, S. 217), daß es auf R nur p einander nicht schneidende geschlossene Kurven gibt, die die Fläche zusammen nicht zerstückeln, so ergibt sich der Schluß, daß $k - 1 \leqq p$, d. h. $k \leqq p + 1$ sein muß, oder in Worten:

Eine reelle algebraische Kurve vom Geschlecht p kann nicht mehr als $p + 1$ reelle Züge besitzen.

Nun wollen wir zeigen, daß es für jeden Wert von p auch tatsächlich reelle Kurven vom Geschlecht p mit k Zügen gibt, wo k eine beliebige ganze Zahl zwischen 0 und $p + 1$ ist.

Wir können dies auf die kürzeste Weise feststellen, wenn wir uns auf die reellen hyperelliptischen Kurven vom Geschlecht p beziehen.

Es sei $y^2 = f(x)$ eine solche Kurve, die wir C nennen wollen; dabei bedeutet (Nr. 54, S. 149) f ein Polynom mit reellen Koeffizienten, das $2p + 2$ *einfache* Wurzeln besitzt. Wir wollen zunächst die $2p + 2$ Verzweigungspunkte auf der Doppelgeraden x, auf der die Kurve C abgebildet wird, so annehmen, daß sie konjugiert komplexe Paare bilden. Dann wird für jeden reellen Wert von x die Funktion $f(x)$, abgesehen von einer multiplikativen Konstanten a, gleich dem Produkt von $p + 1$ wesentlich positiven Binomen sein; nimmt man also $a = -1$, so wird $f(x)$ für jeden reellen Wert von x negativ, und somit besitzt die Kurve C keinen reellen Zug ($k = 0$).

Nun wollen wir die Verzweigungspunkte so wählen, daß $2p$ unter ihnen konjugiert komplexe Paare bilden und die beiden übrigen, a_1 und a_2, reell sind ($a_2 > a_1$). Dann kann man setzen

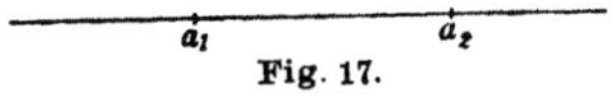

Fig. 17.

$$f(x) = \varphi(x)(x - a_1)(x - a_2),$$

wo $\varphi(x)$ für jeden reellen Wert von x wesentlich positiv ist. Jedem reellen Punkt x der Geraden (Fig. 17), der links von a_1, a_2 liegt ($x < a_1$), entsprechen zwei reelle Punkte von C; und dasselbe gilt auch für jeden Punkt x, der rechts von a_1, a_2 liegt ($x > a_2$). Jedem Punkt x zwischen a_1 und a_2 ($a_1 < x < a_2$) entsprechen dagegen zwei imaginäre Punkte von C. Andererseits durchlaufen die Punkte von C, die den Punkten x des Halbstrahls links von a_1 entsprechen, einen und denselben reellen Zug von C; denn sobald der veränderliche Punkt x in a_1 liegt, fallen die beiden entsprechenden Punkte auf C in einen *einfachen* Punkt der Kurve zusammen (Nr. 54). In ähnlicher Weise entspricht den Punkten x auf dem Halbstrahl rechts von a_2 ein reeller Zug der Kurve C. Da nun die beiden Zweige (Zyklen), mit denen die Kurve C durch den unendlich fernen Punkt der y-Achse hindurchgeht, zueinander konjugiert sind in der g_2^1, die das Bild der Doppelgeraden ist (Nr. 54, S. 150), so werden sie jedem der beiden oben erhaltenen reellen Züge angehören; diese müssen also durch den unendlich fernen Punkt hindurch sich zu einem einzigen zusammenfügen ($k = 1$).

Nun mögen die Verzweigungspunkte so gewählt werden, daß $2p + 2 - 2k$ $(0 < k \leqq p + 1)$ unter ihnen konjugiert komplexe Paare bilden, und daß die übrigen $2k$ Punkte $a_1, a_2, \ldots, a_{2k}$ reell sind $(a_1 < a_2 < a_3 \ldots < a_{2k})$. Man kann dann setzen

$$f(x) = \varphi(x)(x - a_1)(x - a_2) \ldots (x - a_{2k}),$$

Fig. 18.

wo $\varphi(x)$ für ein reelles x wesentlich positiv wird, das übrig bleibende Produkt auf dem Halbstrahl links von a_1, in den Abschnitten $a_2 a_3$, $a_4 a_5$, $\ldots$ $a_{2k-2} a_{2k-1}$ und in dem Halbstrahl rechts von a_{2k} positiv ist, in den Abschnitten $a_1 a_2$, $a_3 a_4$, $a_5 a_6$, $\ldots$ $a_{2k-1} a_{2k}$ aber das negative Vorzeichen hat (Fig. 18). Den beiden genannten Halbstrahlen entsprechen zwei Züge, welche wieder durch das Unendliche hindurch zusammenhängen, und jedem der Abschnitte $a_2 a_3$, $a_4 a_5$, $\ldots$, $a_{2k-2} a_{2k-1}$ entspricht ein einziger (geschlossener) Zug, weil die beiden reellen Punkte von C, die einem beispielsweise zwischen a_2 und a_3 veränderlichen Punkt x entsprechen, in einen einfachen Punkt von C zusammenfallen, der dem Punkt a_2 entspricht, und in einen anderen einfachen Punkt, der dem Punkt a_3 entspricht.

Wir erhalten also im ganzen k Züge, unter denen sich $k - 1$ (einander ausschließende) Ovale befinden, während der letzte ein offener Zug ist, der von zwei *metrisch* verschiedenen Zügen gebildet wird. Wir gelangen somit zu dem Satze:

Für jeden Wert des Geschlechts p gibt es reelle Kurven vom Geschlecht p mit 0, 1, 2, $\ldots$, p, $p + 1$ *reellen Zügen.*

Der Satz über die obere Grenze für die Anzahl der reellen Züge, welche eine reelle Kurve vom Geschlecht p besitzen kann, stammt von A. Harnack (Math. Ann. **10**, 189 (1876)); er hat ihn auf algebraisch-geometrischem Wege bewiesen, wobei er in weitgehendem Maße das Stetigkeitsprinzip heranzog. Den Beweis für die Tatsache, daß die obere Grenze $p + 1$ wirklich erreicht werden kann, verdanken wir F. Schottky (Über die konforme Abbildung mehrfach zusammenhängender Flächen, Dissertation, Berlin 1875; vgl. auch

Journ. f. Math. **83**, 300 (1877) und HARNACK (a. a. O.)). Andere wichtige Ergebnisse, die sich auf Realitätsfragen bei algebraischen Kurven beziehen, finden sich in den angeführten Werken von F. KLEIN (vgl. auch Math. Ann. **10**, 199 (1876)) und in den Arbeiten von D. HILBERT (siehe vor allem Math. Ann. **38**, 115 (1890)), W. van DYCK, A. BRILL u. a. (Math. Ann. **16**, 388 (1879) und **32**, 457 (1888)). Der Begriff des reellen Zugs einer Kurve und die damit zusammenhängenden elementaren Eigenschaften wurden von PLÜCKER, MÖBIUS und v. STAUDT aufgestellt. Wir haben uns hier darauf beschränkt, nur eine der wichtigeren Eigenschaften zu behandeln, die mit der Realität der algebraischen Kurven zusammenhängen. Dabei haben wir versucht, die Entwicklung dem allgemeinen Plane dieser Vorlesungen möglichst anzupassen.

Achtes Kapitel.

ABELsche Integrale.

§ 1. Klassifikation und Eigenschaften der ABELschen Integrale.

90. Definitionen. Klassifikation der ABELschen Integrale nach ihren Singularitäten. Das Integral einer rationalen Funktion $\varphi(z, u)$ eines Punktes, der auf der RIEMANNschen Fläche R (oder auf der Kurve $f = 0$) beweglich ist, wird ein *ABELsches Integral* genannt. Ein derartiges Integral pflegt man mit dem Symbol

$$\int_{(z_0, u_0)}^{(z_1, u_1)} \varphi(z, u)\, dz$$

zu bezeichnen, wo (z_0, u_0) und (z_1, u_1) die Grenzpunkte der Integration sind, die man sich auf R längs eines von (z_0, u_0) nach (z_1, u_1) führenden Weges ausgeführt zu denken hat. Wegen der Bedeutung dieses Symbols möge man noch einmal nachlesen, was in Nr. 85 (S. 222) über die Definition der Residuen ausgeführt wurde.

Es möge nun ein Punkt $P(a, b)$ der Fläche R und ein gewisser Bereich um diesen Punkt herum betrachtet werden. Wir haben dann in diesem Bereich eine Reihenentwicklung der Funktion φ, und die Entwicklung des Integrals $\int \varphi\, dz$, genommen von einem festen Punkt (z_0, u_0) des Bereichs bis zu einem darin veränderlichen Punkt (z, u) (d. h. also die Entwicklung des *unbestimmten* Integrals in dem betrachteten Bereich) wird erhalten, wenn man die Reihe, welche die Werte von φ liefert, Glied für Glied integriert. Wenn daher die Entwicklung von φ keine Glieder in $\frac{1}{z-a}$ (oder in $\frac{1}{z}$, falls P ein unendlich ferner Punkt sein sollte) enthält, so wird die Integration zu einer Entwicklung führen, die einzig und allein nach Potenzen des Arguments fortschreitet; wenn dagegen die Entwicklung von φ das Glied mit $\frac{1}{z-a}$ $\left(\text{oder mit } \frac{1}{z}\right)$ enthält, so wird durch die Integration das Glied $\log(z-a)$ (bzw. $\log z$) eingeführt. Im ersten Fall bemerkt man außerdem, daß die Entwicklung des Integrals nur eine endliche Anzahl negativer Potenzen von $z - a$ (bzw. positiver Potenzen von z) enthalten wird, so daß es sich um eine polare Singularität handelt.

Ein ABELsches Integral kann demnach auf der Fläche R nur zwei Arten von singulären Punkten (in denen es unendlich wird) besitzen, nämlich *Punkte mit polarer Singularität* und *Punkte mit logarithmischer Singularität.*

Wenn das Integral nur polare Singularitäten besitzt (d. h. wenn es nur algebraisch unendlich wird), so nennt man es ein *Integral zweiter Gattung;* wenn es auch logarithmisch unendlich wird, so wird es ein *Integral dritter Gattung* genannt. Wir werden später sehen, daß es auch ABELsche Integrale geben kann, die auf der RIEMANNschen Fläche allenthalben endlich sind (ohne konstant zu sein); derartige Integrale, die besondere Fälle von denen zweiter Gattung sind, werden *Integrale erster Gattung* genannt. Damit das ABELsche Integral, zu dem die Funktion φ Anlaß gibt, von der zweiten Gattung sei, ist es notwendig, daß die Funktion φ in jedem Punkt der RIEMANNschen Fläche das Residuum Null habe, und *folglich wird der Wert des Integrals zweiter Gattung* $\int \varphi\, dz$ *längs eines beliebigen zu Null homologen Kreises gleich Null sein.*

Diese Eigenschaft läßt sich umkehren; d. h. ein ABELsches Integral, das längs jeder auf einen Punkt zusammenziehbaren geschlossenen Kurve den Wert Null hat, ist von der zweiten Gattung, weil der Integrand (die Funktion φ) in jedem Punkt das Residuum Null hat.

Die Integrale zweiter Gattung lassen sich demnach auch definieren als diejenigen, die längs jedes zu Null homologen Kreises den Wert Null liefern.

Der Begriff des ABELschen Integrals ist offenbar gegenüber den birationalen Transformationen invariant; überdies geht bei einer birationalen Transformation der Kurve ein ABELsches Integral in ein anderes *derselben Gattung* über. Dies folgt ohne weiteres aus den gegebenen Definitionen.

91. Periodizität der ABELschen Integrale. Zyklische und polare Perioden. Ein Integral zweiter Gattung, das längs eines zu Null homologen Kreises berechnet wird, liefert den Wert Null; berechnet man jedoch den Wert des Integrals längs eines geschlossenen Weges, der sich nicht auf einen Punkt zusammenziehen läßt, so kann dies im allgemeinen nicht behauptet werden.

Es ist überdies leicht zu bestätigen, daß *ein ABELsches Integral, welches längs jedes Kreises den Wert Null liefert (auch wenn der Kreis nicht auf einen Punkt zusammengezogen werden kann), nichts anderes als eine rationale Funktion ist.* In der Tat erweist sich bei der gemachten Voraussetzung der Wert des Integrals $\int_{(z_0,\, u_0)}^{(z,\, u)} \varphi(z, u)\, dz$ als unabhängig von dem

Integrationsweg, der zu durchlaufen ist, wenn man von (z_0, u_0) nach (z, u) gelangen will; denn wenn man (Fig. 19) mit σ und σ' zwei verschiedene Wege bezeichnet, die von (z_0, u_0) nach (z, u) führen, so hat man

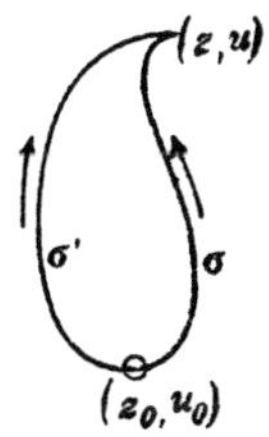

Fig. 19.

$$\int_{\sigma-\sigma'} \varphi\, dz = \int_{\sigma} \varphi\, dz - \int_{\sigma'} \varphi\, dz = 0,$$

da ja der Weg $\sigma - \sigma'$ *geschlossen* ist.

Betrachtet man also das Integral als Funktion seiner oberen Grenze, so erhält man eine eindeutige Funktion des auf R beweglichen Punktes, die nur mit polaren Singularitäten ausgestattet ist; eine derartige Funktion muß daher in (z, u) rational sein (Nr. 85, S. 225).

Man beachte, daß die rationalen Funktionen tatsächlich als ABELsche Integrale (zweiter Gattung) betrachtet werden können. So ist z. B. die rationale Funktion $\varphi(z, u)$ nichts anderes als das ABELsche Integral, zu dem die rationale Funktion

$$\frac{d\varphi}{dz} = \frac{\partial \varphi}{\partial z} + \frac{\partial \varphi}{\partial u}\frac{du}{dz} = \frac{\frac{\partial \varphi}{\partial z}\frac{\partial f}{\partial u} - \frac{\partial \varphi}{\partial u}\frac{\partial f}{\partial z}}{\frac{\partial f}{\partial u}}$$

Anlaß gibt.

Es möge sich nun um ein beliebiges Integral zweiter Gattung $\int \varphi\, dz$ handeln; wir wollen auch hier mit σ, σ' zwei Wege bezeichnen, die von (z_0, u_0) nach (z, u) führen. Wenn diese beiden Wege unter Festhaltung der Endpunkte des Integrationswegs ineinander übergeführt werden können, d. h. wenn der geschlossene Weg $\sigma - \sigma'$ auf einen Punkt zusammengezogen werden kann, so wird auch hier wieder

$$\int_{\sigma-\sigma'} \varphi\, dz = \int_{\sigma} \varphi\, dz - \int_{\sigma'} \varphi\, dz = 0$$

sein. Wenn man sich nun erinnert, daß auf der RIEMANNschen Fläche R, die mittels der gewöhnlichen Randlinie K in eine einfach zusammenhängende Fläche R' verwandelt wurde, jeder geschlossene Weg durch stetige Deformation auf einen Punkt zusammengezogen werden kann, so ergibt sich der Schluß, daß *auf der (von der Randlinie K begrenzten) RIEMANNschen Fläche R' ein beliebiges Integral zweiter Gattung eine eindeutige Funktion ist.*

Was ergibt sich nun, wenn man den oberen Grenzpunkt (z, u) des Integrationswegs vollständig frei auf der Fläche R wandern läßt, ohne die Einschränkung hinzuzufügen, daß er die Randlinie K nicht überschreiten soll?

Zwei Wege σ, σ' von (z_0, u_0) nach (z, u) werden dann nicht notwendig ineinander überführbar sein; deshalb wird der geschlossene Weg

$\sigma - \sigma'$ zu einer linearen Kombination der $2p$ Fundamentalkreise (Querschnitte) $A_1, B_1; A_2, B_2; \ldots; A_p, B_p$ homolog sein; d. h. es wird sein

$$\sigma - \sigma' \sim \sum_{h=1}^{p}(m_h A_h + n_h B_h),$$

wobei die Buchstaben m und n positive oder negative ganze Zahlen oder auch Null bedeuten.

Man hat demnach

$$\tau = \sigma - \sigma' - \sum_{h=1}^{p}(m_h A_h + n_h B_h) \sim 0, \tag{1}$$

und folglich gibt das über den Kreis τ erstreckte Integral den Wert Null. Nun erinnern wir uns, daß auf Grund der Definitionen der Nr. 84 (S. 218) der Kreis τ zusammengesetzt ist aus dem Kreis $\sigma - \sigma'$ und aus Vielfachen der Kreise A_h, B_h, die untereinander durch Linien verbunden sind, welche das eine Mal in der einen, das andere Mal in der entgegengesetzten Richtung zu durchlaufen sind.

Bezeichnen wir daher mit a_h und b_h die Werte, welche das Integral längs der Kreise B_h und A_h annimmt, so erhalten wir

$$\int_\sigma \varphi\, dz = \int_{\sigma'} \varphi\, dz + \sum_{h=1}^{p}(n_h a_h + m_h b_h).$$

Die Konstanten a_h und b_h nennt man *zyklische Perioden* des betrachteten Integrals längs der Querschnitte B_h und A_h; „zyklisch" um daran zu erinnern, daß sie von wirklichen *Kreisen* der RIEMANNschen Fläche (die nicht homolog zu Null sind) herrühren. Eine passendere, aber nicht so kurze und deshalb weniger gebräuchliche Bezeichnung ist das Wort *Periodizitätsmoduln*.

Man kann das Ergebnis unserer Überlegung in folgendem Satz aussprechen:

Die möglichen Werte, welche ein ABELsches Integral zweiter Gattung (und im besonderen auch ein solches erster Gattung) in einem beliebigen Punkt der RIEMANNschen Fläche annehmen kann, erhält man alle aus einem von ihnen, wenn man eine beliebige lineare Kombination der $2p$ zyklischen Perioden (Periodizitätsmoduln) mit ganzzahligen positiven oder negativen Koeffizienten hinzufügt.

Nun wollen wir den Fall des Integrals dritter Gattung untersuchen. Der Wert des Integrals $\int \varphi\, dz$, das über einen zu Null homologen Kreis τ erstreckt wird, wird dann nicht notwendig Null sein. Wenn man, um den Kreis auf Null zu reduzieren, eine gewisse Anzahl von Punkten überschreiten muß, in denen die Funktion φ die von Null verschiedenen Residuen $r_1, r_2, \ldots$ haben möge, so läßt sich dieser Kreis als eine Summe von Vielfachen der Kreise betrachten, welche die Umgebungen dieser Punkte begrenzen, und folglich wird der Wert des Integrals längs τ gleich $2\pi i \sum q_k r_k$ sein, wo $q_1, q_2, \ldots$ positive oder negative ganze Zahlen oder auch Null bedeuten.

Die Homologie (1) gibt uns dann die Gleichung

$$\int_\sigma \varphi\, dz = \int_{\sigma'} \varphi\, dz + \sum_{h=1}^{p} (n_h a_h + m_h b_h) + 2\pi i \sum_{k=1}^{t} q_k r_k,$$

in der a_h und b_h wiederum die (*zyklischen*) *Perioden* des Integrals dritter Gattung $\int \varphi\, dz$ längs B_h und A_h bedeuten, während $2\pi i r_1$, $2\pi i r_2$, $\ldots$, $2\pi i r_t$ die *polaren Perioden* des Integrals sind (d. h. die Perioden, welche von den Polen des Integranden φ herrühren). Es ergibt sich somit:

Die Werte, die ein Integral dritter Gattung in einem Punkt annimmt, werden alle erhalten, wenn man zu einem von ihnen lineare Kombinationen der zyklischen und der polaren Perioden mit ganzzahligen Koeffizienten hinzufügt.

Es ist leicht zu beweisen, daß *zwischen den polaren Perioden* $2\pi i r_1$, $2\pi i r_2$, $\ldots$, $2\pi i r_t$ *die Beziehung* $\sum r_k = 0$ *besteht.*

Zum Beweis betrachten wir den zu Null homologen Kreis, der entsteht, wenn man die Nullkreise zueinander addiert, welche die Umgebungen der t Punkte begrenzen, in denen die Funktion φ von Null verschiedene Residuen hat (unter diesen kann auch ein unendlich ferner Punkt sein). Wenn man sich an die in eine Kugel transformierte Riemann-Fläche R' erinnert, so sieht man leicht, daß dieser Kreis, da er *alle* oben genannten t Punkte umschlingt, auf einen Punkt zusammengezogen werden kann, ohne einen von ihnen zu überschreiten. Daraus folgt aber ohne weiteres, daß $2\pi i \sum r_k = 0$ ist.

Die dargelegten Eigenschaften über die möglichen Singularitäten und über die (durch eine gewisse Anzahl von zyklischen und polaren Perioden verursachte) Vieldeutigkeit *sind charakteristisch für die Abelschen Integrale.*

In der Tat, es sei J eine mehrdeutige Funktion eines auf der Riemannschen Fläche R beweglichen Punktes, welche mit den genannten Eigenschaften behaftet ist. Der Zuwachs, den die Funktion J erfährt, wenn man von einem Punkt P zu einem unendlich benachbarten Punkt P' übergeht, ist von den Perioden *unabhängig*, d. h. er bleibt derselbe, welches auch der Wert von J sei, mit dem man in P ankommt. Infolgedessen wird die Ableitung $\frac{dJ}{dz}$ eine *eindeutige* Funktion sein, die in der ganzen

Ebene nur polare Singularitäten besitzt (weil bei der Ableitung die logarithmischen Singularitäten verschwinden), d. h. sie ist eine rationale Funktion von (z, u). Somit ist J ein ABELsches Integral.

§ 2. Integrale erster Gattung.

92. Grundlegende Ungleichung zwischen den reellen und den imaginären Teilen der Perioden eines Integrals erster Gattung. Wir wollen unsere Aufmerksamkeit auf die m-blättrige RIEMANNsche Fläche R richten. Man kann dann *den positiven Sinn der Randlinie* K auf diesem Modell genau und eindeutig festlegen. Zunächst ist es klar,

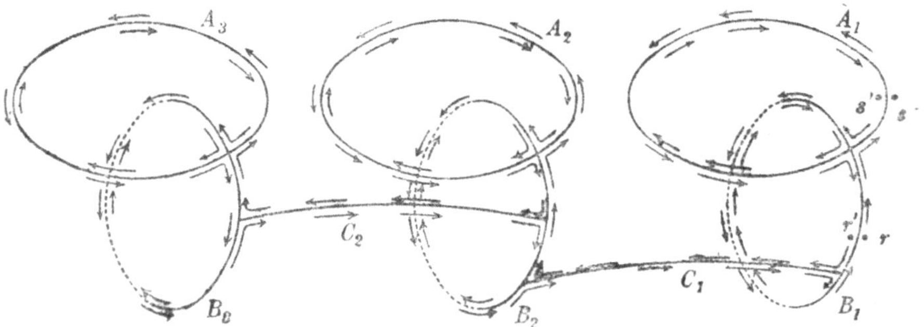

Fig. 20.

wie man die Randlinie K auf dem betrachteten Modell zu konstruieren hat; man darf nur die stetige Transformation verfolgen, welche zu derjenigen invers ist, deren wir uns beim Übergang von der m-blättrigen Fläche zu der Kugel mit p Henkeln bedient hatten. Mit bezug auf jedes Blatt, das mit dem folgenden durch k_i Übergangslinien verbunden sein möge, haben wir $k_i - 1$ Kreise A, die auf dem betrachteten Blatt ebensoviele Übergangslinien umschlingen; ferner $k_i - 1$ Kreise B, welche von einem Punkt eines Kreises A zu demselben Punkt zurückführen, indem sie über die k_i^{te} Linie hinüber auf das folgende Blatt übergehen, und endlich den Rückweg auf das ursprüngliche Blatt, wobei die Übergangslinie überschritten wird, um welche sich der betrachtete Kreis A herumwindet. Die Rückkehrschnitte (A, B) werden dann mittels der Linien C kettenförmig verbunden sein, wie es die für den Fall $p = 3$ entworfene schematische Fig. 20 andeutet. (In dieser Figur ist bei jedem Schnitt B der eine Teil voll ausgezogen, der andere gestrichelt, je nachdem er dem einen oder dem anderen der beiden Blätter angehört, welche der Schnitt B durchkreuzt.)

Auf jedem der Blätter wird ein positiver Sinn festgelegt, *in Übereinstimmung* mit dem auf der Ebene z durch die unabhängige Veränderliche festgelegten Drehungssinn; er führt von der rechten zur linken

Hand, falls die Achsen die übliche gegenseitige Lage haben. Wird nun auf demjenigen Ufer des Schnittes B_1, an welchem der Schnitt C_1 nicht einmündet, ein Punkt r angenommen, so beginne man damit, eben dieses Ufer im positiven Sinn zu durchlaufen und setze von hier aus diese Wanderung stetig fort, bis die ganze Randlinie K durchlaufen ist, wie es die Pfeile andeuten. Auf diese Weise wird an jedem Ufer der Schnitte (d. h. für jedes Element der Randlinie) der Durchlaufungssinn definiert, den wir für diese Randlinie als positiv annehmen wollen. Nach dieser Feststellung betrachten wir nun ein Integral J erster Gattung, das der vorgelegten RIEMANNschen Fläche angehört; wir denken uns diese längs der Randlinie K aufgeschnitten (um die in Nr. 83 definierte einfach zusammenhängende Fläche R' zu erhalten), so daß also J eine allenthalben endliche *eindeutige* Funktion sein wird. Durch die Funktion J sind zwei reelle eindeutige, ebenfalls in jedem Punkt von R endliche Funktionen U und V bestimmt, so daß $J = U + iV$ ist (U ist der reelle Teil, iV der imaginäre Teil von J). Wir wollen mit a_h und b_h die Perioden von J längs der *im positiven Sinn durchlaufenen Kreise* B_h und A_h bezeichnen. Es fragt sich nun, welche Bedeutung a_h und b_h haben in bezug auf die eindeutige Funktion J, die auf der Fläche R' definiert ist. Wir wollen zunächst sehen, was die Bedeutung von a_1 und b_1 ist. Wenn man (Fig. 20) vom Punkt r zum Punkt r' geht und dabei dem Kreis A_1 (im positiven Sinne) folgt, so nimmt das Integral J um b_1 zu; für die durch J definierte eindeutige Funktion erhält man also:

$$J(r') - J(r) = b_1.$$

In ähnlicher Weise ergibt sich

$$J(s) - J(s') = a_1,$$

weil man, um von s nach s' zu gelangen, den Kreis B_1 im negativen Sinn durchlaufen muß.

Setzt man
$$a_h = a'_h + i a''_h, \quad b_h = b'_h + i b''_h,$$
so ergibt sich sofort

$$U(r') - U(r) = b'_1, \quad V(r') - V(r) = b''_1,$$
$$U(s) - U(s') = a'_1, \quad V(s) - V(s') = a''_1.$$

Was die Wertdifferenzen anbetrifft, die die eindeutige Funktion J (und folglich auch die Funktionen U und V) in zwei an entgegengesetzten Ufern einer Linie C einander gegenüber liegenden Punkten aufweist, so sieht man leicht, daß sie Null sind, weil zwei solche Punkte durch einen zu Null homologen Kreis verbunden werden können. (Man kann z. B. den Kreis nehmen, der längs der Randlinie K von einem Punkt zum andern führt, weil die entsprechenden Elemente auf dem einen und dem andern Ufer in entgegengesetztem Sinne durchlaufen werden.)

Nun erinnern wir mit RIEMANN an die Ungleichung

$$\int_K U\,dV > 0$$

(K im positiven Sinn durchlaufen), welche leicht aus dem GREENschen Satze[1]) folgt.

Der Beitrag zu diesem Integral, der von demjenigen Teile geliefert wird, der sich auf ein unendlich kleines Bogenstückchen der Randlinie K an der Stelle r bezieht, sei

$$U(r)\,dV;$$

diesem Beitrag können wir den Beitrag zugesellen, der sich auf ein unendlich kleines Bogenstück bezieht, das seinen Sitz in dem am entgegengesetzten Ufer gegenüberliegenden Punkt r' hat. Der absolute Wert des Zuwachses, den die Funktion V in beiden Fällen erleidet, ist offenbar derselbe; nur das Zeichen des Zuwachses ist verschieden, weil das Bogenelement bei der Berechnung des Integrals im ersten Fall im einen Sinn, im zweiten Fall dagegen im entgegengesetzten Sinn zu durchlaufen ist. Wir erhalten also als Ausdruck für den Beitrag, der vom Element r' herrührt:

$$-\,U(r')\,dV = -\,(U(r) + b_1')\,dV.$$

Die beiden betrachteten Elemente liefern also zum Integral zusammen den Beitrag

$$U(r)\,dV - U(r')\,dV = -\,b_1'\,dV.$$

Bilden wir die Summe dieser Beitragspaare für alle Elemente der beiden Ufer des Schnittes B_1, so erhalten wir als gesamten Beitrag

$$-\,b_1' \int_{B_1} dV = -\,b_1' a_1''.$$

In ähnlicher Weise wollen wir zu dem Beitrag $U(s)\,dV$, den ein Bogenelement liefert, das an der Stelle s liegt, den Beitrag $-\,U(s')\,dV$ hinzufügen, der von einem Bogenelement an der Stelle s' herrührt. Es ergibt sich

$$-\,U(s')\,dV = -\,(U(s) - a_1')\,dV,$$

und deshalb bekommen wir als Summe der beiden zusammen genommenen Beiträge den Wert $a_1'\,dV$. Erstreckt man die Summierung über alle Elemente von A_1, so erhält man

$$a_1' \int_{A_1} dV = a_1' b_1''.$$

---

1) Siehe z. B. É. PICARD, Traité d'Analyse, Bd. 2, S. 432 und 451 (1905), und APPELL et GOURSAT, a. a. O. Nr. 69, S. 145. Der Satz selbst findet sich bei RIEMANN, Ges. Werke S. 125 (1. Aufl.). Vgl. auch H. STAHL, Theorie der ABELschen Functionen (Leipzig 1896) S. 114.

Der erste Rückkehrschnitt liefert also zu dem Wert des Integrals den Beitrag $a_1'b_1'' - a_1''b_1'$. Im ganzen erhalten wir

$$\int\limits_K U\,dV = \sum_{h=1}^{p}(a_h'b_h'' - a_h''b_h').$$

Wir gelangen also schließlich zu der *grundlegenden Ungleichung von* RIEMANN

(1) $$\sum_{h=1}^{p}(a_h'b_h'' - a_h''b_h') > 0.$$

Diese Ungleichung schließt die Gleichheit aus, wofern sich die Funktion $J = U + iV$ nicht auf eine Konstante reduziert (in welchem Fall die Periodizitätsmoduln a_h und b_h alle gleich Null sind). Wenn alle Periodizitätsmoduln des Integrals erster Gattung reell oder rein imaginär wären, oder wenn alle a_h oder alle b_h gleich Null wären, so würde die Ungleichung in eine Gleichung übergehen; man schließt deshalb, *daß ein Integral erster Gattung, für welches alle Periodizitätsmoduln reell oder rein imaginär sind, oder für das sämtliche Perioden a_h oder alle b_h gleich Null sind, sich auf eine Konstante reduziert.*

Aus der Ungleichung (1) ergibt sich mit Leichtigkeit eine obere Grenze für die Anzahl der linear unabhängigen Integrale erster Gattung. Wenn $I_1, I_2, I_3, \ldots$ *Integrale erster Gattung* sind, die zu einer RIEMANNschen Fläche gehören, so sagt man, sie seien *linear unabhängig*, wenn eine lineare Kombination

$$\lambda_1 I_1 + \lambda_2 I_2 + \lambda_3 I_3 + \cdots$$

mit konstanten, nicht sämtlich verschwindenden Koeffizienten sich niemals auf eine Konstante reduziert.

Damit dies zutrifft, ist es offenbar notwendig und hinreichend, daß eine analoge lineare Kombination der rationalen Integranden niemals identisch Null wird (d. h. daß sie niemals für alle Punkte von R verschwindet).

Nun behaupten wir, daß *die Anzahl r der linear unabhängigen Integrale erster Gattung, die zu einer* RIEMANN*schen Fläche vom Geschlecht p gehören, nicht größer als das Geschlecht sein kann.*

Zum Beweis bezeichnen wir mit $a_h^{(j)}$, $b_h^{(j)}$ $(h = 1, \ldots, p)$ die zyklischen Perioden des Integrals I_j und suchen, wenn es möglich ist, ein Integral erster Gattung $\lambda_1 I_1 + \lambda_2 I_2 + \cdots + \lambda_r I_r$ zu konstruieren, dessen Perioden a alle gleich Null sind. Zu diesem Zweck wird es nötig sein, die λ_j so zu bestimmen, daß die Gleichungen

$$\lambda_1 a_h^{(1)} + \lambda_2 a_h^{(2)} + \cdots + \lambda_r a_h^{(r)} = 0 \qquad (h = 1, 2, \ldots, p)$$

befriedigt sind. Wenn nun $r > p$ wäre, so würden in dieser Gleichung mindestens $r - p$ von den Größen λ_j willkürlich bleiben, und man könnte ihnen daher von Null verschiedene Werte beilegen. Es würde also ein Integral von der Form $I = \lambda_1 I_1 + \lambda_2 I_2 + \cdots + \lambda_r I_r$ geben, in dem nicht alle Werte der λ_j verschwänden, und für das die Perioden a gleich Null wären; es müßte also I eine Konstante sein. Dies widerspricht aber der Annahme, daß die Integrale $I_1, I_2, \ldots, I_r$ voneinander unabhängig seien.

93. Form und Anzahl der Abelschen Integrale erster Gattung. Wir machen uns nun an die Aufgabe, die wirkliche Anzahl der zu der Kurve $f(z, u) = 0$ vom Geschlecht p gehörigen Abelschen Integrale erster Gattung zu bestimmen und die (notwendige und hinreichende) Form eines Integrals erster Gattung festzustellen.

Es sei $\varphi(z, u) = 0$ eine Kurve $(m-3)^{\text{ter}}$ Ordnung, die zu der Kurve f von der Ordnung m adjungiert ist. Bezüglich der Kurve f behalten wir die in Nr. 80 (S. 204) gemachten Voraussetzungen bei, die dahin gehen, daß die Kurve nur einzelne gewöhnliche Doppelpunkte besitze, daß die Achsen in bezug auf f eine allgemeine Lage haben und daß f von der unendlich fernen Geraden in m verschiedenen Punkten geschnitten werde. Nach dieser Vorbemerkung betrachten wir das Abelsche Integral

$$(2) \qquad \int \frac{\varphi(z, u)}{f'_u} dz.$$

Wir behaupten, daß *dies ein Integral erster Gattung ist.* Um dies zu beweisen, haben wir zu untersuchen, wie es sich in den Polen der rationalen Funktion $\frac{\varphi}{f'_u}$ und in den m unendlich fernen Punkten der Kurve f verhält.

Wir wollen zunächst die unendlich fernen Punkte erledigen. Die Kurve $f'_u = 0$, die Polare des unendlich fernen Punktes der u-Achse in bezug auf die Kurve $f = 0$, ist von der Ordnung $m-1$, aber von *keiner kleineren* (weil sonst der unendlich ferne Punkt der u-Achse auf f läge), und sie geht durch keinen der unendlich fernen Punkte von f (weil sonst eine Asymptote von f parallel zur u-Achse wäre oder f die uneigentliche Gerade berühren würde). Nun transformieren wir die rationale Funktion $\frac{\varphi}{f'_u}$, indem wir homogene Koordinaten einführen $\left(z = \frac{z_1}{z_0},\ u = \frac{z_2}{z_0}\right)$. Man erhält dann im Zähler ein Polynom, das den Faktor z_0^2 enthält; folglich stellt der gleich Null gesetzte Zähler eine Kurve dar, die in jedem der unendlich fernen Punkte von f mit dieser Kurve die Schnittpunktsmultiplizität 2 (oder eine größere) hat; der gleich Null gesetzte Nenner dagegen gibt eine Kurve, die in den genannten Punkten mit f die Schnittpunktsmultiplizität Null hat. Erinnern wir uns nun an den in Nr. 86 aufgestellten Satz (S. 228), so ergibt sich, daß $\frac{\varphi}{f'_u}$ in jedem unendlich fernen Punkt von f einen Nullpunkt von mindestens zweiter Ordnung besitzt.

Die Entwicklung von $\frac{\varphi}{f'_u}$ in der Umgebung eines dieser unendlich fernen Punkte wird also nach steigenden Potenzen von $\frac{1}{z}$ fortschreiten, und die niederste in ihr vorkommende Potenz wird $\left(\frac{1}{z}\right)^2$ sein. Daraus folgt, daß das Integral (2) in dem betrachteten Punkt einen Nullpunkt von mindestens der ersten Ordnung besitzt.

Untersuchen wir nun die Pole der Funktion $\frac{\varphi}{f'_u}$. Diese Pole haben wir unter den Punkten zu suchen, welche den Kurven $f=0$ und $f'_u=0$ gemeinsam sind, d. h. also

1. unter den Berührungspunkten der Tangenten, die von dem unendlich fernen Punkt der u-Achse an die Kurve $f=0$ gelegt werden können,

2. unter den Doppelpunkten von f.

Was die Punkte der ersten Klasse anbetrifft, so sieht man sofort, daß in ihnen das Integral (2) endlich bleibt. Man hat nämlich

$$\int \frac{\varphi(z,u)}{f'_u}\,dz = -\int \frac{\varphi(z,u)}{f'_z}\,du,$$

und der Integrand der rechten Seite dieser Gleichung bleibt in jedem der erwähnten Punkte endlich, weil sonst $f'_u=f'_z=0$ wäre und es sich also um einen Doppelpunkt der Kurve f handeln würde. Zu demselben Schluß käme man durch Anwendung des Satzes der Nr. 86.

Durch einen Doppelpunkt P der Kurve $f=0$ geht die Kurve $f'_u=0$ einfach hindurch, wiederum wegen der allgemeinen Lage der Achsen; folglich hat sie mit jedem der von P ausgehenden Zweige von f die Schnittpunktsmultiplizität 1. Da nun φ zu f adjungiert ist, so ist ihre Schnittpunktsmultiplizität mit diesen Zweigen mindestens gleich 1, und folglich hat die Funktion $\frac{\varphi}{f'_u}$ *in jedem der beiden Punkte* der RIEMANNschen Fläche R, welche einem Doppelpunkt P entsprechen, einen regulären Punkt (der auch ein Nullpunkt sein kann). Das Integral (2) bleibt demnach in diesen Punkten endlich. Es ergibt sich also, daß das Integral (2) auf der Fläche R allenthalben endlich ist, d. h. daß es sich um ein Integral erster Gattung handelt. Den p linear unabhängigen adjungierten Kurven $(m-3)^{\text{ter}}$ Ordnung entsprechen p linear unabhängige Integrale erster Gattung; da wir nun schon gesehen haben, daß die Anzahl r der unabhängigen Integrale erster Gattung nicht größer als p sein kann (s. die vorhergehende Nummer), so ergibt sich, daß gerade $r=p$ ist.

Wir gelangen also zu dem Satz:

Eine Kurve $f(z, u) = 0$ von der Ordnung m und dem Geschlecht p besitzt genau p linear unabhängige ABELsche *Integrale erster Gattung. Wenn $\varphi_1(z, u) = 0$, $\varphi_2(z, u) = 0$, ..., $\varphi_p(z, u) = 0$ p linear unabhängige, zu f adjungierte Kurven $(m-3)^{ter}$ Ordnung sind, so hat jedes Integral erster Gattung die Form*

$$\lambda_1 \int \frac{\varphi_1(z, u)}{f'_u} dz + \lambda_2 \int \frac{\varphi_2(z, u)}{f'_u} dz + \cdots + \lambda_p \int \frac{\varphi_p(z, u)}{f'_u} dz + \text{const.}$$

Bemerkung. Um zu diesem Satz zu gelangen, ist es gar nicht einmal notwendig, die Anzahl der unabhängigen zu f adjungierten Kurven $(m-3)^{ter}$ Ordnung genau zu kennen; es genügt einfach zu beweisen, daß diese Zahl nicht kleiner als p ist, denn dann hat man einerseits für die Zahl r der unabhängigen Integrale erster Gattung die Ungleichung $r \leqq p$, andererseits aber hat man $r \geqq p$, und folglich muß $r = p$ sein.

Daß nun aber r (die Anzahl der linear unabhängigen adjungierten Kurven von der Ordnung $m-3$) nicht kleiner als p sein kann, folgt sofort aus der Tatsache, daß die Doppelpunkte von f für die Kurven $(m-3)^{ter}$ Ordnung, auf denen sie liegen sollen, $d - \varepsilon$ Bedingungen darstellen $(\varepsilon \geqq 0)$; folglich genügt die Mannigfaltigkeitsstufe $r-1$ dieser Kurven, wie wir schon in Nr. 43 (S. 124) festgestellt haben, der Gleichung

$$r - 1 = \frac{m(m-3)}{2} - d + \varepsilon, \quad \text{d. h. es ist} \quad r \geqq p.$$

94. Untersuchung des Falles, in welchem die Kurve $f = 0$ beliebige Singularitäten besitzt. In dem Wortlaut des vorhergehenden Satzes haben wir die einschränkenden Annahmen nicht ausdrücklich hervorgehoben, deren wir uns zum Beweis bedient hatten, nämlich die Annahmen, daß die Kurve $f = 0$ nur gewöhnliche Doppelpunkte besitze, und daß sie bezüglich der Achsen eine allgemeine Lage habe. Wir wollen nun beweisen, daß diese Einschränkungen tatsächlich für die Gültigkeit des Satzes nicht notwendig sind.

Zunächst erinnern wir daran, daß bei einer birationalen Transformation der Kurve $f = 0$ in eine andere ebene Kurve $g = 0$ von der Ordnung μ ein auf f bezügliches ABELsches Integral erster Gattung in ein analoges auf g bezügliches Integral verwandelt wird. Im besonderen kann die birationale Transformation eine CREMONAsche Transformation zwischen den Ebenen der Kurven f und g sein, und noch spezieller kann sie eine Kollineation sein. Daraus folgt also ohne weiteres, daß das in der vorigen Nummer ausgesprochene Ergebnis nicht von der Lage der Koordinatenachsen und der uneigentlichen Geraden in bezug auf die betrachtete Kurve abhängt.

Nun wollen wir zeigen, daß, welches auch die Natur der Singularitäten von $g(z', u') = 0$ sei, ein Integral erster Gattung von g stets die Form $\int \frac{\psi(z', u')}{g'_{u'}} dz'$ hat, wo *ψ ein Polynom von (höchstens) $(\mu - 3)^{ter}$ Ordnung ist.* Es wird sich dann darum handeln zu beweisen, daß die Kurve $\psi = 0$ zu $g = 0$ *adjungiert* ist.

Es sei also

(3) $$\int \Theta(z', u') dz'$$

ein zu g gehöriges Integral erster Gattung. Da der Satz, den wir aufstellen wollen, nicht von der Lage der Achsen in bezug auf die Kurve g abhängt, so können wir den Achsen in bezug auf die Kurve eine allgemeine Lage geben. Dann wird

$$g \equiv a_0 u'^{\mu} + a_1 u'^{\mu-1} + \cdots + a_{\mu} = 0$$

sein, wo a_0 eine von Null verschiedene Konstante und a_h ein Polynom vom Grade h in z' ist. Damit das Integral (3) von der ersten Gattung sei, ist es notwendig, daß die rationale Funktion Θ in den unendlich fernen Punkten von g die Ordnung von $\frac{1}{z'^{2+\varepsilon}}$ $(\varepsilon \geqq 0)$ habe, und daß sie im Endlichen nur von einer Ordnung kleiner als 1 unendlich werde; d. h. aber die einzigen Pole, die Θ haben kann, liegen in den Verzweigungspunkten.

Es seien $u'_1, u'_2, \ldots, u'_{\mu}$ die μ Werte von u', welche einem gegebenen Wert von z' entsprechen. Wir werden zunächst beweisen, daß

$$P_{h-2} = u_1'^{h} \Theta(z', u'_1) + u_2'^{h} \Theta(z', u'_2) + \cdots + u_{\mu}'^{h} \Theta(z', u'_{\mu})$$

ein Polynom in z' ist. In der Tat, da P_{h-2} eine rationale symmetrische Funktion der Punkte $(z', u'_1), \ldots, (z', u'_{\mu})$ ist, so läßt sie sich in letzter Linie als eine rationale Funktion von z' darstellen. Es wird also genügen zu zeigen, daß P_{h-2} in den im Endlichen liegenden Punkten von g nicht mehr unendlich wird. Dies folgt unmittelbar aus der Tatsache, daß ein beliebiges Glied der Summe P_{h-2} nur in den Verzweigungspunkten unendlich groß (von der Ordnung < 1) werden kann; bezeichnet man also mit z'_0 den Wert von z', der einem Verzweigungspunkt entspricht, so kann die Entwicklung von P_{h-2} nach Potenzen von $z' - z'_0$ keine negativen ganzen Potenzen von $z' - z'_0$ enthalten; sie kann andererseits aber auch keine gebrochenen negativen Potenzen von $z' - z'_0$ enthalten, weil sonst P_{h-2} keine eindeutige Funktion von z' wäre.

Es fragt sich nun, von welchem Grad das Polynom P_{h-2} ist. Da für $z' = \infty$ die Funktion Θ mindestens die Ordnung von $\frac{1}{z'^2}$ und $u_i'^{h}$ die Ordnung von z'^{h} hat, so wird P_{h-2} höchstens von der Ordnung von z'^{h-2}

sein (und folglich identisch gleich Null für $h = 0, 1$). Gibt man also der Zahl h die Werte $0, 1, 2, \ldots, \mu - 1$, so erhält man die Gleichungen

$$(4)\quad \begin{cases} \Theta(z', u_1') + \Theta(z', u_2') + \cdots + \Theta(z', u_\mu') = 0, \\ u_1'\Theta(z', u_1') + u_2'\Theta(z', u_2') + \cdots + u_\mu'\Theta(z', u_\mu') = 0, \\ u_1'^2\Theta(z', u_1') + u_2'^2\Theta(z', u_2') + \cdots + u_\mu'^2\Theta(z', u_\mu') = P_0, \\ \cdots\cdots\cdots\cdots\cdots\cdots\cdots\cdots \\ u_1'^{\mu-1}\Theta(z', u_1') + u_2'^{\mu-1}\Theta(z', u_2') + \cdots + u_\mu'^{\mu-1}\Theta(z', u_\mu') = P_{\mu-3}, \end{cases}$$

wo die Polynome P höchstens vom Grade ihres Index sind.

Um diese Gleichungen hinsichtlich der μ Werte von Θ auf die schnellste Weise aufzulösen, setzen wir

$$\frac{g(z', u')}{u' - u_1'} = b_0 u'^{\mu-1} + b_1 u'^{\mu-2} + \cdots + b_{\mu-1},$$

wo $b_0 = a_0 \neq 0$, $b_1 = a_0 u_1' + a_1$, $b_2 = a_0 u_1'^2 + a_1 u_1' + a_2$ usw. ist. Da $\frac{g(z', u')}{u' - u_1'}$ für $u' = u_2', \ldots, u' = u_\mu'$ verschwindet, und für $u' = u_1'$ in $g'_{u'}(z', u_1')$ übergeht, so erhält man, wenn man die erste der vorhergehenden Gleichungen mit $b_{\mu-1}$, die zweite mit $b_{\mu-2}$ usw., die letzte mit b_0 multipliziert und hierauf alle Gleichungen addiert:

$$\Theta(z', u_1')\, g'_{u'}(z', u_1') = \psi(z', u_1'),$$

wo ψ ein Polynom in z', u_1' von höchstens dem Grade $\mu - 3$ ist.

Da die linearen Gleichungen (4) hinsichtlich der Größen $u_1', u_2', \ldots, u_\mu'$ symmetrisch sind, so erhält man in ähnlicher Weise

$$\Theta(z', u_i')\, g'_{u'}(z', u_i') = \psi(z', u_i') \qquad (i = 1, 2, \ldots, \mu)$$

und also schließlich
$$\Theta(z', u') = \frac{\psi(z', u')}{g'_{u'}(z', u')},$$

und damit ist die Richtigkeit unserer Behauptung erwiesen.

Nun fassen wir eine birationale Transformation ins Auge, welche die Kurve g in die nur mit Doppelpunkten behaftete Kurve f von der Ordnung m verwandelt. Wir betrachten ein Integral erster Gattung auf der Kurve $f(z, u) = 0$, so daß die darauf bezügliche adjungierte Kurve $(m-3)^{\text{ter}}$ Ordnung $\varphi(z, u) = 0$ die Kurve $f = 0$ in einer kanonischen Gruppe G von $2p - 2$ voneinander verschiedenen Punkten schneidet, welche in endlicher Entfernung von den Doppelpunkten und von den den mehrfachen Punkten von g entsprechenden Punkten der Kurve f liegen. Es sei ferner (3) das Integral, in welches das vorher erwähnte beim Übergang von f zu g transformiert wird. Dann erhalten wir die Beziehung

$$(5)\qquad \frac{\varphi(z, u)}{f_u'}\, dz = \frac{\psi(z', u')}{g_{u'}'}\, dz',$$

in der $\psi = 0$ eine passend gewählte Kurve $(\mu - 3)^{\text{ter}}$ Ordnung ist. Wir wollen mit G' die Gruppe der $2p - 2$ *einfachen* Punkte von g bezeichnen, die der Gruppe G entspricht, und mit H' die Gruppe der in endlicher Entfernung von den mehrfachen Punkten der Kurve g liegenden Schnittpunkte von $\psi = 0$ mit $g = 0$. Der Gruppe H' entspricht auf f eine Gruppe H von Punkten, die wir ohne Beschränkung der Allgemeinheit als verschieden von den Doppelpunkten der Kurve voraussetzen können; denn wenn diese Bedingung nicht erfüllt wäre, so könnte man ihr immer dadurch Genüge leisten, daß man die Kurve f einer passend gewählten birationalen Transformation unterwürfe, welche sie in eine andere, nur mit Doppelpunkten behaftete ebene Kurve verwandelte, ohne daß deshalb die Gruppe G aufhören würde, der ihr oben auferlegten Bedingung zu genügen.

Es sei nun (z_0, u_0) ein Punkt der Gruppe G und (z_0', u_0') der entsprechende Punkt von G'. Da wir die Koordinatenachsen in den Ebenen der Kurven f und g in allgemeiner Lage annehmen dürfen, so dürfen wir auch voraussetzen, daß

$$f_u'(z_0, u_0) \neq 0, \quad g_{u'}'(z_0', u_0') \neq 0$$

sei. Aus der Gleichung (5) folgt dann

$$\psi(z_0', u_0')\left(\frac{dz'}{dz}\right)_0 = 0.$$

Da der Punkt (z', u') eine rationale Funktion von (z, u) ist und umgekehrt, und da weiterhin in der Umgebung des Punktes (z_0, u_0) bzw. (z_0', u_0'), der für die zu $f = 0$ bzw. $g = 0$ gehörige RIEMANNsche Fläche kein Verzweigungspunkt ist, die Funktion u, bzw. u' eine reguläre Funktion von $z - z_0$ bzw. $z' - z_0'$ ist, so ergibt sich, daß z' in der Umgebung von z_0 eine reguläre Funktion von $z - z_0$ ist, und daß z in der Umgebung von z_0' eine reguläre Funktion von $z' - z_0'$ ist. Dies bedeutet, daß der Differentialquotient $\left(\frac{dz'}{dz}\right)_0$ weder Null noch unendlich ist. Daraus ergibt sich demnach, daß $\psi(z_0', u_0') = 0$ ist. Folglich gehört die Punktgruppe G' der Kurve $\psi = 0$ an. Da man nun in ähnlicher Weise zeigen kann, daß die Punkte der Gruppe H auf φ liegen, so schließt man, daß die Gruppen H' und G' zusammenfallen, d. h. daß die Kurve $\psi = 0$ mit der Kurve $g = 0$ außer den mehrfachen Punkten noch die Punkte einer kanonischen Gruppe gemein hat.

Aber trotzdem kann man immer noch nicht behaupten, daß ψ zu g adjungiert sei. Um dies zu beweisen, bemerken wir

1. Daß die Kurven von der Ordnung $\mu - 3$, denen die Bedingung auferlegt ist, auf g außer den mehrfachen Punkten kanonische Gruppen auszuschneiden, ein lineares System Σ bilden. In der Tat befriedigt die lineare Kombination von zweien unter ihnen immer noch die gestellte

Bedingung, und es ist klar, daß zu dem System Σ die zu g adjungierten Kurven $(\mu - 3)^{\text{ter}}$ Ordnung gehören, die von vornherein als spezielle Kurven von Σ erscheinen.

2. Daß das lineare System Σ keine größere Dimension haben kann als das System der zu g adjungierten Kurven $(\mu - 3)^{\text{ter}}$ Ordnung; denn sonst würden, da in Σ keine Kurven vorhanden sind, die g als Bestandteil enthalten, die Kurven von Σ auf g außer den mehrfachen Punkten eine lineare Schar ausschneiden, deren Dimension größer wäre als die der kanonischen Schar; dies ist aber unmöglich, da die kanonische Schar selbst schon eine Vollschar ist.

Daraus ergibt sich, daß jede Kurve von Σ zu g adjungiert ist, und daß dies also insbesondere auch für ψ zutrifft. Wenn wir p unabhängige Lagen von φ betrachten, so erhalten wir also p unabhängige Kurven ψ von der Ordnung $\mu - 3$, die zu g *adjungiert* sind, und diese führen zu ebenso vielen Integralen erster Gattung von g.

Damit ist aber gezeigt, *daß der Satz der vorhergehenden Nummer auch für solche Kurven gilt, die mit mehrfachen Punkten von beliebiger Natur behaftet sind.*

95. Der hyperelliptische Fall als Beispiel. Wir wenden den eben bewiesenen allgemeinen Satz an, indem wir die p linear unabhängigen Integrale erster Gattung einer hyperelliptischen Kurve C vom Geschlecht p (> 1) aufstellen. Die Gleichung dieser Kurve sei

$$u^2 = f(z),$$

wo f ein Polynom mit einfachen Wurzeln von der Ordnung $2p + 2$ ist. Auf der Kurve C ist die kanonische Schar zusammengesetzt mit der linearen Schar g_2^1, die auf ihr, außer dem $2p$-fachen Punkt im Unendlichen, durch die Geraden $z = \text{const.}$ ausgeschnitten wird (Nr. 45, S. 130 und Nr. 54, S. 149). Betrachten wir also eine Gruppe von $p - 1$ Geraden $z = \text{const.}$ und fügen wir die p-fach gezählte unendlich ferne Gerade hinzu, die die Kurve C außer in dem unendlich fernen Punkt der u-Achse nicht mehr trifft, so erhalten wir eine Kurve von der Ordnung $2p - 1$ (in diesem Fall ist $m = 2p + 2$, $m - 3 = 2p - 1$), welche auf C außer den mehrfachen Punkten eine kanonische Gruppe ausschneidet. Daher ist (nach der vorhergehenden Nummer) diese Kurve zu C adjungiert. Daraus folgt, daß

$$\int \frac{a_0 z^{p-1} + a_1 z^{p-2} + \cdots + a_{p-1}}{\sqrt{f(z)}}\, dz \tag{6}$$

ein ABELsches Integral erster Gattung der Kurve C ist. Da dieses Integral p Parameter $a_0, a_1, \ldots, a_{p-1}$ enthält, die voneinander gänzlich unabhängig sind, so erhält man, wenn man diese Parameter veränderlich macht, aus (6) alle Integrale erster Gattung von C, abgesehen von einer additiven Konstanten. Wir gelangen also zu dem Ergebnis:

Ein Abelsches *Integral erster Gattung, das zu einer hyperelliptischen Kurve $u^2 = f(z)$ vom Geschlecht p $(\geqq 1)$ gehört, ist stets von der Form* (6), *wobei $a_0, a_1, \ldots, a_{p-1}$ Konstante bedeuten.*

In den Wortlaut dieses Satzes haben wir auch den elliptischen Fall $(p = 1)$ eingeschlossen, weil in diesem Fall die einzige Kurve $(m - 3)^{\text{ter}}$ Ordnung, die zu der elliptischen Kurve vierter Ordnung $u^2 = f(z)$ $(m = 4)$ adjungiert ist, durch die unendlich ferne Gerade der Ebene dargestellt wird, so daß ein Integral erster Gattung, das der Kurve angehört, in diesem Fall von der Form $\int \frac{a_0\,dz}{u} + \text{const.}$ ist, wo a_0 eine von Null verschiedene Konstante bedeutet.

96. Eigenschaften der Perioden der Integrale erster Gattung. 1) Wir bezeichnen mit $a_{1,k}, b_{1,k}; a_{2,k}, b_{2,k}; \ldots; a_{p,k}, b_{p,k}$ $(k = 1, 2, \ldots, p)$ die Perioden der unabhängigen Integrale erster Gattung $I_1, I_2, \ldots, I_p$ längs der Kreise B_k, A_k. Dann wird das Integral erster Gattung $\sum_{h=1}^{p} \lambda_h I_h$ längs der Kreise B_k und A_k die Perioden $\sum \lambda_h a_{h,k}$ und $\sum \lambda_h b_{h,k}$ haben. Die p in den $a_{h,k}$ linearen Formen $\sum \lambda_h a_{h,k}$ sind voneinander linear unabhängig, weil sonst die Gleichungen $\sum \lambda_h a_{h,k} = 0$ möglich wären, ohne daß die Werte der Koeffizienten λ_h alle verschwänden, d. h. weil es sonst ein Integral erster Gattung gäbe, das nicht gleich einer Konstanten wäre, und dessen zyklische Perioden längs der Kreise B alle gleich Null wären; dies ist aber, wie wir schon in Nr. 92 (S. 245) bemerkt haben, nicht vereinbar mit der Riemannschen Ungleichung. Daraus folgt, daß die Gleichungen

$$\sum \lambda_h a_{h,k} = \mu_k ,$$

in denen die p Buchstaben μ_k willkürliche Konstante bedeuten, die nicht alle gleich Null sind, aufgelöst werden können, und endliche Werte für die λ_h liefern. Da nun dasselbe für die Formen $\sum \lambda_h b_{h,k}$ ausgesagt werden kann, so gelangen wir zu dem Satze:

Die Perioden eines Integrals erster Gattung längs der Kreise A oder B können willkürlich gewählt werden. Wenn diese Werte einmal festgelegt sind, so ist das Integral bis auf eine additive Konstante bestimmt. Gibt man ihnen allen den Wert Null, so erhält man eine Konstante.

2) Wir behalten die bisher benutzten Bezeichnungen bei und setzen außerdem

$$a_{h,k} = a'_{h,k} + i a''_{h,k}, \quad b_{h,k} = b'_{h,k} + i b''_{h,k}. \qquad (h, k = 1, 2, \ldots, p)$$

Das beliebige Integral erster Gattung $I = \sum_{h=1}^{p} \lambda_h I_h$ hat, wie wir gefunden haben, die Perioden $\sum \lambda_h a_{h,k}$ und $\sum \lambda_h b_{h,k}$; setzen wir daher

$$\lambda_h = \lambda'_h + i\lambda''_h$$

(wo λ'_h, λ''_h reelle Zahlen bedeuten), so erhalten wir als Perioden des reellen Teils U des Integrals $I = U + iV$ die reellen Zahlen

$$\sum_{h=1}^{p} (\lambda'_h a'_{h,k} - \lambda''_h a''_{h,k}), \quad \sum_{h=1}^{p} (\lambda'_h b'_{h,k} - \lambda''_h b''_{h,k}). \qquad (k = 1, 2, \ldots, p)$$

Wir behaupten, daß die Parameter λ_h (d. h. die reellen Zahlen λ'_h, λ''_h) derart gewählt werden können, daß die $2p$ Perioden von U (d. h. die reellen Teile der $2p$ Perioden von I) beliebig vorgegebene Werte annehmen. Die Ausdrücke

$$\begin{aligned} \sum (\lambda'_h a'_{h,k} - \lambda''_h a''_{h,k}) &= \alpha_k, \\ \sum (\lambda'_h b'_{h,k} - \lambda''_h b''_{h,k}) &= \beta_k, \end{aligned} \qquad (k = 1, \ldots, p)$$

in denen α_k, β_k $2p$ vorgegebene reelle Zahlen sein mögen, stellen $2p$ lineare Gleichungen zwischen den $2p$ Unbekannten $\lambda'_1, \lambda'_2, \ldots, \lambda'_p, \lambda''_1, \lambda''_2, \ldots, \lambda''_p$ dar; die notwendige und hinreichende Bedingung dafür, daß sie für diese Unbekannten endliche (reelle) Werte liefern, besteht also darin, daß die Determinante D der Koeffizienten von Null verschieden sei. Dies trifft nun offenbar zu; denn wenn $D = 0$ wäre, so wären diese Gleichungen mit $\alpha_k = \beta_k = 0$ $(k = 1, 2, \ldots, p)$ erfüllbar für endliche nicht sämtlich verschwindende Werte der Größen λ'_h, λ''_h, und folglich wäre es möglich, ein Integral erster Gattung herzustellen, das nicht gleich einer Konstanten wäre, und das bloß rein imaginäre Perioden hätte; dies ist aber nach Nr. 92 (S. 245) nicht vereinbar mit der Riemannschen Ungleichung. Wir gelangen also zu dem Ergebnis:

Die reellen (oder in ähnlicher Weise die imaginären) Teile der $2p$ Perioden eines Abelschen Integrals erster Gattung können willkürlich angenommen werden. Wenn die Werte dieser Teile einmal festgelegt sind, so ist das Integral bis auf eine additive Konstante bestimmt. Gibt man ihnen allen den Wert Null, so erhält man eine Konstante.

3) Es seien $q \leq p$ Integrale erster Gattung $I_1, I_2, \ldots, I_q$ gegeben; es erhebt sich dann die Frage, wie man durch einfache Untersuchung ihrer Perioden entscheiden kann, ob sie voneinander unabhängig sind oder nicht. Wir wollen zunächst die Matrix M der Perioden dieser Integrale längs der Kreise B bilden (dies ist eine Matrix von q Horizontalreihen und p Vertikalreihen). Wenn die gegebenen Integrale linear unabhängig sind, so kann diese Matrix nicht Null sein (d. h. es können nicht alle ihre Determinanten q^{ter} Ordnung gleich Null sein), weil man sonst eine lineare Kombination

der Integrale $I_1, I_2, \ldots, I_q$ bilden könnte, deren Koeffizienten nicht alle verschwänden und deren Perioden an den Kreisen B alle den Wert Null hätten. Auf Grund der unter 1) abgeleiteten Eigenschaft würde sich also diese Kombination auf eine Konstante reduzieren. Die Überlegung ist umkehrbar und läßt sich auch auf die Matrix N der Perioden längs der Kreise A anwenden.

Nun wollen wir die Matrix P bilden aus den reellen (oder imaginären) Teilen der Perioden der gegebenen Integrale längs der Kreise A und B; diese Matrix besitzt q Horizontalreihen und $2p$ Vertikalreihen. Wenn die gegebenen Integrale unabhängig sind, so kann die Matrix P nicht Null sein, denn sonst könnte man eine lineare Kombination $\lambda_1 I_1 + \lambda_2 I_2 + \cdots + \lambda_q I_q$ mit reellen Koeffizienten bilden, die nicht alle verschwänden, so daß diese Kombination rein imaginäre (oder reelle) Perioden an den Kreisen A, B hätte; dies widerspricht aber der Folgerung, zu der wir in 2) gelangt sind. Die Überlegung ist umkehrbar. Wir erhalten daher den Satz:

Die notwendige und hinreichende Bedingung dafür, daß $q \leqq p$ Integrale erster Gattung linear unabhängig seien, besteht darin, daß irgend eine der Matrizen aus ihren Perioden längs der Kreise A oder längs der Kreise B oder aus den reellen oder imaginären Teilen der Perioden längs der Kreise A und B von Null verschieden sei.

4) Nun wollen wir weiter zwei Integrale erster Gattung I und J betrachten und ihre Perioden bezüglich mit a_h, b_h und α_h, β_h $(h = 1, \ldots, p)$ bezeichnen. Wir denken uns die Fläche R', die aus der mittels der Randlinie K einfach zusammenhängend gemachten RIEMANNschen Fläche R abgeleitet ist, und erinnern uns, daß auf der ganzen Fläche R' die Integrale I und J endliche, eindeutige Funktionen sind. Wir können den Satz von CAUCHY auf die Funktion $I\,\frac{dJ}{dz}$ anwenden, welche auf der Fläche R' betrachtet wird, die durch den zu Null homologen Kreis K begrenzt ist. Wir wissen dann (Nr. 87, S. 229), daß das Integral $\frac{1}{2\pi i}\int\limits_K I\,dJ$ (wo K im positiven Sinn durchlaufen wird) gleich der Summe der Residuen von $I\,\frac{dJ}{dz}$ ist. Es ist einleuchtend, daß im Endlichen die Residuen von $I\,\frac{dJ}{dz}$ alle gleich Null sind. In der Tat, wenn wir uns auf die in Nr. 93, S. 246) über die Kurve $f = 0$ gemachten Voraussetzungen stützen, so haben wir in der Umgebung eines Punktes (z_0, u_0), in dem die *rationale* Funktion $\frac{dJ}{dz}$ einen Pol besitzen möge, eine Entwicklung von der Form

$$\frac{A}{(z - z_0)^{\frac{1}{2}}} + B + C(z - z_0)^{\frac{1}{2}} + \cdots;$$

und da nun I endlich ist, so ist $(z - z_0)^{-\frac{1}{2}}$ die einzige negative Potenz von $z - z_0$, die in der Entwicklung von $I\frac{dJ}{dz}$ vorkommt. In einem unendlich fernen Punkt bleibt I endlich, während $\frac{dJ}{dz}$ einen Nullpunkt von mindestens zweiter Ordnung besitzt; das Produkt der beiden Funktionen wird also einen Nullpunkt von mindestens der zweiten Ordnung haben, und folglich wird das Residuum gleich Null sein. Wir erhalten demnach

$$\int_K I\,dJ = 0.$$

Nun kann man aber den Wert dieses Integrals in Funktion der Perioden von I und J berechnen, wenn man die Überlegungen der Nr. 92 wiederholt; man findet auf diese Weise

$$\int_K I\,dJ = \sum (a_h \beta_h - \alpha_h b_h).$$

Schließlich *erhält man also die Beziehung*

$$\sum_{h=1}^{p} (a_h \beta_h - \alpha_h b_h) = 0\,,$$

welche die Normalperioden a_h, b_h und α_h, β_h zweier Integrale 1 und J erster Gattung verbindet; dabei sollen unter den *Normalperioden* die auf die Rückkehrschnitte bezüglichen Perioden verstanden werden.

97. Normalintegrale erster Gattung. Es seien $I_1, I_2, \ldots, I_p$ p unabhängige Integrale erster Gattung; ferner sei

$$\begin{array}{c|cccccccc}
 & A_1 & A_2 & \ldots & A_p & B_1 & B_2 & \ldots & B_p \\
\hline
I_1 & a_{11} & a_{12} & \ldots & a_{1,p} & b_{11} & b_{12} & \ldots & b_{1,p} \\
I_2 & a_{21} & a_{22} & \ldots & a_{2,p} & b_{21} & b_{22} & \ldots & b_{2,p} \\
\cdot & \cdot & \cdot & \cdot & \cdot & \cdot & \cdot & \cdot & \cdot \\
\cdot & \cdot & \cdot & \cdot & \cdot & \cdot & \cdot & \cdot & \cdot \\
I_p & a_{p,1} & a_{p,2} & \ldots & a_{p,p} & b_{p,1} & b_{p,2} & \ldots & b_{p,p}
\end{array}$$

die Tafel der zu ihnen gehörigen Normalperioden (unter $a_{h,k}$, $b_{h,k}$ sind die Perioden des Integrals I_h mit bezug auf den Übergang über die Querschnitte A_k, B_k verstanden, d. h. die Werte des Integrals längs der Kreise B_k, A_k). Wir schreiben die in den Größen λ_h linearen Gleichungen an

$$(7)\qquad \begin{cases} \lambda_1 a_{11} + \lambda_2 a_{21} + \cdots + \lambda_p a_{p,1} = 1 \\ \lambda_1 a_{12} + \lambda_2 a_{22} + \cdots + \lambda_p a_{p,2} = 0 \\ \cdot\quad\cdot\quad\cdot\quad\cdot\quad\cdot\quad\cdot\quad\cdot\quad\cdot \\ \lambda_1 a_{1,p} + \lambda_2 a_{2,p} + \cdots + \lambda_p a_{p,p} = 0 \end{cases}$$

und beachten, daß die Determinante der Koeffizienten nicht Null sein kann (Nr. 96, Ziff. 3). Man kann daher die Gleichungen (7) auflösen und erhält gewisse endliche (nicht sämtlich verschwindende) Werte für die Größen $\lambda_1, \lambda_2, \ldots, \lambda_p$. Das Integral $J_1 = \lambda_1 I_1 + \lambda_2 I_2 + \cdots + \lambda_p I_p$ wird die folgenden Perioden haben:

	A_1	A_2	$\ldots$	A_p	B_1	B_2	$\ldots$	B_p
J_1	1	0	$\ldots$	0	τ_{11}	τ_{12}	$\ldots$	$\tau_{1,p}$

In ähnlicher Weise können wir die Integrale $J_2, J_3, \ldots, J_p$ bestimmen, welche längs der Kreise B die Werte Null haben, abgesehen jeweils von den Kreisen B_2, bzw. $B_3, \ldots, B_p$, längs welcher sie den Wert 1 besitzen. Man wird also die folgende Tabelle erhalten:

	A_1	A_2	$\ldots$	A_p	B_1	B_2	$\ldots$	B_p
J_1	1	0	$\ldots$	0	τ_{11}	τ_{12}	$\ldots$	$\tau_{1,p}$
J_2	0	1	$\ldots$	0	τ_{21}	τ_{22}	$\ldots$	$\tau_{2,p}$
.	.	.	.	.	.	.	.	.
.	.	.	.	.	.	.	.	.
J_p	0	0	$\ldots$	1	$\tau_{p,1}$	$\tau_{p,2}$	$\ldots$	$\tau_{p,p}$

Die Integrale $J_1, J_2, \ldots, J_p$ sind offenbar unabhängig, weil eine beliebige lineare Kombination $\mu_1 J_1 + \cdots + \mu_p J_p$, bei der nicht alle Koeffizienten μ_i verschwinden, längs aller Kreise B die Perioden $\mu_1, \mu_2, \ldots, \mu_p$ besitzt; sie werden *Normalintegrale erster Gattung* genannt. Im folgenden werden wir stets mit $\varphi_1, \varphi_2, \ldots, \varphi_p$ die p adjungierten Kurven $(m-3)^{\text{ter}}$ Ordnung bezeichnen, denen die p Normalintegrale entsprechen.

Die von den Größen $\tau_{h,k}$ gebildete Determinante Δ ist von Null verschieden (s. die vorhergehende Nummer, Ziff. 3).

Man bemerke endlich noch, daß sich aus der Anwendung der am Schluß der vorhergehenden Nummer bewiesenen Beziehung auf die Paare von Normalintegralen die Gleichung $\tau_{h,k} = \tau_{k,h}$ ergibt, d. h. *die Determinante Δ ist symmetrisch.*

Wenn man die RIEMANNsche Ungleichung (Nr. 92) auf die Perioden des Integrals $\sum n_h J_h$ anwendet, in dem die n_h willkürliche *reelle* Zahlen bedeuten, die nicht alle verschwinden, so verwandelt sie sich in

$$\sum_{h,k} n_h n_k \tau''_{h,k} > 0. \tag{8}$$

Dabei ist $\tau_{h,k} = \tau'_{h,k} + i\tau''_{h,k}$ gesetzt.

Es wird zweckmäßig sein, darauf aufmerksam zu machen, daß statt des Wertes 1 für die Perioden der Normalintegrale über die Schnitte A hinüber (der von KLEIN-FRICKE angenommen wird) von RIEMANN und NEUMANN der Wert πi bevorzugt wurde, während CLEBSCH, GORDAN und LINDEMANN den Wert

$2\pi i$ annehmen. Wenn man die Bezeichnungen von RIEMANN oder CLEBSCH verwendet, so erhält man an Stelle der Ungleichung (8) die Ungleichung

$$\sum_{h,k} n_h n_k \tau'_{h,k} < 0.$$

§ 3. Integrale zweiter Gattung.

98. Normalintegrale zweiter Gattung. Wir stellen uns die Aufgabe, ein ABELsches *Elementarintegral zweiter Gattung* herzustellen, d. h. ein Integral, das in dem (einfachen) Punkt (ξ, η) der nur mit d gewöhnlichen Doppelpunkten versehenen Kurve m^{ter} Ordnung $f(z, u) = 0$ einen einzigen Pol erster Ordnung hat. Zu diesem Zweck ziehen wir die Gerade $az + bu + c = 0$, welche die Kurve $f = 0$ im Punkt (ξ, η) berührt, und betrachten eine Kurve $\psi(z, u) = 0$ von der Ordnung $m - 2$, die zu f adjungiert ist und durch die $m - 2$ Punkte geht, in denen die genannte Tangente die Kurve f weiterhin schneidet. Die Zahl der unabhängigen adjungierten Kurven $(m-2)^{\text{ter}}$ Ordnung, die diesen Bedingungen genügen, kennen wir schon, weil die erwähnten Adjungierten auf f außer den festen Punkten eine Vollschar g_{2p}^{p} ausschneiden; aber wir wollen hier von dieser Kenntnis, die (wenigstens für die nicht-spezialen Scharen) den RIEMANN-ROCHschen Satz in sich schließt, keinen Gebrauch machen, weil wir später (Nr. 103) einen *neuen* Beweis dieses Satzes geben werden, der sich auf die Verwendung der ABELschen Integrale stützt.

Wir betrachten das Integral

$$H = \int \frac{\psi(z, u)}{(az + bu + c) f'_u}\, dz,$$

in dem $\psi = 0$ eine adjungierte Kurve $(m-2)^{\text{ter}}$ Ordnung aus dem definierten System bedeutet, die die feste Tangente nicht als Bestandteil enthält. Eine derartige adjungierte Kurve kann man stets betrachten, weil die Dimension l des definierten Systems der Ungleichung

$$l \geqq \frac{m(m-1)}{2} - 1 - d - (m-2)$$

genügt, d. h. also weil $l \geqq p$ ist, während die Kurven, welche die Tangente als Teil enthalten, die Mannigfaltigkeitsstufe $p - 1$ haben.

Benützt man den in Nr. 86 (S. 228) bewiesenen Satz, so findet man wie in Nr. 93 (S. 246), daß der Integrand in jedem der unendlich fernen Punkte von f einen Nullpunkt von mindestens der zweiten Ordnung besitzt, und daß er in den d Doppelpunkten der Kurve nicht unendlich wird; dies ist auch dann nicht der Fall, wenn die Gerade durch einen Doppelpunkt geht, weil dann die adjungierte Kurve in diesem Punkt dessen beide Zweige berühren muß. Das Integral bleibt demnach sowohl in den unendlich fernen Punkten als auch in den Doppelpunkten endlich. Was die Verzweigungspunkte der Funktion u von z anbetrifft, so erkennt man, wenn man u als unabhängige Veränderliche nimmt, daß in ihnen das Integral endlich bleibt.

Wir haben also nur noch den Punkt (ξ, η) zu untersuchen. An dieser Stelle besitzt der Nenner des Integranden einen Nullpunkt zweiter Ordnung, während der Zähler nicht Null wird; der Integrand besitzt also in (ξ, η) einen Pol zweiter Ordnung, und demnach wird das Integral in (ξ, η) einen Pol erster Ordnung oder einen Punkt mit logarithmischer Unstetigkeit haben, je nachdem in der Entwicklung des Integranden das Glied mit $\frac{1}{z-\xi}$ fehlt oder nicht.

Aber dieses Glied muß notwendig fehlen, weil sonst das Integral einen einzigen logarithmischen Punkt und daher eine einzige polare Periode besäße, was unvereinbar ist mit der Tatsache, daß die Summe der polaren Perioden gleich Null sein muß (Nr. 91, S. 241). Wir folgern also, daß *das Integral H von der zweiten Gattung ist.*

Das auf den Pol (ξ, η) bezügliche Residuum ϱ des Integrals H wird, abgesehen vom Vorzeichen, gleich dem Koeffizienten von $\frac{1}{(z-\xi)^2}$ in der Entwicklung des Integranden sein.

Es sei nun L ein beliebiges Integral zweiter Gattung, das den einzigen einfachen Pol (ξ, η) besitze, und es sei σ sein Residuum in bezug auf diesen Pol. Dann wird das Integral zweiter Gattung

$$\sigma H - \varrho L$$

im Pol erster Ordnung (ξ, η) das Residuum Null haben, d. h. dieser Punkt wird für dieses Integral kein Pol mehr sein; das Integral $\sigma H - \varrho L$ ist somit allenthalben endlich (d. h. also von der ersten Gattung). Wir können demnach schreiben

$$L = \alpha H + \beta_1 I_1 + \cdots + \beta_p I_p, \tag{1}$$

wo $\alpha = \frac{\sigma}{\varrho}$ gesetzt ist, und wo $I_1, I_2, \ldots, I_p$ p unabhängige Integrale erster Gattung bedeuten.

Die Gleichung (1) *gibt uns die Form eines auf den einfachen Pol* (ξ, η) *bezüglichen beliebigen Elementarintegrals zweiter Gattung.*

Nun wollen wir noch untersuchen, wie man *das auf den Pol* (ξ, η) *bezügliche elementare Normalintegral zweiter Gattung herstellt.*

Man kann zunächst den Koeffizienten α so wählen, daß das Residuum des Integrals (1) im Pol (ξ, η) gleich der Einheit wird. Es seien $a_{h,k}$, $b_{h,k}$ die Normalperioden des Integrals I_h mit bezug auf den Übergang über die Querschnitte A_k, B_k, oder, wie wir kürzer sagen wollen, an den

Querschnitten A_k, B_k und a_k, b_k die zyklischen Perioden des Integrals H an denselben Querschnitten. Es lassen sich dann die Koeffizienten β so bestimmen, daß

$$\beta_1 a_{1,k} + \beta_2 a_{2,k} + \cdots + \beta_p a_{p,k} = -\alpha a_k \qquad (k=1,\ldots,p)$$

ist. Dies ist stets möglich, weil die Determinante der $a_{h,k}$ von Null verschieden ist (Nr. 96, Ziff. 3, S. 254). Das Integral zweiter Gattung, das den definierten Werten der Koeffizienten α, β entspricht, soll mit E bezeichnet werden; seine Perioden an den einzelnen Querschnitten ergeben sich aus folgender Tabelle:

A_1	A_2	$\ldots$	A_p	B_1	B_2	$\ldots$	B_p
0	0	$\ldots$	0	e_1	e_2	$\ldots$	e_p

Es ist bis auf eine additive Konstante bestimmt; denn wenn E' ein Integral ist, das dieselben Eigenschaften besitzt, so wird die Differenz $E - E'$ ein Integral *erster Gattung*, dessen Perioden an den Querschnitten A gleich Null sind; d. h. aber diese Differenz ist gleich einer Konstanten. Das Integral E wird nun eben als *das auf den Pol* (ξ, η) *bezügliche Normalintegral zweiter Gattung* definiert.

Die Perioden $e_1, e_2, \ldots, e_p$ *lassen sich mit bezug auf den Pol* (ξ, η) *in rationaler Weise ausdrücken*, wie wir jetzt beweisen werden.

Es möge mit J_h das in der vorhergehenden Nummer definierte Normalintegral erster Gattung bezeichnet werden $(h=1, 2, \ldots, p)$; wir betrachten dann das Integral $\frac{1}{2\pi i}\int\limits_K E\,dJ_h$, wobei die Randlinie K im positiven Sinn zu durchlaufen ist. Dieses Integral ist, wie wir wissen, gleich der Summe der Residuen der eindeutigen Funktion $E\frac{dJ_h}{dz}$ auf der von der Randlinie K begrenzten Fläche R'. Berücksichtigt man die Tatsache, daß E in jedem vom Pol (ξ, η) verschiedenen Punkt, auch im Unendlichen, endlich ist, und daß die rationale Funktion $\frac{dJ_h}{dz}$ in *jedem* Punkt von $f=0$ das Residuum Null hat, so erkennt man, daß die angeschriebene Funktion nur im Pol (ξ, η) ein von Null verschiedenes Residuum haben kann. Dieses Residuum läßt sich aber leicht berechnen; es ist das Produkt aus dem Residuum von E (d. h. der Einheit) und dem Wert, den die rationale Funktion $\frac{dJ_h}{dz}$ in (ξ, η) annimmt, d. h. es wird

$$\frac{1}{2\pi i}\int\limits_K E\,dJ_h = \frac{\varphi_h(\xi, \eta)}{f'_\eta},$$

wo φ_h das dem Integral J_h entsprechende adjungierte Polynom $(m-3)^{\text{ter}}$ Ordnung ist.

Wiederholt man andererseits die Überlegungen der Nr. 92, so findet man, daß

$$\int_K E\,dJ_h = \sum_{l=1}^{p} (a_l\beta_l - \alpha_l b_l)$$

ist, wo $a_1, a_2, \ldots, a_p, b_1, b_2, \ldots, b_p$ die zyklischen Perioden von E und $\alpha_1, \alpha_2, \ldots, \alpha_p, \beta_1, \beta_2, \ldots, \beta_p$ diejenigen von J_h sind. Da nun

$$a_1 = a_2 = \cdots = a_p = 0,\; b_1 = e_1, \ldots, b_p = e_p,$$

$$\alpha_1 = \alpha_2 = \cdots = \alpha_{h-1} = \alpha_{h+1} = \cdots \alpha_p = 0, \quad \alpha_h = 1,\; \beta_1 = \tau_{h,1}, \cdots, \beta_p = \tau_{h,p}$$

ist, so ergibt sich $\int_K E\,dJ_h = -e_h$, und daher

$$e_h = -2\pi i \frac{\varphi_h(\xi, \eta)}{f'_\eta}. \tag{2}$$

99. Fundamentalsystem für die Gesamtheit der Integrale zweiter Gattung. Es seien p allgemeine Punkte $(\xi_1, \eta_1), (\xi_2, \eta_2), \ldots, (\xi_p, \eta_p)$ gewählt, welche auf der Kurve $f(z, u) = 0$ *eine nicht-speziale Gruppe* bilden. Ohne wesentliche Beschränkung der Allgemeinheit werden wir annehmen dürfen, daß die Funktion f'_u in keinem der gewählten Punkte Null wird. Wir betrachten dann die elementaren Normalintegrale zweiter Gattung $E_1, E_2, \ldots, E_p$, die sich auf die Pole $(\xi_1, \eta_1), (\xi_2, \eta_2), \ldots, (\xi_p, \eta_p)$ beziehen, und die Normalintegrale erster Gattung $J_1, J_2, \ldots, J_p$. Wir behaupten, daß es keine lineare Verbindung von der Form

$$\lambda_1 E_1 + \lambda_2 E_2 + \cdots + \lambda_p E_p + \mu_1 J_1 + \cdots + \mu_p J_p$$

gibt, die sich auf eine rationale Funktion reduziert, bei der nicht sämtliche Parameter λ, μ verschwinden. Wenn sich nämlich die angeschriebene Kombination auf eine rationale Funktion reduzierte, so müßten die dieser Kombination entsprechenden zyklischen Perioden alle gleich Null sein. Nun sind aber die zyklischen Perioden an den Querschnitten A gleich $\mu_1, \mu_2, \ldots, \mu_p$; daher würde also $\mu_1 = \mu_2 = \ldots = \mu_p = 0$. Die zyklischen Perioden an den Querschnitten B sind

$$\lambda_1 e_{h,1} + \lambda_2 e_{h,2} + \cdots + \lambda_p e_{h,p}, \qquad (h = 1, 2, \ldots, p)$$

wo $e_{h,k}$ die Periode von E_k am Querschnitt B_h bedeutet. Wir bekämen also:

$$\lambda_1 \frac{\varphi_h(\xi_1, \eta_1)}{f'_{\eta_1}} + \lambda_2 \frac{\varphi_h(\xi_2, \eta_2)}{f'_{\eta_2}} + \cdots + \lambda_p \frac{\varphi_h(\xi_p, \eta_p)}{f'_{\eta_p}} = 0. \qquad (h = 1, 2, \ldots, p)$$

Aus diesen Gleichungen würde sich aber $\lambda_1 = \lambda_2 = \cdots = \lambda_p = 0$ ergeben, weil im gegenteiligen Fall die Determinante der Funktionen $\frac{\varphi_h(\xi_k, \eta_k)}{f'_{\eta_k}}$ gleich Null wäre, und folglich die Gleichungen

$$\varrho_1 \varphi_1(\xi_k, \eta_k) + \varrho_2 \varphi_2(\xi_k, \eta_k) + \cdots + \varrho_p \varphi_p(\xi_k, \eta_k) = 0 \qquad (k = 1, \ldots, p)$$

aufgelöst werden könnten, ohne daß die Werte der Koeffizienten ϱ_i alle gleich Null wären; es gäbe also eine adjungierte Kurve $(m-3)^{\text{ter}}$ Ordnung mit der Gleichung

$$\varrho_1 \varphi_1(z, u) + \varrho_2 \varphi_2(z, u) + \cdots + \varrho_p \varphi_p(z, u) = 0,$$

welche durch die Gruppe $(\xi_1, \eta_1), (\xi_2, \eta_2), \cdots, (\xi_p, \eta_p)$ ginge; dies widerspricht aber der Voraussetzung, daß diese Gruppe nicht-spezial sein soll.

Nennt man mehrere Integrale zweiter Gattung (im besonderen solche erster Gattung) linear unabhängig, wenn zwischen ihnen keine lineare Relation mit von Null verschiedenen Koeffizienten besteht, die sich auf eine rationale Funktion (oder eine Konstante) reduziert, so kann man sagen, daß die $2p$ Integrale $E_1, E_2, \ldots, E_p, J_1, J_2, \ldots, J_p$ *linear unabhängig* sind. Die Determinante von der Ordnung $2p$, die von den zyklischen Perioden dieser Integrale gebildet wird, reduziert sich offenbar, abgesehen vom Vorzeichen, auf die Determinante p-ter Ordnung $|e_{h,k}|$, d. h. auf die Determinante $\frac{1}{f'_{\eta_1} f'_{\eta_2} \cdots f'_{\eta_p}} |\varphi_h(\xi_k, \eta_k)|$, und diese ist von Null verschieden.

Es ist leicht zu beweisen, daß jedes Integral H zweiter Gattung ausgedrückt werden kann mittels einer Gleichung von der Form

$$H = \lambda_1 E_1 + \cdots + \lambda_p E_p + \mu_1 J_1 + \mu_2 J_2 + \cdots + \mu_p J_p + \text{rat. Funktion.}$$

In der Tat, wenn $a_1, a_2, \ldots, a_p$ die Perioden von H an den Querschnitten A sind, und wenn man $\mu_h = a_h$ $(h=1, 2, \ldots, p)$ wählt, so werden ie Perioden des Integrals

$$H' = H - \mu_1 J_1 - \mu_2 J_2 - \cdots - \mu_p J_p$$

an den Querschnitten A gleich Null sein. Bezeichnet man nun die Perioden von H' an den Querschnitten B mit $b_1, b_2, \ldots b_p$, so kann man die Koeffizienten $\lambda_1, \ldots, \lambda_p$ so wählen, daß die Gleichung

$$\lambda_1 \frac{\varphi_h(\xi_1, \eta_1)}{f'_{\eta_1}} + \lambda_2 \frac{\varphi_h(\xi_2, \eta_2)}{f'_{\eta_2}} + \cdots + \lambda_p \frac{\varphi_h(\xi_p, \eta_p)}{f'_{\eta_p}} = b_h \qquad (h = 1, \ldots, p)$$

besteht; dies ist stets möglich, weil die Determinante der $\varphi_h(\xi_k, \eta_k)$ von Null verschieden ist. Dann wird aber das Integral

$$H' - \lambda_1 E_1 - \cdots - \lambda_p E_p = H - \lambda_1 E_1 - \cdots - \lambda_p E_p - \mu_1 J_1 - \mu_2 J_2 - \cdots - \mu_p J_p,$$

dessen Perioden an den Querschnitten A bereits alle Null sind, auch an den Querschnitten B verschwindende Perioden besitzen, d. h. es wird sich auf eine rationale Funktion reduzieren.

Ein System von $2p$ Integralen zweiter Gattung, mit dessen Hilfe sich alle übrigen durch lineare Kombinationen ausdrücken lassen, wird ein „Fundamentalsystem" genannt. Das System $(E_1, \ldots, E_p, J_1, \ldots, J_p)$ ist ein Fundamentalsystem. Es ist klar, daß man als Fundamentalsystem jedes

System von $2p$ Integralen zweiter Gattung wählen kann, dessen zyklische Perioden eine von Null verschiedene Determinante bilden. Daraus folgt, daß *die $2p$ zyklischen Perioden eines Integrals zweiter Gattung stets nach Belieben angenommen werden können,* d. h. es gibt immer ein Integral zweiter Gattung, dessen $2p$ Perioden zum Voraus bestimmte Werte haben (ein derartiges Integral ist dann, wie leicht ersichtlich, bis auf eine additive rationale Funktion bestimmt). Ist ein Fundamentalsystem (L_1, L_2, ... L_{2p}) gegeben, so sind die $2p$ linearen Gleichungen, die man erhält, wenn man als Determinante der Koeffizienten die Determinante D der Perioden von $L_1, L_2, \ldots, L_{2p}$ und als rechte Seiten $2p$ *willkürliche* Konstanten wählt, auflösbar, und zwar liefern sie endliche Werte für die Unbekannten, weil $D \neq 0$ ist. Die lineare Verbindung der $2p$ Integrale, in welcher als Koeffizienten die $2p$ Werte verwendet werden, die aus diesen Gleichungen berechnet worden sind, ist gerade ein Integral, das jene vorher bestimmten Konstanten als Perioden besitzt.

§ 4. Integrale dritter Gattung.

100. Normalintegrale dritter Gattung. Wir bezeichnen mit

$$az + bu + c = 0$$

die Gleichung einer Geraden s, welche die beiden voneinander verschiedenen (einfachen) Punkte (ξ_1, η_1), (ξ_2, η_2) der nur mit gewöhnlichen Doppelpunkten versehenen Kurve $f(z, u) = 0$ verbindet, und mit $\varphi(z, u) = 0$ eine adjungierte Kurve $(m-2)^{\text{ter}}$ Ordnung, welche durch die übrigen $m-2$ Schnittpunkte der Geraden s mit der Kurve f hindurchgeht. Wiederholt man die Betrachtung, die schon in Nr. 98 für den Fall angestellt wurde, daß die beiden Punkte (ξ_1, η_1), (ξ_2, η_2) zusammenfallen, so erkennt man die Zulässigkeit der Annahme, daß φ die Gerade s nicht als Bestandteil enthält, und daß diese Kurve infolgedessen durch keinen der beiden gegebenen Punkte geht.

Dieselbe Untersuchung wie in Nr. 98 zeigt uns, daß das Integral

$$\Pi = \int \frac{\varphi(z, u)}{(az + bu + c) f'_u} \, dz$$

in jedem Punkt der Kurve f endlich bleibt und nur in den Punkten (ξ_1, η_1), (ξ_2, η_2) möglicherweise unendlich werden kann. In der Tat besitzt der Nenner des Integranden in jedem dieser Punkte einen Nullpunkt erster Ordnung, ohne daß gleichzeitig der Zähler gleich Null wird; folglich hat die Funktion selbst an diesen Stellen einen Pol erster Ordnung. Daraus ergibt sich, daß Π in (ξ_1, η_1), (ξ_2, η_2) *zwei logarithmische Unstetigkeitspunkte* besitzt; der Teil der Reihenentwicklung von Π, der in jedem dieser Punkte unendlich wird, ist $\varrho \log (z - \xi_1)$ bzw. $-\varrho \log (z - \xi_2)$, weil die Summe der beiden polaren Perioden, die sich auf die logarithmischen Unstetigkeitspunkte von Π beziehen, gleich Null sein muß. Dividiert man den Integranden durch die Konstante ϱ, so kann man ohne weiteres annehmen, daß Π in den beiden logarithmischen Unstetigkeitspunkten (ξ_1, η_1) und (ξ_2, η_2) die polaren Perioden $2\pi i$ und $-2\pi i$ habe. Man wird bemerken, daß *jedes Integral dritter Gattung* Π', *das nur die logarithmischen Unstetigkeitspunkte* (ξ_1, η_1) *und* (ξ_2, η_2) *mit den charakteristischen Teilen* $\sigma \log (z - \xi_1)$ *und* $-\sigma \log (z - \xi_2)$ *hat, von der Form* $\sigma \Pi + \beta_1 I_1 + \ldots + \beta_p I_p$ *ist, wo* $I_1, I_2, \ldots, I_p$ p *unabhängige Integrale erster Gattung bedeuten.* Denn das Integral $\Pi' - \sigma \Pi$ ist auf der Kurve f allenthalben endlich, also von der ersten Gattung.

In dem Integral $\Pi + \beta_1 I_1 + \beta_2 I_2 + \ldots + \beta_p I_p$ lassen sich die Konstanten $\beta_1, \ldots, \beta_p$ so wählen, daß die Perioden an den Querschnitten A gleich Null werden; man erhält dann ein (bis auf eine additive Konstante bestimmtes) Integral, welches das *Normalintegral dritter Gattung* mit den Unstetigkeitspunkten (ξ_1, η_1) und (ξ_2, η_2) genannt wird.

Dieses Integral soll durch das Symbol $\Pi_{\xi_2, \eta_2}^{\xi_1, \eta_1}$ bezeichnet werden, wobei als oberer Index die Koordinaten des Punktes verwendet sind, in dem die polare Periode $2\pi i$ mit dem positiven Zeichen behaftet ist (für eine gegebene Wahl der imaginären Einheit i). Es mögen nun die Perioden des Integrals an den Querschnitten $B_1, B_2, \ldots, B_p$ mit $\pi_1, \pi_2, \ldots, \pi_p$ bezeichnet werden; wir stellen uns dann die Aufgabe, diese Perioden in Funktion von (ξ_1, η_1), (ξ_2, η_2) zu berechnen.

Zu diesem Zweck betrachten wir die Fläche R', die aus der RIEMANNschen Fläche R hervorgeht, wenn wir diese mit der Randlinie K versehen. Die Funktion

$$\lambda (z, u) = J_h \frac{d \Pi_{\xi_2, \eta_2}^{\xi_1, \eta_1}}{dz},$$

in der J_h ein Normalintegral erster Gattung bedeutet, ist *eindeutig* auf der ganzen Fläche R', weil auf dieser Fläche sowohl das Integral J_h als auch die rationale Funktion

$$\mu (z, u) = \frac{d \Pi_{\xi_2, \eta_2}^{\xi_1, \eta_1}}{dz}$$

eindeutig ist. Da die Funktion μ in jedem der unendlich fernen Punkte von $f(z, u) = 0$ einen Nullpunkt von (mindestens) der zweiten Ordnung besitzt (Nr. 98, S. 258), und da J_h an diesen Stellen endlich ist, so wird das Residuum von λ in jedem der genannten unendlich fernen Punkte gleich Null sein. Es ist ferner klar, daß λ auch in jedem endlichen Punkt von f das Residuum Null besitzt, mit Ausnahme der Punkte (ξ_1, η_1), (ξ_2, η_2). Das Residuum in (ξ_1, η_1) ist das Produkt aus dem Residuum von μ, d. h.

der Einheit, und dem Wert, den das Integral J_h in (ξ_1, η_1) annimmt; in ähnlicher Weise ergibt sich, daß das Residuum in (ξ_2, η_2) den Wert $-J_h(\xi_2, \eta_2)$ besitzt. Wendet man nun den Satz von CAUCHY (Nr. 87 S. 229) auf das Integral

$$\int\limits_{K}\lambda(z, u)\, dz$$

an, so ergibt sich

$$\int\limits_{K}\lambda(z, u)\, dz = 2\pi i\,[J_h(\xi_1, \eta_1) - J_h(\xi_2, \eta_2)],$$

weil die im positiven Sinn durchlaufene Randlinie K durch stetige Deformation auf einen Punkt zusammengezogen werden kann (S. 217), wobei sie die beiden Punkte (ξ_1, η_1) und (ξ_2, η_2) überschreitet, in denen die Residuen von λ nicht Null werden. Wenn man andererseits die Überlegungen der Nr. 92 (S. 242) wiederholt, so findet man, daß

$$\int\limits_{K} J_h\, d\Pi_{\xi_2, \eta_2}^{\xi_1, \eta_1} = \sum_{l=0}^{p}(\alpha_l b_l - a_l \beta_l)$$

ist, wo α_l, β_l und a_l, b_l die Normalperioden der beiden Normalintegrale erster und dritter Gattung bedeuten.

Da nun

$$\alpha_1 = \alpha_2 = \cdots = \alpha_{h-1} = \alpha_{h+1} = \cdots = \alpha_p = 0,\ \alpha_h = 1,\ \beta_1 = \tau_{h,1},\ \cdots,\ \beta_p = \tau_{h\,p}$$

und

$$a_1 = a_2 = \cdots = a_p = 0,\ b_1 = \pi_1,\ b_2 = \pi_2,\ \cdots,\ b_p = \pi_p$$

ist, so ergibt sich

$$\int\limits_{K}\lambda(z, u)\, dz = \pi_h.$$

Wir bekommen also schließlich

$$\pi_h = 2\pi i[J_h(\xi_1, \eta_1) - J_h(\xi_2, \eta_2)];$$

dabei ist die Differenz zwischen den Werten des Integrals J_h in den beiden Punkten (ξ_1, η_1) und (ξ_2, η_2) berechnet zu denken längs eines (beliebigen) Weges, der die Randlinie K nicht trifft.

Wenn man den Weg nicht berücksichtigt, den der veränderliche Punkt durchläuft, während er sich von einem logarithmischen Punkt zum andern bewegt, so kann man nur schreiben

$$\frac{\pi_h}{2\pi i} \equiv J_h(\xi_1, \eta_1) - J_h(\xi_2, \eta_2) \quad (\text{mod. Perioden von } J_h).$$

Neuntes Kapitel.

Das Abelsche Theorem und seine Folgerungen.

101. Das Abelsche Theorem. Wir betrachten auf einer algebraischen Kurve f vom Geschlecht p eine einfach unendliche *rationale Schar* γ_n^1 von Gruppen zu je n Punkten. Es sei w ein Abelsches Integral von beliebiger Gattung, das der Kurve f angehört; ferner bezeichnen wir allgemein mit $w(x)$ den (bis auf Vielfache der Perioden bestimmten) Wert des Integrals w, wenn die Integrationen von einem gemeinsamen Anfangspunkt bis zu dem veränderlichen Punkt x erstreckt werden. Es sei ferner $(x_1, x_2, \ldots, x_n)$ eine Gruppe G, die innerhalb der gegebenen Schar γ_n^1 veränderlich ist; diese letztere kann im besonderen auch eine lineare Schar g_n^1 sein.

Die Summe

$$w(x_1) + w(x_2) + \cdots + w(x_n)$$

ergibt sich als eine Funktion der (komplexen) Veränderlichen t, welche die Punkte auf derjenigen (komplexen) Geraden definiert, die das Bild der gegebenen rationalen Schar ist. Nun wollen wir uns die Ebene (oder die Kugel) vorstellen, auf welcher die Veränderliche t ausgebreitet ist. Wenn t eine beliebige geschlossene Kurve beschreibt, so wird sich der Wert der angeschriebenen Funktion höchstens um lineare Kombinationen mit ganzzahligen Koeffizienten zwischen den (zyklischen und polaren) Perioden von w ändern; denn wenn der Umlauf ausgeführt ist, so können die Punkte $x_1, x_2, \ldots, x_n$ höchstens untereinander vertauscht sein. Überdies bleibt die betrachtete Funktion in der ganzen Ebene t endlich oder besitzt in ihr nur einzelne polare oder logarithmische Unstetigkeiten. Sie besitzt daher die charakteristischen Eigenschaften eines Abelschen Integrals (s. am Schluß von Nr. 91, S. 241). Es wird also die folgende Gleichung gelten

$$w(x_1) + w(x_2) + \cdots + w(x_n) = \int \psi(t)\, dt,$$

wobei ψ eine rationale Funktion von t ist.

Zu demselben Ergebnis kann man gelangen, wenn man bemerkt, daß, falls $dw(x_j) = \varphi(x_j)\, dx_j$ gesetzt wird (wobei φ eine rationale Funktion bedeutet), die Summe $\sum_{j=1}^{n} \varphi(x_j) \frac{dx_j}{dt}$ eine *algebraische* Funktion von t ist, weil die Punkte $x_1, x_2, \ldots, x_n$ selbst algebraische Funktionen von t sind. Da andererseits diese Summe in bezug auf $x_1, x_2, \ldots, x_n$ symmetrisch ist, so ist sie eine eindeutige Funktion von t, d. h. eine rationale Funktion $\psi(t)$.

Wenn das Integral w von der ersten Gattung ist, so wird das Integral $\int \psi \, dt$ ebenfalls von der ersten Gattung sein, d. h. es wird sich auf eine Konstante reduzieren; wenn w von der zweiten Gattung ist, so wird das Integral $\int \psi \, dt$ ebenfalls von der zweiten Gattung sein, d. h. es wird sich auf eine rationale Funktion von t reduzieren; wenn endlich w von der dritten Gattung ist, so wird das Integral $\int \psi \, dt$ im allgemeinen gleich einer rationalen Funktion sein, vermehrt um eine lineare, mit konstanten Koeffizienten versehene Verbindung zwischen Logarithmen rationaler Funktionen. Zusammenfassend ergibt sich also der Satz:

Ist $(x_1, x_2, \ldots, x_n)$ eine Punktgruppe der Kurve f, die in einer rationalen Schar γ_n^1 veränderlich ist, deren Elemente (Gruppen) sich mit Hilfe der Werte des Parameters t darstellen lassen, so kann die Summe $w(x_1) + w(x_2) + \cdots + w(x_n)$, in der w ein zu f gehöriges ABELsches Integral beliebiger Gattung bedeutet, mittels rationaler und logarithmischer Operationen in Funktion von t ausgedrückt werden.

Dies ist das berühmte *ABELsche Theorem*, das im Jahre 1826 von dem großen norwegischen Mathematiker gefunden wurde.[1]) Eigentlich bezieht sich das ABELsche Theorem auf *den allgemeineren Fall, daß die Gruppe $(x_1, x_2, \ldots, x_n)$ in rationaler Weise nicht nur von einem, sondern von mehreren Parametern $t_1, t_2, \ldots, t_r$ abhängt*, so daß also die Gruppe $(x_1, x_2, \ldots, x_n)$ eine γ_n^r beschreibt, deren Elemente rationale Funktionen des in einem linearen (komplexen) Raum S_r veränderlichen Punktes $(t_1, t_2, \ldots, t_r)$ sind.

Aber dieses allgemeinere Ergebnis erhält man unmittelbar aus dem von uns behandelten Fall; denn wenn man die Werte aller Parameter bis auf einen festhält, so beschränkt sich die Veränderlichkeit der Gruppe auf eine *rationale* γ_n^1, und daraus schließt man also, daß die als Funktion von $(t_1, t_2, \ldots, t_r)$ ausgedrückte Summe $w(x_1) + w(x_2) + \cdots + w(x_n)$ rational-logarithmisch ist in bezug auf jeden der Parameter und also auch in bezug auf ihre Gesamtheit.

---

1) Es wurde veröffentlicht in einer der Pariser Akademie vorgelegten Abhandlung: Remarques sur quelques propriétés générales d'une classe de fonctions transcendantes. Vgl. N. H. ABEL, Oeuvres complètes I, S. 145 und 515.

Bemerkung. Beschränken wir uns darauf, *das* Abel*sche Theorem für ein Integral erster Gattung* w zu betrachten, dann ist *die Summe* $w(x_1) + \cdots + w(x_n)$ *konstant, wie wir schon bemerkt haben.* Aber es wird gut sein, wenn wir die Bedeutung dieser Behauptung genauer auseinander setzen. Wenn der Weg, auf dem man von dem Anfangspunkt x_0 der Integration zu den Punkten $x_1, x_2, \ldots, x_n$ gelangt, nicht festgelegt ist, so ist der Wert der Summe $w(x_1) + w(x_2) + \cdots + w(x_n)$ nur bis auf Vielfache der Perioden bestimmt, und man kann deshalb sagen, daß die Werte, die die Summe $w(x_1) + \cdots + w(x_n)$ für zwei verschiedene Lagen $(x_1', x_2', \ldots, x_n')$, $(x_1'', x_2'', \ldots, x_n'')$ der Gruppe $(x_1, x_2, \ldots, x_n)$ innerhalb der gegebenen Schar annimmt, sich voneinander nur um Summen von ganzen Vielfachen der Perioden unterscheiden, d. h. daß

$$w(x_1') + w(x_2') + \cdots + w(x_n') \equiv w(x_1'') + w(x_2'') + \cdots + w(x_n'') \quad (\text{mod. Perioden})$$

ist.

Sind dagegen die Integrationswege von x_0 aus bis zu einer *Anfangslage* der Punkte der Gruppe, z. B. bis zu der dem Werte $t = t_0$ (oder den Werten $t_1 = t_1^{(0)}, \ldots, t_r = t_r^{(0)}$) entsprechenden Lage $(x_1^0, x_2^0, \ldots, x_n^0)$ ein mal *festgelegt*, und läßt man den Punkt t in dem betreffenden Raume sich stetig bewegen bis zu einer anderen Lage, der die von den Grenzlagen $x_1', x_2', \ldots, x_n'$ der Punkte $x_1^{(0)}, x_2^{(0)}, \ldots, x_n^{(0)}$ gebildete Gruppe $(x_1', x_2', \ldots, x_n')$ entspricht, bezeichnet man ferner mit $w(x_i')$ den Wert von w längs des Weges, der sich als Gesamtheit des von x_0 nach $x_i^{(0)}$ *festgelegten* und des von dem beweglichen Punkte bei seiner Überführung von $x_i^{(0)}$ nach x_i' *durchlaufenen* Weges darstellt, so wird die Summe $\sum w(x_i')$ genau *gleich* der anderen Summe $\sum w(x_i^{(0)})$. Dies ist die genaue Wiedergabe der Tatsache, daß die als Funktion von t betrachtete Summe $\sum w(x_i)$ sich auf eine Konstante reduziert. Alles dies läßt sich kürzer durch folgenden Satz ausdrücken: *Die Summe* $w(x_1) + \cdots + w(x_n)$, *in der* w *ein Integral erster Gattung bedeutet, ändert sich nicht, wenn die Gruppe* $(x_1, x_2, \ldots, x_n)$ *einer unendlich kleinen Verschiebung innerhalb der gegebenen Schar unterworfen wird.*

102. Die Umkehrung des Abelschen Theorems für die Integrale erster Gattung. Transzendente Bedingung für die Äquivalenz zweier Punktgruppen. Das Abelsche Theorem liefert uns eine *notwendige* Bedingung für die Äquivalenz zweier Gruppen von n Punkten einer Kurve f. Wenn man nämlich mit w ein der Kurve f angehöriges beliebiges Integral erster Gattung bezeichnet, so müssen die Summen der Werte von w für die Punkte zweier Gruppen kongruent sein in bezug auf die Perioden. Aber für die geometrischen Anwendungen ist es eigentlich noch wichtiger festzustellen, daß diese Bedingung auch *hinreichend* ist.

Es seien $(x_1, x_2, \ldots, x_n)$, $(y_1, y_2, \ldots, y_n)$ zwei Gruppen von n Punkten der Kurve f, und es mögen die zu dieser Kurve gehörigen p *Normalintegrale* erster Gattung mit $J_1, J_2, \ldots, J_p$ bezeichnet werden (Nr. 97, S. 257). Wir wollen dann voraussetzen, daß die p Kongruenzen

$$J_h(x_1) + \cdots + J_h(x_n) \equiv J_h(y_1) + \cdots + J_h(y_n) \text{ (mod. Perioden)} \qquad (h = 1, 2, \ldots, p)$$

erfüllt seien. Es möge also

$$(1) \qquad \sum J_h(x_j) = \sum J_h(y_j) + n_1 \tau_{h,1} + n_2 \tau_{h,2} + \cdots + n_p \tau_{h,p} + m_h$$

gesetzt werden, wobei m_h und n_h ganze Zahlen bedeuten, die nur von den durchlaufenen Integrationswegen, nicht aber von dem betrachteten Integral J_h abhängen, während $\tau_{h,1}, \tau_{h,2}, \ldots, \tau_{h,p}$ die Perioden von J_h an den Querschnitten $B_1, \ldots, B_p$ sind. Es seien ferner $\Pi_{y_1}^{x_1}, \Pi_{y_2}^{x_2}, \ldots, \Pi_{y_n}^{x_n}$ die n Normalintegrale dritter Gattung, die sich auf die Punktepaare (x_1, y_1), $(x_2, y_2), \ldots, (x_n, y_n)$ beziehen (Nr. 100, S. 264), und es möge endlich mit Π das Integral dritter Gattung

$$\Pi_{y_1}^{x_1} + \Pi_{y_2}^{x_2} + \cdots + \Pi_{y_n}^{x_n}$$

bezeichnet werden, das die Punkte der beiden gegebenen Gruppen zu logarithmischen Unstetigkeitspunkten hat. Da die Perioden des Integrals $\Pi_y^{x_j}$ an den Querschnitten B sich durch

$$2\pi i [J_h(x_j) - J_h(y_j)] + 2\pi i (r_h + s_1 \tau_{h,1} + \cdots + s_p \tau_{h,p}) \qquad (h = 1, \ldots, p)$$

ausdrücken lassen, wobei die Buchstaben r_h, s_h ganze Zahlen bedeuten (die von dem Weg abhängen, der zwischen x_j und y_j gewählt wird), so erkennt man, wenn man die Gleichungen (1) berücksichtigt, daß das Integral Π, dessen Perioden an den Querschnitten A gleich Null sind, an den Querschnitten B Perioden von der Form

$$2\pi i (a_h + b_1 \tau_{h,1} + \cdots + b_p \tau_{h,p})$$

besitzt, wobei die Buchstaben a_h und b_h wiederum ganze Zahlen bedeuten.

Nach dieser Feststellung setzen wir

$$J = 2\pi i (b_1 J_1 + b_2 J_2 + \cdots + b_p J_p)$$

und betrachten die Funktion

$$\Phi(x) = e^{J - \Pi},$$

in der x den auf der Kurve f (d. h. auf der entsprechenden Riemannschen Fläche) veränderlichen Punkt bedeutet. Durchläuft man den Kreis B_h, so nimmt das Integral J um $2\pi i b_h$ zu, während das Integral Π unverändert bleibt. Daraus folgt, daß nach Vollzug dieses Umlaufs die Funktion Φ mit $e^{2\pi i b_h} = 1$ multipliziert erscheint. Durchläuft man den Kreis A_h, so wächst das Integral J um

$$2\pi i (b_1 \tau_{1,h} + b_2 \tau_{2,h} + \cdots + b_p \tau_{p,h}),$$

während Π um

$$2\pi i(a_h + b_1\tau_{h,1} + b_2\tau_{h,2} + \cdots + b_p\tau_{h,p})$$

zunimmt. Berücksichtigt man nun, daß $\tau_{h,k} = \tau_{k,h}$ ist (Nr. 97, S. 257), so ergibt sich, daß $J - \Pi$ den Zuwachs $-2\pi i a_h$ erhält, und daß also, nachdem der Umlauf vollständig ausgeführt ist, die Funktion Φ mit $e^{-2\pi i a_h} = 1$ multipliziert erscheint.

Es ist daher Φ eine eindeutige Funktion von x. Nun wollen wir beweisen, daß sie eine *rationale Funktion* ist. Solange x mit keinem der Punkte x_j oder y_j zusammenfällt, ist es klar, daß die Funktion Φ endlich bleibt. Untersuchen wir also, was sich ergibt, wenn x mit x_j zusammenfällt. Wenn wir uns erinnern, daß der Wert von Π längs eines zu Null homologen Kreises, der x_j umschließt, gleich $2\pi i$ ist, so erhalten wir in der Umgebung des Punktes x_j (der die Koordinaten z_j, u_j haben möge) die Reihenentwicklung

$$\Pi = \log(z - z_j) + \alpha_0 + \alpha_1(z - z_j) + \cdots,$$

und folglich haben wir in demselben Bereich

$$\Phi = e^{-\log(z-z_j) + \beta_0 + \beta_1(z-z_j) + \cdots}.$$

Da die Funktion $e^{\beta_0 + \beta_1(z-z_j) + \cdots}$ in der Umgebung von x_j endlich ist, so können wir schreiben

$$e^{\beta_0 + \beta_1(z-z_j) + \cdots} = \gamma_0 + \gamma_1(z - z_j) + \gamma_2(z - z_j)^2 + \cdots.$$

Schließlich erhalten wir also

$$\Phi = \frac{\gamma_0}{z - z_j} + \gamma_1 + \gamma_2(z - z_j) + \cdots,$$

und damit ist bewiesen, daß die Funktion Φ in jedem der Punkte x_1, x_2, $\ldots$, x_n einen Pol erster Ordnung besitzt.

In ähnlicher Weise erhält man, wenn x mit dem Punkt y_j zusammenfällt (der die Koordinaten z'_j, u'_j haben möge), in der Umgebung von y_j die Entwicklung

$$\begin{aligned}\Phi &= e^{\log(z - z'_j) + \beta'_0 + \beta'_1(z - z'_j) + \cdots} \\ &= \gamma'_0(z - z'_j) + \gamma'_1(z - z'_j)^2 + \gamma'_2(z - z'_j)^3 + \cdots,\end{aligned}$$

und diese zeigt, daß Φ in jedem der Punkte $y_1, y_2, \cdots, y_n$ einen Nullpunkt erster Ordnung besitzt.

Die Funktion Φ hat also auf der ganzen Riemannschen Fläche, auf der die Kurve f abgebildet ist, nur polare Singularitäten (außerwesentlich singuläre Stellen), und ist daher eine rationale Funktion; die Gruppe ihrer Pole (erster Ordnung) ist $(x_1, x_2, \ldots, x_n)$, die Gruppe ihrer Nullpunkte (erster Ordnung) ist $(y_1, y_2, \ldots, y_n)$. Diese beiden Gruppen gehören also der g_n^1 an, die auf f durch die Gleichung $\Phi = \text{const.}$ definiert wird, d. h. sie sind äquivalent.

Wir können nun den folgenden Satz aussprechen:

Sind $w_1, w_2, \ldots, w_p$ p *unabhängige Integrale erster Gattung einer algebraischen Kurve* f, *so besteht die notwendige und hinreichende Bedingung für die Äquivalenz zweier Punktgruppen* $(x_1, x_2, \ldots, x_n)$, $(y_1, y_2, \ldots, y_n)$ *dieser Kurve darin, daß die Kongruenzen gelten*

$$w_h(x_1) + \cdots + w_h(x_n) \equiv w_h(y_1) + \cdots + w_h(y_n) \text{ (mod. Perioden).} \quad (h = 1, 2, \ldots, p)$$

Dieser Satz findet sich bei Riemann und bei Weierstrass. Aus ihm ergibt sich sofort der andere Satz, den wir in Nr. 59 (S. 165) auf andere Weise bewiesen haben, weil die genannten Bedingungen erfüllt sind, wenn die beiden Gruppen einer und derselben rationalen Schar angehören (s. die vorhergehende Nummer).

103. Das Umkehrtheorem. Die Jacobische Mannigfaltigkeit einer Kurve vom Geschlecht p. Wir wenden nun im besonderen den in der vorhergehenden Nummer entwickelten Satz von Abel-Riemann an auf die Gruppen von p Punkten der Kurve f vom Geschlecht p. Beachtet man, daß eine *allgemein* gewählte Gruppe von p Punkten nicht-spezial ist, und daß sie infolgedessen eine Vollschar g_p^0 definiert, so erhält man den Satz:

Bedeutet $G = (x_1, x_2, \ldots, x_p)$ *eine Gruppe von* p *Punkten, die auf der Kurve* f *vom Geschlecht* p *veränderlich sind, so werden die Gleichungen*

$$w_h(x_1) + \cdots + w_h(x_p) \equiv c_h \text{ (mod. Perioden),} \quad (h = 1, 2, \ldots, p)$$

in denen die c_h *willkürliche Konstante bedeuten, für allgemein gewählte Werte dieser Konstanten durch eine einzige Gruppe* G *befriedigt.*

Diesen Satz nennt man das *Umkehrtheorem.*

Legt man den Konstanten c_h gewisse Ausnahmewerte bei, so kann es unendlich viele Gruppen G geben; diese bilden aber eine und dieselbe lineare Spezialschar von der Ordnung p.

Nun konstruiere man die irreduzible algebraische Mannigfaltigkeit V_p von p Dimensionen, deren Punkte die Bilder der einzelnen zu f gehörigen Scharen von der Ordnung p und von der Dimension $\geqq 0$ sind, so daß ein *allgemeiner* Punkt von V_p das Bild *einer* Gruppe von p Punkten der Kurve f ist. Eine derartige Mannigfaltigkeit wollen wir *die auf die Kurve* f *bezügliche Jacobische Mannigfaltigkeit* nennen.

Die Koordinaten der Punkte von V_p sind offenbar rationale symmetrische Funktionen der Koordinaten der Punkte einer auf f veränderlichen Gruppe G, und sie ergeben sich daher schließlich als *eindeutige Funktionen der* p *Parameter* $c_1, c_2, \ldots, c_p$.

Da die Werte der Konstanten c_h, die einer Gruppe von p Punkten der Kurve f entsprechen, bis auf Vielfache der Perioden der Integrale w_h

definiert sind, so erkennt man, daß die genannten Funktionen ein System von $2p$ Gruppen von je p Simultanperioden besitzen; sie sind also, wie man kurz sagt, *$2p$-fach periodische Funktionen der Argumente* $c_1, c_2, \ldots, c_p$. Man nennt sie auch *Abelsche Funktionen* dieser Argumente.

Die wirkliche Darstellung dieser Funktionen, die sich mittels der *Thetafunktionen* von p Veränderlichen ausdrücken lassen,[1] wurde in voller Allgemeinheit gleichzeitig von Riemann und von Weierstrass gegeben.

Von der Jacobischen Mannigfaltigkeit V_p kennt man viele bemerkenswerte Eigenschaften, deren Darlegung uns zu weit führen würde. Wir wollen uns daher mit dem Beweis der Tatsache begnügen, daß V_p eine stetige vertauschbare Gruppe von ∞^p birationalen Transformationen in sich zuläßt.[2]

Eine lineare Schar g_{2p}^p der Kurve f vom Geschlecht p definiert zwischen den Gruppen von p Punkten auf f, und somit auch zwischen den Punkten von V_p, eine ein-eindeutige, birationale, involutorische Korrespondenz ω, welche eine *Transformation erster Art* genannt wird, und zwar werden in einer solchen Korrespondenz zwei Gruppen A und A' von je p Punkten auf f dann als entsprechend bezeichnet, wenn ihre Summe $A + A'$ eine Gruppe der gegebenen Schar g_{2p}^p ist.[3] *Die Transformationen erster Art sind p-fach unendlich;* ihre Mannigfaltigkeit ist nämlich ebenso groß wie die der Scharen g_{2p}^p, die auf f vorhanden sind (Nr. 56, S. 156). Sie bilden ein kontinuierliches System, aber keine kontinuierliche Gruppe (im Sinne von Lie). Wenn nämlich τ eine andere Transformation erster Art ist (die unter Umständen mit ω zusammenfallen kann), und wenn B, B' ein anderes Paar von Gruppen zu je p Punkten bedeutet, die einander in ω entsprechen, wenn ferner A_1, B_1 die Gruppen von je p Punkten der Kurve f bezeichnen, die in bezug auf die Transformation τ den Gruppen A' und B' entsprechen, so bestehen die Beziehungen

$$A + A' \equiv B + B' \quad \text{und} \quad B' + B_1 \equiv A' + A_1.$$

Addiert man diese beiden Beziehungen Glied für Glied, so ergibt sich

$$A + B_1 \equiv A_1 + B;$$

damit ist aber bewiesen, daß das Produkt $\omega\tau$ keine Transformation erster

1) S. z. B. A. Krazer, Lehrbuch der Thetafunktionen. (Leipzig 1903).

2) Siehe z. B. G. Castelnuovo, Ist. Lomb. Rend. (2) **25**, 1189 (1892).

3) Die Punkte von V_p, die für die Transformation ω Koinzidenzpunkte sind, rühren von den Gruppen der g_{2p}^p her, die p Doppelpunkte besitzen. Die Anzahl dieser Gruppen ergibt sich als besonderer Fall aus der in Nr. 73 (S. 189) angeführten Formel von Jonquières. Sie drückt sich nämlich aus durch die Zahl 2^{2p}; und so groß ist also auch *die Anzahl der Koinzidenzpunkte einer Transformation erster Art.*

Art, sondern eine neue birationale (im allgemeinen nicht involutorische) Transformation ist; sie wird eine *Transformation zweiter Art* genannt.

Durch Überlegungen, die den in Nr. 50 (S. 140) für den Fall $p=1$ durchgeführten ganz ähnlich sind, erkennt man, daß das Produkt zweier Transformationen zweiter Art wieder eine Transformation zweiter Art ist, daß die Transformationen zweiter Art (unter denen sich offenbar auch die Identität befindet, die aus dem Produkt $\omega\tau$ entsteht, wenn $\tau\equiv\omega$ ist) zu je zweien vertauschbar sind, und daß man sie alle erhält, wenn man eine willkürlich gewählte Transformation erster Art mit den anderen ∞^p Transformationen derselben Art multipliziert. Daher ergibt sich der Satz:

Die Transformationen zweiter Art bilden eine p-fach unendliche kontinuierliche Gruppe von Transformationen, die zu je zweien vertauschbar sind.

Wenn in der Beziehung $A + B_1 \equiv A_1 + B$, welche eine Transformation zweiter Art charakterisiert, die Gruppe A mit der Gruppe A_1 zusammenfällt, so fällt auch die Gruppe B, die dann eine beliebige Gruppe von p Punkten auf f ist, mit der ihr entsprechenden Gruppe B_1 zusammen. Infolgedessen *besitzt eine Transformation zweiter Art von V_p, falls sie nicht die Identität ist, keine Koinzidenzpunkte.*

Sind zwei beliebige Punkte von V_p gegeben, so gibt es *eine* Korrespondenz erster Art und *eine* Korrespondenz zweiter Art, in denen jene beiden Punkte einander entsprechen. Eine Transformation zweiter Art wird von jeder Transformation erster Art in die zu ihr selbst inverse Transformation verwandelt, so daß die einzigen involutorischen Transformationen zweiter Art diejenigen sind, welche die Koinzidenzpunkte einer gegebenen Transformation erster Art einander zuordnen.

Bezeichnet man mit $(x_1, x_2, \cdots, x_p)$ und $(y_1, y_2, \cdots, y_p)$ zwei veränderliche Gruppen von je p Punkten auf f, so ergibt sich aus dem Satze von Abel-Riemann sofort, daß *die Beziehungen*

$$w_h(x_1) + \cdots + w_h(x_p) \equiv \mp [w_h(y_1) + \cdots + w_h(y_p)] + c_h, \qquad (h=1,2,\ldots,p)$$

in denen die c_h p willkürliche Konstanten bedeuten, die Transformationen erster Art definieren, wenn man vor der eckigen Klammer das Minuszeichen wählt, daß sie aber die Transformationen zweiter Art definieren, wenn man das Pluszeichen wählt.

Im Falle $p=1$ fällt die auf die elliptische Kurve f bezügliche Jacobische Mannigfaltigkeit V_p mit der Kurve selbst zusammen. Das Umkehrtheorem, das für diesen Fall von Jacobi aufgestellt wurde, sagt aus, daß die Koordinaten der Punkte von f eindeutige doppelt-periodische Funktionen der Werte sind, die das einzige zu f gehörige Integral erster

Gattung in eben diesen Punkten annimmt. Diese eindeutigen Funktionen werden in diesem Fall *elliptische Funktionen* genannt.

Bemerkung. Wir wollen, immer noch für den Fall einer elliptischen Kurve f, mit u das Integral erster Gattung bezeichnen, das zu ihr gehört, und mit ω, ω' die fundamentalen Perioden von u. Dann sind alle Korrespondenzen erster und zweiter Art in transzendenter Form durch die Beziehungen

$$u' = \mp u + c \ (\text{mod. } \omega, \omega')$$

dargestellt; dabei bedeuten u und u' die Werte des Integrals in zwei Punkten, die einander in einer derartigen Korrespondenz entsprechen, c bezeichnet eine Konstante (die von Korrespondenz zu Korrespondenz veränderlich ist), und das Minuszeichen entspricht den Transformationen erster Art, das Pluszeichen denen zweiter Art.

104. Beweis des Riemann-Rochschen Satzes mit Hilfe der Integrale zweiter Gattung. Es sei $F(z, u)$ eine rationale Funktion des auf der Kurve $f(z, u) = 0$ veränderlichen Punktes. Der Einfachheit halber werden wir annehmen, daß die Funktion F nur einfache Pole besitze; die Annahme, daß sie Pole von einer Ordnung größer als 1 habe, zieht nur einige geringfügige formale Schwierigkeiten nach sich. Es sei n die *Ordnung* der Funktion F, d. h. die Ordnung der *von festen Punkten freien* linearen Schar g_n^1, die von den Gruppen konstanten Niveaus der Funktion F gebildet wird. Wir wollen mit $x_1, x_2, \ldots, x_n$ die n Pole der Funktion F bezeichnen und mit $\alpha_1, \alpha_2, \ldots, \alpha_n$ die Residuen der Funktion in jedem dieser Pole, und wir wollen voraussetzen, daß die Koordinatenachsen in bezug auf die Gruppe $(x_1, x_2, \ldots, x_n)$ allgemein gewählt seien, so daß f'_u in den Punkten $x_1, x_2, \ldots, x_n$ nicht verschwindet. Das Abelsche Integral

$$F - \alpha_1 E_1 - \alpha_2 E_2 \cdots - \alpha_n E_n, \tag{2}$$

in dem E_j das auf den Pol x_j bezügliche elementare Normalintegral zweiter Gattung bedeutet (Nr. 98, S. 258), hat auf der ganzen Riemannschen Fläche keine Pole mehr und ist daher von der ersten Gattung. Da dieses Integral erster Gattung an den Querschnitten A die Perioden Null hat, so wird es sich ohne weiteres auf eine Konstante reduzieren, d. h. wir erhalten

$$F = \alpha_1 E_1 + \alpha_2 E_2 + \cdots + \alpha_n E_n + \alpha_{n+1},$$

wobei die α konstante Größen sind.

Wenn wir ausdrücken, daß F auch an den Querschnitten B die Perioden Null hat, und wenn wir uns an die Darstellung der Perioden eines Normalintegrals zweiter Gattung erinnern, die in Gleichung (2) von

Nr. 98 (S. 261) gegeben wurde, so erhalten wir zwischen den Konstanten α die p Beziehungen

$$\alpha_1 \frac{\varphi_h(\xi_1, \eta_1)}{f'_{\eta_1}} + \alpha_2 \frac{\varphi_h(\xi_2, \eta_2)}{f'_{\eta_2}} + \cdots + \alpha_n \frac{\varphi_h(\xi_n, \eta_n)}{f'_{\eta_n}} = 0; \qquad (h = 1, \ldots, p) \tag{3}$$

dabei bedeuten (ξ_j, η_j) die Koordinaten des Poles x_j. Umgekehrt ist es klar, daß *das Integral* $\alpha_1 E'_1 + \alpha_2 E_2 + \cdots + \alpha_n E_n$ *sich auf eine rationale Funktion reduziert, wenn eine Gruppe von Konstanten* $\alpha_1, \alpha_2, \ldots, \alpha_n$ *den Gleichungen* (3) *genügt.* Denn dieses Integral hat an den Querschnitten A bereits die Perioden Null, und vermöge der Gleichungen (3) wird es auch an den Querschnitten B die Perioden Null bekommen.

Wenn man daher abzählen will, wie viele rationale Funktionen es gibt, die eine gegebene Gruppe $(x_1, x_2, \ldots, x_n)$ *von einfachen Polen haben, so hat man nur festzustellen, wieviele von den Konstanten* α *in den Gleichungen* (3) *frei bleiben.*

Diese Abzählung ist offenbar gleichbedeutend mit der Ermittlung der Dimension r der linearen Vollschar g_n^r, die durch die Gruppe $(x_1, x_2, \ldots, x_n)$ bestimmt wird.

Aus der Theorie der linearen Gleichungen ist bekannt, daß wenn ϱ der Rang der Matrix aus den Koeffizienten der Gleichungen (3) ist, sich unter diesen Gleichungen ϱ voneinander unabhängige befinden, so daß also $n - \varrho$ unter den Konstanten α frei bleiben. Unterdrückt man nun in dieser Koeffizientenmatrix die endlichen und von Null verschiedenen Faktoren $\frac{1}{f'_{\eta_1}}, \ldots, \frac{1}{f'_{\eta_n}}$, die den Elementen der einzelnen aufeinanderfolgenden Vertikalreihen gemeinsam sind, so geht sie über in die Matrix

$$\left\| \begin{matrix} \varphi_1(\xi_1, \eta_1) & \varphi_1(\xi_2, \eta_2) & \ldots & \varphi_1(\xi_n, \eta_n) \\ \varphi_2(\xi_1, \eta_1) & \varphi_2(\xi_2, \eta_2) & \ldots & \varphi_2(\xi_n, \eta_n) \\ \vdots \\ \varphi_p(\xi_1, \eta_1) & \varphi_p(\xi_2, \eta_2) & \ldots & \varphi_p(\xi_n, \eta_n) \end{matrix} \right\|, \tag{4}$$

und diese kann, wenn man die Horizontal- und Vertikalreihen miteinander vertauscht, auch als Matrix der Koeffizienten in den Gleichungen

$$\lambda_1 \varphi_1(\xi_j, \eta_j) + \lambda_2 \varphi_2(\xi_j, \eta_j) + \cdots + \lambda_p \varphi_p(\xi_j, \eta_j) = 0 \qquad (j = 1, 2, \ldots, n) \tag{5}$$

aufgefaßt werden. Wenn ϱ der Rang der Matrix aus den Koeffizienten der Gleichungen (3) ist, so ist der Rang der Matrix aus den Koeffizienten der Gleichungen (5) zwischen den Größen λ ebenso groß und umgekehrt. Bezeichnet man mit i den *Spezialitätsindex* der Gruppe $(x_1, x_2, \ldots, x_n)$ (d. h. die Anzahl der linear unabhängigen adjungierten Kurven $(m-3)^{\text{ter}}$ Ordnung, die durch diese Gruppe gehen), so müssen die Gleichungen zwischen den Größen λ genau i von diesen Unbekannten frei verfügbar lassen; der Rang der entsprechenden Matrix wird somit $\varrho = p - i$ sein, und daher werden in den Gleichungen (3) $n - p + i$ von den Konstanten α beliebig wählbar bleiben.

Daraus ergibt sich, *daß die Funktion F, einschließlich der additiven Konstanten α_{n+1}, $n - p + i + 1$ willkürliche Konstanten enthält.*

Da die Gruppen, die der Bedingung

$$\alpha_1 E_1 + \alpha_2 E_2 + \cdots + \alpha_n E_n = \text{const.}$$

genügen, die durch die Gruppe $(x_1, x_2, \ldots, x_n)$ definierte Vollschar g_n^r bilden, so folgt, daß diese Schar die Dimension $r = n - p + i$ hat.

Wir haben schon in Nr. 44 (S. 128) bemerkt, daß der Fall $i = 0$ auf dem hier befolgten Wege von RIEMANN behandelt worden ist. Wie man sieht, ist der Übergang zu dem Fall $i > 0$ leicht; diese Erweiterung verdankt man ROCH.

105. Der RIEMANN-ROCHsche Satz als unmittelbare Folgerung aus dem Theorem von ABEL-RIEMANN. Es ist auch interessant zu zeigen, wie der RIEMANN-ROCHsche Satz sich als eine Folgerung aus dem Satz der Nr. 101 auffassen läßt. Wir wollen die Bezeichnungen der vorhergehenden Nummern beibehalten und die Gruppe $G = (x_1, x_2, \ldots, x_n)$ auf der Kurve f vom Geschlecht p betrachten. Beim Übergang von der Gruppe G zu einer Gruppe G', die ihr in der linearen Vollschar $|G|$ unendlich benachbart ist, wird der Zuwachs der Summe $J_h(x_1) + \cdots + J_h(x_n)$ gleich Null sein, d. h. es ist

$$(6)\quad d[J_h(x_1) + \cdots + J_h(x_n)] = \frac{\varphi_h(\xi_1, \eta_1)}{f'_{\eta_1}} d\xi_1 + \cdots + \frac{\varphi_h(\xi_n, \eta_n)}{f'_{\eta_n}} d\xi_n = 0. \quad (h = 1, 2, \ldots, p)$$

Nun möge mit ϱ der Rang der Matrix aus den Koeffizienten der Gleichungen (6) bezeichnet werden; diese Matrix geht nach Weglassung der endlichen und von Null verschiedenen Faktoren $\frac{1}{f'_{\eta_1}}, \ldots, \frac{1}{f'_{\eta_n}}$ über in die Matrix (4) der vorhergehenden Nummer.

Jeder Gruppe G', die zu G äquivalent und unendlich benachbart ist, entspricht eine Lösung $(d\xi_1, \ldots, d\xi_n)$ der Gleichungen (6), die bis auf einen Proportionalitätsfaktor bestimmt ist.

Daher ist die Anzahl der unabhängigen Lösungen $(d\xi_1, \ldots, d\xi_n)$ der Gleichungen (6) *mindestens* ebenso groß wie die Anzahl der unabhängigen Gruppen G', die zu G äquivalent und unendlich benachbart sind. Es ergibt sich somit $r \leqq n - \varrho$; und da $\varrho = p - i$ ist, wo i den Spezialitätsindex von G bedeutet, so erhalten wir $r \leqq n - p + i$, d. h.

$$(7)\quad r = n - p + i - \varepsilon. \quad (\varepsilon \geqq 0)$$

Da andererseits $r \geqq n - p$ ist, weil die Gleichungen

$$J_h(x_1) + \cdots + J_h(x_n) = \text{const.}$$

höchstens p Beziehungen zwischen den n Parametern darstellen, von denen eine Gruppe von n Punkten auf f abhängt, so folgt für den Fall $i = 0$ aus (7) ohne weiteres $r = n - p$. Wenn dagegen $i > 0$ ist, so wollen wir einen Rest K von G in bezug auf die kanonische Schar von f betrachten. Es sei r' die Dimension der Vollschar $|K|$ und i' der Spezialitätsindex von K. Wendet man die Gleichung (7) auf die Schar $|K|$ an, so erhält man

$$r' = (2p - 2 - n) - p + i' - \varepsilon'. \qquad (8) \qquad (\varepsilon' \geqq 0)$$

Addiert man nun die Gleichungen (7) und (8), so folgt:

$$r + r' = i + i' - 2 - \varepsilon - \varepsilon'.$$

Andererseits ergibt sich aber aus der Definition des Spezialitätsindex einer Schar, daß $r = i' - 1$ und $r' = i - 1$ und somit

$$r + r' = i + i' - 2$$

ist. Daraus folgt, daß $\varepsilon + \varepsilon' = 0$ und somit $\varepsilon = \varepsilon' = 0$ ist. Die Gleichung (7) führt also zu der RIEMANN-ROCHschen Gleichung $r = n - p + i$.

Zehntes Kapitel.

Reduzible ABELsche Integrale.

106. Reduzible Integrale. Vollständige lineare Systeme derartiger Integrale. Ein Integral erster Gattung wird *reduzibel* genannt, wenn seine zyklischen Perioden einer oder mehreren linearen homogenen Gleichungen mit ganzzahligen Koeffizienten genügen (es wäre besser, wenn man es ein Integral mit *reduziblen Perioden* nennen würde). Es ist einleuchtend, daß für ein Integral erster Gattung die *Reduzibilität* eine spezielle Eigenschaft bedeutet; denn die Perioden eines *allgemeinen* Integrals erster Gattung können keiner Beziehung von der genannten Form genügen, weil ihre reellen Teile willkürlich wählbar sind (Nr. 96, S. 254). Mittels der linearen Gleichungen, die die Perioden eines reduziblen Integrals miteinander verbinden, können seine $2p$ Perioden dargestellt werden als lineare Kombinationen mit *rationalen Koeffizienten* zwischen einer gewissen Anzahl r von ihnen, die nicht weiter reduzierbar sind *(reduzierte Perioden)*. Mit Hilfe eines von WEIERSTRASS angegebenen arithmetischen Verfahrens,[1] bei dessen Entwicklung wir uns jedoch nicht aufhalten wollen, kann man beweisen, daß *die $2p$ Perioden eines reduziblen Integrals ausgedrückt werden können als lineare Kombinationen mit ganzzahligen Koeffizienten zwischen einer gewissen Anzahl r von Größen.*

Diese Größen werden die *primitiven reduzierten Perioden* des reduziblen Integrals genannt. Sie sind bestimmt bis auf eine lineare Substitution mit ganzzahligen Koeffizienten, deren Determinante gleich ± 1 ist (unimodulare Substitution).

Wir nehmen nun an, es gebe auf einer Kurve mehrere linear unabhängige reduzible Integrale $I_1, I_2, \ldots, I_q$, die dieselbe Anzahl r von reduzierten Perioden besitzen, und die so beschaffen seien, daß die Matrizen der Substitutionen, mit deren Hilfe die $2p$ Normalperioden von $I_1, I_2, \ldots, I_q$ in Funktion der r primitiven reduzierten Perioden jedes Integrals ausgedrückt werden können, identisch, d. h. daß ihre entsprechenden Elemente gleich seien.

1) Vgl. z. B. É. PICARD, Traité d'Analyse. Bd. 2, S. 227—228. (2. Aufl. Paris 1905.)

Bezeichnen wir mit $\Omega_{h,1}, \Omega_{h,2}, \ldots, \Omega_{h,2p}$ die (auf die Querschnitte $A_1, B_1, A_2, B_2, \ldots, A_p, B_p$ bezüglichen) Perioden des Integrals I_h, so erhalten wir die Beziehungen

$$(1)\qquad \begin{aligned} \Omega_{h,1} &= m_{11}\omega_{h,1} + m_{12}\omega_{h,2} \cdots + m_{1,r}\omega_{h,r}, \\ \Omega_{h,2} &= m_{21}\omega_{h,1} + m_{22}\omega_{h,2} \cdots + m_{2,r}\omega_{h,r}, \\ &\cdots\cdots\cdots\cdots \\ \Omega_{h,2p} &= m_{2p,1}\omega_{h,1} + m_{2p,2}\omega_{h,2} + \cdots + m_{2p,r}\omega_{h,r}. \end{aligned} \qquad (h = 1, 2, \ldots, q)$$

Dabei sind die ganzen Zahlen m von dem betrachteten Integral I_h unabhängig, während $\omega_{h,1}, \omega_{h,2}, \ldots, \omega_{h,r}$ die r primitiven reduzierten Perioden dieses Integrals bedeuten; ferner ist die Matrix der Zahlen m von Null verschieden, weil nach der Annahme die Anzahl der Perioden nicht weiter verringert werden kann. Man wird sofort bemerken, daß ein Integral $\lambda_1 I_1 + \lambda_2 I_2 + \cdots + \lambda_q I_q$, das dem durch die Integrale $I_1, I_2, \ldots, I_q$ bestimmten *linearen System* angehört, reduzibel ist, und daß die lineare Substitution, mit deren Hilfe seine $2p$ Perioden in Funktion der r reduzierten Perioden ausgedrückt werden können, ebenfalls die Matrix

$$\left\| \begin{matrix} m_{11} & m_{12} & \ldots & m_{1,r} \\ m_{21} & m_{22} & \ldots & m_{2,r} \\ \cdot & \cdot & \cdot & \cdot \\ m_{2p,1} & m_{2p,2} & \ldots & m_{2p,r} \end{matrix} \right\| \quad \text{besitzt.}$$

Ein noch allgemeinerer Fall ergibt sich, wenn man die *Gesamtheit* der Integrale erster Gattung betrachtet, deren Perioden $\Omega_1, \Omega_2, \ldots, \Omega_{2p}$ durch Formeln von der Gestalt

$$(2)\qquad \Omega_k = m_{k,1}\omega_1 + m_{k,2}\omega_2 + \cdots + m_{k,r}\omega_r \qquad (k = 1, 2, \ldots, 2p)$$

gegeben sind. Man erhält dann ein *lineares System* (das das lineare System $\lambda_1 I_1 + \lambda_2 I_2 + \cdots + \lambda_q I_q$ enthält); denn in dieser Gesamtheit wird sich eine gewisse größte Zahl q' ($q \leqq q' \leqq p$) von linear unabhängigen Integralen vorfinden, und jedes Integral der Gesamtheit muß linear abhängig sein von diesen q' festgelegten Integralen, weil eine lineare Kombination von zwei Integralen der Gesamtheit dieser wiederum angehört. Ein derartiges System soll ein *vollständiges lineares System von reduziblen Integralen erster Gattung* genannt werden. Aus der Definition der Reduzibilität folgt sofort, daß *ein reduzibles Integral erster Gattung einem einzigen vollständigen linearen System von solchen Integralen angehört*, und zwar wird dieses gebildet von allen Integralen erster Gattung, deren Perioden (die beispielsweise auf die Rückkehrschnitte bezogen sein mögen) demselben System von linearen Gleichungen mit ganzzahligen Koeffizienten genügen, das auch von den Perioden des gegebenen Integrals befriedigt wird.

Wir können auch *ein vollständiges lineares System von reduziblen Integralen zweiter Gattung* betrachten. In den Formeln (2) mögen die Größen $\omega_1, \omega_2, \ldots, \omega_r$ vollständig frei wählbar gelassen werden. Da die $2p$ Perioden eines Integrals zweiter Gattung ganz willkürlich gewählt werden können (Nr. 99, S. 263), so wird jeder Wahl der Größen ω ein Integral zweiter Gattung entsprechen, dessen $2p$ Perioden mittels der Gleichungen (2) ausgedrückt werden können. Dieses Integral ist bis auf eine additive rationale Funktion bestimmt; denn die Differenz zwischen zwei Integralen, die denselben Werten der Größen ω und also auch der Größen Ω entsprechen, ist ein Integral, dessen sämtliche Perioden Null sind, und das daher eine rationale Funktion sein muß. Betrachtet man die r Integrale zweiter Gattung $H_1, H_2, \ldots, H_r$, welche man erhält, wenn man als Werte der ω die Elemente der r Horizontalreihen einer von Null verschiedenen Determinante wählt, so ist es klar, daß eine Kombination $\mu_1 H_1 + \cdots + \mu_r H_r$, in der die Werte der Zahlen μ nicht alle gleich Null sind, sich niemals auf eine rationale Funktion reduzieren kann; denn die auf eine derartige Kombination bezüglichen Werte der ω müßten alle Null sein, und dies ist nicht vereinbar mit der Voraussetzung, daß die reduzierten Perioden von $H_1, H_2, \ldots, H_r$ eine von Null verschiedene Determinante bilden. Es ist auch einleuchtend, daß jedes Integral H zweiter Gattung, dessen Perioden Ω die Form (2) haben, mittels einer linearen Kombination von $H_1, H_2, \ldots, H_r$ darstellbar ist; denn wenn man den reduzierten Perioden von H die entsprechenden reduzierten Perioden der Kombination $\mu_1 H_1 + \cdots + \mu_r H_r$ gleichsetzt, so ist die Determinante der Koeffizienten der so erhaltenen in den Größen μ linearen Gleichungen von Null verschieden, und deshalb sind diese Gleichungen nach den Größen μ auflösbar. Man kann also den Satz aussprechen: *Ein vollständiges lineares System von Integralen zweiter Gattung, die r reduzierte Perioden haben, enthält genau r linear unabhängige Integrale.*

Hieraus wollen wir nun den folgenden Satz ableiten:

In einem linearen System von reduziblen Integralen erster Gattung, deren reduzierte Perioden r an der Zahl sind, können sich nicht mehr als $\frac{r}{2}$ linear unabhängige Integrale (erster Gattung) vorfinden.[1])

Es sei q die Maximalzahl von unabhängigen Integralen, die es in dem gegebenen System gibt, und es mögen diese Integrale mit $I_1, I_2, \ldots, I_q$ bezeichnet werden. Die Tafel ihrer reduzierten Perioden sei

$$\begin{matrix} \omega_{11} & \omega_{12} & \ldots & \omega_{1,r} \\ \omega_{21} & \omega_{22} & \ldots & \omega_{2,r} \\ \vdots & & & \\ \omega_{q,1} & \omega_{q,2} & \ldots & \omega_{q,r}, \end{matrix}$$

1) Vgl. die Nr. 3 in einer Note von F. Severi in Torino Atti (2) **40**, 295 (1905).

und die Darstellung der ursprünglichen Perioden Ω des Integrals I_h in Funktion der reduzierten Perioden möge durch die Formeln (1) gegeben sein. Wir setzen

$$\omega_{h,k} = \omega'_{h,k} + i\omega''_{h,k} \qquad (i = \sqrt{-1})$$

und bezeichnen mit I'_h, I''_h die Integrale zweiter Gattung, deren Perioden aus den Formeln (1) erhalten werden, wenn man in diesen an Stelle der Größen $\omega_{h,1}, \ldots, \omega_{h,r}$ die Größen $\omega'_{h,1}, \ldots, \omega'_{h,r}$ bzw. $\omega''_{h,1}, \ldots, \omega''_{h,r}$ setzt, für $h = 1, 2, \ldots, q$. Die auf diese Weise konstruierten Integrale zweiter Gattung werden einem linearen System mit r reduzierten Perioden angehören. Wir behaupten, daß die Integrale $I'_1, I'_2, \ldots, I'_q, I''_1, \ldots, I''_q$ linear unabhängig sind; daraus folgt dann $2q \leqq r$, d. h. $q \leqq \frac{r}{2}$.

Wenn sich nämlich eine Kombination

$$\lambda_1 I'_1 + \cdots + \lambda_q I'_q + \mu_1 I''_1 \cdots + \mu_q I''_q$$

für solche Werte der Zahlen λ, μ, die nicht alle verschwinden, auf eine rationale Funktion reduzierte, so würden wir die Beziehungen

$$\lambda_1 \omega'_{1,k} + \lambda_2 \omega'_{2,k} + \cdots + \lambda_q \omega'_{q,k} + \mu_1 \omega''_{1,k} + \cdots + \mu_q \omega''_{q,k} = 0 \qquad (k = 1, 2, \ldots, r)$$

erhalten. Da nun die Koeffizienten ω', ω'' reell sind, so könnte man für die Zahlen λ, μ stets reelle Werte wählen. Das Integral erster Gattung

$$(\mu_1 + i\lambda_1) I_1 + \cdots + (\mu_q + i\lambda_q) I_q$$

besäße demnach als reduzierte Perioden die Zahlen

$$(\mu_1 + i\lambda_1)(\omega'_{1,k} + i\omega''_{1,k}) + \cdots + (\mu_q + i\lambda_q)(\omega'_{q,k} + i\omega''_{q,k}), \qquad (k = 1, 2, \ldots r)$$

und diese würden vermöge der angenommenen Beziehungen in die reellen Größen

$$(\mu_1 \omega'_{1,k} - \lambda_1 \omega''_{1,k}) + \cdots + (\mu_q \omega'_{q,k} - \lambda_q \omega''_{q,k}) \qquad (k = 1, 2, \ldots, r)$$

übergehen. Es wären daher auch die Perioden Ω des betrachteten Integrals reell, und dieses wäre demnach eine Konstante. Dies ist aber unmöglich, da ja vorausgesetzt wurde, daß $I_1, I_2, \ldots, I_q$ unabhängig seien.

Eine unmittelbare Folgerung aus dem soeben bewiesenen Satze ist der folgende Zusatz:

Ein lineares System von q unabhängigen Integralen erster Gattung mit $2q$ Perioden ist ein vollständiges System.

Der Kürze halber wollen wir ein System von q unabhängigen Integralen erster Gattung mit $2q$ reduzierten Perioden ein *reguläres System reduzibler Integrale* nennen.[1])

Eine andere äußerst nützliche Bemerkung, die sich unmittelbar schon an den bloßen Begriff des vollständigen Systems von reduziblen Integralen erster Gattung anschließt, ist die folgende[2]):

---

1) Vgl. F. Severi, Sugli integrali abeliani riducibili. Rom. Acc. L. Rend. (5) **23**$_1$, 581 und 641 (1914).

2) Vgl. Castelnuovo-Enriques, Ann. éc. norm. (3) **23**, 345 (1906).

Die vollständigen linearen Systeme von reduziblen Integralen erster Gattung, die möglicherweise auf einer Kurve vorhanden sind, verteilen sich auf eine diskontinuierliche Schar, oder, mit anderen Worten, es kann keine kontinuierliche Schar von vollständigen Systemen reduzibler Integrale erster Gattung geben.

Da nämlich ein vollständiges System aus *allen* Integralen erster Gattung besteht, deren Perioden durch die reduzierten Perioden mit *gegebenen ganzzahligen Koeffizienten* $m_{h,k}$ ausgedrückt werden können, so werden zwei verschiedenen Systemen von reduziblen Integralen erster Gattung *verschiedene* Gruppen von ganzen Zahlen $m_{h,k}$ entsprechen. Die Integralsysteme hängen also von den Werten ab, die einer gewissen Gruppe von ganzen Zahlen zugeschrieben werden können und bilden demnach eine diskontinuierliche Schar.

107. Eigenschaften der regulären Systeme reduzibler Integrale. Es seien I und J zwei reduzible Integrale, die dem linearen System $\lambda_1 I_1 + \lambda_2 I_2 + \cdots + \lambda_q I_q$ angehören, das auf der Kurve f vom Geschlecht p durch q unabhängige Integrale erster Gattung mit $2q$ reduzierten Perioden definiert ist, und es mögen mit $\tau_1', \tau_2', \ldots, \tau_{2q}'$ und $\vartheta_1', \vartheta_2', \ldots, \vartheta_{2q}'$ die reduzierten Perioden von I und J bezeichnet werden. Die lineare Substitution, welche die Normalperioden eines Integrals des betrachteten Systems mit den entsprechenden reduzierten Perioden verbindet, sei die Substitution (1) der vorhergehenden Nummer, in der $r = 2q$ zu setzen ist (und in der, wie wir nochmals hervorheben wollen, die ganzen Zahlen m von dem betrachteten Integral unabhängig sind).

Die bilineare Beziehung (Nr. 96, S. 256), welche zwischen den Normalperioden der Integrale I und J besteht, geht unter Berücksichtigung der Gleichungen (1) über in die bilineare Beziehung

$$\sum_{\alpha=1}^{2q} \sum_{\beta=1}^{2q} k_{\alpha,\beta} \tau_\alpha' \vartheta_\beta' = 0, \tag{3}$$

in der die ganzen Zahlen k, wie man sofort bestätigt, den Gleichungen

$$k_{\alpha,\beta} = -k_{\beta,\alpha}, \quad k_{\alpha,\alpha} = 0$$

genügen. Da diese Zahlen k nur aus den ganzen Zahlen m zusammengesetzt sind, so sind sie außerdem unabhängig von den beiden Integralen, die in dem gegebenen linearen System betrachtet werden. Wir wollen mit $d_1, d_2, \ldots, d_q$ die (positiven) *Elementarteiler* der halbsymmetrischen (schiefen) Determinante $K = \sum \pm k_{11} k_{22} \ldots k_{2q,2q} = (d_1 d_2 \ldots d_q)^2$ bezeichnen; sie mögen der Größe nach geordnet sein $(d_1 \leqq d_2 \ldots \leqq d_q)$. Ein bekannter Satz aus der Theorie der bilinearen Formen mit ganzzahligen Koeffizienten lehrt uns dann, daß die reduzierten Perioden der Integrale des gegebenen Systems einer linearen Substitution mit ganzzahligen Koeffizienten von der Form

$$(4)\qquad \tau'_\alpha = a_{\alpha,1}\tau_1 + a_{\alpha,2}\tau_2 + \cdots + a_{\alpha,2q}\tau_{2q} \qquad \begin{pmatrix}\alpha = 1, 2, \ldots, 2q \\ A = \Sigma \pm a_{11} \cdots a_{2q,2q} = \pm 1\end{pmatrix}$$

unterworfen werden können, so daß

$$\sum k_{\alpha,\beta}\tau'_\alpha \vartheta'_\beta = \sum_{h=1}^{q} d_h(\tau_h \vartheta_{q+h} - \tau_{q+h}\vartheta_h)^{1)},$$

identisch gleich ist; dabei sind $\vartheta_1, \vartheta_2, \ldots, \vartheta_{2q}$ die reduzierten Perioden, die mittels der Substitution (4) den Größen $\vartheta'_1, \vartheta'_2, \ldots, \vartheta'_{2q}$ entsprechen. Es sei ferner

$$(5)\qquad \tau_\alpha = b_{\alpha,1}\tau'_1 + b_{\alpha,2}\tau'_2 + \cdots + b_{\alpha,2q}\tau'_{2q} \qquad \begin{pmatrix}\alpha = 1, 2, \ldots, 2q \\ B = \Sigma \pm b_{11} b_{22} \cdots b_{2q,2q} = \pm 1\end{pmatrix}$$

die zu (4) inverse lineare Substitution mit ganzzahligen Koeffizienten. Wir können dann als neue reduzierte Perioden der Integrale des gegebenen Systems diejenigen nehmen, welche mittels der Substitution (5) den alten reduzierten Perioden entsprechen. Die so erhaltenen (primitiven) reduzierten Perioden werden *reduzierte Normalperioden* genannt. Wir können also den Satz aussprechen:

Ist ein reguläres System von q Integralen erster Gattung gegeben, so genügen die reduzierten Normalperioden $\tau_1, \tau_2, \ldots, \tau_{2q}$; $\vartheta_1, \vartheta_2, \ldots, \vartheta_{2q}$ zweier beliebiger Integrale I, J des gegebenen Systems den bilinearen Beziehungen

$$\sum_{h=1}^{q} d_h(\tau_h \vartheta_{q+h} - \tau_{q+h}\vartheta_h) = 0;$$

in diesen Gleichungen bedeuten die d_h positive ganze, von Null verschiedene Zahlen, die von den betrachteten Integralen unabhängig sind und nur abhängen von dem vollständigen linearen System, das diese enthält.

Die Ungleichung zwischen den reellen und den imaginären Teilen der Normalperioden des Integrals I (Nr. 92, S. 245) verwandelt sich in ähnlicher Weise in die folgende:

$$\sum_{h=1}^{q} d_h(\tau'_h \tau''_{q+h} - \tau''_h \tau'_{q+h}) > 0,$$

in der $\tau_\alpha = \tau'_\alpha + i\tau''_\alpha$ gesetzt ist. Es gilt somit der Satz:

Zwischen den reellen Teilen τ'_α und den imaginären Teilen τ''_α der reduzierten Normalperioden τ_α des im vorhergehenden Satze genannten Integrals I besteht die Ungleichung

$$\sum_{h=1}^{q} d_h(\tau'_h \tau''_{q+h} - \tau''_h \tau'_{q+h}) > 0,$$

---

1) G. Frobenius, Journal f. Math. **86**, 165 (1879); vgl. auch É. Picard, Bull. Soc. Math. **11**, 25 (1883).

die nicht in eine Gleichung übergehen kann, falls sich nicht etwa I auf eine Konstante reduziert.

Bezeichnet man die reduzierten Normalperioden, welche die Indizes $1, 2, \ldots, q$ haben, als *reduzierte Normalperioden der Gruppe* $\mathfrak{A}$ und diejenigen mit den Indizes $q+1, q+2, \ldots, 2q$ als *reduzierte Normalperioden der Gruppe* $\mathfrak{B}$, so ergeben sich aus der vorstehenden Ungleichung durch eine ganz ähnliche Überlegung wie sie in Nr. 96 (S. 253) durchgeführt wurde, die folgenden Eigenschaften:

Für ein Integral erster Gattung des gegebenen vollständigen linearen Systems können nicht alle reduzierten Normalperioden einer und derselben Gruppe ($\mathfrak{A}$ oder $\mathfrak{B}$) gleich Null werden; auch können für ein solches Integral nicht alle reduzierten Perioden reell oder rein imaginär sein, ohne daß es sich auf eine Konstante reduziert. Die reduzierten Normalperioden einer und derselben Gruppe können willkürlich vorgeschrieben werden. Die reellen (oder rein imaginären Teile) der $2q$ reduzierten Perioden können ebenfalls nach Belieben zum voraus gewählt werden.

Auch der Satz von Ziffer 3) der Nr. 96 kann wörtlich auf die reduzierten Perioden übertragen werden, wenn nur an Stelle der Normalperioden längs der Kreise A oder B die reduzierten Normalperioden der Gruppen $\mathfrak{A}$ oder $\mathfrak{B}$ gesetzt werden.

Daraus ergibt sich im besonderen, daß wenn die reduzierten Normalperioden der Integrale $I_1, I_2, \ldots, I_q$ mit

$$\tau_{h,1},\ \tau_{h,2},\ \ldots,\ \tau_{h,2q} \qquad (h=1, 2, \ldots, q)$$

bezeichnet werden, die Determinante

$$T = \sum \pm\, \tau_{11}\tau_{22}\ldots\tau_{2q,2q}$$

von Null verschieden sein muß. Setzt man daher

$$\lambda_1 = \frac{T_{1,h}}{T}, \quad \lambda_2 = \frac{T_{2,h}}{T}, \quad \ldots, \quad \lambda_q = \frac{T_{q,h}}{T},$$

wo $T_{1,h}, T_{2,h}, \ldots, T_{q,h}$ die (nicht sämtlich verschwindenden) Unterdeterminanten der in der h^{ten} Vertikalreihe von T stehenden Elemente sind, so wird das Integral

$$J_h = \lambda_1 I_1 + \lambda_2 I_2 + \cdots + \lambda_q I_q$$

als Normalperioden der Gruppe $\mathfrak{A}$ die Zahlen $0, 0, \ldots, 0, 1, 0, \ldots, 0$ haben, so daß gerade die Periode vom Index h gleich 1 wird.

Für $h = 1, \ldots, q$ erhalten wir auf diese Weise q linear unabhängige Integrale, weil eine lineare Kombination der q konstruierten Integrale mit Koeffizienten, die nicht alle gleich Null sind, als Perioden der Gruppe

$\mathfrak{A}$ eben diese Koeffizienten besitzt, und sich deshalb niemals auf eine Konstante reduzieren kann. Nun wollen wir ferner mit

$$\varrho_{h,1},\ \varrho_{h,2},\ \ldots,\ \varrho_{h,q} \qquad (h=1,2,\ldots,q)$$

die der Gruppe $\mathfrak{B}$ angehörigen Perioden des Integrals J_h bezeichnen, und zwar möge gerade $\varrho_{h,j}$ die Periode sein, welche in der Gruppe $\mathfrak{B}$ den Index $q+j$ hat. Wendet man die oben gefundene bilineare Beziehung auf die Integrale J_h, J_k an, so ergeben sich die $\frac{q(q-1)}{2}$ Gleichungen $d_h \varrho_{k,h} = d_k \varrho_{h,k}$. Die q Integrale $M_h = \frac{J_h}{d_h}$ $(h=1,2,\ldots,q)$ wollen wir die *reduzierten Normalintegrale erster Gattung des gegebenen linearen Systems* nennen. Setzt man dann $\omega_{h,k} = \frac{\varrho_{h,k}}{d_h}$, so *ergeben sich die reduzierten Normalperioden dieser Normalintegrale aus folgender Tabelle:*

$$\begin{array}{ccccc}
\frac{1}{d_1} & 0 & \ldots & 0 & \omega_{11}\,\omega_{12}\,\ldots\,\omega_{1,q} \\
0 & \frac{1}{d_2} & \ldots & 0 & \omega_{21}\,\omega_{22}\,\ldots\,\omega_{2,q} \\
\cdot & \cdot & \cdot & \cdot & \cdot\quad\cdot\quad\cdot\quad\cdot \\
0 & 0 & \ldots & \frac{1}{d_q} & \omega_{q,1}\,\omega_{q,2}\,\ldots\,\omega_{q,q},
\end{array}$$

und dabei ist $\omega_{k,h} = \omega_{h,k}$.

Die eingehende Untersuchung der Systeme von q reduziblen Integralen mit $2q$ Perioden würde uns zu weit führen. Immerhin wollen wir wenigstens zum Schluß noch zwei bemerkenswerte Sätze erwähnen, die auch in der Geometrie auf den algebraischen Flächen von größtem Nutzen sind.[1])

Den ersten dieser Sätze verdankt man Picard (vgl. dessen unten angeführte Arbeit); er sagt aus, daß *die Gleichungen*

$$I_h(x_1) + I_h(x_2) + \cdots + I_h(x_q) \equiv c_h \quad \text{(mod. reduz. Perioden)}, \qquad (h=1,2,\ldots,q)$$

in denen $I_1, I_2, \ldots, I_q$ *ein reguläres System von q reduziblen Integralen*

1) Einige weitere Sätze über die Reduktion der Anzahl der Perioden findet man in folgenden Abhandlungen:

É. Picard, Sur la réduction du nombre des périodes des intégrales abéliennes. Bull. Soc. Math. **11**, 25 (1883).

H. Poincaré, Sur la réduction des intégrales abéliennes. Ibid. **12** (1884).

S. Kowalewski, Über die Reduktion einer bestimmten Klasse Abelscher Integrale auf elliptische Integrale. Acta Math. **4** (1884).

É. Goursat, Sur la réduction des intégrales hyperelliptiques. Bull. Soc. Math. **13** (1885).

Man vergleiche außerdem die in der Fußnote 1) auf S. 281 angeführten neueren Arbeiten von F. Severi, sowie diejenigen von Rosati, Torino Atti (2) **50** 1915) und von Scorza, Rom. Acc. L. Rend. (5) **24**$_1$, 412, 645; **24**$_2$, 379, 333, 393, (445, 603 (1915); **25**$_1$, 289 (1916).

definieren, während $G = (x_1, x_2, \ldots, x_q)$ eine Gruppe von q Punkten auf der Kurve ist und die c_h willkürliche Konstanten bedeuten, sich in algebraische Bedingungen für die Gruppe G umsetzen lassen, oder, um es genauer auszudrücken, daß für allgemein gewählte Werte der Konstanten c_h diese Gleichungen von einer endlichen Anzahl von Gruppen mit je q Punkten befriedigt werden.[1]).

Man beachte vor allem die Ähnlichkeit dieses Satzes mit dem Umkehrtheorem (Nr. 103, S. 271).

Der andere Satz, den wir oben im Auge hatten, wurde für einen besonderen Fall ebenfalls von PICARD[2]) bewiesen und stammt in seiner allgemeinen Fassung von POINCARÉ[3]); er lautet so:

Wenn eine Kurve f vom Geschlecht p ein reguläres System von q ($< p$) reduziblen Integralen besitzt, so besitzt sie stets auch ein anderes, vom ersteren verschiedenes reguläres System von $p - q$ reduziblen Integralen.

Einen geometrischen Beweis dieses Satzes hat CASTELNUOVO[4]) geliefert.

Andere bemerkenswerte Eigenschaften der regulären Systeme reduzibler Integrale ergeben sich aus der Betrachtung des *linearen Schnittsystems* und des *linearen Verbindungssystems* zweier gegebener regulärer Systeme von reduziblen Integralen, die wir mit A_1 und A_2 bezeichnen wollen.

Das Schnittsystem von A_1 und A_2 ist das umfassendste zu f gehörige lineare System von Integralen erster Gattung, das sowohl in A_1 als auch in A_2 enthalten ist. Das Verbindungssystem ist das kleinste lineare System, das sie beide enthält. Es läßt sich nun beweisen[5]), daß *sowohl das Schnittsystem als auch das Verbindungssystem zweier gegebener regulärer Systeme von reduziblen Integralen ebenfalls reguläre Systeme reduzibler Integrale sind.*

---

1) In Palermo Rend. **36**, 41 (1913) hat A. COMESSATTI die Umkehrung dieses Satzes bewiesen, welche so lautet: Wenn zu einer Kurve f q unabhängige Integrale erster Gattung $I_1, \ldots, I_q$ gehören, so daß die Gleichungen

$$I_h(x_1) + \cdots + I_h(x_q) \equiv c_h \quad \text{(mod. Perioden)} \qquad (h = 1, 2, \ldots, q)$$

für allgemein gewählte Werte der Konstanten c_h auf der Kurve f eine endliche Anzahl von Gruppen mit je q Punkten $(x_1, x_2, \ldots, x_q)$ bestimmen, so bilden die genannten Integrale ein vollständiges lineares System mit $2q$ reduzierten Perioden.

2) Bull. Soc. Math. **11**, 43 (1883).

3) Amer. J. **8**, 302 (1884).

4) Rom. Acc. L. Rend. (5) **14**, 596 (1905). Andere geometrische Beweise findet man in den auf der vorhergehenden Seite angeführten Arbeiten von ROSATI und SCORZA.

5) Vgl. die in der Fußnote 1) auf S. 281 angeführte Arbeit von F. SEVERI.

Wenn q_1 und q_2 die Anzahlen der in A_1 und A_2 enthaltenen unabhängigen Integrale erster Gattung sind, und wenn man mit r und s die Anzahlen von Integralen erster Gattung bezeichnet, die dem Schnittsystem bzw. Verbindungssystem von A_1 und A_2 angehören, so besteht die Beziehung:

$$r + s = q_1 + q_2.$$

108. Integrale, die auf das Geschlecht $q < p$ reduzierbar sind. Linearität der mehrfach unendlichen Involutionen auf einer Kurve. Wir betrachten eine Kurve $f(z, u) = 0$ vom Geschlecht p, welche eine einfach unendliche Involution γ_n^1 vom Geschlecht q besitzt, und wir bezeichnen mit $F(Z, U) = 0$ eine Kurve (vom Geschlecht q), welche das Bild der γ_n^1 ist, so daß also zwischen F und f eine Korrespondenz $(1, n)$ besteht. Da die Koordinaten (Z, U) und (z, u) zweier entsprechender Punkte durch die Gleichungen

$$Z = \alpha(z, u), \quad U = \beta(z, u) \tag{6}$$

verbunden sind, in denen α, β rationale Funktionen von z, u bedeuten, so wird ein der Kurve F angehöriges ABELsches Integral erster Gattung $\int \Phi(Z, U)\,dZ$ mittels der Gleichungen (6) in ein ABELsches Integral erster Gattung der Kurve f übergehen; es wird also

$$\int \Phi(Z, U)\,dZ = \int \Phi(\alpha, \beta)\frac{d\alpha}{dz}dz = \int \varphi(z, u)\,dz\,,$$

wobei mit φ die rationale Funktion

$$\Phi(\alpha, \beta)\frac{d\alpha}{dz} = \Phi(\alpha, \beta)\frac{\frac{\partial \alpha}{\partial z}\frac{\partial f}{\partial u} - \frac{\partial \alpha}{\partial u}\frac{\partial f}{\partial z}}{\frac{\partial f}{\partial u}}$$

bezeichnet ist. Es ist leicht zu beweisen, daß *das Integral $\int \varphi\,dz$ reduzibel ist, und daß die Anzahl seiner reduzierten Perioden $2q$ beträgt.* Zum Beweis betrachten wir den Wert des Integrals längs eines beliebigen Kreises s der RIEMANNschen Fläche, die das Bild von f ist. Dem Kreis s entspricht auf der RIEMANNschen Fläche, die das Bild von F ist, ein Kreis S, so daß

$$\int_S \Phi\,dZ = \int_s \varphi\,dz$$

ist; daher läßt sich der betrachtete Wert ausdrücken als eine lineare Kombination der $2q$ Fundamentalperioden des zu F gehörigen Integrals, welche ganzzahlige (nur von dem Kreis S, d. h. von s abhängige) Koeffizienten enthält. Daraus ergibt sich, daß jede Periode des zu f gehörigen Integrals durch eine lineare Kombination von $2q$ reduzierten Perioden mit ganzzahligen Koeffizienten ausgedrückt werden kann.

Nach dieser Vorbemerkung betrachten wir die q unabhängigen Integrale erster Gattung, die zu F gehören. Mit Hilfe der Gleichungen (6) erhalten wir dann q unabhängige Integrale erster Gattung der Kurve f; die auf einen und denselben Kreis bezüglichen Perioden dieser Integrale lassen sich als lineare Kombinationen der $2q$ reduzierten Perioden mit ganzzahligen Koeffizienten ausdrücken, und diese Koeffizienten hängen nur von dem Kreis, nicht aber von den Integralen ab. Wir haben also dann auf f ein reguläres System von q unabhängigen Integralen erster Gattung und gelangen somit zu dem Satz:

Wenn auf einer Kurve f vom Geschlecht p eine Involution γ_n^1 vom Geschlecht q vorhanden ist, so gibt es stets ein reguläres System von q unabhängigen Integralen erster Gattung.

Man sagt, *die Substitution* (6) *reduziere q Integrale der Kurve f vom Geschlecht p auf das Geschlecht q.* Da man als reduzierte Perioden die Perioden der Integrale nehmen kann, die den q reduziblen Integralen auf der Kurve vom Geschlecht q entsprechen, so folgt, daß *im vorliegenden Fall die in der vorhergehenden Nummer definierten ganzen Zahlen d alle gleich der Einheit sind.*

Man beachte, daß *jedes Integral des Systems in den Punkten $x_1, x_2, \ldots, x_n$ einer und derselben Gruppe der Involution γ_n^1 wieder denselben Wert annimmt (bis auf Vielfache der reduzierten Perioden).* Denn nimmt man als Integrationswege für das Integral $\int \varphi\, dz$ gewisse Wege $\sigma_1, \sigma_2, \ldots, \sigma_n$, die von x_0 nach $x_1, x_2, \ldots, x_n$ führen, so werden ihnen auf der RIEMANNschen Fläche, die das Bild von F ist, ebenso viele Wege $\sigma_1', \sigma_2', \ldots, \sigma_n'$ entsprechen, und diese Wege führen von dem dem Punkt x_0 entsprechenden Punkt X_0 zu dem Punkt X, der den Punkten $x_1, x_2, \ldots, x_n$ entspricht; die Wege $\sigma_1', \sigma_2', \ldots, \sigma_n'$ unterscheiden sich nur durch eine lineare Kombination der $2q$ fundamentalen Kreise voneinander.

Aus dem allem ergibt sich nun der Satz:

Auf einer algebraischen Kurve kann es niemals eine stetige unendliche Mannigfaltigkeit von (einstufigen) irrationalen Involutionen geben.

Machen wir einmal die entgegengesetzte Annahme, dann ist es klar, daß die Involutionen der stetigen Mannigfaltigkeit dasselbe Geschlecht q haben werden, und daß jede von ihnen auf der Kurve f ein reguläres System von q reduziblen Integralen erster Gattung nach sich ziehen wird. Da es eine stetige Schar von solchen regulären Systemen nicht geben kann (Nr. 106, S. 282), so müssen die Involutionen γ_n^1 der unendlichen Mannigfaltigkeit dasselbe System von reduziblen Integralen erzeugen.

Dies ist aber unmöglich, weil die aus einem Punkt x_1 der Kurve f hervorgehenden Gruppen der Involutionen γ_n^1 eine stetige unendliche

Mannigfaltigkeit bilden, und weil deshalb vermöge der zuletzt bewiesenen Eigenschaft jedes Integral dieses reduziblen Systems in einer stetigen unendlichen Mannigfaltigkeit von Punkten der Kurve f (und folglich auch in einer stetigen Mannigfaltigkeit von Punkten der Kurve F, die das Bild einer γ_n^1 ist) denselben Wert annehmen würde; somit würde sich jedes dieser Integrale auf eine Konstante reduzieren.

Dieser Satz ist gleichzeitig bewiesen worden von G. Humbert (C. R. **116**, 1350 (1893) und Journ. de Math. (4) **10**, 169 (1894)) und von G. Castelnuovo (Torino Atti **28**, 727 (1893)); aber er war schon implizite in einem Satz von P. Painlevé (Ann. éc. norm. (3) **8**, 135 (1891)) enthalten. Geometrische Beweise desselben Satzes findet man bei M. De Franchis, Rom. Acc. L. Rend. (5) **12**, 309 (1903) und bei R. Torelli, Ven. Ist. Atti, **67**, 831 (1908).

Aus diesem Satze haben Humbert und Castelnuovo noch den folgenden abgeleitet:

Auf einer algebraischen Kurve f kann eine von festen Punkten freie Involution γ_n^r (d. h. eine algebraische Schar von der Art, daß r allgemeine Punkte der Kurve einer und nur einer Gruppe der Schar angehören), falls r größer als 1 ist, nur die beiden folgenden Fälle darbieten:

1. *Sie ist eine lineare Schar g_n^r.*

2. *Man erhält sie, indem man die Punktgruppen einer irrationalen Involution γ_μ^1 auf alle möglichen Arten zu r und r zusammenfaßt (so daß also $n = r\mu$ ist), und im besonderen, für $\mu = 1$ und also $n = r$, indem man die Punkte der Kurve zu r und r zusammenfaßt.*

Es möge zunächst angenommen werden, daß die Schar γ_n^r einfach sei, die Dimension $r = 2$ und die Ordnung $n > 2$ habe. Dann werden die Gruppen der γ_n^2, die einen allgemeinen Punkt x von f enthalten, eine γ_{n-1}^1 bilden, und diese muß, wenn der gewählte Punkt sich bewegt, eine stetige Schar beschreiben. Man beachte nämlich zunächst, daß es keine Punkte geben kann, die allen Gruppen der γ_{n-1}^1 gemeinsam sind; denn sonst wäre die gegebene Schar zusammengesetzt, da es sich ja nicht um feste Punkte der γ_n^2 handeln kann. Die Schar γ_{n-1}^1 ist außerdem eine irreduzible Schar, denn andernfalls wäre ihr Index größer als 1. Es sind also nur zwei Annahmen möglich: entweder es muß die ganze Schar γ_{n-1}^1 mit x veränderlich sein, oder es müssen alle ihre Punkte fest bleiben. Bei dieser letzteren Annahme aber würde man die Gruppen der γ_n^2 dadurch erhalten, daß man zu den einzelnen Gruppen der festen Schar γ_{n-1}^1 die einzelnen Punkte von f hinzufügt. Für die Schar γ_n^2 würde sich somit der Index 2 ergeben. Wäre $n = 2$, so würde sie sich auf die Mannigfaltigkeit der Punktepaare von f reduzieren.

Da also die γ_{n-1}^1 in einer stetigen Schar veränderlich ist, so ergibt sich daraus, daß sie rational, d. h. linear sein muß (S. 62). Hieraus aber folgert man leicht, daß je zwei Gruppen von γ_n^2 äquivalent sind. Die lineare Schar $x + \gamma_{n-1}^1$ bewegt sich nämlich, wenn x wandert, in einer linearen Schar, weil die auf eine andere Lage y des beweglichen Punktes bezügliche Schar $y + \overline{\gamma}_{n-1}^1$ mit der ersteren *diejenige Gruppe* von γ_n^2 gemeinsam hat, die durch das Punktepaar x, y geht. Berücksichtigt man nun, daß innerhalb einer einfachen linearen Schar eine untergeordnete Schar vom Index 1 ebenfalls linear sein muß (S. 90), so ergibt sich, daß γ_n^2 eine lineare Schar ist.

Für $r > 2$ und $n > r$ gelangt man, immer noch unter der Voraussetzung, daß die γ_n^r einfach sei, mit Hilfe des Schlusses von $r-1$ auf r zu demselben Ergebnis.

Wenn aber die Schar γ_n^r mit einer γ_μ^1 zusammengesetzt ist, so wird ihr Bild auf der Kurve F, die das Bild der γ_μ^1 ist, eine einfache $\gamma_{n'}^r$ sein; ist also $n' = \frac{n}{\mu} > r$, so muß die $\gamma_{n'}^r$ und also auch die γ_n^r selbst linear sein; ist dagegen $n' = \frac{n}{\mu} = r$, so ist die $\gamma_{n'}^r$ nichts anderes als die Gesamtheit der Gruppen von r Punkten der Kurve F, und man erhält also die γ_n^r, wenn man die Gruppen der γ_μ^1 zu r und r zusammenfaßt.

109. Kurven mit unendlich vielen irrationalen Involutionen. In der vorhergehenden Nummer haben wir bewiesen, daß eine algebraische Kurve f keine stetige unendliche Mannigfaltigkeit von irrationalen Involutionen enthalten kann. Es erhebt sich nun die Frage, ob und unter welchen Bedingungen eine algebraische Kurve eine *diskontinuierliche* unendliche Mannigfaltigkeit von irrationalen Involutionen enthalten kann.

Zunächst ergibt sich sofort die Antwort, daß, falls die Kurve f vom Geschlecht $p = 1$ ist, tatsächlich unendlich viele irrationale (elliptische) Involutionen zu ihr gehören. Nach der Bemerkung am Schluß der Nr. 103 (S. 274) stellt nämlich die Gleichung

$$u' \equiv u + k \quad (\text{mod. } \omega, \omega')$$

eine Transformation σ zweiter Art der Kurve f dar. Ist nun eine beliebige positive ganze Zahl n gegeben, so geht σ^n in die Identität über, falls die Konstante k so gewählt wird, daß $nk \equiv 0$ (mod. ω, ω') ist. Es gibt demnach auf f für jeden Wert von n zyklische Transformationen zweiter Art von der Ordnung n, und die Gesamtheit der Zyklen (von n Punkten) einer derartigen Transformation bildet auf f eine Involution von der Ordnung n, die keine Koinzidenzen besitzt und deshalb nach Nr. 60 (S. 168) elliptisch ist. Variiert man die ganze Zahl n, so erhält man also auf f unendlich viele elliptische Involutionen.

Nun werden wir zeigen, daß der einzige Fall, in dem eine Kurve f von beliebigem Geschlecht eine (unstetige) unendliche Mannigfaltigkeit von Involutionen enthalten kann, gerade der ist, in welchem die Involutionen dieser Mannigfaltigkeit elliptisch sind. Wir beweisen also den Satz:

Eine algebraische Kurve kann nicht unendlich viele Involutionen von einem Geschlecht > 1 *enthalten.*[1])

Es sei f die gegebene algebraische Kurve. Wir können annehmen, ihr Geschlecht sei größer als 1; denn für die elliptischen Kurven ist der zu beweisende Satz vermöge der Formel von Zeuthen (Nr. 60, S. 169) ohne weiteres richtig. Es sei ferner γ_μ^1 eine Involution vom Geschlecht $\pi > 1$ auf der Kurve f. Dann erhalten wir auf Grund der eben genannten Zeuthenschen Formel die Gleichung

$$y + 2\mu(\pi - 1) = 2(p - 1),$$

wenn y die Anzahl der Doppelpunkte der γ_μ^1 bedeutet.

Diese Beziehung zeigt, daß für die auf f vorhandenen Involutionen vom Geschlecht $\pi > 1$ die Zahlen y, μ, π nur eine *endliche* Anzahl von verschiedenen Wertegruppen annehmen können. Es wird also genügen zu beweisen, daß es auf f nicht unendlich viele Involutionen mit denselben Zahlen $y, \mu, \pi > 1$ geben kann. Bezeichnet man mit Γ eine Kurve vom Geschlecht π, die das Bild der γ_μ^1 ist, so besteht nach Nr. 60 (S. 167) zwischen der Transformierten K' einer kanonischen Gruppe K von Γ, der Gruppe D' der y Doppelpunkte und einer kanonischen Gruppe K^* von f die Beziehung

$$D' + K' \equiv K^*.$$

Aus dieser ergibt sich

$$3D' + 3K' \equiv 3K^*. \tag{7}$$

Nun ist die Schar $|3K^*|$ auf der Kurve f von der Ordnung $6(p-1)$, d. h. von einer Ordnung, die größer als $2p$ ist (da ja $p \geqq 2$ ist); folglich (Nr. 48, S. 134) läßt sich mit ihrer Hilfe die Kurve f birational in eine Kurve C von der Ordnung $6(p-1)$ des Raumes S_{5p-6} transformieren, und auf dieser Kurve wird die der Schar $|3K^*|$ entsprechende Schar durch die Überebenen ausgeschnitten.

Die lineare Schar von f, die der trikanonischen Schar von Γ entspricht, ist eine mit der γ_μ^1 zusammengesetzte Schar von der Dimension $5\pi - 6$; die lineare Schar, welche ihr auf C entspricht, wird von den Überebenen eines linearen Systems Σ erzeugt, und der Basisraum H

1) De Franchis, Palermo Rend. **36**, 368 (1913). Man vergleiche auch einen anderen sehr einfachen Beweis dieses Satzes in der Fußnote 4) auf S. 581 der angeführten Arbeit von F. Severi über die reduziblen Integrale (s. S. 281, Fußnote 1).

dieses Systems, der von der Dimension $5(p-\pi)-1$ ist, wird auf Grund der Äquivalenz (7) die Oskulationsebene an die Kurve C in jedem Doppelpunkt derjenigen Involution γ_μ^1 enthalten, die man auf C als Bild der gegebenen γ_μ^1 erhält.

Da jede Überebene von Σ, die durch einen Punkt P von C geht, notwendig auch noch durch die $\mu-1$ anderen Punkte gehen muß, die in der γ_μ^1 zu P konjugiert sind, so wird der Raum $S_{5(p-\pi)}$, der den Punkt P von H aus projiziert, noch weitere $\mu-1$ Punkte der Kurve projizieren. Die Ordnung des Kegels Δ von $5(p-\pi)+1$ Dimensionen, der die Kurve C von H aus projiziert, ergibt sich also zu

$$\frac{6(p-1)-3y}{\mu}=6(\pi-1).$$

Die Ermittlung der auf f vorhandenen Involutionen mit den Zahlen y, μ, π ist demnach gleichbedeutend mit der Bestimmung der Räume H von $5(p-\pi)-1$ Dimensionen, von denen jeder y dreipunktige Berührungen mit C hat, und von denen aus die Kurve C μ-mal projiziert wird.

Die Bedingungen, denen die verlangten Räume H unterworfen sind, sind algebraisch, und folglich wird es entweder eine endliche Anzahl solcher Räume geben, oder sie werden sich auf eine oder mehrere stetige (algebraische) Mannigfaltigkeiten verteilen. Diese letztere Annahme ist zu verwerfen, weil es sonst auf f eine stetige unendliche Mannigfaltigkeit von irrationalen Involutionen gäbe. Daraus schließen wir, daß die Räume H in endlicher Anzahl vorhanden sind, und daß deshalb auch die Anzahl der Involutionen mit den gegebenen Zahlen y, μ, $\pi>1$ endlich ist; dasselbe gilt dann für die Anzahl der auf der Kurve f vorhandenen Involutionen vom Geschlecht $\pi>1$. Dies ist aber der Satz, den wir beweisen wollten.

Jede elliptische Involution auf einer Kurve f vom Geschlecht $p>1$ hat zur Folge, daß es auf f ein Integral erster Gattung mit zwei reduzierten Perioden gibt (Nr. 108, S. 288), und umgekehrt *gibt jedes Integral u erster Gattung mit zwei reduzierten Perioden ω, ω' zu einer elliptischen Involution auf der Kurve f Anlaß.* Dies folgt z. B. aus dem Satz von PICARD, den wir in Nr. 107 (S. 285) angeführt haben, und wir wollen in Kürze den Gedankengang andeuten, der zu dieser Folgerung führt. Auf Grund dieses Satzes läßt sich nämlich behaupten, daß es auf f nur eine endliche Anzahl μ von Punkten gibt, in denen u Werte annimmt, die in bezug auf die Perioden ω, ω' kongruent sind. Die unendlich vielen Gruppen von μ Punkten, welche man auf diese Weise erhält, geben auf f eine Involution γ_μ^1, und diese ist elliptisch, denn auf der Kurve Γ, die als ihr Bild zu betrachten ist, kommt dem Integral U erster Gattung, das dem Integral u entspricht, die Eigenschaft zu, daß es einen vorgegebenen

Wert einmal und nur einmal annehmen kann (bis auf die Perioden ω, ω'). Es lassen sich demnach die Koordinaten der Punkte von Γ als *elliptische Funktionen* des Parameters U ausdrücken.

Nunmehr beweisen wir mit POINCARÉ den folgenden Satz[1]):

Wenn eine Kurve vom Geschlecht $p > 1$ mehr als p elliptische Involutionen besitzt, so hat sie deren unendlich viele.

Vermöge der Bemerkung, daß jede elliptische Involution zu einem auf ein elliptisches reduzierbaren Integral Anlaß gibt (d. h. zu einem Integral mit zwei reduzierten Perioden) und umgekehrt, ist dieser Satz in dem folgenden enthalten:

Wenn eine Kurve $k + 1$ ($\geqq 3$) linear abhängige Integrale besitzt, die auf elliptische reduzierbar sind und die außerdem die Eigenschaft haben, daß k beliebige unter ihnen unabhängig sind, so besitzt sie deren unendlich viele.

Der vorhergehende Satz folgt aus diesem für $k = p$, denn $p + 1$ Integrale erster Gattung (und im besonderen $p + 1$ reduzible Integrale) der gegebenen Kurve vom Geschlecht p sind immer voneinander abhängig.

Wir beweisen deshalb den zuletzt ausgesprochenen Satz. Man kann zunächst bemerken, daß es immer zulässig ist, anzunehmen, k beliebige von den $k + 1$ gegebenen elliptischen Integralen seien von einander unabhängig. Denn wenn dies nicht der Fall wäre, so würde es genügen, den zu beweisenden Satz auf $h + 1$ Integrale zu beziehen ($h < k$), die unter den gegebenen so auszuwählen wären, daß h beliebige unter ihnen unabhängig sind. Auf der Kurve f mögen nun k ($\geqq 2$) unabhängige Integrale erster Gattung $u_1, u_2, \ldots, u_k$ gegeben sein, die auf elliptische reduzierbar sind, und es sei

$$u = \lambda_1 u_1 + \lambda_2 u_2 + \cdots + \lambda_k u_k$$

ein $(k+1)^{\text{tes}}$ Integral, das ebenfalls auf ein elliptisches reduzierbar ist; dabei bedeuten die λ_i Konstanten, die sämtlich von Null verschieden sind. Wir bezeichnen mit ω_i, ω_i' die reduzierten Perioden von u_i und mit ω, ω' die reduzierten Perioden von u, ferner mit Ω_h die $2p$ Fundamentalperioden von u (d. h. diejenigen, welche sich auf die Querschnitte A_1, $B_1, \ldots, A_p, B_p$ beziehen). Es werden dann $2p$ Beziehungen von der Form

$$\Omega_h = \sum_{i=1}^{k} \lambda_i (m_{h,i}\omega_i + n_{h,i}\omega_i') \qquad (h = 1, 2, \ldots, 2p) \tag{8}$$

bestehen, in denen die $m_{h,i}$ und $n_{h,i}$ ganze Zahlen bedeuten.

---

1) Amer. J. 8, 305 (1886).

Ein beliebiges Integral des linearen Systems

$$\mu_1 u_1 + \cdots + \mu_k u_k,$$

das man erhält, wenn man die Parameter μ veränderlich macht, ist augenscheinlich ein Integral mit den $2k$ reduzierten Perioden $\mu_i \omega_i$, $\mu_i \omega_i'$ $(i=1, 2, \ldots, k)$; das genannte lineare System ist somit ein vollständiges lineares System von k unabhängigen Integralen mit $2k$ reduzierten Perioden (Nr. 106, S. 280), und folglich kann die Anzahl der voneinander verschiedenen Perioden dieses Systems nicht weiter verringert werden (Nr. 106, S. 280). Die Matrix der linearen Substitution, welche die $2p$ Fundamentalperioden eines beliebigen Integrals des Systems $\mu_1 u_1 + \cdots + \mu_k u_k$ in Funktion der $2k$ reduzierten Perioden ausdrückt, ist nun

$$\left\| \begin{array}{cccccccc} m_{11} & m_{12} & \ldots & m_{1,k} & n_{11} & n_{12} & \ldots & n_{1,k} \\ m_{21} & m_{22} & \ldots & m_{2,k} & n_{21} & n_{22} & \ldots & n_{2,k} \\ \cdot & \cdot & \cdot & \cdot & \cdot & \cdot & \cdot & \cdot \\ m_{2p,1} & m_{2p,2} & \ldots & m_{2p,k} & n_{2p,1} & n_{2p,2} & \ldots & n_{2p,k} \end{array} \right\|;$$

da aber die $2k$ Perioden wesentlich voneinander verschieden sind, so wird diese Matrix von Null verschieden sein (Nr. 106, S. 279).

Nun beachte man, daß nach der Voraussetzung den Werten $\mu_1 = \lambda_1, \ldots, \mu_k = \lambda_k$ der Parameter μ ein Integral u unseres linearen Systems entspricht, das auf ein elliptisches reduzierbar ist; es ist infolgedessen

$$\Omega_h = m_h \omega + n_h \omega',$$

und hieraus ergibt sich vermöge der Gleichungen (8)

$$(9) \qquad m_h \omega + n_h \omega' = \sum_{i=1}^{k} \lambda_i (m_{h,i} \omega_i + n_{h,i} \omega_i'). \qquad (h=1, 2, \ldots, 2p)$$

Wählt man nun k willkürliche, *rationale, von Null verschiedene* Zahlen $\beta_1, \beta_2, \ldots, \beta_k$, und bezeichnet man mit N eine *ganze Zahl* von der Eigenschaft, daß $\frac{N}{\beta_1}, \ldots, \frac{N}{\beta_k}$ ebenfalls *ganze Zahlen* sind, so ergeben sich aus (9) die Beziehungen

$$(10) \qquad m_h' \omega + n_h' \omega' = \sum_{i=1}^{k} \lambda_i \beta_i (m_{h,i}' \omega_i + n_{h,i}' \omega_i'),$$

in denen

$$m_h' = N m_h, \quad n_h' = N n_h, \quad m_{h,i}' = \frac{N m_{h,i}}{\beta_i}, \quad n_{h,i}' = \frac{N n_{h,i}}{\beta_i}$$

gesetzt ist.

Betrachtet man die Gleichungen (10) als lineare Gleichungen zwischen den $2k$ Größen $\lambda_i \beta_i \omega_i$, $\lambda_i \beta_i \omega_i'$ $(i=1, \ldots, k)$, so wird die Matrix $\| m_{h,i}', n_{h,i}' \|$ der Koeffizienten von Null verschieden sein; denn jede Determinante von der Ordnung $2k$, die aus ihr entnommen wird, ist gleich der entsprechenden, aus der Matrix $\| m_{h,i}, n_{h,i} \|$ entnommenen Determinante, multipliziert mit der von Null verschiedenen ganzen Zahl $\frac{N^{2k}}{\beta_1^2 \beta_2^2 \ldots \beta_k^2}$. Daraus folgt, daß $2k$ passend gewählte Gleichungen aus dem System (10) nach den genannten $2k$ Größen aufgelöst werden können; diese $2k$ Größen werden sich somit als lineare Formen der Perioden ω, ω' mit *rationalen* Koeffizienten ausdrücken lassen, und auf Grund des schon angeführten Verfahrens von WEIERSTRASS (Nr. 106, S. 278) werden sich die Größen $\lambda_i \beta_i \omega_i$, $\lambda_i \beta_i \omega_i'$ schließlich als lineare Formen zweier neuer passend gewählter Argumente ϑ, ϑ' mit *ganzzahligen* Koeffizienten ergeben.

Da aber eben diese Größen die $2k$ reduzierten Perioden des Integrals $\lambda_1 \beta_1 u_1 + \lambda_2 \beta_2 u_2 + \cdots + \lambda_k \beta_k u_k$ sind, so schließen wir, daß auch die Perioden dieses Integrals, ebenso wie diejenigen von u, auf nur zwei voneinander verschiedene reduzierbar sind.

Zu unserem regulären System gehört demnach eine unstetige unendliche Mannigfaltigkeit von elliptischen Integralen, die alle erhalten werden, wenn man die rationalen Zahlen β_1, β_2, ..., β_k variiert.

Zu dem bewiesenen Satze gelangt man auch leicht, wenn man den Begriff des Schnittsystems und des Verbindungssystems zweier gegebener regulärer Systeme benutzt (Nr. 107, S. 286). Man erhält dabei sogar einen noch allgemeineren Satz, der die Bedingungen dafür ausdrückt, daß eine Kurve vom Geschlecht p eine unstetige unendliche Mannigfaltigkeit regulärer Systeme von q reduziblen Integralen besitzt. Zugleich ergibt sich eine sehr elegante geometrische Deutung jenes Satzes, die wir jedoch nur für einen besonderen Fall angeben wollen, während wir für die allgemeine Behandlung auf die schon angeführte Arbeit des Verfassers verweisen.[1])

Die Kurve f vom Geschlecht p möge vier von einander abhängige elliptische Integrale u, u_1, u_2, u_3 besitzen, von denen drei beliebige unabhängig seien. Diese vier Integrale bestimmen ein zweifach unendliches System von Integralen erster Gattung, die zu f gehören, und zwar ist dies ihr Verbindungssystem (d. h. das lineare System von kleinster Dimension, das sie alle enthält). Stellen wir die Integrale dieses zweifach unendlichen Systems durch die Punkte einer Ebene π dar, so daß ein Punkt von π das Bild eines Integrals ist, das bis auf eine multiplikative und eine additive Konstante bestimmt ist, so werden wir auf π als Bilder der elliptischen Integrale u, u_1, u_2, u_3 vier Punkte erhalten, die wir mit denselben Buchstaben bezeichnen wollen. Diese Punkte sind die Ecken eines Vierecks, weil keine drei von ihnen auf einer Geraden liegen, und

1) Vgl. die Fußnote 1) auf S. 281.

mittels dieses Vierecks kann man ein *Möbiussches Netz* konstruieren, indem man die vier Punkte zu je zweien verbindet, die so erhaltenen Geraden zu je zweien zum Schnitt bringt, dann diese letzteren Schnittpunkte wieder zu je zweien verbindet, usw. Bekanntlich erhält man durch diese Operationen *sämtliche* Punkte der Ebene, deren projektive Koordinaten in bezug auf das Fundamentaldreieck $u_1 u_2 u_3$ und den Einheitspunkt u rational sind, und *nur diese.*

Nun ist die Gerade $u_1 u_2$ auf Grund des am Schluß der Nr. 107 (S. 286) angeführten Satzes das Bild eines regulären Systems von zwei reduziblen Integralen. Der Schnittpunkt der Geraden $u_1 u_2$ und $u_3 u_4$ ist das Bild eines regulären Systems, das von einem einzigen (elliptischen) Integral gebildet wird, und ebenso ist allgemein *jeder Punkt des Möbiusschen Netzes, das mit Hilfe der vier Punkte u, u_1, u_2, u_3 konstruiert wurde, das Bild eines elliptischen Integrals, das der gegebenen Kurve angehört.*

Das Ergebnis, zu dem wir vorher auf analytischem Wege gelangt sind, unterscheidet sich im Grunde von diesem nicht. Denn wenn man für die projektiven Koordinaten u als Einheitspunkt und das Dreieck $u_1 u_2 u_3$ als Fundamentaldreieck annimmt, so wird zwischen den Integralen u, u_1, u_2, u_3 die Beziehung $u = u_1 + u_2 + u_3$ bestehen.[1]) Dann hat ein Integral von der Form $\beta_1 u_1 + \beta_2 u_2 + \beta_3 u_3$, wobei $\beta_1, \beta_2, \beta_3$ rationale Zahlen bedeuten, die nicht alle Null sind, als Bild einen Punkt der Ebene π, dessen homogene projektive Koordinaten gerade die Zahlen $\beta_1, \beta_2, \beta_3$ sind, d. h. also einen Punkt, der dem oben betrachteten Möbiusschen Netz angehört.

Ein geeigneter Weg, *wirkliche Beispiele von Kurven vom Geschlecht $p > 1$ mit unendlich vielen elliptischen Involutionen zu erhalten,* besteht darin, daß man die Kurven betrachtet, die auf einer algebraischen Fläche F gezogen sind, welche als Bild der Punktepaare zweier birational identischer elliptischer Kurven C und C' anzusehen ist.[2]) Nimmt man z. B. an (was stets zulässig ist), daß die beiden elliptischen Kurven zwei Normalkurven fünfter Ordnung des Raumes S_4 seien, so wird man ein projektives Modell von F dadurch erhalten, daß man die zweifach unendliche Mannigfaltigkeit der Geraden, welche sich in einem Punkt auf

---

1) Dies ist gleichbedeutend damit, daß man als Integrale u_1, u_2, u_3 diejenigen annimmt, die in der analytischen Entwicklung mit $\lambda_1 u_1$, $\lambda_2 u_2$, $\lambda_3 u_3$ bezeichnet wurden unter der, nicht einschränkenden, Voraussetzung, daß keine der Größen λ Null sei.

2) Die Eigenschaften der Flächen, welche die Punktepaare einer oder zweier algebraischer Kurven abbilden, ergeben sich aus den Arbeiten von A. Maroni, Torino Atti 38, 149 (1903), De Franchis, Palermo Rend. 17, 104 (1903), Severi, Torino Atti, 38, 3 (1903) und Torino Mem. (2) 54, 1 (1903).

C und in einem zweiten auf C' stützen, mit einem allgemein gewählten Raum S_3 schneidet. Die Fläche F enthält ein *elliptisches Büschel* von Kurven (d. h. ein einfach unendliches elliptisches System von Kurven mit der Eigenschaft, daß durch einen Punkt der Fläche F nur *eine einzige* Kurve des Systems hindurchgeht), von denen jede die Punktepaare abbildet, welche einen festen Punkt auf C haben; ebenso enthält sie ein zweites Büschel, das in analoger Weise mit den Punkten von C' zusammenhängt. Die Kurven des ersten Büschels schneiden die Kurven des zweiten je in einem Punkt. Auf einer allgemein gewählten Kurve D der Fläche F schneiden die beiden Büschel zwei *birational identische* elliptische Involutionen aus, und folglich besitzt die Kurve D zwei elliptische Integrale u, u', deren reduzierte Perioden ω, ω' als gleich angenommen werden können. Daraus ergibt sich, daß die Perioden des Integrals $\lambda u + \mu u'$, in dem λ, μ zwei willkürliche *ganze Zahlen* sind, ebenfalls als lineare Formen von ω, ω' mit ganzzahligen Koeffizienten ausgedrückt werden können, und daß somit $\lambda u + \mu u'$ ebenfalls ein elliptisches Integral ist. Setzt man also $\lambda u + \mu u' =$ const., so wird dadurch auf D eine *weitere* elliptische Involution definiert, und wenn man die ganzen Zahlen λ und μ veränderlich macht, so wird man unendlich viele derartige Involutionen erhalten.[1])

1) Ein weiteres Beispiel, das als Verallgemeinerung des hier gegebenen anzusehen ist, erhält man, wenn man eine Kurve vom Geschlecht $p > 1$ betrachtet, die zwei elliptische Involutionen besitzt, deren Gruppen mittels einer nur in einem Sinne rationalen Korrespondenz aufeinander bezogen werden können. Vgl. R. Torelli, Rom. Acc. L. Rend. (5) **21**, 453 (1912).

Anhang.

(Zugefügt im Jahre 1920.)

A) Über die Zerlegbarkeit der algebraischen Bedingungen und über die Dimension einer Bedingung. (Vgl. Nr. 2, S. 9.)

Wenn man die ∞^N ($N = \frac{1}{2} n(n+3)$) ebenen Kurven n^{ter} Ordnung durch die Punkte eines linearen Raumes S_N abbildet, so werden die Kurven, die einer gegebenen *algebraischen Bedingung* c genügen, durch eine *algebraische Mannigfaltigkeit* V dargestellt. Diese läßt sich entweder auf die in Nr. 2 angedeutete Weise definieren (d. h. als die Gesamtheit der Punkte von S_N, deren Koordinaten einem gegebenen System von algebraischen Gleichungen genügen, in denen unter Umständen noch Parameter auftreten), oder dadurch, daß man die in Nr. 25 (S. 72) für die algebraischen Überraumkurven aufgestellte Definition erweitert.

Die algebraische Mannigfaltigkeit V kann in eine endliche Anzahl von *irreduziblen Teilen* V_1, V_2, ... zerlegt werden, die auch verschiedene Dimensionen h_1, h_2, ... haben können. Jeder dieser irreduziblen Teile, z. B. V_1, kann nach Nr. 25 definiert werden als der Ort eines Punktes im S_N, der eine rationale Funktion eines anderen Punktes ist, welcher sich auf einer irreduziblen algebraischen Form (Überfläche) eines Raumes S_{h_1+1} bewegt (vgl. die Fußnote auf S. 80).

Die gegebene algebraische Bedingung c heißt *irreduzibel* oder *reduzibel*, je nachdem die Mannigfaltigkeit V irreduzibel oder reduzibel ist. Wenn V irreduzibel ist und die Dimension h hat, so wird die Differenz $d = N - h$ die Dimension der Bedingung c genannt; wenn V reduzibel ist, so kann man als Dimension von c je nach dem vorliegenden Fall eine oder die andere der Differenzen $N - h_1$, $N - h_2$, ... wählen. Im allgemeinen wählt man jedoch die kleinste dieser Differenzen als Dimension von c. So ist z. B. die Bedingung, daß ein Kegelschnitt einen oder zwei gegebene Kegelschnitte berühre, irreduzibel und hat die Dimension 4 bzw. 3. Dagegen ist die Bedingung, daß ein Kegelschnitt drei gegebene Kegelschnitte berühre, reduzibel; sie wird befriedigt von den ∞^2 Kegelschnitten, von denen jeder sich als Ort auf eine Doppelgerade reduziert, und von weiteren ∞^2 irreduziblen Kegelschnitten. Die Bedingung, daß ein Kegelschnitt vier gegebene Kegelschnitte berühre, ist ebenfalls reduzibel, denn sie zerfällt in die soeben genannte Mannigfaltigkeit von ∞^2 Doppelgeraden und in eine einfach unendliche Menge von irreduziblen Kegelschnitten, usw.

Das auf Seite 10 angegebene Kennzeichen dafür, daß eine gegebene algebraische Bedingung die Dimension d hat, bezieht sich auf die irreduziblen Bedingungen. Außerdem muß die Funktionalmatrix der Funktionen φ, wenn sie als Funktionen der nicht homogenen Koordinaten eines Punktes von S_N (d. h. der Verhältnisse von $N-1$ der Größen a zu der letzten) betrachtet werden, nicht nur für eine allgemein gewählte Lösung der Gleichungen $\varphi_1 = 0, \ldots, \varphi_s = 0$, sondern auch in der ganzen N-dimensionalen Umgebung dieser Lösung den Rang d besitzen.

B) Über das Verhalten der ersten Polaren in den mehrfachen Punkten einer gegebenen ebenen Kurve. (Vgl Nr. 18, S. 51, Zeile 21 von unten.)

Die Kurve Γ', die auf S. 51 betrachtet wurde, ist nicht immer die erste Polare von P' in bezug auf die Kurve C'. Sie ist es nur, wenn der Punkt Q mit P zusammenfällt, d. h. wenn die betrachtete quadratische Transformation zwischen den beiden Ebenen π und π' *speziell gewählt* ist. (In diesem Fall besteht in jeder der beiden Ebenen das homaloidische Netz der Kegelschnitte, die den Geraden der anderen Ebene entsprechen, aus den Kegelschnitten, die durch zwei gegebene Punkte gehen und in einem von ihnen eine gegebene Gerade berühren.)

Wenn man die Verwendung von speziellen quadratischen Transformationen vermeiden und daher den Punkt Q in ganz allgemeiner Lage auf π annehmen will, so muß man vielmehr sagen, daß Γ' der Ort der Polargruppe eines auf der Geraden $O'Q'$ veränderlichen Punktes M' ist, die in bezug auf die Gruppe G' der *veränderlichen* Schnittpunkte von C' mit der Geraden $a \equiv M'P'$ gebildet ist.

Nun wähle man die Punkte O', P', Q' als Fundamentalpunkte $x_1' = x_2' = 0$, $x_2' = x_3' = 0$, $x_3' = x_1' = 0$ der Koordinaten x_1', x_2', x_3' in der Ebene π'. Wenn dann n die Ordnung der Kurve C ist, und wenn diese Kurve in O die Vielfachheit s hat, so wird die Kurve C' von der Ordnung $m = 2n - s$ sein und in P' einen Punkt von der Vielfachheit $r = n - s$ haben; ihre Gleichung läßt sich also in folgender Form schreiben:

$$(1) \quad 0 = f(x_1', x_2', x_3') \equiv \varphi_r(x_2', x_3')\, x_1'^{\,m-r} + \varphi_{r+1}(x_2', x_3')\, x_1'^{\,m-r-1} + \cdots,$$

in der die φ Binärformen von der durch den jeweiligen Index angegebenen Ordnung sind.

Die Gruppe G' wird dargestellt, wenn man in der Gleichung (1)

$x_3' = \lambda x_2'$ setzt und den Faktor $x_2'^r$, der den von P' absorbierten r festen Schnittpunkten entspricht, herausstellt. Man erhält so:

$$0 = f(x_1', x_2', \lambda x_2') \equiv x_2'^r [\varphi_r(1, \lambda) x_1'^{m-r} + \varphi_{r+1}(1, \lambda) x_1'^{m-r-1} x_2' + \cdots].$$

Die Polargruppe des Punktes $M' \equiv a \cdot O'Q'$ in bezug auf G', wird dargestellt durch

$$(2) \quad \frac{\partial}{\partial x_2'}[\varphi_r(1,\lambda) x_1'^{m-r} + \varphi_{r+1}(1,\lambda) x_1'^{m-r-1} x_2' + \cdots] \equiv \varphi_{r+1}(1,\lambda) x_1'^{m-r-1} + 2 x_2' \varphi_{r+2}(1,\lambda) x_1'^{m-r-2} + \cdots = 0.$$

Nun stellt aber die rechte Seite der Gleichung (2) die Schnittpunkte der Kurve

$$(3) \quad (m-r) f - x_1' \frac{\partial f}{\partial x_1'} \equiv \varphi_{r+1}(x_2', x_3') x_1'^{m-r-1} + 2 \varphi_{r+2}(x_2', x_3') x_1'^{m-r-2} + \cdots = 0$$

mit der Geraden a dar, außer dem Punkt P'. Daher ist (3) die Gleichung von Γ'.

Genauer gesagt muß man, um die Gleichung der Kurve Γ' zu bekommen, die ja von der Ordnung $2(n-1) - (s-1) = m - 1$ ist, auf der linken Seite der Gleichung (3) den Faktor x_2', durch den sie teilbar ist, heraussetzen. Da nämlich C' in O' einen Punkt von der Vielfachheit $n = m - r$ besitzt, so muß man, wenn in der Gleichung (1) $x_2' = 0$ gesetzt wird, die Gleichung $x_1'^{m-r} x_3'^r = 0$ bekommen; dazu ist es notwendig und hinreichend, daß in den Ausdrücken $\varphi_{r+1}, \varphi_{r+2}, \ldots$ die Glieder fehlen, die x_2' nicht enthalten. Dies beweist, daß die linke Seite der Gleichung (3) den Faktor x_2' enthält, und man kann daher schreiben:

$$(m-r) f - x_1' \frac{\partial f}{\partial x_1'} \equiv x_2' \psi(x_1', x_2', x_3') = 0;$$

$\psi = 0$ ist dann die Gleichung der Kurve Γ'.

Die Kurve (3), als eine lineare Kombination von f und $\frac{\partial f}{\partial x_1'}$, geht durch die Punkte $O_1', O_2', \ldots$ mit Vielfachheiten hindurch, die mindestens gleich $s_1 - 1, s_2 - 1, \ldots$ sind; und da die Punkte $O_1', O_2', \ldots$ auf der Geraden $P'Q'$, nicht aber auf der Geraden $O'P'(x_2' = 0)$ liegen, so schließt man, daß $\psi = 0$ mit jenen Vielfachheiten durch die genannten Punkte geht, und daß daher Γ durch die Punkte O_i (mindestens) mit den Vielfachheiten $s_i - 1$ hindurchgeht.[1])

---

1) Zu den Literaturnachweisen des zweiten Kapitels, die sich auf die Theorie der Singularitäten der algebraischen Kurven beziehen, ist noch hinzuzufügen das Werk von Enriques-Chisini, Teoria geometrica delle equazioni (Bologna, Zanichelli, Bd. I [1915] und Bd. II [1918]); in diesem findet sich im vierten Buch des zweiten Bandes eine eingehende und tiefschürfende Analyse der Singularitäten, und zwar sowohl unter dem Gesichtspunkt der Zweige und der quadratischen Transformationen als auch unter dem Gesichtspunkt der Differentialeigenschaften.

C) Weiteres über das Verhalten der ersten Polaren und über die Formel, die das Geschlecht mittels der Ordnung der Kurve und ihrer Singularitäten ausdrückt. (Vgl. Nr. 36, am Anfang der Seite 104.)

In genauerer Ausdrucksweise muß man sagen, daß die erste Polare eines allgemein gewählten Punktes P in bezug auf die gegebene Kurve C mit letzterer in jedem Punkt O, um den herum unendlich benachbarte Singularitäten von C gehäuft sind, dieselbe Schnittpunktsmultiplizität hat, die diese Polare dort hätte, wenn sie tatsächlich in jedem s-fachen Punkt von C die Vielfachheit $s-1$ besäße und auf jedem von O ausgehenden Zweig von der Ordnung α durch $\alpha - 1$ Punkte ginge, die auf die mehrfachen Punkte unmittelbar folgen (vgl. ENRIQUES-CHISINI, a. a. O., Bd. II, S. 438).

Mit der in der Bemerkung zu Nr. 40 (S. 117) eingeführten Ausdrucksweise wird man also sagen können, daß die erste Polare durch jeden s-fachen Punkt von C mit der *scheinbaren* Vielfachheit $s-1$ hindurchgeht, und daß sie in jedem der obengenannten $\alpha - 1$ einfachen Punkte die scheinbare Vielfachheit 1 hat.

Will man, auch im Falle außerordentlicher Singularitäten, die Formel der Nr. 37 (S. 107) aufstellen, ohne sich dabei auf das obengenannte Ergebnis zu stützen, dessen Beweis eine eingehende und sorgfältige Untersuchung erfordert, so kann man in folgender Weise vorgehen:

Man stellt zunächst die Ergebnisse der Nummern 36 und 37 für den Fall auf, daß die Kurve C nur gewöhnliche Singularitäten besitzt, und fährt hierauf mit Kapitel V bis zum Schluß der Nr. 44 fort. Der Satz der Nr. 41 ist im Text auch für außerordentliche Singularitäten bewiesen, und zwar unabhängig von den Ergebnissen der Nummern 36 und 37. Nun sei C eine irreduzible Kurve n^{ter} Ordnung mit s-fachen Punkten (die voneinander verschieden oder unendlich benachbart sein können); ferner sei p das Geschlecht von C (d. h. das Geschlecht einer ebenen Kurve, die nur gewöhnliche Singularitäten besitzt und mit C birational äquivalent ist). Die Kurven φ_l von genügend hoher Ordnung l, die in jedem der s-fachen Punkte von C tatsächliche Vielfachheiten $s-1$ haben, schneiden auf C, außer den $\sum s(s-1)$ Schnittpunkten, die von jenen s-fachen Punkten absorbiert werden (s. auch Anhang D), eine lineare Vollschar g aus, und die Dimension dieser Vollschar kann man auf doppelte Weise berechnen: entweder indem man die Zahl $\frac{l(l+3)}{2} - \sum \frac{s(s-1)}{2}$ der Parameter benützt, von denen jene Kurven φ_l abhängen, oder indem man von der Tatsache Gebrauch macht, daß die Schar g nicht spezial ist und die Ordnung $nl - \sum s(s-1)$ hat. Setzt man die beiden so erhaltenen Ausdrücke für die Dimension von g einander gleich, so findet man sofort

$$p = \frac{(n-1)(n-2)}{2} - \sum \frac{s(s-1)}{2},$$

und damit ist die Gültigkeit der Formel in Nr. 37 auch für den Fall außerordentlicher Singularitäten nachgewiesen.

Bekanntlich kann diese Formel auch auf elementare Weise aufgestellt werden, indem man beweist, daß der erwähnte Ausdruck für p gegenüber den quadratischen Transformationen der Kurve invariant ist und dabei bedenkt, daß durch eine Reihe derartiger Transformationen die Kurve in eine solche mit gewöhnlichen Singularitäten verwandelt werden kann (vgl. Bertini, Introduzione usw., S. 375).

D) Über die Bedingungen, unter denen eine Kurve in einer vorgeschriebenen Gruppe von Punkten gegebene Singularitäten besitzt.

(Vgl. Nr. 39, Bemerkung, S. 115.)

Der dort bewiesene Satz setzt für den Fall einer aus unendlich benachbarten Singularitäten bestehenden Basisgruppe voraus, daß, wie dies auch in der Fußnote auf S. 115 ausdrücklich hervorgehoben wurde, die Gruppe von vorgeschriebenen Singularitäten durch eine algebraische Kurve Γ gegeben sei, die diese Singularitäten nach Lage und Vielfachheit wirklich besitzt. Wenn P_j ein t_j-facher Punkt von Γ ist, der der Umgebung j-ter Ordnung eines Punktes P der Kurve angehört, so ist die Summe der Vielfachheiten, die Γ in der Umgebung von P_j besitzt, nicht größer als t_j (s. Nr. 17, S. 47). In ihrem schon erwähnten Werk drücken Enriques und Chisini diese Tatsache so aus, daß sie sagen, die Vielfachheit von Γ in P_j sei nicht kleiner als die Summe der Vielfachheiten in den *äußerst nahe bei P_j liegenden Punkten* (Bd. II, S. 389).

Die Überlegung in Nr. 39 beweist nun aber nicht nur, daß *die notwendige und hinreichende Bedingung für die Existenz einer Kurve von genügend hoher Ordnung l, welche in einer gegebenen Gruppe von Punkten die den vorgeschriebenen Vielfachheiten gleichen tatsächlichen Vielfachheiten $t, t_1, t_2, \ldots$ besitzt, darin besteht, daß für jeden Punkt der Gruppe die vorgeschriebene Vielfachheit nicht kleiner ist als die Summe der nächst benachbarten Vielfachheiten* (Enriques-Chisini, Bd. II, S. 392—427), sondern sie beweist weiter, daß *der vorhergehende Satz richtig ist für $l \geq \sum t_i - 1$, und daß die Kurven von der Ordnung $l \geq \sum t_i - 1$, die durch die gegebene Basisgruppe gehen, infolgedessen keine weiteren gemeinsamen Punkte haben.*

In dem angeführten Werk wird auch der Fall betrachtet, daß die vorgeschriebenen Vielfachheiten in den Punkten der Basisgruppe verschieden sind von denen der Kurve Γ, mit deren Hilfe diese Gruppe definiert ist (S. 428ff.). Diese Betrachtung, die uns im Verlauf unserer Vorlesungen noch nicht vorgekommen ist, ist nichtsdestoweniger sehr wertvoll für die allgemeine Theorie der linearen Systeme ebener Kurven.

Genügt eine Kurve sämtlichen linearen Bedingungen, die den vorgeschriebenen Vielfachheiten entsprechen, so können ihre *tatsächlichen Vielfachheiten* in der Tat verschieden sein von den vorgeschriebenen; und diese werden deshalb *virtuelle Vielfachheiten* genannt. Tatsächliche Vielfachheiten, die von den vorgeschriebenen verschieden sind, können auch auftreten, wenn die Gruppe der Singularitäten $t, t_1, t_2, \ldots$, die einer Kurve l^{ter} Ordnung auferlegt werden, mittels einer Kurve Γ definiert wird, die tatsächlich jene Singularitäten besitzt; aber in diesem Fall kann dies, gemäß dem oben ausgesprochenen Satze, nur dann eintreten, wenn $l < \sum t_i - 1$ ist.

Der Begriff der virtuellen Vielfachheiten, dessen erste Spuren sich in den Arbeiten von G. Jung finden (Ann. di Mat. **15**$_2$, 277 (1887)), ist von G. Castelnuovo in seinen „Ricerche generali sopra i sistemi lineari di curve piane" (Torino Mem. **42**$_2$ (1891)) eingehend und erschöpfend behandelt worden. Er wird in der Geometrie auf einer algebraischen Fläche beständig benützt.

Wenn die tatsächlichen Vielfachheiten, die eine Kurve C in den um einen Punkt P einer gegebenen Kurve Γ zusammengedrängten Singularitäten aufweist, von den vorgeschriebenen Vielfachheiten $t, t_1, t_2, \ldots$ verschieden sind, wenn aber trotzdem die Schnittpunktsmultiplizität von C mit Γ im Punkt P dieselbe ist, wie wenn C durch die genannten mehrfachen Punkte mit den tatsächlichen Vielfachheiten $t, t_1, t_2, \ldots$ hindurchginge, so sagt man (s. Nr. 40, Bemerkung, S. 117), C gehe durch jene Punkte mit den *scheinbaren Vielfachheiten* $t, t_1, t_2, \ldots$ hindurch.

Wir geben ein einfaches Beispiel von tatsächlichen Vielfachheiten, die von den virtuellen verschieden sind. Es möge einer Kurve C die Forderung auferlegt werden, durch die drei Punkte P, P_1, P_2 je mit der Vielfachheit 1 hindurchzugehen, und zwar mögen die Punkte P_1 und P_2 nach verschiedenen Richtungen in der Umgebung erster Ordnung des Punktes P liegen. Dann wird demnach die Kurve C, welches auch ihre Ordnung sein möge, mit den tatsächlichen Vielfachheiten 2, 0, 0 durch die Punkte P, P_1, P_2 hindurchgehen.

E) Über die Normalform der ebenen hyperelliptischen Kurven.

Wir haben in Nr. 54 (S. 149) gesehen, daß die Gleichung einer hyperelliptischen Kurve C vom Geschlecht p immer in der Form

$$y^2 = (x - x_1)(x - x_2) \cdots (x - x_{2p+2})$$

geschrieben werden kann. Dabei sind $x_1, x_2, \ldots$ die voneinander verschiedenen Verzweigungspunkte der Doppelgeraden (x-Achse), auf der die Kurve C mittels der zu ihr gehörigen Schar g_2^1 darstellbar ist.

Wir haben außerdem darauf hingewiesen (S. 150), daß die einzigen mehrfachen Punkte von C im Unendlichen liegen und zwar genauer im unendlich fernen Punkt P der y-Achse, der der Ursprung zweier Zweige p^{ter} Ordnung und erster Klasse ist. Zur Erklärung der Behauptung, daß die Ordnung jedes dieser Zweige p ist, sei darauf hingewiesen, daß sie einander in der (bezüglich der x-Achse symmetrischen) Kollineation $x' = x$, $y' = -y$ entsprechen, also ihre Ordnungen gleich sein müssen. Da aber die Summe dieser Ordnungen $2p$ ist, weil P für C ein $2p$-facher Punkt ist, so ist jede von ihnen gleich p.

Die Singularität, welche C in P aufweist, besteht aus einem $2p$-fachen Punkt und aus p Doppelpunkten, die in den Umgebungen der Ordnungen $1, 2, \ldots, p$ von P aufeinander folgen.

Um dies zu beweisen, hat man auf C die (spezielle) quadratische Transformation anzuwenden, deren Fundamentalgeraden zu C eine ganz allgemeine Lage haben, und die durch die Formeln

$$x = \frac{1}{y'}, \quad y = \frac{1}{x'y'}$$

dargestellt wird. Dadurch geht C über in die Kurve C' mit der Gleichung:

$$y'^{2p} = x'^2(1 - x_1 y')(1 - x_2 y') \cdots (1 - x_{2p+2} y').$$

Dem Punkt, der auf der unendlich fernen Geraden t der Ebene liegt und dem Punkt P unendlich benachbart ist, entspricht dabei der Ursprung P' der Koordinaten (x', y'), und dieser ist für C' ein Doppelpunkt. Die beiden Tangenten in diesem Doppelpunkt fallen mit der Geraden $x' = 0$ zusammen. Der Punkt P' wird Ursprung zweier (linearer) Zweige von C' sein, wie P Ursprung zweier Zweige von C war, und die Gerade $x' = 0$ wird mit jedem dieser Zweige die Schnittpunktsmultiplizität p haben. Dies bedeutet, daß die beiden Zweige untereinander eine p-punktige Berührung haben, d. h. daß P' ein Doppelpunkt ist, dem weitere $p-1$ Doppelpunkte unmittelbar folgen. Es folgt also hieraus, daß die Zusammensetzung der Singularität von C in P die in dem obigen Satz angegebene ist.

Umgekehrt ist es klar, daß jede ebene Kurve von der Ordnung $2p+2$, die in P einen $2p$-fachen Punkt mit p darauf folgenden Doppelpunkten hat, hyperelliptisch ist und das Geschlecht

$$\frac{2p(2p+1)}{2}-\frac{2p(2p-1)}{2}-p=p \quad \text{hat.}$$

Die bisher betrachtete Kurve C kann als eine erste typische Form für die hyperelliptischen Kurven vom Geschlecht p angesehen werden, weil jede hyperelliptische Kurve vom Geschlecht p mit Hilfe von birationalen Transformationen auf diese Form gebracht werden kann.

Die Kurve C ist jedoch keine Normalkurve (Nr. 32, S. 93), weil die lineare Schar g^2_{2p+2} der von den geraden Linien auf ihr erzeugten Schnittpunkte keine Vollschar ist. Da es sich nämlich um eine Schar handelt, die von der Ordnung $2p+2$ und daher nicht spezial ist, so hat die Vollschar, die sie enthält, die Dimension $(2p+2)-p=p+2$, so daß C die Projektion einer einem Raum S_{p+2} angehörigen Kurve Γ von der Ordnung $2p+2$ ist; diese besitzt, wie aus dem Satz der Nr. 48, S. 134 hervorgeht, keine mehrfachen Punkte.

Eine andere typische Form, die geometrisch einfacher ist als die vorhergehende, und die außerdem eine Normalkurve ist, erhält man, wenn man die Kurve Γ des Raumes S_{p-2} noch auf eine Ebene α projiziert, und zwar von einem Raum S_{p-1} aus, der durch eine Gruppe G von p allgemein gewählten Punkten von Γ bestimmt ist. Das Projektionszentrum S_{p-1} trifft die Kurve Γ außer in den Punkten von G nicht mehr, und die Kurve Γ projiziert sich von ihm aus ein-eindeutig auf α (siehe die Fußnote auf S. 85), wobei eine Normalkurve C_0 von der Ordnung $p+2$ entsteht.

Wegen der allgemeinen Wahl der Gruppe G kann man voraussetzen, daß der Raum S_{p-1} die Gerade nicht treffe, welche die Punkte A und B eines bestimmten Punktepaars der auf Γ vorhandenen g^1_2 verbindet; denn es genügt zu dem Zweck, daß die Gruppe $G+A+B$ aus $p+2$ unabhängigen Punkten von Γ besteht. Dann stellt das Paar A, B — und daher auch jedes andere Paar der g^1_2 — für die Gruppen der nichtspezialen linearen Vollschar g^2_{p+2}, die auf Γ, außer den p Punkten der Gruppe G, von den durch das Projektionszentrum gehenden Überebenen ausgeschnitten wird, zwei verschiedene Bedingungen dar. Der Rest der g^1_2 in bezug auf dieselbe Schar ist daher eine nicht-speziale lineare Vollschar g^0_p, d. h. eine Gruppe K von p Punkten. Die Gruppe G und die Gruppe K sind in einem Raum S_p enthalten, und dieser ist zweien von den ∞^1 Überebenen gemeinsam, die die Gruppe G mit den Punktepaaren der g^1_2 verbinden; außerdem bilden diese Überebenen ein Büschel um jenen Raum S_p herum.

In der Projektion auf α erhält man daher einen einzigen Punkt P, der für C_0 ein p-facher Punkt und als Projektion der p Punkte von K anzusehen ist; überdies wird P Ursprung von p verschiedenen Zweigen sein, wenn, wie dies im allgemeinen zutreffen wird, die p Punkte von K auf Γ verschieden sind. Die g_2^1 auf C_0 wird außerdem von den Geraden des Büschels P ausgeschnitten.

Umgekehrt hat jede irreduzible Kurve von der Ordnung $p + 2$, die in P einen p-fachen Punkt, sonst aber keinen anderen, weder von P verschiedenen noch zu ihm unendlich benachbarten mehrfachen Punkt besitzt, das Geschlecht

$$\frac{p(p+1)}{2} - \frac{p(p-1)}{2} = p,$$

und sie ist hyperelliptisch, weil die Geraden des Büschels P eine Schar g_2^1 ausschneiden. *Man kann daher als Normalform einer hyperelliptischen Kurve vom Geschlecht p eine ebene Kurve von der Ordnung p + 2 mit einem p-fachen Punkt wählen.*[1])

Diese Normalform wird uns später dazu dienen, auf algebraisch-geometrischem Wege das sogenannte RIEMANNsche Existenztheorem zu beweisen (S. 334).

Bemerkung. Die ebenen Kurven von der Ordnung $p + 2$, die einen gegebenen p-fachen Punkt P haben, bilden ein vollständiges lineares System $|C_0|$[2]). Die charakteristische Schar dieses Systems, d. h. die auf einer beliebigen seiner Kurven von den übrigen Systemkurven, außer den durch P absorbierten p^2 festen Schnittpunkten, ausgeschnittene Schar, ist eine Vollschar (s. Nr. 42, S. 123). Diese charakteristische Schar hat die Ordnung $(p + 2)^2 - p^2 = 4p + 4$ und ist deshalb nicht-spezial (Nr. 44, S. 126); daraus folgt, daß ihre Dimension den Wert $3p + 4$ hat, und somit ist die Dimension von $|C_0|$ gleich $3p + 5$.[3])

---

1) Vgl. BRILL und NOETHER, Math. Ann. **7**, 287 (1874); SEGRE, Math. Ann. **30**, Nr. 19 (1887); BERTINI, Ann. di Mat. **22**, Nr. 43 (1894).

2) Vgl. Nr. 42, S. 123. Unter einem *vollständigen* linearen System von ebenen Kurven einer gegebenen Ordnung n, die durch eine gegebene Basisgruppe gehen, versteht man das System *aller* Kurven dieser Ordnung, die mit den vorgeschriebenen Vielfachheiten durch jene Basisgruppe gehen. Wenn C_0 eine beliebige solche Kurve ist, so *charakterisiert* sie das System, und dieses wird mit $|C_0|$ bezeichnet.

3) Diese letztere Tatsache hätten wir sofort aus der Bemerkung ableiten können, daß ein p-facher Punkt für Kurven von der Ordnung $\geqq p - 1$ genau $\frac{p(p+1)}{2}$ unabhängige Bedingungen darstellt (Nr. 39, S. 114).

F) Über die Mannigfaltigkeit der ebenen Kurven von gegebener Ordnung und gegebenem Geschlecht, über die Berechnung der Anzahl der Moduln und über das RIEMANNsche Existenztheorem.

(Vgl. Nr. 56, S. 158.)

1. Kritische Betrachtungen über die Dimension der Mannigfaltigkeit der irreduziblen ebenen Kurven n-ter Ordnung mit d Knotenpunkten. Charakteristische Schar eines stetigen Systems. Auf S. 157 unten haben wir behauptet, daß die ebenen Kurven n-ter Ordnung vom Geschlecht p, die $d = \frac{(n-1)(n-2)}{2} - p$ gewöhnliche Doppelpunkte (oder Knotenpunkte) besitzen (Nr. 20, S. 58), von $3n + p - 1$ Parametern abhängen. Dabei haben wir stillschweigend angenommen, wie man dies gewöhnlich tut, daß die Dimension der Bedingung, die einer Kurve n-ter Ordnung auferlegt wird, wenn man verlangt, daß sie d Doppelpunkte haben soll, wirklich gleich d ist. Sobald man aber die Aufmerksamkeit auf diesen Punkt lenkt, bemerkt man, daß diese Annahme *von vornherein* nicht ganz selbstverständlich ist, obwohl sie wahrscheinlich ist.

Wenn die einer Kurve n-ter Ordnung auferlegte Bedingung, d Doppelpunkte zu haben, vollständig ausgedrückt werden könnte durch d algebraische Gleichungen zwischen den $\frac{1}{2} n(n+3)$ Parametern, von denen die Kurve linear abhängt, so könnte man ohne weiteres behaupten, daß die genannte Dimension höchstens gleich d sei. Und hieraus würde man also folgern, daß die Dimension ϱ der unendlichen Mannigfaltigkeit von Kurven n-ter Ordnung mit d Knotenpunkten der Ungleichung

(1) $$\varrho \geqq 3n + p - 1$$ genügt.

Aber die Bedingung, daß eine Kurve n-ter Ordnung $d > 1$ Doppelpunkte besitze, läßt sich nicht durch d algebraische Gleichungen allein[1]) ausdrücken, und deshalb kann man *von vornherein* auch nicht die Ungleichung (1) anschreiben. Nehmen wir für einen Augenblick an, die Ungleichung (1) sei richtig, so müßte man, um zu beweisen, daß in ihr das Zeichen $=$ und nicht das Zeichen $>$ gilt, eine Ungleichung in entgegengesetztem Sinne ableiten, nämlich

(2) $$\varrho \leqq 3n + p - 1\,.$$

Diese letztere Ungleichung erhält man nun aber, wenn man den Begriff der *charakteristischen Schar eines stetigen Kurvensystems* benutzt (das einer

1) Das heißt, man wird mehr als d Gleichungen oder d Gleichungen und zwei Ungleichungen brauchen, weil es sich darum handelt, auszudrücken, daß gewisse drei algebraische Gleichungen mit zwei Veränderlichen $d > 1$ gemeinsame Lösungen haben. (Vgl. z. B. CAPELLI, Istituzioni di analisi algebrica, Napoli, Pellerano, 1908, S. 309—310.)

Ebene oder einer algebraischen Fläche angehört).[1]) Unter der charakteristischen Schar eines stetigen Systems (algebraischer) Kurven auf einer (algebraischen) Fläche versteht man die (lineare) Schar, die auf einer allgemein gewählten Systemkurve außer den etwa vorhandenen festen Punkten von den ihr unendlich benachbarten Kurven des Systems ausgeschnitten wird (vgl. Nr. 7, S. 23 und Nr. 42, S. 123).

Dieser Begriff läßt sich nun für den vorliegenden Fall in folgender Weise verwerten. Wenn die Mannigfaltigkeit der irreduziblen Kurven n-ter Ordnung mit d Doppelpunkten in Teile zerfällt (die *von vornherein* verschiedene Dimensionen haben können), und wenn V einer dieser Teile ist, dessen Dimension ϱ der Ungleichung (1) genügt, und dessen allgemeine Kurve C tatsächlich d Knotenpunkte (und keine höheren Singularitäten) besitzt, so gehen sämtliche zu C unendlich benachbarten Kurven von V durch die Doppelpunkte von C (Nr. 7, S. 23). Sie schneiden also C außerdem in gewissen Punktgruppen G, und diese gehören vollständig (Nr. 24, S. 71) der Schar $|G|$ an, die auf C außer den Doppelpunkten von den adjungierten Kurven n-ter Ordnung ausgeschnitten wird. Man erkennt ferner, daß, ebenso wie die zu der allgemein gewählten Kurve C unendlich benachbarten Kurven von V eine lineare Mannigfaltigkeit bilden, so auch die Schar der Gruppen G selbst linear ist (sie ist gerade die Schar, die wir die charakteristische Schar der Kurve C innerhalb des stetigen Systems V nannten).

Aber für den Augenblick genügt es uns zu wissen, daß die Gruppen G der genannten Vollschar $|G|$ angehören. Dies ist in der Tat hinreichend, um den Schluß zu rechtfertigen, daß die Dimension $\varrho - 1$ der von den Gruppen G gebildeten unendlichen Mannigfaltigkeit nicht größer sein kann als die Dimension von $|G|$, die ihrerseits durch den Wert $(n^2 - 2d) - p = 3n + p - 2$ ausgedrückt wird, da es sich ja um eine nicht-speziale Schar handelt (Nr. 44, S. 127). Somit genügt ϱ den Ungleichungen (1) und (2), und daher ist

$$\varrho = 3n + p - 1.$$

Man schließt daraus:

Ein stetiges System von ebenen irreduziblen Kurven n-ter Ordnung mit d Doppelpunkten, *von dem man weiß, daß seine Dimension ϱ der Ungleichung* (1) *genügt*, besitzt tatsächlich die Dimension $3n + p - 1$, und *seine charakteristische Schar ist eine Vollschar.*

1) Dieser Begriff wurde vom Verfasser eingeführt in seinen „Osservazioni sui sistemi continui di curve appartenenti ad una superficie algebrica", Torino Atti 39, 490 (1904).

Aber außer den oben berührten Fragen ergeben sich hier noch zwei weitere:

a) Wenn n und d *beliebig* gegeben sind und nur der Ungleichung

$$d \leqq \frac{(n-1)(n-2)}{2} \tag{3}$$

genügen, wo $\frac{1}{2}(n-1)(n-2)$ die Höchstzahl von Doppelpunkten ist, die eine Kurve n-ter Ordnung haben kann, ohne zu zerfallen, gibt es dann immer *irreduzible* Kurven n-ter Ordnung mit d gewöhnlichen Doppelpunkten?

b) Setzt man voraus, daß die Ungleichung (1) bewiesen sei, und daß außerdem die Antwort auf die Frage a) bejahend ausfalle, so ist es noch nicht selbstverständlich, daß *alle* Teile, in die etwa die Mannigfaltigkeit der (irreduziblen oder reduziblen) Kurven C mit d Doppelpunkten zerfällt, tatsächlich eine Dimension haben, die nicht kleiner als $3n + p - 1$ ist, und daß es folglich für beliebige, durch die Ungleichung (3) verbundene Werte von n und d immer stetige Systeme *irreduzibler* Kurven gibt, deren charakteristische Schar eine Vollschar ist.

Die Antwort auf die verschiedenen in dieser Nummer aufgeworfenen Fragen wird auf den folgenden Seiten gegeben werden.

Die Verwendung des Begriffs der charakteristischen Schar eines stetigen Systems zur Ableitung von (2) und zwar mit der Absicht, die Anzahl der Moduln zu berechnen, stammt von Enriques (s. Fußnote 2, S. 158). Der Satz über die Vollständigkeit der charakteristischen Schar des Systems aller irreduziblen Kurven n-ter Ordnung mit d gewöhnlichen Doppelpunkten ist ein besonderer Fall eines allgemeineren ebenfalls von Enriques herrührenden Satzes (Bologna Rend. **13**, 382 (1904); C. R. **140**, 133 (1905)). Vgl. auch Severi, Palermo Rend. **20**, 93 (1905).

2. Vorbemerkungen über die Mäntel analytischer Mannigfaltigkeiten. Um auf die in der vorhergehenden Nummer aufgeworfenen Fragen genau antworten zu können, müssen wir einige Begriffe vorausschicken, die sich auf die Mäntel analytischer (im besonderen algebraischer) Mannigfaltigkeiten beziehen. Ein *k-dimensionaler Mantel Φ* in einem Raum S_r, in dem $x_1, \ldots, x_r$ die nicht homogenen Punktkoordinaten bedeuten, ist die Gesamtheit der (komplexen) Punkte, deren Koordinaten $x_1, \ldots, x_r$ holomorphe Funktionen von k (komplexen) in der Umgebung einer Wertegruppe $t_1 = t_1^{(0)}, \ldots, t_k = t_k^{(0)}$ definierten wesentlichen Parametern $t_1, \ldots, t_k$ sind.[1])

1) Die Größen $x_1, \ldots, x_r$ lassen sich also in Reihen von ganzen, positiven Potenzen von $t_1 - t_1^{(0)}, \ldots, t_k - t_k^{(0)}$ entwickeln, die in dem betrachteten Bereich konvergieren.

Der Punkt $O\,(x_1^{(0)}, \ldots, x_r^{(0)})$ von $\dot{S}_r$, der der erwähnten Wertegruppe entspricht, wird der *Ursprung des Mantels* genannt.[1])

Der Mantel Φ wird von einem allgemein gewählten Raum S_{r-k}, der nahezu durch O geht, in einer endlichen Anzahl ν von Punkten geschnitten; diese Zahl hängt ab von den kleinsten Exponenten der Argumente $t_1 - t_1^{(0)}, \ldots, t_k - t_k^{(0)}$ in den Reihenentwicklungen von $x_1, \ldots, x_r$. Diese Anzahl ν bleibt demnach unverändert, solange S_{r-k} allgemein gewählt ist; sie wird die *Ordnung des Mantels* genannt. Eine *Tangente* an Φ in O ist eine Gerade a von der Art, daß ein Raum S_{r-k}, der nahezu durch a geht, den Mantel Φ in mehr als ν Punkten schneidet. Ein allgemein gewählter S_{r-k+1} durch O schneidet Φ in einem oder mehreren Zweigen analytischer Kurven. Jeder dieser Zweige hat in O eine Tangente, die auch Tangente an Φ ist. Die Tangenten an Φ in O bilden demnach eine analytische Mannigfaltigkeit, und da diese mit einem beliebigen durch O gehenden Raum S_{r-k+1} eine endliche Anzahl von Geraden gemein hat, so ist sie ein *algebraischer* Kegel von der Dimension k. Man bezeichnet sie als *Tangentialkegel an den Mantel Φ in O*. Für $\nu = 1$ erhält man im besonderen die Mäntel erster Ordnung oder *Linearmäntel.*

Ein Linearmantel Φ von der Dimension k kann von einem beliebigen durch O gelegten Raum S_{r-k+1} nur in einem einzigen linearen Zweig geschnitten werden, und folglich reduziert sich sein Tangentialkegel in O auf einen Raum S_k; man nennt ihn den *linearen Tangentialraum in O an den Linearmantel Φ.*

Der Linearmantel Φ wird von einem Raum S_{r-k-1} aus, der den Tangentialraum S_k in O an Φ nicht trifft, auf einen linearen Raum S_k ein-eindeutig projiziert, ohne daß die Eindeutigkeit dabei eine Ausnahme erleidet. Wir wollen im besonderen einen Linearmantel $F^{(i)}$ von $r-1$ Dimensionen mit dem Ursprung O betrachten. Wählt man O als Ursprung eines kartesischen Koordinatensystems mit den Achsen $x_1, \ldots, x_r$, so daß die Achse x_r den Mantel $F^{(i)}$ in O nicht berührt, so werden die sehr nahe an O vorbeigehenden Parallelen zur Achse x_r den Mantel in einem einzigen Punkt schneiden, und folglich wird sich $F^{(i)}$ darstellen lassen durch eine Gleichung von der Form

$$x_r = f_i\,(x_1, \ldots, x_{r-1}), \tag{4}$$

oder, wie wir auch schreiben werden:

$$F^{(i)} \equiv x_r - f_i\,(x_1, \ldots, x_{r-1}) = 0, \tag{5}$$

---

1) Im besonderen erhält man für $k = 1$, $r = 2$ die Zweige ebener analytischer Kurven. (Vgl. Nr. 19, S. 52.)

wobei f_i in der Umgebung von O eine holomorphe Funktion von $x_1, \ldots, x_{r-1}$ ist, die in O gleich Null wird.

Es ist demnach

$$f_i = a_1^{(i)} x_1 + \cdots + a_{r-1}^{(i)} x_{r-1} + \cdots,$$

wo die Punkte an Stelle von Gliedern höheren Grades in den x stehen. Die durch O gehende Überebene mit der Gleichung

$$a_1^{(i)} x_1 + \cdots + a_{r-1}^{(i)} x_{r-1} - x_r = 0 \tag{6}$$

ist die Tangentialüberebene an $F^{(i)}$ in O.

Wenn wir $d \leqq r$ Linearmäntel $F^{(i)}$ $(i = 1, \ldots, d)$ mit dem Ursprung O betrachten, so werden diese *mindestens* ∞^{r-d} Punkte gemein haben, und man wird behaupten können, daß die Dimension der ihnen gemeinsamen Mannigfaltigkeit genau gleich $r - d$ ist, wenn man weiß, daß die Funktionen $F^{(i)}$ in der Umgebung von O funktional unabhängig sind. Damit dies eintritt, genügt es, daß die Funktionalmatrix der Funktionen $F^{(i)}$ hinsichtlich $x_1, \ldots, x_r$ in O nicht verschwindet. Diese Matrix reduziert sich aber in O auf die Matrix der Koeffizienten der linearen Gleichungen (6). Es ergibt sich also:

Die Dimension der den betrachteten d Mänteln gemeinsamen Mannigfaltigkeit Φ ist gleich $r - d$ oder größer; sie ist sicher gleich $r - d$, wenn die Tangentialüberebenen an die Mäntel im Ursprung linear unabhängig voneinander sind.

Außerdem gilt der Satz:

Wenn die erwähnten Überebenen unabhängig sind, so ist die Mannigfaltigkeit Φ ein Linearmantel von $r - d$ Dimensionen; sein Tangentialraum in O ist der jenen Überebenen gemeinsame Raum.

In der Tat kann man unter dieser Voraussetzung die Gleichungen (5) in der Umgebung von O in der Weise auflösen, daß *einige* der Koordinaten x, z. B. die d Koordinaten $x_{r-d+1}, \ldots, x_r$, sich als holomorphe Funktionen der übrigen $x_1, \ldots, x_{r-d}$ darstellen lassen. Daraus folgt, daß die Koordinaten der Punkte der Mannigfaltigkeit Φ holomorphe Funktionen von $r - d$ Parametern sind; d. h. aber Φ ist ein analytischer Mantel. Und zwar ist es ein Linearmantel; denn bezeichnet man mit $c_1, \ldots, c_{r-d}$ willkürliche Konstanten, die der Null hinreichend nahe kommen, so wird Φ von dem durch die Gleichungen $x_1 = c_1, \ldots, x_{r-d} = c_{r-d}$ definierten Raum S_d in einem einzigen Punkt geschnitten.

Wir wenden uns nun zum Schnitt von nicht-linearen Mänteln von beliebigen Dimensionen. Es sei im S_r ein Mantel Φ von $r - d$ Dimensionen mit dem Ursprung O und der Ordnung $\nu \geqq 1$ gegeben. Wir wollen O zum Ursprung der kartesischen Koordinatenachsen $x_1, \ldots, x_r$ machen und die Achsen in allgemeiner Weise so wählen, daß der Raum $S_d(x_1 = \ldots = x_{r-d} = 0)$ keine Tangente an Φ in O enthält. Dann schneidet der Raum $S_d(x_1 = c_1, \ldots, x_{r-d} = c_{r-d})$, wo die c sehr wenig von Null verschiedene Konstanten bedeuten, den Mantel Φ in ν Punkten; somit sind die elementaren symmetrischen Funktionen der Werte, welche eine beliebige x_i $(i = r-d+1, \ldots, r)$ der übrigen Koordinaten in jenen ν Punkten annimmt, in der Umgebung von O holomorphe Funktionen von $x_1, \ldots, x_{r-d}$. Jene ν Werte von x_i sind also die Wurzeln einer algebraischen Gleichung ν-ten Grades, deren Koeffizienten holomorphe Funktionen von $x_1, \ldots, x_{r-d}$ sind, und als Darstellung von Φ erhält man daher d Gleichungen von der Form

$$f_1(x_1, \ldots, x_{r-d}, x_{r-d+1}) = 0, \ldots, \quad f_d(x_1, \ldots, x_{r-d}, x_r) = 0,$$

in denen die f holomorphe Funktionen bedeuten.

Wenn demnach Φ_1 ein anderer, linearer oder nicht-linearer Mantel von der Dimension $r - d_1$ und mit dem Ursprung O ist, so wird man für ihn ebenfalls eine Darstellung von der Form

$$\varphi_1(x_1, \ldots, x_{r-d_1}, x_{r-d_1+1}) = 0, \ldots, \varphi_{d_1}(x_1, \ldots, x_{r-d_1}, x_r) = 0$$

erhalten, wobei die φ holomorphe Funktionen in der Umgebung von O sind.

Will man die gemeinsamen Punkte der Mäntel Φ und Φ_1 erhalten, so müssen die vorstehenden $d + d_1$ Gleichungen in den x nebeneinander bestehen. Die gemeinsamen Punkte werden von $r - d - d_1$ Parametern oder von einer größeren Zahl von Parametern abhängen, je nachdem die Funktionen f und φ in der Umgebung von O funktional unabhängig sind oder nicht.

Das Ergebnis läßt sich auf den Fall übertragen, daß die Mäntel Φ und Φ_1 einem und demselben *linearen* Mantel G_k mit dem Ursprung O und der Dimension k angehören, der im Raum S_r liegt. In diesem Fall haben sie eine Mannigfaltigkeit gemeinsam, deren Dimension gleich $(r-d)+(r-d_1)-k$ oder größer ist, gerade wie wenn G_k, anstatt ein Mantel zu sein, ein linearer Raum S_k wäre. Dies ergibt sich daraus, daß sich der Mantel G_k von einem beliebig im S_r gewählten S_{r-k-1} aus eineindeutig auf einen linearen Raum S_k projiziert, ohne daß die Eindeutigkeit eine Ausnahme erleidet; damit ist dieser Fall auf den vorhergehenden zurückgeführt. Die wiederholte Anwendung dieses Ergebnisses führt zu dem folgenden allgemeinen Satz:

Mehrere lineare oder nicht-lineare Mäntel $\Phi_{k_1}, \ldots, \Phi_{k_s}$ von den Dimensionen $k_1, \ldots, k_s$, die denselben Ursprung O haben und auf einem und demselben k-dimensionalen Linearmantel G_k mit dem Ursprung O liegen, schnei-

den sich in einer Mannigfaltigkeit, die aus einem oder mehreren Mänteln besteht und deren Dimension gleich $k_1 + \ldots + k_s - (s-1)k$ *oder größer ist.*

Wenn die Mäntel Φ linear sind, und wenn die Räume, von denen sie in O berührt werden, und die in dem im Punkt O an G_k gelegten Tangentialraum S_k enthalten sein müssen, voneinander unabhängig sind (d. h. wenn sie sich in einem Raum schneiden, dessen Dimension gleich $k_1 + \ldots + k_s - (s-1)k$ und nicht höher ist), so ist die den Mänteln Φ gemeinsame Mannigfaltigkeit ein Linearmantel von der Dimension $k_1 + \ldots + k_s - (s-1)k$, dessen Tangentialraum in O derjenige Raum ist, der den Tangentialräumen an die Mäntel Φ gemeinsam angehört.

3. Exkurs über die Darstellung der Mannigfaltigkeit der ebenen Kurven n-ter Ordnung mit d gewöhnlichen Doppelpunkten mit Hilfe der Überräume. Hierauf bezügliche Sätze. Der Klarheit und Kürze wegen ist es zweckmäßig, bei der Darstellung der Mannigfaltigkeit ebener Kurven n-ter Ordnung die Ausdrucksweise der Geometrie der Überräume einzuführen, indem man diese Kurven durch die Punkte eines linearen Raumes $S_N\left(N = \frac{1}{2}n(n+3)\right)$ abbildet (Nr. 1, S. 6). Der Kürze halber werden wir die ebenen Kurven n-ter Ordnung und ihre Bildpunkte im S_N mit denselben Symbolen bezeichnen; aus dem Zusammenhang wird sich jeweils leicht ergeben, ob die einen oder die anderen gemeint sind.

Es sei M die Mannigfaltigkeit der Kurven D von der Ordnung n mit einem gewöhnlichen Doppelpunkt. Sie ist eine irreduzible algebraische Überfläche (vgl. Fußnote 1 auf S. 80) des Raumes S_N von der Ordnung[1]) $3(n-1)^2$, deren allgemeine Kurve D für $n > 2$ irreduzibel ist. Die Unzerlegbarkeit sowie auch die Rationalität[2]) von M ergibt sich aus der Bemerkung, daß die Kurven D, die einen gegebenen Knotenpunkt haben, ein $(N-3)$-fach unendliches Linearsystem bilden, so daß M der Ort von ∞^2 Räumen S_{N-3} ist, die den Punkten der Ebene birational entsprechen. Die Überfläche M enthält außerdem *alle* irreduziblen oder reduziblen ebenen Kurven n-ter Ordnung, die irgend einen mehrfachen Punkt besitzen.

Es sei D_0 eine besondere *irreduzible* oder *reduzible* Kurve von M mit einer endlichen Anzahl d von gewöhnlichen Doppelpunkten; dann wird

1) Weil es in einem allgemein gewählten Büschel ebener Kurven n ter Ordnung $3(n-1)^2$ Kurven gibt, die einen Doppelpunkt besitzen (Jak. Steiner, Werke II, S. 495).

2) Eine algebraische Mannigfaltigkeit heißt *rational,* wenn sich zwischen ihren Elementen und den Punkten eines linearen Raumes (derselben Dimension) eine birationale Korrespondenz herstellen läßt.

$d \leqq \frac{1}{2} n(n-1)$ sein, wobei das Gleichheitszeichen gilt, wenn D_0 in n verschiedene Geraden zerfällt[1]). Ist D_0 irreduzibel, so wird $d \leqq \frac{1}{2}(n-1)(n-2)$ sein, wobei das Gleichheitszeichen gilt, wenn D_0 rational ist. Es sei außerdem P einer der Doppelpunkte von D_0.

Die zu D_0 äußerst benachbarten Kurven n-ter Ordnung, welche einen (einzigen) Doppelpunkt in der Umgebung von P haben, bilden ein $(N-1)$-fach unendliches stetiges System, und zwar ist dieses ein Linearmantel F mit dem Ursprung D_0, der der algebraischen Überfläche M angehört. Um dies einzusehen, wollen wir ein allgemein gewähltes Büschel H von Kurven n-ter Ordnung betrachten, das die Kurve D_0 nahezu enthält, d. h. also im Raume S_N eine Gerade, die zum Punkt D_0 hinreichend benachbart ist. Unter den $3(n-1)^2$ Kurven mit Doppelpunkt, die zu H gehören, gibt es d zu D_0 benachbarte, aber nur eine einzige von diesen hat ihren bezüglichen Doppelpunkt in der Umgebung von P. Dies bedeutet, daß die Gerade H den Mantel F in einem einzigen Punkt trifft, der zum Ursprung D_0 des Mantels äußerst benachbart ist, und deshalb ist F ein Linearmantel.

Entsprechend den d Doppelpunkten von D_0 erhält man also d von D_0 ausgehende Linearmäntel auf M; jeder von diesen Mänteln besteht aus der Gesamtheit der zu D_0 benachbarten Kurven mit je einem Knotenpunkt, der einem bestimmten unter den vorgegebenen Knotenpunkten von D_0 sehr nahe liegt. Damit ist also bewiesen, daß *der Punkt D_0 für M ein d-facher Punkt und Ursprung von d Linearmänteln ist.*

Welches sind nun die Tangentialüberebenen in D_0 an diese Mäntel? Die ∞^{N-2} Kurven des Mantels F, die zu D_0 unendlich benachbart sind, gehören, wie wir schon in Nr. 1 (S. 308) bemerkt haben, zu dem linearen

1) Wenn eine Kurve D_0 von der n-ten Ordnung $\frac{1}{2} n(n-1)$ Doppelpunkte besitzt, oder mehrfache Punkte, die in ihrer Gesamtheit mit $\frac{1}{2} n(n-1)$ Doppelpunkten äquivalent sind, so zerfällt sie in n voneinander verschiedene Geraden. Nimmt man diese Tatsache als bewiesen an für Kurven, deren Ordnung kleiner als n ist, weil sie für $n=2$ richtig ist, so läßt sie sich sofort für Kurven n-ter Ordnung beweisen. Sind nämlich D'_0 und D''_0 zwei Bestandteile von D_0 von den Ordnungen n' und n'', so folgt aus der Identität $\frac{n(n-1)}{2} = \frac{n'(n'-1)}{2} + \frac{n''(n''-1)}{2} + n'n''$, daß D'_0 und D''_0 notwendig $\frac{1}{2} n'(n'-1)$ und $\frac{1}{2} n''(n''-1)$ Doppelpunkte haben und also in n' bzw. n'' Geraden zerfallen. Die Kurve D_0 zerfällt also in $n = n' + n''$ Geraden, und diese sind voneinander verschieden, weil andernfalls die Anzahl der Doppelpunkte von D_0 unendlich groß wäre.

System Σ der durch P gehenden Kurven n-ter Ordnung. Daraus folgt, daß die Überebene Σ den Punkt D_0 und alle zu D_0 unendlich benachbarten Punkte auf dem Mantel F enthält; somit ist sie die Tangentialüberebene an F in D_0. *Die d Tangentialüberebenen an M in dem d-fachen Punkt D_0 sind also die Bilder der d linearen Systeme, von denen jedes aus allen durch einen bestimmten Doppelpunkt von D_0 gehenden Kurven n-ter Ordnung besteht.*

Der den genannten d Überebenen gemeinsame lineare Raum ist das Bild des linearen Systems der zu D_0 adjungierten Kurven n-ter Ordnung. Wenn also die d Doppelpunkte von D_0 den Kurven n-ter Ordnung, die einfach durch sie hindurchgehen sollen, unabhängige Bedingungen auferlegen, wie dies immer der Fall sein wird, wenn D_0 irreduzibel ist [Nr. 44b), S. 129], so sind die d Tangentialüberebenen unabhängig, d. h. sie schneiden sich nach einem Raum S_{N-d}.

Dasselbe gilt auch für den Fall, daß D_0 in eine beliebige Anzahl von (einfachen) Teilen zerfällt. Auch in diesem Falle stellen nämlich die d Doppelpunkte von D_0 für die Kurven n-ter Ordnung, die durch sie hindurchgehen sollen, d unabhängige Bedingungen dar. Diese Behauptung läßt sich in folgender Weise beweisen.[1]) Da der Satz richtig ist, wenn D_0 aus einem einzigen Teil besteht, so wollen wir ihn als bewiesen annehmen für die in $l-1$ Teile zerfallenden Kurven und wollen ihn aus dieser Annahme für die Kurven ableiten, die in l Teile zerfallen. Die Kurve D_0, die nur mit gewöhnlichen Doppelpunkten versehen ist, möge in $l \geqq 2$ Teile zerfallen, und es sei $f=0$ die Gleichung eines dieser Teile von der Ordnung n_1, $\varphi=0$ die Gleichung der Kurve von der Ordnung n_2, die aus den übrigen $l-1$ Teilen besteht. Dann hat jede Kurve von der Ordnung $n=n_1+n_2$, die zu D_0 adjungiert ist, d. h. jede Kurve n-ter Ordnung, die durch die d_1 Doppelpunkte von $f=0$, durch die d_2 Doppelpunkte von $\varphi=0$ und außerdem durch die $n_1 n_2$ verschiedenen Punkte geht, in denen sich die Kurven $f=0$ und $\varphi=0$ schneiden, eine Gleichung von der Form (Nr. 38, S. 109):

$$Af+B\varphi=0; \tag{7}$$

dabei bedeutet $A=0$ eine zu $\varphi=0$ adjungierte Kurve n_2-ter Ordnung und $B=0$ eine zu $f=0$ adjungierte Kurve n_1-ter Ordnung. Umgekehrt ist jede Kurve von der Form (7) adjungiert zu D_0 und von der Ordnung n.

Wenn man die Kurven $A=0$ und $B=0$ in der Weise variiert, daß sie zu $\varphi=0$ bzw. $f=0$ adjungiert bleiben, so hängen die Kurven

1) Es ist im wesentlichen dasselbe Verfahren, das NOETHER anwandte, als er die Anzahl der zu einer zerfallenden Kurve n-ter Ordnung adjungierten Kurven von der Ordnung $n-3$ berechnete (vgl. Acta Math. 8, 161 (1886)).

der Form (7) von $\frac{1}{2}n(n+3) - d_1 - d_2 - n_1 n_2$ Parametern ab (Nr. 38, S. 111 und 112), weil die Doppelpunkte der Kurven $f = 0$ und $\varphi = 0$, die aus einem bzw. $l - 1$ Teilen bestehen, für die Kurven $B = 0$ bzw. $A = 0$ unabhängige Bedingungen darstellen. Damit ist bewiesen, daß die $d = d_1 + d_2 + n_1 n_2$ Doppelpunkte von D_0 den Kurven n-ter Ordnung, die sie enthalten sollen, unabhängige Bedingungen auferlegen. *Die d Tangentialüberebenen an die Linearmäntel von M im d-fachen Punkt D_0 sind also immer unabhängig (mag die Kurve D_0 irreduzibel sein oder nicht), d. h. der Punkt D_0 ist für M immer ein gewöhnlicher d-facher Punkt.*

Dieses Ergebnis stützt sich wesentlich auf die Annahme, daß die Kurve D_0 nur gewöhnliche Doppelpunkte besitze. Wenn D_0 höhere Singularitäten hat, so ist es sehr wohl möglich, daß D_0 nicht mehr ein gewöhnlicher vielfacher Punkt von M ist.

Bemerkung. Im folgenden wird eine bestimmte Kurve n-ter Ordnung mit d gewöhnlichen Doppelpunkten mit dem Symbol D_0 bezeichnet werden, sofern sie als Element des Systems M der Kurven D von der Ordnung n mit einem Doppelpunkt betrachtet wird; dagegen werden wir dieselbe Kurve mit dem Symbol C_0 bezeichnen, wenn sie als Element des Systems C der Kurven n-ter Ordnung mit d gewöhnlichen Doppelpunkten betrachtet werden soll.

4. Weiteres über die Mannigfaltigkeit der ebenen Kurven n-ter Ordnung mit d gewöhnlichen Doppelpunkten. Wir kehren nun zu der Frage b) zurück, mit der die Nr. 1 (S. 309) abschloß, und behalten uns vor, die Frage a) später zu beantworten. Gleichzeitig mit dieser Frage b) werden wir die andere am Anfang der Nr. 1 aufgeworfene Frage behandeln, ob die Dimension ϱ der Mannigfaltigkeit der Kurven n-ter Ordnung mit d gewöhnlichen Doppelpunkten der Ungleichung (1) genügt.

Wir wollen annehmen, wir wüßten schon, daß es irreduzible Kurven n-ter Ordnung mit d gewöhnlichen Doppelpunkten gibt, und es sei C_0 $(= D_0)$ eine von ihnen. Der Punkt D_0 der Mannigfaltigkeit M, von der wir in der vorhergehenden Nummer sprachen, ist Ursprung von d Linearmänteln $F_1, \ldots, F_d$, deren Tangentialüberebenen unabhängig sind. Daher schneiden sich diese Mäntel längs eines Linearmantels Φ, dessen Dimension *genau* gleich $N - d = 3n + p - 1$ ist. Der Tangentialraum an Φ im Ursprung D_0 ist das Bild des Systems der zu D_0 adjungierten Kurven n-ter Ordnung. Die Kurven des stetigen Systems Φ sind von der Ordnung n und haben d Knotenpunkte, die den d Knotenpunkten von D_0 äußerst nahe liegen. Die allgemeine Kurve C von Φ ist irreduzibel und hat d Knotenpunkte (aber nicht mehr; auch besitzt sie keine höheren

Singularitäten, die mit den d Knotenpunkten oder mit einigen von ihnen äquivalent sind), weil die spezielle Kurve $C_0 (= D_0)$ von Φ diese Eigenschaften besitzt. Da außerdem Φ die *Gesamtheit* der zu C_0 benachbarten Kurven n-ter Ordnung mit d Knotenpunkten umfaßt, so schließt man, daß C_0 zu einer einzigen irreduziblen Mannigfaltigkeit von Kurven n-ter Ordnung mit d Knotenpunkten gehört, und diese hat in C_0 einen einfachen Punkt, weil sie dort mit einem einzigen Linearmantel durchgeht. Man kann also den Satz aussprechen:

Jede irreduzible Kurve n-ter Ordnung C_0 mit d gewöhnlichen Doppelpunkten (vom Geschlecht $p = \frac{1}{2}(n-1)(n-2) - d$) gehört zu einem einzigen, vollständigen[1]) irreduziblen System V von irreduziblen Kurven n-ter Ordnung mit d gewöhnlichen Doppelpunkten, das die Dimension $3n + p - 1$ hat. Im Bildraum S_N des linearen Systems aller ebenen Kurven n-ter Ordnung ist C_0 ein einfacher Punkt der Mannigfaltigkeit W, die als Bild aller (irreduziblen oder reduziblen) Kurven n-ter Ordnung mit d gewöhnlichen Doppelpunkten anzusehen ist.[2])

Als Zusatz ergibt sich hieraus: Wenn es in W mehrere Teile von der Dimension $3n + p - 1$ gibt, die aus irreduziblen Kurven bestehen, so hat eine Kurve, die zwei verschiedenen dieser Teile gemeinsam ist (und also einen mehrfachen Punkt von W darstellt), *entweder höhere Singularitäten oder mehr als d Knotenpunkte, oder sie zerfällt.*

Der vorhergehende Satz gilt auch für die zerfallenden Kurven n-ter Ordnung mit d Knotenpunkten, wenn nur das wirkliche Geschlecht[3]) *p dieser Kurven durch die Formel $p = \frac{1}{2}(n-1)(n-2) - d$ definiert bleibt.*

Nur zerfällt die allgemeine Kurve C des durch eine derartige zerfallende Kurve C_0 charakterisierten irreduziblen vollständigen Systems V von der Dimension $3n + p - 1$ ebenfalls und zwar in derselben Weise wie C_0.

In der Tat stellen die d Knotenpunkte einer derartigen Kurve nach Nr. 3 (S. 316) für die Kurven n-ter Ordnung, die sie enthalten sollen, immer noch d unabhängige Bedingungen dar, und folglich bleibt die vorstehende Beweisführung in jedem ihrer Teile aufrecht erhalten.

---

1) Unter einem *vollständigen System* versteht man ein solches, das nicht enthalten ist in einem umfassenderen stetigen System von Kurven derselben Ordnung mit derselben Zahl von Knotenpunkten.

2) Wegen dieses Satzes vergleiche man F. Severi, Rom. Acc. L. Rend. **25_5**, **459—471 (1916)**. Die Fortsetzung dieser Arbeit findet sich in demselben Bande, S. **551—562**.

3) Wir sprechen von dem *wirklichen (effektiven)* Geschlecht im Gegensatz zu dem *virtuellen* Geschlecht, das wir in Nr. 7 einführen werden.

Daß dann die allgemeine Kurve C in derselben Weise zerfällt wie C_0, ergibt sich aus folgenden Überlegungen: Es möge C_0 in die irreduziblen Kurven $C_1, C_2, \ldots, C_l$ zerfallen, die die Ordnungen $n_1, n_2, \ldots, n_l$ und die (wirklichen) Geschlechtszahlen $p_1, p_2, \ldots, p_l$ haben, sowie $d_1, d_2, \ldots, d_l$ gewöhnliche Doppelpunkte besitzen. Beachtet man dann, daß

$$p = \frac{(n-1)(n-2)}{2} - d, \quad p_i = \frac{(n_i-1)(n_i-2)}{2} - d_i, \quad d = d_1 + \ldots + d_l + \sum_{i,j} n_i n_j$$

ist, so ergibt sich $p = p_1 + p_2 + \ldots + p_l - l + 1$.[1])

Nun charakterisieren die Kurven $C_1, C_2, \ldots, C_l$ gewisse irreduzible vollständige Systeme $\Sigma_1, \Sigma_2, \ldots, \Sigma_l$ von den Dimensionen $3n_1 + p_1 - 1$, $3n_2 + p_2 - 1, \ldots, 3n_l + p_l - 1$, und diese bestehen aus irreduziblen Kurven, die mit den Kurven $C_1, C_2, \ldots, C_l$ durchaus gleichartig sind. Die zerfallenden Kurven, die man erhält, wenn man als ihre Teile eine Kurve jedes dieser Systeme nimmt, hängen von

$$3(n_1 + \ldots + n_l) + (p_1 - 1) + \ldots + (p_l - 1) = 3n + p - 1$$

Parametern ab und bilden ein irreduzibles System von Kurven n-ter Ordnung mit d gewöhnlichen Doppelpunkten, das C_0 enthält. Da aber C_0 das System V *eindeutig festlegt*, so folgt daraus, daß das konstruierte System mit V zusammenfällt, und damit ist die Behauptung erwiesen.

Bemerkung. Wir gelangen zu dem Schluß, *daß die Kurven n-ter Ordnung mit d gewöhnlichen Doppelpunkten, mögen sie selbst irreduzibel oder reduzibel sein, sich auf eine gewisse Anzahl von irreduziblen Mannigfaltigkeiten mit $3n + p - 1$ Dimensionen verteilen.*

Damit ist also die Struktur der Mannigfaltigkeit der Kurven n-ter Ordnung mit d gewöhnlichen Doppelpunkten genau bestimmt; und es ist damit auch die Annahme, die man ja *von vornherein* machen konnte, ausgeschlossen, daß diese Mannigfaltigkeit aus Teilen von verschiedenen Dimensionen bestehen könne (Nr. 1, S. 309).

Wenn man also das Postulat aufstellt (von dem wir übrigens im folgenden keinen Gebrauch machen werden), daß jede Kurve n-ter Ordnung vom Geschlecht p mit höheren (d. h. von gewöhnlichen Doppelpunkten verschiedenen) Singularitäten sich immer als Grenzfall einer nur mit gewöhnlichen Doppelpunkten versehenen Kurve n-ter Ordnung vom Geschlecht p auffassen läßt,[2]) so ergibt sich des weiteren der folgende allgemeinere Satz:

---

1) Diese Formel wurde schon von Noether in der S. 315 Fußnote 1 genannten Arbeit vermerkt; sie liefert das wirkliche Geschlecht einer in mehrere Teile zerfallenden Kurve in Funktion der Geschlechtszahlen ihrer Teile.

2) Das entsprechende Postulat für die Raumkurven, d. h. der Satz, daß sich jede mit beliebigen Singularitäten versehene Raumkurve als Grenzfall einer Raumkurve

Die irreduziblen oder reduziblen ebenen Kurven n-ter Ordnung mit dem wirklichen Geschlecht p verteilen sich auf eine gewisse Anzahl von Mannigfaltigkeiten, deren jede genau die Dimension $3n + p - 1$ hat.

Das hier aufgestellte Postulat wird im folgenden (Anhang F, Nr. 10, S. 342 und Anhang G, Nr. 6, S. 374, Fußnote [1])) für $n \geqq p + 1$ und weiterhin (Anhang G, Nr. 10) für $n \geqq \frac{2p}{3} + 2$ bewiesen werden.

5. Neue mehrfache Punkte, die auftreten, wenn eine irreduzible Kurve in stetiger Weise in eine zerfallende Kurve übergeht. Es seien C und C_0 zwei ebene Kurven n-ter Ordnung, von denen jede d gewöhnliche Doppelpunkte besitze, und die beide dasselbe wirkliche Geschlecht $p = \frac{1}{2}(n-1)(n-2) - d$ haben. Die erstere sei irreduzibel, die letztere möge aus mehreren Teilen bestehen.

Beispiele von Paaren solcher Kurven lassen sich leicht bilden: eine rationale Kurve 4-ter Ordnung (mit 3 Doppelpunkten) und eine Kurve 4-ter Ordnung, die in eine elliptische Kurve 3-ter Ordnung und eine Gerade zerfällt; eine elliptische Kurve 6-ter Ordnung mit 9 Doppelpunkten und eine Kurve 6-ter Ordnung, die in zwei elliptische Kurven 3-ter Ordnung zerfällt, oder eine Kurve 6-ter Ordnung, die in eine Kurve 4-ter Ordnung ohne Doppelpunkte und in zwei gerade Linien zerfällt; usw.

Wir behaupten, daß C_0 *nicht als Grenzfall von C angesehen werden kann.* In der Tat, C *charakterisiert* ein irreduzibles System Σ_1 von irreduziblen Kurven n-ter Ordnung mit d Doppelpunkten, das die Dimension $3n + p - 1$ hat, und dem sie selbst angehört (Nr. 4, S. 317); C_0 ihrerseits *charakterisiert* ein irreduzibles System Σ_2 von Kurven n-ter Ordnung mit d Doppelpunkten, das die Dimension $3n + p - 1$ hat, und dessen allgemeine Kurve in derselben Weise zerfällt wie C_0. Es ist deshalb nicht möglich, C_0 als Grenzfall von C anzusehen, weil die Kurve C_0 sonst das System Σ_2 nicht *eindeutig festlegen*, sondern *zwei* wesentlich verschiedene Systeme, nämlich Σ_1 und Σ_2, bestimmen würde, denen sie selbst angehören würde.

Die den Systemen Σ_1 und Σ_2 gemeinsamen Kurven, die in ähnlicher Weise wie C_0 zerfallen, und gleichzeitig als Grenzfälle von C angesehen werden können, haben also mindestens einen Doppelpunkt mehr als C. Daraus ergibt sich der Schluß, daß *eine ebene algebraische Kurve, die in stetiger Weise veränderlich ist, nicht zerfallen kann, ohne daß dabei neue mehrfache Punkte entstehen.*

---

ohne mehrfache Punkte auffassen läßt, bildet die Voraussetzung der Untersuchungen von Valentiner, Noether und Halphen über die Klassifikation der Raumkurven, sofern die Ergebnisse dieser Klassifikation auch auf Kurven mit mehrfachen Punkten bezogen werden wollen (vgl. Anhang G).

1. Bemerkung. Dieselbe Tatsache läßt sich statt auf rein algebraisch-geometrische Weise auch durch Betrachtungen aus der *Analysis situs* nachweisen.

Wenn die RIEMANNsche Fläche, die das Bild einer irreduziblen Kurve ist, sich in stetiger Weise verändert und schließlich in Teile zerfällt, die untereinander verschieden sind, so müssen notwendig die Verzweigungspunkte verschwinden, welche die in der Grenzlage zu verschiedenen Teilen gehörigen Blätter der Fläche verbinden. Das Verschmelzen dieser Verzweigungspunkte gibt Anlaß zu *wesentlich neuen* mehrfachen Punkten (im allgemeinen Knotenpunkten) der Grenzkurve (und zwar sind dies Punkte, über welche man sich den Zusammenhang zwischen den verschiedenen Teilen dieser Kurve wiederhergestellt denken kann, wenn man sich die Zusammenhangsverhältnisse der Kurve nach wie vor in derselben Weise denken will wie ursprünglich).

Als Beispiel wollen wir die RIEMANNsche Fläche betrachten, die zu einem Kegelschnitt gehört. Es ist eine Fläche mit zwei Blättern, die mittels einer Übergangslinie zusammenhängen, welche zwei Verzweigungspunkte O_1 und O_2 verbindet. Wenn der Kegelschnitt dem Zerfall in ein Geradenpaar zustrebt, so bewegen sich die beiden Punkte O_1 und O_2 aufeinander zu, und im Grenzfall erhalten wir zwei Blätter, die in einem einzigen Punkt *zusammengefügt* sind (wenn man will, kann man über diesen hinüber den Zusammenhang zwischen den beiden Blättern herstellen).

2. Bemerkung. Die allgemeine Kurve E des stetigen Systems, das den beiden oben betrachteten Systemen Σ_1 und Σ_2 gemeinsam ist, hat mindestens $d+1$ Doppelpunkte. Es ist deshalb nötig, darauf hinzuweisen, daß, je nachdem die Kurve E als Grenzfall der in Σ_1 veränderlichen Kurve C oder der in Σ_2 veränderlichen Kurve C_0 betrachtet wird, die Gruppe der d Doppelpunkte von E, die als Grenzlagen der d veränderlichen Doppelpunkte von C aufzufassen sind, *verschieden* ist von der Gruppe der d Doppelpunkte von E, die als Grenzlagen der d Doppelpunkte von C_0 erscheinen. Wir werden später auf diese interessante Frage zurückkommen (Nr. 7, 1. Bemerkung, S. 327) und beschränken uns hier darauf, ein Beispiel anzuführen.

Die Gesamtheit der ebenen Kurven 4-ter Ordnung mit 3 Doppelpunkten zerfällt in zwei wohl unterschiedene 11-fach unendliche irreduzible Systeme. Das eine, Σ_1, besteht aus den rationalen Kurven C 4-ter Ordnung, das andere, Σ_2, besteht aus den Kurven 4-ter Ordnung C_0, von denen jede im allgemeinen in eine Kurve 3-ter Ordnung vom Geschlecht 1 und in eine Gerade zerfällt. Das 10-fach unendliche stetige System von ebenen Kurven 4-ter Ordnung, das den Systemen Σ_1 und Σ_2 gemeinsam ist, hat als allgemeine Kurve eine Kurve E, die aus einer Kurve 3-ter Ordnung K mit einem Doppelpunkt und aus einer Geraden a besteht. Es sei nun O der Doppelpunkt der Kurve K, und es seien A_1, A_2, A_3 die Punkte, in denen diese Kurve von der Geraden a geschnitten wird. Wenn sich eine Kurve C von Σ_1 der Kurve E nähert, so rückt einer der drei Doppelpunkte von C in den Punkt O hinein, und die beiden andern bewegen sich nach zwei von den drei Doppelpunkten A_1, A_2, A_3. Wenn sich dagegen eine Kurve C_0 von Σ_2 der Kurve E nähert, so rücken die drei Doppelpunkte von C_0 immer nach den drei Punkten A_1, A_2, A_3. Im ersten Fall bewegen sich zwei Verzweigungspunkte der RIEMANNschen Fläche, die das Bild der veränderlichen Kurve C ist, nach einem der drei Punkte A_1, A_2, A_3 hin, z. B. nach A_1; es müssen sich also zwei Blätter der zu E gehörigen RIEMANNschen Fläche, sofern sie als Grenzfall der zu C gehörigen RIEMANNschen Fläche betrachtet wird, im Punkt A_1 zusammenfügen, so daß es möglich sein wird, über den Punkt A_1 hinüber vom einen zum anderen Blatt zu gelangen. Im zweiten Fall dagegen ist dasselbe für den Punkt O zu wiederholen.

Um jede Unklarheit über dieses Beispiel zu beseitigen, wollen wir noch angeben, warum die beiden Punkte aus der Gruppe A_1, A_2, A_3, die wir als Grenzlagen von zweien der drei Doppelpunkte der in Σ_1 veränderlichen Kurve zu betrachten haben, nicht genau bestimmt sind. Je nach der Art, in der man zur Grenze übergeht, kann man nämlich ein beliebiges der drei Paare A_1, A_2; A_2, A_3; A_3, A_1 erhalten, weil ja das System Σ_1 in dem Raum S_{14} (Nr. 3, S. 313), dessen „Punkte" die ebenen Kurven 4-ter Ordnung sind, eine algebraische Überfläche ist, die im „Punkt" E einen gewöhnlichen 3-fachen Punkt hat, der als Ursprung von 3 Linearmänteln anzusehen ist.

Die fruchtbare Bemerkung, daß eine stetig veränderliche algebraische Kurve nicht zerfallen kann, ohne neue mehrfache Punkte zu bekommen, ist zum ersten Male von ENRIQUES hervorgehoben worden (Bologna Rend. **13**$_1$, 382 (1904)); er hat sie durch Betrachtungen aus der *Analysis situs* nachgewiesen. Der oben angegebene algebraisch-geometrische Beweis gehört, wie fast alle Untersuchungen des Anhangs F und G, zu einem organischen Plane von Untersuchungen über die stetigen Systeme von ebenen, Raum- und Überraumkurven, aus dem der Verfasser in den Jahren 1915 und 1916 einige Ergebnisse in vorläufigen Noten veröffentlicht hat. (Vgl. Rom. Acc. L. Rend. **24**$_5$, 877 und 1011 (1915); **25**$_5$, 459 und 551 (1916); für die 2. Bemerkung siehe insbesondere S. 460.)

6. Über die Berechnung der Anzahl der Moduln einer Kurve vom Geschlecht p. Um jeder kritischen Einwendung gegen die in Nr. 56 (S. 155) dargelegte Berechnung der Anzahl der Moduln, von denen die allgemeine

Kurve des Geschlechts $p(>1)$ abhängt, vorzubeugen, müssen wir nur noch die beiden folgenden Punkte klarstellen:

1. Ob es richtig ist, daß die allgemeine irreduzible Kurve vom Geschlecht p sich birational auf eine ebene Kurve einer gewissen Ordnung n beziehen läßt, die *nur gewöhnliche Doppelpunkte* in der Anzahl $d = \frac{1}{2}(n-1)(n-2) - p$ besitzt.

2. Ob es richtig ist, daß die allgemeine ebene irreduzible Kurve n-ter Ordnung mit d gewöhnlichen Doppelpunkten wirklich von $3n + p - 1$ Konstanten abhängt.

Die erste Frage läßt sich sofort in bejahendem Sinne beantworten; man braucht dabei nur vorauszusetzen, daß $n > 2p$ sei. Man weiß in der Tat, daß unter dieser Voraussetzung eine lineare Vollschar g_n von der Ordnung n, die zu der gegebenen Kurve Γ vom Geschlecht p gehört, einfach ist, und daß sich mit ihrer Hilfe Γ birational in eine dem Raum S_{n-p} angehörige Kurve n-ter Ordnung ohne mehrfache Punkte transformieren läßt; diese läßt sich aber nach Nr. 48 (S. 134—135) durch eine allgemein gewählte Projektion in eine ebene Kurve n-ter Ordnung transformieren, die nur gewöhnliche Doppelpunkte besitzt.

Die zweite Frage ist schon in Nr. 4 (Bemerkung S. 318) bejaht worden.

7. Notwendige und hinreichende Bedingung dafür, daß eine ebene Kurve, die aus mehreren zusammenhängenden Teilen besteht, als Grenzfall einer irreduziblen Kurve angesehen werden kann. Es sei C eine ebene Kurve n-ter Ordnung, die in zwei irreduzible Teile C_1 und C_2 mit den Ordnungen n_1 und n_2 und den Geschlechtszahlen p_1 und p_2 zerfällt. Wir wollen annehmen, C besitze nur gewöhnliche Doppelpunkte, und zwar sei deren Anzahl d'; sie rühren teils von den Doppelpunkten der Teilkurven C_1 und C_2, teils von den $n_1 n_2$ einfachen Schnittpunkten dieser Kurven her. Wir wollen weiter voraussetzen, daß einige (mindestens einer) der Schnittpunkte der Kurven C_1 und C_2 als *Übergangspunkte* oder *Verbindungspunkte* dieser beiden Kurven (d. h. der zugehörigen RIEMANNschen Flächen) anzusehen seien; die Anzahl dieser Übergangspunkte sei $j(>0)$. Es kann also ein (komplexer) Punkt, der sich auf einer der Kurven C_1, C_2 bewegt, über einen der besagten j Schnittpunkte hinüber von der einen zur anderen Kurve übergehen. Wir werden dann sagen, *diese Schnittpunkte seien als (virtuell) nicht vorhanden zu betrachten*, weil die beiden Kurvenzweige, die sich in ihnen durchkreuzen, in diesem Punkte zusammenhängen, *wie wenn es sich um einen einzigen Zweig handelte*. Die übrigen Schnittpunkte (die auch fehlen können), werden wir *vorgeschrie-*

bene Schnittpunkte nennen, weil wir ihnen nach wie vor ihren Charakter als Schnittpunkte zweier verschiedener Zweige zuschreiben, ohne den Übergang vom einen Zweig zum andern zuzulassen.

Außerdem wollen wir annehmen, daß einige *Doppelpunkte* von C_1 in dem oben festgesetzten Sinne als *virtuell nicht vorhanden* anzusehen seien, und zwar sei deren Anzahl $i_1 (\geqq 0)$; die beiden Zweige von C_1, die ihren Ursprung in einem dieser i_1 Punkte haben, mögen also in der Weise verbunden sein, daß über den gemeinsamen Ursprung hinüber der Übergang vom einen zum anderen möglich ist. Die übrigen *Doppelpunkte* von C_1, deren Anzahl $d_1 (\geqq 0)$ sei, sollen als *vorgeschrieben* betrachtet werden. In ähnlicher Weise führen wir für die Kurve C_2 die Anzahl $i_2 (\geqq 0)$ der virtuell nicht vorhandenen Doppelpunkte und die Anzahl $d_2 (\geqq 0)$ der vorgeschriebenen Doppelpunkte ein.

Für die Kurven C_1 und C_2 definieren wir nun, neben den *wirklichen Geschlechtern* p_1, p_2, die *virtuellen Geschlechter* π_1, π_2 durch die Formeln

$$(8) \qquad \pi_1 = p_1 + i_1, \qquad \pi_2 = p_2 + i_2;$$

zu diesen gelangt man, wenn man das Geschlecht π_1 von C_1 — und in ähnlicher Weise das Geschlecht π_2 von C_2 — mit Hilfe der Formel

$$\pi_1 = \frac{(n_1 - 1)(n_1 - 2)}{2} - d_1$$

berechnet, *wie wenn C_1 nur die d_1 Doppelpunkte hätte, die wir als vorgeschrieben bezeichnet haben,* und nicht auch noch die i_1 Doppelpunkte, die wir nach unserer Vereinbarung als nicht vorhanden betrachten wollen.

Wenn man die oben bezeichneten $i_1 + i_2 + j$ Doppelpunkte von C als nicht vorhanden ansieht, und die übrigen Doppelpunkte dieser Kurve, deren Anzahl $d = d' - i_1 - i_2 - j = d_1 + d_2 + n_1 n_2 - j$ ist, als vorgeschrieben betrachtet, so wird nach demselben Gesichtspunkt das *virtuelle Geschlecht* von C ausgedrückt durch die Formel

$$\pi = \frac{(n-1)(n-2)}{2} - d;$$

unter Berücksichtigung der Formeln (8) erhält man also

$$(9) \qquad \pi = \pi_1 + \pi_2 + j - 1.$$

Bis jetzt haben wir nur Vereinbarungen getroffen. Diese gewinnen jedoch durch die folgenden Überlegungen eine *wesentliche* Bedeutung.

Wir wollen die Frage aufwerfen, ob sich die Kurve C als Grenzfall einer *irreduziblen* Kurve n-ter Ordnung vom *wirklichen* Geschlecht π betrachten läßt, deren Doppelpunkte als Grenzlagen diejenigen haben, die wir für C als vorgeschrieben betrachten, während die anderen $i_1 + i_2 + j$

Doppelpunkte ($i_1 \geqq 0$, $i_2 \geqq 0$, $j \geqq 1$), die wir als nicht vorhanden ansehen, beim Grenzübergang *neu* auftreten.

Es handelt sich also darum, zu untersuchen, welche *zusammenhängenden Kurven als Grenzfälle von irreduziblen Kurven* aufgefaßt werden können.

Die Antwort, zu der wir gelangen werden, wird die vorhin aufgeworfene Frage bejahen, *wie auch die als nicht vorhanden zu betrachtenden Punkte festgelegt werden mögen, vorausgesetzt, daß* $j \geqq 1$ *ist,* d. h., daß die zusammengesetzte Kurve tatsächlich zusammenhängend ist.

Wir wollen zunächst abzählen, von wievielen Parametern die zu C äußerst benachbarten Kurven n-ter Ordnung abhängen, die d vorgeschriebene gewöhnliche Doppelpunkte besitzen; dabei wollen wir es für den Augenblick dahingestellt sein lassen, ob es sich um irreduzible oder reduzible Kurven handelt. Zu diesem Zweck nehmen wir den Raum S_N zu Hilfe, dessen Punkte die ebenen Kurven n-ter Ordnung darstellen (Nr. 3, S. 313). Es seien $P_1, P_2, \ldots, P_d$ die d vorgeschriebenen Doppelpunkte von C. Im Raum S_N werden wir dann einen Linearmantel F_1 mit dem Ursprung C erhalten, der die zur Kurve C äußerst benachbarten Kurven n-ter Ordnung mit einem Doppelpunkt in der Umgebung von P_1 darstellt; und ebenso erhalten wir, entsprechend den anderen Doppelpunkten $P_2, \ldots, P_d$, die Linearmäntel $F_2, \ldots, F_d$.

Da *sämtliche* d' Doppelpunkte von C den Kurven n-ter Ordnung, die sie enthalten sollen, unabhängige Bedingungen auferlegen (Nr. 3, S. 316), so gilt dies im besonderen auch für d unter diesen d' Doppelpunkten. Mit anderen Worten: die Tangentialüberebenen im Punkt C an die Linearmäntel $F_1, \ldots, F_d$ sind unabhängig (Nr. 3), und folglich schneiden sich diese Linearmäntel in einem Linearmantel mit dem Ursprung C und der Dimension $N - d = 3n + \pi - 1$. Die Kurve C mit diesen d vorgeschriebenen Doppelpunkten *bestimmt also eindeutig ein* irreduzibles System Σ von Kurven n-ter Ordnung mit d Doppelpunkten, zu dem sie selbst gehört, und die Dimension dieses Systems ist

$$\varrho = 3n + \pi - 1\,. \tag{10}$$

Wenn sich eine allgemeine Kurve von Σ der Kurve C nähert, so nähern sich d Doppelpunkte der veränderlichen Kurve den d vorgeschriebenen Doppelpunkten $P_1, \ldots, P_d$ von C.

Nun wollen wir beweisen, daß die allgemeine Kurve von Σ irreduzibel ist. Wenn sie nämlich zerfiele, so könnte sie nur zusammengesetzt sein aus einer Kurve von der Ordnung der Kurve C_1, die in einem C_1 enthaltenden System Σ_1 veränderlich wäre, und aus einer Kurve von der Ordnung der Kurve C_2, die in einem C_2 enthaltenden System Σ_2 veränderlich wäre. Da Σ *alle* zu C äußerst benachbarten Kurven n-ter Ordnung mit d Doppelpunkten enthält, die den vorgeschriebenen Doppelpunkten von C unbegrenzt nahe liegen, so wird Σ bei der gemachten Annahme aus den Kurven bestehen, die man erhält, wenn man zu einer allgemeinen Kurve von Σ_1 eine allgemeine Kurve von Σ_2 hinzufügt; dabei sind mit Σ_1 und Σ_2 die vollständigen stetigen Systeme bezeichnet, die *sämtliche* zu C_1 bzw. C_2 äußerst benachbarten Kurven von der Ordnung n_1 bzw. n_2 enthalten, deren d_1 bzw. d_2 Doppelpunkte den vorgeschriebenen Doppelpunkten von C_1 bzw. C_2 benachbart sind. Dies folgt daraus, daß bei einer derartig zusammengesetzten Kurve n-ter Ordnung tatsächlich d Doppelpunkte vorhanden sind, die sich den Punkten $P_1, \ldots, P_d$ unbegrenzt nähern, sobald ihre Teile den Kurven C_1, C_2 immer näher rücken. Bezeichnet man die Dimensionen von Σ_1 und Σ_2 mit ϱ_1 und ϱ_2, so erhält man also

$$\varrho = \varrho_1 + \varrho_2. \tag{11}$$

Wenn man nun die als nicht vorhanden zu betrachtenden i_1 Doppelpunkte von C_1 vernachlässigt, so erkennt man mit Hilfe derselben Überlegung wie in Nr. 4 (S. 316), daß die Kurve C_1 einem stetigen System angehört, dessen Dimension genau gleich $3n_1 + \pi_1 - 1$ ist; die allgemeine Kurve dieses Systems ist von der Ordnung n_1 und besitzt d_1 Doppelpunkte, die sich nach den vorgeschriebenen Doppelpunkten von C_1 hinbewegen, sobald jene Kurve sich der Kurve C_1 nähert. Es ist also $\varrho_1 = 3n_1 + \pi_1 - 1$, und in ähnlicher Weise findet man $\varrho_2 = 3n_2 + \pi_2 - 1$. Daraus folgt

$$\varrho_1 + \varrho_2 = 3n + \pi_1 + \pi_2 - 2,$$

und mit Rücksicht auf (9) und (11) ergibt sich

$$\varrho = 3n + \pi - j - 1.$$

Da nun $j \geq 1$ *ist*, so steht diese Gleichung im Widerspruch zu (10), und folglich ist unsere Voraussetzung, die allgemeine Kurve von Σ sei reduzibel, unmöglich.

Man sieht ferner, daß die allgemeine Kurve von Σ nur d Doppelpunkte besitzen und deshalb ihr wirkliches Geschlecht nicht kleiner als π sein kann; denn wenn sie mehr als d Doppelpunkte besäße, so hätte sie das wirkliche Geschlecht $\bar{\pi} < \pi$, und folglich würde sie nach Nr. 4 einem stetigen System von der Dimension $3n + \bar{\pi} - 1$ angehören, und nicht einem stetigen System von der Dimension $3n + \pi - 1$, wie Σ eines ist. Die allgemeine Kurve von Σ kann auch keine höheren Singularitäten haben (die in ihrer Gesamtheit das Geschlecht um d Einheiten erniedrigen), weil die besonderen Kurven von Σ, die in eine allgemeine Kurve

C_1 und eine allgemeine Kurve C_2 zerfallen, nur gewöhnliche Doppelpunkte und keine höheren Singularitäten haben.

Die aufgeworfene Frage ist also in bejahendem Sinne beantwortet. Wie man sieht, spielt bei der Beweisführung die Voraussetzung $j > 0$, d. h. die Voraussetzung, daß C eine zusammenhängende Kurve ist, eine wesentliche Rolle.

Das Ergebnis läßt sich leicht ausdehnen auf eine Kurve, die nur mit gewöhnlichen Doppelpunkten versehen ist und in mehrere Teile $C_1, \ldots, C_l$ zerfällt, wobei auf jeder dieser Teilkurven einige der Doppelpunkte möglicherweise als nicht vorhanden zu betrachten wären. Natürlich muß man voraussetzen, daß die Kurven $C_1, \ldots, C_l$ in ihrer Gesamtheit eine zusammenhängende Kurve C bilden, und zwar muß der Zusammenhang hergestellt sein über eine gewisse Anzahl j der Schnittpunkte, in denen sich die Kurven $C_1, \ldots, C_l$ zu je zweien schneiden; übrigens sind diese j Schnittpunkte ebenfalls als nicht vorhanden zu betrachten.

Um die angeführte Ausdehnung unseres Ergebnisses zu erhalten, beachte man, daß es immer möglich ist, $l - 1$ unter den Teilkurven von C zu finden, etwa $C_1, C_2, \ldots, C_{l-1}$, mit der Eigenschaft, daß die Kurve $E = C_1 + C_2 + \ldots + C_{l-1}$ zusammenhängend ist. Man hat dabei nur die Doppelpunkte von E, die unter den schon als nicht vorhanden festgesetzten Doppelpunkten der Kurve C enthalten sind, als nicht vorhanden zu betrachten. Um dies einzusehen, gehe man von der Kurve C_1 aus; es wird dann immer eine Teilkurve von C, etwa C_2 geben, die über mindestens einen der oben genannten j Schnittpunkte hinüber mit C_1 zusammenhängt. Ebenso wird es unter den übrigen Teilkurven von C immer eine geben müssen, die über mindestens einen der noch verbleibenden unter den j Schnittpunkten mit der Kurve $C_1 + C_2$ zusammenhängt; sie sei mit C_3 bezeichnet. In dieser Weise schließt man weiter.[1])

Nimmt man nun den Satz als bewiesen an für eine Kurve, die aus $l - 1$ Teilen zusammengesetzt ist, so kann man ihn auf die Kurve E anwenden; da er aber für eine Kurve, die in zwei Teile zerfällt, tatsächlich schon bewiesen ist, so kann man ihn anwenden auf die Kurve $\overline{E} + C_l$, wobei $\overline{E}$ eine irreduzible Kurve bedeutet, die E zur Grenze hat, und bei der jene j Doppelpunkte als nicht vorhanden, die übrigen als vorgeschrieben betrachtet werden.

Der Satz ist also richtig für die in l Teile zerfallenden Kurven, sobald man ihn für die in $l - 1$ Teile zerfallenden Kurven als bewiesen annimmt; da er nun für $l = 2$ richtig ist, so ist er damit allgemein bewiesen. Man kann demnach endgültig den folgenden Satz aussprechen:

1) Damit ist offenbar auch bewiesen, daß $j \geq l - 1$ ist.

Damit eine ebene zerfallende Kurve C von der Ordnung n als Grenzfall einer irreduziblen Kurve n-ter Ordnung vom wirklichen Geschlecht π mit $d = \frac{1}{2}(n-1)(n-2) - \pi$ gewöhnlichen Doppelpunkten betrachtet werden kann, ist es notwendig und hinreichend, daß die Möglichkeit besteht, einige Doppelpunkte von C in solcher Anzahl und in solcher Lage auszuwählen, daß man, wenn sie als nicht vorhanden angesehen werden, aus C eine Kurve vom virtuellen Geschlecht π erhält, die über jene Doppelpunkte hinüber zusammenhängend ist.

Durch diese Wahl der als nicht vorhanden zu betrachtenden Doppelpunkte von C wird ein ganz bestimmtes vollständiges stetiges System von irreduziblen Kurven Γ der Ordnung n und des Geschlechts π festgelegt, und dieses besitzt die Eigenschaft, daß, wenn eine Kurve Γ sich der Kurve C nähert, die virtuell nicht vorhandenen Doppelpunkte von C beim Grenzübergang neu auftreten, während die anderen d Doppelpunkte von C die Grenzlagen der d Doppelpunkte von Γ sind.

Streng genommen haben wir durch die vorstehende Beweisführung nur gezeigt, daß die genannte Bedingung hinreichend ist. Daß sie auch notwendig ist, ist eine augenfällige Folge aus der schon in Nr. 5 (S. 319) festgestellten Tatsache, daß eine stetig veränderliche Kurve nicht zerfallen kann, ohne neue Doppelpunkte zu bekommen, mittels deren man sich den Zusammenhang wieder hergestellt denken muß, wenn man wünscht, daß die Grenzkurve zusammenhängend bleiben und ihr virtuelles Geschlecht gleich dem wirklichen Geschlecht der veränderlichen irreduziblen Kurve sein soll.

1. Bemerkung. Wenn eine zerfallende Kurve C von der Ordnung n gegeben ist, die nur gewöhnliche Doppelpunkte besitzt, so ist nicht gesagt, daß sie sich nur auf eine einzige Weise als zusammenhängende Kurve von gegebenem virtuellem Geschlecht π auffassen läßt. Es ist also denkbar, daß die als nicht vorhanden zu betrachtenden Doppelpunkte — oder, was dasselbe ist, die als vorgeschrieben zu betrachtenden d Doppelpunkte — auf verschiedene Weise ausgewählt werden und zu einer zusammenhängenden Kurve vom virtuellen Geschlecht π führen können.

Durch jede derartige Auswahl wird dann ein die Kurve C enthaltendes vollständiges stetiges System irreduzibler Kurven Γ von der Ordnung n und vom Geschlecht π bestimmt sein, derart, daß wenn Γ sich der Kurve C unbegrenzt nähert, die d Doppelpunkte von Γ sich nach den d als vorgeschrieben gewählten Doppelpunkten von C hinbewegen. Wir werden also auf diese Weise mehrere vollständige Systeme $\Sigma', \Sigma'', \ldots$ erhalten, die den verschiedenen Gruppen der ausgewählten Doppelpunkte entsprechen. Damit ist aber noch nicht gesagt, daß diese Systeme voneinander verschieden sein müssen. Wenn z. B. Σ' und Σ'' in eines und dasselbe System Σ zusammenfallen, so bedeutet dies, daß Σ mit zwei verschiedenen Linearmänteln durch C „hindurchgeht".

Ein Fall, in dem Σ' und Σ'' sicher zusammenfallen, ist der folgende: Es sei H das vollständige stetige System von zerfallenden Kurven, das durch C bestimmt ist, wenn *alle* Doppelpunkte von C als vorgeschrieben betrachtet werden. Wir variieren nun die Kurve C im System H, indem wir von einer Anfangslage ausgehen und zu dieser zurückkehren, und wollen annehmen, es sei dabei möglich, die Gruppe der d Doppelpunkte von C, die vorgeschrieben werden mußten, um Σ' zu erhalten, zu vertauschen mit der Gruppe der d Doppelpunkte von C, die vorgeschrieben werden müssen, um Σ'' zu erhalten. Dann werden sich bei diesem Umlauf von C die beiden verschiedenen Linearmäntel von Σ' und Σ'', die durch C gehen, untereinander vertauschen, und daher gehören sie zu demselben irreduziblen algebraischen System; d. h. aber, Σ' und Σ'' fallen zusammen.

Diese Betrachtungen vervollständigen in erschöpfender Weise die schon in der 2. Bemerkung der Nr. 5 (S. 320) dargelegten Überlegungen. Wenn wir das dort behandelte Beispiel von der Gesamtheit der ebenen Kurven 4. Ordnung mit drei Doppelpunkten wieder aufnehmen, so erkennen wir, daß die Kurve E, die in eine Kurve 3. Ordnung K mit dem Doppelpunkt O und in eine die Kurve K in drei verschiedenen Punkten A_1, A_2, A_3 schneidende Gerade a zerfällt, auf drei verschiedene Arten als *zusammenhängende* Kurve vom virtuellen Geschlecht Null dargestellt werden kann: entweder indem man O, A_1, A_2 als vorgeschrieben und A_3 als nicht vorhanden, oder indem man O, A_2, A_3 als vorgeschrieben und A_1 als nicht vorhanden oder endlich, indem man O, A_3, A_1 als vorgeschrieben und A_2 als nicht vorhanden ansieht. Jeder dieser drei Arten der Betrachtung entspricht ein stetiges 11-fach unendliches System von irreduziblen rationalen Kurven, das E enthält. Die drei Systeme reduzieren sich jedoch auf ein einziges, das mit drei verschiedenen Linearmänteln durch E „hindurchgeht"; denn wenn man die Gerade a derart variiert, daß man von der Anfangslage ausgeht und in diese zurückkehrt, so können zwei beliebige von den drei Punkten A_1, A_2, A_3 untereinander vertauscht werden, da ja die Kurve K irreduzibel ist.

Wenn man dagegen die Doppelpunkte A_1, A_2, A_3 als vorgeschrieben und den Doppelpunkt O als nicht vorhanden ansieht, so erhält man zwar ebenfalls eine Kurve vom virtuellen Geschlecht Null, aber sie ist *nicht zusammenhängend*, weil zwischen den beiden Teilkurven K und a kein Übergangspunkt vorhanden ist. Daher kann diese Kurve nicht als Grenzfall einer irreduziblen Kurve angesehen werden, sondern nur als Grenzfall einer zerfallenden Kurve 4. Ordnung, die aus einer Kurve 3. Ordnung ohne Doppelpunkt und einer Geraden besteht.

2. Bemerkung. Wir sind nunmehr in der Lage, die in Nr. 1 gestellte Frage a) (S. 309) zu beantworten und folgenden Satz zu beweisen: *Wenn die Zahlen n und d beliebig, jedoch so gegeben sind, daß sie der Ungleichung $d \leqq \frac{1}{2}(n-1)(n-2)$ genügen, so gibt es stets irreduzible Kurven n-ter Ordnung mit d gewöhnlichen Doppelpunkten (aber ohne weitere Singularitäten).* Zum Beweis betrachten wir eine Kurve C von der n-ten Ordnung, die aus n in allgemeiner Lage zueinander befindlichen Geraden $a_1, a_2, \ldots, a_n$ zusammengesetzt ist. Unter den $\frac{1}{2}n(n-1)$ Punkten, die diese Geraden zu je zweien gemein haben, kann man, wenn $p = \frac{1}{2}(n-1)(n-2) - d \geqq 0$ gesetzt wird, $\frac{1}{2}n(n-1) - d = n + p - 1$ derart auswählen, daß durch sie das System der n Geraden zusammenhängend gemacht wird. Man kann z. B. die $n-1$ Doppelpunkte wählen, die auf a_1 liegen, — und dies genügt schon, um das System zusammenhängend zu machen — und weitere p Doppelpunkte, die aus den übrigen $\frac{1}{2}n(n-1) - (n-1) = \frac{1}{2}(n-1)(n-2)$ willkürlich ausgewählt werden. Es wird dann eine irreduzible Kurve Γ von der Ordnung n und dem wirklichen Geschlecht p geben, die d (und nur d) gewöhnliche Doppelpunkte besitzt, und die mit C zusammen einem und demselben stetigen System angehört, derart, daß bei der Annäherung von Γ an C diese d Doppelpunkte sich nach den $\frac{1}{2}n(n-1) - (n+p-1) = d$ Doppelpunkten von C hinbewegen, über die hinüber der Zusammenhang nicht hergestellt ist (d. h. nach den d Doppelpunkten, die als vorgeschrieben betrachtet werden).

3. Bemerkung. Es sei C eine irreduzible oder reduzible Kurve n-ter Ordnung mit d gewöhnlichen Doppelpunkten und Σ das vollständige irreduzible System, das durch C mit ihren d vorgeschriebenen Doppelpunkten bestimmt ist. Wenn man nur $d' < d$ Doppelpunkte der Kurve C als vorgeschrieben ansieht (und die andern $d - d'$ als nicht vorhanden betrachtet), so wird dadurch ein System Σ' bestimmt, und dieses enthält Σ. Zum Beweis dieser Behauptung bezeichnen wir mit $F_1, F_2, \ldots, F_d$ die Linearmäntel von $N-1$ Dimensionen, die aus den zu C äußerst benachbarten Kurven n-ter Ordnung mit der Eigenschaft bestehen, daß jede von ihnen einen Doppelpunkt besitzt, der zu je einem ganz bestimmten Doppelpunkt von C benachbart ist; ferner seien $F_1, \ldots, F_{d'}$ die Linearmäntel, die sich auf die d' Doppelpunkte beziehen, welche man zur Definition von Σ' als vorgeschrieben betrachtet hat. Dann liegt der den Mänteln $F_1, \ldots, F_d$ gemeinsame Linearmantel mit $3n + p - 1$ Dimensionen

$$\left[p = \frac{1}{2}(n-1)(n-2) - d\right]$$

auf dem Linearmantel mit $3n + p' - 1$ Dimensionen

$$\left[p' = \frac{1}{2}(n-1)(n-2) - d'\right],$$

der den Mänteln $F_1, \ldots, F_{d'}$ gemeinsam ist (vgl. Nr. 4, S. 316). Mit anderen Worten: das System Σ' enthält einen Linearmantel mit $3n + p - 1$ Dimensionen, und dieser gehört zu dem System Σ, das ebenfalls die Dimension $3n + p - 1$ besitzt. Da nun das System Σ irreduzibel ist, so ist es ganz in Σ' enthalten.

Wenn man ebenso auf C nur $d'' < d'$ von den d' Doppelpunkten vorschreibt, die zur Definition von Σ' vorgeschrieben wurden, so gelangt man zur Definition eines Systems Σ'', das Σ' enthält, usw. Es ergibt sich also der Satz:

Ist eine irreduzible oder reduzible ebene Kurve C von der Ordnung n gegeben, die nur gewöhnliche Doppelpunkte besitzt, und bezeichnet man mit G und G' zwei Gruppen von Doppelpunkten der Kurve C, so daß die Gruppe G' in G enthalten ist, dann ist das vollständige irreduzible System Σ, das von der Kurve C mit den vorgeschriebenen Doppelpunkten der Gruppe G bestimmt wird, in dem vollständigen irreduziblen System Σ' enthalten, das durch die Kurve C mit den vorgeschriebenen Doppelpunkten der Gruppe G' definiert ist.

4. Bemerkung. Der in dieser Nummer bewiesene grundlegende Satz ließe sich auch auf Kurven mit beliebigen Singularitäten ausdehnen. Wir wollen aber diese Ausdehnung hier auf einen speziellen Fall beschränken, der für das folgende besonderes Interesse hat, nämlich auf die Kurven D_h von der Ordnung

$$p + 2 + h \quad (h \geqq 0),$$

die einen gegebenen gewöhnlichen p-fachen Punkt P und außer P noch $hp + \frac{1}{2}h(h+1)$ gewöhnliche Doppelpunkte besitzen. Diese Kurven erhält man aus den Kurven C_h von der Ordnung $p + 2 + h$, die den p-fachen Punkt P besitzen, indem man ihnen die Bedingung auferlegt, noch $hp + \frac{1}{2}h(h+1)$ gewöhnliche Doppelpunkte zu haben (vgl. die Bemerkung am Schluß des Anhangs E (S. 306), in der die Kurven C_h für $h = 0$ betrachtet wurden).

Wir wollen zunächst bemerken, daß die allgemeine Kurve C_h irreduzibel ist und außer dem p-fachen Punkt P keine anderen mehrfachen Punkte hat. In der Tat, unter den Kurven C_h befinden sich auch die Kurven von der Ordnung $p + 2 + h$, von denen jede aus einer Gruppe von p durch P gehenden Geraden und aus einer allgemeinen Kurve von der Ordnung $h+2$ besteht; die Kurven C_h, die ein lineares System $|C_h|$ bilden, können also weder alle in Kurven eines und desselben Büschels zerfallen, noch einen gemeinsamen festen Teil haben. Sie bilden daher (Nr. 11, S. 27) ein irreduzibles lineares System.

Die Betrachtung der Kurven C_h, die in der oben angegebenen Weise zerfallen, zeigt uns überdies, daß das lineare System $|C_h|$ nur den gewöhnlichen p-fachen Punkt P als Basispunkt hat, und daß daher eine allgemeine Kurve C_h keine vom p-fachen Punkt P verschiedenen mehrfachen Punkte besitzt (Nr. 9, S. 25). Sie hat also das (wirkliche) Geschlecht

$$\pi = \frac{(p+h)(p+h+1)}{2} - \frac{p(p-1)}{2} = p(h+1) + \frac{h(h+1)}{2}.$$

Die charakteristische Schar (Nr. 43, S. 123) des linearen Systems $|C_h|$ (außer den festen Schnittpunkten) ist eine lineare Vollschar von der Ordnung

$$(p+h+2)^2 - p^2 = 2\pi + 2p + 3h + 4$$

und deshalb nicht spezial (Nr. 44, S. 126).

Die Dimension dieser Schar hat somit den Wert $\pi + 2p + 3h + 4$, und die Dimension von $|C_h|$ hat den Wert

$$\pi + 2p + 3h + 5 = 3p + 5 + 3h + hp + \frac{1}{2}h(h+1).$$

Nun wollen wir den Kurven C_h die Bedingung auferlegen, außerdem noch $hp + \frac{h(h+1)}{2}$ gewöhnliche Doppelpunkte zu besitzen, die unter sich und von P verschieden sind. Derartige Kurven, die wir mit D_h bezeichnet haben, existieren sicherlich, welchen Wert $h (\geqq 0)$ auch haben möge; denn eine Kurve C_0 liefert, zusammen mit h allgemein gewählten Geraden, eine Kurve D_h von der Ordnung $p+2+h$, und diese besitzt

$$(p+2)h + \frac{h(h-1)}{2}$$

Doppelpunkte, die untereinander und von P verschieden sind. Es bleibt nur der Zweifel, daß die allgemeine Kurve D_h reduzibel sein und mehr als $hp + \frac{h(h+1)}{2}$ Doppelpunkte haben könnte, wie dies für die soeben konstruierte spezielle Kurve D_h zutrifft. Nun wollen wir aber den Satz beweisen:

Es gibt genau $\infty^{3p+5+3h}$ irreduzible Kurven D_h mit dem gewöhnlichen p-fachen Punkt P und mit $hp + \frac{h(h+1)}{2}$ gewöhnlichen Doppelpunkten, die untereinander und von P verschieden sind; überdies gibt es ein einziges irreduzibles System von Kurven D_h, das jede Kurve enthält, die aus einer all-

gemein gewählten Kurve C_0 und h allgemeinen Geraden der Ebene zusammengesetzt ist.

Da der zu beweisende Satz für $h = 0$ richtig ist, so kann man zum Beweis die vollständige Induktion anwenden. Wir nehmen ihn also für die Kurven D_{h-1} als richtig an, und leiten ihn daraus für die Kurven D_h ab. Wir bezeichnen mit Σ_{h-1} das einzige irreduzible System von der Dimension $3p + 5 + 3(h - 1)$, das aus den irreduziblen Kurven D_{h-1} mit $(h-1)p + \frac{1}{2}h(h-1)$ Doppelpunkten besteht, und nach Voraussetzung jede Kurve enthält, die aus einer Kurve C_0 und $h - 1$ Geraden zusammengesetzt ist. Es sei D_{h-1} eine allgemeine Kurve von Σ_{h-1} und a eine allgemein gewählte Gerade der Ebene. Wir betrachten die zusammenhängende Kurve vom virtuellen Geschlecht p, die man aus $D_{h-1} + a$ erhält, wenn man einen der Schnittpunkte von D_{h-1} und a als nicht vorhanden ansieht.

Wir denken uns nun die Kurven C_h durch die Punkte eines linearen Raumes S_k dargestellt $\left(k = 3p + 5 + 3h + hp + \frac{h(h+1)}{2}\right)$ und richten unsere Aufmerksamkeit auf den Punkt D_h von S_k, der die Kurve $D_{h-1} + a$ darstellt, und auf die $hp + \frac{1}{2}h(h+1)$ von D_h ausgehenden Linearmäntel; jeder dieser Mäntel stellt diejenigen Kurven C_h dar, die der betrachteten Kurve D_h äußerst nahe kommen und einen Doppelpunkt haben, der zu einem bestimmten unter den

$$(h-1)p + \frac{1}{2}h(h-1) + (p + h + 1) - 1 = hp + \frac{1}{2}h(h+1)$$

vorgeschriebenen Doppelpunkten von D_h benachbart ist. Der lineare Raum, welcher den Tangentialüberebenen in D_h an die soeben genannten Linearmäntel gemeinsam ist, stellt zugleich die Kurven C_h dar, die durch die $hp + \frac{1}{2}h(h+1)$ vorgeschriebenen Doppelpunkte von D_h gehen. Wir behaupten, daß diese Kurven C_h ein System von der Dimension

$$k - \left(hp + \frac{h(h+1)}{2}\right) = 3p + 5 + 3h$$

bilden, daß also die genannten Überebenen linear unabhängig sind.

In der Tat, die durch die Doppelpunkte von D_{h-1} gehenden Kurven C_h schneiden auf D_{h-1} außer den festen Schnittpunkten eine lineare Vollschar (Nr. 42, S. 123) von der Ordnung $5p + 2 + 4h$ aus, die nicht spezial ist (Nr. 44, S. 126); diejenigen Kurven C_h aber, welche außerdem durch die $p + h$ Schnittpunkte von D_{h-1} mit a gehen, die für D_h als Doppelpunkte vorgeschrieben worden sind, schneiden auf D_{h-1} außer den festen Punkten eine nicht-speziale lineare Vollschar von der Ordnung $4p + 2 + 3h$

aus, deren Dimension also $3p + 2 + 3h$ ist. Da sich nun unter den zuletzt betrachteten Kurven C_h zweifach unendlich viele befinden, die D_{h-1} als Teil enthalten, so hängen die durch die vorgeschriebenen Doppelpunkte von D_h gehenden Kurven C_h von $(3p+2+3h)+2+1=3p+5+3h$ Parametern ab, wie wir es vorhergesagt hatten.

Daraus ergibt sich nach Nr. 2 (S. 311), daß die oben betrachteten Linearmäntel sich in einem Linearmantel Φ von der Dimension

$$\varrho = 3p + 5 + 3h$$

schneiden. Wenn man der Reihe nach jeden der $p+1+h$ Schnittpunkte von D_{h-1} mit a als nicht vorhanden ansieht, so erhält man auf die angegebene Weise $p+1+h$ mit Φ analoge Linearmäntel von der Dimension ϱ. Läßt man die Gerade a einen Umlauf ausführen, der von einer Anfangslage ausgeht und in diese zurückführt, so können diese $p+h+1$ Schnittpunkte wegen der Unzerlegbarkeit von D_{h-1} beliebig untereinander permutiert werden. Daraus ergibt sich, daß die Mäntel Φ zu je zweien vertauscht werden können; daher gehören sie demselben irreduziblen (vollständigen) System Σ_h von der Dimension $3p+5+3h$ an.

Die allgemeine Kurve eines der Mäntel Φ, und folglich auch die allgemeine Kurve von Σ_h, ist irreduzibel; denn wenn sie zerfiele, so könnte sie nur in eine Kurve D_{h-1} und eine Gerade zerfallen. Da aber die Kurven D_{h-1} nach Voraussetzung von $3p+5+3(h-1)$ Parametern abhängen, so hätte Σ_h die Dimension $3p+5+3h-1$ und nicht die Dimension $3p+5+3h$. Außerdem ist es nicht möglich, daß die allgemeine Kurve D_h von Φ mehr als $hp + \frac{1}{2}h(h+1)$ Doppelpunkte besitzt; denn wenn dies der Fall wäre, so würde beim Zusammenfallen von D_h mit der speziellen Kurve $D_{h-1}+a$, die ja $hp+\frac{1}{2}h(h+1)+1$ Doppelpunkte hat, ein Zerfall der allgemeinen Kurve eintreten, ohne daß dabei neue mehrfache Punkte entstünden; dies widerspricht aber dem Ergebnis der Nr. 5 (S. 319). Und endlich ist es nicht möglich, daß die allgemeine Kurve D_h außer P höhere Singularitäten besitzt, die in ihrer Gesamtheit mit $hp+\frac{1}{2}h(h+1)$ Doppelpunkten äquivalent sind, weil die spezielle Kurve $D_h = D_{h-1} + a$ außer P nur Doppelpunkte hat.

Damit ist also der in dieser Nummer bewiesene grundlegende Satz auf die zusammenhängenden Kurven vom virtuellen Geschlecht p ausgedehnt, von denen jede aus h geraden Linien in allgemeiner Lage und aus einer hyperelliptischen Kurve C_0 von der Ordnung $p+2$ mit dem gewöhnlichen p-fachen Punkt P zusammengesetzt ist.

Obwohl es für das folgende nicht nötig ist, wollen wir doch zur Vervollständigung dieser Erweiterung noch folgendes bemerken. Wenn die mit $hp + \frac{1}{2}h(h+1)$ Doppelpunkten versehenen irreduziblen Kurven D_h, die den gewöhnlichen p-fachen Punkt P haben, sich auf mehrere irreduzible Systeme verteilen, von denen nach dem vorhergehenden ein einziges die aus einer Kurve C_0 und h Geraden zusammengesetzten Kurven enthält, so hat jedes dieser Systeme wirklich die Dimension $3p+5+3h$ und wird durch eine seiner Kurven, die irreduzibel ist und $hp+\frac{1}{2}h(h+1)$ verschiedene Doppelpunkte besitzt, *eindeutig bestimmt.* Diese Folgerung läßt sich mit Hilfe des gewöhnlichen Verfahrens der Linearmäntel beweisen, wenn man dabei berücksichtigt, daß die $hp+\frac{1}{2}h(h+1)$ Doppelpunkte der betrachteten Kurve für die Kurven C_h unabhängige Bedingungen vorstellen.

Wenn wir im folgenden von dem System Σ_h der Kurven D_h sprechen, so meinen wir dasjenige, welches jede aus einer Kurve C_0 und h Geraden zusammengesetzte Kurve enthält.

Den Begriff des virtuellen Geschlechts einer Kurve sowie die ersten grundlegenden Sätze über die zerfallenden Kurven verdankt man NOETHER (Acta Math. **8**, 182 (1886)). Der Satz, der die Bedingung dafür angibt, daß eine ebene zusammenhängende Kurve von gegebenem virtuellem Geschlecht π als Grenzfall einer irreduziblen Kurve vom (wirklichen) Geschlecht π angesehen werden kann, findet sich in zwei Arbeiten des Verfassers (Rom. Acc. L. Rend. $\mathbf{24}_5$, 886 (1915) und $\mathbf{25}_5$, 554 (1916)). Auf diese verweisen wir den Leser, besonders auch wegen der möglichen Anwendungen auf Realitätsfragen, die sich auf die Züge algebraischer Kurven beziehen (s. die zweite der angeführten Arbeiten, S. 556).

8. Algebraisch-geometrischer Beweis des RIEMANNschen Existenztheorems. Unter dem RIEMANNschen Existenztheorem versteht man bekanntlich den folgenden Satz:

Wenn man für eine zu konstruierende algebraische Funktion $u(z)$ mit n Bestimmungen $(n \geq 2)$ auf einer Geraden r — d. h. auf einer komplexen z-Ebene bzw. z-Kugel — $2n+2p-2$ (einfache) Verzweigungspunkte festlegt und außerdem die Vertauschungen vorschreibt, die zwischen den Paaren der Bestimmungen dieser Funktion in Beziehung auf die festgelegten Punkte stattfinden sollen, wobei nur zur Bedingung gemacht wird, daß die n Bestimmungen bei diesen Vertauschungen miteinander zusammenhängen und das Produkt der vorgeschriebenen Vertauschungen die Identität ergibt, dann gibt es immer eine Funktion $u(z)$ vom Geschlecht p mit n Bestim-

mungen, welche die gestellten Bedingungen erfüllt. Eine solche Funktion ist bis auf birationale Transformationen definiert.

Der Ausdruck „(einfacher) Verzweigungspunkt" ist hier im selben Sinne gebraucht wie auf S. 148. Es handelt sich also um die kritischen Punkte (Nr. 77, S. 197), in denen zwei Bestimmungen der Funktion $u(z)$ zusammenfallen, derart, daß wenn man auf der z-Ebene (Kugel) einen von ihnen umkreist, die beiden genannten Bestimmungen von $u(z)$ permutiert werden.

Ein algebraisch-geometrischer Beweis eines Teiles dieses Satzes für den Fall, daß die Anzahl n der Bestimmungen der Ungleichung $n > 2p-2$ genügt, läßt sich, wie ENRIQUES[1]) bemerkt hat, leicht aus der Berechnung der Anzahl der Moduln einer Kurve vom Geschlecht p ableiten; und zwar handelt es sich dabei um den Beweis der Tatsache, daß es *algebraische Funktionen vom Geschlecht p mit $n(> 2p-2)$ Bestimmungen gibt, die $2n + 2p - 2$ beliebig vorgeschriebene Verzweigungspunkte besitzen.*

In der Tat, da eine allgemeine Kurve Γ vom Geschlecht p nach Nr. 56 (S. 156) $\infty^{2(n-1)-p}$ Scharen g_n^1 von der Ordnung $n > 2p - 2$ enthält, so entsprechen ihr auf der Geraden r ∞^{2n-p+1} Verzweigungsgruppen; denn durch jede g_n^1 wird die entsprechende Verzweigungsgruppe bis auf eine Projektivität auf der Geraden definiert (Nr. 26, S. 75). Variiert man die $3p-3$ Moduln von Γ, so erhält man also auf r $\infty^{2n+2p-2}$ Verzweigungsgruppen, d. h. *sämtliche* Gruppen von $2n + 2p - 2$ Punkten der Geraden. Damit ist aber die Behauptung erwiesen.

Hier wollen wir jedoch das Theorem in seiner ganzen Tragweite auf algebraisch-geometrischem Wege beweisen, d. h. wir wollen zeigen, daß man nicht nur die $2n + 2p - 2$ Verzweigungspunkte, *sondern auch die zu ihnen gehörigen Vertauschungen* willkürlich wählen kann, und *daß dies für jeden beliebigen Wert von $n (\geqq 2)$ gilt.*

Das erste, was wir nachzuweisen haben, ist, daß es bei beliebiger Wahl der $2n + 2p - 2$ Verzweigungspunkte auf r, auch wenn $n \leqq 2p-2$ ist, stets eine irreduzible Kurve vom Geschlecht p mit jenen Verzweigungspunkten gibt, die auf der n-fachen Geraden r abgebildet ist (S. 148).

Wir setzen $h = n - 2$ und betrachten das System Σ_h der Kurven D_h (vgl. S. 330) von der Ordnung $m = p + 2 + h$ und dem Geschlecht p, die außerhalb der Geraden r einen festen p-fachen Punkt P und außerdem noch $hp + \frac{1}{2}h(h + 1)$ veränderliche gewöhnliche Doppelpunkte besitzen. Wir halten eine allgemeine Kurve D_h, etwa $\overline{D}_h$, fest und ziehen durch P die $2n + 2p - 2 = 2h + 2p + 2$ Geraden, die $\overline{D}_h$ außerhalb P berühren. (Die Berührungspunkte dieser Geraden sind die Doppelpunkte der Schar

1) Vgl. die in Fußnote 2) auf S. 158 angeführte Arbeit.

g_n^1, die auf $\overline{D}_h$ außer P von den durch P gehenden geraden Linien ausgeschnitten wird.) Diese Tangenten wollen wir der Kürze halber im folgenden *die Geraden* l nennen. Die Kurven C_h von der Ordnung m, die eine der Geraden l berühren, bilden in dem Raum S_k, von dem in der 4. Bemerkung der vorhergehenden Nummer die Rede war, eine algebraische Überfläche von der Ordnung $2(n-1)$; somit bilden die Kurven D_h, welche die Geraden l berühren, im Raume S_k eine Mannigfaltigkeit, die dem System Σ_h und gewissen $2h+2p+2$ algebraischen Überflächen gemeinsam ist. Wenn also die Mannigfaltigkeit der Kurven D_h, welche die Geraden l berühren, etwa zerfällt, so ist die Dimension jedes ihrer Teile gleich oder größer als $(3p+5+3h)-(2h+2p+2)=p+3+h$. Unter den Teilen der betrachteten Mannigfaltigkeit befindet sich sicherlich mindestens einer, der $\overline{D}_h$ enthält, und dessen allgemeine Kurve irreduzibel ist; wir wollen ihn mit K bezeichnen. Die irreduzible Kurve $\overline{D}_h$ ist eine spezielle Kurve von K.

Wir beweisen nun, daß K, ebenso wie jeder andere aus irreduziblen Kurven bestehende Teil der erwähnten Mannigfaltigkeit, genau die Dimension $p+3+h$ hat.

Die zu $\overline{D}_h$ unendlich benachbarten Kurven von K gehen, wegen einer bekannten Eigenschaft der Einhüllenden, nicht nur durch die Doppelpunkte von $\overline{D}_h$ (Nr. 7, S. 21), sondern auch durch die Berührungspunkte von $\overline{D}_h$ mit den Geraden l, welche die Einhüllende des stetigen Systems K bilden. Daher wird die Ordnung der charakteristischen Schar von K auf $\overline{D}_h$, abgesehen von den festen Schnittpunkten, die wir schon kennen, gleich $4p+4+3h-(2p+2+2h)=2p+2+h$; diese Schar ist also nicht spezial. Ihre Dimension ist daher nicht größer als $p+2+h$; d. h. aber, die Dimension σ von K ist nicht größer als $p+3+h$. Da wir aber schon bemerkt haben, daß $\sigma \geqq p+3+h$ ist, so folgt hieraus $\sigma=p+3+h$.

Zusammenfassend folgern wir also, daß $2h+2p+2$ Geraden des Büschels P, die eine irreduzible Kurve D_h berühren, *nur* an ∞^{p+3+h} irreduzible Kurven D_h Tangenten sind. Daraus ergibt sich, daß die Gruppen von $2n+2p-2$ Geraden des Büschels P, die irreduzible Kurven D_h berühren, von $3p+5+3h-(p+3+h)=2p+2+2h=2n+2p-2$ Parametern abhängen. Dies besagt, daß eine allgemeine Gruppe von $2n+2p-2$ Geraden des Büschels P als Gruppe der Tangenten von P an irgendeine Kurve D — ja sogar an ∞^{p+3+h} irreduzible Kurven D_h — gewählt werden kann. Mit anderen Worten: wenn eine Gruppe von $2n+2p-2$ Punkten der Geraden r in allgemeiner Lage gegeben ist, so gibt es immer eine irreduzible Kurve D_h vom Geschlecht p, die außer P nur gewöhnliche Doppelpunkte besitzt, und die sich von P aus auf die n-fache Gerade r mit jenen gegebenen $2n+2p-2$ Verzweigungspunkten projiziert.

Es bleibt uns noch zu beweisen, daß man die Vertauschungen beim Umlauf um die Verzweigungspunkte willkürlich wählen kann. Wir wollen für einen Augenblick annehmen, die zu konstruierende Funktion $u(z)$ existiere, und es sei χ das System der von einem Punkt der z-Ebene (Kugel) ausgehenden $2n+2p-2$ Schleifen (Nr. 80, S. 205), mittels deren die vorgeschriebenen Vertauschungen erzeugt werden, wenn man die einzelnen Verzweigungspunkte umkreist. Auf Grund des Verfahrens von LÜROTH-CLEBSCH (Nr. 80), welches sich ja nur auf die Voraussetzungen stützt, daß die n Bestimmungen $u_1, u_2, \ldots, u_n$ der Funktion $u(z)$ miteinander zusammenhängen, und daß das Produkt aller Vertauschungen die Identität ergibt, kann man das System χ durch ein System χ' von $2n+2p-2$ anderen Schleifen ersetzen, und zwar so, daß in χ' nur zwei Schleifen vorhanden sind, die u_n und u_{n-1} vertauschen, nur zwei, die u_{n-1} und u_{n-2} vertauschen, usw., ..., ebenfalls nur zwei, die u_3 und u_2 vertauschen, aber $2p+2$ Schleifen, die u_2 und u_1 vertauschen.

Umgekehrt, wenn es uns gelingt, die Existenz einer Funktion $u(z)$ nachzuweisen, die in den $2n+2p-2$ Verzweigungspunkten auf die zuletzt angegebene Weise verzweigt ist, und wenn man dann die Schleifen des Systems χ' durch die des Systems χ ersetzt, so wird die konstruierte Funktion $u(z)$ in bezug auf die Schleifen χ in der *ursprünglich vorbestimmten* Art verzweigt sein. Wir können uns also darauf beschränken, das Existenztheorem unter der Voraussetzung zu beweisen, daß es $2p+2$ Verzweigungspunkte $E_1, \ldots, E_{2p+2}$ gibt, die u_1 und u_2 vertauschen, ferner zwei, A_1, B_1, die u_2 und u_3 vertauschen, ..., endlich zwei, A_{n-2}, B_{n-2}, die u_{n-1} und u_n vertauschen.

Wenn $n=2$ ist, so besteht der zu beweisende Satz einfach in der Konstruktion einer hyperelliptischen Kurve C_0, die auf der Doppelgeraden r mit den $2p+2$ Verzweigungspunkten E abgebildet ist. Eine solche Kurve erhält man, wenn man eine allgemein gewählte unter den ∞^{p+3} irreduziblen Kurven von der Ordnung $p+2$ betrachtet, die in P einen p-fachen Punkt haben und die Geraden berühren, welche die Punkte E von P aus projizieren.

Nun möge n einen beliebigen Wert haben. Wir werden beweisen, daß es eine irreduzible Kurve D_h $(h=n-2)$ gibt, die sich von P aus auf die n-fache Gerade r projiziert, mit der vorgeschriebenen Verzweigungsgruppe und mit jenen gegebenen Vertauschungen zwischen den n Bestimmungen der zu konstruierenden Funktion $u(z)$, und daß diese Funktion beispielsweise durch die Gleichung $f(z, u)=0$ der Kurve D_h als implizite Funktion von z definiert werden kann. Dabei ist D_h auf die beiden Achsen z, u eines kartesischen Koordinatensystems bezogen zu denken, von denen die eine, z, mit der Geraden r zusammenfällt, während die andere durch den Punkt P geht, der ohne Beschränkung der Allgemeinheit ins Unendliche verlegt werden kann.

Der Satz wird durch vollständige Induktion bewiesen werden, indem man ihn für die $(n-1)$-fachen Geraden als bewiesen annimmt. Da er für die Doppelgeraden richtig ist, so wird er auf diese Weise allgemein bewiesen.

Wir konstruieren eine irreduzible Kurve $\overline{D}_{h-1}$ vom Geschlecht p, die von P aus auf die $(n-1)$-fache Gerade $r = (u_1, u_2, \ldots, u_{n-1})$[1]) projiziert sein möge mit den Verzweigungspunkten $E_1, \ldots, E_{2p+2}, A_1, B_1, \ldots, A_{n-3}, B_{n-3}$; von diesen mögen die Punkte E die Bestimmungen u_1 und u_2 vertauschen, während u_2 und u_3 durch die Punkte $A_1, B_1, \ldots$, endlich u_{n-2}, u_{n-1} durch die Punkte A_{n-3}, B_{n-3} vertauscht werden sollen. Dies ist immer möglich, da wir den Satz für die $(n-1)$-fachen Geraden als bewiesen angenommen haben.

Wir suchen nun eine irreduzible Kurve vom Geschlecht p, die auf der n-fachen Geraden $r = (u_1, u_2, \ldots, u_{n-1}, u_n)$ abgebildet ist mit den oben genannten $2(n-1) + 2p - 2$ Verzweigungspunkten nebst den zugehörigen Vertauschungen und mit den zwei weiteren Verzweigungspunkten A_{n-2}, B_{n-2}, die den Zusammenhang zwischen den Bestimmungen u_n und u_{n-1} vermitteln. Wir wollen zunächst annehmen, die Punkte A_{n-2}, B_{n-2} liegen äußerst nahe bei einem und demselben Punkt H. Wir ziehen die Gerade PH und wählen unter den $n-1$ Punkten, in denen sie die oben konstruierte Kurve $\overline{D}_{h-1}$ außer P noch schneidet, denjenigen Punkt O aus, der der Bestimmung u_{n-1} der $(n-1)$-fachen Geraden $r = (u_1, u_2, \ldots, u_{n-1})$ entspricht; dann ziehen wir durch O eine Gerade a in allgemeiner Lage. Die reduzible zusammenhängende Kurve $\overline{D}_{h-1} + a$, bei der der Doppelpunkt O als nicht vorhanden zu betrachten ist, projiziert sich von P aus auf r in die n-fache Gerade $r = (u_1, u_2, \ldots, u_n)$, und ihre Bestimmung u_n, die dem auf a veränderlichen Punkt entspricht, ist mit der Bestimmung u_{n-1} über den Punkt H hinüber verbunden (in diesem sind zwei Blätter der RIEMANNschen Fläche, die das Bild der zusammenhängenden Kurve $\overline{D}_{h-1} + a$ ist, *zusammengefügt*).

1) Durch dieses Symbol wollen wir ausdrücken, daß in jedem Punkt der Geraden r (bzw. der Ebene oder der Kugel), der einen Wert von z darstellt, die entsprechenden Werte $u_1, u_2, \ldots, u_{n-1}$ der durch $\overline{D}_{h-1}$ definierten Funktion von z angeschrieben zu denken sind. Es versteht sich, daß auf der Ebene oder Kugel r ein Punkt als gemeinsamer Ursprung der Schleifen festgelegt ist, dem die Anfangswerte von $u_1, u_2, \ldots, u_{n-1}$ entsprechen.

Es gibt nun $\infty^{3p+5+3h}$ irreduzible Kurven D_h, die der Kurve $\overline{D}_{h-1}+a$ äußerst benachbart sind; unter ihnen befinden sich dann nach dem, was oben ausgeführt wurde, ∞^{p+3+h} Kurven, die die Geraden $PE_1, PE_2, \ldots, PE_{2p+2}, PA_1, PB_1, \ldots, PA_{n-2}, PB_{n-2}$ berühren; sobald die Punkte A_{n-2} und B_{n-2} mit H zusammenfallen, fällt irgendeine dieser ∞^{p+3+h} Kurven, z. B. $\overline{D}_h$, mit $\overline{D}_{h-1}+a$ zusammen, wobei sie den *neuen* Doppelpunkt O erwirbt. Die Kurve $\overline{D}_h$ projiziert sich von P aus auf r in eine n-fache Gerade, die auf die gewünschte Art und Weise verzweigt ist. Die Bestimmung u_n dieser n-fachen Geraden erhält man als Projektion eines Punktes, der sich auf $\overline{D}_h$ bewegt und dabei der Geraden a äußerst nahe bleibt, während die Bestimmung u_{n-1} von der Projektion eines Punktes herrührt, der sich auf $\overline{D}_h$ bewegt und dabei dem Zweig von $\overline{D}_{h-1}$, der O zum Ursprung hat, äußerst nahe bleibt.

Wenn man nun die Punkte A_{n-2}, B_{n-2} auf der Ebene (Kugel) r sich stetig bewegen läßt, dabei aber vermeidet, daß die Bahnen dieser beweglichen Punkte durch die anderen $2(n-1)+2p-2$ Verzweigungspunkte gehen, so erhält man für jede Lage von A_{n-2}, B_{n-2} irgendeine irreduzible Kurve $\overline{D}_h$ (ja sogar ∞^{p+3+h} solcher Kurven), und diese wird von P aus auf r nach einer n-fachen Geraden projiziert, die in den gegebenen Verzweigungspunkten auf die gewünschte Art und Weise verzweigt ist. Da nun aber A_{n-2}, B_{n-2} auf diese Weise nach beliebigen Stellen der Ebene (Kugel) r gebracht werden können, so ist damit das RIEMANNsche Existenztheorem vollständig bewiesen.

Bemerkung. Wir wenden uns noch einmal zu der Gesamtheit L der ∞^{p+3+h} irreduziblen Kurven D_h, die eine und dieselbe Gruppe von $2n+2p-2$ Geraden des Büschels P berühren; jede dieser Kurven D_h wird auf der n-fachen Geraden r mit denselben $2n+2p-2$ Verzweigungspunkten abgebildet. Wir fassen eine dieser Kurven, etwa $\overline{D}_h$, ins Auge, die das wirkliche Geschlecht p (aber kein kleineres) haben möge. Bei einer bestimmten Wahl der Schleifen, die von einem nicht mit den Verzweigungspunkten zusammenfallenden Punkt M der Ebene (Kugel) r ausgehen, führt diese Kurve zu gewissen Vertauschungen beim Umkreisen der $2n+2p-2$ Verzweigungspunkte. Jede zu $\overline{D}_h$ unbegrenzt benachbarte Kurve D_h von L, die ebenfalls das wirkliche Geschlecht p hat, führt bei derselben Wahl der Schleifen zu *denselben* Vertauschungen beim Umkreisen der Verzweigungspunkte, die unverändert bleiben. In der Tat, wenn eine Kurve von der Anfangslage $\overline{D}_h$ auf stetige Weise in die betrachtete Lage D_h übergeführt wird, so müssen diese Vertauschungen unverändert bleiben, da sie ja nur von den Indizes $1, 2, \ldots, n$ der n Bestimmungen der Funktion $u(z)$ abhängen, die der veränderlichen Kurve entspricht.

Nun sind aber zwei Kurven $\overline{D}_h$ und D_h, die dieselben Verzweigungspunkte mit den nämlichen dazu gehörigen Vertauschungen besitzen, birational äquivalent. Um dies zu beweisen, wollen wir mit $\overline{u}_1, \ldots, \overline{u}_n$ die n Bestimmungen der der Kurve $\overline{D}_h$ entsprechenden Funktion bezeichnen und mit $u_1, \ldots, u_n$ die Bestimmungen der Funktion, die der Kurve D_h entspricht. Die letzteren sind den ersteren in der Weise zugeordnet, daß, wenn man, von M ausgehend, mit denselben Schleifen die gleichen Verzweigungspunkte umkreist, unter den Indizes der Bestimmungen $\overline{u}$ und u dieselben Transpositionen erzeugt werden. Jede der Bestimmungen $\overline{u}$ (oder u) ergibt sich dann als eindeutige Funktion der Bestimmung u (oder $\overline{u}$) von gleichem Index, und der auf $\overline{D}_h$ veränderliche Punkt ist somit eine rationale Funktion des auf D_h veränderlichen Punktes, und umgekehrt.

Nun beachte man, daß die oben definierte Gesamtheit L in eine endliche Anzahl von irreduziblen Teilen von der Dimension $p + 3 + h$ zerspalten werden kann; *jeder dieser Teile besteht nach dem vorhergehenden aus birational äquivalenten Kurven.*

Man erhält also den Satz:

Jeder auf einer n-fachen Geraden gegebenen Gruppe von $2n + 2p - 2$ Verzweigungspunkten entspricht eine endliche Anzahl von Klassen birational äquivalenter algebraischer Kurven des Geschlechts p.[1])

Der oben entwickelte Beweis des Riemannschen Existenztheorems wird eingegeben durch den Gedanken, der in einer schon angeführten Arbeit des Verfassers skizziert ist (Rom. Acc. L. Rend. 24_5, 877 und 1011 (1915)). Hier ist dem Gang des Beweises durch die Einführung der Kurven D_h eine größere Tragweite gegeben worden. Dadurch wurde es ermöglicht, den Satz für jeden beliebigen Wert von n in bezug auf p zu beweisen, während der zuvor angedeutete Beweis des Verfassers erforderte, daß $n \geqq p + 2$ sei. Der klassische Beweis des Existenztheorems stützt sich bekanntlich auf die Betrachtung der harmonischen Funktionen und auf die Lösung des sogenannten Dirichletschen Problems (siehe z. B. E. Picard, Traité d'Analyse, 2. Aufl. Bd. II, Kap. XVI, Paris 1905).

9. Unzerlegbarkeit der Mannigfaltigkeit der Kurven von gegebenem Geschlecht p, die (mindestens) eine g_n^1 von gegebener Ordnung n besitzen. Eine fast unmittelbare Folge des Existenztheorems ist der Satz, daß *alle Kurven von gegebenem Geschlecht p, die mindestens eine g_n^1 von gegebener Ordnung n enthalten, eine irreduzible Mannigfaltigkeit bilden.* Selbstverständlich sind als Elemente dieser Mannigfaltigkeit die Klassen

1) Über die Bestimmung dieser Anzahl vgl. A. Hurwitz, Math. Ann. **39**, 1—61 (1891).

von birational äquivalenten Kurven des Geschlechts p zu nehmen, die eine g_n^1 enthalten.

In der Tat, die Kurven vom Geschlecht p, die eine g_n^1 enthalten, erhält man alle aus einer n-fachen Geraden mit $2n + 2p - 2$ Verzweigungspunkten, wenn man diese Punkte variiert. Werden die Schleifen (oder Vertauschungen), die zu den einzelnen Verzweigungspunkten gehören, auf die von LÜROTH-CLEBSCH angegebene Weise angeordnet, so folgt daraus ohne weiteres die Möglichkeit, mit der Verzweigungsgruppe einen von einer Anfangslage ausgehenden und in diese zurückführenden Umlauf auszuführen, so daß zwei verschiedene Anordnungen dieser Vertauschungen miteinander permutiert werden. Die birational verschiedenen RIEMANNschen Flächen, die man von einer gegebenen Verzweigungsgruppe aus konstruieren kann, können also mit Hilfe eines passenden Umlaufs der Gruppe miteinander vertauscht werden. Und daraus folgt die behauptete Unzerlegbarkeit.

Wenn im besonderen $n \geqq p + 1$ ist, so kann man nach Nr. 49 (S. 137) auf jeder Kurve vom Geschlecht p eine g_n^1 konstruieren, und somit ergibt sich, daß *die Kurven von gegebenem Geschlecht p eine irreduzible Mannigfaltigkeit bilden* (deren Elemente die Klassen von birational äquivalenten Kurven des Geschlechts p sind).[1])

10. Unzerlegbarkeit der Mannigfaltigkeit der irreduziblen ebenen Kurven n-ter Ordnung vom Geschlecht p für $n \geqq p + 2$. Wir bemerken zunächst, daß sich für $n \geqq p + 2$ in der Mannigfaltigkeit der irreduziblen ebenen Kurven n-ter Ordnung vom Geschlecht p immer eine Kurve C vorfindet, die mit einer vorgegebenen Kurve Γ vom Geschlecht p birational äquivalent ist, weil sich auf *jeder* Kurve vom Geschlecht p eine *einfache* g_n^2 konstruieren läßt, sobald $n \geqq p + 2$ ist. In der Tat, wenn man auf einer Kurve Γ vom Geschlecht p eine Gruppe G von $n \geqq p + 2$ Punkten (in allgemeiner Lage) annimmt, die keine Spezialgruppe von p Punkten enthält, so ist die durch G charakterisierte Vollschar g_n^{n-p} sicherlich einfach, weil die unendlich vielen Gruppen von g_n^{n-p}, die durch $n - p - 1$ Punkte von G gehen, nicht von selbst auch noch einen weiteren Punkt (von G) enthalten können, sonst würde man beim Herausnehmen der so erhaltenen $n - p$ festen Punkte aus G eine Spezialgruppe von p Punkten erhalten.

Außerdem kann man nach dem vorhergehenden annehmen, daß die ebene Kurve C von der Ordnung n und dem Geschlecht p, die mit Γ bi-

1) Die Bemerkung, daß die Kurven von gegebenem Geschlecht p eine irreduzible Mannigfaltigkeit bilden, stammt von F. KLEIN (s. die in der Fußnote [8]) auf S. 158 angeführten Werke).

rational äquivalent ist, *nicht spezial* ist (d. h. daß die von den geraden Linien auf ihr erzeugte Schar g_n^2 nicht spezial ist).

Nun bilden aber die nicht-spezialen Scharen g_n^2 auf einer Kurve Γ eine irreduzible Mannigfaltigkeit V, weil die Eigenschaft, irreduzibel zu sein, entweder der Mannigfaltigkeit der Vollscharen g_n^{n-p} zukommt, die birational äquivalent ist mit der auf Γ bezüglichen JACOBIschen Mannigfaltigkeit (Nr. 103, S. 271), oder der Mannigfaltigkeit der in einer gegebenen g_n^{n-p} enthaltenen Scharen g_n^2, die birational äquivalent ist mit der Mannigfaltigkeit der Ebenen eines S_{n-p}.

In der Mannigfaltigkeit V ist die der Spezialscharen g_n^2 als untergeordnete Mannigfaltigkeit enthalten; es bilden also die zu Γ gehörigen spezialen oder nicht-spezialen Scharen g_n^2 eine irreduzible Mannigfaltigkeit. Die mit einer gegebenen Kurve Γ birational äquivalenten ebenen Kurven C von der n-ten Ordnung bilden daher eine irreduzible Mannigfaltigkeit, weil zwischen den Kurven C, die einer jeden gegebenen (einfachen) Schar g_n^2 auf Γ entsprechen, eine kollineare Verwandtschaft besteht (Nr. 26, S. 79).

Wenn man endlich beachtet (s. die vorhergehende Nummer), daß die Gesamtheit der Kurven des Geschlechts p irreduzibel ist, so ergibt sich, daß *die irreduziblen ebenen Kurven n-ter Ordnung vom Geschlecht p für $n \geqq p+2$ eine einzige irreduzible Mannigfaltigkeit von der Dimension $3n+p-1$ bilden, deren allgemeine Kurve nur gewöhnliche Doppelpunkte besitzt.*

Daß die allgemeine Kurve der genannten Mannigfaltigkeit nur gewöhnliche Doppelpunkte hat, und zwar $d = \frac{(n-1)(n-2)}{2} - p$ an der Zahl, und daß daher die Dimension dieser Mannigfaltigkeit gleich $3n+p-1$ ist (Nr. 1, S. 307), folgt ohne weiteres aus der 2. Bemerkung der Nr. 7 (S. 329).

Bemerkung. Als Zusatz ergibt sich: *Für $n \geqq p+2$ gehören die mit beliebigen Singularitäten ausgestatteten irreduziblen ebenen Kurven n-ter Ordnung vom Geschlecht p als spezielle Grenzelemente zu der irreduziblen Mannigfaltigkeit der irreduziblen ebenen Kurven n-ter Ordnung mit $d = \frac{(n-1)(n-2)}{2} - p$ gewöhnlichen Doppelpunkten.*

Es ist damit für den Fall $n \geqq p+2$ der Satz bewiesen, von dem wir in der Bemerkung am Schluß der Nr. 4 (S. 318) sprachen.

11. Unzerlegbarkeit der Mannigfaltigkeit der irreduziblen ebenen Kurven n-ter Ordnung mit $d \leqq \frac{(n-1)(n-2)}{2}$ Doppelpunkten. Das Ergebnis der vorhergehenden Nummer läßt sich ausdehnen auf die irreduziblen Kurven n-ter Ordnung vom Geschlecht p ($\geqq 0$) mit

$$d = \frac{(n-1)(n-2)}{2} - p$$

Doppelpunkten für beliebige Werte von n und p. Nur kann man nicht zugleich behaupten (obwohl es anzunehmen ist), daß die mit beliebigen Singularitäten ausgestatteten irreduziblen Kurven n-ter Ordnung vom Geschlecht p als besondere Fälle dem einzigen irreduziblen System angehören, das alle irreduziblen Kurven n-ter Ordnung mit d Doppelpunkten umfaßt, falls man nicht vorschreibt, daß n und p der Ungleichung $n \geqq p + 2$ genügen sollen, oder der umfassenderen Ungleichung $n \geqq \frac{2}{3} p + 2$, die wir im folgenden finden werden (Anhang G, Nr. 10, S. 394). Wir beweisen nun in erster Linie den Satz:

Wenn Σ ein vollständiges irreduzibles System von ebenen Kurven n-ter Ordnung mit d Doppelpunkten ist, das also die Dimension $3n + p - 1$ hat, so enthält es alle möglichen ebenen n-Seite.[1])

Es ist zunächst klar, daß jedes irreduzible System H von irreduziblen Kurven n-ter Ordnung mit d Doppelpunkten, das die allgemeine Kurve C von Σ enthält, ganz in Σ enthalten ist. Nimmt man nämlich an, dies wäre nicht der Fall, so würde, sobald C in Σ variiert wird, das System H ein aus irreduziblen Kurven n-ter Ordnung mit d Doppelpunkten bestehendes System beschreiben, das umfassender wäre als Σ. Dann wäre aber Σ nicht vollständig.

Nach dieser Feststellung wollen wir nun die allgemeine Kurve C von einem Punkte O aus projizieren, der nicht in der Ebene α des Systems Σ liegt; es sei Γ der Kegel mit der Spitze O, den man auf diese Weise erhält. Der Kegel Γ enthält ein 3-fach unendliches lineares System von ebenen Schnittkurven, die mit C birational äquivalent sind. Zu diesem System gehören ∞^2 Kurven, die in n verschiedene Geraden zerfallen und auf Γ von den durch O gehenden Ebenen erzeugt werden. Projiziert man das genannte dreifach unendliche Kurvensystem von einem allgemein gewählten Punkt des Raumes aus auf α, so erhält man ein irreduzibles System H von irreduziblen Kurven n-ter Ordnung mit d Doppelpunkten, das die Kurve C enthält. Zugleich enthält es auch ∞^2 Kurven, die in Gruppen von n verschiedenen Geraden zerfallen; diese gehen durch den als Projektion von O entstehenden Punkt O'.[2])

1) Vgl. Severi, Rom. Acc. L. Rend. 24_2, 885 (1915).

2) Die Kurven von H liegen zu je zweien homolog in bezug auf das Homologiezentrum O'. Ohne aus der Ebene α herauszugehen, kann man das System H erhalten, indem man C mittels der stetigen Gruppe der ∞^3 ebenen Homologien (Zentralkollineationen) vom Zentrum O' transformiert. Im besonderen verwandelt eine der ∞^2 ausgearteten Homologien dieser Gruppe die Kurve C in eine Gesamtheit von n durch O' gehende Geraden oder in eine beliebige, n-fach gezählte Gerade von α, je nachdem die *Charakteristik* der Homologie Null oder unendlich ist.

Daraus folgt, daß Σ Kurven enthält, die in n verschiedene Geraden zerfallen (und zwar in n Geraden, die in einem beliebigen Punkt der Ebene zusammenlaufen).[1]) Nun müssen wir noch einen weiteren Schritt tun und beweisen, daß Σ jede Kurve enthält, die in n Geraden allgemeiner Lage zerfällt; eine solche Kurve werden wir kurz ein allgemeines *ebenes n-Seit* nennen.

Es sei C_0 ein n-Seit von Σ, das aus den verschiedenen in O' zusammenlaufenden Geraden $a_1, a_2, \ldots, a_n$ besteht. Der Punkt O' ist n-fach für C_0; er absorbiert alle $\frac{n(n-1)}{2}$ Doppelpunkte von C_0. Jeder dieser Doppelpunkte entsteht dadurch, daß man zwei der Geraden a zusammennimmt.

Wenn eine allgemeine Kurve C von Σ sich der Kurve C_0 unbegrenzt nähert, so rücken die d Doppelpunkte von C nach gewissen d Doppelpunkten von C_0 hin; die übrigen $\frac{1}{2}n(n-1) - d = n + p - 1$ Doppelpunkte von C_0 müssen als virtuell nicht vorhanden angesehen werden, sobald man C_0 als Grenzfall von C betrachtet. Damit soll nicht gesagt sein, daß es eine einzige Gruppe von d Doppelpunkten der Kurve C_0 gibt, die als Grenzlagen der d Doppelpunkte einer in Σ veränderlichen Kurve C betrachtet werden können; sondern dies bedeutet nur, daß bei einer bestimmten Variationsvorschrift für C die Gruppe G der d Grenzdoppelpunkte vollständig bestimmt ist. Eine entsprechende Bemerkung ist im folgenden in ähnlichen Fällen stillschweigend hinzuzudenken.

Die zu C_0 äußerst benachbarten Kurven von Σ, deren Doppelpunkte denen der Gruppe G unbegrenzt nahe liegen[2]), erfüllen einen Mantel Φ_0 von $3n + p - 1$ Dimensionen, der zu Σ gehört und seinen Ursprung in C_0 hat. Es sei Q_0 ein nicht der Gruppe G angehöriger Doppelpunkt von C_0. Die zu C_0 äußerst benachbarten Kurven D von der n-ten

1) Dasselbe Verfahren dient dazu, um in allgemeinerer Weise zu beweisen *daß es in jeder vollständigen* (vgl. Nr. 1 des Anhangs G) *irreduziblen Mannigfaltigkeit Σ von Kurven C der Ordnung n des Raumes S_r* ($r \geq 2$) *Kurven gibt, die in n verschiedene Geraden ausarten* (diese Geraden liegen nicht zu je r in einer Überebene). Derartige ausgeartete Kurven erhält man, indem man eine allgemeine Kurve C von einem außerhalb S_r gelegenen Punkte aus projiziert und die Schnittkurven des so entstehenden Kegels Γ mit den durch seine Spitze gelegten Räumen S_r wiederum in den ersten S_r projiziert; oder dadurch, daß man die Kurven C mit Hilfe der ausgearteten Homologien von S_r transformiert.

2) Wenn wir sagen, ein Doppelpunkt P einer zu C_0 äußerst benachbarten Kurve C von Σ liege unbegrenzt nahe bei einem Doppelpunkt P_0 von C_0, der z. B. durch das Zusammennehmen der Geraden a_1, a_2 entstanden sein möge, so bedeutet dies, daß in der Umgebung von P_0 die beiden Zweige von C, die ihren Ursprung in P haben, den Geraden a_1, a_2 sehr nahe kommen.

Ordnung, die einen einzigen zu Q_0 benachbarten Doppelpunkt besitzen, bilden nach Nr. 3 (S. 314) einen Linearmantel F von $N-1$ Dimensionen mit dem Ursprung C_0, und dieser trifft den Mantel Φ_0 in einem oder mehreren Mänteln von $3n+p-2$ Dimensionen mit dem Ursprung C_0. Es sei Φ_1 einer dieser Mäntel. Die allgemeine Kurve C_1 von Φ_1 hat (mindestens) $d+1$ Doppelpunkte, und diese rücken nach den Doppelpunkten der Gruppe $G+Q_0$, wenn C_1 sich der Kurve C_0 unbegrenzt nähert. Man kann also *von vornherein nicht* behaupten, daß die Kurve C_1 *nur* $d+1$ Doppelpunkte habe. Wie dem aber auch sei, wenn es noch einen Doppelpunkt Q_1 von C_0 gibt, der nicht als Grenzlage eines Doppelpunktes von C_1 anzusehen ist, so betrachten wir den Linearmantel F_1 der zu C_0 äußerst benachbarten Kurven n-ter Ordnung, die einen einzigen zu Q_1 benachbarten Doppelpunkt besitzen. Der Mantel F_1 trifft Φ_1 in einem oder mehreren Mänteln von $3n+p-3$ Dimensionen mit dem Ursprung C_0, usw. Fährt man so fort, so findet man in Σ mindestens einen Mantel Ψ mit dem Ursprung C_0 und von der Dimension

$$\varrho \geqq (3n+p-1)-(n+p-1)=2n,$$

der aus Kurven n-ter Ordnung mit $d+(n+p-1)=\frac{1}{2}n(n-1)$ veränderlichen Doppelpunkten besteht. Jede dieser Kurven zerfällt also in n gerade Linien (s. Nr. 3, S. 314, Fußnote [1])).

Da aber die Gruppen von n Geraden der Ebene genau von $2n$ Parametern abhängen, so schließt man, daß Ψ wirklich die Dimension $\varrho = 2n$ hat, und daß dieses Gebilde nichts anderes ist als ein Mantel der aus sämtlichen ebenen n-Seiten bestehenden Mannigfaltigkeit Z. Da nun das System Σ einen Mantel der *irreduziblen* Mannigfaltigkeit Z enthält, so enthält es die letztere ganz.

Aus dem bewiesenen Satze wollen wir nun den folgenden ableiten: *Jedes vollständige irreduzible System von irreduziblen Kurven n-ter Ordnung mit d gewöhnlichen Doppelpunkten von der Dimension $3n+p-1$ $(p>0)$, enthält mindestens ein vollständiges irreduzibles System von irreduziblen Kurven n-ter Ordnung mit $d+1$ gewöhnlichen Doppelpunkten von der Dimension $3n+p-2$.*

Wir werden den Satz durch Induktion beweisen, indem wir ihn für die Kurven von einer kleineren als der n-ten Ordnung und vom Geschlecht $p>0$ als bewiesen annehmen. Da er für $n=3$ (und $p=1$) richtig ist, so ergibt sich dann seine Gültigkeit für jeden Wert von n.

Es sei $a_1 a_2 \ldots a_n$ ein ebenes n-Seit, das die mit $\frac{1}{2}n(n-1)$ verschiedenen Doppelpunkten ausgestattete Kurve n-ter Ordnung C_0 bildet.

Auf Grund einer ganz bestimmten Variationsvorschrift wollen wir die allgemeine Kurve C von Σ in die Kurve C_0 überführen; dabei sei G die Gruppe der d Doppelpunkte von C_0, die als Grenzlagen der d Doppelpunkte von C erscheinen, und K sei die Gruppe der übrigen $n+p-1$ Doppelpunkte von C_0, die als virtuell nicht vorhanden anzusehen sind, sobald C_0 als Grenzfall von C betrachtet wird. Die Kurve C_0 mit den d vorgeschriebenen Doppelpunkten der Gruppe G, definiert nach Nr. 4 (S. 317) das System Σ; ist aber Q ein nicht der Gruppe G angehöriger Doppelpunkt von C_0 und schreibt man die $d+1$ Doppelpunkte der Gruppe $G+Q$ vor, so definiert die Kurve C_0 ein System Σ_1 von der Dimension $3n+p-2$, das in Σ enthalten ist (Nr. 7, 3. Bemerkung, S. 330).

Daher enthält Σ jedenfalls irgendein vollständiges System von Kurven n-ter Ordnung mit $d+1$ Doppelpunkten von der Dimension $3n+p-2$. Damit ist aber noch nicht gesagt, daß die allgemeine Kurve C_1 von Σ_1 irreduzibel ist. Wir wollen sehen, zu welchen Folgerungen man gelangt, wenn man annimmt, C_1 sei reduzibel. Wenn C sich einer allgemein gewählten Kurve C_1 nähert, so haben die Doppelpunkte von C als Grenzlagen gewisse d Doppelpunkte von C_1, und diese sind als vorgeschrieben zu betrachten, während der weitere Doppelpunkt Q_1 von C_1, der *neu* auftaucht, als virtuell nicht vorhanden anzusehen ist. Wenn also die Kurve C_1 reduzibel ist, so kann die Zahl ihrer Bestandteile nicht größer als 2 sein, und diese beiden Teile müssen sich in Q_1 schneiden; denn es genügt ja, Q_1 als nicht vorhanden zu betrachten, um aus C_1 eine zusammenhängende Kurve zu erhalten.

Wir bezeichnen mit C_1', C_1'' die Bestandteile von C_1, mit n', n'' ihre Ordnungen ($n=n'+n''$), mit p', p'' ihre Geschlechtszahlen ($p=p'+p''+1-1=p'+p''$) und mit d', d'' die Anzahlen ihrer Doppelpunkte ($d+1=d'+d''+n'n''$). Da $p=p'+p''$ ist, so folgt aus der Annahme $p>0$, daß mindestens eine der Zahlen p', p'' größer als Null ist. Es sei z. B. $p'>0$, und es sei Σ_1' das System irreduzibler Kurven von der Ordnung n' und der Dimension $3n'+p'-1$ mit d' veränderlichen Doppelpunkten, das durch die Kurve C_1' bestimmt wird. Da wir die Gültigkeit unseres Satzes für die Kurven von der Ordnung $n'<n$ und vom Geschlecht $p'>0$ vorausgesetzt haben, so wird es in Σ_1' ein System von *irreduziblen* Kurven der Ordnung n' mit $d'+1$ Doppelpunkten geben, das die Dimension $3n'+p'-2$ besitzt. Es sei C_2' eine solche Kurve. Dann wird die Kurve $C_2'+C_1''$ genau $d+2$ Doppelpunkte besitzen, und wenn die allgemeine Kurve C von Σ nach einer bestimmten Vorschrift sich der Kurve $C_2'+C_1''$ nähert, so werden die d Doppelpunkte von C nach gewissen d Doppelpunkten von $C_2'+C_1''$ hinrücken; d' von diesen letzteren, die die Gruppe G' bilden, werden mit ebenso vielen Doppelpunkten von C_2' zusammenfallen, d'' von ihnen, die

die Gruppe G'' bilden, fallen in die d'' Doppelpunkte von C_1'' und $n'n''-1$ von ihnen fallen in ebensoviele gemeinsame Punkte von C_2', C_1'' und bilden eine Gruppe H. Die Doppelpunkte, die beim Grenzübergang *neu* auftreten, sind der letzte Schnittpunkt Q_2 von C_2' mit C_1'' und derjenige Doppelpunkt Q_2' von C_2', der der Gruppe G' nicht angehört.

Wenn auf der Kurve $C_2' + C_1''$ die Doppelpunkte der Gruppe

$$G' + Q_2' + H + G''$$

vorgeschrieben werden, während der Doppelpunkt Q_2 als nicht vorhanden angesehen wird, so erhält man aus $C_2' + C_1''$ eine zusammenhängende Kurve vom virtuellen Geschlecht $p-1$, deren beide Bestandteile über den nicht vorhandenen Doppelpunkt Q_2 hinüber zusammenhängen. Die Kurve $C_2' + C_1''$ mit den so vorgeschriebenen Doppelpunkten definiert daher ein irreduzibles System Σ_2 von der Dimension $3n+p-2$, das aus irreduziblen Kurven n-ter Ordnung mit $d+1$ Doppelpunkten besteht; wenn man dagegen nur die Doppelpunkte der Gruppe $G'+H+G''$ vorschreibt, so definiert die Kurve $C_2' + C_1''$ das System Σ. Daher ist Σ_2 in Σ enthalten (Nr. 7, 3. Bemerkung, S. 330), und damit ist das bewiesen, was wir beweisen wollten.

Schließlich beweisen wir noch den folgenden Satz:

Die irreduziblen ebenen Kurven n-ter Ordnung mit d gewöhnlichen Doppelpunkten bilden ein einziges vollständiges irreduzibles System von der Dimension $3n+p-1$ $\left[p = \frac{(n-1)(n-2)}{2} - d\right]$.

Es sei zunächst Σ ein vollständiges irreduzibles System von ebenen irreduziblen Kurven C der n-ten Ordnung mit d gewöhnlichen Doppelpunkten $\left(d \leqq \frac{1}{2}(n-1)(n-2)\right)$. Auf Grund des vorhergehenden Satzes gibt es in Σ ein irreduzibles und vollständiges System Σ' von irreduziblen Kurven n-ter Ordnung mit $d+1$ Doppelpunkten; in diesem gibt es ein vollständiges irreduzibles System Σ'' von irreduziblen Kurven mit $d+2$ Doppelpunkten. Fährt man in dieser Weise fort, so gelangt man zu einem vollständigen irreduziblen System $\Sigma^{(p)}$, das aus irreduziblen Kurven mit $d+p$ Doppelpunkten, d. h. aus rationalen Kurven besteht.

Nun bilden die rationalen ebenen Kurven n-ter Ordnung ein einziges vollständiges irreduzibles System von der Dimension $3n-1$; dessen allgemeine Kurve C_0 ist eine allgemein gewählte Projektion einer rationalen Normalkurve Γ des Raumes S_n und hat nur $\frac{1}{2}(n-1)(n-2)$ voneinander verschiedene gewöhnliche Doppelpunkte (vgl. Nr. 33, S. 94). Wenn es nun ein anderes vollständiges irreduzibles System Σ_1 von irreduziblen ebenen Kurven C_1 der Ordnung n mit d Doppelpunkten gäbe, so müßten Σ_1 und Σ das wohl definierte System $\Sigma^{(p)}$ gemeinsam haben, da ja auch dem System Σ_1 ein vollständiges irreduzibles System von rationalen Kurven angehören müßte. Nun halten wir die allgemeine Kurve C_0 des Systems $\Sigma^{(p)}$ fest und lassen die allgemeinen Kurven C und C_1 von Σ bzw. Σ_1 nach bestimmten Variationsvorschriften sich der Kurve C_0 unbegrenzt nähern; es seien G und G_1 die Gruppen der Doppelpunkte von C_0, die als Grenzlagen der Doppelpunkte von C und C_1 erscheinen.

Die Systeme Σ und Σ_1 werden durch die Kurve C_0 definiert, falls man auf ihr bloß die Doppelpunkte von G bzw. G_1 als vorgeschrieben ansieht. Wenn es uns daher gelingt, zu beweisen, daß bei einem Umlauf von C_0 innerhalb $\Sigma^{(p)}$, der von der festgesetzten Anfangslage ausgeht und in diese zurückführt, die Gruppe G mit G_1 vertauscht werden kann, so werden die beiden Systeme Σ und Σ_1 zusammenfallen müssen, da zwei ihrer Linearmäntel vertauschbar sind.

Um den angedeuteten Beweis zu führen, denken wir an die rationale Kurve Γ des Raumes S_n, aus der durch Projektion von einem $(n-3)$-dimensionalen Raum O aus die Kurve C_0 entsteht. Die Mannigfaltigkeit der Sehnen von Γ ist, als Punktort betrachtet, eine irreduzible dreidimensionale Mannigfaltigkeit K von der Ordnung $\mu = \frac{(n-1)(n-2)}{2}$. Das Projektionszentrum O trifft K in μ verschiedenen Punkten, und von diesen gehen die Sehnen von Γ aus, die sich in die μ verschiedenen Doppelpunkte von C_0 projizieren. Unterwirft man nun den Raum O innerhalb S_n einer Bewegung, die von der betrachteten Anfangslage ausgeht und in sie zurückführt, so können diese μ Schnittpunkte wegen der Unzerlegbarkeit von K beliebig miteinander vertauscht werden.[1]) Bei der Bewegung von

1) Um diese Behauptung in erschöpfender Weise zu erklären, denke man sich einen allgemeinen Raum S_{n-2} durch O und einen allgemeinen Raum S_{n-4} innerhalb O. Es sei H die irreduzible Kurve μ-ter Ordnung, nach der sich die Mannigfaltigkeit K und der Raum S_{n-2} schneiden; dann betrachten wir die g^1_μ, die auf H von dem Büschel L der durch den festgelegten Raum S_{n-4} gehenden Räume S_{n-3} ausgeschnitten wird. Da jener S_{n-4} allgemein gewählt ist, so haben die Tangenten von H, die sich auf ihn stützen, eine zweipunktige Berührung, und folglich hat die g^1_μ nur Doppelpunkte. Wenn man die Gruppen der g^1_μ auf einer Geraden (Ebene, Kugel) r darstellt, so erzeugen die Substitutionen, die zwischen den Punkten einer Gruppe von g^1_μ entstehen, wenn man sich um einen der auf r vorhandenen Verzweigungspunkte dreht, eine Gruppe im Sinne von GALOIS (*die Monodromiegruppe der* g^1_μ). Da aber diese Substitutionen nur einfache Vertauschungen zwischen *zwei* Punkten einer Gruppe von g^1_μ sind, so ist die Monodromiegruppe der g^1_μ die totale Gruppe (d. h. die Gruppe *aller* Substitutionen zwischen den μ Elementen). (Vgl. z. B. BIANCHI, Lezioni sulla teoria dei gruppi di sostituzioni, etc. Pisa, Spoerri, 1900, S. 20.) Daraus ergibt sich aber, daß man mittels eines passenden Umlaufs eines beliebigen S_{n-3} des Büschels L unter den Punkten einer Gruppe von g^1_μ eine beliebige Permutation erzeugen kann.

O verändert sich nun die Kurve C_0 als Projektion von Γ aus O derart, daß sie schließlich wieder in die Ausgangslage zurückkehrt. Daraus ergibt sich, daß die Kurve C_0 so bewegt werden kann, daß unter ihren Doppelpunkten eine beliebige Permutation erzeugt wird, insbesondere also auch so, daß die Gruppen G und G_1 sich vertauschen.

Bemerkung. Aus dem vorstehenden Satze folgt ohne weiteres, daß das vollständige irreduzible System Σ der irreduziblen ebenen Kurven n-ter Ordnung mit d gewöhnlichen Doppelpunkten, das also vom Geschlechte $p = \frac{(n-1)(n-2)}{2} - d$ ist, die vollständigen Systeme irreduzibler ebener Kurven n-ter Ordnung mit $d+1$, $d+2, \ldots, d+p$ Doppelpunkten enthält. Eine allgemeine irreduzible Kurve n-ter Ordnung mit $d+i$ Doppelpunkten ist ein gewöhnliches $\binom{d+i}{i}$-faches Element für das System Σ (d. h. ein Element, das Ursprung von $\binom{d+i}{i}$ verschiedenen Linearmänteln ist, deren Tangentialüberebenen im Ursprung unabhängig sind).

12. Virtuell vollständige lineare Scharen auf einer irreduziblen Kurve C, die virtuell nicht vorhandene gewöhnliche Doppelpunkte besitzt. Es sei C eine irreduzible ebene Kurve n-ter Ordnung, die d' gewöhnliche Doppelpunkte besitzt; von diesen sollen $d' - d$ als virtuell nicht vorhanden betrachtet werden, während die übrigen d als vorgeschrieben angesehen werden (Nr. 7, S. 323). Wir wollen irgendeinen der vorgeschriebenen Schnittpunkte mit Q, einen der nicht vorhandenen mit R bezeichnen.

Jede Kurve, die durch die Punkte Q geht, werden wir eine *in bezug auf die vorgeschriebenen Doppelpunkte Q adjungierte Kurve* nennen, oder auch eine *virtuell adjungierte Kurve* (nach NOETHER *nicht adjungierte Kurve*). Es handelt sich dabei also um eine Kurve, die im gewöhnlichen Sinne des Wortes zu C adjungiert *wäre*, wenn die Doppelpunkte R, die wir als virtuell nicht vorhanden betrachten, *tatsächlich nicht vorhanden wären.*

Die virtuell adjungierten Kurven einer gegebenen Ordnung l schneiden auf C außer den Punkten Q eine lineare Schar aus. Die Paare einfacher Punkte von C, die in jedem der Punkte R zusammenfallen, sind *neutrale Paare* in bezug auf diese Schar, d. h. Paare, die für die Gruppen der Schar *höchstens* eine Bedingung vorstellen (vgl. Nr. 73, S. 190). Jede lineare Schar, wie z. B. die ebengenannte, für die jedes der erwähnten Punktepaare *höchstens* eine Bedingung vorstellt, nennen wir eine *lineare Schar auf der Kurve C mit den vorgeschriebenen Doppelpunkten Q* (oder *mit den virtuell nicht vorhandenen Doppelpunkten R*).

Wir werden außerdem sagen, eine lineare Schar g_n^r auf der Kurve C mit den vorgeschriebenen Doppelpunkten Q sei *virtuell vollständig* (nämlich in bezug auf die nicht vorhandenen Doppelpunkte R), wenn sie nicht in einer gleichartigen Schar derselben Ordnung und größerer Dimension enthalten ist.

Wenn eines der neutralen Punktepaare, die mit einem der Doppelpunkte R zusammenfallen, etwa A, B, aus zwei festen Punkten der g_n^r besteht (in welchem Falle das Paar A, B den Gruppen der g_n^r, die es enthalten sollen, überhaupt *keine* Bedingung auferlegt), so kann noch der Fall eintreten, daß die Punkte A, B für eine virtuell vollständige lineare Schar g_n^s, in der g_n^r enthalten ist, fest sind, oder daß sie für die Gruppen der g_n^s, die sie enthalten sollen, *eine* Bedingung darstellen.

Jede lineare Schar, die auf der Kurve C mit den vorgeschriebenen Doppelpunkten Q vorhanden ist, ist in einer einzigen virtuell vollständigen linearen Schar enthalten.

Dies beweist man durch dieselbe Überlegung wie in Nr. 23 (S. 69), indem man beachtet, daß eine lineare Schar, für welche die mit den Doppelpunkten R zusammenfallenden Punktepaare neutral sind, auf C von einem linearen System ausgeschnitten wird, das dieselben neutralen Paare hat, und umgekehrt.

Wenn $f = 0$ die Gleichung von C und $\varphi = 0$ die Gleichung einer zu ihr virtuell adjungierten Kurve m-ter Ordnung ist, so beweist man durch dieselbe Überlegung wie in Nr. 38 (S. 109), daß jede Kurve $g = 0$ von der l-ten Ordnung, die durch die Punkte Q zweifach und durch jeden der übrigen Schnittpunkte von $f = 0$ mit $\varphi = 0$ einfach hindurch geht, eine Gleichung von der Form $Af + B\varphi = 0$ besitzt, wo $A = 0$ eine Kurve $(l - n)$-ter Ordnung ist, die keiner Bedingung unterworfen ist, und $B = 0$ eine zu C virtuell adjungierte Kurve $(l - m)$-ter Ordnung bedeutet. Daraus folgert man mit Hilfe derselben Betrachtung wie in Nr. 41 (S. 120) den Satz:

Die zu C virtuell adjungierten Kurven einer gegebenen Ordnung schneiden auf C außer den vorgeschriebenen Doppelpunkten Q eine virtuell vollständige lineare Schar aus.

Aus diesem Satz folgt dann der *Restsatz für die virtuell adjungierten Kurven;* er besitzt denselben Wortlaut wie für die gewöhnlichen adjungierten Kurven.

Alles in allem läßt sich die Theorie der virtuell adjungierten Kurven ohne wesentlichen Unterschied ganz ebenso entwickeln wie die Theorie der adjungierten Kurven und der Vollscharen, die wir in § 2 des fünften Kapitels auseinandergesetzt haben (S. 120ff.).

Die Schar, die außer den Punkten Q von den virtuell adjungierten Kurven $(n - 3)$-ter Ordnung auf C ausgeschnitten wird, heißt die *virtuelle kanonische Schar.* Wenn p das wirkliche Geschlecht von C und $\pi = p + d' - d$ ihr virtuelles Geschlecht ist, so ist die virtuelle kanonische Schar eine $g_{2\pi-2}^{\pi-1}$.

Es gilt ein Satz, der dem RIEMANN-ROCHschen Satze vollkommen entspricht; nämlich der folgende:

Bezeichnet man den *virtuellen Spezialitätsindex* einer virtuell vollständigen linearen Schar g_n^r, d. h. die Zahl der unabhängigen virtuellen kanonischen Gruppen, die durch eine Gruppe von g_n^r gehen, mit i, so besteht die Beziehung

$$r = n - \pi + i.$$

Für die *nicht-spezialen virtuell vollständigen Scharen* hat man im besonderen $r = n - \pi$.

Wenn die Kurve C als Grenzfall einer irreduziblen Kurve $\bar{C}$ von der n-ten Ordnung mit d gewöhnlichen Doppelpunkten aufgefaßt wird (was auf Grund des Satzes der 3. Bemerkung in Nr. 7 (S. 330) immer möglich ist), so lehrt uns der vorstehende Satz, daß die zu C virtuell adjungierten Kurven von der Ordnung $l \geqq n - 3$ die Grenzfälle der zu $\bar{C}$ adjungierten Kurven von der Ordnung $l \geqq n - 3$ sind. Dies folgt übrigens ohne weiteres aus der Bemerkung, daß die d' Doppelpunkte von C den adjungierten Kurven von der Ordnung $l \geqq n - 3$ unabhängige Bedingungen auferlegen, und daß demnach dasselbe für d dieser Doppelpunkte gilt. Daher ergibt sich:

Wenn die irreduzible Kurve C vom virtuellen Geschlecht π und der Ordnung n als Grenzfall einer irreduziblen Kurve $\bar{C}$ vom wirklichen Geschlecht π angesehen wird, so ist jede zu C virtuell adjungierte Kurve von der Ordnung $l \geqq n - 3$ die Grenze einer zu $\bar{C}$ adjungierten Kurve derselben Ordnung; die virtuelle kanonische Schar von C ist Grenze der kanonischen Schar von $\bar{C}$; die nicht-spezialen virtuell vollständigen Scharen auf C sind Grenzfälle von nicht-spezialen Vollscharen gleicher Dimension auf $\bar{C}$. Im Gegensatz hierzu kann es unter den virtuell adjungierten Kurven einer Ordnung $l < n - 3$ sehr wohl solche geben, die nicht als Grenzfälle von zu $\bar{C}$ adjungierten Kurven derselben Ordnung angesehen werden können; *es ist folglich möglich, daß es auf C virtuell vollständige Spezialscharen gibt, die nicht Grenzfälle von Spezialscharen der Kurve $\bar{C}$ sind.*

Wir geben nun ein Beispiel. Es sei C eine Kurve 6. Ordnung mit 7 Doppelpunkten; von diesen sollen 6 in beliebiger Weise auf einem Kegelschnitt γ liegen, während der siebente Doppelpunkt R in einen allgemeinen Punkt der Ebene fällt. Wir zeigen, daß es irreduzible Kurven C dieser Art gibt. In der Tat liefert der zweimal gezählte Kegelschnitt γ, zusammen mit einer zerfallenden Kurve 2. Ordnung, die durch R doppelt hindurchgeht, eine Kurve C_0 von der 6. Ordnung, die durch die gegebenen 7 Doppelpunkte zweifach hindurchgeht; und zwei Kurven 3. Ordnung, die durch diese 7 Punkte gehen, bilden zusammen eine andere Kurve C_1 von der

6. Ordnung, die die 7 gegebenen Doppelpunkte besitzt. Eine allgemeine Kurve C des durch C_0 und C_1 bestimmten Büschels ist also irreduzibel (Nr. 11, S. 27) und hat nur die 7 gegebenen Doppelpunkte. Betrachtet man den Doppelpunkt R als nicht vorhanden, so wird C eine Kurve vom virtuellen Geschlecht 4; diese kann stets aufgefaßt werden als Grenzfall einer irreduziblen Kurve $\bar{C}$ von der 6. Ordnung und vom wirklichen Geschlecht 4, deren Doppelpunkte in 6 allgemeinen Punkten der Ebene liegen und beim Grenzübergang sich den 6 vorgeschriebenen Doppelpunkten von C unbegrenzt nähern. Während $\bar{C}$ im allgemeinen keine adjungierten Kurven 2. Ordnung besitzt, besitzt die Grenzkurve C eine virtuell adjungierte Kurve 2. Ordnung.

Bemerkung. Die in dieser Nummer eingeführten Begriffe sind an das besondere projektive Modell geknüpft, das wir für die Kurve C betrachtet haben. *Sie können nun auf folgende Weise von jeder projektiven Verbindung gelöst werden und eine in bezug auf birationale Transformationen invariante Form annehmen.*

Wir legen auf einer irreduziblen Kurve Γ vom Geschlecht p (ohne Singularitäten in einem Überraum) δ Punktepaare fest und betrachten die linearen Scharen von Γ, für die jedes der festgelegten Paare neutral ist (d. h. nur eine oder keine Bedingung vorstellt). Eine lineare Schar auf Γ, für welche die δ Punktepaare neutral sind, wollen wir *(in bezug auf die δ neutralen Paare) virtuell vollständig* nennen, wenn sie nicht in einer umfassenderen Schar der gleichen Ordnung enthalten ist, für die dieselben Paare ebenfalls neutral sind. Nun sieht man leicht ein, daß jede lineare Schar, für die die gegebenen Paare neutral sind, in einer einzigen virtuell vollständigen linearen Schar enthalten ist; daß, wenn $\pi = p + \delta$ gesetzt wird, eine einzige lineare Schar $g_{2\pi-2}^{\pi-1}$ von der Ordnung $2\pi - 2$ und der Dimension $\pi - 1$ vorhanden ist, für die jene gegebenen Paare neutral sind (es ist die *virtuelle kanonische Schar*); daß ein dem RIEMANN-ROCHschen entsprechender Satz gilt, wenn man den virtuellen Spezialitätsindex einer gegebenen linearen Schar in bezug auf die virtuelle kanonische Schar einführt; usw.

Um dies alles zu beweisen, nehmen wir auf Γ eine g_n^r $(r = n - p)$ von der Ordnung $n > 2p$ an, für die überdies die Ungleichung $n \geq p + \delta + 2$ gilt. Die mit Γ birational äquivalente Kurve D des Raumes S_r, auf welcher die der g_n^r entsprechende Schar von den Überebenen des S_r ausgeschnitten wird, besitzt keine mehrfachen Punkte (Nr. 48, S. 134), und den δ Punktepaaren von Γ entsprechen auf ihr gewisse δ Punktepaare $A_1, B_1; A_2, B_2; \ldots; A_\delta, B_\delta$.

Da $r - 2 \geq \delta$ ist, so kann man auf unendlich viele Arten einen im S_r enthaltenen Raum S_{r-3} konstruieren, der sich auf jede der Geraden

$A_1 B_1$, $A_2 B_2$, ..., $A_\delta B_\delta$ in einem beliebig gewählten Punkte stützt. Bei allgemeiner Wahl dieser δ Durchstoßpunkte wird der Raum S_{r-3} noch weitere $\frac{(n-1)(n-2)}{2} - p - \delta$ Sehnen von D treffen, die untereinander und von den vorhergehenden verschieden sind. Projiziert man daher von dem festgelegten Raum S_{r-3} aus die Kurve D auf eine Ebene α, so erhält man in α eine Kurve C von der n-ten Ordnung mit $d' = \frac{(n-1)(n-2)}{2} - p$ Doppelpunkten; von diesen rühren δ, die wir die Doppelpunkte R nennen, von den Sehnen $A_1 B_1, \ldots, A_\delta B_\delta$ her, während die anderen $d = d' - \delta$, die wir die Doppelpunkte Q nennen wollen, von den übrigen das Projektionszentrum durchdringenden Sehnen herstammen. Auf diese Weise ist die Kurve Γ birational in eine ebene Kurve C transformiert, die nur gewöhnliche Doppelpunkte besitzt, so daß den δ auf Γ festgelegten Punktepaaren $\delta = d' - d$ Doppelpunkte von C entsprechen (jeder von diesen ist Ursprung von zwei verschiedenen Zweigen).

In dieser Transformation entspricht jeder linearen Schar von Γ, für die die δ Punktepaare neutral sind, eine lineare Schar von C, für welche die in den Doppelpunkten R zusammenfallenden Punktepaare neutral sind, d. h. eine lineare Schar, die auf der Kurve C mit den vorgeschriebenen Doppelpunkten Q und den $\delta = d' - d$ virtuell nicht vorhandenen Doppelpunkten R existiert. Man kann nun ohne weiteres die Ergebnisse, die oben für die linearen Scharen auf der Kurve C mit den vorgeschriebenen Doppelpunkten Q angegeben wurden, auf die linearen Scharen von Γ übertragen, für welche die δ Punktepaare neutral sind, und hieraus ergeben sich dann die oben ausgesprochenen Sätze.

Der Begriff der zu einer gegebenen ebenen Kurve *nicht adjungierten Kurven* ist für den allgemeinen Fall von Kurven mit beliebigen Singularitäten von M. Noether ausführlich entwickelt worden (Math. Ann. **15**, 507 (1879)). Man gelangt in diesem allgemeinen Fall zu *zwei verschiedenen Formen des Riemann-Rochschen Satzes;* in dem von uns betrachteten Fall von Kurven, die nur gewöhnliche Doppelpunkte besitzen, fallen die beiden Sätze zusammen. Etwas früher als Noether beschäftigte sich F. Lindemann mit der Ausdehnung des Riemann-Rochschen Satzes auf nicht adjungierte Kurven (Untersuchungen über den Riemann-Rochschen Satz, Programmschrift, Leipzig 1879).

G) Über die Klassifikation der Raumkurven und Überraumkurven, über die Berechnung der Mannigfaltigkeitsstufe der zu einer gegebenen Kurve gehörigen linearen Scharen und über die Normalkurven des Geschlechts p.

1. Familien algebraischer Raum- oder Überraumkurven. Unterfamilien. Eine *irreduzible* algebraische Mannigfaltigkeit von algebraischen

Kurven n-ter Ordnung in einem Raume $S_r (r \geqq 3)$, die nicht in einer umfassenderen irreduziblen Mannigfaltigkeit von Kurven derselben Ordnung enthalten ist, wird eine *Kurvenfamilie* des Raumes S_r genannt.

Jede irreduzible algebraische Mannigfaltigkeit H von Kurven n-ter Ordnung des Raumes S_r, der die allgemeine Kurve C der Familie V angehört, ist ganz in V enthalten. Wäre dies nämlich nicht der Fall, so würde die Mannigfaltigkeit H, sobald sich C in V bewegt, eine Mannigfaltigkeit beschreiben, die umfassender wäre als V und V enthielte.

Eine irreduzible Mannigfaltigkeit W von Kurven aus V, die einer bestimmten Eigenschaft P genügen, ist eine *Familie von Kurven, die der vorgeschriebenen Eigenschaft genügen*, vorausgesetzt, daß sie nicht in einer umfassenderen Mannigfaltigkeit von Kurven aus V enthalten ist, die der Bedingung P genügen; in bezug auf V wird sie eine *Unterfamilie* genannt.

So bilden z. B. die rationalen Kurven 5-ter Ordnung ohne mehrfache Punkte im Raume S_3 eine Familie V, deren allgemeine Kurve eine einzige 4-fach schneidende Sekante besitzt. Innerhalb V bilden die rationalen Kurven 5-ter Ordnung mit unendlich vielen 4-fach schneidenden Sekanten eine Unterfamilie W; jede dieser Kurven 5-ter Ordnung liegt auf einer Fläche 2-ter Ordnung, deren eine Regelschar aus den genannten unendlich vielen 4-fach schneidenden Sekanten besteht. Ebenso bilden die rationalen Kurven 5-ter Ordnung mit einem Doppelpunkt innerhalb V eine Unterfamilie W', usw.

Wir haben gesehen, daß in der Ebene die irreduziblen Kurven n-ter Ordnung mit d gewöhnlichen Doppelpunkten eine einzige Familie bilden (Anhang F, Nr. 11, S. 347). Im Raum S_r dagegen ($r \geqq 3$) verteilen sich die irreduziblen Kurven n-ter Ordnung ohne mehrfache Punkte im allgemeinen auf mehrere Familien. So verteilen sich z. B. im Raum S_3 die Kurven 4-ter Ordnung auf zwei verschiedene Familien V_1, V_2; die allgemeine Kurve von V_1 ist eine elliptische Kurve 4-ter Ordnung (*erster Art*), während die allgemeine Kurve von V_2 eine rationale Kurve 4-ter Ordnung (*zweiter Art*) ist. Beide Familien haben die Dimension 16; sie haben die Unterfamilie der rationalen Kurven 4 ter Ordnung mit einem Knotenpunkt gemeinsam, und diese hat die Dimension 15.

Bei der Frage nach der *Klassifikation der algebraischen Raum- oder Überraumkurven* kann man sich offenbar auf die irreduziblen Kurven beschränken; denn die einzelnen Bestandteile einer zerfallenden Kurve, die in einer Familie veränderlich ist, beschreiben je eine Familie irreduzibler Kurven. Das Problem selbst besteht in folgendem: *Man soll für jeden Wert der Ordnung n alle möglichen Familien von irreduziblen Kurven n-ter Ordnung ohne mehrfache Punkte bestimmen, die dem Raum S_r angehören.*

Bemerkung. Will man die Ergebnisse der Klassifikation der Kurven ohne mehrfache Punkte auf Kurven mit beliebigen Singularitäten anwenden, so muß man für die Kurven des S_r dieselbe Forderung aufstellen, die wir schon in Nr. 4 des Anhangs F (S. 318) für die ebenen Kurven aufgestellt haben. Diese Forderung, die wir im Falle der ebenen Kurven in Nr. 10 des Anhangs F (S. 342) für $n \geqq p+2$ bewiesen haben und in Nr. 10 des Anhangs G (S. 398) für $n \geqq \frac{2}{3}p+2$ noch beweisen werden, sagt aus, daß eine irreduzible Kurve des S_r mit beliebigen Singularitäten immer als Grenzfall einer Kurve ohne mehrfache Punkte aufgefaßt werden kann. Die mit beliebigen Singularitäten ausgestatteten Kurven werden sich auf eine gewisse Anzahl Unterfamilien verteilen, die in den Kurvenfamilien ohne mehrfache Punkte enthalten sind.

Im folgenden werden wir niemals Gelegenheit haben, uns des angeführten Postulats zu bedienen; *es wird überdies in Nr. 5 (S. 369) für $n \geqq p+r$ und in Nr. 10 (S. 399) für $n \geqq \frac{r}{r+1}p+r$ bewiesen werden.*

Von jetzt ab sollen die Kurven, mit denen wir uns zu beschäftigen haben, immer frei von mehrfachen Punkten angenommen werden, wenn nicht ausdrücklich das Gegenteil gesagt wird.[1])

2. Eigentliche und uneigentliche Doppelpunkte einer Familie. Es sei V eine Familie irreduzibler Kurven C von der n-ten Ordnung im Raume $S_r (r \geqq 3)$, und p sei das Geschlecht der allgemeinen Kurve C.

In der Ebene kann bei einer irreduziblen Kurve n-ter Ordnung vom Geschlecht p, die in einer Familie von Kurven mit $d = \frac{(n-1)(n-2)}{2} - p$ Doppelpunkten veränderlich ist, kein weiterer Doppelpunkt auftreten, ohne daß ihr wirkliches Geschlecht kleiner wird. Im Raum S_r dagegen $(r \geqq 3)$ sind zwei Möglichkeiten denkbar: entweder wird bei der Entstehung eines neuen Doppelpunktes das wirkliche Geschlecht der in V veränderlichen Kurve C gleich $p-1$, oder sie behält ihr wirkliches Geschlecht p bei. Bezeichnet man die Grenzkurve, die den Doppelpunkt O besitzt, mit C_0, so nennen wir *O einen eigentlichen Doppelpunkt in bezug auf die Kurven von V*, wenn C_0 das wirkliche Geschlecht $p-1$ hat, dagegen einen *uneigentlichen Doppelpunkt*, wenn C_0 das Geschlecht p besitzt.[2])

1) Vgl. die bibliographischen Angaben über die Klassifikation der Kurven am Schluß dieses Anhangs G (S. 400).

2) Vgl. Severi, Rom. Acc. L. Rend. 24_5, 1011 (1915). Eine ganz entsprechende Unterscheidung greift Platz für die Doppelpunkte einer Fläche F des Raumes S_4. Ein Doppelpunkt O von F ist eigentlich oder uneigentlich, je nachdem das Geschlecht der überebenen Schnitte von F beim Durchgehen durch O erniedrigt wird oder nicht. Wenn O eigentlich ist, so bilden die von O ausgehenden Ge-

Wenn z. B. V die Familie der elliptischen Kurven C 4-ter Ordnung des Raumes S_3 und C_0 eine rationale Kurve mit einem Doppelpunkt O ist, so ist dieser Doppelpunkt eigentlich in bezug auf die Kurven von V; wenn dagegen V die Familie der rationalen Kurven C 4-ter Ordnung des S_3 ist, so ist der Doppelpunkt O uneigentlich in bezug auf die Kurven C.

Wir wenden uns wieder zu einer beliebigen Familie V von Kurven C. Man betrachte die Schar g_n^1, die durch ein gegebenes Büschel von Überebenen des Raumes auf der allgemeinen Kurve C ausgeschnitten wird, und konstruiere mit Hilfe dieser g_n^1 die der Kurve C entsprechende RIEMANNsche Fläche R. Wenn dann C beim Übergang in die Grenzlage C_0 einen eigentlichen Doppelpunkt O erwirbt, so fallen zwei Verzweigungspunkte, die dieselben beiden Blätter verbinden, in einen Punkt zusammen, in dem die beiden Blätter zusammengefügt sind. Wenn dagegen O ein uneigentlicher Doppelpunkt ist, so bleiben die Verzweigungspunkte von R verschieden. Es handelt sich demnach in diesem Fall um eine *zufällige Durchkreuzung* zweier Zweige von C, die verschiedene Ursprünge hatten. Diese Ursprünge werden auch auf der Fläche R fortwährend verschieden bleiben.

Wenn der Punkt O ein eigentlicher Doppelpunkt in bezug auf die Kurven C ist, so kann er gewöhnlich als *virtuell nicht vorhanden* angesehen werden (vgl. S. 322), und dann wird C_0 das *virtuelle Geschlecht* p haben.

Wir projizieren nun die Kurven der Familie V von einem allgemeinen S_{r-3} des Raumes S_r aus auf eine Ebene α. Ihre Projektionen seien mit C' bezeichnet; jede von ihnen wird $d = \frac{(n-1)(n-2)}{2} - p$ gewöhnliche Doppelpunkte besitzen. Die Kurve C'_0, die Projektion von C_0, wird dieselbe Anzahl von Doppelpunkten haben wie die allgemeine Kurve C', wenn O ein uneigentlicher Doppelpunkt ist (weil dann nämlich C'_0 dasselbe wirkliche Geschlecht hat wie C'); sie wird dagegen $d+1$ Doppelpunkte besitzen, wenn O ein eigentlicher Doppelpunkt ist. Bezeichnet man im letzteren Falle die Projektion von O mit O', so sind die übrigen d Doppelpunkte von C'_0 die Grenzlagen der d Knotenpunkte von C'. Die Kurve C'_0 besitzt also, wenn man sie als Grenzfall von C' betrachtet, den virtuell nicht vorhandenen Doppelpunkt O', während ihre anderen d Doppelpunkte vorgeschrieben sind.

raden, die der vierfach ausgedehnten Mannigfaltigkeit der Sehnen von F angehören, ein Bündel (einen Stern, s. S. 92) in einem gewissen durch O gehenden Raum S_3; ist aber O uneigentlich, so gehört jede durch O gehende Gerade zu der genannten Mannigfaltigkeit. (Vgl. SEVERI, Palermo Rend. **15**, 33 (1901), Torino Mem. **52**$_2$, (1902), sowie auch das wiederholt angeführte Werk von BERTIN, I, S. 211.)

Es sei nun die Variationsvorschrift festgesetzt, nach der C sich der Grenzlage C_0 nähert. Wenn O ein uneigentlicher Doppelpunkt ist, so nähert sich eine der d Sehnen von C, die sich auf das Projektionszentrum stützen, *einer ganz bestimmten* durch O gehenden Geraden, und dies gilt für jede beliebige Lage, die das Projektionszentrum einnehmen kann. Daraus folgt, daß für jene gegebene Variationsvorschrift die von O ausgehenden Geraden, die als Grenzlagen von Sehnen der Kurve C angesehen werden können, sich auf ein System von der Art verteilen, daß es eine einzige unter ihnen gibt, die sich auf einen gegebenen S_{r-3} stützt. Diese Grenzlagen bilden also ein Bündel (einen Stern) mit dem Mittelpunkt O in einem bestimmten Raum S_3. Es ergibt sich daher der Satz:

Wenn die Kurve C der Familie V sich der Grenzkurve C_0 mit dem uneigentlichen Doppelpunkt O unbegrenzt nähert, so spaltet sich die Mannigfaltigkeit der Sehnen von C im Grenzfall in zwei verschiedene Mannigfaltigkeiten: diejenige der Sehnen von C_0 und ein in einem gewissen Raum S_3 liegendes Geradenbündel A; dieser Raum S_3 hängt von dem Gesetz ab, das für den Grenzübergang von C zu C_0 maßgebend ist.

Wenn dagegen O ein eigentlicher Doppelpunkt ist, so ergibt sich bei jeder beliebigen Variationsvorschrift für den Grenzübergang von C zu C_0 als Grenze der Mannigfaltigkeit der Sehnen von C stets nur die Mannigfaltigkeit der Sehnen von C_0 (zu dieser gehören demnach als *uneigentliche Sehnen* die Geraden des Büschels B mit dem Mittelpunkt O in der Ebene der beiden Tangenten an C_0 in O).[1])

Falls O ein uneigentlicher Doppelpunkt ist, gehört das Büschel B der uneigentlichen Sehnen von C_0 dem Bündel A an. Wenn nämlich C sich der Kurve C_0 unbegrenzt nähert, so daß die Mannigfaltigkeit M der Sehnen von C sich der um das Bündel A vermehrten Mannigfaltigkeit M_0 der Sehnen von C_0 nähert, so ergibt sich als Grenze der Schnittkurve K von M mit einem allgemein gewählten, im S_r enthaltenen Raum S_{r-2} die Schnittkurve K_0 von M_0 vermehrt um die Gerade a, die als Schnitt von A auftritt. Da nun die Kurve $K_0 + a$ die Grenze einer irreduziblen Kurve K ist, so muß sie zusammenhängend sein, d. h. a muß sich mindestens in einem Punkt auf K_0 stützen. Die Geraden, die der Mannigfaltigkeit M_0 und dem Bündel A gemeinsam sind, bilden also eine Mannigfaltigkeit, die von einem allgemein gewählten S_{r-2} mindestens in einem Punkt

1) Unter einer *uneigentlichen Sehne* einer Kurve versteht man jede Gerade, die, ohne im eigentlichen Sinne des Wortes Sehne zu sein, der Mannigfaltigkeit der Sehnen angehört. Die uneigentlichen Sehnen sind von B. Levi, Torino Mem. 48_2, 83 (1898) untersucht worden; siehe auch Bertini auf S. 210 des angeführten Werkes.

getroffen wird, und folglich gibt es ∞^1 solcher Geraden. Da aber die Geraden des Büschels B die einzigen Geraden von M_0 sind, die durch O gehen, so folgt, daß B dem Bündel A angehört.

Was die zu C gehörige abwickelbare Fläche (Fläche der Tangenten von C) anbetrifft, so hat sie, falls O uneigentlich ist, nur die abwickelbare Fläche von C_0 zur Grenze; ist dagegen O ein eigentlicher Doppelpunkt, so besteht ihre Grenze aus der abwickelbaren Fläche von C_0, vermehrt um das zweifach gezählte Büschel B der uneigentlichen Sehnen.

Die eigentlichen Doppelpunkte unterscheiden sich von den uneigentlichen auch hinsichtlich der Dimension der Bedingung, die den Kurven einer gegebenen Familie auferlegt werden muß, wenn man verlangt, daß sie einen neuen Doppelpunkt haben sollen. Wie wir nachher sehen werden, hat *die Bedingung, daß die Kurven einer gegebenen Familie des Raumes S_r einen (neuen) Doppelpunkt besitzen sollen, im allgemeinen die Dimension* 1 *oder* $r-2$, *je nachdem dieser Doppelpunkt ein eigentlicher oder ein uneigentlicher sein soll.*

Für die folgenden Untersuchungen interessiert uns besonders der Fall, daß O ein eigentlicher Doppelpunkt ist. In diesem Fall müssen wir überdies bemerken, daß *ein linearer Raum S_k, der durch O geht und die Kurve C_0 möglicherweise in weiteren t Punkten trifft, sicherlich nicht als Grenzfall eines $(t+2)$-fach schneidenden Raumes S_k von C angesehen werden kann, wenn er keinen Strahl des Büschels B enthält.* In der Tat, wenn jener S_k als Grenzlage eines $(t+2)$-fach schneidenden Raumes S_k von C erscheint, so muß es möglich sein, zwei von diesen $t+2$ Punkten durch eine Gerade zu verbinden, die beim Übergang von C nach C_0 in eine uneigentliche Sehne von C_0 übergeht. Daher wird der Grenzraum S_k eine Gerade des Büschels B enthalten. In diesem Falle sagt man kurz, ein solcher als $(t+2)$-fach schneidender Raum von C_0 angesehener S_k *verhalte sich* im Doppelpunkt O *uneigentlich.*

Wir wollen ein Beispiel geben. Wenn eine elliptische Raumkurve 4-ter Ordnung C sich einer rationalen Raumkurve 4-ter Ordnung C_0 mit dem eigentlichen Doppelpunkt O unbegrenzt nähert, so sind die Geraden, die C_0 von O aus projizieren, nicht die Grenzlagen von 3-fach schneidenden Sekanten der Kurve C. Ist dagegen C eine allgemeine rationale Kurve 4-ter Ordnung ohne mehrfache Punkte, die sich ebenfalls der Kurve C_0 nähert (dabei ist also O ein uneigentlicher Doppelpunkt), so sind die Erzeugenden des Kegels 2-ter Ordnung, der C_0 von O aus projiziert, die Grenzlagen der eine Regelschar bildenden dreifachen Sekanten der Kurve C.

Es sei C eine irreduzible Raumkurve 5-ter Ordnung vom Geschlecht 2 und C_0 eine rationale Raumkurve 5-ter Ordnung mit zwei Doppelpunkten

O_1 und O_2. Wir werden im folgenden (Nr. 5) sehen, daß C_0 der Familie der Kurven C angehört. Wenn C sich der Kurve C_0 unbegrenzt nähert, so ist die Gerade $O_1 O_2$ nicht die Grenzlage einer 4-fach schneidenden Sekante von C, weil O_1 und O_2 eigentliche Doppelpunkte sind[1]); ist dagegen C eine allgemein gewählte rationale Raumkurve 5-ter Ordnung ohne mehrfache Punkte, die sich der Kurve C_0 nähert, so ist die Gerade $O_1 O_2$ die Grenzlage der einzigen 4-fachen Sekante von C.

3. Zusammenhängende Systeme von Geraden (zusammenhängende Vielseite) in einem Raume S_r. Ein System von n Geraden (n-Seit) gehört dem Raum S_r an ($r>2$), wenn es nicht vollständig in einem Raume geringerer Dimension enthalten ist. Wir werden sagen, das System sei *zusammenhängend* mittels einer gewissen Anzahl $n+p-1$ ($p \geqq 0$) von einfachen Schnittpunkten (Doppelpunkten) jener Geraden, wenn man von einer beliebigen dieser Geraden über die Doppelpunkte hinüber zu jeder anderen Geraden gelangen kann. Die ganze Zahl p wird das *virtuelle Geschlecht* des n-Seits genannt.

Bei der vorstehenden Definition werden die $n+p-1$ Schnittpunkte weniger als Doppelpunkte als vielmehr als „Verzweigungspunkte" aufgefaßt, da man ja gerade von ihrer Doppelpunktseigenschaft, die keinen Sprung von einem Zweig zum andern gestatten würde, absieht. Daher sagt man auch, diese Doppelpunkte werden als *virtuell nicht vorhanden* angesehen (vgl. S. 322).

Diese Definitionen erlangen eine wesentliche Bedeutung, so oft das zusammenhängende n-Seit L als Grenzfall einer irreduziblen Kurve C von der n-ten Ordnung und vom Geschlecht p angesehen werden kann, die keine mehrfachen Punkte besitzt und dem Raum S_r angehört. Dann absorbiert jeder der Doppelpunkte von L zwei Verzweigungspunkte der RIEMANNschen Fläche, die mit Hilfe der auf C durch ein allgemeines Büschel von Überebenen ausgeschnittenen linearen Schar g_n^1 konstruiert wird. Die Doppelpunkte von L sind demnach in bezug auf die Kurven C *eigentliche Doppelpunkte.* Die abwickelbare Fläche von C verwandelt sich beim Grenzübergang in das zweifach gezählte System der $n+p-1$ Geradenbüschel, welche durch die einander treffenden Geradenpaare von L bestimmt sind. Die Mannigfaltigkeit der Sehnen von C verwandelt sich zugleich in die Mannigfaltigkeit der Geraden, die je zwei Seiten des n-Seits in verschiedenen Punkten treffen.

---

1) Dies folgt auch daraus, daß C keine 4-fach schneidende Sekante besitzt; denn sonst würde sie von einer Ebene durch diese vierfache Sekante in einem einzigen veränderlichen Punkt geschnitten, und wäre daher rational.

Wenn unter den $n+p-1$ Doppelpunkten von L nur $n+q-1$ $(q<p)$ als nicht vorhanden betrachtet werden können, ohne daß dadurch der Zusammenhang des n-Seits aufgehoben wird, so wird man q als virtuelles Geschlecht von L bezeichnen, da die $p-q$ übrigen Doppelpunkte als vorgeschrieben zu betrachten sind. Ist L der Grenzfall einer irreduziblen Kurve C von der n-ten Ordnung und dem Geschlecht q ohne mehrfache Punkte, so daß die $n+q-1$ virtuell nicht vorhandenen Doppelpunkte von L die Grenzlagen ebensovieler Paare von Verzweigungspunkten einer als Bild von C anzusehenden RIEMANNschen Fläche sind, so müssen die übrigen $p-q$ vorgeschriebenen Doppelpunkte in bezug auf die Familie, in der sich C bewegt, als *uneigentliche Doppelpunkte* angesehen werden.

Es sei nun ein n-Seit L vom virtuellen Geschlecht p gegeben (es kann unter Umständen auch noch vorgeschriebene Doppelpunkte besitzen, die von den zur Herstellung des Zusammenhangs herausgegriffenen $n+p-1$ *Doppelpunkten verschieden sind); dann kann man immer p passend gewählte unter seinen virtuell nicht vorhandenen* $n+p-1$ *Doppelpunkten derart vorschreiben (d. h. als Übergangspunkte ausschließen), daß aus L ein zusammenhängendes n-Seit vom virtuellen Geschlecht Null entsteht.*

Zum Beweis nehme man zunächst an, der Zusammenhang werde unterbrochen, wenn ein *beliebiger* der $n+p-1$ nicht vorhandenen Doppelpunkte von L vorgeschrieben wird. Wir behaupten, daß dann notwendig $p=0$ ist. Wenn man den Doppelpunkt P, den Schnittpunkt der Seiten a, b von L, vorschreibt, so zerfällt das n-Seit in zwei zusammenhängende Vielseite A, B. Das erste besteht aus den Seiten von L, zu denen man von a aus gelangen kann, ohne P zu überschreiten, und das andere aus den Seiten von L, zu denen man von b aus gelangen kann, ohne P zu überschreiten. Es kann keine weiteren Seiten geben, die von denen der Vielseite A, B verschieden wären; denn sie müßten entweder mit a oder mit b über P hinüber zusammenhängen, während nur die Seiten a, b durch P gehen. Wenn man also P vorschreibt, so zerfällt L in *zwei* zusammenhängende Stücke.

Da nach unserer Annahme das Vorschreiben eines beliebigen unter den $n+p-1$ nicht vorhandenen Doppelpunkten zur Unterbrechung des Zusammenhangs führt, so wird auch das Vielseit A in zwei Stücke zerfallen, sobald man einen der zu A gehörigen nicht vorhandenen Doppelpunkte von L vorschreibt. Fährt man in dieser Weise fort, so ergibt sich, daß beim Vorschreiben von i unter den $n+p-1$ nicht vorhandenen Doppelpunkten des n-Seits L dieses in $i+1$ Stücke zerfällt. Da $p \geqq 0$ ist, so ist es auf diese Weise möglich, $n-1$ Doppelpunkte vorzuschreiben, und dann wird L in n voneinander losgelöste Geraden zerfallen. Dann bleibt aber in L kein Übergangspunkt (nicht vorhandener Doppelpunkt) mehr übrig, und deshalb ist $p = 0$.

Wenn also $p > 0$ ist, so kann man mindestens einen der $n + p - 1$ nicht vorhandenen Doppelpunkte von L vorschreiben, ohne daß der Zusammenhang unterbrochen wird. Man erhält dann ein n-Seit vom virtuellen Geschlecht $p - 1$ (das mindestens einen vorgeschriebenen Doppelpunkt hat). Wenn $p - 1 > 0$ ist, so wird man daher einen weiteren Doppelpunkt vorschreiben können, ohne den Zusammenhang zu unterbrechen. In dieser Weise fährt man fort, bis p geeignete Doppelpunkte vorgeschrieben sind, ohne daß der Zusammenhang unterbrochen wird.

Sind $a_1, a_2, \ldots, a_n$ die n Seiten des zusammenhängenden n-Seits L vom virtuellen Geschlecht $p \geqq 0$, so sollen seine $n + p - 1$ virtuell nicht vorhandenen Doppelpunkte dadurch dargestellt werden, daß man die Symbole der beiden Seiten, die sich in ihnen durchkreuzen, oder auch nur deren Indizes, in Klammern setzt, also z. B. durch (a_1, a_2) oder $(1, 2)$.

Die Gesamtheit der Symbole für die $n + p - 1$ virtuell nicht vorhandenen Doppelpunkte des n-Seits wollen wir sein *Verknüpfungsschema* nennen. Wenn sich z. B. $a_2, \ldots, a_n$ auf a_1 stützen, so ist $(1, 2), (1, 3), \ldots, (1, n)$ das Verknüpfungsschema eines n-Seits vom virtuellen Geschlecht Null; wenn sich a_1 auf a_2, a_2 auf $a_3, \ldots, a_{n-1}$ auf a_n stützt, so ist $(1, 2), (2, 3), \ldots, (n-1, n)$ ebenfalls das Verknüpfungsschema eines n-Seits vom virtuellen Geschlecht Null, und wenn sich außerdem noch a_n auf a_1 stützt, so ist $(1, 2), (2, 3), \ldots, (n-1, n), (n, 1)$ das Verknüpfungsschema eines n-Seits vom virtuellen Geschlecht 1.

Zwei n-Seite, die dasselbe Verknüpfungsschema besitzen, werden *isomorph* genannt. Die notwendige und hinreichende Bedingung für den Isomorphismus zweier n-Seite besteht offenbar darin, daß zwischen ihren Seiten eine ein-eindeutige Korrespondenz aufgestellt werden kann, in der zwei beliebigen, in einem virtuell nicht vorhandenen Doppelpunkt sich schneidenden Seiten des einen, zwei Seiten des anderen entsprechen, die sich ebenfalls in einem virtuell nicht vorhandenen Doppelpunkt schneiden.

Ein dem Raum S_r angehöriges n-Seit $(r < n)$ vom virtuellen Geschlecht $p \geqq 0$ ist immer die Projektion eines n-Seits vom virtuellen Geschlecht Null, das dem Raum S_n angehört, und zwar ist das Projektionszentrum ein Raum S_{n-r-1}, der p Sehnen des im S_n liegenden n-Seits schneidet.

Das im S_r gegebene n-Seit L läßt sich zunächst als n-Seit vom virtuellen Geschlecht Null auffassen, indem man p seiner $n + p - 1$ virtuell nicht vorhandenen Doppelpunkte vorschreibt (d. h. ihnen Doppelpunktseigenschaft zuschreibt, s. S. 323). Man hat daher nur zu beweisen, daß jedes n-Seit L des Raumes S_r, das gewisse p vorgeschriebene Doppelpunkte und das virtuelle Geschlecht Null besitzt, die Projektion eines n-Seits vom virtuellen Geschlecht Null im S_n ist. Der Satz ist richtig für $n = 2$. Wir können ihn also für die Vielseite mit $n - 1$ Seiten als bewiesen annehmen und haben ihn aus dieser Annahme für das n-Seit zu beweisen.

Unter den n Seiten von L gibt es mindestens eine, etwa a, die einen einzigen von den $n - 1$ virtuell nicht vorhandenen Doppelpunkten von L enthält; dieser sei mit P bezeichnet. Wäre dies nämlich nicht der Fall, so würde es mindestens n virtuell nicht vorhandene Doppelpunkte geben, L also mindestens das virtuelle Geschlecht eins haben. Nimmt man a von L weg, so wird der Zusammenhang des verbleibenden Restes nicht unterbrochen, da ja nur eine einzige Seite von L mittels eines Doppelpunktes P mit a verknüpft war. Man erhält auf diese Weise aus L ein $(n - 1)$-Seit M vom virtuellen Geschlecht Null, und dieses ist die Projektion eines $(n - 1)$-Seits M', das einem Raum I von $n - 1$ Dimensionen angehört; Projektionszentrum ist ein gewisser Raum S_{n-r-2}, den wir mit O bezeichnen wollen. Als vorgeschriebene Doppelpunkte des $(n - 1)$-Seits M sind alle vorgeschriebenen Doppelpunkte von L anzusehen, die beim Wegnehmen von a nicht verschwunden sind, d. h. alle diejenigen, die nicht auf a liegen. Die Gerade a kann außer dem virtuell nicht vorhandenen Doppelpunkt P von L noch vorgeschriebene Doppelpunkte $Q, R, \ldots$ von L enthalten. Es seien $P', Q', R', \ldots$ die Punkte von M', die bei der Projektion vom Raume O aus die Punkte $P, Q, R, \ldots$ liefern. Die Punkte $P', Q', R', \ldots$ liegen in dem $(n - r)$-dimensionalen Raum Ω, der O mit a verbindet. Wir ziehen nun durch einen von P' verschiedenen Punkt H', der den Räumen Ω und I, aber nicht dem Raum O angehört, eine Gerade h außerhalb I, und nehmen auf ihr einen Punkt H an, der nicht im Raum I liegt. Dann betrachten wir in dem Raum S_n, der I mit H verbindet, das n-Seit L', das aus dem $(n - 1)$-Seit M' dadurch entsteht, daß man zu diesem eine durch P' gehende Gerade a' hinzufügt, die h in einem von H und H' verschiedenen Punkt trifft. Die Projektion des n-Seits L' von H aus auf I ist ein n-Seit $L'' = a'' + M'$, dessen Seite $a'' = P'H'$ in Ω liegt. Projiziert man also L'' von O aus auf den ursprünglichen Raum S_r, so erhält man das n-Seit L mit seinen p vorgeschriebenen Doppelpunkten. Die Projektion des n-Seits L' von dem $(n - r - 1)$-dimensionalen Raum OH aus auf den ursprünglichen Raum S_r liefert daher das n-Seit L, was zu beweisen war.

Die n-Seite vom virtuellen Geschlecht Null im Raum S_n können keinen (vorgeschriebenen) Doppelpunkt haben, der von den $n - 1$ virtuell nicht vorhandenen Doppelpunkten verschieden ist, denn sonst würden sie in einem Raum von geringerer Dimension liegen. Es ist auch klar, daß ein zusammenhängendes n-Seit keinem Raume von größerer Dimension als n angehören kann, und wenn es dem Raume S_n angehört, so ist es notwendig vom Geschlecht Null.

Die zueinander isomorphen n-Seite des S_n bilden eine irreduzible Mannigfaltigkeit von der Dimension $n(n+1)-2$.

Dieser Satz ist richtig für $n=2$. Um ihn allgemein zu beweisen, genügt es also, ihn für den Raum S_{n-1} als richtig anzunehmen und daraus seine Gültigkeit für den Raum S_n abzuleiten. Es seien $L = a_1 a_2 \ldots a_n$ und $L' = a'_1 a'_2 \ldots a'_n$ zwei allgemeine, isomorphe, zusammenhängende n-Seite des S_n. Zwei Seiten, die im Isomorphismus zwischen L und L' einander entsprechen, sollen, abgesehen vom oberen Index, durch denselben Buchstaben bezeichnet werden, also z. B. durch a_1 und a'_1. Es ist möglich, in L eine Seite, etwa a_n, zu wählen, die einen einzigen der virtuell nicht vorhandenen Doppelpunkte von L enthält; dann wird a'_n in bezug auf L' dieselbe Eigenschaft besitzen. Läßt man a_n und a'_n weg, so erhält man also aus L und L' zwei isomorphe $(n-1)$-Seite M und M', die gewissen Überebenen I bzw. I' angehören. Durch eine Bewegung (oder eine Kollineation) bringt man die Überebene I' mit I zur Deckung, wobei man die Gerade a'_n nachzieht; und dann betrachtet man die Vielseite M' und L' in der neuen Lage. Mittels einer stetigen Variation innerhalb der irreduziblen Mannigfaltigkeit W der mit M isomorphen $(n-1)$-Seite von I kann man hierauf M' mit M zur Deckung bringen, so daß die entsprechenden Seitenpaare aufeinander fallen und daß M' die durch einen Punkt von a'_{n-1} gehende Gerade a'_n nach sich zieht. Wenn man schließlich die Gerade a'_n aus der zuletzt erhaltenen Lage heraus so bewegt, daß sie a'_{n-1} stets schneidet, so kann sie mit a_n zur Deckung gebracht werden.

Nun hängen aber die n-Seite L, zu denen ein gegebenes $(n-1)$-Seit M gehört, von der Wahl der Seite a_n ab, die im Raum S_n liegt und die Seite a_{n-1} von M schneidet; sie bilden daher eine n-fach unendliche irreduzible Mannigfaltigkeit. Während also M sich in W bewegt, beschreiben die genannten n-Seite L eine irreduzible Mannigfaltigkeit von der Dimension $n(n-1)-2+n$. Bewegt sich schließlich die Überebene I im Raum S_n, so erhält man eine irreduzible Mannigfaltigkeit V von isomorphen n-Seiten L, die die Dimension $n(n-1)-2+n+n=n(n+1)-2$ besitzt.

1. Bemerkung. Transformiert man ein zusammenhängendes n-Seit L des Raumes S_n mit gegebenem Verknüpfungsschema mittels der $\infty^{n(n+2)}$ Kollineationen des S_n, so erhält man eine irreduzible Mannigfaltigkeit von n-Seiten, die zu dem gegebenen isomorph sind, und diese wird ent-

weder mit der Mannigfaltigkeit V aller mit L isomorphen n-Seite zusammenfallen oder in ihr enthalten sein. Im ersten Fall wird jedes n-Seit L durch unendlich viele Kollineationen in sich übergeführt; diese hängen von $n(n+2) - [n(n+1) - 2] = n + 2$ Parametern ab. Zwei n-Seite von V werden dann immer kollinear verwandt sein. Im zweiten Fall gibt es mehr als ∞^{n+2} Kollineationen, die L in sich überführen, und dann können zwei beliebige n-Seite von V im allgemeinen nicht kollinear aufeinander bezogen werden.

Es ist leicht zu bestätigen, daß für die Werte $n = 2, 3, 4$ nur der erste Fall eintritt, während für $n > 4$ auch der zweite Fall eintreten kann. So sind z. B. für $n = 5$ zwei isomorphe Fünfseite mit dem Verknüpfungsschema (1, 2), (1, 3), (1, 4), (1, 5) im allgemeinen nicht kollinear verwandt, weil die Punktquadrupel, die auf den dem Symbol 1 entsprechenden Geraden von den anderen vier homologen Geradenpaaren der beiden Fünfseite ausgeschnitten werden, im allgemeinen nicht kollinear aufeinander bezogen sind. Wenn die beiden Punktquadrupel kollinear sind, so sind die beiden Fünfseite auf ∞^8 verschiedene Arten kollinear verwandt.

Für $n = 2, 3$ bilden die zusammenhängenden n-Seite des S_n eine einzige Mannigfaltigkeit; für $n = 4$ bilden sie zwei Mannigfaltigkeiten, die den Verknüpfungsschemen (1, 2), (1, 3), (1, 4) und (1, 2), (2, 3), (3, 4) entsprechen; für $n = 5$ bilden sie fünf Mannigfaltigkeiten entsprechend den Schemen (1, 2), (1, 3), (1, 4), (1, 5); (1, 2), (2, 3), (3, 4), (4, 5); (1, 2), (1, 3), (1, 4), (4, 5); (1, 2), (2, 3), (3, 4), (1, 5); (1, 2), (2, 3), (3, 4), (2, 5); usw.

2. Bemerkung. Aus den Eigenschaften der Familien von n-Seiten des virtuellen Geschlechts Null im S_n kann man die Eigenschaften der Familien von n-Seiten des virtuellen Geschlechts $p \geqq 0$ im S_r ableiten, insofern letztere als Projektionen von ersteren aufgefaßt werden können. Wir verzichten hier auf diese allgemeine Untersuchung, die mit der Klassifikation der irreduziblen algebraischen Kurven zusammenhängt, uns aber zu weit führen würde, und beschränken uns darauf, zu bemerken, daß *die Dimension einer Familie von isomorphen n-Seiten des virtuellen Geschlechts* $p \geqq 0$ *im* S_r *mindestens gleich* $rn - (r-2)(p-1)$ *ist.*

In der Tat, n Geraden des Raumes S_r hängen von $2n(r-1)$ Parametern ab; damit diese n Geraden sich in $n + p - 1$ Punkten schneiden, sind $(r-2)(n+p-1)$ einfache Bedingungen erforderlich, die unabhängig sein können oder nicht. Im ersten Fall ist die Dimension der betrachteten Familie genau gleich $rn - (r-2)(p-1)$, im zweiten Fall größer.

4. Die Familie der rationalen Kurven eines S_r. Die rationalen Normalkurven C von der n-ten Ordnung im Raum S_n bilden eine einzige Familie V von Kurven, die zu je zweien kollinear sind und von $n(n+2)-3$ Parametern abhängen, weil jede Kurve C ∞^3 Kollineationen in sich zuläßt (Nr. 58, S. 161).

Wir beweisen zuerst den Satz: *Jede Kurve, die in eine rationale Normalkurve D des Raumes S_{n-1} und eine allgemeine Gerade a zerfällt, welche sich in einem beliebigen Punkt P auf D stützt, gehört zu V.*

Es sei I die Überebene, in der D liegt, O ein allgemein gewählter Punkt von a (außerhalb I) und Γ der Kegel, der D von O aus projiziert. Die Kurve D kann auf unendlich viele Arten als Projektion einer rationalen Normalkurve des S_n vom Punkt O aus betrachtet werden (Nr. 31, S. 93). Man hat zu dem Zweck nur die lineare Schar g_n^n der Gruppen von n Punkten der Kurve D projektiv auf das lineare System der Überebenen des S_n zu beziehen, derart, daß jeder Gruppe von n Punkten, die den festen Punkt P enthält, die Überebene entspricht, welche die $n-1$ veränderlichen Punkte jener Gruppe von O aus projiziert. Dies ist immer auf ∞^{n+1} verschiedene Arten möglich, und man erhält alle Arten aus einer von ihnen mit Hilfe der ∞^{n+1} Zentralkollineationen des S_n mit dem Zentrum O.[1])

Auf diese Weise erhält man aber nicht alle rationalen Normalkurven n-ter Ordnung, die auf dem Kegel Γ liegen. In der Tat ergeben sich die erhaltenen Kurven C alle aus einer von ihnen durch die ∞^{n+1} Zentralkollineationen mit dem Zentrum O, von denen jede die einzelnen Geraden des Überbündels O unverändert läßt. Da es nun ∞^3 Zentralkollineationen des Bündels O gibt, die Γ in sich überführen, und da jede von diesen in ∞^{n+1} Kollineationen des Raumes S_n enthalten ist, so erhält man schließlich eine stetige Gruppe von ∞^{n+4} Kollineationen des S_n, die Γ in sich überführen.

Wir wollen nun die Kurven C des stetigen Systems Σ betrachten, die aus einer auf Γ liegenden rationalen Normalkurve n-ter Ordnung mittels der genannten ∞^{n+4} Kollineationen erhalten werden. Eine gegebene Kurve C von Σ wird von ∞^2 dieser Kollineationen in sich transformiert, weil es eben ∞^2 Kollineationen gibt, die C und zugleich den darauf liegenden Punkt O unverändert lassen. Es gibt also in Σ ∞^{n+2} Kurven C. Sie schneiden auf D, wie auch auf jedem anderen allgemein gewählten überebenen Schnitt von Γ, die lineare Vollschar g_n^n aus und bilden daher ein lineares System.[2]) Die Schnittkurve von Γ mit jeder nicht durch den

1) Vgl. Bertini, Iperspazi, Nr. 16, S. 55.

2) Diese Behauptung folgt z. B. aus dem Satz der Nr. 6 (S. 18), welcher, insofern Γ eine rationale Fläche ist, für die auf Γ liegenden Kurvensysteme gilt. Die

Punkt O gehenden Überebene wird von einer in Σ beweglichen Kurve in n veränderlichen Punkten getroffen. Die ∞^1 Kurven von Σ, die durch $n+1$ allgemein gewählte Punkte jener Schnittkurve gehen, zerfallen also in diese Schnittkurve und eine Gerade, die in einem einfach unendlichen linearen System veränderlich, d. h. eine veränderliche Erzeugende des Kegels Γ ist. Im System Σ sind demnach alle Kurven n-ter Ordnung enthalten, die aus einer Erzeugenden und einem beliebigen überebenen Schnitt von Γ zusammengesetzt sind, und folglich gehört insbesondere auch die zusammengesetzte Kurve $a + D$ diesem System an. Da nun das System Σ, das aus den durch Kollineation aus einer irreduziblen rationalen Normalkurve n-ter Ordnung hervorgehenden Kurven besteht, der Mannigfaltigkeit V angehört, so folgt daraus der obige Satz.

Daraus ergibt sich nun auch sofort durch vollständige Induktion, daß *alle zusammenhängenden n-Seite des Raumes S_n zu der Familie V der rationalen Normalkurven n-ter Ordnung gehören.* Da nämlich der Satz für $n = 2$ richtig ist, so ist er auf Grund der zuvor bewiesenen Eigenschaft für jeden beliebigen Wert von n richtig.

Nun wenden wir uns zu den rationalen Kurven n-ter Ordnung eines Raumes $S_r\,(r < n)$. Jede von ihnen ist die Projektion einer rationalen Normalkurve des S_n von einem Raum S_{n-r-1} aus. Da aber sowohl die Mannigfaltigkeit der rationalen Normalkurven des S_n wie auch die Mannigfaltigkeit der im S_n enthaltenen Räume S_{n-r-1} irreduzibel ist, so ist dies auch für die Mannigfaltigkeit W der rationalen Kurven des S_r der Fall. Wir wissen schon, daß diese Mannigfaltigkeit die Dimension $n(r+1)+r-3$ hat (Nr. 58, S. 161). Zu ihr gehört auch jedes zusammenhängende n-Seit des S_r vom virtuellen Geschlecht Null, weil jedes derartige n-Seit als Projektion eines zusammenhängenden n-Seits des S_n aufgefaßt werden kann (Nr. 3, S. 361), und weil, wie wir gesehen haben, die zusammenhängenden n-Seite des S_n zu der aus den rationalen Normalkurven bestehenden Familie V gehören, deren Projektion die Familie W ist. Es ergibt sich also der Satz:

Die rationalen Kurven n-ter Ordnung des Raumes S_r ($r \leq n$) bilden eine einzige Familie W von der Dimension $n(r+1)+r-3$, und diese enthält alle dem S_r angehörigen zusammenhängenden n-Seite vom virtuellen Geschlecht Null.

---

durch zwei allgemeine Punkte von Γ gehenden Kurven des Systems Σ bilden ein n-fach unendliches lineares System Σ', weil durch n allgemein gewählte Punkte von Γ ein einziger überebener Schnitt von Γ und also eine einzige Kurve von Σ' geht. Daraus folgt, daß durch $n+2$ allgemein gewählte Punkte von Γ eine einzige Kurve von Σ geht, und daß also Σ linear ist.

Es sei noch darauf hingewiesen, daß die Familie W auch die rationalen Kurven mit beliebigen Singularitäten umfaßt, weil auch diese als Projektionen von rationalen Kurven des S_n aufgefaßt werden können.

Bemerkung. Das für die rationalen Kurven befolgte Verfahren läßt sich, bis zu einem gewissen Grade, *auch auf eine beliebige Familie V von irreduziblen Kurven C der n-ten Ordnung vom Geschlecht p im Raum S_r*, ($r \geqq 3$) anwenden. Man kann nämlich beweisen, daß *jede derartige Familie Kurven enthält, die jeweils in eine dem Raum S_{r-1} angehörige irreduzible Kurve D von der Ordnung $n-1$ und dem Geschlecht p und eine auf D sich stützende Gerade a zerfallen.* Im Gegensatz zum vorhergehenden Fall können aber hier weder die Kurve D noch der Stützpunkt von a auf D immer willkürlich gewählt werden.

Zum Beweis projiziere man eine allgemeine Kurve C der Familie V von einem beliebigen ihrer Punkte O aus auf eine Überebene I. Wir bezeichnen den projizierenden Kegel mit Γ und die Projektionskurve, die von der Ordnung $n-1$ und mit C birational äquivalent ist, mit D. Sobald $p > 0$ ist, wird der Kegel Γ nur von ∞^{r+1} Kollineationen in sich selbst transformiert, und zwar sind dies die Zentralkollineationen mit dem Zentrum O. Würde nämlich Γ von ∞^{r+2} Kollineationen in sich transformiert, so wäre eine allgemein gewählte unter diesen Kollineationen keine Zentralkollineation und könnte demnach nicht jede Erzeugende von Γ in sich verwandeln.[1] Das im Bündel O enthaltene einfach unendliche algebraische Gebilde Γ vom Geschlecht $p > 0$ würde also unendlich viele nicht identische Kollineationen in sich zulassen, und dies steht im Widerspruch zu einem Satz der Nr. 58 (S. 161).

Die ∞^{r+1} Kollineationen von Γ in sich verwandeln C in ∞^{r+1} Kurven eines Systems Σ, und dieses gehört, da ja C in der Familie V allgemein gewählt wurde, ganz dieser Familie V an (S. 354). Die Kurven von Σ schneiden auf D, ebenso wie auf jedem anderen allgemein gewählten überebenen Schnitt von Γ, die lineare Schar g_n^r aus, die man als Projektion der durch die Überebenen auf C erzeugten linearen Schar g_n^r von O aus erhält. Daraus folgt, daß Σ linear ist.[2] Die Kurven von Σ, die durch $r+1$ allgemeine Punkte von D gehen, zerfallen in D selbst und in eine Erzeugende a von Γ; diese stützt sich auf D in einem Punkt P, der in der Korrespondenz zwischen C und D dem Punkt O entspricht, d. h. in dem Spurpunkt P,

---

1) Vgl. Bertini, Iperspazi, S. 53.

2) Nach dem Satz, der dem der Nr. 6 (S. 18) auf einer beliebigen Fläche entspricht. Vgl. Enriques, Rom. Acc. L. Rend. 2_5, 1 (1893).

den die allen Kurven von Σ im Punkt O gemeinsame Tangente a auf der Überebene I erzeugt.

Setzt man voraus, C sei eine Normalkurve, und ist in der Überebene I eine bestimmte Kurve D innerhalb der Familie von Kurven der Ordnung $n-1$ und des Geschlechts p, der sie angehört, gegeben, so folgt daraus noch nicht, daß D als Projektion einer Kurve C angesehen werden kann, und daß also die Kurve $D+a$, die aus D und einer von einem Punkt P auf D ausgehenden Geraden a besteht, zu der Familie V gehört. Dies wird immer der Fall sein, wenn D nicht-spezial ist, wie man auch den Punkt P auf D wählen mag. Ist dagegen D eine Spezialkurve, so kann sie auf Grund des *Reduktionssatzes* (Nr. 44, S. 130) dann und nur dann als Projektion von C angesehen werden, wenn die kanonischen Gruppen, die einen überebenen Schnitt von D enthalten, infolgedessen noch durch einen weiteren festen Punkt P der Kurve gehen. Dies wird nun im allgemeinen, wenn der Spezialitätsindex $i=p-n+r$ von C größer als 1 ist, nicht eintreten. Die Vollscharen g_n^r auf einer Kurve C mit allgemeinen Moduln hängen nämlich von $\tau=(r+1)(n-r)-rp$ Parametern ab (vgl. Anh. G, Nr. 8), die Vollscharen g_{n-1}^{r-1} aber hängen von $r(n-r)-(r-1)p=\tau+i$ Parametern ab; folglich können diese letzteren für $i>1$ nicht die einzigen Reste der Punkte von C in bezug auf die einzelnen Scharen g_n^r sein.

5. Nicht-speziale Familien von Raumkurven oder Überraumkurven. Man erkennt zunächst (wie in Nr. 10 des Anhangs F (S. 341) für die ebenen Kurven von der Ordnung $n \geqq p+2$), daß die irreduziblen Kurven C vom Geschlecht p und der Ordnung $n \geqq p+r$ des Raumes S_r eine einzige Familie V bilden, deren allgemeine Kurve nicht spezial ist (d. h. auf der die von den Überebenen erzeugte Schar g_n^r nicht spezial ist). Wenn also $n>p+r$ ist, so ist die allgemeine Kurve von V die Projektion einer Normalkurve D von der n-ten Ordnung im Raum S_ϱ $(\varrho=n-p)$, die in einer Familie W veränderlich ist. Die Dimension von V ist $(r+1)n-(r-3)(p-1)$, die von W ist $(\varrho+1)n-(\varrho-3)(p-1)$ (vgl. Nr. 58, S. 161).

Eine Kurvenfamilie, wie V oder W, bei der die Ordnung n ihrer Kurven nicht kleiner ist als die Summe des Geschlechts ihrer allgemeinen Kurve und der Dimension des Raumes, in dem sie liegt, wird eine *nicht-speziale Familie* genannt, um daran zu erinnern, daß die allgemeine Kurve der Familie nicht spezial ist.

Wir behaupten, daß die allgemeine Kurve D von W keine mehrfachen Punkte besitzt. Nehmen wir einmal an, es gebe einen mehrfachen Punkt P von D, und seine Vielfachheit sei $s(\geqq 2)$. Die Kurve D ist birational äquivalent mit der Kurve Γ vom Geschlecht p, die allgemeine Moduln besitzt. Die durch P gehenden Überebenen des Raumes S_ϱ schneiden auf D, außer P, eine $g_{p+\varrho-s}^{\varrho-1}$ aus, die notwendig eine speziale Vollschar ist; ihr entspricht auf Γ eine $g_{p+\varrho-s}^{\varrho-1}$. Nimmt man als projektives Modell von Γ eine Kurve ohne mehrfache Punkte, so entspricht der Schar der von den Überebenen auf D erzeugten Schnittpunkte auf der Kurve Γ eine Schar $g_{p+\varrho}^{\varrho}$, die die Summe der Schar $g_{p+\varrho-s}^{\varrho-1}$ und einer Gruppe von s (verschiedenen oder zusammenfallenden) Punkten ist. Wenn also eine allgemeine Kurve D einen s-fachen Punkt hätte, so könnte jede Schar $g_{p+\varrho}^{\varrho}$ auf Γ, zum mindesten auf eine Art und Weise, als Summe einer Schar $g_{p+\varrho-s}^{\varrho-1}$ und einer Gruppe von s passend gewählten Punkten auf Γ betrachtet werden. Es würden also die Scharen, welche Summen einer veränderlichen Schar $g_{p+\varrho-s}^{\varrho-1}$ und einer Gruppe von s veränderlichen Punkten sind, von mindestens ebensovielen Parametern abhängen wie die Scharen $g_{p+\varrho}^{\varrho}$, d. h. von p Parametern (Nr. 56, S. 156). Wir wollen nun abzählen, von wie vielen Parametern die genannten Summenscharen tatsächlich abhängen. Die Scharen $g_{p+\varrho-s}^{\varrho-1}$ auf Γ hängen von $p-\varrho(s-1)$ Parametern ab[1]), die Gruppen von s Punkten hängen von s Parametern ab. Da nun eine allgemeine Schar $g_{p+\varrho}^{\varrho}$ nur auf eine endliche Anzahl von Arten als Summe einer $g_{p+\varrho-s}^{\varrho-1}$ und einer Gruppe von s Punkten erhalten werden kann[2]), so hängen die genannten Summen von $p-\varrho(s-1)+s$ Parametern ab. Man erhält also $p-\varrho(s-1)+s \geqq p$, d. h. $s \geqq \varrho(s-1)$. Da nun $\varrho > 2$ ist, so wird $s > 2(s-1)$, d. h. $s < 2$ und folglich $s=1$, im Gegensatz zu dem, was wir angenommen hatten.

Die Projektion einer allgemeinen Kurve D aus einem allgemein gewählten Raum $S_{\varrho-r-1}$ (d. h. aus einem $S_{\varrho-r-1}$, der die Mannigfaltigkeit der Sehnen von D nicht trifft) auf den Raum S_r, in dem die Familie V liegt, liefert eine Kurve C dieser Familie ohne mehrfache Punkte. Daher ergibt sich der Satz:

Im Raum S_r $(r>2)$ bilden die irreduziblen Kurven C von der n-ten Ordnung und dem Geschlecht p, wenn $n \geqq p+r$ ist, eine einzige irreduzible Familie V von der Dimension $(r+1)n-(r-3)(p-1)$, deren allgemeine Kurve nicht spezial ist und keine mehrfachen Punkte besitzt. Die allgemeine Kurve C ist nur dann eine Normalkurve, wenn $n=p+r$ ist.

---

1) In Nr. 8 dieses Anhangs (S. 380) wird in aller Strenge bewiesen werden, daß die Scharen g_n^r auf einer Kurve Γ vom Geschlecht p mit allgemeinen Moduln genau von $(r+1)(n-r)-rp$ Parametern abhängen.

2) Dies ist nämlich gleichbedeutend damit, daß die allgemeine Kurve D nur eine endliche Anzahl von Punkten mit gegebener Vielfachheit s haben kann.

Damit ist auch das bewiesen, was wir in der Bemerkung am Schluß der Nr. 1 (S. 355) vorausgesagt haben, nämlich der Satz, *daß für* $n \geqq p + r$ *die mit beliebigen Singularitäten ausgestatteten irreduziblen Kurven* n*-ter Ordnung des Geschlechts* p *im Raum* S_r *der oben genannten Mannigfaltigkeit* V *angehören und somit als Grenzfälle von Kurven ohne jeden mehrfachen Punkt angesehen werden können.*

Nun projizieren wir die Kurven von V auf eine Ebene α. Wir erhalten in dieser eine irreduzible Familie Σ von irreduziblen Kurven n-ter Ordnung, für die $n > p + 2$ ist und die $d = \frac{(n-1)(n-2)}{2} - p$ gewöhnliche Doppelpunkte besitzen.[1]) Diese Familie fällt zusammen mit der $(3n + p - 1)$-fach ausgedehnten Gesamtheit der irreduziblen ebenen Kurven C' von der n-ten Ordnung mit d Doppelpunkten (vgl. Anhang F, Nr. 11). Da nämlich $n \geqq p + r$ ist, so ist die Schar g_n^2 der von den geraden Linien auf einer allgemeinen Kurve C' erzeugten Schnittpunkte sicherlich in einer umfassenderen Schar g_n^r enthalten (ja sogar in unendlich vielen derartigen Scharen, wenn $n > p + r$ ist), und folglich ist nach Nr. 31 (S. 93) C' die Projektion einer Kurve der Familie V.

Im besonderen nehme man in Σ eine irreduzible Kurve C'_h vom Geschlecht $p - h$ mit $d + h$ gewöhnlichen Doppelpunkten, wobei $h = 1, 2, \ldots, p$ ist (Anhang F, Nr. 11, S. 349). Es sei dann G eine beliebige Gruppe von d Doppelpunkten auf C'_h, die als vorgeschrieben betrachtet werden mögen, während die übrigen h Doppelpunkte als virtuell nicht vorhanden anzusehen sind. Die von den geraden Linien auf C'_h erzeugte Schar g_n^2 ist in einer mit bezug auf die vorgeschriebenen Doppelpunkte der Gruppe G virtuell vollständigen Schar enthalten, deren Dimension mindestens gleich $n - p \geqq r$ ist (vgl. Anhang F, Nr. 12). Daher ist C'_h die Projektion einer Kurve C_h der Familie V, die in bezug auf diese Familie h eigentliche Doppelpunkte besitzt.

Die irreduziblen Kurven n-ter Ordnung des Raumes S_r, die das wirkliche Geschlecht $p - h$ haben und h Doppelpunkte besitzen, geben als Projektionen in der Ebene α die ganze Familie der irreduziblen Kurven n-ter Ordnung mit $d + h$ Doppelpunkten, und diese ist ganz in Σ enthalten (Anhang F, Nr. 11); folglich gehören sie alle der Familie V an.

Man erkennt auch leicht, daß die Kurven C_h des Raumes S_r eine einzige Familie V_h bilden, deren allgemeine Kurve h Doppelpunkte hat. In der Tat, hat man für eine *allgemeine* ebene Kurve C'_h die Gruppe G der d vorgeschriebenen Doppelpunkte gewählt, so ist die von den geraden

1) Es ist leicht zu bestätigen, daß man die *ganze* Familie Σ erhält, wenn man die Kurven von V aus einem *bestimmten*, im S_r enthaltenen Raume S_{r-3} projiziert.

Linien auf C_h' erzeugte Schar g_n^2 eine virtuell nicht-speziale Schar, die in einer virtuell vollständigen Schar g_n^{n-p} enthalten ist. Um eine Kurve C_h des Raumes S_r konstruieren zu können, deren Projektion die gewählte Kurve C_h' ist, muß man aus der soeben erwähnten Schar g_n^{n-p} eine g_n^r herausziehen, die die g_n^2 enthält. Die jener C_h' entsprechenden Kurven C_h des S_r bilden also für die betrachtete Wahl der vorgeschriebenen Doppelpunkte eine irreduzible Mannigfaltigkeit. Da nun, wenn C_h' die eigene Familie durchläuft, die vorgegebene Gruppe G in jede andere Gruppe von d Doppelpunkten der Kurve C_h' übergeführt werden kann (Anhang F, Nr. 11), so folgt, daß die Kurven C_h eine irreduzible Mannigfaltigkeit, d. h. eine einzige Familie V_h, bilden.

Die Berechnung der Dimension δ_h von V_h ergibt sich auf Grund der Konstruktion der Kurven C_h aus den Kurven C_h' sofort, wenn man beachtet, daß es für $n > p + 2$ auf der Kurve C_h' ∞^p virtuell nicht-speziale Scharen n-ter Ordnung gibt. Man findet so $\delta_h = (r+1)n - (r-3)(p-1) - h$.

Die im Raum S_r liegenden irreduziblen Kurven D_h von der n-ten Ordnung und vom Geschlecht $p - h$ ohne mehrfache Punkte bilden eine nicht-speziale Familie W_h $(n > (p - h) + r)$, deren Dimension

$$\Delta_h = (r + 1)n - (r - 3)(p - h - 1)$$

ist. Zu dieser Familie müssen (nach dem über die nicht-spezialen Familien bewiesenen Satze) *alle* irreduziblen Kurven n-ter Ordnung vom wirklichen Geschlecht $p - h$ des Raumes S_r gehören, die beliebige Singularitäten besitzen, und folglich auch im besonderen die Kurven C_h.

Die allgemeine Kurve D_h ist die Projektion einer Kurve n-ter Ordnung vom Geschlecht $p - h$ des Raumes S_{n-p+h}; man erhält sämtliche Kurven C_h, wenn das Projektionszentrum h Sehnen der projizierten Kurven durchsetzt.

Die h Doppelpunkte einer Kurve C_h sind in bezug auf die Familie W_h uneigentliche Doppelpunkte, während sie hinsichtlich der Familie V_h eigentliche Doppelpunkte sind.

Da der Unterschied zwischen den Dimensionen Δ_h und δ_h von W_h und von V_h gleich $h(r - 2)$ ist, so kann man sagen, daß die Forderung, die Kurven von W_h sollen h uneigentliche Doppelpunkte besitzen, gleichbedeutend ist mit $h(r-2)$ einfachen Bedingungen. Zusammenfassend erhalten wir folgendes Ergebnis:

Zu der nicht-spezialen Familie V der irreduziblen Kurven n-ter Ordnung vom Geschlecht p im Raum S_r $(n \geqq p + r)$ gehört die Familie V_h aller irreduziblen Kurven n-ter Ordnung vom Geschlecht $p - h$, die h gewöhnliche Doppelpunkte besitzen $(h = 1, 2, \ldots, p)$. Die Familie V_h ist *gemeinsamer Bestandteil der Familie V und der nicht-spezialen Familie W_h, die aus allen irreduziblen Kurven n-ter Ordnung vom Geschlecht $p - h$ im S_r besteht. In bezug auf die Familie V sind die h Doppelpunkte der Kurven von V_h eigentliche Doppelpunkte, während sie hinsichtlich der Familie W_h uneigentlich sind. Die Bedingung, daß die Kurven einer nicht-spezialen Familie des S_r einen eigentlichen Doppelpunkt haben, ist einfach, während die Bedingung, daß sie einen uneigentlichen Doppelpunkt haben, $(r-2)$-fach ist.*

Eine andere bemerkenswerte Folgerung ergibt sich aus der Tatsache, daß V die Familie V_p der rationalen Kurven n-ter Ordnung des Raumes S_r mit p Doppelpunkten enthält. Zu V_p gehören nämlich alle zusammenhängenden n-Seite vom virtuellen Geschlecht p des Raumes S_r. In der Tat, die Projektionen der rationalen Normalkurven E eines S_n (der den Raum S_r enthält, in dem die Familie V_p liegt) von den Räumen S_{n-r-1} aus, die je p Sehnen einer der Kurven E durchsetzen, bilden eine irreduzible Mannigfaltigkeit, und diese fällt mit der Familie V_p zusammen, die alle rationalen Kurven n-ter Ordnung mit p Doppelpunkten im Raum S_r umfaßt. Da sich nun unter den Kurven E alle zusammenhängenden n-Seite des Raumes S_n befinden (Nr. 4, S. 366), so gehören alle zusammenhängenden n-Seite vom virtuellen Geschlecht p zu der Familie V_p, die aus den Projektionen der Kurven E besteht. Berücksichtigt man schließlich, daß V_p in der Familie V enthalten ist, so folgt der Satz:

Zu der nicht-spezialen Familie V der irreduziblen Kurven n-ter Ordnung vom Geschlecht p im Raum S_r $(n \geqq p + r)$ gehören alle möglichen im Raume S_r liegenden zusammenhängenden n-Seite vom virtuellen Geschlecht p.

Bemerkung. Die verschiedenen Arten, nach denen die Kurven C von V zerfallen können, lassen sich herleiten aus den Zerfallsmöglichkeiten der ebenen Kurven C' des Systems Σ, die man als Projektionen der Kurven C erhält. Daß z. B. *V jede Kurve enthält, die sich aus einer irreduziblen Kurve $(n-1)$-ter Ordnung vom Geschlecht p und einer sie in einem Punkt durchsetzenden Geraden zusammensetzt* (vgl. die Bemerkung am Schluß der Nr. 4, S. 367), folgt aus der Tatsache, daß jede ebene Kurve n-ter Ordnung, die in eine irreduzible Kurve $(n-1)$-ter Ordnung mit $d - n + 2$ Doppelpunkten und eine Gerade zerfällt, zu Σ gehört, da ja eine solche zerfallende Kurve als zusammenhängende Kurve vom virtuellen Geschlecht p gilt, sobald einer der Schnittpunkte der Kurve $(n-1)$-ter Ordnung mit der Geraden als virtuell nicht vorhanden angesehen wird. Daß ferner *V jede Kurve enthält, die in eine irreduzible Kurve $(n-1)$-ter Ordnung vom Geschlecht $p-1$ und eine beliebige ihrer Sehnen zerfällt,* folgt aus der Tatsache, daß Σ jede Kurve enthält, die sich aus einer irreduziblen Kurve $(n-1)$-ter Ordnung mit $d-n+3$ Doppelpunkten und aus einer Geraden zusammensetzt, da die zerfallende Kurve zu einer zusammenhängenden Kurve vom virtuellen Geschlecht p wird, wenn man zwei Schnittpunkte der Geraden mit der Kurve $(n-1)$-ter Ordnung als virtuell nicht vorhanden betrachtet.

Da nun die irreduziblen Kurven $(n-1)$-ter Ordnung vom Geschlecht $p-1$ des Raumes S_r ebenfalls eine nicht-speziale Familie bilden $((n-1) \geqq (p-1)+r)$, und ebenso diejenigen von der $(n-2)$-ten Ordnung und vom Geschlecht $p-2$, usw., so folgt, daß V *jede Kurve enthält, die in eine rationale Kurve des* S_r *und* p *beliebige ihrer Sehnen zerfällt.*

6. Die Familie der kanonischen Kurven des Geschlechts p. Die kanonischen Kurven C des Geschlechts p, die dem Raum S_{p-1} angehören, bilden eine einzige Familie V, weil die Mannigfaltigkeit der irreduziblen Kurven eines gegebenen Geschlechts irreduzibel ist (Anhang F, Nr. 9, S. 340) und andererseits zwei birational äquivalente kanonische Kurven kollinear verwandt sind (Nr. 46, S. 132).

Wir wissen außerdem, daß jede irreduzible Kurve von V, die das wirkliche Geschlecht p hat, keine mehrfachen Punkte besitzt (Nr. 47, S. 134). Die Dimension l von V wird erhalten, wenn man die Anzahl $3p-3$ der Moduln einer Kurve vom Geschlecht p um die Anzahl p^2-1 der Parameter vermehrt, von denen die Kollineationen des S_{p-1} abhängen, und zwar deshalb, weil eine allgemeine Kurve C durch keine Kollineation in sich selbst übergeführt wird (Nr. 72, S. 185). Man erhält also $l=(p-1)(p+4)$.

Wir wählen im S_{p-1} eine Ebene α und projizieren die allgemeine Kurve C von dem Raum S_{p-4} aus, der $p-3$ allgemeine Punkte von C verbindet, auf α. Dann erhalten wir eine ebene Normalkurve C' von der Ordnung $p+1$, die ein-eindeutig auf C bezogen ist (s. die Fußnote auf S. 85). Es ist *die* CLEBSCH-GORDAN*sche Normalkurve.* Die Kurve C' besitzt $\frac{p(p-1)}{2}-p=\frac{p(p-3)}{2}$ Doppelpunkte; sie rühren von den Sehnen der Kurve C her, die sich auf das Projektionszentrum stützen.

Variiert man nun die Kurve C in V, so erhält man in der Ebene α ein irreduzibles System von Kurven C', und dieses fällt mit der Familie Σ aller irreduziblen Kurven von der Ordnung $n=p+1$ mit $d=\frac{p(p-3)}{2}$ Doppelpunkten zusammen. Jede irreduzible ebene Kurve n-ter Ordnung mit d Doppelpunkten ist nämlich notwendig spezial, weil für die Schar g_n^2, die durch die geraden Linien auf ihr erzeugt wird, $n-2<p$ ist. Die Schar g_n^2 ist also teilweise in der kanonischen Schar g_{2p-2}^{p-1} enthalten, und folglich ist die betrachtete Kurve die Projektion einer kanonischen Kurve

C von einem Projektionszentrum aus, das sich in $p-3$ Punkten auf C stützt (Nr. 31, S. 93).[1])

Da nun zu dem System Σ irreduzible Kurven C'_h von der Ordnung n mit $d+h$ Doppelpunkten ($h=1,\ldots,p$) gehören, so ergibt sich durch ein ähnliches Verfahren wie in der vorhergehenden Nummer der Satz:

Die Familie V der dem Raum S_{p-1} angehörigen kanonischen Kurven des Geschlechts p, die die Dimension $(p-1)(p+4)$ hat, enthält die aus allen irreduziblen Kurven vom Geschlecht $p-h$ mit h Doppelpunkten bestehende Familie V_h von der Dimension $(p-1)(p+4)-h$ $(h=1,\ldots,p)$; diese Doppelpunkte sind in bezug auf die Familie V eigentliche Doppelpunkte. Für $h>0$ ist die allgemeine Kurve von V_h die Projektion einer allgemeinen irreduziblen Kurve von der Ordnung $2p-2$ und vom Geschlecht $p-h$ des Raumes S_{p-2+h}, und zwar ist diese Projektion von einem Raum S_{h-2} aus vorgenommen, der h allgemein gewählte Sehnen durchsetzt.[2]) *Die Kurven von V_h gehören auch zu der nicht-spezialen Familie W_h der irreduziblen Kurven von der Ordnung $2p-2$ und dem Geschlecht $p-h$ des Raumes S_{p-1}. Hinsichtlich der Familie W_h sind die h Doppelpunkte der Kurven von V_h uneigentlich.*

Auch in diesem Fall sieht man, daß ein eigentlicher Doppelpunkt, der den Kurven von V auferlegt wird, gleichbedeutend ist mit einer einfachen Bedingung, während ein uneigentlicher Doppelpunkt, der den Kurven von W_h auferlegt wird, gleichbedeutend ist mit $p-3$ einfachen Bedingungen.

Für $h=p$ ergibt sich aus dem vorstehenden Satze, daß die Familie V der kanonischen Kurven die Familie V_p aller im Raum S_{p-1} liegenden rationalen Kurven von der Ordnung $2p-2$ mit p Doppelpunkten enthält. Hieraus folgt, wie im Fall der nicht-spezialen Familien, die wir in Nr. 5 untersucht haben, der Satz:

Zu der Familie V der kanonischen Kurven des Geschlechts p gehört jedes im Raum S_{p-1} liegende zusammenhängende $(2p-2)$-Seit vom virtuellen Geschlecht p.

1) Dieselbe Beweisführung läßt sich auch anwenden, wenn die betrachtete ebene Kurve C' von der Ordnung $p+1$ und dem Geschlecht p beliebige Singularitäten besitzt. Die irreduziblen ebenen Kurven $(p+1)$-ter Ordnung vom Geschlecht p sind daher in dem System Σ der irreduziblen Kurven $(p+1)$-ter Ordnung mit d Doppelpunkten enthalten. Auf diese Weise wird der Satz im Anhang F, Nr. 10 (S. 345) auf die ebenen Kurven von der Ordnung $n=p+1$ und dem Geschlecht p ausgedehnt.

2) h allgemeine Sehnen einer Kurve von der Ordnung $2p-2$ des Raumes S_{p-2+h} werden von ∞^{p-h} Räumen S_{p-2} durchsetzt; von einem einzigen, wenn $h=p$ ist.

Bemerkung. Alle möglichen Arten, auf die ein Zerfallen der kanonischen Kurven C eintreten kann, lassen sich ableiten aus den Zerfallsmöglichkeiten der ebenen CLEBSCH-GORDANschen Normalkurven C', die zu zusammenhängenden Kurven vom virtuellen Geschlecht p führen. So kann man z. B. beweisen, daß V jede Kurve enthält, die aus einer spezialen Normalkurve von der Ordnung $2p-3$ und dem Geschlecht p im Raume S_{p-2} und einer sie in einem Punkt durchsetzenden allgemeinen Geraden des Raumes S_{p-1} besteht, oder aus zwei rationalen Normalkurven $(p-1)$-ter Ordnung, die $p+1$ gemeinsame Punkte haben, usw.

7. Über die Unzerlegbarkeit der algebraischen Bedingungen. Für die weiteren Sätze, die wir über die Klassifikation der algebraischen Kurven ableiten wollen, ist es zweckmäßig, einige Begriffe vorauszuschicken, die sich auf die Unzerlegbarkeit der algebraischen Bedingungen beziehen.

Es sei eine beliebige algebraische Mannigfaltigkeit V gegeben; ihre Elemente seien mit Γ bezeichnet, und ihre Dimension sei d (falls etwa V in Teile mit verschiedenen Dimensionen zerfällt, so sei d die größte unter den Dimensionen dieser Teile).

Eine algebraische Bedingung c, die den Elementen Γ auferlegt wird, läßt sich ausdrücken durch eine algebraische Beziehung zwischen diesen Elementen und einem gewissen anderen Element Γ', durch das c definiert ist.[1]) Wenn man z. B. einer Geraden Γ des gewöhnlichen Raumes die Forderung auferlegt, sich auf eine gegebene algebraische Raumkurve Γ' zu stützen, so erhält man als Ausdruck dafür eine algebraische Beziehung zwischen den ∞^3 Geraden Γ, die der vorgeschriebenen Bedingung genügen, und dem Gebilde Γ'.

Wenn das Gebilde Γ' einer stetigen Variation innerhalb einer algebraischen Mannigfaltigkeit V' unterworfen werden kann (die auch reduzibel sein kann, aber jedenfalls zusammenhängend sein muß), so sagt man, *die Bedingung c sei ebenfalls einer stetigen Veränderung fähig.* Richtet man die Aufmerksamkeit auf ein Element Γ'_0 von V', so setzt man damit eine *Spezialisierung* c_0 der Bedingung c fest. Wenn man in dem oben angeführten Beispiel die Raumkurve Γ' in der zugehörigen Familie V' von algebraischen Raumkurven variiert, so erhält man für die Geraden des Raumes eine veränderliche Bedingung c.

---

1) Als Element Γ' kann man z. B. die Gesamtheit der Elemente Γ nehmen, die der Bedingung c genügen. Dann läßt sich die Bedingung c dadurch definieren, daß man einem Element Γ von V die Forderung auferlegt, es möge der in V enthaltenen Mannigfaltigkeit Γ' angehören.

Die Dimension d' von V' hat von vornherein keine Beziehung zu der Dimension d von V. Auch V' kann in Teile mit verschiedenen Dimensionen zerfallen.

Die veränderliche Bedingung c setzt zwischen den Elementen der Mannigfaltigkeiten V und V' *eine algebraische Korrespondenz* ω fest[1]); in dieser gelten zwei Elemente Γ und Γ' dann als entsprechend, wenn Γ eines der Elemente ist, welche der dem gegebenen Element Γ' entsprechenden Spezialisierung der Bedingung c genügen. Als Beispiel nehmen wir an, es werde einer Geraden Γ des gewöhnlichen Raumes die Bedingung c auferlegt, eine veränderliche algebraische Kurve Γ' von gegebener Ordnung n dreimal zu schneiden. Diese Bedingung drückt sich aus durch eine algebraische Korrespondenz zwischen der 4-fach ausgedehnten Mannigfaltigkeit V aller Geraden des Raumes und der Mannigfaltigkeit V' aller Kurven Γ' von der n-ten Ordnung[2]), wobei man eine Gerade Γ und eine Kurve Γ' dann als entsprechend anzunehmen hat, wenn Γ die Kurve Γ' dreimal schneidet.

Die Bedingung, daß eine Gerade Γ des Raumes sich auf ein Quadrupel Γ' von Geraden stützt (in diesem Fall ist das Element Γ' zusammengesetzt), führt in ähnlicher Weise zu einer algebraischen Korrespondenz zwischen der irreduziblen Mannigfaltigkeit V_4 der Geraden und der irreduziblen Mannigfaltigkeit V'_{16} der Geradenquadrupel, usw.

Eine *algebraische Korrespondenz* zwischen den Elementen zweier Mannigfaltigkeiten V und V' heißt *irreduzibel*, wenn die algebraische Mannigfaltigkeit, deren Elemente die in der gegebenen Korrespondenz einander entsprechenden Elementenpaare Γ und Γ' sind, irreduzibel ist; dafür ist es notwendig, aber nicht hinreichend, daß die Mannigfaltigkeiten V und V' irreduzibel sind.

Jede Bedingung, die sich durch eine irreduzible algebraische Korrespondenz ausdrücken läßt, wird eine *irreduzible Bedingung* genannt. Verlangt man z. B., daß eine Gerade sich auf eine in einer gegebenen Familie veränderliche Kurve stützen soll, so ist diese der Geraden auferlegte Bedingung irreduzibel. Verlangt man dagegen, daß eine Projektivität Γ auf einer Geraden ein gegebenes Quadrupel Γ' von Punkten in sich überführt, so ist diese der Projektivität auferlegte Bedingung c reduzibel. Die Mannigfaltigkeit V der Elemente Γ ist irreduzibel und hat

1) Bei der allgemeinsten Annahme ist eine algebraische Korrespondenz zwischen den Elementen Γ und Γ' zweier algebraischer Mannigfaltigkeiten V und V' eine algebraische Mannigfaltigkeit, die in der algebraischen Mannigfaltigkeit aller möglichen Paare von Elementen Γ, Γ' aus V und V' enthalten ist.

2) Die Mannigfaltigkeit V' zerfällt in so viele Teile, als es Familien von Raumkurven n-ter Ordnung gibt.

die Dimension 3; die Mannigfaltigkeit V' der Elemente Γ' ist ebenfalls irreduzibel und hat die Dimension 4. Trotzdem ist aber die Bedingung c reduzibel, denn sie läßt sich ausdrücken durch eine Korrespondenz zwischen V' und einer in V enthaltenen irreduziblen Mannigfaltigkeit F von zwei Dimensionen, deren Elemente die ∞^2 Involutionen sind, vermehrt um eine zweite algebraische Korrespondenz zwischen der irreduziblen Mannigfaltigkeit W der ∞^3 harmonischen Punktquadrupel und der Mannigfaltigkeit F, um eine dritte Korrespondenz zwischen der irreduziblen Mannigfaltigkeit der ∞^3 äquianharmonischen Punktquadrupel und der zweifach unendlichen irreduziblen Mannigfaltigkeit der zyklischen Projektivitäten 3-ter Ordnung, und um eine vierte Korrespondenz zwischen W und der zweifach unendlichen irreduziblen Mannigfaltigkeit der zyklischen Projektivitäten 4-ter Ordnung.[1])

Wenn diejenigen Elemente Γ einer Mannigfaltigkeit V von der Dimension d, die der algebraischen Bedingung c genügen, zu einer Mannigfaltigkeit von der Dimension $d-k$ gehören (so daß, falls diese Mannigfaltigkeit sich in Teile von verschiedenen Dimensionen spaltet, $d-k$ die größte dieser Dimensionen ist), so sagt man, *die Bedingung c habe die Dimension k.*

Unterwirft man die Elemente Γ einer algebraischen Mannigfaltigkeit V zwei gegebenen Bedingungen a, b, so definiert man auf folgende Weise die *Summe* und das *Produkt* der beiden Bedingungen[2]): Unter der Summe $a+b$ oder $b+a$ der beiden Bedingungen versteht man die Bedingung, daß das in V veränderliche Element Γ der Bedingung a oder b genügt. Die algebraische Mannigfaltigkeit der Elemente Γ, die der Bedingung $a+b$ genügen, ist die *Summe* der Mannigfaltigkeiten A und B der Elemente Γ, die den Bedingungen a und b einzeln genügen; dabei ist das Wort Summe in demselben Sinne gebraucht wie in der Geometrie auf einem algebraischen Gebilde. Die Dimension von $a+b$ ist offenbar die kleinere der Dimensionen von a und b.

Unter dem Produkt ab oder ba der beiden gegebenen Bedingungen a und b versteht man die Bedingung, daß das in V veränderliche Element Γ den Bedingungen a und b gleichzeitig genügt. Die Mannigfaltigkeit der Elemente Γ, die der Bedingung ab genügen, ist das *Schnittgebilde* der vorhin genannten Mannigfaltigkeiten A und B; es versteht sich dabei von selbst, daß jedes gemeinsame Element Γ in der Gesamtheit der Schnittelemente mit der gehörigen *Multiplizität* gezählt werden muß.

---

1) Vgl. Severi, Palermo Rend. **33**, 316 (1912).

2) Vgl. H. Schubert, Kalkül der abzählenden Geometrie, Leipzig 1879, S. 3 und H. G. Zeuthen, Lehrbuch der abzählenden Methoden der Geometrie, Leipzig 1914, S. 360.

Was die Dimension von ab anbetrifft, so behauptet man gewöhnlich, sie sei nicht größer als die Summe $h+k$ der Dimensionen von a und b. Aber in Wirklichkeit ist diese Behauptung nicht unbedingt richtig, weil zwei Mannigfaltigkeiten A und B von den Dimensionen $d-h$ und $d-k$, die einer Mannigfaltigkeit V von der Dimension d angehören, sich sehr wohl in einer Mannigfaltigkeit schneiden können, deren Dimension kleiner als $d-(h+k)$ ist. Im folgenden geben wir hinreichend allgemeine Voraussetzungen, unter denen die oben genannte Behauptung zutrifft:

Wenn die beiden Mannigfaltigkeiten A, B ein spezielles Element Γ_0 gemeinsam haben, das der Ursprung eines einzigen Linearmantels von V ist, dann haben A und B eine Mannigfaltigkeit gemeinsam, die Γ_0 enthält, und deren Dimension mindestens gleich $d-(h+k)$ ist (Anhang F, Nr. 2, S. 311); die Dimension der Bedingung ab ist somit höchstens gleich $h+k$.

Wenn die Mannigfaltigkeit V irreduzibel ist, und wenn die zwei Bedingungen a, b beide einer derartigen stetigen Variation fähig sind, daß die Mannigfaltigkeiten A, B innerhalb V zwei stetige Systeme beschreiben, von denen jedes die ganze Mannigfaltigkeit V einnimmt, so ist die Dimension der Bedingung ab höchstens gleich $h+k$. Betrachtet man nämlich ein (allgemeines) Element Γ_0 von V, das der Ursprung eines einzigen Linearmantels ist, so gehört Γ_0 mindestens zu einer Mannigfaltigkeit A und zu einer Mannigfaltigkeit B, und man kommt demnach auf den vorhergehenden Fall zurück.

Die beiden *Bedingungen* a und b heißen *unabhängig*, wenn die Dimension ihres Produkts genau gleich $h+k$ ist.

Wir wollen uns nicht weiter bei diesen Begriffen aufhalten, die die Grundlage der sogenannten abzählenden Geometrie und der darauf bezüglichen Rechensymbolik bilden; es genügt uns, das vorausgeschickt zu haben, was für das folgende unerläßlich ist. Wir fügen nur noch zwei weitere Bemerkungen hinzu, die uns nützlich sein werden.

Die eine bezieht sich auf die sogenante *Abzählung der Konstanten*. Wenn zwischen den Elementen Γ, Γ' zweier irreduzibler algebraischer Mannigfaltigkeiten V, V' von den Dimensionen d, d' eine algebraische Korrespondenz von der Art besteht, daß einem allgemeinen Element Γ von V $\infty^{r'}$ $(r' \geq 0)$ Elemente von V' entsprechen, die eine gewisse Mannigfaltigkeit W' bilden, und daß einem allgemeinen Element Γ' von V' ∞^r $(r \geq 0)$ Elemente von V entsprechen, die eine Mannigfaltigkeit W erfüllen, so besteht die Beziehung $r + d' = r' + d$.

Man kann nämlich, ohne eine wesentliche Einschränkung einzuführen, annehmen, daß Γ und Γ' Punkte zweier genügend umfassender linearer

Räume S_ϱ und $S'_{\varrho'}$ seien. Dann betrachten wir zwei allgemeine Schnitte Φ, Φ' von V, V' mit zwei allgemein gewählten linearen Räumen $S_{\varrho-r}$ und $S'_{\varrho'-r'}$. Sie sind irreduzibel und haben die Dimensionen $d-r$ und $d'-r'$. Das Schnittgebilde Φ schneidet eine allgemeine Mannigfaltigkeit W in einer endlichen Anzahl n von Punkten, die gleich der Ordnung von W ist; und ebenso schneidet Φ' eine allgemeine Mannigfaltigkeit W' in n' Punkten, wobei n' die Ordnung von W' ist. Zwischen Φ und Φ' entsteht daher eine algebraische Korrespondenz mit den endlichen Indizes (n, n'), und somit haben Φ und Φ' dieselbe Dimension, d. h. es ist $d - r = d' - r'$.

Die zweite Bemerkung bezieht sich auf die Art und Weise, wie man feststellen kann, ob eine algebraische Bedingung irreduzibel ist oder nicht.

Die algebraische Bedingung c möge einer stetigen Variation fähig sein und sich ausdrücken lassen durch eine algebraische Korrespondenz ω zwischen den Elementen Γ einer Mannigfaltigkeit V, denen sie auferlegt wird, und den Elementen Γ' einer anderen Mannigfaltigkeit V', mit deren Hilfe sie definiert ist. Soll c irreduzibel sein, so müssen auch die Mannigfaltigkeiten V und V' irreduzibel sein. Dies genügt aber nicht, wie wir schon oben bemerkt haben, denn es muß auch die Mannigfaltigkeit der in der Korrespondenz ω einander entsprechenden Elementenpaare Γ, Γ' irreduzibel sein.

Man kann also behaupten, daß die Bedingung c irreduzibel ist, wenn die Mannigfaltigkeiten V und V' irreduzibel sind, und wenn außerdem die beiden folgenden Voraussetzungen erfüllt sind:

1. einem *allgemeinen* Element Γ soll eine irreduzible Mannigfaltigkeit von Elementen Γ' entsprechen;

2. wählt man *irgendein* spezielles Element Γ_0 von V, so soll es möglich sein, ein *beliebiges* unter den mittels der Korrespondenz ω dem Element Γ_0 entsprechenden Elementen von V' als Grenzlage eines Elements Γ' zu erhalten, das einem allgemeinen Element Γ entspricht, indem man auf Grund einer geeigneten Variationsvorschrift das Element Γ in Γ_0 überführt.

In der Tat, wenn die Korrespondenz ω sich in die Summe zweier Korrespondenzen ω_1, ω_2 spaltet, so könnte einem allgemeinen Element Γ von V kein Element in wenigstens einer der beiden Korrespondenzen ω_1 und ω_2 entsprechen; denn wäre dies der Fall, so würde die Mannigfaltigkeit der den Elementen Γ entsprechenden Elemente Γ' aus zwei durchaus verschiedenen Teilen bestehen, und dies würde der ersten Voraussetzung widersprechen. Daher tritt eine der beiden Korrespondenzen, z. B. ω_2, nur zwischen den Elementen einer in V enthaltenen Mannigfaltigkeit W

und den Elementen von V' (oder einer in V' enthaltenen Mannigfaltigkeit) auf. Dies widerspricht aber der zweiten Voraussetzung; denn unter den Elementen Γ', die einem in W gewählten Element Γ_0 entsprechen, würde es solche geben, die nicht als Grenzlagen für die einem allgemeinen Element Γ entsprechenden Elemente Γ' angesehen werden können, und zwar wären dies die Elemente Γ', die in der Korrespondenz ω_2 dem gewählten Element Γ_0 entsprechen.

Wenn daher die Voraussetzungen 1. und 2. erfüllt sind, so kann die Korrespondenz ω und also auch die Bedingung c nicht reduzibel sein.

Ist die zweite Voraussetzung erfüllt, die erste aber nicht, so kann die Korrespondenz ω trotzdem irreduzibel sein. Falls einem allgemeinen Element Γ eine aus mehreren Teilen von gleicher Dimension zusammengesetzte Mannigfaltigkeit entspricht, so ist ω dann und nur dann irreduzibel, wenn bei einem Umlauf von Γ in V, der von einer Anfangslage ausgeht und in diese zurückführt, zwei beliebige dieser Teile mit einander vertauscht werden können.

Alles was oben über die Unzerlegbarkeit von ω gesagt wurde, gilt natürlich auch, wenn man die Rollen der Mannigfaltigkeiten V und V' vertauscht.

Der Begriff der irreduziblen algebraischen Bedingung ist in Verbindung mit demjenigen der irreduziblen algebraischen Korrespondenz zwischen zwei Mannigfaltigkeiten vom Verfasser in einer Abhandlung in den Palermo Rend. **33**, 316 (1912) eingeführt worden (vgl. auch eine spätere Abhandlung in den Ven. Ist. Atti **75**, 1121 (1916)) mit der Absicht, eine genaue Formulierung für den Geltungsbereich des sogenannten *Prinzips der Erhaltung der Anzahl* zu gewinnen. Der Verfasser hat bewiesen, daß dieses Prinzip für alle Bedingungen gilt, die irreduzibel sind oder sich in Summen von irreduziblen Bedingungen derselben Dimension auflösen.[1])

8. Strenge Berechnung der Mannigfaltigkeitsstufe der (spezialen oder nicht-spezialen) Scharen g_n^r von gegebener Ordnung n und gegebener Dimension r auf einer Kurve mit allgemeinen Moduln. In Nr. 57 (S. 158) haben wir die Anzahl τ der Parameter berechnet, von denen die zu einer Kurve vom Geschlecht p gehörigen linearen Scharen g_n^r abhängen, und für τ den Ausdruck $(r+1)(n-r)-rp$ gefunden. Dieser Wert ist unbedingt richtig, wenn es sich um nicht-speziale Scharen g_n^r handelt; auch für die Spezialscharen gilt er unter der Voraussetzung, daß die Kurve, auf der die Scharen liegen, allgemeine Moduln besitzt. Aber bei der Berechnung der Mannigfaltigkeitsstufe der Spezialscharen wurde ein Postulat zugrunde gelegt (S. 159), und infolgedessen

1) Siehe auch Enriques-Chisini, a. a. O., Bd. II, S. 321.

trägt das Ergebnis mehr den Stempel eines Wahrscheinlichkeitsurteils als eines sicheren und eigentlichen Lehrsatzes.

Wir wollen nun zeigen, wie diese Berechnung in voller Strenge durchgeführt werden kann, ohne das Postulat von S. 159 vorauszusetzen.

Wie wir in Nr. 57 gesehen haben, handelt es sich im wesentlichen darum, die Parameter abzuzählen, von denen die spezialen Vollscharen auf einer Kurve mit allgemeinen Moduln abhängen. Hat man nämlich bewiesen, daß diese Scharen g_n^r von $\tau = (r+1)(n-r) - rp$ Parametern abhängen, so folgt daraus sofort (S. 159), daß die spezialen Teilscharen g_n^r von weniger als τ Parametern abhängen; fügt man also diese letzteren Scharen zu der Mannigfaltigkeit der ersteren hinzu, so bleibt die Dimension der Mannigfaltigkeit aller Scharen g_n^r gleich τ.

Andererseits läßt sich die Aufgabe, die Anzahl τ der Parameter zu berechnen, von denen die spezialen Vollscharen g_n^r auf einer Kurve mit allgemeinen Moduln (die also nicht hyperelliptisch ist) abhängen, nach Nr. 57 (S. 158) auf die andere Aufgabe zurückführen, die Anzahl $\sigma = \tau + r$ der Parameter zu berechnen, von denen die Räume S_{n-r-1} abhängen, welche die kanonische Kurve C mit allgemeinen Moduln im Raume S_{p-1} n-fach schneiden. Es handelt sich also darum, zu beweisen, daß für $\tau \geqq 0$ die Mannigfaltigkeitsstufe σ der n-fach schneidenden Räume S_{n-r-1} genau gleich $\tau + r$ ist, daß es dagegen für $\tau < 0$ keinen Raum S_{n-r-1} gibt, der die Kurve C n-fach schneidet.

Zu diesem Zweck schicken wir zunächst einen Hilfssatz voraus:

Auf einer rationalen Kurve hängen die Scharen g_n^r, die mit bezug auf p gegebene allgemeine Punktepaare der Kurve virtuell vollständig sind, von τ Parametern ab, wenn $\tau = (r+1)(n-r) - rp \geqq 0$ ist; ist dagegen $\tau < 0$, so gibt es überhaupt keine derartigen Scharen.

Wir nehmen als projektives Modell der betrachteten rationalen Kurve eine rationale Normalkurve D von der n-ten Ordnung im Raume S_n. Dann wird eine Schar g_n^r, die in bezug auf p gegebene Punktepaare von D virtuell vollständig ist (s. Anhang F, Nr. 12, S. 349), auf der Kurve D durch ein lineares System von ∞^r Überebenen ausgeschnitten, und zwar gehen diese Überebenen durch einen Raum S_{n-r-1}, der sich auf p Sehnen von D stützt, nämlich die Verbindungslinien der p gegebenen Punktepaare. Um also die genannten Scharen g_n^r abzuzählen, braucht man nur die Anzahl der Räume S_{n-r-1} zu berechnen, die sich auf p allgemeine Sehnen von D stützen.

Die Bedingung, daß ein im S_n eingebetteter Raum S_{n-r-1} eine gegebene Gerade trifft, hat die Dimension r; die Bedingung, daß er p gegebene Geraden trifft, ist das Produkt der auf diese einzelnen Geraden bezüglichen Bedingungen. In diesem Fall kann man ohne weiteres behaupten, daß die Dimension der als Produkt erscheinenden Bedingung höchstens gleich rp ist. Es handelt sich nämlich dabei um p Bedingungen, die einer stetigen Variation fähig sind; die Mannigfaltigkeiten der ihnen genügenden Räume S_{n-r-1} bewegen sich in einer irreduziblen Mannigfaltigkeit (nämlich in der Mannigfaltigkeit der sämtlichen im S_n eingebetteten Räume S_{n-r-1}) und durchlaufen diese ganz.

Für eine allgemeine Wahl der p Sehnen von D sind die p genannten r-fach ausgedehnten Bedingungen unabhängig, d. h. sie sind in ihrer Gesamtheit gleichbedeutend mit einer Bedingung von der Dimension rp. Wenn also $rp > (r+1)(n-r)$, d. h. wenn $\tau < 0$ ist, so gibt es keinen Raum S_{n-r-1}, der sich auf diese Sehnen stützt; wenn $\tau > 0$ ist, so gibt es ∞^{τ} Räume S_{n-r-1}, die sich auf diese Sehnen stützen.

Nach dieser Vorbemerkung beweisen wir in erster Linie, daß die Räume S_{n-r-1}, die die allgemeine kanonische Kurve C vom Geschlecht p n-fach schneiden, für $\tau \geqq 0$ höchstens von $\tau + r$ Parametern abhängen, daß es dagegen für $\tau < 0$ keine derartigen Räume gibt.

Zu dem Zweck unterwerfen wir die Kurve C einer stetigen Bewegung in ihrer eigenen Familie V, die die Dimension $l = (p-1)(p+4)$ hat, und führen sie dabei über in eine allgemeine Kurve C_p der Familie V_p, die aus den rationalen Kurven der Ordnung $2p-2$ mit p Doppelpunkten besteht (Anhang G, Nr. 6, S. 374). Wir werden beweisen, daß die Räume S_{n-r-1}, die die Kurve C_p n-fach schneiden, für $\tau \geqq 0$ von genau $\tau + r$ Parametern abhängen, und daß es für $\tau < 0$ keine derartigen Räume gibt. Hieraus wird der für die Mannigfaltigkeitsstufe σ ausgesprochene Satz folgen.

Wenn sich C der Kurve C_p unbeschränkt nähert, so geht ein Raum S_{n-r-1}, der n Schnittpunkte mit C gemein hat, in einen Raum S_{n-r-1} über, der, als n-fach schneidender Raum von C_p betrachtet, sich in bezug auf die Doppelpunkte von C_p *uneigentlich* oder *eigentlich* verhalten kann, je nachdem er uneigentliche Sehnen von C_p enthält oder nicht (vgl. Nr. 2 dieses Anhangs, S. 358). Es kann übrigens auch der Fall eintreten, daß der Grenzraum S_{n-r-1} sich in bezug auf einige Doppelpunkte von C_p eigentlich verhält, in bezug auf andere uneigentlich. Wenn ein Raum S_{n-r-1}, der C_p in n verschiedenen Punkten schneidet, einer stetigen Variation unterworfen werden kann, derart, daß einer dieser Schnittpunkte, etwa P, sich einem Doppelpunkt O von C_p auf einem der von O ausgehenden beiden Zweige unbeschränkt nähert, so kann die Grenzlage dieses Raumes S_{n-r-1} hinsichtlich des Doppelpunktes O sowohl ein eigentlicher wie ein uneigentlicher n-fach schneidender Raum S_{n-r-1} sein. Man erhält den ersten Fall, wenn bei der Annäherung von P an O kein anderer Schnittpunkt sich nach O hinbewegt, oder wenn für den Fall, daß irgendein anderer Schnittpunkt Q sich nach O hinbewegt, diese Bewegung auf demselben Zweig erfolgt, wie die von P. Man erhält den zweiten Fall, wenn bei der Annäherung von P an O (mindestens) ein weiterer Schnittpunkt Q sich auf dem anderen Zweig nach O hinbewegt. Die Grenzlage der Geraden PQ ist dann eine von O ausgehende uneigentliche Sehne von C_p.

Nachdem so genauer festgelegt ist, daß sich als Grenzfälle der n-fach schneidenden Räume S_{n-r-1} von C gewisse n-fach schneidende Räume S_{n-r-1} von C_p ergeben, die sich hinsichtlich der Doppelpunkte von C_p eigentlich oder uneigentlich verhalten können, beachten wir, daß die Räume S_{n-r-1}, welche die Kurve C_p in n Punkten schneiden, mindestens von σ Parametern abhängen; denn jeder n-fach schneidende Raum S_{n-r-1} von C liefert als Grenzfall einen oder mehrere n-fach schneidende Räume S_{n-r-1} von C_p, je nachdem der Grenzraum S_{n-r-1} von dem Gesetz, das für die Überführung von C in die Grenzlage C_p maßgebend ist, unabhängig ist oder nicht. Es wird also die Zahl der Parameter, von denen die n-fach schneidenden Räume S_{n-r-1} der Kurve C_p abhängen, eine obere Grenze für σ bilden.

Wir wollen daher die Räume S_{n-r-1} abzählen, die die Kurve C_p n-fach schneiden. Da ein derartiger Raum den Gruppen der virtuellen kanonischen Schar g_{2p-2}^{p-1} der Kurve C_p (für welche die p Doppelpunkte als virtuell nicht vorhanden angesehen werden) $n-r$ unabhängige Bedingungen auferlegt, so bestimmt er durch seine voneinander verschiedenen oder zusammenfallenden Schnittpunkte mit C_p auf dieser Kurve eine virtuell vollständige Schar g_n^r, d. h. er gehört zu einem (rationalen) r-fach unendlichen irreduziblen System von Räumen derselben Art. Um also die Anzahl der Parameter zu finden, von denen die n-fach schneidenden Räume S_{n-r-1} der Kurve C_p abhängen, addiert man die Zahl r zu der Anzahl der Parameter, von denen die Scharen g_n^r auf C_p abhängen, die in bezug auf p allgemein gegebene neutrale Punktepaare virtuell vollständig sind. Auf Grund des Hilfssatzes wissen wir schon, daß diese Scharen g_n^r für $\tau \geqq 0$ τ-fach unendlich sind, und daß es für $\tau < 0$ überhaupt keine solchen Scharen gibt. Daraus folgt, daß es für $\tau > 0$ $\infty^{\tau+r}$ Räume S_{n-r-1} gibt, die die Kurve C_p n-fach schneiden, und daß es für $\tau < 0$ keine derartigen Räume gibt. Ist $\tau \geqq 0$, so erhält man also für die Anzahl der Parameter, von denen die n-fach schneidenden Räume S_{n-r-1} der allgemeinen Kurve C abhängen, die Ungleichung

$$\sigma \leqq \tau + r, \tag{1}$$

und außerdem läßt sich behaupten, daß für $\tau < 0$ überhaupt kein derartiger Raum S_{n-r-1} vorhanden ist. Es bleibt uns also noch die Aufgabe, für $\tau \geqq 0$ eine der vorigen entgegengesetzte Ungleichung zu finden, damit man schließen kann, daß $\sigma = \tau + r$ ist.

Zu dem Zweck beachte man zunächst, daß es genügt, eine solche Ungleichung für $n \leqq p - 1$ aufzustellen; denn auf der Kurve C gehört zu jeder spezialen Vollschar g_n^r, bei der $n \geqq p - 1$ ist, eine speziale Vollschar $g_{n'}^{r'}$, bei der $n' \leqq p - 1$ ist, und umgekehrt. Die beiden Scharen g_n^r und $g_{n'}^{r'}$ sind gegenseitig Residuen in bezug auf die kanonische Schar von C. Die Zahl der Parameter, von denen die spezialen Vollscharen einer gegebenen Ordnung und Dimension abhängen, ist also bekannt, sobald man die Zahl der Parameter kennt, von denen die Vollscharen g_n^r abhängen, für die $n \leqq p - 1$ ist.

Wir werden demnach im folgenden $n \leqq p - 1$ und $\tau \geqq 0$ voraus setzen. Wir beweisen in erster Linie, daß durch eine Gruppe G von n allgemeinen Punkten des Raumes S_{p-1} irreduzible Kurven der Familie V hindurchgehen. Nimmt man nämlich auf einer kanonischen Kurve C', die in V allgemein gewählt ist, n allgemeine Punkte an, die eine Gruppe G' bilden, so sind diese Punkte linear unabhängig voneinander (Nr. 29, S. 85, Fußnote).[1]) Es gibt also $\infty^{(p-1)(p-n+1)}$ nicht ausgeartete Kollineationen des Raumes S_{p-1}, die G' in G überführen und C' in eine durch G gehende kanonische Kurve C verwandeln. Überdies berechnet man auf diese Weise auch leicht die Anzahl λ der Parameter, von denen die durch G gehenden kanonischen Kurven abhängen, und man findet $\lambda = l - n(p-2)$.[1]) Da wir nun aber aus den vorhergehenden Betrachtungen wissen, daß durch jede Gruppe von n allgemeinen Punkten irgendeine irreduzible kanonische Kurve geht, so gelangt man zu diesem Ergebnis rascher durch Berechnung der Konstanten. Zwischen der aus den Gruppen von n Punkten des Raumes S_{p-1} bestehenden irreduziblen Mannigfaltigkeit W von der Dimension $n(p - 1)$ und der Mannigfaltigkeit V läßt sich eine algebraische Korrespondenz ω herstellen; sie entsteht dadurch, daß man eine Gruppe von n Punkten und eine Kurve C dann einander zuordnet, wenn die Gruppe auf der Kurve liegt. Einer gegebenen Kurve C entsprechen ∞^n Elemente von W; wenn also einem allgemeinen Element von W ∞^λ Kurven C entsprechen, so erhält man

$$\lambda + n(p - 1) = l + n, \quad \text{d. h.} \quad \lambda = l - n(p - 2).$$

Die Korrespondenz ω ist irreduzibel, weil die einer allgemeinen Kurve C entsprechenden Gruppen eine n-fach unendliche irreduzible Mannigfaltigkeit bilden, und weil andererseits bei der Bewegung von C nach einer

---

1) Da $n < p - 1$ ist, so ergibt sich $\lambda \geqq 6(p-1)$, d. h. $\lambda > 0$.

beliebigen Grenzlage C_0 hin die Mannigfaltigkeit der Gruppen von n Punkten auf C die gesamte Mannigfaltigkeit der Gruppen von n Punkten auf C_0 zur Grenze hat (Nr. 7 dieses Anhangs, S. 379).

Aus der Unzerlegbarkeit von ω folgt, daß die Kurven C, die durch eine Gruppe G_0 von n *beliebigen* Punkten des S_{p-1} gehen, alle als Grenzfälle von gewissen Kurven C erhalten werden können, die durch eine allgemein gewählte Gruppe G von n Punkten gehen. Trotzdem kann die Mannigfaltigkeitsstufe der durch G_0 gehenden Kurven von C größer als λ sein; dies wird eintreten, wenn die Mannigfaltigkeit der durch G_0 gehenden Kurven C, die als Grenzfälle der durch G gehenden Kurven C erhalten werden, von der Art und Weise abhängt, in der G sich der Grenzlage G_0 nähert.

Dies vorausgeschickt, wählen wir nun einen beliebigen Raum $S^{(0)}$ von $n - r - 1$ Dimensionen und betrachten die Kurven von V, die von $S^{(0)}$ in n Punkten geschnitten werden. Derartige Kurven gibt es sicher, weil durch eine Gruppe von n Punkten im $S^{(0)}$ mindestens ∞^λ solche Kurven hindurchgehen. Es könnte sich jedoch die Frage erheben, ob nicht alle Kurven von V, die durch eine Gruppe G von n allgemeinen Punkten des Raumes $S^{(0)}$ gehen, von selbst zerfallen. Diese Ungewißheit läßt sich auf folgende Weise beheben.

Es sei C'_p eine allgemeine Kurve von V_p und $S^{(1)}$ ein sie n-fach schneidender Raum von $n - r - 1$ Dimensionen, der wegen der Voraussetzung $\tau \geqq 0$ sicher existiert. Es gibt unendlich viele nicht ausgeartete Kollineationen von S_{p-1}, die $S^{(1)}$ in $S^{(0)}$, und daher die Kurve C'_p in eine irreduzible Kurve $C_p^{(0)}$ überführen, die von $S^{(0)}$ in einer gewissen Gruppe G_0 von n Punkten geschnitten wird. Wenn daher sämtliche Kurven C zerfielen, die durch die n allgemeinen Punkte einer Gruppe G des Raumes $S^{(0)}$ gehen, so müßten bei der Bewegung von G nach G_0 alle durch G_0 gehenden Grenzkurven ebenfalls zerfallen, und zwar für jede beliebige Variationsvorschrift. Somit würde durch G_0 eine Kurve von V gehen, wie z. B. die Kurve $C_p^{(0)}$, welche, da sie irreduzibel ist, nicht als Grenzfall einer durch die allgemeine Gruppe G gehenden Kurve erhalten werden könnte; dies widerspricht aber der Voraussetzung, daß ω irreduzibel ist.

Auf demselben Wege erkennt man, daß die durch n allgemeine Punkte von $S^{(0)}$ gehenden Kurven C nicht alle im Raum $S^{(0)}$ liegen können. Noch eine weitere Folgerung aus der Unzerlegbarkeit von ω müssen wir erwähnen. Ist nämlich die Mannigfaltigkeit der ∞^λ Kurven C, die durch n allgemeine Punkte des Raumes S_{p-1} gehen, reduzibel, so kann sie keine Teile von kleinerer Dimension als λ enthalten; denn wenn man die Gruppe der n Punkte einen Umlauf vollführen läßt, so müssen sich diese Teile zu je zweien vertauschen. Daraus folgt, daß die Mannigfaltigkeit der durch eine spezielle Gruppe von n Punkten des S_{p-1} gehenden Kurven C keine Teile von kleinerer Dimension als λ enthalten kann.

Die Kurven C, die durch eine allgemeine Gruppe G von n Punkten des gegebenen Raumes $S^{(0)}$ gehen, verteilen sich auf eine gewisse Anzahl von irreduziblen Mannigfaltigkeiten $\Sigma_1, \Sigma_2, \ldots, \Sigma_t$ von der Dimension $\geqq \lambda$. Unter den genannten Mannigfaltigkeiten gibt es nach dem vorhergehenden mindestens eine, die aus irreduziblen, nicht im Raum $S^{(0)}$ liegenden Kurven besteht, da ja eine irreduzible, durch G gehende und nicht im $S^{(0)}$ liegende Kurve C_p mindestens in einer der Mannigfaltigkeiten Σ enthalten ist. Es bestehe z. B. Σ_1 aus irreduziblen Kurven, die $S^{(0)}$ nur in der Gruppe G schneiden. Variiert man G im Raum $S^{(0)}$, so durchläuft die Mannigfaltigkeit Σ_1 eine irreduzible Mannigfaltigkeit M, deren allgemeine Kurve irreduzibel ist und $S^{(0)}$ nur in n Punkten schneidet. Hat also Σ_1 die Dimension $\lambda + \eta\,(\eta \geqq 0)$, so ist die Dimension von M gleich $n(n-r-1) + \lambda + \eta = l - n(i-1) + \eta$, wobei $i = p - n + r$ gesetzt ist.[1])

Bewegt sich $S^{(0)}$ in der irreduziblen Mannigfaltigkeit N, die aus allen Räumen S_{n-r-1} des S_{p-1} besteht und die Dimension $i(n-r)$ hat[2]), so beschreiben die Kurven von M eine irreduzible Mannigfaltigkeit V' von der Dimension $l - \delta\,(\delta \geqq 0)$, die in V enthalten ist oder mit V zusammenfällt (wenn $\delta = 0$ ist). Ordnet man eine Kurve C von V' und einen Raum S_{n-r-1} dann einander zu, wenn dieser Raum die Kurve C in n Punkten trifft, so entsteht zwischen den Elementen von N und von V' eine algebraische Korrespondenz Ω. Durch diese Korrespondenz werden einem allgemeinen Element von N je $\infty^{l-n(i-1)+\eta}$ Elemente von V' zugeordnet; entsprechen also einem allgemeinen Element von V' $\infty^{\sigma}(\sigma \geqq 0)$ Elemente von N, so erhält man nach dem Prinzip von der Abzählung der Konstanten:

$$l - n(i-1) + \eta + i(n-r) = \sigma + l - \delta,$$

und hieraus:
$$\sigma = \tau + r + \eta + \delta.$$

1) Natürlich ist der Fall nicht ausgeschlossen, daß dieselbe Mannigfaltigkeit M bei der Bewegung von G noch von einer anderen unter den Mannigfaltigkeiten Σ durchlaufen werden kann. Wenn man die Gruppe G in $S^{(0)}$ einen vollständigen Umlauf vollführen läßt, so wird M von allen denjenigen Mannigfaltigkeiten Σ durchlaufen, die mit Σ_1 vertauscht werden können.

2) Für die Untersuchung dieser Mannigfaltigkeiten vergleiche man Severi, Ann. di mat. $\mathbf{24}_3$, 89 (1915).

Dasselbe Beweisverfahren läßt sich für jede aus irreduziblen Kurven C bestehende Mannigfaltigkeit wiederholen, die in ähnlicher Weise erzeugt wird, wenn man von einer anderen Mannigfaltigkeit Σ ausgeht. Da es nun unter diesen Mannigfaltigkeiten mindestens eine gibt (wir können annehmen, es sei die oben betrachtete Mannigfaltigkeit V'), die die irreduzible Mannigfaltigkeit der irreduziblen Kurven C_p enthält, so folgt auf Grund der zuerst gefundenen Ungleichung (1), daß $\eta = \delta = 0$ sein muß. Die Mannigfaltigkeit V' fällt also mit V zusammen, und man erhält den Satz:

Die Räume S_{n-r-1}, die die kanonische Kurve C vom Geschlecht p mit allgemeinen Moduln n-fach schneiden, hängen von $\tau + r$ Parametern ab, falls $\tau = (r+1)(n-r) - rp \geqq 0$ ist; ist $\tau < 0$, so gibt es überhaupt keine solchen Räume.

Mit anderen Worten:

Die notwendige und hinreichende Bedingung für das Vorhandensein einer linearen Schar g_n^r auf einer Kurve vom Geschlecht p mit allgemeinen Moduln besteht darin, daß $\tau \geqq 0$ ist. Ist $\tau \geqq 0$, so gibt es auf der Kurve genau ∞^τ lineare Scharen g_n^r.

1. Bemerkung. Nähert sich die Kurve C einer Kurve C_0 mit speziellen Moduln, so kann die Mannigfaltigkeitsstufe der n-fach schneidenden Räume S_{n-r-1} von C in der Grenzlage zwar wachsen, aber niemals abnehmen. Daher stellt τ *eine untere Grenze für die Mannigfaltigkeitsstufe der Scharen g_n^r auf einer Kurve vom Geschlecht p mit beliebigen Moduln dar.*

2. Bemerkung. Die n-fach schneidenden Räume S_{n-r-1} einer *beliebigen* kanonischen Kurve C verteilen sich auf eine oder mehrere irreduzible Mannigfaltigkeiten; aber man sieht leicht, daß *für $\tau \geqq 0$ die Dimension jeder dieser Mannigfaltigkeiten nicht kleiner als $\tau + r$ ist. Bei einer kanonischen Kurve C mit allgemeinen Moduln verteilen sich also die n-fach schneidenden Räume S_{n-r-1} ($\tau \geqq 0$) auf eine endliche Anzahl von Mannigfaltigkeiten, von denen jede genau die Dimension $\tau + r$ (und keine kleinere) hat.*

Der Satz ist offenbar richtig für $r = 0$, da ja die Mannigfaltigkeit der n-fach schneidenden Räume S_{n-1} von C irreduzibel ist. Wir setzen also $r \geqq 1$ voraus. Nun sei H eine der irreduziblen Mannigfaltigkeiten, in die die Mannigfaltigkeit der n-fach schneidenden Räume S_{n-r-1} von C möglicherweise zerfällt. Wir setzen außerdem zunächst voraus, daß die n Stützpunkte eines allgemeinen, der Mannigfaltigkeit H angehörigen Raumes S_{n-r-1} nicht in einem Raum von kleinerer Dimension liegen.

so daß also die durch jene Stützpunkte bestimmte lineare *Vollschar* eine g_n^r ist. Wir beweisen, daß ein allgemeiner S_{n-r-1} von H die Kurve C in n verschiedenen Punkten schneidet. Wenn die genannte g_n^r keine festen Punkte besitzt, so hat ihre allgemeine Gruppe keine mehrfachen Punkte (Nr. 34, S. 96), und folglich schneidet der durch die allgemeine Gruppe von g_n^r bestimmte Raum S_{n-r-1} die Kurve C in n verschiedenen Punkten. Hat die g_n^r einen s-fachen festen Punkt P, so ist die Residualschar dieses s-fachen Punktes in bezug auf g_n^r eine Vollschar g_{n-s}^r, deren Gruppen in Räumen $S_{n-s-r-1}$ liegen, die die Kurve C $(n-s)$-fach schneiden. Jeder dieser Räume ist mit dem Raume S_{s-1}, der die Kurve C in P oskuliert, durch einen S_{n-r-1} verbunden, der auf C eine Gruppe der gegebenen g_n^r ausschneidet. Außerdem schneidet jeder allgemein gewählte unter den genannten Räumen $S_{n-s-r-1}$ die Kurve C in $n-s$ verschiedenen Punkten. Nun ist jeder der Räume $S_{n-s-r-1}$ mit s allgemeinen Punkten von C durch einen n-fach schneidenden Raum S_{n-r-1} verbunden, der in einer s-fach unendlichen irreduziblen Mannigfaltigkeit beweglich ist. Folglich gehören die Räume S_{n-r-1}, die auf C die Gruppen der gegebenen g_n^r ausschneiden, zu einer umfassenderen irreduziblen Mannigfaltigkeit von n-fach schneidenden Räumen S_{n-r-1} der Kurve C, die die Dimension $r+s$ besitzt. Ein allgemein gewählter unter diesen Räumen schneidet C in n verschiedenen Punkten.

In ähnlicher Weise schließt man, wenn die betrachtete g_n^r mehrere voneinander verschiedene feste Punkte hätte.

Da aber selbstverständlich jede irreduzible Mannigfaltigkeit von n-fach schneidenden Räumen S_{n-r-1} der Kurve C, zu der das allgemeine Element $S^{(0)}$ von H gehört, ganz in H liegt, so kann man behaupten, daß der allgemeine Raum von H die Kurve C in n verschiedenen Punkten trifft.

Liegen ferner die n Stützpunkte des allgemeinen Raumes $S^{(0)}$ von H in einem Raum $S_{n-r-\delta-1}$ $(\delta > 0)$ — und zwar so, daß die von ihnen festgelegte Vollschar eine $g_n^{r+\delta}$ ist, — so kann man denselben Gedankengang auf die irreduzible Mannigfaltigkeit K der Räume $S_{n-r-\delta-1}$ anwenden, die durch die Gruppen der Stützpunkte der Räume von H bestimmt sind, und man kommt so zu dem Schluß, daß für einen allgemein gewählten unter den Räumen von K und also auch für einen allgemein gewählten unter den Räumen von H, etwa $S^{(0)}$, die n Stützpunkte verschieden sind.

Sofern der betrachtete Raum $S^{(0)}$ von H als Element der Mannigfaltigkeit N angesehen wird, die aus allen im S_{p-1} enthaltenen Räumen S_{n-r-1} besteht, ist er Ursprung eines einzigen Linearmantels von $i(n-r)$

Dimensionen.[1]) Zu diesem gehören gewisse n Mäntel von $i(n-r)-(i-1)$ Dimensionen, und zwar besteht jeder von ihnen aus den zu $S^{(0)}$ äußerst benachbarten Räumen S_{n-r-1}, die C in einem Punkt treffen, welcher zu einem bestimmten unter den genannten Stützpunkten benachbart ist.[2]) Diese n Mäntel haben daher (Anh. F, Nr. 2, S. 312) eine Mannigfaltigkeit gemein, die $S^{(0)}$ enthält, und deren Dimension mindestens gleich

$$n[i(n-r)-(i-1)]-(n-1)(n-r)i = n - ri = \tau + r$$

ist. Da nun diese gemeinsame Mannigfaltigkeit aus n-fach schneidenden Räumen S_{n-r-1} der Kurve C gebildet wird, und da andererseits H die einzige aus n-fach schneidenden Räumen S_{n-r-1} bestehende Mannigfaltigkeit ist, der $S^{(0)}$ angehört, so folgt, daß H mindestens die Dimension $\tau + r$ hat.

Eine bemerkenswerte Folge des bewiesenen Satzes ist diese: *Auf einer Kurve vom Geschlecht p mit allgemeinen Moduln verteilen sich die spezialen Teilscharen g_n^r auf Mannigfaltigkeiten (von der Dimension $<\tau$), die in den aus den spezialen Vollscharen g_n^r bestehenden irreduziblen Mannigfaltigkeiten von der Dimension τ enthalten sind.*

In der Tat, es sei G eine Gruppe von n Punkten auf C, die eine speziale Vollschar $g_n^{r+\delta}$ $(\delta > 0)$ definiert und also in einem die Kurve C n-fach schneidenden Raume $S_{n-r-\delta-1}$ liegt. Bezeichnet man den Spezialitätsindex von G mit $j = p - n + r + \delta = i + \delta$, so gehört der Raum $S_{n-r-\delta-1}$ nach dem vorstehenden zu (mindestens) einer irreduziblen Mannigfaltigkeit von der Dimension $\tau + r - \delta(j + r)$, die aus ähnlichen n-fach schneidenden Räumen von C besteht. Durch jeden dieser Räume $S_{n-r-\delta-1}$ gehen $\infty^{\delta i}$ Räume S_{n-r-1}; betrachtet man also G als Gruppe der Stützpunkte eines gewissen Raumes $S^{(0)}$, der zu den $\infty^{\delta i}$ durch diese Gruppe gehenden Räumen S_{n-r-1} gehört, so wird der Raum $S^{(0)}$ zu einer irreduziblen Mannigfaltigkeit H' von der Dimension $\tau + r - \delta(r + \delta)$ (d. h. $< \tau + r$) gehören, die aus Räumen S_{n-r-1} besteht, von denen sich jeder in n Punkten eines Raumes $S_{n-r-\delta-1}$ auf C stützt.

1) Wenn man als homogene Koordinaten eines Punktes in einem linearen Raum von $\binom{p}{n-r} - 1$ Dimensionen die Grassmannschen Koordinaten eines im S_{p-1} veränderlichen Raumes S_{n-r-1} wählt, so wird N birational durch eine Mannigfaltigkeit ohne mehrfache Punkte dargestellt, ohne daß die Eindeutigkeit eine Ausnahme erleidet. Vgl. Severi, Ann. di mat. **24**$_3$, 92 (1915).

2) Es ist leicht zu bestätigen, daß jeder dieser Mäntel linear ist; denn die Mannigfaltigkeit der Räume S_{n-r-1}, die durch einen Punkt von S_{p-1} gehen, ist birational äquivalent mit der Mannigfaltigkeit der im S_{p-2} enthaltenen Räume S_{n-r-2}, ohne daß die Eindeutigkeit der Korrespondenz eine Ausnahme erleidet, und ferner ist der Zweig, der einen Punkt von C zum Ursprung hat, linear.

Hieraus folgt, daß der allgemeine Raum einer aus n-fach schneidenden Räumen S_{n-r-1} der Kurve C bestehenden irreduziblen Mannigfaltigkeit H von der Dimension $\tau + r$ auf C nur n Punkte ausschneiden kann, die eine Vollschar g_n^r definieren; denn wenn die Dimension der definierten Vollschar größer als r wäre, so müßte, wie nunmehr bewiesen ist, die Dimension von H kleiner als $\tau + r$ sein.

Da ferner ein allgemeiner Raum von H' die Kurve C in n verschiedenen Punkten schneidet, so wird H' (mindestens) in einer irreduziblen Mannigfaltigkeit H von der Dimension $\tau + r$ enthalten sein, die aus n-fach schneidenden Räumen S_{n-r-1} der Kurve C besteht.

Die Gruppen von n Punkten der Kurve C, die für die kanonischen Gruppen weniger als $n - r$ Bedingungen vorstellen, verteilen sich daher auf Mannigfaltigkeiten, die in den Mannigfaltigkeiten der Gruppen von n Punkten enthalten sind, welche genau $n - r$ Bedingungen vorstellen. Daraus folgt aber unsere Behauptung.

3. Bemerkung. Aus dem Hauptsatz dieser Nummer folgt ohne weiteres, *daß die kleinste Ordnung der auf einer Kurve vom Geschlecht p mit allgemeinen Moduln vorhandenen Scharen g_n^r einer gegebenen Dimension die kleinste ganze Zahl ν_r ist, für die $(r+1)(\nu_r - r) \geqq rp$ wird, d. h. die Zahl $\nu_r = p - \pi_r + r$, wo π_r die größte ganze Zahl bedeutet, die in $\frac{p}{r+1}$ enthalten ist.*[1])

9. Betrachtungen über die Unzerlegbarkeit der Bedingung, die ausdrückt, daß ein Raum S_{n-r-1} eine kanonische Kurve n-fach schneidet. Fragen der abzählenden Geometrie. Es erhebt sich hier eine wichtige Frage, auf die wir eine bejahende Antwort geben zu können glauben, nämlich die Frage, *ob die algebraische Korrespondenz Ω* (S. 386) *zwischen der irreduziblen Mannigfaltigkeit V der kanonischen Kurven C und der irreduziblen Mannigfaltigkeit N der im S_{p-1} enthaltenen Räume S_{n-r-1} selbst irreduzibel ist.*

Um dies nachzuweisen, hat man z. B. nur zu zeigen, daß die Mannigfaltigkeit M der kanonischen Kurven, die von einem gegebenen Raum S_{n-r-1} n-fach geschnitten werden, irreduzibel ist. Wenn sie für irgendeinen speziellen Raum S_{n-r-1} irreduzibel ist, so ist sie es auch für jeden S_{n-r-1}; denn es gibt unendlich viele Kollineationen des Raumes S_{p-1}, in denen sich die Mannigfaltigkeiten der kanonischen Kurven entsprechen, die zwei gegebene Räume S_{n-r-1} in n Punkten schneiden. Ist also M

1) Die kleinste Ordnung einer g_n^r von gegebener Dimension r auf einer Kurve vom Geschlecht p mit *beliebigen* Moduln ist von A. Comessatti bestimmt worden. Ven. Ist. Atti **74**, 1685 (1915).

irreduzibel, so kann die algebraische Bedingung dafür, daß eine Kurve C sich in n Punkten auf einen im S_{p-1} veränderlichen Raum S_{n-r-1} stützt, oder, was dasselbe ist, die Bedingung dafür, daß ein Raum S_{n-r-1} sich in n Punkten auf eine in V veränderliche Kurve C stützt, nicht in Bedingungen von verschiedenen Dimensionen und um so weniger in Bedingungen von gleicher Dimension zerfallen.

Oder aber es wird genügen zu beweisen, daß die irreduziblen Mannigfaltigkeiten, in welche die Mannigfaltigkeit der n-fach schneidenden Räume S_{n-r-1} einer allgemeinen Kurve C möglicherweise zerfällt, miteinander vertauscht werden können, wenn C in V einen geschlossenen Umlauf vollführt; und daß außerdem die Räume S_{n-r-1}, die eine spezielle Kurve C n-fach schneiden, alle als Grenzlagen der entsprechenden Räume erhalten werden können, die sich auf die allgemeine Kurve C beziehen.

Wir beschränken uns darauf, den Satz an einem Beispiel zu beweisen. Es sei C eine allgemeine kanonische Kurve 10-ter Ordnung vom Geschlecht 6 im Raume S_5. Die Mannigfaltigkeit V der Kurven C hat die Dimension $l = 50$. Wir betrachten die 4-fach schneidenden Ebenen von C $(n = 4, r = 1, \tau = 0)$, deren es ∞^1 gibt $(\tau + r = 1)$. Sie verteilen sich auf eine endliche Anzahl von einfach unendlichen irreduziblen Mannigfaltigkeiten, von denen jede aus den Ebenen besteht, die die Gruppen einer bestimmten Schar g_4^1 auf C enthalten.

Die Kurven C, die eine gegebene Ebene π in 4 Punkten schneiden, projizieren sich von π aus auf eine andere Ebene π', die π nicht trifft, in ebene Normalkurven 6-ter Ordnung vom Geschlecht 6. Ist umgekehrt in π' eine irreduzible Kurve 6-ter Ordnung Γ mit 4 Doppelpunkten und also vom Geschlecht 6 gegeben, so betrachte man die Residualschar g_4^1 der auf Γ von den geraden Linien ausgeschnittenen Schar g_6^2 in bezug auf die kanonische Schar g_{10}^5. Es seien P_1, P_2, P_3, P_4 vier Punkte einer Gruppe dieser g_4^1. Wir beziehen die Gruppen der kanonischen Schar g_{10}^5 von Γ projektiv auf die Überebenen des S_5, derart, daß also jeder kanonischen Gruppe, die P_1, P_2, P_3, P_4 enthält, und die somit als Residuum in bezug auf die Punkte P eine Gruppe von 6 auf einer geraden Linie a liegenden Punkte liefert, die Überebene zugeordnet wird, die a von π aus projiziert; dies läßt sich auf ∞^{18} verschiedene Arten ausführen.[1]) Man kann dann im Raum S_5 für jede der genannten projektiven Beziehungen eine kanonische Kurve C konstruieren, die von π aus in die Kurve Γ projiziert wird und sich in den der Gruppe P_1, P_2, P_3, P_4 entsprechenden Punkten auf π stützt.

---

1) Vgl. Bertini, a. a. O. Nr. 16, S. 55.

Für jede Wahl des Quadrupels P_1, P_2, P_3, P_4 erhält man somit ∞^{18} kanonische Kurven, die eine irreduzible (rationale) Mannigfaltigkeit bilden.[1]) Jeder Kurve Γ entsprechen also ∞^{19} Kurven C, die die Ebene π in 4 Punkten durchsetzen. Sie bilden eine irreduzible (rationale) Mannigfaltigkeit. Die Kurven Γ aber bilden ihrerseits ebenfalls eine irreduzible Mannigfaltigkeit von der Dimension 23 (Anhang F, Nr. 11, S. 347), und infolgedessen erfüllen die Kurven C, die sich in 4 Punkten auf π stützen, eine irreduzible Mannigfaltigkeit M von der Dimension

$$23 + 19 = 42 \,(= l - n(i-1)).$$

Daraus folgt, daß *die Korrespondenz* Ω *zwischen* V *und der Mannigfaltigkeit* N *der* ∞^9 *Ebenen des Raumes* S_5 *irreduzibel ist.*

Ist nun allgemein bewiesen, daß die Korrespondenz Ω zwischen V und N irreduzibel ist, so *ist damit die Anwendbarkeit des Prinzips von der Erhaltung der Anzahl auf die Berechnung der Zahlen gerechtfertigt, welche mit der Mannigfaltigkeit derjenigen Räume* S_{n-r-1} *verknüpft sind, die die kanonische Kurve mit allgemeinen Moduln n-fach schneiden,* und ferner läßt sich dann dieses Prinzip für die Lösung des sogenannten *Problems der Spezialgruppen* verwenden.[2])

Es handelt sich also darum, die abzählenden Probleme, die mit der kanonischen Kurve C von allgemeinen Moduln zusammenhängen, zu ersetzen durch Probleme, die sich auf spezielle Kurven C mit $1, 2, \ldots, p$ Doppelpunkten oder auch auf zusammengesetzte Kurven beziehen, die der Familie V angehören (insbesondere auf Kurven, die in $2p-2$ Geraden zerfallen). Für jedes dieser abzählenden Probleme muß natürlich die spezielle Kurve C so gewählt werden, daß die gesuchte Anzahl endlich bleibt.

Ein solches Verfahren ist z. B. von CASTELNUOVO befolgt worden, um die Anzahl α der Scharen g_n^r zu berechnen, die auf einer Kurve vom Geschlecht p mit allgemeinen Moduln vorhanden sind, falls $\tau = 0$ ist.[3]) Er findet:

$$\alpha = \frac{1!\,2!\ldots r!\;1!\,2!\ldots r'!\,p!}{1!\,2!\ldots(r+r'+1)!},$$

wobei mit $r' = i - 1$ die Dimension der Residualschar einer g_n^r in bezug auf die kanonische Schar bezeichnet ist. Das Verfahren CASTELNUOVOS besteht in folgendem: Nimmt man als projektives Bild einer Kurve vom

1) Weil diese Mannigfaltigkeit birational äquivalent ist mit der Mannigfaltigkeit der Gruppen von 6 Punkten, die aus 6 Räumen S_3 entnommen sind. Vgl. BERTINI, a. a. O. S. 55.

2) Es genügt zu dem Zweck sogar, bewiesen zu haben, daß die zu Ω gehörige algebraische Bedingung sich nicht in eine Summe von Bedingungen mit verschiedenen Dimensionen zerspalten läßt.

3) Rom. Acc. L. Rend. 5_4, 130 (1889).

Geschlecht p eine nicht-speziale Normalkurve Γ von der Ordnung $n + p$ des Raumes S_n, so beweist er zunächst, daß die auf Γ vorhandenen Scharen g_n^r auf dieser Kurve von Überebenen ausgeschnitten werden, die durch p-fach schneidende Räume S_{n-r-1} der Kurve Γ gehen. Wenn also $\tau = 0$ ist, so genügt es, die Zahl der Räume S_{n-r-1} zu finden, die Γ p-fach schneiden. Zu dem Zweck läßt CASTELNUOVO die Kurve Γ in eine rationale Normalkurve D und in p allgemein gewählte unter ihren Sehnen ausarten. *Eine solche Ausartung ist zulässig,* wie wir in der Bemerkung zu Nr. 5 dieses Anhangs (S. 373) bewiesen haben. Wir haben demnach nur die Anzahl der Räume S_{n-r-1} festzustellen, die sich auf p allgemeine Sehnen von D stützen. Dies setzt natürlich voraus, daß jeder Raum S_{n-r-1}, der die in die Kurve D und in p ihrer Sehnen zerfallende spezielle Kurve Γ p-fach schneidet, als Grenzlage eines Raumes S_{n-r-1} erscheint, der die allgemeine Kurve Γ n-fach schneidet; oder mit anderen Worten: es muß die Bedingung, daß sich ein im S_n enthaltener Raum S_{n-r-1} in p Punkten auf eine veränderliche Kurve Γ stützt, irreduzibel sein, oder sich zum mindesten in eine Summe von irreduziblen Bedingungen derselben Dimension spalten.

Nimmt man an, daß die am Anfang dieser Nummer definierte Korrespondenz Ω irreduzibel ist (oder in Korrespondenzen zerlegbar ist, die die ganzen Mannigfaltigkeiten V, N und nicht bloß untergeordnete Mannigfaltigkeiten beanspruchen), so kommen auch wir dazu, das vorgelegte Problem sofort in ein anderes zu verwandeln, das darin besteht, die Räume S_{n-r-1} abzuzählen, die sich auf p allgemeine Sehnen von D stützen. Denn die Abzählung der Scharen g_n^r auf einer Kurve vom Geschlecht p mit allgemeinen Moduln ist ohne weiteres gleichbedeutend mit der Abzählung der Scharen g_n^r mit p gegebenen neutralen Paaren auf einer rationalen Kurve (Nr. 8 dieses Anhangs, S. 383, 387).

Dann ist es klar, daß die Anzahl der auf p allgemeine Sehnen sich stützenden Räume S_{n-r-1} gleich ist der Anzahl der Räume S_{n-r-1}, die sich auf p allgemeine Geraden des Raumes stützen; denn die Bedingung, daß ein Raum S_{n-r-1} sich auf p im S_r veränderliche Geraden stützt, ist irreduzibel.[1])

Die Frage ist also darauf zurückgeführt, für $\tau = 0$ die Räume S_{n-r-1} zu zählen, die p allgemeine Geraden des Raumes S_n durchsetzen, und diese Anzahl wird gerade durch die oben angeschriebene Formel geliefert.[2])

1) SEVERI, Palermo Rend. **33**, 327 (1912).

2) CASTELNUOVO, Rom. Acc. L. Rend. $\mathbf{5}_4$, 71 (1889).

10. Über die Mannigfaltigkeit der Kurven n-ter Ordnung vom Geschlecht p, die einem Raum S_r angehören, falls $n \geqq \frac{r}{r+1}p + r$ ist. Die Brill-Noetherschen Normalkurven. In Nr. 5 dieses Anhangs (S. 368) haben wir die Untersuchung der Kurven vom Geschlecht p und von der Ordnung $n \geqq p + r$ durchgeführt, die einem Raum S_r angehören. Hier wollen wir uns nun mit den Kurven vom Geschlecht p beschäftigen, die dem Raum S_r angehören, und deren Ordnung n zwischen den Grenzen $r + \frac{r}{r+1}p \leqq n < r + p$ liegt.

Wir beginnen mit dem Beweis einiger vorbereitender Sätze.

a) *Jede Schar $g_{\nu_r}^r$ $(r > 1)$ von kleinster Ordnung, die auf einer Kurve Γ vom Geschlecht $p > 2$ mit allgemeinen Moduln liegt, ist eine einfache Vollschar ohne feste Punkte.*

Eine Minimalschar $g_{\nu_r}^r$ besitzt keine festen Punkte; denn wenn sie welche hätte, und man ließe sie außer Betracht, so erhielte man eine r-fach unendliche lineare Schar, deren Ordnung kleiner als ν_r wäre. Sie ist eine Vollschar, denn wenn sie in einer Schar $g_{\nu_r}^{r+1}$ enthalten wäre, so wäre der Rest eines Punktes von Γ in bezug auf diese Schar eine $g_{\nu_r - 1}^r$. Daß endlich die $g_{\nu_r}^r$ einfach ist, beweist man so: Da es auf der Kurve Γ mit allgemeinen Moduln keine irrationalen Involutionen gibt (S. 184, 186), so ist die $g_{\nu_r}^r$, wenn sie überhaupt zusammengesetzt ist, mit einer g_μ^1 von Γ zusammengesetzt. Man hat alsdann $\nu_r = k\mu$, wobei k eine ganze Zahl $\geqq r$ ist. Man sieht leicht, daß $k = r$ sein muß; denn der Vollschar $g_{\nu_r}^r$ entspricht auf einer Geraden, die das Bild der g_μ^1 ist, eine Schar g_k^r, die ebenfalls eine Vollschar sein muß. Folglich ist die Ordnung k von g_k^r gleich ihrer Dimension r. Nun ist aber die Gleichung $\nu_r = r\mu$ unmöglich. In der Tat, aus den Gleichungen

$$\nu_1 = p - \pi_1 + 1, \qquad \nu_r = p - \pi_r + r$$

folgt

$$r\nu_1 - \nu_r = (r-1)p - r\pi_1 + \pi_r.$$

Da nun $p \geqq 2\pi_1$ ist, so ist für $r > 2$:

$$(r-1)p > \frac{r}{2}p \geqq r\pi_1,$$

und da $\pi_r \geqq 0$ ist, so ergibt sich aus den vorhergehenden Beziehungen $r\nu_1 > \nu_r$. Für $r = 2$ ist die rechte Seite der vorstehenden Beziehung immer noch größer als Null; denn wenn auch $p = 2\pi_1$ wäre, so hätte man, da ja nach Voraussetzung $p \geqq 3$ ist, auf alle Fälle $\pi_2 > 0$. Folglich ist die Ungleichung $r\nu_1 > \nu_r$ in jedem Fall richtig. Diese Ungleichung widerspricht aber der Gleichung $\nu_r = r\mu$, denn aus dieser folgt, da ja $\mu \geqq \nu_1$ ist, $\nu_r \geqq r\nu_1$.

Die Voraussetzung $p > 2$ braucht man nur im Fall $r = 2$. Wenn $p = 2$ ist, so ergibt sich $\pi_1 = 1$, $\nu_1 = 2$, $\nu_2 = 4$, und man hat tatsächlich auf der Kurve eine Minimalschar g_4^2, die mit der g_2^1 der Kurve zusammengesetzt ist. Daher *gilt der Satz a) auch für die Minimalscharen von der Dimension* $r > 2$ *auf einer Kurve vom Geschlecht* 2.

b) *Auf einer Kurve* Γ *vom Geschlecht* p *mit allgemeinen Moduln ist die allgemeine Schar* g_n^r $(r \geqq 2)$, *deren Ordnung* n *den Ungleichungen* $r + p > n \geqq \nu_r$ *genügt, eine einfache Vollschar ohne feste Punkte.*

Es ist kaum nötig, zu sagen, in welchem Sinne der Ausdruck „allgemeine Schar" zu verstehen ist. Wenn $\tau = (r+1)(n-r) - rp = 0$ ist, so ist eine allgemeine Schar g_n^r eine beliebige der Scharen g_n^r, die in diesem Fall in endlicher Anzahl auf Γ vorhanden sind. Ist $\tau > 0$, so muß sich selbstverständlich eine allgemeine g_n^r in einer beliebigen der irreduziblen τ-fach unendlichen Mannigfaltigkeiten finden, in die die Mannigfaltigkeit der auf Γ vorhandenen Scharen g_n^r möglicherweise zerfällt.

Die allgemeine g_n^r besitzt keine festen Punkte; denn wenn sie welche hätte, und man ließe sie außer Betracht, so erhielte man eine $g_{n'}^r$ von der Ordnung $n' < n$, die von τ Parametern abhängen würde, während doch die Scharen $g_{n'}^r$ von $(r+1)(n'-r) - rp < \tau$ Parametern abhängen.

Daß die g_n^r eine Vollschar ist, folgt ohne weiteres aus der 2. Bemerkung der Nr. 8 dieses Anhangs (S. 389). Wir behaupten aber weiter, daß die g_n^r einfach ist. Da es nämlich auf Γ keine irrationalen Involutionen gibt, so muß die g_n^r, wenn sie überhaupt zusammengesetzt ist, es mit einer g_μ^1 sein; da aber g_n^r eine Vollschar ist, so erhält man, wie beim Beweis des Satzes a), die Gleichung $n = r\mu$.

Variiert man die Schar g_n^r innerhalb ihrer eigenen τ-fach unendlichen irreduziblen Mannigfaltigkeit Σ, so muß die Ordnung der g_μ^1, mit der g_n^r zusammengesetzt ist, unverändert bleiben. Wir wollen nun abzählen, von wie vielen Parametern die Scharen g_μ^1 abhängen, die man so erhält. Ist eine g_μ^1 gegeben, so entspricht ihr eine einzige g_n^r von Σ, weil eine Schar g_n^r, die mit einer allgemeinen g_μ^1 zusammengesetzt ist, dadurch erhalten wird, daß man die Gruppen von g_μ^1 auf alle möglichen Arten zu je r zusammenfaßt. Daher entsprechen die Scharen g_μ^1 ein-eindeutig den Scharen g_n^r und hängen von $\tau = (r+1)(n-r) - rp$ Parametern ab. Es ist somit $(r+1)(r\mu - r) - rp \leqq 2(\mu - 1) - p$, da ja $2(\mu-1) - p$ die Anzahl der Parameter ist, von denen alle Scharen g_μ^1 auf Γ abhängen. Nun ergibt sich aber aus der vorhergehenden Ungleichung $(r+2)(\mu-1) \leqq p$, und da $r \geqq 2$ ist, so hat man auch $4(\mu - 1) \leqq p$. Diese Ungleichung ist aber unmöglich, weil ja μ der Ungleichung $2(\mu-1) \geqq p$ genügen muß. Daraus folgt der Satz b).

Auf Grund des Satzes b) entspricht im Raum S_r einer allgemeinen Schar g_n^r von Γ eine bis auf eine Kollineation dieses Raumes definierte Normalkurve D von der *Ordnung* n und dem Geschlecht p, die mit Γ birational äquivalent ist; die durch die Überebenen auf D erzeugten Schnittpunktgruppen entsprechen den Gruppen der betrachteten Schar g_n^r (Nr. 26, S. 79).

Es gibt also für jede τ-fach unendliche irreduzible Mannigfaltigkeit von Spezialscharen g_n^r auf Γ eine irreduzible Mannigfaltigkeit von Kurven D.

Wir erhalten demnach so viele irreduzible Mannigfaltigkeiten von Kurven D, als es τ-fach unendliche irreduzible Mannigfaltigkeiten von Scharen g_n^r auf der Kurve Γ gibt. Läßt man dann Γ die Gesamtheit der Kurven vom Geschlecht p durchlaufen, so beschreibt jede der genannten irreduziblen Mannigfaltigkeiten von Kurven D eine Familie W von Kurven n-ter Ordnung des Geschlechts p im Raum S_r, deren Dimension $\varrho = n(r+1) - (r-3)(p-1)$ ist (Nr. 58, S. 161), und deren allgemeine Kurve eine speziale Normalkurve mit allgemeinen Moduln ist. Diese *Familie* W wird eine *Spezialfamilie* genannt, weil ihre allgemeine Kurve eine Spezialkurve ist; und sie heißt *regelmäßig (regulär)*, weil ihre Dimension genau gleich $n(r+1) - (r-3)(p-1)$ ist.

Wir beweisen nun den Satz:

c) *In jeder regelmäßigen Spezialfamilie W, die aus Kurven D von der n-ten Ordnung und dem Geschlecht p mit allgemeinen Moduln im Raum S_r besteht* $\left(r + p > n \geqq r + \frac{r}{r+1}\, p\right)$, *gibt es, wenn $r > 2$ ist, rationale Kurven, die nur p (eigentliche) Doppelpunkte besitzen, und, wenn $r = 2$ ist, rationale Kurven, die nur $\frac{(n-1)(n-2)}{2}$ gewöhnliche Doppelpunkte, aber keine höheren Singularitäten haben.*

Zu dem Zweck sei daran erinnert, daß die Familie V der kanonischen Kurven C des Geschlechts p die Familie V_p der rationalen Kurven C_p von der Ordnung $2p-2$ enthält, die p Doppelpunkte besitzen und im Raum S_{p-1} liegen. Da die Kurven D die Bilder der auf C liegenden Scharen g_n^r sind, so sind die zu W gehörigen rationalen Kurven Bilder der Scharen g_n^r, die auf einer in V_p veränderlichen Kurve C_p liegen; diese Scharen sind virtuell vollständig in bezug auf die p neutralen Paare, die mit den Doppelpunkten von C_p zusammenfallen.

Unsere Aufgabe besteht also darin, zu beweisen, daß eine allgemeine Schar g_n^r, die auf einer rationalen Kurve E liegt und in bezug auf p in allgemeiner Weise auf ihr festgelegte neutrale Punktepaare virtuell vollständig ist, für $r > 2$ nur diese neutralen Paare und keine anderen neutralen Punktgruppen besitzt, und daß sie für $r = 2$ nur $\frac{(n-1)(n-2)}{2} - p$

weitere neutrale Paare besitzt, die voneinander verschieden sind und aus getrennten Punkten bestehen.

Zu diesem Zweck zählen wir zunächst die Parameter, von denen die Scharen g_n^r mit p auf E veränderlichen neutralen Paaren abhängen. Für eine allgemeine Wahl der p Paare gibt es ∞^τ derartige Scharen g_n^r (Nr. 8, S. 383), und folglich hängen die Scharen g_n^r mit p veränderlichen neutralen Paaren von $\tau + 2p = (r+1)(n-r) - (r-2)p$ Parametern ab, sofern nicht der Fall eintritt, daß jede g_n^r mit p neutralen Paaren von selbst unendlich viele derartige Paare hat.

Nehmen wir einmal an, falls dies möglich ist, daß eine g_n^r mit p allgemein gewählten neutralen Paaren von selbst unendlich viele solcher Paare besitze. Dann ist sie mit einer linearen Schar g_μ^1 von einer gewissen Ordnung μ zusammengesetzt, und in bezug auf diese Schar sind die p gegebenen Paare neutral (d. h. jedes von ihnen gehört zu einer Gruppe von g_μ^1). Wenn ferner, wie wir annehmen, die g_n^r virtuell vollständig ist in bezug auf die p gegebenen Paare, so muß zwischen den Ordnungen n und μ die Beziehung $n = r\mu$ bestehen, und die Gruppen der g_n^r müssen dadurch entstehen, daß man die Gruppen der g_μ^1 zu je r zusammennimmt. Ist also die g_μ^1 einmal gegeben, so wird die g_n^r vollständig definiert sein. Bei der gemachten Annahme werden somit die Scharen g_n^r mit p allgemein gewählten neutralen Paaren von derselben Anzahl $2(\mu-1)-p$ von Parametern abhängen, wie die Scharen g_μ^1 mit p allgemein gewählten neutralen Paaren. Man erhält daher

$$(r+1)(r\mu - r) - rp = 2(\mu - 1) - p, \quad \text{oder} \quad p = (r+2)(\mu - 1),$$

und da $r \geqq 2$ ist, so wird schließlich $p \geqq 4(\mu - 1)$. Diese Ungleichung steht aber im Widerspruch zu der Beziehung $p \leqq 2(\mu - 1)$, die erfüllt sein muß, damit es eine g_μ^1 mit p allgemein vorgeschriebenen neutralen Paaren geben kann.

Es folgt daraus, daß die Scharen g_n^r mit p auf E veränderlichen neutralen Punktepaaren genau von $(r+1)(n-r) - (r-2)p$ Parametern abhängen.

Für $r > 2$ hängen infolgedessen die Scharen g_n^r mit $p+1$ veränderlichen neutralen Paaren von einer geringeren Anzahl von Parametern ab als die Scharen g_n^r mit p neutralen Paaren. Daraus folgt, daß eine allgemein gewählte unter diesen letzteren neben den p in allgemeiner Weise vorgeschriebenen Paaren nicht von selbst noch ein anderes neutrales Paar haben kann.

Für $r = 2$ hängen die Scharen g_n^2 mit $p \leqq \frac{3}{2}(n-2)$ auf E veränderlichen neutralen Punktepaaren von $3(n-2)$ Parametern ab, und zwar deshalb, weil eine allgemeine Schar g_n^2 auf E eben $\frac{(n-1)(n-2)}{2}$ (und nicht unendlich viele) neutrale Punktepaare hat. Die allgemeine g_n^2 hat überdies $\frac{(n-1)(n-2)}{2}$ verschiedene neutrale Paare, von denen jedes aus getrennten Punkten besteht. Ist nämlich, wie man annehmen darf, E eine rationale Normalkurve n-ter Ordnung des Raumes S_n, so bedeutet diese Aussage, daß ein allgemeiner Raum S_{n-3} die Mannigfaltigkeit der Sehnen von E in $\frac{(n-1)(n-2)}{2}$ verschiedenen Punkten schneidet und die von den Tangenten der Kurve E gebildete Regelfläche nicht trifft.

Der Satz c) ist also bewiesen. Daraus folgt der weitere Satz:

d) *Die allgemeine Kurve der Familie W hat für $r > 2$ keine mehrfachen Punkte, für $r = 2$ nur gewöhnliche Doppelpunkte.*

In der Tat, wenn die allgemeine Kurve D der Familie W sich einer ebenfalls der Familie W angehörigen rationalen Kurve D_p mit p Doppelpunkten unbeschränkt nähert, so erniedrigt sich das wirkliche Geschlecht von D um p Einheiten; d. h. die p Doppelpunkte von D_p sind in bezug auf die Familie W alle eigentlich. Daraus folgt, daß D keinen mehrfachen Punkt haben kann (der notwendigerweise ein Doppelpunkt wäre, da ja die Kurve D_p, die eine spezielle Kurve D ist, nur Doppelpunkte hat); denn die Grenzlage eines Doppelpunkts von D beim Zusammenfallen von D mit D_p wäre ein uneigentlicher Doppelpunkt.

Die Kurven D_p können sich *von vornherein* auf mehrere Familien des Raumes S_r verteilen. Aber jede von diesen hat die Dimension $\varrho - p$. In der Tat hängen die Kurven C_p, die zu der aus den kanonischen Kurven des Geschlechts p bestehenden Familie V gehören, von $l - p$ Parametern ab (Nr. 6 dieses Anhangs, S. 374), wobei l die Anzahl der Parameter ist, von denen die kanonischen Kurven C abhängen. Andererseits ist die Mannigfaltigkeitsstufe der Scharen g_n^r, welche in bezug auf die mit den p Doppelpunkten einer C_p zusammenfallenden neutralen Paare virtuell vollständig sind, gleich τ, wie die der Scharen g_n^r einer allgemeinen Kurve C.

Faßt man eine τ-fach unendliche irreduzible Mannigfaltigkeit von Scharen g_n^r auf der allgemeinen Kurve C ins Auge, so wird auf jeder Kurve C_p als Grenzfall einer solchen Mannigfaltigkeit eine τ-fach unendliche Mannigfaltigkeit von virtuell vollständigen Scharen g_n^r definiert, und somit mindestens eine bestimmte Familie W_p, die aus Kurven D_p der Familie W besteht und die Dimension $\varrho - p$ hat.

In ähnlicher Weise wird mindestens eine Familie W_h von der Dimension $\varrho - h$ definiert, die aus Kurven D_h vom Geschlecht $p - h$ $(h \leqq p)$ besteht, welche zur Familie W gehören; diese Kurven D_h entsprechen den in der Familie V enthaltenen Kurven C_h. Die Mannigfaltigkeit W_h enthält untergeordnete Mannigfaltigkeiten $W_{h+1}, \ldots, W_p$. Eine allgemeine Kurve D_h kann nur h gewöhnliche Doppelpunkte haben; denn läßt man sie einer allgemeinen Kurve D_p von W_p sich unbeschränkt nähern, so muß sich das wirkliche Geschlecht um $p - h$ Einheiten vermindern.

Schließlich beweisen wir noch, daß zu der Familie W auch zusammenhängende n-Seite vom virtuellen Geschlecht p gehören, die $n+p-1$ (aber nicht mehr) Doppelpunkte besitzen. In der Tat sind die Kurven einer Familie W_p Projektionen von rationalen Normalkurven E des Raumes S_n, und zwar werden diese Projektionen von Räumen S_{n-r-1} aus vorgenommen, die sich auf p Sehnen stützen. Zerfällt die Mannigfaltigkeit der Räume S_{n-r-1}, die sich auf p allgemeine Sehnen von E stützen, in Teile, von denen jeder notwendigerweise die Dimension τ hat (Nr. 8 dieses Anhangs, S. 382), und hält man einen dieser Teile fest, so wird aus Stetigkeitsgründen mindestens eine τ-fach unendliche irreduzible Mannigfaltigkeit von Räumen S_{n-r-1} definiert, die sich auf p allgemeine Sehnen jeder anderen Kurve E stützen. Da sich nun unter den Kurven E die zusammenhängenden n-Seite des Raumes S_n vom virtuellen Geschlecht Null befinden, so wird mindestens eine τ-fach unendliche irreduzible Mannigfaltigkeit von Räumen S_{n-r-1} definiert, die sich auf p allgemeine Sehnen eines allgemeinen n-Seits stützen. Projiziert man dieses n-Seit von einem allgemein gewählten unter jenen Räumen S_{n-r-1} auf S_r, so erhält man dort ein n-Seit vom virtuellen Geschlecht p, das in W_p und also auch in W enthalten ist. Es ergibt sich also der Satz:

e) *In jeder regelmäßigen Spezialfamilie W, die aus Kurven D von der Ordnung n und dem Geschlecht p im Raume S_r besteht $\left(r+p>n \geqq \frac{r}{r+1}p+r\right)$, gibt es n-Seite vom virtuellen Geschlecht p, die von n verschiedenen Geraden mit $n+p-1$ Schnittpunkten gebildet werden.*

Nimmt man als bewiesen an, daß die in Nr. 9 dieses Anhangs (S. 390) betrachtete Korrespondenz Ω irreduzibel ist, so folgt aus den vorstehenden Betrachtungen ohne weiteres der Satz:

Wenn $r + p > n \geqq r + \frac{r}{r+1} p$ ist, so bilden die irreduziblen Kurven n-ter Ordnung vom Geschlecht p des Raumes S_r eine Familie W, die die regelmäßige Dimension $\varrho = (r+1)n - (r-3)(p-1)$ hat, und deren allgemeine Kurve D keine mehrfachen Punkte besitzt und außerdem eine spezielle Normalkurve ist. Die irreduziblen Kurven D_h von W, die $h\,(\leqq p)$ eigentliche Doppelpunkte haben, bilden eine Familie W_h von der Dimension $\varrho - h$, deren allgemeine Kurve nur die h verlangten Doppelpunkte hat.

Als Ausgangspunkt für die Definition der Familie W kann ein beliebiges zusammenhängendes n-Seit vom virtuellen Geschlecht p im Raume S_r gewählt werden.

Im besonderen kann man im S_r die irreduziblen Kurven des Geschlechts p mit allgemeinen Moduln betrachten, die die kleinste mit der Forderung allgemeiner Moduln verträgliche Ordnung $\nu_r = p - \pi_r + r$ haben. Für $r = 2$ erhält man die sogenannten *Brill-Noetherschen Normalkurven.* Aus dem vorhergehenden ergibt sich ein strenger (von jeder Voraussetzung über die Unzerlegbarkeit der algebraischen Korrespondenz Ω unabhängiger) Beweis für die Tatsache, daß diese ebenen Kurven eine einzige Familie bilden, deren allgemeine Kurve nur gewöhnliche Doppelpunkte hat (vgl. die Sätze a) und d) dieser Nummer und den grundlegenden Satz in Nr. 11 des Anhangs F, S. 347).

Die im vorstehenden dargelegten Sätze über die Klassifikation der Kurven haben ihren Ursprung in einer schon angeführten Note des Verfassers (Rom. Acc. L. Rend. (5) **24**$_1$, 877—888 und 1011—1020 (1915)). Daselbst sind auch andere Sätze über die Kurvenfamilien von unregelmäßiger Dimension $\varrho > (r+1)n - (r-3)(p-1)$ angedeutet, die der Verfasser in einer demnächst erscheinenden Abhandlung weiter ausführen wird.

Für die Klassifikation der Raumkurven sind grundlegend die Untersuchungen von M. Noether (Preisschrift, Berl. Abh. 1882), G. Halphen (Preisschrift, Journ. éc. polyt. **52** (1882)) und H. Valentiner (Acta math. **2**, 199 (1883)). In diesen wird jedoch die Frage der Klassifikation von anderen Gesichtspunkten aus betrachtet als hier. Unsere Untersuchung stützt sich auf die Unterscheidung der verschiedenen Kurvenfamilien mit Hilfe von rationalen Kurven oder zerfallenden Kurven oder n-Seiten, die zu ihnen gehören, während die soeben angeführten Arbeiten über die Raumkurven in erster Linie darauf abzielen, die Kurven der verschiedenen Familien als Schnitte von Flächen zu erhalten.

Die Frage, ob es in einer Familie von Raumkurven oder Überraumkurven Grenzformen gibt, die aus Geraden zusammengesetzt sind, wurde auf Zeuthens Veranlassung im Jahre 1901 von der Dänischen Gesellschaft der Wissenschaften als Preisaufgabe gestellt. Wie aus den Entwicklungen des Anhangs F hervorgeht, war diese Frage bisher nicht einmal für die Familien ebener Kurven gelöst.

Wir haben oben in erschöpfender Weise bewiesen, daß es in jeder Kurvenfamilie mit allgemeinen Moduln derartige Grenzformen gibt. Für die Raumkurven vom Geschlecht $p \leq 2$ hat A. Brill die genannte Frage auf andere Weise beantwortet, und zwar mit Hilfe einer zweckmäßigen und eleganten algebraischen Darstellung einer Raumkurve (Math. Ann. **64**, 322 (1907)).

Auch in einer Familie von Kurven n-ter Ordnung vom Geschlecht p im Raume S_r mit speziellen Moduln gibt es Kurven, die aus n verschiedenen

Geraden bestehen (siehe Fußnote [1]) auf S. 344). In diesem Falle ist es aber schwieriger zu beweisen, daß es für $r > 2$ in der Familie zusammenhängende n-Seite gibt, deren Geraden nur $n + p - 1$ gegenseitige Schnittpunkte haben. Diese Tatsache wird in der oben angekündigten Abhandlung des Verfassers bewiesen werden, zusammen mit der umgekehrten Tatsache, daß ein zusammenhängendes n-Seit vom virtuellen Geschlecht p des Raumes S_r eine Familie von irreduziblen Kurven der n-ten Ordnung und des Geschlechts p definiert.

Die Untersuchung der zusammenhängenden n-Seite, die in den Kurvenfamilien des Raumes S_r enthalten sind ($r \geq 3$), gestattet deren Klassifikation. So sind z. B. die beiden Familien irreduzibler Raumkurven 9-ter Ordnung vom Geschlecht 10, die E. Weyr (Diss. Göttingen 1873) und G. Halphen (Bull. Soc. Math. **2**, 69 (1874)) zuerst untersucht haben, durch zwei 9-Seite folgender Art definiert:

1. Sechs Seiten sind Erzeugende einer und derselben Regelschar (einer Fläche 2-ter Ordnung), und die drei andern sind Erzeugende der schneidenden Regelschar.

2. Die 9 Seiten sind der Durchschnitt einer allgemeinen Fläche 3-ter Ordnung mit drei ihrer 3-fach berührenden Ebenen.

Aus der Existenz von zusammenhängenden n-Seiten mit $n + p - 1$ Doppelpunkten in einer Familie von Kurven n-ter Ordnung mit allgemeinen Moduln ergibt sich übrigens eine vollständige Rechtfertigung der Methoden des Zerfallens, die man gewöhnlich zur Bestimmung der mit den algebraischen Kurven verknüpften Zahlen verwendet. (Vgl. S. 1018 der angeführten Arbeit des Verfassers.) Berücksichtigt man die Begriffe, die in Nr. 2 des Anhangs G (S. 355) eingeführt wurden, so gestattet die Betrachtung der rationalen Kurven mit p Doppelpunkten, die in einer Familie von Kurven des Geschlechts p vorhanden sind, eine einfache und elegante Lösung vieler abzählender Probleme, die mit den Raumkurven und Überraumkurven zusammenhängen, wie z. B. des sogenannten Problems der mehrfach schneidenden Räume einer algebraischen Kurve[1]). Zugleich gibt der in Nr. 11 des Anhangs F bewiesene Satz eine strenge Grundlage für das Verfahren, das de Jonquières beim Beweis der seinen Namen tragenden Formel befolgt hat (S. 189). Der Verfasser beabsichtigt, in Bälde auf diese Art von Anwendungen zurückzukommen.

Die Mannigfaltigkeitsstufe der linearen Scharen g_n^r, die auf einer Kurve vom Geschlecht p mit allgemeinen Moduln vorhanden sind, sowie die Minimalscharen und die ebenen oder Raumkurven kleinster Ordnung, auf die eine Kurve vom Geschlecht p mit allgemeinen Moduln durch birationale Transformationen zurückgeführt werden kann, sind von Brill und Noether in ihrer klassischen Abhandlung untersucht worden (Math. Ann. **7**, § 9, S. 290, § 13, S. 298 (1874)). Sie haben dabei stillschweigend das Postulat von S. 159 vorausgesetzt und von vornherein angenommen, daß eine allgemeine Schar g_n^r einfach ist. Wie wir oben bewiesen haben, sind beide Annahmen zulässig.

---

1) Es ist das auf S. 190 angeführte Problem, wenn man dort ν gleich 1 annimmt.

H) Über die algebraischen Kurven vom Geschlecht $p > 1$ mit birationalen Transformationen in sich.

Der Beweis des Satzes, daß auf einer Kurve vom Geschlecht $p > 1$ jede birationale Transformation T, die nicht durch eine g_2^1 erzeugt wird, keine Wertigkeit besitzt (Nr. 72, S. 185), läßt sich in folgender Weise vereinfachen:

Wenn T eine Wertigkeit γ hätte, so könnte γ nicht gleich Null sein; denn wäre dies der Fall, so gäbe es auf der Kurve eine lineare Schar g_1^1, d. h. die Kurve wäre rational. Hätte T die Wertigkeit $\gamma \neq 0$, so müßte γ positiv ($\geqq 1$) sein, da ja die Anzahl $2 + 2\gamma p$ der Koinzidenzpunkte von T (Nr. 69, S. 176) größer als Null oder gleich Null sein muß. Dann hätte die Transformation T^2, wenn sie nicht identisch ist (in welchem Falle T notwendigerweise von einer g_2^1 erzeugt würde), die negative Wertigkeit $-\gamma^2$ (Nr. 66, S. 173); dies ist aber unmöglich, weil die Anzahl $2 - 2\gamma^2 p$ der Koinzidenzpunkte von T^2 negativ würde. Daher kann die Transformation T keine Wertigkeit haben, außer sie wird von einer g_2^1 erzeugt (in diesem Falle ist $\gamma = 1$ und T^2 identisch).

I) Über die transzendenten Moduln einer Kurve vom Geschlecht p.

Können die $\frac{p(p+1)}{2}$ Normalperioden $\tau_{i,k}$ der p Normalintegrale erster Gattung, die zu einer Kurve Γ vom Geschlecht p gehören (Nr. 97, S. 257) als (nicht voneinander unabhängige) Moduln der Kurve Γ angenommen werden? Mit anderen Worten:

Wenn zwei Kurven Γ und Γ' vom Geschlecht p zwei Systeme von Normalintegralen erster Gattung mit derselben Tafel von Normalperioden besitzen, kann man dann behaupten, daß die beiden Kurven birational äquivalent sind?

Diese wichtige Frage ist von R. Torelli bejahend beantwortet worden (Rom. Acc. L. Rend. (5) **22**, 98—103 (1914)). Man vergleiche auch einen anderen Beweis desselben Satzes in einer Arbeit von Comessatti (Torino Atti, **50**, 439 (1915)). Es können also die Perioden $\tau_{i,k}$ als *(transzendente) Moduln* von Γ gewählt werden. Da sich aber die Moduln von Γ auf $3p-3$ voneinander unabhängige zurückführen lassen, so müssen zwischen den genannten Moduln $\frac{p(p+1)}{2} - (3p-3) = \frac{(p-2)(p-3)}{2}$ Beziehungen bestehen.[1])

1) Für $p = 4$ ist die Beziehung, die zwischen den 10 Normalperioden besteht, in expliziter Weise von F. Schottky (J. f. Math. **102**, 304 (1888)) aufgestellt worden.

Ebenso wie man die Normalperioden $\tau_{i,k}$ gibt, um eine Klasse von birational äquivalenten Kurven des Geschlechts p zu charakterisieren, kann man fragen, ob es genügt, die JACOBIsche Mannigfaltigkeit zu geben, die den Kurven der Klasse entspricht (Nr. 103, S. 271). Mit anderen Worten:

Sind zwei Kurven Γ und Γ' vom Geschlecht p, denen birational äquivalente JACOBIsche Mannigfaltigkeiten entsprechen, ebenfalls birational äquivalent?

Auch diese Frage ist zu bejahen, wie der Verfasser gezeigt hat (Torino Atti **50**, 452 (1915)). Nur muß man in diesem Falle annehmen, daß die beiden Kurven Γ und Γ' allgemeine Moduln haben, oder genauer, *daß sie keine symmetrischen Korrespondenzen ohne Wertigkeit besitzen.* Zwei Kurven Γ, Γ', die singuläre symmetrische Korrespondenzen besitzen, können also birational äquivalente JACOBIsche Mannigfaltigkeiten haben, ohne selbst birational äquivalent zu sein.[1]) Ein Beispiel dafür findet sich bei G. HUMBERT (Journ. de Math. 26_5, 279—386, Nr. 171, 181 (1900)).

1) Vgl. dazu eine Note von ROSATI in Palermo Rend. **44** (1920).

Namenverzeichnis.

Sachverzeichnis.

GPSR Compliance

The European Union's (EU) General Product Safety Regulation (GPSR) is a set of rules that requires consumer products to be safe and our obligations to ensure this.

If you have any concerns about our products, you can contact us on ProductSafety@springernature.com

In case Publisher is established outside the EU, the EU authorized representative is:

Springer Nature Customer Service Center GmbH
Europaplatz 3
69115 Heidelberg, Germany

Batch number: 10584556

Printed by Printforce, the Netherlands